U0569427

国学经典文库

图文珍藏版

居家生活宝典　健康生活指南

家庭生活百科

闫松◎主编

线装书局

家庭生活百科

健康医疗

线装书局

卷首语

　　如何在日常生活中维护身体健康，如何在日常生活举手投足间强身健体呢？本卷在综合国内外最新医疗研究成果的基础上，针对现代家庭的生活特点和实际需要，为读者提供丰富而全面的医学常识，现代常见病、多发病的家庭治疗方案，保健、养生方法等，并且对每种疾病的诊断、病理知识、西医疗法、中医验方、按摩疗法、拔罐疗法、膳食疗法、生活宜忌等方面都做了全面而又详细的介绍，旨在打造一部内容最全、权威科学、简明易懂的家庭健康医疗实用百科，帮助读者在日常生活中轻松防病治病，维护并促进自身和家人的身体健康。

目　录

第一章　健康检查

第一节　健康就医检查

一、为什么要做健康检查

健康检查作为一种变被动看病为主动检查、变消极治病为积极防病的新型自我保健方式，西方国家早在20世纪五六十年代就已流行开来，并逐渐成为人们的一种习惯。在我国，随着人民生活水平的提高，尤其是在经历了SARS后，人们开始更加珍惜自己的宝贵生命，对健康的认识也有了很大提高，一些人在加强身体锻炼的同时，开始把做健康检查列为自己日常生活的必须。那么，它究竟有哪些好处呢？进行健康检查最为重要的、最直接的目的就是尽早发现那些潜伏在身体里的"定时炸弹"——疾病，从而做到早发现、早确诊和早治疗。众所周知，人体的很多疾病具有隐匿性，在早期几乎没有任何明显症状，如高血压，我们几乎感觉不到自己的身体有什么症状。当出现较为明显的临床症状时，我们的身体器官早已被损害了，病情也忽然发展到了较为严重的阶段。这时再去治疗，不仅会花费大量的财力、精力和时间，而且治愈率也相对较低（相对于早期发现及时治疗）。而通过健康检查，可以提前发现一些危及生命的疾病征兆，从而为及时治疗赢得宝贵的时间，以保护我们宝贵的生命。如被称为"人类杀手"的癌症，尽管它很难治愈（在中晚期），但如果能在早期发现它，就能通过手术将肿瘤切除，其复发率相当低。

现在，医院的常规健康检查费用都不高，所以，花较少的钱去获取健康，健康检查不失为上策。

二、为什么要定期接受健康检查

我们一起来看这样两组医学调查报告：报告一，2004年某单位组织职工去医院做健康体检，受检者总人数是2532人。检查的结果显示，此次体检共查出糖尿病32人，约占1%；高血压102人，约占4%高血脂127人，约占5%；肺癌3人，占0.1%左右；乳房疾病45人，约占1.8%，其中乳腺癌1人，约占0.04%。报告二，某高校在对学校教师的一次定期健康检查中发现：被检查的532名教师中，有半数以上的人患有各种不同的疾病，其中有几人还患有早期肿瘤。

因此为了我们的健康，为了把体内的疾病因子消灭在萌芽状态，我们每个人十分有必要进行定期健康检查。

正所谓,冰冻三尺,非一日之寒。从医学的角度讲,任何疾病的发生都有一个过程。很多医学专家都认为人体内疾病的发生,可以分为5个阶段。

·易感染期,此期疾病虽然没有明显地出现,但已有危险因子存在了,如失眠多梦、酗酒抽烟、体重超重、胆固醇过高、血糖过高等。

·临床前期,此时疾病因子已经在人体某些部位发生病理变化,但在外观或在日常生活中未表现出明显症状。

·临床期,此时疾病症状逐渐表现出来。

·残障期,疾病晚期。

·死亡,身体功能的破坏影响到正常生理代谢,诱发身体重要器官步入衰退期,导致死亡。

在现实生活中,很多人都会等到自己身体疾病的症状完全显露出来后,再去医院检查治疗。事实上,人体的很多疾病,包括癌症,若在临床前期发现,并及时积极地进行治疗,完全可以取得理想的治疗效果。而这一前提的实现,就是通过定期的健康检查,提前发现可能导致疾病产生的危险因子。

三、什么人该做健康检查

严格地说,我们每个人都有必要做健康检查,因为疾病袭来时可不会管你是年轻,还是年老。

不可否认,在22岁以前,身体的抵抗力是最强的,一些常见疾病,如感冒、发热,我们可以吃药,甚至通过加强锻炼,就能轻松治愈。但是,一些危及生命、初期很少有症状的疾病,如肿瘤、白血病、尿毒症等,即使身体抵抗力再强,一旦它们袭来,我们是无论如何也抵抗不了的。对于这些疾病,对付它们最好的办法就是提前知晓它们,并将其消灭在萌芽状态,而要做到这一点,就理所当然地要进行健康检查。

除了身强力壮的青年人需要进行健康检查外,以下几类人更需要健康检查。

·慢性病患者。所谓慢性病患者,是指那些患有哮喘、胃病、糖尿病等慢性疾病的人。在医生的治疗下,或由于其他原因,这些患者的病情开始出现了好转,但这绝不意味着可以不去医院检查了,那样的话只会前功尽弃。因为糖尿病、哮喘等慢性疾病需要一个长期的、不间断的治疗过程,才可能将它们彻底治愈。所以,慢性病患者应该定期、定时去医院进行疾病的复诊和检查,以便主治医生能知晓疗效,从而及时调整药物,最终彻底治愈疾病。

·45岁以上的亚健康人群。随着年龄的增长,人体器官的各种功能会随之减退,亚健康状态所表现的各种疾病症状随之明显化。50岁以后,潜在的疾病状态会明显增加,尤其是55岁以后,一些较为明显的疾病症状会越来越多,如腰酸背痛、失眠、心悸、手脚麻木等。此时,如果不进行健康检查及早发现疾病症状,一些小病很可能会发展成大病,而一些忽然诱发的、危及生命的“大病”更可能把你击倒。所以,45岁以上的亚健康人群应该做健康检查。

·白领及办公族。随着生活节奏的加快和竞争的加剧,都市白领及办公族们所承受的心理压力越来越大;应酬多、加班多、会议多,让这类人群的生活极不规律。所有这些因素,大大增加了他们患脂肪肝、肥胖症、血脂异常等疾病的风险。

因而,这类人也需要进行健康检查。

此外,儿童、青少年,也应该去做一些基本的健康检查,如身高、牙齿、视力、血压,以及外科和内科检查等。

四、该多久做一次健康检查

关于何时该做健康检查,可能不同的人会有不同的观点,有的人认为做健康检查的次数越多越好,最好6~10个月检查一次;有的人可能会认为3~4年做一次就足够了。其实,这两种观点都是不对的,频繁的健康检查不仅会损伤身体,还会造成财力的浪费;而时间间隔太久的健康检查又不能起到很好的防范作用。

根据美国梅奥医学研究所专家提出的"一个人应该多久做一次健康检查"的9条建议,我们可以以它为一个暂定的标准来确定我们应该多久做一次健康检查。这9条建议如下所述。

牙齿检查

无论是成年人还是小孩,都应该每年至少检查一次牙齿。

视力检查

应该在3岁时做第一次视力检查,以后视情况每隔3~5年检查一次,如果已是近视眼患者,最好一年检查一次。

血压检查

在10岁的时候,应该做第一次血压检查,以后至少每两年做一次,如果已是高血压患者,应该1年检查一次。

宫颈刮片检查

女性应该在18岁的时候(或者在第一次性行为以后)做第一次宫颈刮片检查。以后1~3年检查一次。在获得连续3次阴性结果后,检查间隔时间可以适当延长,但有宫颈疾病的女性,应该坚持一年做一次。

胆固醇检查

在20岁的时候,应该做第一次血胆固醇检查,以后每5年做一次。

乳房检查

20岁以上的女性应该坚持每个月自查乳房,每年至少去医院请医生检查一次。

前列腺检查

男性应该在40岁的时候做第一次前列腺检查,以后1~2年做一次。

乳房造影检查

女性在40岁或50岁的时候,应该第一次做乳房造影检查。

直肠镜检查及胃肠镜检查

在50岁的时候,应该做第一次直肠镜检查、胃肠镜检查,如果有家族病史(直肠疾病),应该在40岁时做第一次直肠镜检查,以后每隔一年做一次。

除了参照上表外,我们还应参考自己的身体状况、年龄、有无家族病史、医生的建议等,这样才能确定一个最恰当的健康检查间隔时间。

五、体检前应做好哪些准备

为了确保健康检查的准确性,每位受检者在前去医院检查时,或在检查过程中,都应做好一些必要的准备。概括起来说,受检者应该做好下列准备。

搞好个人清洁卫生

一般来说,受检者(情况特殊者例外)前去医院做健康检查前,应该搞好个人卫生,如洗脸、漱口,并对鼻腔、外耳道进行清洁,这既是尊重医生的表现,也会让检查结果更为准确。比如,在检查耳、鼻、牙齿时,如果受检者这些部位不清洁,很可能导致误诊。

打扮、衣着得体

在去医院进行健康体检时,经常会看见一些受检者化着浓妆、穿着连衣裙、高筒袜,或紧身衣裤,这些穿着打扮都是不合适的。因为抹指甲油、涂口红、化彩妆,会影响医生对受检者进行准确的诊断,如受检者是否患有贫血、是否有呼吸系统疾病等,其体貌特征是医生重要的判断标准之一。所以,去医院做健康检查时,应该以"本色"前往;去医院进行体检时穿着不合适也是不行的,因为在体检的过程中,有很多项目是需要脱掉衣服进行的,穿得过于正式,或过于紧身,这既不方便穿、脱,也耽搁时间。所以,体检应身着便装前往。

饮食要合理

一般来说,体检前一天受检者不能大吃大喝,更不能喝酒,也不要食用太咸或太甜的食物,以免影响第二天的化验。如果次日要抽血,晚上 8 点后一般不要进食,因为有些检查项目(如血脂检查、肝功能检查、粪便检查、尿液检查等)需要抽取空腹血液,以求结果的准确性。

带上病史资料

如果受检者患有慢性疾病或曾经患过重大疾病,在去医院进行健康检查时,应该带上以往的病史资料,以供医生参考。

病史是诊断疾病的重要依据之一和着手诊断的第一步,也是确保检查质量的重要手段之一,因而它的收集对医生来说非常重要。病史资料一般包括下面几部分。

常规项目

受检者的姓名、年龄、性别、籍贯、婚姻状况、职业、收入、文化状况,以及家庭住址等。

主诉

受检者将自己的身体状况或感受(不舒服或不适)告诉医生。受检者在向医生诉说自己身体状况或感受时,不能漫无目的。而应将自己感受最深(最明显的不舒适症状)的情况告诉医生,以便在检查时更有针对性,收到事半功倍的效果。

个人史

包括出生地、社会经历、居住地、生活状况、生活习惯、个人喜好,以及居住时间(尤其是在地方病流行区和疫源区)。

现病史

在病史众多内容中,现病史是最重要的组成部分,它是受检者患病后整个过程的记录,即疾病是何时发作、如何发作的,及其发展、演变和现状。

既往

主要包括受检者以往的健康状况,过去曾患过的疾病,尤其是一些重大疾病。

婚姻史

包括未婚、已婚、离婚、丧偶,另一方的健康状况,以及对性的认识与要求、性生活次数与质量。

月经及生长发育史

主要包括初潮时的年龄,经期的周期和天数,以及每次月经时身体状况和经血状况。

其他

如职业病、工伤伤残的鉴定,以及有无药品过敏史等。

一般来说,医生或护士收集整理病史的方法主要有如下几种。

观察

观察是医生或护士获取有效病史的重要手段。对医生或护士来说,与受检者的初次见面就意味着观察的开始。受检者的外貌、体位、步态、个人卫生和精神状况等都会给医生或护士留下一个大概印象。

交谈

通过与受检者进行交谈是获取病史资料最主要的手段。受检者的姓名、年龄、性别、籍贯、婚姻状况、职业、收入、文化状况,以及受检者的生活习惯、爱好等内容,医生或护士都能通过同受检者的交谈获得。

阅读

阅读即阅读受检者的个人史、既往史、现病史等内容,而了解受检者相关的身体状况。

注意检查样本的提取

一些检查项目需要受检者自己提取检查样本,如便样、尿样等。受检者应该怎样来提取这些样本呢? 具体来说,在提取便样时,应该使用干净的标本盒,不能将尿液或水混入样本中。如果大便有黏液或带血,应选取有黏液或带血液的部分,以便给医生提供准确的信息。同时,做粪便常规检查的受检者还应特别注意,在检查前3天,不要吃带血食品,如鸭血、鸡血、猪血等,以免造成误诊。在提取尿样时,受检者应提前在家中将外阴部位清洗干净,以免污染物掉进尿液中;使用医院指定的样品采集器,不能用不干净的采集器;提取的尿样应该在膀胱内停留4小时以上,因而体检前最好不要大量饮水,以免稀释尿液影响检测结果;提取的尿样应是中段尿液。另外,女性在月经期间不适宜做尿液检查,因为此间经血极易混入尿液中,这会影响检查结果的准确性。不论是提取尿样,抑或是便样,受检者都应在 30 分钟内将样本送到检测处,如果耽搁时间太久,会使样本中的某些化学成分受到破坏,从而影响检测结果的准确性。

带上必需的药品及食物

如果受检者一直在服用某些药品,但由于参加健康检查不得不暂停一些药品的服用,此种情况下,受检者应该带上自己服用的药品,体检完毕后应该及时服药,以免影响病情。此外,受检者还可以带上水和一些食品,如牛奶、饼干等,以便在体检完毕后食用。

六、去哪里体检最有保障

据统计资料表明,我国每年有近亿人要参加形式各异的健康检查,市场规模庞大。如此诱人的巨大市场,导致健康体检市场的竞争也愈来愈白热化。面对良莠不齐的各类医院、各种形式的医学研究所,以及各种不尽规范的健康体检站,这就需要我们每个人多一点医疗知识和体检常识,以选择最适合自己的体检场所。

选择体检场所

·在当地或全国享有较高声誉和口碑的医院,如三级甲等医院或一些医科大学的附属医院。一般来说,这些医院开展的检查项目比较齐全,医疗条件较为优越,且收费比较透明,基本能满足各种体检要求。

·有医疗执业资格、能独立对自己的医疗行为承担民事责任、医疗人员有从业资格证书、医生有多年从业资历的医学研究所或专业健康体检中心。一般来说,最好不要去那些所谓的免费健康体检机构进行体检,因为它们往往是借免费体检招揽顾客,借机推销保健产品和其他附加项目,会让受检者多掏腰包,更为重要的是,这些机构的体检结果的准确性也没有保证。

·综合医疗水平较强、医生专业化水平较高,医疗设备较为精良、齐全的正规医院。一般来说,这些医院的科室较为齐全,医生的临床经验也较为丰富,再加之其较为精良、齐全的医疗设备,能为受检者提供较为准确的健康检查报告。

·去专业化的职业病防治医院或相关部门指定的医院进行体检。这主要是针对职业病体检和特殊人群的体检来说的。一般来说,对特殊群体的检查,相关部门会指定专门医院。这些医院所提供的健康检查也是有保障的。

七、怎样选择适合自己的体检项目

医学专家根据人在不同年龄阶段的体质特点,对其健康体检的内容、时间间隔做了如下概述。

儿童阶段

儿童时期的健康检查,重点在于检查生长发育是否正常、有无先天性疾病、遗传病、营养是否过剩或营养不良、智力水平是否正常、有无性格缺陷、心理疾病,以及一些儿童常见疾病。

儿童检查的内容主要包括：身高、体重、视力、牙齿、坐高、头围、胸围、骨骼发育等。

儿童常规检查的主要体检项目包括：内科、外科、眼科、口腔科、耳鼻喉科、血液常规、肝功能两对半、胸透。一般来说，儿童不适宜做心电图、脑电图、X线检查，以及一些影像学检查。

儿童健康检查的间隔时间：一般来说，儿童健康检查的次数随年龄的增长而有所不同，婴儿期(0~1岁)1~3月检查一次；幼儿期(1~3岁)3~6月检查一次；学龄前期(3~7岁)6~12月检查一次，上小学后，应该每年检查一次。如果有特殊情况，其体检的次数应该有所变化。

青年阶段

青年时期是一个人精力、身体抵抗力最为强盛的阶段，即使如此，也十分有必要进行健康体检，因为有医学证据表明，中老年时期的很多疾病都源自青年时期，如糖尿病、高血脂、冠心病等。

青年阶段的健康体检，除了做一般检查外，如体重、身高、血压、视力、耳鼻喉等，还应重点检查以下项目。

·血糖、血脂检查。这一阶段的生活状况，很可能引起代谢性疾病，因此需要增加代谢性疾病的检查，尤其是血糖检查，这可以有效预防糖尿病。此外，还应进行血脂检查，这可以有效预防一些肝脏疾病，如肝硬化、肝癌等。

·血液常规检查。通过此检查，能知晓血液中的红细胞、白细胞、血小板、血红蛋白的数量是否正常，进而有效预防贫血、白血病等疾病。

·腰椎、颈椎检查。现在很多青年人都是伏案工作，缺少必要的运动，这就极易引起颈椎、腰椎疾病，因此青年人进行腰椎颈椎检查是十分有必要的。

·尿液常规检查。通过此检查，可以发现是否患有肾结石、尿道感染、肾炎等疾病。

·乙肝两对半检查。现在，我国带有乙肝病毒的人数已过亿，而且此种疾病有较强的传染性，再加之年轻人外出、应酬活动多，所以十分有必要进行乙肝两对半检查，以及时知晓是否对乙肝病毒具有免疫能力，是否需要注射乙肝疫苗，以及是否已感染乙肝病毒等。

·胸透、B超检查。通过此类检查，可以了解心肺功能是否正常，以及肝、胆、脾、胰等的功能状况。

青年人的身体较为强健，抵抗力也较强，因而，如无特殊情况，可以每2年检查一次。

中年阶段

从某种程度上来说，人步入中年，其身体状况也进入了"多事之秋"，这也是人的工作和生活的压力最大的时候，再加之体力、精力也没有年轻时那样充沛，身体免疫力也没有年轻时那样强，这就极易诱发一些疾病。因而，中年人十分有必要做健康检查，以便早期发现各种疾病因子，防微杜渐。

中年人健康检查主要包括以下项目。

·量体重。医学研究发现,肥胖现在已是威胁人类健康长寿的主要敌人,人类的很多疾病也是由它引起的,如高血压、糖尿病、血脂异常、痛风、结石、脂肪肝等。因此,通过测量体重,可以知晓自己的体重是否超标,以便及时调整饮食结构,以预防变得过于肥胖,从而降低患病的概率。

·测血压。高血压是脑出血的元凶,所以预防脑出血的最好办法就是经常测自己的血压,及早发现高血压,以便及时治疗,尤其是那些肥胖的人更应该关注自己的血压,因为肥胖是导致高血压的关键因素。

·查眼底。查眼底不仅可以发现很多眼部疾病,如原发性青光眼、白内障、视网膜的动脉硬化等,还可以发现人体很多重大疾病,如高血压、糖尿病、动脉硬化、白血病等。

·生化18项。主要包括尿酸、血糖检查、血脂检查、肝功能检查、肾功能检查等。通过此类检查,可以知道是否存在痛风、高血压、动脉硬化、冠心病等潜在疾病,以及是否需要调整饮食结构。

·腹部B超检查。通过此项检查,能了解肝、胆、脾、胰、肾脏、膀胱、前列腺(男性)、子宫附件(女性)等器官的功能状况,可以有效预防前列腺增生、子宫肌瘤等疾病。此外,腹部B超检查也是一些肿瘤早期诊断的手段之一。

·心电图、心脏彩超检查。心电图检查能了解心律是否正常,心肌是否缺血,因而通过此检查,能有效预防心脏病等疾病;心脏彩超检查能发现心脏大小是否正常,心脏瓣膜有无病变等。

·血液流变学检查。通过此项检查,能了解血液黏稠程度,进而防止由于血黏稠度过高而引起的一些疾病。

·肿瘤标志物检查。随着年龄的增加,发生肿瘤的危险性也越来越高,因而中年人必须检查PSA、AFP(甲胎蛋白)、CEA(癌胚抗原)等肿瘤标志物,尤其是AFP的检查,它对检测早期原发性肝癌,准确率高达80%~90%。

·CT检查、X线检查。CT检查是预防脑梗死,尤其是腔隙性梗死最为有效的手段。通过X线检查,能及早发现有无肺癌、肺结核等疾病。

·宫颈刮片检查(女性)。医学研究发现,女性在中年以后,患子宫肌瘤、卵巢肿瘤的风险大大增加,而这些疾病在早期几乎没有什么症状,只有到了临床期才会有较为明显的征象。所以,中年女性在做健康体检时应该做官颈刮片检查,90%左右的癌变(主要是身体下部)都能通过此项检查予以发现。

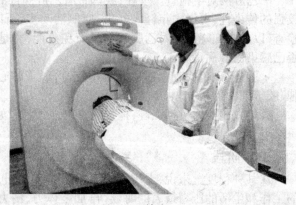

CT检查

中年人的健康检查时间间隔,如无特殊情况,每年一次较为适宜。

老年阶段

人到老年,身体的各项功能都在走"下坡路",进行全身的"扫描",是早发现、早诊断、早治疗各种疾病的最佳方法。一般来说,老年人健康检查除了量体重、测血压、心电图、查眼底等检查项目外,还应着重检查下列项目。

·尿液常规检查。通过尿液常规检查可以及时监测糖尿病、冠心病、肾脏疾病等,同时,通过尿液常规检查,还能了解糖尿病、冠心病患者有无肾细动脉硬化,以及老年妇女是否患有慢性肾盂肾炎等疾病。

·血脂测定。血脂过高,是高血压、冠心病、肾动脉硬化和周围动脉硬化等疾病的主要诱导因素,所以老年人十分有必要进行血脂测定,以预防上述疾病的发生。

·大便隐血试验。此项检查,有助于及早发现胃癌、结肠癌,以及消化系统疾病等。

·肛门检查。目前来说,肛门检查是早期发现直肠癌、前列腺肥大、前列腺癌最为有效的手段。

·胸片检查。通过胸片检查,能早期知晓肺部的病变,如慢性支气管炎、肺结核等,更能早期发现肺部的肿瘤。对那些常年吸烟的老年人来说,尤其应重视此项检查。

·妇科检查(女性)。老年妇女应多留意妇科检查,这是发现乳腺癌、子宫癌、宫颈糜烂等疾病最为有效的手段。

·甲胎蛋白检查。此检查是目前早期发现肝硬化、肝癌最为有效的手段,慢性肝病患者尤其应该注意甲胎蛋白检查。

老年人的健康检查间隔时间,一般来说,如无特殊情况6~12个月进行一次较为合适。同时,老年人应将自己每次健康检查的记录保存好,以便检查时医生使用。

八、正确解读健康检查结果

正确认识正常值或参考值

做完健康检查后,每位受检者都会拿到一个总检查报告单,其上附有检查项目的正常值或参考值。作为一个"外行"(非医学专业人士),该如何去认识、理解报告单上的正常值或参考值呢?

正常值或参考值,几乎没有一个具体的、绝对化的标准 所谓的正常值或参考值,几乎没有一个具体的、绝对化的标准,而有一定浮动范围的标准(因为不同个体之间可能存在一些差异),是医学界通过对若干正常人的统计,得出的绝大多数正常人(97%左右)的数据。如以反映肾功能的血肌酐为例,正常值或参考值范围是44~133微摩尔/升,这就是说正常人群血肌酐值绝大多数都分布在44~133微摩尔/升。如果你的血肌酐化验结果是150,则表示你的肾功能可能有问题;如果你的血肌酐值是60,则说明你的肾功能是正常的。

正常值或参考值因性别、年龄的不同而又有所差异 一男一女去检查身体,检查的都是同一部位,检查的数值也有很大的偏差,但报告单上却清楚地写着正常。

为什么会这样呢？是医生弄错了吗？当然不是,因为男女身体的差异,其参考范围是大不一样的。如男女血尿酸的正常参考值之间的差距多达100微摩尔/升,男性的正常参考值为268~488微摩尔/升,女性的正常参考值为178~387微摩尔/升。由于年龄不同,其正常参考值的范围也是不同的,如果用同一个正常值或参考值去判断,往往就会得出错误的结论,从而影响临床诊断。如青少年儿童的碱性磷酸酶水平通常高于成年人,3岁以下儿童血液中的胆红素、血红蛋白水平、红细胞数量与成年人血液中的含量相差也很大。

医院与医院之间的正常值或参考值,存在一定的偏差是正常的 有些受检者可能有这样一种心理,希望通过对多家医院的检查结果进行综合分析、对比,判断自己是否健康,或者"检验"一下哪家医院的结果更为准确。但结果往往事与愿违,一些检查结果在这家医院是正常的,可到了另一家医院却变成不正常了。为什么会出现这种情况呢？虽然每家医院做同一种项目的检查,但由于每家医院采用的试剂、仪器、测定方法等可能存在不同,这就极有可能造成不同的检查结果。此外,由于受检者自身的原因(如是否按照体检须知做了相应准备),以及不同医院医务工作者业务水平的高低、医疗作风等因素,也可能造成在不同医院检查同一项目得出不同的诊断结果。因而,不应把各医院之间的正常值或参考值进行简单、机械的对照,从而得出一个所谓的"科学"结果,那是非常不科学的。

几乎每一个检查项目都可能是多种疾病的共同表现 严格地说,几乎每一个检查项目都不是简单的特指某一种疾病,也即受检者某一项检查的结果不在正常值或参考值范围之内,并不仅是指所检查对象存在疾病因子,而可能是多种疾病的共同表现。如进行血糖检查时,血糖过高,除了最常见的糖尿病可能导致血糖过高外,胰高血糖素疾病以及甲状腺功能亢进症等疾病都可能导致血糖升高;血糖过低,一般是由肝脏疾病引起,但过多服用胰岛素、降压药,以及检查前做过剧烈运动、营养不良等原因都可能导致受检者血糖过低。再如,做尿液常规检查时,尿中红细胞增多,主要是由急性和慢性肾小球肾炎、急性肾盂肾炎引起,但急性膀胱炎、泌尿系统结石等疾病也能引起尿液中红细胞数量增加。

既不盲目乐观,也不悲观失望 检查完毕后,各项检查化验值均在正常值或参考值范围之内,并不说明身体就完全是健康的。因为任何一种检查都可能存在假阳性或假阴性,其中既有人体状况动态变化的因素,也有检测设备和技术敏感性问题。这就可能导致一些误差,如一些恶性肿瘤,在其早期不用较为先进的仪器是很难将其准确检测出来的。如果某项检测结果不在正常值或参考值范围之内,受检者也不必悲观失望,一方面可以要求再检查一次,另一方面可以请求医生结合自己其他项目的检查结果以及临床症状,进行客观、综合的分析,进而得出准确结果。而且,换个角度看,即使身体某一部位存在问题,现在已被及时发现,你就可以及时治疗,这未必不是一件好事。

如何解读化验单上"阴性"、"阳性",及一些符号的意义 每位去医院做过健康检查或看过病的人都知道,医生为我们检查完毕后,往往会给我们一个检查报告。每组检查报告后面或写有正常、异常,或写有阴性、阳性,再或是标有一些符号、字母,如"↑","↓","H","HIGH","L","LOW","<",">"等。

作为非医学专业人士的普通人来说,理解"正常"、"异常",是没有问题的,它主要是说明受检部位的功能情况。而面对各种符号、字母，可能就会如堕雾里了。其实这些没有我们想象中得那么难理解，它们也是一些基本的医学检查术语。

在医学上，检验结果分为定量结果和定性结果这样两大类。所谓定量结果，是指检查报告的结果以一个具体的数值出现，在具体数值后面还会有箭头提示。"↓"表示低于参考范围下限，"↑"表示高于参考范围上限。一般来说，在每一组定性检查结果的后面，还附有正常值的参考范围，受检者在阅读时可参照正常值的参考范围确定检验结果正常与否；所谓定性，也即表明被检验物质的有或无，其结果通常以"阴性"和"阳性"形式报告。有些时候，"阴性"和"阳性"也用"−"和"+"表示。需要注意的是，"+"并不代表阳性结果的强弱，"−"也不代表阴性结果的强弱，"+"和"−"仅是代表一个定性的概念。在一些情况中，"+"的多少也反映一个半定量的结果。如在粪便常规检查中，化验单上会出现这样的结果"白细胞+++"，这表示"+"数量与经过显微镜放大观察到的白细胞数成正比。

在用先进的自动化检查仪器检查身体后，受检者得到的报告单上的数据后面往往会有"H"，"HIGH"，"L"，"LOW"，"<"，">"等字符，这又是什么意思呢？这些字符的意思也非常简单，其中"H"，"HIGH"，">"，表示受检部位的数值高于正常参考值；"L"，"LOW"，"<"，表示受检部位的数值低于正常参考值。

一般来说，无论是"阴性"也好，"阳性"也罢，再或是"H"，"HIGH"，"L"，"LOW"，"<"，">"等符号，都是仅供医生或专业人员参考的，并非确有临床意义。

化验单上的计量单位　一般来说，化验的项目不同，其计量单位也是大相径庭的。概括起来说，现行的计量单位包括质量浓度单位和法定计量单位。前一个是以前常使用的习惯单位；后一个是由国家推选的、以物质浓度为基础的国际单位制（又称SI）。

目前，这两种计量单位都在被各大医院使用，这也是很多人在去医院做健康检查时，为什么有时同一检查项目会有两个不同数值和不同单位的原因。为了方便受检者对比检查结果，医学界推出了传统单位与国际单位制之间的换算公式：SI制参考值÷换算系数=传统单位参考值；传统单位参考值×换算系数=SI制参考值。

计量的单位主要分为毫克/分升和毫摩尔/升，在统计血液中甘油三酯、总胆固醇、血糖、尿素氮以及高密度脂蛋白、低密度脂蛋白含量等时，通常都是毫摩尔/升为计量单位。

此外，根据检查项目的不同，除了毫克/分升和毫摩尔/升外，还有下列这些计量单位：

检查耳朵时，通常以分贝（dB）作为计量单位。医学上把听力损失在90分贝以上的称为全聋；听力损失在60~90分贝的称为重度耳聋；听力损失在30~60分贝的称为中度耳聋；听力损失在10~30分贝的称为轻度耳聋。

检查血压时，通常有两种计量单位：千帕（kPa）和毫米汞柱（mmHg）。两者之间的换算为：1KPa＝7.5 mmHg。1999年我国高血压联盟公布了高血压防治指南的新标准，其具体规定如下：

·理想血压：收缩压<16.0千帕（120）毫米汞柱。舒张压<10.7千帕（80）毫米汞柱。

·正常血压：收缩压<17.3千帕（130）毫米汞柱。舒张压<11.3千帕（85）毫米

·正常高值：收缩压 17.3~18.5 千帕（120~139）毫米汞柱。舒张压 11.3~11.9 千帕（80~89）毫米汞柱。

·高血压：收缩压≥18.7 千帕（140）毫米汞柱。舒张压≥12.0 千帕（90）毫米汞柱。

·Ⅰ级高血压（轻度）：收缩压 18.7~21.2 千帕（140~159）毫米汞柱。舒张压 12.0~13.2 千帕（90~99）毫米汞柱。

·2 级高血压（中度）：收缩压 21.3~23.9 千帕（160~179）毫米汞柱。舒张压 13.3~14.5 千帕（100~109）毫米汞柱。

·3 级高血压（重度）：收缩压≥24.0 千帕（180）毫米汞柱。舒张压≥14.7 千帕（110）毫米汞柱。

·单纯收缩期高血压：收缩压≥18.7 千帕（140）毫米汞柱。舒张压<12.0 千帕（90）毫米汞柱。

由上表可知，血压在 17.3/11.3 千帕（130/85 毫米汞柱）以内就为正常，最为理想的血压是 16.0/10.7 千帕（120/80 毫米汞柱）。如果血压低于 8.0 千帕（60 毫米汞柱，在医学上被称为低血压，主要见于休克、心肌梗死等严重疾病。正常人血压呈明显的波动性，一天之中有两个高峰：上午 8~10 时；下午 16~18 时，夜间血压低于白天血压。

检查脉搏时，通常以次/分为计量单位，即 1 分钟内脉搏搏动的次数。脉搏的搏动次数受年龄、性别、运动和情绪的影响。一般来说，儿童的脉搏搏动次数要高于成年人，女性的脉搏搏动要高于成年人，老年人的脉搏搏动次数要低于青年、中年人。婴儿的脉搏搏动次数在 110~130 次/分均为正常。正常情况下，婴儿的脉搏会随着年龄的增加而降低，到 6~7 岁时会降为 90 次/分左右。成年男性正常脉搏搏动次数是 60~80 次/分；成年女性正常脉搏搏动次数是 70~90 次/分；老年人的正常脉搏次数应为 55~65 次/分。

检查心率、呼吸频率时，像检查脉搏一样，通常也以次/分为计量单位。所谓心率，即每分钟心跳的次数。正常成年人的心率是 60~100 次/分，老人的心率是 45~70 次/分；正常人的呼吸频率是 16~20 次/分，婴儿的呼吸频率较快，大约为 45 次/分。

体温检查时，通常以摄氏度作为计量单位。人体正常体温并不是指某一具体温度，而存在大约 1℃ 左右的波动范围。人体各个部位、每日早晚及男女之间的体温也存在着差异。正常人口温为 36.2~37.2℃，腋温较口温低 0.5℃，肛温较口温高 0.3~0.5℃。一天之中，清晨 2~5 时体温最低，傍晚 5~7 时最高，但一天之内温差应小于 1℃。另外，小儿体温略高于成年人，老年人体温略低于成年人，女性体温一般较男性高 0.3℃ 左右。如果体温在 37.4~38℃ 之间，就属于低热，又称低热；如体温在 39℃ 以上，就属于高烧，又称高热。

九、走出健康检查的种种误区

误区一：身体没有不舒服，做健康检查是白费　很多人认为，身体无明显病症，因此没有必要做健康检查。事实上，身体没有不舒服并不能代表自己的身体状况良好。因为人体的很多重大疾病在早期是没有任何症状的，等到感觉有明显症状

国学经典文库

家庭生活百科

·健康医疗·

图文珍藏版

时,疾病已进入了临床期,而此时再去检查,治疗所花费的时间与金钱是巨大的。由此可见,即使在身体健康时,也十分有必要坚持做健康检查,以便及早筛检出潜在的致病因子或身体其他异常情况,做到早发现、早治疗。

误区二:健康检查等于疾病检查　很多人认为,健康检查就等于疾病检查,只要做了健康检查,就没必要再做什么疾病检查了,这是错误的。不可否认,进行常规的健康检查可以提前发现人体很多潜在的疾病,如通过查眼底、测血压,可以发现受检者是否患有白内障、高血压等疾病;通过胸透、血液常规检查、血脂检查,可以发现受检者是否患有肺部疾病、是否贫血,以及是否患有糖尿病等。但是,健康检查毕竟只是一个初检,一些较为复杂、早期很少有症状的疾病,仅仅通过健康检查是不够的,还必须进行相关的、专门的疾病检查。比如,贫血是很多癌症的晚期症状之一,可有一些癌症却没有贫血的症状,所以对于这类特殊的疾病,即使通过血液常规检查,发现没有贫血,也不能说明你就没有患上某种癌症。若要想准确知道身体状况,还得去做相关的、专门的疾病检查。

误区三:身体不适时是健康检查的最佳时机　健康检查最主要的目的是起"预警作用",即早期(人体处于健康状态或没有不舒服感觉时)发现人体内潜在的致病因子,从而做到早发现、早治疗。当身体处于不适状态时,已是某些疾病的临床期了,此时应该首先去医院就诊治疗,而不是进行健康检查的最佳时机。只有在病情稳定或完全康复后,进行健康检查才是最恰当的。

误区四:体检项目应该自己选　在去医院进行健康检查时,一些受检者认为医生为自己开出的检查项目太多,完全没有必要,于是就自己挑选了几项常规的、价格便宜的检查项目去检查。殊不知,这样做是完全不对的,因为你选的几个项目极有可能反映不出你整个身体的状况,这也就起不到健康检查的目的了。因而,一般来说,受检者最好不要自作主张去随意选择、改变一些体检项目。如果实在想调整或改变一些检查项目,也应该先征求医生的意见。最好的做法是:健康检查前,与医生进行交谈,把自己的身体状况、年龄、工作,以及有无家族病史等情况告诉医生,然后请他为自己制定一个个性化的健康检查方案。

误区五:青年人身强力壮不需要做健康检查　青年时代是人体生命力最旺盛、免疫力最强的时期,所以很多年轻人认为,健康检查对他们来说是没有必要的。其实,这种认识也是不妥的。原因是年轻人虽然精力旺盛、身体免疫力很强,但有很多疾病是抵抗不了的,再加之当代社会竞争日趋激烈,年轻人面临的心理压力也越来越大,这就极易引发各种重大身体疾病以及一些心理疾病,如过于压抑、悲观、彷徨、紧张等。一旦出现这种情况,仅靠身体强壮是不能抵抗病菌的,还必须去进行健康检查,及早发现重大疾病的潜在因子,将其消灭,以维持生理和心理的健康。

误区六:儿童不需要做健康检查　一些家长认为现在的医疗仪器会损害儿童的身体,或认为儿童太小,所以没有必要做健康检查。其实,这些想法有失偏颇,随着医疗科学技术的进步,现在的医疗仪器(一些特殊的仪器除外)对身体几乎没有什么损害,即使有,儿童的健康检查也很少涉及,如一些影像学检查。另外,孩子小,也有必要进行健康检查,因为小孩的健康检查主要偏重于身体发育、智力发展是否正常。试想,如果不去做这些相关检查,又怎么能知道他的身体、智力等的发育是否正常呢?

·健康医疗·

图文珍藏版

误区七:健康检查太麻烦,查出问题去看病会更麻烦　怕麻烦可能是很多人不去做健康检查的一大原因之一。其实,随着医疗科学技术的进步,当今的健康检查已不再是一件麻烦事,很多检查项目非常快速、简单,也没有任何痛苦,而且结果的准确性也比以前有了很大提高,所以嫌麻烦的人现在应该可以放心去医院做健康检查了。那种认为查出问题去看病会更麻烦的观点可以说是不正确的,要知道,讳疾忌医最终会使自己的身体受到更大的损伤。及早发现疾病因子,尽快接受专科医生的诊断和治疗,才是每个人呵护自己健康的最佳手段。

误区八:健康检查报告没必要保存　一些受检者认为,只要自己的健康报告结论是正常的,就没有必要保存健康检查报告,这种认识也是不对的。体检报告上的每一组数据,都是对身体某一部位状况的记录。医生在判断受检者身体某一部位的功能是否正常时,往往要参考上一次或几次的体检报告,通过对比从而得出诊断结果。所以,受检者,尤其是长期定期进行健康检查的人,更应该保存好自己每次的健康检查报告(能建立一个自己的健康档案最好),切不要随意丢弃。

第二节　健康自我检查

一、注意健康警报

从人体外部器官或组织可以看到与之相关的其他身体部位的病症,捕捉到很多有关健康的信息。

头发

头发不仅能保护头皮,更能反映一个人身体的健康状况,所以通过头发发生的一些细微变化便可以察知身体的某些疾病。如果一个人一天头发脱落量达100根左右(正常人头发脱落量一天大约为60根),则可能是内分泌系统功能失常的表现。如果男性前额发际脱发,则可能患有肾病;如果女性出现全发散发性脱落,则可能患有慢性肾炎。如果头发脆弱易断,则表明有甲状腺疾病的可能。如果年轻人过早白发(遗传、精神因素除外),应该去医院及时检查是否患有严重肠病、重度贫血,以及动脉粥样硬化等疾病。头发色泽变浅、变淡,是维生素 B_{12} 偏低的信号。

眼睛

通过眼睛不仅看到外部世界,也可以看到身体的某些病症。眼睑变成白色,暗示循环系统可能亮了红灯,此时应该去医院检查一下是否贫血;眼白呈黄色,说明可能出现了黄疸的症状;眼白出现绿点,很可能是肠梗阻的表现;眼白出现血片,可能是动脉硬化,尤其是脑动脉硬化的早期表现;眼白出现红点,是糖尿病患者常有症状之一;瞳孔发白是老年性白内障发病的主要症状之一。眼底有渗出物及出血,可能是患有高血压、肾炎、贫血、糖尿病等疾病的症状之一;长期的眼圈发黑,则可能是肾亏兼有血淤征象的一种表现。

鼻子

鼻子也能反映人体的健康状况。鼻子常呈黑色、蓝色或棕色,则可能提示胰脏或肝脏有病症。鼻子发黑且无光泽，则提示胃肠可能有疾病，尤其可能患有胃溃疡。若鼻子两边发红，油腻光亮常脱皮，说明体内缺锌。鼻子变白，是贫血患者最主要的症状之一，出现此种症状，应该及时去医院查明病因。鼻前粉红，是鼻部结核病早期症状之一，青少年出现此种情况尤其应该注意，因为它是患结核病最主要的症状之一。

耳朵

正常的耳朵颜色为微黄而红润，同时对外界的感觉也较为敏锐，如果耳朵颜色发生改变，则很可能是一些疾病的前兆。耳郭呈红色或暗红色，则表明患有某种急性高热性疾病，若同时还伴有红肿疼痛，则是耳郭炎症的表现；耳郭呈白色或淡白，则可能是受到风寒侵蚀，或气血虚亏，或肾气虚亏等，也是慢性消化性疾病的症状之一；耳郭干枯、发黑，则是肾亏的表现；耳垂经常潮红，则提醒身体免疫功能下降，体质虚弱。

唇

嘴唇可以说是人体健康状况的"晴雨表"，很多疾病的早期症状都会在嘴唇上表现出来。唇色泛青，是血液不流畅，血淤气阻的表现，应提防中风、血管阻塞等疾病的发生；唇色发白，很有可能是贫血，或大肠虚寒，或胃虚寒的表现；唇色深红，常见于高热；上唇内黏膜呈紫色，则是冠心病的早期症状之一；嘴唇发紫，多见于慢性支气管炎，以及由肺部疾病引起的心脏病等疾病。

舌

正常人的舌头，舌苔呈薄净而滋润有津，颜色为薄白色。舌苔过白，多属寒证，但也可以见于热证。早期肺炎、急性支气管炎也可能会导致舌苔过白。此外，舌苔过白也是一些慢性炎症感染的前兆，如慢性肾盂肾炎、慢性盆腔炎等。体温过高时，可以使舌苔变黄。消化道功能紊乱时，也会出现舌苔发黄，如结肠炎、慢性胃炎、溃疡病等。此外，炎症感染时，也会导致舌苔发黄，如脑炎、急性阑尾炎、败血症以及大叶性肺炎等炎症疾病。

牙齿

牙齿作为人体咀嚼食物的主要工具之一，它的一些变化也能显示身体某个部位可能出现了问题。如在吞咽食物时牙齿疼痛，嘴巴也不易张开，且肿痛往往发生在一端，则提示你可能患有冠周炎。再如牙龈出血，可能表明身体缺乏维生素 C 或牙龈有慢性炎症和炎症性增生。此外，牙龈出血还可能是血液疾病、肿瘤等疾病的先兆。所以，出现经常性牙龈出血，应该及时到医院检查。

指甲

指甲明显向上拱起，并围绕指尖弯曲，则提示你可能患有某种慢性疾病；如果指甲呈黄绿色或黄色，生长缓慢，且厚而坚硬，则提示可能患有甲状腺疾病、淋巴疾病或慢性呼吸系统疾病；指甲萎缩或变薄，表明身体营养失调，或可能患有肢端动脉痉挛或麻风病等疾病；指甲长期呈灰白色，表示营养不良，或可能患有慢性呼吸系统疾病、消化系统或心血管系统疾病，如肺结核、慢性胃炎、萎缩性胃炎等。

了解和发现以上症状警讯，有助于我们未雨绸缪，但也不能据此认为只要身体某部位响起来了"警报",就断然肯定自己患上某种疾病,更不能擅自用一些止痛药、消炎药、肠胃药等,这样做不仅会关闭身体警报系统,也会给医生诊断带来不便。最好的办法是:身体拉响健康警报后,就直接去医院做相关部位的体检,从而得出准确的结论。

二、健康标准的自我检测

一般来说,通过对照下面14条健康参考标准,即可知道我们身体的健康状况。一旦发现有不正常的地方,则应该及时到医院做进一步检查,以便及时治疗,进而确保身体的健康。

身高

我国成年男性平均为165厘米,女性为156厘米。若成年后身高低于120厘米,则说明其内分泌、营养等方面存在问题。此外,中老年人由于骨关节退行性改变可以比年轻时稍矮。

营养状况

正常人的皮肤弹性良好,指甲、毛发润泽,皮肤黏膜红润,皮下脂肪丰满而富有弹性,肌肉结实而丰满。如果皮肤黏膜干燥,指甲干枯,毛发稀疏,皮下脂肪削薄,肌肉松弛无力,则说明其营养状况不良。

体重

正常人的体重应该保持在一个相对稳定的状态,一个月内的体重变化不会超过2千克。如果一个人的体重经常(一月内)变动,则说明身体健康状况不佳。

体温

正常人的体温应该在37℃左右,每日的体温变化不超1℃,超过1℃即为不正常。

色觉

正常人能分辨红、橙、黄、绿、青、蓝、紫等多种色彩,如果不能区别其中的一色或是多色,即为色觉不正常。

血压

正常人的血压在17.3/11.3千帕,如果一天中血压有3次超过18.7/12.0千帕,即为不正常。

脉搏

正常成人的脉搏在75次/分左右,一般不少于60次,不多于100次,如果超过这两个数即为不正常。

心率

正常成人的心率为60~100次/分,如果大于100次/分,或是小于60次/分,即为不正常。

呼吸

正常成人的呼吸在16~20次/分,呼吸次数与心脉跳动的比例为1:4,每分钟呼吸少于 10 次或多于 20 次为不正常。

进食

正常成人进食一般在 1~1.5 千克/天,如果连续 7 天的进食量超过平日的 3 倍或为平日的 1/3,即为不正常。

大便

正常成人应该排便 1~2 次/天,如果连续 3 天以上没有排便,即为不正常。

小便

正常成人一天的排尿量应为 1500 毫升左右,如果连续 3 天以上、每天排尿量在 2500 毫升以上,或连续 3 天的排尿量少于 500 毫升以下,即为不正常。

月经

正常女性的月经周期在 28 天左右,经期持续时间在 7 天左右,如果经期超前推后 15 天以上,或是经期持续时间少于 5 天,抑或经期持续时间超过 10 天,即为不正常。

夫妻生活

正常成年男女结婚后,没有采取避孕措施,女方 3 年内没有怀孕,则说明一方或是双方不正常。

三、24 小时健康自测

一般来说,24 小时健康自测主要包括如下内容。

起床时

如果经常出现盗汗(简单地说,睡眠中出汗即为"盗汗")症状,一定要去查明原因,因为盗汗往往是发热的征兆;闻口气,如果起床后口气较臭,可能预示有胃病。

洗脸刷牙时

洗脸时如果发现脸色发黄,且感觉身体疲倦无力,可能提示你患有黄疸。刷牙时如果经常牙龈出血,说明你极有可能患有牙周病,因为健康的牙齿在刷牙时(刷牙姿势得当)是不会出血的;如果经常在刷牙时出现呕吐的感觉,则说明你可能患有慢性胃病。

工作时

如果总感到不明原因的口渴,则可能提示你患有糖尿病,因为无故口渴是糖尿病的典型症状之一;腰酸背痛,如果工作时老是感到腰酸背痛,且颇具疲劳感,则说明内脏或脊椎可能存在问题;记忆力差、健忘,则是神经衰弱和动脉硬化的典型征兆之一;单纯头晕,若不是因为工作单调,请检查一下甲状腺。

回家上楼时

如果回家上楼时,常出现心跳加快,有时还伴有眩晕的感觉,则说明你的心脏功能较弱。除了心跳加快外,如果还出现胸口隐痛或憋闷的感觉,则说明你的心脏和脑部血管可能存在疾病因子,应该尽快去医院检查治疗。

修指甲时

如果指甲呈倒三角形,即指甲的前端增大,根部狭小,提示可能有麻痹性疾病。如果指甲上有点状或丝状白斑,多为慢性肝病、肝硬化、肾病的早期征象。如果指甲上有横向红色带,提示胃肠道可能有炎症或房室间隔缺损、心脏瓣膜脱垂等疾病存在。

洗头时

如果洗头时有大量头发脱落,则说明头发营养不足或可能患有内分泌疾病。

读书看报时

如果读书看报时眼睛疼痛,感觉字迹模糊不清,则可能患有青光眼;如果拿书或报纸的手经常抖动,可能患有甲状腺功能亢进,也可能是帕金森病的前期征兆。

睡觉时

如果经常因脚抽筋而惊醒,可能是缺钙的表现,也可能是动脉硬化的表现;如果睡觉时鼾声不断,且声音较大,则说明鼻子可能出现了问题。

通过 24 个小时的健康自测,一旦发现自己相关部位有疾病的迹象,就应该尽快去医院做相关检查,以便确诊是否需要接受相关治疗。

四、用运动指标做免费体检

运动可以说是每个人都需要的,它不仅可以促进人体血液循环,增进肌肉的力量,消耗体内的脂肪,还能增进神经系统的协调性,使反应能力增强,手脚敏捷。此外,运动还可以活动关节,使年老者的关节灵活,避免过早地发生功能性退变。除了上述益处外,运动还有一个重要的作用——能给我们做免费体检。因为每个人在运动的过程中和运动后出现的一些变化,能较为准确地反映他的健康状况。下面就简要介绍几条"运动指标"作为体检的标准,以便对照检查。

是否有较为强烈的运动欲望 通常情况下,健康的人精力充沛,精神状态良好,对各种运动有较为强烈的欲望,很想"一展身手"。如果身体健康状况不佳,则会对各种运动感到索然无味,甚至一想到运动就禁不住打呵欠,流眼泪。如果出现此种状况,毫无疑问,你的健康状况肯定是不太好的,最好能去医院进行相关的检查。

运动过程中是否有不适感 健康的人在运动的过程中会感到很舒畅,全身充满力量,吸气、呼气很顺畅(剧烈运动除外),如果在运动的过程中出现恶心、呕吐、头晕、头痛,乏力、提不起精神,即使做一些很简单的运动也会感到呼吸困难,这就说明你的健康状况较差,身体某些部位可能存在致病因子。

运动后的饭量如何 一般来说,运动具有开胃的作用,因而运动后,人的食欲会大增,但如果在运动后出现食欲不振、食量减少,甚至不想吃东西,这就暗示肠胃可能存在一些问题。一旦有此种情况出现,就应该及时去医院做肠胃检查。需要注意的是,在运动后出现食欲不振,也可能与运动方式(如长跑后就会出现食欲减退)、运动量(过于剧烈的运动也会导致运动后出现食欲不振)有关,所以不能一概而论。

运动后睡眠质量如何 人在运动后睡眠较好,不仅入睡快,睡得香,而且醒后精力充沛,如果在运动后入睡慢、且在夜间易醒,醒后感觉疲惫不堪,则说明健康状况欠佳,需要及时进行相关检查。

上面4条"运动指标"都是从主观的角度上来进行测定的,因而可能在不同的人身上会有一定的差异。同时,运动还涉及方方面面的问题,如运动时的天气状况、运动者本身的身体状况、运动量的大小,以及运动方式等,这也会对"运动指标"的判断结果产生一定的影响。所以,不能仅凭这4条"运动指标"轻易做出判断。

五、中老年自我体质快速检验法

中老年自我体质快速检验法非常简单,一般只需12分钟即可,不需要花费一分钱。那究竟什么是中老年自我体质快速检验法,其具体内容有哪些,其依据是什么?所谓中老年自我体质快速检验法,即适合中老年人朋友的,通过检验其在12分钟内所跑路程的长短,进而推断其体质状况的一种快速检验方法。

其具体内容为:40~49岁的人,在12分钟内,能慢跑2 500米以上者,说明其体质非常好;能慢跑2 200~2400米者,说明其体质较好;能慢跑1 700~2 100米者,说明其体质一般;仅能慢跑1 300~1 600米者,说明其体质较差;慢跑不到1 200米者,说明其体质非常差。50~60岁的人,在12分钟内,能慢跑2 500米以上者,说明其体质非常好;能慢跑2 000~2 400米者,说明其体质较好;能慢跑1 600~1 900米者,说明其体质一般;慢跑1 200~1 500米者,说明其体质较差;慢跑不到1 200米者,说明其体质非常差。

此种自我体质检验法的依据就是,一个人的吸氧量越大,身体越健康。所以,12分钟内跑得越远,其吸氧量就会越大,体质越好;反之,在12分钟内跑的距离越短,其吸氧量就会越小,体质越差。需要注意的是,此种检查方法可能会受到天气状况、受检者自身身体状况的影响,因而可能在具体的个体上会存在一定的差异。

六、老年人的自我检查

一般来说,老年人的自我检查包括如下内容。

定期记录自己的体重变化 体重的变化,尤其是老年人体重的异常变化,往往是一个危险信号,如果体重持续上升,则要警惕高血压、心脏病,以及高血脂的发生,如果体重出现不明原因的持续下降,则要警惕恶性肿瘤和糖尿病的发生。由此可见,定期记录自己体重的变化,对老年人来说是非常有必要的,这也是观察健康情况的一个非常重要的指标。

学会测量记录体温、脉搏,以及呼吸次数 体温、脉搏,以及呼吸次数与一个人的健康状况密切相关,如果体温变化过大,或是脉搏跳动得过快或过慢,以及呼吸次数过快,均能反映身体某些部位可能出现了问题。尤为重要的是,如果老年人能每天测量记录体温、脉搏,以及呼吸次数,一旦其发生意外事件,其记录的数据就能为医生治病提供非常宝贵的资料。

每天测量血压 很多老年人都有程度不一的高血压,这严重威胁着他们的健康。因为高血压具有突发性,很多外界因素极易诱发它。老年人每天测量血压,就可以随时了解自己的血压状况,一旦血压有异常情况出现,则可及时采取相应措施,从而避免危险的发生。

留心身体出现的任何不适症状 很多重大疾病往往会在早期表现出来,如果老年人能留心身体出现的不适症状,则可以避免很多危险状况的发生。

·眼底出现的某些变化,可能预示着糖尿病、高血压、动脉硬化、慢性肾病以及白血病等。

·如果高血压患者突然出现头晕、头痛,则可能是血压升高的表现,需要立即服降压药。

·如果身体的某些敏感部位,如颈部、腹部,或是女性的乳房等部位,出现了不明原因的肿块,则应该警惕恶性肿瘤的出现,及时到医院进行相关检查。

·如果视力出现不明原因的下降,则要小心白内障的发生;如果上肢或下肢出现活动障碍,则应警惕脑血管疾病的发生。

·如果皮肤颜色发黄,则可能是黄疸或肝炎的先兆。

·要留心大小便的颜色、次数,以及每天排出量的多少,如黑色大便多为消化道出血(也有可能是摄入了大量猪血等含有铁血红素的食物),大便黏稠则表明肠道有炎症发生,大便带血则多见于上消化道溃疡出血、胃肠息肉、小肠出血、肿瘤、肛门疾病,以及一些血液疾病、急性传染药、寄生虫等。

·鼻部集中了五脏的精气,鼻与脏器通过经脉相连,机体内的一些微小变化也能通过鼻子的颜色、形态和功能的改变而反映出来,如果鼻子常有棕色、蓝色或黑色现象,则很有可能是胰脏和脾脏出现了问题;如果鼻子苍白,则应该考虑是否患有贫血;如果鼻子嗅觉不灵,很有可能患有慢性筛窦炎。

总之,只要老年人平常能做好自己身体基本状况的相关记录,并留心身体出现的不适症状,往往就能发现那些潜在的致病因子,从而为早期治疗各种病症提供很好的帮助。

第二章　家庭用药

第一节　用药基本知识

一、药物的剂量

药物的剂量一般是指成人应用药物能产生治疗作用的一次平均用量。药物剂量的大小直接关系着药物对人体的作用,因为药物要有一定的剂量才能在体内达到一定的浓度,只有达到一定的浓度,药物才能发挥应有的作用。同时,药物剂量的大小还关系着用药安全,如果剂量过大,药物在体内的浓度超过一定限度,就容易引起不良反应,甚至导致药物中毒。因此,要正确发挥药物的有效作用,同时避免发生不良反应,就必须严格掌握用药的剂量范围。为此,我们首先应该明确有关剂量的几个基本概念。

药用量

凡能产生治疗作用所需的用量称为药用量,也称剂量或治疗量。药用量有一定的数量范围,应用药物刚能产生治疗作用的最小量称为最小有效量。药用量的最大量称为最大有效量,是安全用药的极限,又称极量,超过极量就有可能发生药物不良反应,甚至引起中毒。最小有效量会因机体反应不敏感而延误病情,而极量又易引起严重不良反应,因此很少使用。临床上为了保证疗效和安全,常采用比最小有效量大,比极量小的剂量,这就是所说的常用量。

中毒量与致死量

药物已经超过极量,使机体开始出现中毒反应的剂量称为最小中毒量。大于最小中毒量,使机体产生中毒症状的剂量称为中毒量。超过中毒量,可引起机体严重中毒以致死亡的剂量称为致死量。

突击量与维持量

药物在体内需要达到一定的浓度才能发挥治疗作用,为了加快血药浓度上升的速度,迅速控制症状,常在首次服药时采取双倍剂量,称为突击量。然后再用较小的剂量维持体内药物的有效浓度,称为维持量。需要注意的是,这种给药方法只适用于极少数药物和疾病,并应在医生的指导下进行。

在治疗过程中,应明确各种药量的准确概念,并根据患者的年龄、性别、生理和病理状态等因素合理调整剂量,以达到安全有效用药的目的。

二、药品的通用名、商品名和别名

药品的名称一般有 3 种,即通用名、商品名和别名。

通用名

通用名是在全世界范围都通用的统一名称,同种药品的通用名一定是相同的,如阿司匹林。任何药品说明书上都应标注通用名。

商品名

商品名是生产企业为了树立自己的形象和品牌,给自己的产品注册的名称,如巴米尔是阿司匹林的商品名。不同企业生产的同一种药品,往往具有不同的商品名,如退热药对乙酰氨基酚(通用名),它的商品名就有泰诺、百服宁、必理通等。商品名的选择侧重于市场宣传,通常比通用名要简单易记,给人以深刻的印象。在选购药品时,要选择那些质量好、知名度高的品牌。

别名

某种药品在过去一段时间内曾使用过一种名称,后来由于一定的原因,统一改为如今的通用名,那个曾使用过的名称就叫作别名。例如:对乙酰氨基酚为通用名,扑热息痛为它的别名。

三、药品的有效期、失效期

有些药品,因为稳定性较差,在贮存过程中易受外界条件的影响而发生变化,会出现药效降低、毒性增高的现象。为了保证安全有效用药,许多药品的外包装(或说明书)上一般都标有"有效期"或"失效期"。需要注意的是,这两种表示方法的含义和所指的时间概念并不相同。

药品的有效期是指在一定条件下,能够保证药品安全有效的期限。由于药品的理化性质和贮存条件的不同,有效期往往长短不一,一般为 1~5 年,没有规定或标明有效期的药品一般按 5 年计算。大多数药品的有效期都在外包装(或说明书)上标明,如标明有效期为 2008 年 8 月,则表示该药品在 2008 年 8 月 31 日前有效。有效期还有另外一种表达方式,如"有效期:2 年",表示该药品从生产日期起 2 年内有效,生产日期可以根据生产批号来判断。

所有正式药品都有一个生产批号,批号一般由 6~8 位数字组成,前两位表示生产年份,紧接后两位表示生产月份,最后的 2~4 位表示生产日期及批次。如批号为 980918,表示该药品为 1998 年 9 月 18 日生产;如批号为 980918-2,则表示该药品是 1998 年 9 月 18 日第 2 批生产的。若同时规定有效期为 2 年,则表示该药品按规定的储存方式可以使用到 2000 年 9 月 18 日。

药品的失效期是指药品在规定的贮存条件下,超过安全有效期限、不能继续使用的日期。如某药品标明失效期为 2007 年 7 月,则表示该药品可以使用到 2007 年 6 月 30 日,从 2007 年 7 月 1 日起失效,不能再使用。

可见,有效期表示的是药品能够使用的最后期限,失效期表示的是药品开始不能使用的起始时间,二者仅一字之差,但具体使用期限却相差 1 个月。例如,某药品标明有效期为 2002 年 10 月,表示该药品可以使用到 10 月 31 日;如果标明失效期为 2002 年 10 月,则表示该药品只能使用到 9 月 30 日,因此不能把二者混为一谈。

另外,有些药品还有负责期或使用期,也称保质期。它表示的是生产单位在一定时间内保证药品质量的期限,在此期间出现质量问题而造成的损失由生产单位负责。负责期既不同于有效期,也不同于失效期。药品过了负责期并不代表该药已经失效或变质,如经检查符合有关质量标准的规定,仍然可以继续使用。

四、如何鉴别药品的假冒伪劣

假药是指使用后会对身体健康造成不同程度的损害,或虽无损害但却达不到治疗目的而延误病情的某些药品。新修订的《中华人民共和国药品管理法》规定:有下列情形之一的,为假药。药品所含成分与国家药品标准规定的成分不符的;以非药品冒充药品或者以他种药品冒充此种药品的。有下列情形之一的药品,按假药论处:国务院药品监督管理部门规定禁止使用的;依照本法必须批准而未经批准生产、进口,或者依照本法必须检验而未经检验即销售的;变质的;被污染的;使用依照本法必须取得批准文号而未取得批准文号的原料药生产的;所标明的适应证或者功能主治超出规定范围的。

药品成分的含量不符合国家药品标准的,为劣药。有下列情形之一的药品,按劣药论处:未标明有效期或者更改有效期的;不注明或者更改生产批号的;超过有效期的;直接接触药品的包装材料和容器未经批准的;擅自添加着色剂、防腐剂、香料、矫味剂及辅料的;其他不符合药品标准规定的。

假药和劣药不符合国家药品规定,应避免使用。那么,我们该如何鉴别药品的假冒伪劣呢? 一般情况下,应从以下几个方面入手。

鉴别药品包装

药品包装盒是药品的"外衣",包装盒上一般要注明药品名称、注册商标、剂量、规格、生产厂家、生产日期、批准文号、生产批号及有效期等。一般正规药品的包装表面平整,颜色鲜明、均匀,封装严密,切边平整无毛边,压纹、压线规则,字体印刷清晰,无错字、漏字。而假药的包装盒一般较薄且软,多用白板纸制成,色泽较暗,字迹模糊,折痕不够齐整,切边粗糙,药品相关信息内容不全。药品说明书中如果出现国家禁止印制的内容,如"正宗藏药""祖传秘方""包治百病"等字样的药一般都是假药。

鉴别药品标签、说明书等

正规药品的标签、说明书、合格证、封签等纸质细腻,厚度适中,印刷精美,字迹清晰,无错字、漏字,字面光滑,字体边缘无毛边,字体、字号一致,无改动迹象,产品批号、有效期等内容与外包装内容一致,盖印位置一致,封签粘贴牢固,不易剥离,无撕下重贴的痕迹。除注明包装盒上的内容外,说明书还要注明主要成分、性状、药理、适应证或者功能、用法用量、不良反应、禁忌证和注意事项等内容。

鉴别药品外观

片剂颜色应均匀一致,大小厚薄相同,不得有裂片、松片、粘连、潮解、变色、花斑等现象;胶囊剂应大小一致,颜色均匀,壳内无杂质,壳内颗粒应大小均匀,装量适中,不得有瘪粒、变形、膨胀、色斑、变色、潮解、断裂漏粉、漏油等现象;颗粒剂应颗粒均匀,颜色一致,无结块、异物、异味等现象;口服液应颜色正常、一致,无明显沉淀、浑浊、结晶、絮状物等现象;注射液应澄清、颜色一致,无变色、杂物、沉淀、浑浊、结晶、絮状物等现象;膏剂应无干涸、水油分离等现象。

充分运用口鼻器官

有些药品有特殊的气味,如"三九皮炎平软膏"有较浓的薄荷味,可作为鉴别真伪的重要依据。另外,通过品尝药品的味道也可以辨别药品的真伪。如"海王银得菲"有苦味,而伪品有微甜味;"严迪"味苦,伪品有滑石粉或淀粉味。

用防伪技术鉴别

有的药品有防伪标识,如"三九感冒灵冲剂"的封签采用热敏防伪技术,在手温下或用火稍加热会变色,手或火离开后又会迅速恢复原色调。有的采用电码防伪技术,可按照包装或说明书指示的方法拨打电话查询或上网查询。另外,大部分名牌药品说明书中都注明了特殊的防伪措施,可依照鉴别。

除此之外,到正规医疗单位和合法的药品销售单位购买药品,也是避免买到伪劣药品的重要途径。

五、如何判断药品是否变质

药品容易受到光线、温度、湿度、微生物等因素的影响与破坏。如存放不当或存放过久,轻者会使药品质量下降或变质无效,重者会造成不良后果甚至威胁患者的生命。

要判断药品是否变质,除了查看药品说明书上标注的有效期外,还可以通过观察药品的外观形状进行判断。

片剂

外观应光洁完整,色泽均匀,无花斑、黑点,无碎片,无霉菌生长,无异臭等。如药片有白色片变黄、颜色加深或不均匀、有斑点、表面凹凸不平、松散、膨大、变形、裂片、粘连、潮解、异臭等现象时,说明药片已发霉、变质,不可再用。糖衣片稍褪色时尚可考虑继续使用,若已全部褪色或糖衣面发黑,出现严重花斑、受潮、发霉、糖衣层裂开、溶化、粘连等情况时,则不可再用。

胶囊剂

装粉剂的硬胶囊若出现受潮粘连、破裂漏粉、软化、变色、结块、发霉等现象时,说明已经变质。软胶囊多用于装油性或其他液体药品,若出现破裂漏油、受潮粘连、浑浊、异臭等现象,说明已经变质,不可再用。

散剂及颗粒剂

应干燥、松散,色泽、颗粒应均匀,若出现吸潮、发霉、结团、结块、生虫、变色、粘连、异臭以及色泽不一致等现象时,说明已经变质,不可再用。

注射剂

注射剂除个别特殊的药品允许有轻微浑浊外,一般都要求是澄明的液体。若出现明显浑浊、沉淀、结晶析出且经过加热不能溶解者,或出现变色、霉点等现象时,都不应使用。粉针剂应为白色、干燥、松散的粉剂或结晶性粉剂,若出现色点、异物、粘瓶、结块、溶化及变色现象,则说明药品已经变质。

水剂(包括眼药水、滴鼻剂、滴耳剂)

除了极少数为混悬液以外,一般药液应澄清透明,如出现药液颜色变深、浑浊、霉点、沉淀、分层、悬浮、絮状物、异味以及说明书上未注明的固体结晶等现象,说明已经变质,不可再用。

糖浆剂、合剂、口服液

若出现析水、沉淀、发霉、变色、浑浊等现象及有异味、打开后有气泡产生时,说明已变质。

软膏剂

一般较稳定,若出现酸败、异臭、溶化、分层、硬结等现象,说明已经变质。若出现油水分离或结晶析出,经加工调匀后可使用,但若变色、异臭者则不能使用。

丸剂

若出现变形、变色、发干、霉变生虫、有异味等现象,不能使用。

六、处方药与非处方药

家庭用药时要注意处方药和非处方药的区别。最显而易见的区别是购药时是否需要医生的处方。此外,二者在药理作用、使用剂量、服用时间等方面有着一定的区别。

处方药是指必须凭借有处方权的医生所开具出来的处方才能从药房或药店购买,并要在医生监控或指导下使用的药物。国际上通常用 Prescription Drug 表示处方药,简称 R,常见于医生处方左上角。

处方药的药理作用较强,主要用于治疗病情较为严重的疾病,且容易引起不良反应。一般包括以下几类:刚上市的新药,由于上市时间短、试用人数少,其药物活性、毒副作用等还不完全明了,需进一步观察验证。某些可产生依赖性的药物,如吗啡类麻醉药、镇静药、安眠药、抗焦虑药等。毒性较为剧烈的药物,如抗癌药物等。用于治疗某些特殊疾病的药物,如心脑血管疾病用药、糖尿病用药及治疗细菌感染性疾病的抗生素等。

此外,处方药只允许在专业性医药报刊进行广告宣传,而不能在大众传播媒介做广告。

非处方药是指那些不需要持有医生处方就可以直接从药房或药店购买,消费者凭自我判断,按照药物标签和使用说明书就可自行使用且安全有效的药物。国际上常用 Non-prescription Drug 表示非处方药,在美国又称为"柜台销售药",即 Over the Counter,简称为 OTC,现已经成为国际上通用的非处方药的简称。

非处方药物主要包括以下几类:呼吸系统疾病用药,如镇咳药、祛痰药等。消化系统疾病用药,如抗消化性溃疡药、助消化药、胃肠解痉药、止泻药、止吐药等。解热镇痛药。关节疾病用药。耳鼻喉科疾病用药。营养补剂,如维生素、矿物质及某些中药补剂等。

　　非处方药具有以下特点:购买和使用时不需要医务人员的监督、指导,患者可按照药物标签或使用说明书自行使用。适应证是患者能自我做出明确诊断的疾病,一般为轻微、短期、稳定的病症及不适。药物起效迅速,疗效确切,使用方便,价格较低。一般没有毒性,不含成瘾成分,按规定方法使用安全有效,不会引起药物依籁性,毒副作用较少、较轻,而且容易察觉,药物不在体内蓄积,不会引起耐药性和抗药性,与其他药物相互作用也小。供儿童和成人使用的非处方药分别制备或包装。稳定性好,即使在不良条件下储存也不易变质。

　　事实上,处方药和非处方药并不是药品本质的属性,而是管理上的界定。在不同的条件下,某些药品既有处方药身份,又有非处方药身份。例如,用于治疗皮肤过敏的氢化可的松外用软膏剂可作为非处方药,而用于急性炎症、风湿性心肌炎、类风湿关节炎以及支气管哮喘等其他疾病的氢化可的松制剂(如片剂和注射剂)则属于处方药。

七、缓释剂和控释剂

　　缓释剂和控释剂是较新的药物剂型,相对于常规剂型而言,它们的优点是能控制药物释放的速度,减少或避免血药浓度的"峰谷"波动,使药物较平稳地持续发挥疗效。

　　缓释剂是先将药物制成小的颗粒,然后分做数份,少数不包衣的为速释部分,其他部分分别包上一层特殊的衣,为缓释部分。把这些颗粒按照一定的比例进行混合,然后制成片剂或胶囊剂,这就是缓释剂。服药后,速释部分迅速释放药物,使体内很快达到所需的血药浓度,立即产生药效;之后缓释部分缓慢释放出药物,保持体内血药浓度的稳定,使药物较平稳地持续发挥疗效。缓释剂能有效地控制药物在体内释放和吸收的速度,并能克服血药浓度时高时低的波动现象,提供一个较为平稳的血药浓度,从而能够避免或减少药物不良反应和中毒的发生。同时,缓释剂还能延长药物的作用时间,减少了用药次数和用量。

　　控释剂是指在单位时间里,释放出的药量能够受到"控制"的药物剂型。用药后药物能以一定的速度缓慢、均匀、持续地释放出来,从而使血液中的药物浓度更为稳定,能进一步提高治疗效果并减少不良反应。如氨茶碱控释片,每12小时只需服用1次,便可将血药浓度稳定地控制在最佳治疗范围内。

　　因为缓释剂和控释剂多采用"包衣"技术,如果包衣破损,药物就不能正常发挥疗效,也起不到缓释和控释的作用。因此,在服用缓释剂和控释剂时严禁掰开或嚼碎使用,也不能分次使用,只能用温开水直接吞服。另外,缓释剂尽量空腹服用。

八、慎用、忌用与禁用

　　绝大多数的药物说明书或标签上都标注有"慎用""忌用""禁用"的字样,这3个词虽然只有一字之差,但含义却大不相同。

　　"慎用"是指应谨慎、小心使用,在使用过程中应注意观察是否发生不良反应,一旦发现问题要立即停药,并向医生咨询。但"慎用"并不表示绝对不能使用。慎用药物通常是针对婴幼儿、老年人、孕妇、哺乳期妇女以及心、肝、肾等器官功能不全的患者。这些人因为生理上的特点或病理上的原因，体内解毒、排毒的功能或某些重要脏器的功能低下，在使用某些药物时，容易出现不良反应。因此，遇到必须使用慎用药物的情况时应格外小心，一般应在医生的指导下使用。

"忌用"指避免使用或最好不用。忌用药物的不良反应比较明确，有些患者在服药后可能会出现明显的不良反应，造成不良后果。如磺胺类药物对肾脏有损害作用，肾功能不良者忌用。但是，当病情确实需要，不得不使用某些忌用药物时，应当在医生的指导下选择药理作用类似、不良反应较轻的其他药物代替。如果非用不可，必须同时服用能对抗或削弱其不良反应的药物，将不安全因素降到最低限度。

"禁用"就是禁止使用，说明书中指出的禁用者如果贸然使用禁用药物，将会出现严重不良反应或中毒，重者甚至威胁生命。如阿司匹林可损伤胃黏膜，有消化性溃疡的患者应禁用；吗啡对呼吸中枢有抑制作用，支气管哮喘及肺源性心脏病患者禁止使用。

对于标有"慎用""忌用""禁用"字样的药物，患者在使用时要格外注意，尽量不要自行使用，最好听从医嘱，以确保用药安全。

九、"遵医嘱"的含义

许多药品的说明书或标签上，都在"用法用量"项目中标有"遵医嘱"的字样，这是在提醒患者在服药时要按照医生或药师的指导，不可自作主张，擅自用药。

标出"遵医嘱"字样是因为以下几个方面原因。

· 药品说明书或标签上注明的剂量是常规剂量，是指正常成人的平均用量，也就是说一般病情可以按此剂量服用。但是，由于每个人的年龄、性别、体质、病情以及对药品的敏感程度各不相同，用药量也不可能完全一样。所以，患者在用药时应由医生根据具体情况决定加大或减少用量，以使用药更加合理，取得最佳的治疗效果。如抗生素类、降血糖类、降血压类药品，由于用法特殊，需要遵医嘱服用。

· 一种药品往往不止有一种用途，治疗目的不同，所需要的剂量也不同。也就是说，药品作用的性质与剂量的大小有关，剂量不同，所产生的作用也不相同。如巴比妥类镇静安眠药，一般小剂量服用时可产生镇静作用，能缓和激动情绪，使患者安静；中等剂量服用时会引起近似生理性睡眠，可用于治疗失眠症；大剂量服用时则会产生麻醉、抗惊厥的作用。一般药品说明书标注的都是主要用途时的用药剂量，而在用于其他治疗目的时，则应由医生或药师根据具体病情进一步确定剂量。

· 有些药品虽然具有一定的副作用，但在治疗某些疾病时疗效显著，是其他药品所不能替代的。这时，就需要医生或药师根据患者的具体情况，权衡利弊后再决定是否使用此药品；如果决定使用，还需要确定最佳用量。

· 有些患者需要同时服用多种药品（包括中、西药），有些药品同时使用会起到增强疗效的效果，但有时也会增加不良反应，甚至给患者的身体带来严重的损害。而对于药品之间的相互影响，大多数患者是不清楚的。所以，在同时服用几种药品时，一定要向医生或药师进行咨询。

十、如何区分药品、保健食品

药品是指用于预防、治疗、诊断人体疾病,有目的地调节人体生理功能,并规定有适应证或者功能主治、用法用量的物品。我国《保健食品管理办法》对保健食品所下的定义是:"系指标明具有特定保健功能的食品,即适于特定人群食用,具有调节机体功能,不以治疗疾病为目的的食品。"区分药品和保健食品,可以从以下 2 个方面入手。

通过外包装批准文号进行区分

药品和保健食品批准文号的格式和内容有不同之处。2001 年,国家食品药品监督管理总局把药品批准文号和试生产药品批准文号的表达格式统一规定为"国药准(试)字+1 位汉语拼音字母+8 位阿拉伯数字"。保健食品的外包装上应印有蓝色草帽形状的"保健食品"标志,其下方印有"保健食品批准文号"。根据有关规定,2003 年 6 月以前批准的保健食品批准文号的格式为"卫食健字(××××)第×××号",2003 年 10 月以后批准的格式为"国食健字(××××)第××××号"。其中,前 4 位数字代表批准年份,后 4 位数字代表流水号,且每个品种只有一个批准文号。2005 年 7 月 1 日,国家食品药品监督管理总局对保健食品的批准文号进行了调整,调整后的国产保健食品批准文号的格式为"国食健字 G+4 位年代号+4 位顺序号",进口保健食品批准文号的格式为"国食健字 J+4 位年代号+4 位顺序号"。可见,通过查看外包装上的批准文号,就能直观地区分出药品和保健食品。

从作用进行区分

药品一般都在标签或使用说明书中标注有明确的适应证、不良反应、用法、用量、禁忌证和注意事项等内容,且须在医生的指导下服用;而保健食品虽然也标注有适宜人群、食用量、食用方法等内容,但它的使用疗程较长,以调节机体功能为主要目的,对人体有一定程度的滋补营养、保健康复作用,只能对疾病的治疗起到一定的辅助作用,而代替不了药品的治疗作用,且不会对人体产生任何急性、亚急性或者慢性危害。

十一、家庭常备药品注意事项

要注意防潮、避光和防高温

药品很容易因光、热、水分、空气、酸、碱、温度、微生物等外界条件的影响而发生,变化,而导致变质失效。因此,为了避光、防潮,药品在保存时最好分别装入棕色瓶中,拧紧瓶盖(有些还要用蜡封上),放置于避光、干燥处,不宜用纸袋、纸盒保存,以防变质失效。部分易受温度影响的药品,如利福平眼药水等,可放入冰箱内保存;而酒精、碘酒等易于挥发的药品使用后除了要密封外,还应放在 30℃ 以下的阴凉低温处保存。另外,气雾剂装有抛射剂,汽化时能产生一定的压力,一旦受热、受撞击,将很容易发生爆炸。因此,应放在阴凉处保存,避免受热和日光直射,并要注意防止挤压和撞击。

标签要完整、清晰

药品的原有标签要完整、清晰,如不小心损坏标签,造成内容残缺或模糊不清,则不宜继续使用。如果药品不是原装而是散装,则应按类分开,并贴上醒目的标签,详细注明药品名称、用途、用法、用量、存放日期、失效期、注意事项等内容。

注意有效期

在使用药品之前,首先要查看药品的有效期,过了有效期便不能再使用,否则会影响疗效,甚至带来不良后果。对于没有注明有效期的药品,可以从外观上加以鉴别。如出现片剂松散、变色,糖衣片的糖衣、胶囊剂的胶囊粘连或开裂、丸剂粘连、霉变或虫蛀,散剂严重吸潮、结块、发霉,眼药水变色、浑浊,软膏剂有异味、变色或油层析出等情况时,则不能再用。另外,药品的保存时间不宜过长,每年应定期对备用药品进行检查,及时更换。

合理存放

所有药品均应放在儿童拿不到的地方,以防止儿童误服。毒性较大的药品要单独保存起来,不和其他药品放在一起,以防止拿错,特别是防止儿童误服。药品最好保存在原有的包装中,不要换装在有其他药品标签的旧包装里,以免被当作其他药品误服。

成人药和儿童药要分开保存。内服药和外用药要在标签上写清楚,分别存放。宠物用的兽药和灭害虫药要单独保存。

为了保证家庭用药安全、有效、经济,尽量不要大量贮存药品,品种和数量宜精不宜多,以免忙中出错,造成误服。

十二、家庭药箱常备药

配备家庭药箱是为了日常生活中的应急和方便,以便在发生小伤小病时能及时治疗、尽早控制,或在去医院前进行临时处理。家庭药箱常备哪些药,应根据每个家庭的具体情况而定。如家中有老年人、幼儿,或有慢性病的患者等,应以各自不同情况准备常用药。以下几大类药物是家庭药箱中必备的常用药物,可从每一类中选出2~3种备用。

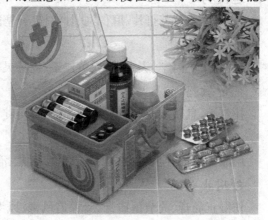

家庭药箱

感冒药

感冒清热冲剂、板蓝根冲剂、小儿感冒冲剂、清热解毒口服液、速效伤风胶囊、银翘解毒丸(片)、强力银翘片、藿香正气片(丸、水)、感冒清、清开灵、双黄连、病毒灵、病毒唑、感冒通、克感敏、扑尔敏、白加黑、力克舒、康泰克等。

解热镇痛药

阿司匹林、复方阿司匹林（APC）、扑热息痛（必理通、泰诺、百服宁）、布洛芬（芬必得、美林、托恩）、消炎痛、去痛片、安乃近、安痛定等。

止咳化痰药

咳必清、必嗽平、咳快好、舒喘灵、息可宁、沐舒坦、美可、咳近、复方甘草片、川贝枇杷露、蛇胆川贝液、急支糖浆、止咳糖浆、祛痰灵、痰咳净、氨茶碱、美普清、喘速康等。

清咽消暑药

清咽饮、泰乐奇、咽速清、金喉健、口炎清、冬凌草片、藿香正气水、人丹、十滴水、溶菌酶、西瓜霜、华素片、草珊瑚、金果饮等。

抗菌消炎药

阿莫西林、先锋Ⅳ、先锋Ⅵ、红霉素、罗红霉素、阿奇霉素、麦迪霉素、乙酰螺旋霉素、黄连素、吡哌酸、利复星、诺氟沙星、环丙沙星、复方新诺明、克霉唑、甲硝唑、制霉菌素、达克宁等。

镇静安眠药

安定、舒乐安定、苯巴比妥等。

胃肠解痉药

普鲁本辛、胃舒平、复方颠茄片等。

助消化药

酵母片、多酶片、乳酶生、山楂丸、复合维生素 B、吗丁啉等。

通便药

果导片、大黄苏打片、麻仁丸、甘油栓、开塞露等。

止泻药

易蒙停、止泻宁、庆大霉素、黄连素、痢特灵等。

抗过敏药

扑尔敏、息斯敏、开瑞坦、去氯羟嗪、赛庚啶、苯海拉明糖浆等。

急救药

硝酸甘油片、速效救心丸、复方丹参滴丸、消心痛、心痛定、安定栓剂等。

外用止痛药

伤湿止痛膏、关节镇痛膏、麝香追风膏、风湿膏、烫伤膏、红花油、活络油、好得快喷雾剂等。

外用消炎消毒药

酒精、碘酒（碘酊）、红药水、紫药水、高锰酸钾、氯霉素眼药水、金霉素眼膏或眼药水、金霉素或红霉素软膏、皮炎平软膏等。

慢性病患者还可根据病情备药

地高辛、络活喜、异搏定、开搏通、蒙诺、康可、辛伐他汀、苯妥英钠、丙戊酸钠、卡马西平、妥泰、谷维素、维生素类(维康福、贝特令、伊可欣、小施尔康等)。

避孕药

复方快炔诺酮片、复方醋酸甲地孕酮片、复方孕二烯酮片等。

除了药物外,药箱中最好备有其他基本的医疗用品,如体温计、小剪刀、镊子、创可贴、风油精、清凉油、季德胜蛇药、84消毒液、消毒棉签、纱布、胶布、绷带、冰袋等,有条件的家庭还可准备血压计、血糖仪、氧气袋。为了保险起见,最好再备有一本药物手册和急救知识手册,并记下120、110等呼救电话。

需要提醒的一点是,家庭备药除了个别需要长期服用的品种外,其他药物的备用量均不宜过多,一般够三五日剂量即可,以免备量过多造成失效浪费。药箱要定期清理,及时淘汰过期和变质的药物,并补充相应的药物。

十三、旅游用药的配备

旅游时最常遇到的是水土不服、腹泻、感冒、上火以及晕车晕船等。如果从事野外旅游,则可能被蚊虫叮咬或有外伤;加上旅游时人群流动性大大增加,患传染性疾病的概率也明显增多。因此,在外出旅游时,建议随身携带以下药物,以备不时之需。

防晕药

有乘晕宁、乘晕静、茶苯海明等,在上车(船)前半小时服用。

感冒药

速效伤风胶囊、板蓝根冲剂、白加黑、新康泰克、复方感冒灵、感冒通、重感灵等,可任选一种或几种,一旦出现感冒初始症状就立即服用。

抗菌消炎药

阿莫西林、复方新诺明、牛黄解毒片、银翘解毒片、草珊瑚含片、乙酰螺旋霉素片等,可用于治疗扁桃体炎、咽炎、支气管炎、牙龈炎、口腔溃疡及毛囊炎、疖肿等。

止泻药

可带黄连素片、诺氟沙星或思密达等,一旦出现腹泻应赶快服用。

防便秘药

最好带上酚酞片及有关治便秘的其他药物。

镇静、安眠药

若因生活环境改变或兴奋过度而睡不着觉,可服用安定、舒乐安定、利眠宁等。

消化系统用药

当出现胃痛、呕吐、嗳气、胃胀时,可服用胃舒平、胃复安、斯达舒胶囊、多酶片等,以帮助消化、增进食欲等。

防痔疮药

高锰酸钾溶液、痔疮膏和痔疮栓等。

防心脑血管疾病药

老年人外出还应带速效救心丸、冠心苏合丸、硝酸甘油、安搏律定等药。当有发病迹象时,应马上吃药,以防心脑血管出现意外。

伤科药

应备有伤湿止痛膏、宝珍膏、麝香跌打风湿膏、正红花油、驱风油、云南白药和碘酒、红药水、创可贴等,以防止扭伤淤肿、跌打损伤、刀伤、烫伤、烧伤、风湿骨痛、头风胀痛、蚊叮虫咬等。冬季旅游还应带上冻疮膏。

防暑药

夏季旅游还应带仁丹、清凉油、十滴水、莪术油、风油精、白花油等,以防中暑。此外,最好带上痱子粉,患有脚气者还要带一支达克宁霜。

十四、自购药品应注意的问题

药品分为处方药和非处方药。处方药的管理比较严格,需持有医生开具的处方才能购买。非处方药疗效确切、使用方便、安全性高,可自行到药店购买。

在自行购买药品时应注意以下几点。

根据自己的病情选择适合的药品

可以选购自己以前使用时感觉疗效比较好的药品,如果自己不清楚,可以向医生、药店的职业药剂师或柜台营业员进行咨询。尽量买疗效好、毒副作用小的药品。

选购能自行使用的药品

药品有很多剂型,适宜于家庭使用的主要是口服制剂和外用制剂,而注射制剂等在特殊条件下才会使用,故不宜购买。

选择易于保存、包装完整的药品

一般应购买易于保存的小包装的整瓶、整盒药品,药品包装要完整,一定要有药品说明书,并标明药品的生产日期和有效期等。对零散的片剂、丸剂、胶囊剂等,应用瓶或盒分别包装,并立即贴上标签,注明药品的名称、用途、用法、用量及有效期等。

选择正规地点购药品

不能在不具备药品销售资质的地方随处购买药品,应到正规医院或"三证"齐全的超市、药店购药。"三证"是指营业执照、药品经营企业合格证和药品经营企业许可证,不要相信所谓的"祖传秘方""包治百病"等广告宣传,更不能到游医、地摊上购买药品,以防上当受骗。

认准药品的名称

每种药品都有通用名和商品名,甚至可能还有别名等,很容易造成混淆。有些药名仅仅一字之差,而作用却相差万里。如优降宁和优降糖、安定与安宁、达力新与达力士等,都属于两种不同的药品。所以,买药时一定要认准药名,绝不能搞错,以免误买误服,造成不良后果。

认真查看所购药品的包装

正规的药品在外包装上都有药品监督管理部门的批准文号、药品生产单位的生产批号、非处方药"登记证书编号"、经过批准的注册商标及生产厂家的名称。同时还要具有国家统一的非处方药专有标识,即在药品说明书和药品包装的右上角固定位置印有"OTC"字样。无上述标志或标志不全的,不宜购买,以防假药。

仔细检查药品是否过期或变质

在购药前要仔细核对药品包装上的有效期或失效期,确定药品是否过期。如果过期则坚决不能购买。如果药品没有过期,还要通过检查药品的外观、气味等,确定药品是否变质。

考虑患者的年龄、生理状况等因素

老年人、儿童、孕妇对药品的反应有特殊性,因此在为这些人购买药品时应格外注意药品的毒副作用,同时还要考虑用药的禁忌。

考虑购药的数量和用途

自购药品的数量不宜过多,以免不能在有效期内用完,导致过期失效,造成浪费。如所购买的药品只是为了贮存而并非急用,应选择距离失效期较远的药品。

除了以上几点,购药时还要避免以下几个误区。

价格越高越好

药品的价格与疗效并不成绝对的正比关系,所以不能只以价格的高低评定药品的好坏。

新药比旧药好

新药固然有它的优点,但它同时有很多的不确定性。由于上市时间短、试用人数少,新药的适应证、禁忌证、毒副作用等还不完全清楚,还需要时间来验证,而旧药的药性就相对清楚得多。

进口药比国产药好

进口药在提炼、制作方面虽然有它的独到之处,但由于中国人和外国人存在种族的差异,因此在体格和对药品的敏感性等方面也不尽相同,所以进口药对我们未必都是适合的。另外,进口药在价格上要比疗效相当的国产药高得多。

品种越多越好

因为药品之间存在配伍禁忌,多种药物同时服用可能会产生一些不良反应,轻则疗效降低,重则引起中毒,甚至危及生命。另外,同时服用多种药物,还可能因药物成分相同,造成重复用药。所以,要有针对性地购药,不应盲目贪多。

"名气"越大,药品越好

药品的"名气"很大程度上是由铺天盖地的广告制造出来的,但广告所宣传的多是药品的优点、特效,有失客观、全面,有的还有夸大宣传的成分,并不完全可信。因此,购药时不要只看药品的名气,更重要的是药品的疗效和适合病情。

十五、药物个体差异

不同患者对相同剂量的同一种药物可产生明显不同的反应,这种个体之间的差异,称为药物的个体差异。

药物的个体差异一般表现为以下3种形式。

高敏性

有些人对某些药物的作用特别敏感,只需使用很小的剂量就能产生明显的疗效,如果使用常用剂量甚至会发生中毒反应,这在临床上称为高敏性。如有的人对青霉素有高敏性,即使在做皮试时使用微小的剂量,有时也会引起过敏性休克甚至死亡。所以,对药物有高敏性的人群,在使用某些药物时应酌情减小剂量。

耐受性

有些人在连续服用某种药物后,身体对该药物的敏感性降低,再使用常用剂量时往往疗效不明显,甚至无效,只有增大剂量甚至用最小中毒量才能达到原有的治疗效果,且机体能耐受,这种现象叫作药物的耐受性。对药物有耐受性的患者,应酌情增加该药物的使用剂量。

特异性

有些人对某种药物的反应与该药通常所表现的作用完全不同。对于同一种药物,有些人一接触就出现中毒反应,而一般人即使大剂量使用也不会出现这种反应,这就叫作特异性反应。如新山地明或赛斯平等器官移植抗排斥药物,有些肾移植患者大量服用仍会出现慢性排斥反应,而有些患者即使服用量非常小,也能有效地防止慢性排斥反应。

引起个体差异的原因

遗传原因

如先天性缺乏葡萄糖脱氢酶的患者,如果服用扑热息痛、阿司匹林等药物,易造成溶血反应。

生理原因

如洋地黄对于有水肿的心脏病患者有利尿作用,但对无水肿的患者就不能增加尿量。

病理原因

有些药物如果重复给药,会产生耐受性,使药效降低,例如反复给予麻黄素会使其平喘作用明显减弱。同时使用两种以上药物,也会产生一定的相互影响,例如心得安与硝酸甘油合用,都能提高疗效。

十六、药物的不良反应及其种类

世界卫生组织对药物不良反应所下的定义为:"为预防、诊断或治疗疾病,或为改善生理功能而服用适当剂量药物所引起的有害的、非预期的或治疗上不需要的反应。"我国《药物管理法》规定的定义为："合格药物在正常用法用量情况下出现的、与用药目的无关的或意外的有害反应。"由此可见,药物不良反应一般是指在正常用药的情况下,由药物引起的对人体造成损害的一种反应。而由用药不当所引起的反应,如用错药物、超剂量用药、滥用药物、自杀性过量服药等均不属于药物不良反应的范畴。

药物不良反应分类方法有很多种,通常按其与药理作用的关系而分为 A 型和 B 型两类。

A 型不良反应又称为剂量相关的不良反应,是由药物的药理作用引起的不良反应,一般与药物的剂量有关,有一定的规律性,多数可以预测,发生率较高而死亡率较低。

B 型不良反应又称为剂量不相关的不良反应,为机体的异常反应性所致,与正常药理作用无关,一般和药物的剂量无关,通常很难预测,发生率较低而死亡率较高。

A 型不良反应包括副作用、毒性反应,而停药反应、继发反应、后遗效应、首剂效应等由于与常规药理作用有关,也属于 A 型不良反应的范畴。

副作用

药物的副作用是指药物按常用剂量应用时,伴随治疗作用而出现的与治疗目的无关的其他作用。副作用产生的原因,主要是因为一种药物通常有多方面的作用,当某一作用用作治疗目的时,其他作用便成为副作用。所以,药物的副作用也是药物本身所固有的一种药理作用。但副作用并不是绝对的,它和治疗作用在特定的情况下可以相互转化。例如,异丙嗪不但具有中枢抑制的作用,而且具有抗过敏作用。当用于抗过敏时,则中枢抑制作用所引起的嗜睡就是副作用;反之,当用做镇静治疗时,则中枢抑制作用又成为治疗作用了。

药物的副作用是在常用剂量下发生的,因此难以避免,但一般较轻,属患者可以耐受的范围。但当副作用使患者的某种疾病加重或引发其他疾病时,则要考虑停用此药或换用其他药,也可以增加其他药物来抵消副作用。另外,药物的副作用是可以预料的,患者可以参照说明书上标注的禁忌证有选择性地使用。

毒性反应

毒性反应是由于药物作用剧烈,或用药量过大、用药时间过长所引起的机体功能紊乱,甚至是器官组织病理变化,是一种比较严重的不良反应,对人体的损害较大。如多种抗癌药物引起的骨髓抑制、严重贫血、长期大量使用链霉素导致的耳聋,磺胺类药物引起的蛋白尿、血尿、肾功能减退等。

药物的毒性反应可发生在人体内的各个系统、器官或组织,但多数都有各自的特点,因此一般情况下是可以预料的。只要全面掌握药物的药理作用,采用正确的用药方法和剂量,毒性反应是可以避免或减少的。

后遗效应

后遗效应是指停药后仍残留在体内的、低于最低有效治疗浓度的药物所引起的不良反应。有的后遗效应比较短暂,如服用巴比妥类安眠药后引起的嗜睡现象;

·健康医疗·

图文珍藏版

有的后遗效应也可能比较持久，如长期服用肾上腺皮质激素，停药后可出现肾上腺皮质功能低下，数月内不能恢复。少数药物还可能导致永久性器质性损害，如链霉素引起的永久性耳聋。

停药反应

长期服用某种药物时，如果突然停药或减量太快，会引起原有疾病病情恶化，这叫作停药反应，又称回跃反应或反跳现象。长期连续使用某些药物，可使人体对此种药物的存在产生适应。骤然停药后，人体一时无法适应这种变化，就可能产生不良反应。

很多起调整机体功能作用的药物都会引起停药反应，如长期使用巴比妥类药物，骤然停药或减药过速时可引起烦躁不安、精神恍惚和失眠等。因此，对于长期使用的药物，一般不能突然停药，而应采取逐渐减量的办法，从而避免或最大限度地减少停药反应的发生。

继发反应

有时候药物本身的治疗作用也会引起不良反应，这种反应称为继发反应，又称治疗矛盾。如长期使用广谱抗生素，会抑制肠道内敏感细菌的生长，造成不敏感的细菌大量繁殖，导致葡萄球菌肠炎或念珠菌病。这就是使用药物治疗所产生的继发性反应。

首剂效应

一些患者在初次服用某种药物时，由于机体对药物的作用不能适应而引起的较强的反应称为首剂效应。有些药物，本身作用较为强烈，首剂如按常量服用，可能出现强烈的效应，致使患者不能耐受。如降压药可乐定，首剂按常量服用，常会出现血压骤降现象。因此在使用此种药物时，应从小剂量开始，然后根据患者的病情和耐受情况逐渐加大到一般治疗剂量，以确保安全。

B 型不良反应包括过敏反应、特异体质反应、药物依赖性及致癌、致畸和致突变作用。

过敏反应

过敏反应也叫变态反应，是指有过敏体质的患者使用某种药物后产生的不良反应，其实是一种免疫反应。过敏反应可发生在各个系统、器官和组织，表现形式多种多样，轻重程度也各不相同，轻微的过敏反应以皮肤过敏最为多见，如瘙痒、各种类型的皮疹、荨麻疹、红斑、水泡等，严重的过敏反应表现为剥脱性皮炎、哮喘、血管神经性水肿，甚至过敏性休克。

过敏反应与药物原有的药理作用无关，反应的严重程度与用药剂量也没有直接关系。对该药不过敏的患者，即使使用了中毒剂量也不会发生过敏反应，而有过敏体质的患者在使用常用剂量甚至极小剂量时就会发生严重反应，如有些人只要一接触青霉素溶液就会发生严重的过敏反应。

由于过敏反应只发生于少数过敏体质患者，所以发病率并不高。多数过敏反应不严重，停药后反应就会自行消失，但少数过敏反应如过敏性休克等会引起严重后果，抢救不及时还会危及生命，应予以足够的重视。对过敏体质者和一些易致过敏的药物如青霉素等,用药前应做皮试,以确保用药安全。

特异体质反应

极少数特异体质患者对某些药物的反应异常敏感,常可引起与一般患者不同的反应,而且与药理作用毫不相关,也不取决于药物剂量的大小。这种特异质反应与遗传有关,有先天性特点,大多是由于机体缺乏某种酶,引起药物在体内代谢受阻所致。如葡萄糖-6-磷酸脱氢酶缺乏症患者,在使用伯氨喹、磺胺等药物后可导致紫绀、溶血性贫血等。假胆碱酯酶缺乏者,使用琥珀胆碱后,由于延长了肌肉松弛作用而常出现呼吸麻痹等中毒反应。

药物依赖性

某些药物被人们反复应用后,一旦停药,可能出现一系列不适的感觉,从而迫使患者对这些药物产生一种强烈的继续使用的欲望,以便从中获得精神满足或避免停药引起的不适。药物的这种特性称为药物依赖性。

药物依赖性可分为两种。

身体依赖性,也称生理依赖性,以前称"成瘾性"。它是由于反复用药,使身体形成一种适应状态,中断用药后会产生严重的生理功能障碍,出现一系列难以忍受的戒断反应,如精神委靡、烦躁、疲倦、失眠、流泪、流涕、出汗、恶心、呕吐、腹痛、腹泻等,甚至可能出现虚脱、抽搐、瘫痪、大小便失禁等严重反应,对躯体造成严重的损害,甚至危及生命。能产生身体依赖性的药物均为中枢神经抑制剂,如吗啡、可待因等。

精神依赖性,也称心理依赖性或习惯性。它是指反复使用某种药物后,会使人产生一种要定期、连续地使用这种药物的强烈欲望,并产生强迫性用药行为,也称"觅药行为"。中断用药后一般不引起严重的躯体戒断反应。容易引起精神依赖性的药物主要有安定药、安眠药、精神兴奋药等。

十七、如何判断药物不良反应

药物不良反应是用药中的一种常见现象,几乎所有药物都会发生不同程度的不良反应。那么,如果在用药过程中出现了新的症状或体征,该如何判断是否属于药物不良反应呢?

根据用药后出现反应的时间判断

在用药后数秒钟至数分钟内发生

如有人在做皮内试验后数分钟内发生过敏反应,甚至有人在注射针头尚未拔出时,过敏反应就已发生,患者很快出现灼热、喉咙发紧、胸闷心慌、脸色苍白、呼吸困难、脉搏细弱、血压下降,甚至神志昏迷,这时需立即抢救。过敏性休克常在接受药物后突然发生,支气管哮喘也多发生在用药后数秒钟至数分钟内。

在用药后数分钟至数小时内发生

如固定性药疹、荨麻疹、血管神经性水肿等过敏反应,多在用药后数分钟至12小时内发生。

服药后半小时至两小时发生

服药后半小时左右至两小时内如果出现恶心、呕吐、腹痛、胃部不适等症状,则可能是药物引起的胃肠道不良反应。

用药后1~2周发生

如多形红斑常在用药后2~7天出现;血清病样反应多在首次用药后10天左右发生;剥脱性皮炎、大疱性表皮松懈型药疹大多在用药10天后发病,体温可高达39~41℃;洋地黄、利尿剂引起的水肿等,也多在用药后的1~2周出现。

停药后短时间发生

如长期使用心得安、可乐定等药物治疗高血压,停药后可出现反跳性高血压;连续使用抗凝剂,突然停药后可出现反跳性高凝状态伴血栓形成等。

停药后较长时间发生

如链霉素导致的耳聋常在停药后6个月出现;抗癌药白消安引起的肺部病变常在用药后1年以上才出现,停药后仍可继续发生;氯霉素所引起的再生障碍性贫血与白消安情况类似;药物的致癌作用和致畸作用需要更长的时间才会出现。

根据具体症状判断

一般来说,药物引起的不良反应不同于原有疾病的症状,有时甚至完全不同,如阿司匹林、消炎痛等引起的哮喘,庆大霉素等导致的耳聋,青霉素、碘制剂等导致的过敏性休克。但也有一些药物引起的不良反应与原有疾病的症状相同,如长期使用甲基多巴等降压药,如果突然停药,会造成血压骤升、心率加快,甚至导致颅内出血,需立即抢救;双氢克尿噻在利尿过程中常会出现水肿或使水肿加重;用心得安治疗高血压,如果在症状得到控制后停药,一般会发生反跳性高血压。这些现象都有助于对药物不良反应的判断。

根据是否有再激发现象判断

再次使用同类药物后,注意观察是否会发生同样的反应,若两次反应相同,则可判定为药物不良反应。对已怀疑会出现不良反应的药物,一般不宜再次使用,但无意中再次使用时出现的现象可作为判断不良反应的重要依据。

需要特别指出的是,某些中成药也会引起过敏反应。如六神丸、跌打丸、云南白药、牛黄解毒片、穿心莲注射液、复方柴胡注射液及板蓝根、贝母、红花、丹参、天花粉、紫草、益母草、槐花、大青叶、大黄等,用药时应特别注意。

另外,发现可疑不良反应,应与药品说明书中标注的或医生交代说明的不良反应相对照,如果相符,则可能性较大。当然,若不相符也不能完全排除嫌疑,还可能是该药所引起的新的、尚未被发现

大黄

的不良反应。

一旦发生不良反应,首先要立即停止服用可疑药物,并及时通过医生、药师或直接向药物不良反应监测部门报告,同时向医药专业人员进行用药咨询。若确属药物不良反应,今后应避免再次服用同样药物。发生严重的药物不良反应,应及时就医。

十八、怎样预防药物不良反应

产生药物不良反应的原因非常复杂,有些不良反应如副作用、毒性作用和过敏反应等与药物固有的药理作用和患者的体质有关,是不可能完全避免的。但有些不良反应是人为原因造成的,如选药不当、用药剂量不对、用药方法错误、用药时间过长等,用药时只要多加注意,一般都可避免或减少不良反应的发生。

了解患者的病史和用药史

应让医生或药师了解自己曾患过哪些疾病,服用哪些药物出现过不良反应,对哪些药物容易过敏等,绝对不能再使用已经产生过过敏反应的药物。如患者患有青光眼,则不能使用阿托品类药物;如患者曾对磺胺药或青霉素产生过敏,就不可再用同类药物。

注意患者的体质

有过敏体质和特异体质的患者,对某些药物的反应极其敏感,在用药时应格外谨慎,患者在购药前应该让药师或医生了解自己的药物过敏史和家族的特异性反应。此外,还要考虑自身的身体承受能力,体弱者一般宜选用作用比较温和的药物,且药量不宜太大。

正确选药

患者自行到药店购买非处方用药时,应根据自己的病情和症状合理选药,避免盲目用药。请医生开处方时,不应隐瞒病情,应向医生如实交代发病原因、发病时间、主要症状、演变过程、已做过的诊断或已用过的药物等,以便医生做出正确的诊断,开具合理的药方。

了解药物性质

服药前要认真阅读药物说明书,以了解该药物的药理作用、不良反应、禁忌证和注意事项等。使用对器官功能、造血系统、神经系统、血糖可能造成不良反应的药物时,要向医生咨询或按规定做实验室检查,一旦发现问题应及时停药,如使用利福平、异烟肼时要检查肝功能,使用氨基糖苷类抗生素时要检查听力、肾功能,使用氯霉素时要检查血常规。

注意用药方法

要根据患者的病情、用药目的和药物的性质等选择合适的用药方法。如治疗胃肠道感染、消化性溃疡的药物大多口服,需要在全身起作用的药物可采取口服或注射用药。

注意用药种类和剂量

用药种类不宜过多,应避免不必要的联合用药,以免发生药物不良相互作用。

用药剂量不宜过大,因为药物的疗效和剂量并不成正比,增加剂量后副作用的增加要比疗效的增加大得多。所以要根据医生指示或说明书来确定,不可随意增加或减少药物的剂量。对不熟悉或未曾使用过的药物最好先从小剂量开始,边使用边观察,然后根据用药反应做适当的调整。老年人和儿童对药物的反应不同于成人,用药时应适当减少剂量。孕妇和哺乳期妇女用药时要特别慎重,尤其是妊娠头3个月应避免使用任何药物,以免引起致畸作用。肝病和肾病患者,应选用对肝肾功能无不良影响的药物,而且要适当减少剂量。

注意用药时间

药物不良反应与用药的时间有关,一般连续用药的时间越长,发生不良反应的可能性越大。有些药物在长期服用的过程中,如果突然停药,也易引起不良反应。因此不能随意延长用药时间或突然停药。此外,要注意按时服药,不能随便更改用药时间和次数,对刺激性较强的药物可在饭后服用。

在日常生活中,如果能结合患者的病情和体质正确选药,严格掌握用药剂量、用药方法、服用时间以及配伍禁忌等,一般都能避免或减少药物不良反应的发生。

十九、如何应对药物不良反应

如果发生药物不良反应,患者应及时和医生联系,在医生的指导下,根据不良反应的不同表现和严重程度采取相应的措施进行治疗。

· 如果出现严重的不良反应,或由于药物副作用较剧烈,导致患者出现其他异常或使原有病情加重时,一旦发现应立即停药,并及时就医;也可改用其他药物,或有针对性地服用一些能降低或抵消副作用的药物。对危及生命的不良反应,如严重的低血糖、急性肾功能衰竭等,应配合医生采取有力的措施积极抢救。

· 如果药物不良反应较轻,患者可以耐受,一般不需做任何处理,停药后不良反应就会自行消失。如果按病情不允许停药,这时可继续用药,同时要做对症处理。例如,饭后服药可避免药物对胃肠道的刺激;服用磺胺类药物后应多饮水,防止药物在尿中形成结晶,减少对肾脏的损害。

· 有些药物容易对血液系统和肝肾功能造成损害,如白细胞减少、血小板减少、血转氨酶升高等,但对于此类药物不良反应,一般患者通常不易察觉。因此,在使用此类药物时要定期做血液检查或肝肾功能检查,一旦出现异常现象,应在医生的指导下停药或加用其他辅助治疗的药物。

· 由过敏体质引起的过敏反应,如过敏性皮疹、荨麻疹和瘙痒及过敏性休克等,或由于遗传因素引起的特异性反应,如磺胺药引起的黄疸、溶血性贫血等,一经发现应立即停药。严重反应如过敏性休克,要立即送往医院抢救。由于此类不良反应与药物的剂量无关,不良反应的严重程度难以预料,因此以后应避免使用同类药物。

· 如果不良反应是由服药剂量不当引起的,而且反应较重,患者难以耐受时,则需减小用量,也可以改用或合用其他药物。例如,单独使用一种抗高血压药物治疗高血压时,要用较大的剂量,就会引起明显的不良反应;若改成联合用药,则每一种药物的使用剂量都不大,可大大减少不良反应的发生。

二十、几种特殊的药物不良反应

药物的不良反应可发生于人体的各个系统、组织和器官，一般常见的主要是消化系统的症状，如恶心、呕吐、腹泻、腹痛、便秘等。

药物可引起以下几种特殊的不良反应。

水肿

有些药物可使机体内水、电解质平衡发生紊乱，进而引起全身或局部的水肿，其具体原因主要有以下几个方面。

过敏反应引起水肿

有些患者在注射某种动物血清时可发生血清病，出现皮疹、发热、关节痛、淋巴结肿大等，部分患者还可出现面部、眼睑、手足末端水肿，极少数患者可发生较严重的喉头水肿。口服阿司匹林、安乃近等可导致药物性皮炎，出现荨麻疹，并在口唇、眼睑、外阴等皮下组织疏松的部位出现水肿。注射青霉素、口服磺胺类药物，还可引起血管神经性水肿，多发生在口唇、眼睑、耳垂、外阴等部位。

药理作用引起水肿

如长期服用肾上腺皮质激素、性激素、解热镇痛药、降压药、利尿药及某些中药如甘草、人参等，可导致机体内水钠潴留而发生水肿。

药物本身导致水肿

有些药物本身就可以导致水肿，如不恰当地大量补液或输入过多的氯化钠、碳酸氢钠、乳酸钠，或长期大量使用水杨酸钠、青霉素钠等，都可使体内钠离子过多，引起高钠血症和水肿。

损害肾脏引起水肿

很多药物如镇静剂、解热镇痛剂、抗凝血剂、利尿剂、磺胺类药物、青霉素、庆大霉素、卡那霉素以及降糖药物等，都会不同程度地损害肾功能，影响水钠排泄，导致水钠潴留，最终引起水肿。

当药物引起水肿时，首先应停止使用相关药物，同时减少水分和食盐的摄入，并进行对症处理，可采用抗过敏、保护肾脏功能、适当使用利尿药等方法来消除水肿。

眩晕

眩晕是人体对空间的定向感或平衡感发生障碍而产生的一种运动性或位置性错觉，患者在睁眼时感觉周围物体在围着自己旋转或上下、左右跳动，闭眼时则感觉自身在旋转、摇晃或有摆动、倾倒、翻滚、升降感，同时伴有恶心、呕吐、出汗、面色苍白等症状。

引起眩晕的药物以链霉素最为常见，其他常见的还有庆大霉素、卡那霉素、新霉素、万古霉素等抗菌药，利尿酸和速尿等利尿剂，水杨酸之类的解热镇痛药，利血平、降压灵等降压药及一些镇静药、安眠药等。这些药物会对内耳前庭系统产生不同程度的损害，影响其维持机体平衡协调的功能。在用药剂量过大、用药时间过长、联合使用两种以上同类药物及患者肾功能不全的情况下,这种损害作用会变得更加明显。

为了避免或减少药物性眩晕的发生,用药时应尽量避免使用上述药物,尤其是肝肾慢性疾病患者以及幼儿、老年人、孕妇和哺乳期妇女,对此类药物应忌用或慎用。若因病情需要必须使用此类药物,则应尽量避免同时使用两种以上耳毒性药物,用药时间也不宜过长。当有失去平衡感、头晕、行动不稳甚至站立不稳时,必须立即停药。

男性乳房增大

某些药物会引起男性乳房增大,但往往容易被人忽视,而一旦发现又常被误认为是其他疾病所引起的,如乳腺癌等,从而造成不必要的恐惧。

药物引起的男性乳房增大一般可分为两类。

单纯有乳房增大而没有溢乳

引起此类反应的药物以利尿剂安体舒通最为常见,可抑制睾酮与受体结合,长期服用可致男性乳房增大,并可伴有乳房疼痛、睾丸缩小、阳痿及性欲减退等;强心药洋地黄具有增强雌激素的作用,长期服用的患者,约10%可发生乳房肿大,尤其以老年人居多。其他能引起乳房增大的药物主要有抗癌药马利兰、卡氮芥、长春新碱,抗结核药异烟肼、异烟腙、乙胺丁醇等。

乳房增大伴有溢乳

引起此类反应的药物主要有安定药如奋乃静、安定、氟哌啶醇,三环类抗抑郁药如丙咪嗪、阿米替林等,胃肠溃疡病用药如西咪替丁、雷尼替丁等,雌激素及孕激素类药,降压药如甲基多巴、酮康唑、脑益嗪、卡马西平等。

药物引起的男性乳房增大一般呈双侧性,但可不对称,大多左侧大于右侧,乳晕色素可出现加深,乳晕下可有软性肿块,有时有结节,一般无症状,局部可有胀痛、压痛或触痛。一旦发现,需立即停用相关的药物,一般停药后肿块可逐渐消退,少数病情较严重的患者需请医生诊断治疗。

出血

药物引起的出血正呈现逐年增多的趋势,这与一些药物尤其是抗菌药的广泛使用和滥用密切有关。药物性出血的机制主要有3种:

骨髓抑制与再生障碍

药物性骨髓抑制的出现与用药剂量大小和用药时间长短有关,常在用药期间出现,停药后多数能够恢复。药物性再生障碍的出现与用药剂量大小及用药时间长短无关,而是由患者的特异体质所引起,而且治疗起来十分困难。抗菌药氯霉素既能引起骨髓抑制,又极易引起再生障碍性贫血,12岁以下、有慢性荨麻疹和湿疹等过敏性疾病史的女孩常患此病。所以,此类患者应避免使用氯霉素。另外,链霉素、硫霉素、磺胺类药物也可引起骨髓抑制和再生障碍。

血小板破坏或功能抑制

当血小板吸附某些抗体-药物复合物时,可引起免疫性血小板破坏。此类药物主要有氯霉素、红霉素、庆大霉素、丁胺卡那霉素、利福平、磺胺类药物等。此外，青霉素、氨苄西林、阿莫西林等药物会损害血流中的血小板功能，阻碍血小板聚集，最终导致出血。此类抗菌药物还有乙氧萘青霉素、硫霉素、拉氧头孢、头孢曲松、利福平、诺氟沙星等。

维生素 K 依赖性凝血过程阻断

拉氧头孢、头孢唑啉、头孢曲松等头孢类抗菌药可造成维生素 K 凝血过程受阻，引起消化道出血等不良反应，尤其是那些营养不良、肾功能减退的患者，在使用此类药物后更易引发出血。除了上述药物外，能造成维生素 K 凝血过程受阻的药物还有头孢唑啉、头孢甲肟、阿莫西林、氨苄西林等。

二十一、药物不良反应影响心理健康

在服药过程中，由药物所引起的不良反应不但会给一些患者带来精神上的痛苦和心理上的负担，严重的还可导致复杂的心理改变，甚至发生变态心理，从而造成滥服或拒服药物的现象，对疾病的治疗和患者的康复极为不利。

药物不良反应对心理健康会造成一定影响，让患者产生以下几种不健康的心理。

焦虑心理

有的患者不了解药物的药理作用，或是用药不当，导致用药后治疗效果不佳，不但没有达到"药到病除"的预期目的，反而出现了不少副作用，这时患者就会表现出焦虑和烦躁心理。

恐惧心理

由于对药物的不良反应了解较少，当服药后出现某些异常反应时，患者大多会认为自己的病情有加重的迹象，甚至觉得越治反而情况越糟，干脆不如不治，从而产生逃避和恐惧情绪。多见于老年患者和女性患者。

依赖心理

有些患者在长期服用某些药物后会产生生理依赖性，一旦停药就会出现一系列反常症状，如流泪、流涕、呕吐等；绝大多数患者同时还会伴有强烈的心理依赖性，有继续用药的强烈欲望。多见于镇痛药和镇静安眠药。

怀疑心理

有些患者在使用过某种药物后感到疗效不明显，或者出现一些不良反应，往往会对药物的疗效半信半疑，无端夸大药物的不良反应，甚至怀疑药物有致癌、致突变等作用，对医生开具的处方也不信任。有的患者甚至自作主张，根据自己的经验和广告宣传盲目购药，并且不按医嘱用药，随意改变用药剂量、用药次数和用药时间等。这些都是怀疑心理的突出表现。

拒绝心理

有的患者对某些药物的不良反应有切身体会，或是受到过某些药物的严重伤害，从此便对这些药物产生一种特殊的警觉性，出于治疗需要该用某种药物时，这些患者也往往拒绝用药,从而错过了用药的最佳时机。

二十二、常用维生素的不良反应

维生素是人体必不可少的重要元素,对维持正常新陈代谢和生命活动有重大意义,一旦缺乏就会影响身体健康。但是,如果误用或滥用维生素,就会导致某些不良反应和毒副作用。

维生素 A 的不良反应

服用常用剂量一般无毒性反应,但如果成人一次服用剂量在 50 万单位以上,儿童剂量在 30 万国际单位以上,可于几小时内出现急性中毒,主要症状有嗜睡、头晕、头痛、厌食、恶心、呕吐、腹泻、口角干裂、口腔溃疡、牙龈出血、复视、脑积水等,婴儿有颅内压升高、前囟膨出的症状。每日服用 10 万国际单位,连续服用 6 个月以上,可引起慢性中毒,其早期症状有疲劳、肢体无力、精神不振、头痛、烦躁或嗜睡、易激动、食欲下降、恶心、呕吐、腹泻、腹痛、低热、多汗、感觉过敏、眼球震颤、眼球突出、复视等。随着病情发展,可出现婴儿囟门宽而膨起、头围增大、颅内压升高、脑脊液压力升高、皮肤干燥、粗糙、呈鱼鳞状、严重瘙痒、皮脂溢出样皮疹、色素沉着、全身散布斑丘疹、脱屑、毛发干枯、稀少或脱落、口舌疼痛、唇和口角皲裂出血、鼻出血、管状骨骨膜增殖性变化引起骨和关节疼痛,伴有软组织肿胀、压痛但无红热,多见于长骨和四肢,骨质增厚、肝脾肿大、肝功能异常、肝硬变、肾脏损害、尿频、尿急、多尿、高尿酸血症,钙从尿液排泄增多、钙沉积于心脏、肝、肾、肺和动脉,软组织钙化,同时伴有高钙血症,还可出现低血红蛋白性贫血、中性粒细胞减少、淋巴结肿大、血脂增高、凝血酶原不足、局限性小肠炎、角膜浑浊等。

维生素 B_1 和维生素 B_6 的不良反应

维生素 B_1 的毒性很低,使用推荐剂量几乎无毒性,但大剂量使用可出现烦躁不安、头晕、头痛、疲倦、食欲下降、恶心、腹泻、水肿及心律失常等。注射给药时偶可发生皮疹、荨麻疹、红斑及支气管哮喘等过敏反应。静脉注射可导致血压降低,极个别患者还会出现过敏性休克,并伴有意识丧失、虚脱甚至死亡,故临床上不宜采用静脉注射。肌肉注射可致局部疼痛,使用前应预先做皮试。产妇使用维生素 B_1 偶尔可造成出血。

维生素 B_6 的不良反应很少,少数患者可出现面部微红或温暖感、感觉异常、食欲不振、嗜睡、便秘等。长期大量(每日 2 克以上)服用可引起感觉神经病变,出现手足麻木、不灵活、平衡失调等,还会产生维生素 B_6 依赖综合征。一次静脉注射 200~250 毫克可导致头痛、腹痛,肌肉注射时局部疼痛。偶尔可引起皮疹等过敏反应、甚至过敏性休克,长期使用还可抑制抗凝系统。

维生素 C 的不良反应

维生素 C 的毒性很低,但若长期大剂量使用,也会造成很多不良反应。每日口服 1 克以上可引起恶心、呕吐、腹痛、腹泻、胃酸增多、胃液返流、小肠蠕动加速,并可造成大便隐血试验的假阳性。大剂量服用维生素 C 可引起心动过速和 T 波变化,还可使尿液酸化,引起尿酸盐、胱氨酸盐、草酸盐结石。每日口服 8 克,连续服

国学经典文库

家庭生活百科

·健康医疗·

图文珍藏版

用3~7天,可使尿液中草酸盐的含量增加12倍多,对过敏者可引起高尿酸血症、胱氨酸尿症、尿道炎、排尿困难、痛风性关节炎或肾结石。静脉注射大剂量维生素C时,若速度过快,可引起眩晕、虚弱或昏厥,长期使用会产生静脉炎,甚至引起血栓形成、血管内溶血或凝血。长期大量服用,还可导致高钙血症和低钠血症,并能降低白细胞吞噬能力,使机体抗病能力下降。育龄妇女每日摄取2克以上维生素C,会使生育能力降低,还可引起血糖升高,妨碍肠道吸收铜、锌离子,导致机体铜、锌缺乏。婴儿接受大剂量维生素C后会出现不安、失眠、疲乏、脉缓、皮疹、荨麻疹、水肿、血小板增多。较重的原发性或继发性血色病患者使用大量维生素C后,可出现或加重组织内铁沉着。不论口服还是静脉注射维生素C,一些人均可发生过敏反应,会出现皮疹、恶心、呕吐等症状,严重时可发生过敏性休克,故不能滥用。

维生素 D 的不良反应

成人在正常情况下每日用量5万~15万单位,长期连用可发生中毒。正常小儿每日用量2万~5万单位或每日每千克体重2 000单位,连用数周或数月可发生中毒。维生素D中毒的临床表现为食欲不振、口干、恶心、呕吐、阵发性腹痛、腹泻或便秘、胃及十二指肠溃疡、脱水、酸中毒、肝脾肿大、急性胰腺炎、乏力、易疲劳、消瘦、精神委靡、头痛、眩晕、烦躁、失眠、幻觉、抑郁或昏睡、多汗、脑膜刺激性抽搐、意识障碍、共济失调、肌痛、关节痛、肌张力减退、运动功能障碍。严重者可出现贫血及肾、血管、心肌、肺、皮肤、角膜等软组织钙化,引起肾功能不全、肾结石、肾小管上皮坏死、基底膜增厚,出现水肿、烦渴、多尿、低渗尿、血尿、蛋白尿、尿白细胞增多,甚至引起肾功能衰竭、高血压、心律失常、惊厥、心力衰竭等。还会出现皮肤及黏膜干燥、瘙痒、结膜炎、怕光、流涕、易感染和发热,也可引起过敏反应等。儿童维生素D过多可出现智力与生理发育迟缓。孕妇补充维生素D过量可致胎儿血钙增高及出生后小儿智力障碍,肾、肺小动脉狭窄及高血压等,骨骼X线检查可见长骨干骺端阴影增厚、增高、骨皮质增厚、肘关节钙盐沉着。维生素D中毒后应立即停药,并适当补充钾、钠、镁,必要时加用糖皮质激素,要大量饮水,服用利尿药,以加速钙的排出,消除中毒症状。

维生素 E 的不良反应

维生素E常用治疗剂量并无毒性,不良反应较少见。但若长期大量服用,仍会损害健康,引起多种不良反应。如长期(连续6个月以上)大剂量(每日400毫克以上)用药,则可引起疲倦、乏力、下肢水肿、眩晕、头痛、视力模糊、恶心、腹痛、腹泻、胃肠功能紊乱,甚至因血小板聚集而引起血栓性静脉炎与肺栓塞,妇女可引起月经过多、闭经、性功能紊乱等,少数患者可出现唇炎、口角炎、皮肤皲裂、荨麻疹、接触性皮炎、低血糖、凝血酶原减少、出血、伤口愈合减慢等。每日用量800毫克以上并连用3周后,会出现肌酸尿和血清肌酸激酶活性升高,引起荨麻疹、肌肉无力、肌痛与乳房肥大,使高血压、心绞痛、糖尿病病情加重,机体免疫功能降低,甚至导致乳腺癌。当用量达到2 000~12 000毫克时,会引起生殖功能障碍。但停药后,上述症状可逐渐消失。

二十三、为何会产生耐药性

耐药性又称抗药性,是指病原体(细菌、病毒、原虫及其他微生物、肿瘤细胞等)接触药物后,通过自身的变化,对药物的敏感性降低甚至完全消失,导致药物的疗效降低甚至无效,从而避免被药物抑制或杀灭的一种状态。耐药性通常是由于长期、反复多次地使用某种药物或长期应用剂量不足所引起的。产生耐药性的致病菌即使在抗菌药物的作用下,仍然能够照常生长繁殖。易产生耐药性的药物较多,除了常用的抗生素类外,还有抗微生物、抗寄生虫、抗肿瘤药物等。

病原体接触药物后的变化主要有以下几个方面:产生使药物失去活性的酶;改变自身细胞膜的通透性,增加拮抗物,从而阻滞药物进入;改变抗生素的作用位点,使药物不能发挥作用改变自身原有的代谢途径,通过一些膜上的运输蛋白,及时地把产生的或进入细胞的药物排出体外。

耐药性本身并不会引起人体的变化和不良症状,但它会降低药物的疗效,增加治疗的难度,即必须大幅度地增加该药物的剂量,才能取得良好的疗效。而增加剂量必然会增加药物的不良反应,所以耐药性也可视为间接的药物不良反应。

滥用抗生素是导致耐药性的最主要原因。近年来,各种抗生素的使用量在不断增加,而疗效却在逐年降低,这就是耐药性产生的突出表现。克服耐药性的最主要措施,就是严格控制药物,尤其是抗生素的适应证和应用剂量,做到合理用药、计划性用药,避免滥用。对单一药物不能控制的感染或者长期用药可能产生耐药性者,必要时可采取联合用药。

二十四、滥用药及其害处

滥用药指的是不加节制地、过多地自我用药,这是不合理用药的一种表现。俗话说:"是药三分毒。"大多数药物都具有一定的毒副作用,如果长期大量使用,很容易引起不良反应,轻者可能延误病情,重者甚至危及生命。因此,在使用药物治疗疾病的过程中,一定要注意用药安全,切不可滥用药物。

目前情况下,滥用药物主要表现在以下几个方面。

滥用抗生素

顾名思义,抗生素是抵抗致病微生物的药物,它对常见感染性疾病的治疗效果是任何其他类药物所无法比拟的,对拯救人类生命起了重大作用。由于抗生素治疗效果好,毒性相对较低,因此造成了普遍而且越来越严重的滥用局面。如有的患者一有感冒发热就使用抗生素,结果不但没有控制病情,反而破坏了人体内正常菌群的生态平衡,造成人体免疫力下降。更严重的是,滥用抗生素还造成病菌耐药性的增强,使有效的抗生素效果降低甚至完全无效,大大增加了疾病治愈的难度,提高了战胜疾病的代价。

此外,滥用抗生素还能产生严重的毒副作用,对患者的机体造成损伤。

·滥用链霉素、卡那霉素能引起眩晕、四肢麻木、耳鸣、听力减退甚至耳聋,还可损害肾脏。

·滥用红霉素、林可霉素、强力霉素可引起厌食、恶心、呕吐、腹痛、腹泻等胃肠道反应。

·滥用头孢类药物,如头孢曲松,可导致过敏性休克,严重的致人死亡。

·滥用青霉素可引起过敏反应,轻者全身出现皮疹,重者可导致休克甚至死亡。

·滥用链霉素、氯霉素、红霉素、先锋霉素会抑制机体免疫功能,削弱机体抵抗力。

滥用解热镇痛药

解热镇痛药是人们应用最广泛的一类药,它不但具有解热、止痛的功效,有些还具有消炎、抗风湿等作用,而且此类药物大都属于非处方药,很容易在一般药店买到,因此滥用现象十分严重。很多患者在遇到头痛脑热,或是牙痛、关节痛、腰腿痛时,常常不经过医生诊断就自行到药店购买退热药或止痛药,如阿司匹林、保泰松、扑热息痛、布洛芬等。实际上,这些药物都只是对症治疗,只能暂时缓解症状,并不能从根本上治疗疾病,同时也会掩盖疾病的真相,延误疾病的及时诊断和治疗。

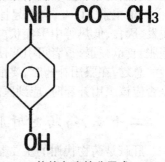

扑热息痛的分子式

长期服用消炎痛可引起头痛、眩晕、精神障碍等;滥用水杨酸类、阿司匹林、布洛芬等药物可刺激胃黏膜,诱发胃溃疡,甚至胃出血和穿孔;滥用阿司匹林、保泰松等药物可引起肝损害,出现肝肿大、肝区不适、转氨酶升高等症状;滥用安乃近、扑热息痛还可引起过敏反应,出现皮疹、药物热或加重哮喘。滥用氨基糖甙类抗生素,如卡那霉素、新霉素,以及利尿类药物如利尿酸等会造成耳聋。

滥用安眠药

失眠是老年人常见的症状,但是随着生活节奏的加快和压力的增加,中青年人群中失眠患者的数量也在不断增加。许多失眠患者为了消除失眠症状,就服用安眠药。其实,偶尔服用一些安眠药,确实能够起到催眠的作用。但如果长期大量服用,就容易产生不良反应,甚至对身体造成损害。

引起失眠的原因有很多,使用安眠药只是对症治疗,可能会暂时掩盖病情,延误对引起失眠的原发疾病的治疗。长期使用安眠药容易使人体产生耐药性,从而使药物的催眠作用逐渐减弱,必须不断增加剂量才能奏效。服药数月之久的患者,大多产生心理和生理的药物依赖性,停药会导致更严重的失眠,常引起戒断困难。因为大多数安眠药是经过肝脏分解,由肾脏排泄的,所以必然会对肝肾功能造成一定的损害。肝肾不好的患者应选择副作用小的安眠药,否则易引起肝脏肿大、肝压痛、肝功能不正常,严重的甚至出现黄疸、水肿、尿蛋白等。长期服用安眠药还会引起胃肠功能紊乱,出现恶心、食欲减退、腹胀、便秘等,甚至产生中毒。久服停药后还会出现头晕、肌肉跳动或失眠加重。安眠药还可能引起神志不清、反应迟钝、智力及记忆力损害等。因此,安眠药最好在医生的指导下服用,并且不可常服,以免形成对药物的依赖性,最好是交替或轮换使用,以保持药物的疗效。对于失眠的治疗不应单纯依赖药物,要积极治疗原发病,并加强心理治疗和中医药治疗,还要注意讲究睡眠卫生。

滥用补药

补药一般是指各种维生素及营养药、补血药或某些中药补益药(如人参)。根据目前的生活水平来看,人体所需要的各种营养素一般从日常膳食中就可得到充分供应,不必另补。而只有那些少数确实缺乏营养、患有某些疾病、消化吸收功能发生障碍的患者,以及年老体弱者、儿童、孕妇、哺乳期妇女等才需适当地补充营养素。但即使是这些人也不可随便乱补或滥补,而应该缺什么补什么,缺多少补多少,适当掌握其用量。

营养素对人体并非多多益善,补得过多反而有害无益。过多服用含铁、锌等补血营养品,会引起铁、锌中毒,出现呕吐、腹泻、神志错乱、昏睡等症状。长期服用鱼肝油、维生素 AD 丸,会引起骨痛、头痛、呕吐、前囟宽而隆起、皮肤瘙痒、毛发干枯、脱发、厌食、低热等中毒症状。中药补品有很多种,如果乱食滥补,轻者可引起脘腹饱胀、食欲减退,重者可引起便秘或腹泻、内热加重、舌燥尿赤,甚至鼻孔溢血等。

总之,在服用补药时,要根据实际需要,适度进补,不可盲目行事。在不能确定是否应该服用补药时,应到医院进行检查,然后对症进补。

二十五、药物对肝脏的损害

肝脏是药物代谢的主要器官。绝大多数药物在进入人体后,首先要通过肝脏的代谢作用,将有毒的药物转化为对身体无害或毒性较低的物质之后,才能发挥治疗作用。同时,肝脏还要对药物的代谢产物进行降解、灭活,将其转化成更易排泄的物质,最后排出体外。药物在人体内的这一系列转化过程,需要肝细胞内的多种酶的共同参与。所以,肝脏是药物在体内代谢的最主要场所,同时又是药物损害的主要器官,肝脏最容易遭受药物的损害。

因为药物代谢主要在肝脏内进行,所以任何药物都会加重肝脏的负担,给肝脏造成损害。只是因使用的药物、用药剂量、用药时间、患者身体状况、肝功能等不同,对肝脏的损害程度也各不相同。但需要明确的一点是:大部分药物都是安全的,健全的肝脏完全能够处理各种药物。只有在用药剂量过大、用药时间过久及肝脏功能不全的情况下,药物才会对肝脏造成损害,表现为胆汁排不出、肝脂肪变性、肝细胞坏死、肝血管病变等,如不及时治疗,损伤反复出现可致肝硬变,少数甚至发生肝细胞癌变。轻度损害一般不出现症状,或仅有轻微不适症状,如无力、软弱、厌油、厌食、转氨酶轻度升高等;中度损害者可表现为腹胀、恶心、呕吐、消化不良、失眠、发热、皮肤明显发黄、尿黄、巩膜黄、黄疸、肝区疼痛、肝肿大;严重者可出现腹水、下肢水肿、出血,甚至出现肝功能衰竭,肝昏迷,昏迷死亡率达 $10\% \sim 15\%$。

二十六、损害肝脏的药物

能引起肝脏损害的药物有 600 多种,几乎遍及各类药物。据报道,在引起肝脏损害的各类药物中,以抗生素类最为多见,占 $24\% \sim 26\%$,其次为解热镇痛药和抗结核药,分别占 $5\% \sim 19\%$ 和 $8\% \sim 13\%$。除了上述 3 类主要药物外,神经系统药占 $5\% \sim 6\%$,麻醉药占 $6\% \sim 11\%$,代谢药占 4%,激素类药占 3%,其他药物占 3%。

国学经典文库

家庭生活百科

·健康医疗·

图文珍藏版

抗生素药物

抗生素以红霉素、先锋霉素等对肝损害最常见，氯霉素、螺旋霉素等，也可能诱发肝脏损害。

解热镇痛药

扑热息痛最常见，长期服用治疗量即会引起慢性肝损害，过量服用可致严重肝损害甚至坏死；水杨酸钠、甲氟酸等不但会引起过敏反应，而且会导致胆汁淤滞型或肝炎型病变；服用过量的阿司匹林也会引起肝炎型病变。

抗结核药

服用异烟肼的患者有 10%～20% 可出现转氨酶升高，有 0.1%～1% 可出现黄疸，严重者肝脏呈多叶性坏死，且年龄越大发生率越高。服用利福平数天至数月后可出现肝功能异常，如与异烟肼合用可提高肝功能损害的发生率并加重肝损害。

心血管系统药

普萘洛尔(心得安)、呋塞米(速尿)、安妥敏等可使转氨酶升高，过敏体质患者使用还可引起肝炎型肝损害。

神经系统药

抗癫痫药苯妥英钠和苯巴比妥可引起严重的肝损害，甚至引发大面积的肝细胞坏死，死亡率高达 40%。丙戊酸钠可引起黄疸、谷丙转氨酶和谷草转氨酶升高，严重者可致死。抗精神病药氯丙嗪可引起黄疸，奋乃静、三氟拉嗪也可引起肝损害。

抗高血压药

甲基多巴可导致急性肝炎甚至肝坏死，且以女性居多。

此外，降糖药优降糖、降糖灵、降糖片、糖适平等，内分泌系统用药他巴唑、丙基硫氧嘧啶、甲基睾丸素、醋酸可的松等，抗肿瘤药硫唑嘌呤、甲氨喋呤、5-氟尿嘧啶、6-巯基嘌呤等，麻醉用药氟烷等，以及中药黄药子、麻黄、苦楝(川楝子)等都可造成不同程度的肝损害。

为了防止和减少药物对肝脏的损害，应尽量避免使用药物，尤其是对肝脏有损害的药物，肝脏功能不佳的患者更应如此。如确实需要使用，在服药期间应该定期检查肝功能，一旦出现异常如黄疸、肝肿大等，应立即停药，并及时就医治疗。

二十七、引起药物性肝损害的其他因素

药物可以引起肝脏损害不但有药物本身的因素，而且与某些非药物因素有关，如年龄、性别、营养状况等。

年龄

一般老年人易发生药物性肝损害，主要原因是老年人肝肾功能减退，对某些药物的代谢能力降低；老年人疾病增多，经常同时使用多种药物治疗，药物彼此间易产生干扰；老年人肾小球过滤作用减退，经肾脏排出的药物减少，造成血药浓度增高。此外，还有一些目前尚不确定的因素也可导致老年人药物性肝损伤，如氟氯西

林引起的肝炎。新生儿肝内药物代谢酶系统发育尚不完全,某些婴儿在使用维生素 K_3、抗疟药和解热镇痛药后可能出现黄疸,甚至诱发核黄疸。

性别

特异性变态反应引起的药物性肝损害,女性多于男性。妊娠可加重肝脏的负担,在此期间使用某些药物可诱发肝脏脂肪变性。

营养状况

机体营养不良,特别是在蛋白质缺乏时,肝内具有保护作用的谷胱甘肽分子减少,易造成机体对药物肝毒性的易感性增加。肥胖者对氟烷、甲氨喋呤等的易感性也比正常人要高些。

肝脏的基础状况

如肝硬变患者对多数药物的代谢能力均有不同程度的降低,药物易在体内蓄积,从而进一步加重肝脏损害。肝功能严重损害的患者对镇痛药特别敏感,有时使用一般剂量也可诱发肝性脑病。

个体因素

遗传性特异体质或遗传因子的变异,都能使某些患者对一些药物的敏感性增加。如环氧化水解酶活性缺陷会增加对苯妥英、氟烷的易感性,过敏体质或有药物过敏史的患者更容易发生药源性肝损害。

二十八、容易对肾脏造成损害的药物

到目前为止,已知至少有 140 多种药物可直接或间接导致肾功能损害,大约有25%的肾功能衰竭都是由药物引起的。

抗生素类药物

氨基糖苷类

此类药物对肾脏的损害最为严重,是肾毒性最大的一类抗生素,长期连续使用易导致肾小管坏死、管腔阻塞。氨基糖苷类药物肾毒性作用由大到小依次为:新霉素、庆大霉素、卡那霉素、链霉素。肾毒性表现为血尿素氮和肌酐升高,严重时可致急性肾功能衰竭。庆大霉素与先锋霉素Ⅰ、先锋霉素Ⅱ、洁霉素等药物合用时可增强肾毒性。丁胺卡那霉素和链霉素的肾毒性主要表现为微量血尿、蛋白尿、管型尿等,损害常为可逆性。

多肽类

多肽类如杆菌肽、万古霉素、多粘菌素 B、多粘菌素 E 等对肾脏均有较强的毒性,可引起近曲小管变性、坏死,尤其是对老年患者危害更大。肾毒性最重要的表现是血肌酐和血尿素氮增高,轻者可有蛋白尿和管型尿,重者可出现血尿、少尿、氮质血症,甚至出现急性肾功能衰竭。

青霉素类

青霉素、氨苄西林、阿莫西林等,也可导致严重肾损害,主要表现为变态反应性血管炎症、肾小球肾炎、急性肾功能不全和急性间质性肾炎。

头孢类

如头孢曲松、头孢氨苄等,在大剂量使用时可直接损害肾脏或引起过敏反应,与速尿或氨基糖苷类抗生素并用时可增加肾毒性。

多烯类

两性霉素 B 可导致近曲小管和远曲小管损害,出现肾小管性酸中毒、低钾血症和永久性肾损害。

磺胺类药

磺胺类药如磺胺嘧啶、磺胺二甲嘧啶、磺胺二甲异嘧啶、甲氧苄氨嘧啶等容易在肾脏形成结晶,对肾小球造成损坏,可导致血管炎、尿路闭塞、肾小管坏死、间质性肾炎等。轻者可出现结晶尿、血尿、管型尿、蛋白尿,重者可出现无尿、尿毒症和急性肾功能衰竭。

解热镇痛药

解热镇痛药抑制前列腺素的合成,这对肾血管不利,可引起缺血性肾损害,长期大量服用可导致慢性肾中毒。如阿司匹林大剂量使用时可导致肾乳头坏死,两药合用时毒性增强。消炎痛、保泰松、布洛芬、炎痛喜康等药物还可导致肾功能衰竭。

心血管系统药

心血管系统药如治疗心力衰竭的地高辛和降压的心痛定,使用剂量过大易造成肝损害。某些用于治疗癫痫的药物可引起典型的肾病综合征,使用该药的儿童半数以上出现血尿、蛋白尿等肾脏损害,在使用过程中应注意观察小便变化。

抗肿瘤药

在使用治疗白血病的甲氨喋呤时肾脏会析出大量尿酸,导致结晶尿、血尿甚至尿闭而出现尿毒症,严重者可出现肾功能衰竭;使用环磷酰胺及其同类药物异环磷酰胺可导致出血性膀胱炎等。

利尿药

高血压患者尤其是原有肾功能不全者,长期使用噻嗪类利尿药可降低肾小球滤过率,导致少尿或无尿,但一般停药后可逐渐恢复。服用速尿可导致急性间质性肾炎。利尿药与对肾脏有损害的药物合用时,会使肾毒性增强。

抗结核药

利福平可引起蛋白尿、急性肾功能衰竭;氨基水杨酸钠可引起结晶尿、蛋白尿。

造影剂

碘造影剂的肾毒性仅次于氨基糖苷类抗生素,可直接损害肾小管上皮细胞,还可引起持久性血管收缩和肾小球滤过率下降,从而导致急性肾功能衰竭。原有肾功能不全、糖尿病、高血压、脱水、短期内大量注射造影剂的患者及老年人,其肾损害的发生率更高。

·健康医疗·

图文珍藏版

中药

中药也有一定的毒副作用,过量服用时也容易造成肾脏损害。具有肾毒性的中药有很多种,常见的有如雷公藤、木通、益母草、山慈菇、马桑果、牵牛子、罂粟壳、天麻、蜡梅根、使君子、白花丹和胖大海等,若过量使用可导致急性肾功能衰竭。此外,草乌、苍耳子、苦楝皮、天花粉等偶尔可致肾脏损害。

二十九、如何减少药物对肾脏的损害

由于药物会对肾脏造成各种各样的损害,因此我们在用药时应该谨慎,以避免或减少损害。

· 应尽量选用对肾脏没有损害或损害较小的药物,尤其是老年人、肾脏功能不全和有泌尿系统疾病的患者。如必须使用对肾脏损害较大的药物,则应在医生指导下进行,而且一定要剂量小、疗程短,并定期监测肾功能。

· 应尽量避免使用各种药物的长效制剂、磺胺类药物、抗结核药(吡嗪酰胺、异烟肼、链霉素、乙胺丁醇等)、红霉素、氯霉素、大剂量青霉素等,同时要避免两种或两种以上肾毒性药物联用。

· 在使用有肾毒性副作用的药物时,应注意尿量,必要时要做尿液检查并监测肾功能,一旦出现少尿或无尿、血尿、不明原因水肿、不明原因高血压等症状,应高度怀疑药物引起肾损害的可能,同时停用可疑药物。服药期间要多饮开水,以加速药物溶解和代谢,从而保护肾脏,防止药物不良反应的发生。

三十、药物对食管的损伤

食管也称食道,是连接口与胃之间的通道,不论是我们吃的食物、喝的水,还是服用的药物,都要先经过咽部进入食管,然后再由食管进入到胃里。人的食管较细,而且有3个狭窄处,分别是环状软骨板后下方、食管与支气管交叉处和膈肌的食管裂孔处。如果服药时喝水过少或不喝水,药物就有可能卡在食管的狭窄处,对食管造成直接伤害,这称为药物性食管损伤。主要表现有咽痛、咽部异物感、恶心、胸骨后灼热或疼痛、吞咽困难等,少数患者可表现为烧心、呕吐血性分泌物,有的还伴有长期低热的症状。大部分患者的症状可在停药后1周左右自行缓解,少数病情严重者不能进食,需要住院治疗。

造成食管损伤的药物因素有以下几个方面。

药片过大过硬

如阿司匹林、复方新诺明、小苏打等药物,体积较大而且质硬,服药时容易卡在食管狭窄处,损伤食管黏膜。对于那些呈三角形、方形而非圆形的药片,服用时更需格外小心。

药物刺激性大

一些偏酸、偏碱性的药物,如奎宁、氯化钾、氨茶碱等,如果在食管中停留时间过长,会对食管黏膜形成强烈的刺激,导致化学性损伤。

药物杀菌性强

长期服用抗生素等药物,食管中正常菌群被杀死,致霉菌开始生长,出现菌种失调,造成霉菌性食管炎,损伤了食管黏膜,降低了食管下段括约肌的张力,可导致胃液返流,并引起溃疡。

药物毒性大

抗肿瘤药物的毒性较大,会导致病毒感染,尤其是细胞毒明显的药物易损伤食管黏膜。在服用时要多饮水,千万不要让药物停留在食管中。

药物性食管损伤以老年患者居多,这是因为老年人容易生病,服药的机会多,而唾液的分泌减少,降低了食管的润滑度,再加上老年人的食管蠕动缓慢,使丸剂、胶囊剂等药物很容易黏附于食管内膜造成损害。另外,老年人易患的多种疾病对食管也有影响,如果老年人有心脏病,扩大的心脏会压迫位于心脏后方的食管,使管腔变狭窄;老年糖尿病、神经系统疾病容易损伤食管的神经传导;老年人食管远端易被硬化扭转的主动脉弓所压迫,这些因素都会造成老年人药物性食管损伤的增加。所以,老年人服药后常常会出现烧心感、吞咽困难、胸骨后疼痛等不适症状,这时应立即喝大量的温开水,冲洗黏附在食管内壁上的残留药物,以缓解不适症状。

为了避免药物性食管损伤,服药时应注意以下几个问题。

服药姿势要正确

服药时应采取站立或端坐的姿势,不要躺着吃药,吃药后也不要马上躺下,最好保持站立或端坐几分钟,以免药物滞留于食管壁上对食管产生刺激。

服药不能干吞

服药时至少要喝 100 毫升以上温开水,这样不仅能将药物顺利送入胃内,避免药物滞留在食管,而且能够加速药物的溶解,利于药物的吸收和发挥疗效。

尽量避免夜间服药

夜间大脑处于抑制状态,腺体分泌和吞咽能力都大大降低,患者感觉迟钝,药物容易与食管黏膜接触而损伤食管。需要服用安眠药的人,最好在临睡前半小时服用。

一次服药不可过量

不可大把大把地吞服药物,尤其是颗粒较大的片剂和胶囊剂。对食管刺激性较大的药物如布洛芬等,不可多种同时服用,最好分开时段服用,也可选在餐中服用,以减少食管损伤。

服药后要合理静卧

服用抗溃疡药物数分钟后,最好静卧片刻,卧位的选择应根据溃疡发生的部位而定,如溃疡在胃底后壁者应仰卧,溃疡在胃体后侧壁者应取左侧卧位等,这样一方面可减慢药物的排空时间,延长药效,同时还能减少胃酸和十二指肠液的返流,减轻对胃黏膜的腐蚀作用,从而提高疗效。

三十一、药物对胃肠造成的损害

胃肠是人体内进行食物加工的主要器官,是人体内的"食物加工厂"。它能将营养物质转化为生命运动所需的物质和能量,以利于我们身体的吸收和利用,同时将食物残渣排出体外。无论是我们吃的食物,还是服用的药物,它们首先接触到的都是消化道,所以由药物所引起的胃肠道反应比较常见,发生率也很高,占全部药物不良反应的20%~40%。

药物引起胃肠道损害的途径很多,主要有以下几个方面:改变胃肠道黏膜上皮细胞的结构,影响胃肠运动,刺激或抑制消化腺分泌,中和胃酸,影响胃肠的血流和淋巴流等。

常见的胃肠道不良反应有恶心、呕吐、腹胀、腹泻、腹痛、返酸、嗳气、便秘、胃肠道黏膜炎症、食管炎、胰腺炎、伪膜性肠炎、胃肠道溃疡与出血、胃肠吸收及运动功能障碍等。

三十二、损伤胃肠道的药物

一些药物对胃肠道会造成损害,用药时要谨慎使用。

解热镇痛药

阿司匹林、保泰松、羟基保泰松、布洛芬、氯灭酸、甲灭酸、消炎痛等可致胃肠道溃疡与出血。

激素类药

激素可以增加胃酸分泌,同时降低胃肠道的抵抗力,从而诱发或加剧胃及十二指肠溃疡、胰腺导管阻塞、胰腺炎及继发感染,严重时甚至导致胃出血或穿孔。常见药物有氢化可的松、泼尼松、地塞米松等。

抗生素

氨苄西林、克林霉素可导致腹泻和伪膜性肠炎;两性霉素B、多粘菌素可致溃疡、出血和胰腺炎;新霉素可致吸收障碍;红霉素可致恶心、呕吐、胃痛、腹泻;头孢拉定可致胃部不适、恶心、呕吐、腹泻等,个别患者可致伪膜性肠炎,头孢唑啉钠(先锋必)少数患者可致腹泻、腹痛等;制霉菌素、咪康唑(双氯苯咪唑)可致恶心、呕吐、腹泻和食欲减退等;氟康唑可致恶心、腹痛、腹泻及腹胀等;奥美拉唑(洛赛克)可致上腹饱胀、腹痛、腹泻、便秘、恶心、呕吐等,大剂量给药可刺激胃黏膜细胞增生,诱发胃癌,还可致胃息肉。

降糖药

降糖灵、降糖片、拜糖平、优降糖、甲苯磺丁脲等可引起恶心、呕吐、腹胀、腹痛、腹泻等胃肠道症状,严重的可加剧溃疡、出血、穿孔和胰腺炎。

盐类药

硫酸亚铁、富马酸亚铁、氯化钾等可加重溃疡病、溃疡性结肠炎、出血或穿孔。

利尿药

呋塞米、利尿酸可引起胃及十二指肠溃、出血、穿孔和胰腺炎;噻嗪类和氯噻嗪可致急性胰腺炎。

抗肿瘤药

苯丁酸氮芥、环磷酰胺、甲氨喋呤、氟尿嘧啶、阿糖胞苷、巯嘌呤、硫唑嘌呤、阿霉素、丝裂霉素、博莱霉素、更生霉素、光辉霉素、长春新碱、秋水仙碱和门冬酰胺酶等均可引起不同程度的消化道溃疡、溃疡性胃炎、出血性结肠炎、胰腺炎、食管炎、肠炎及麻痹性肠梗阻。

抗癫痫药

苯妥英钠、扑痫酮可损伤胃肠道黏膜，影响药物吸收。

抗抑郁药

丙咪嗪、阿米替林可致食欲不振、便秘、恶心等类似阿托品的作用。

心血管系统药

二氢麦角新碱可致腹痛、淋巴管阻塞；心得宁可致硬化性腹膜炎。

在使用上述药物进行治疗时，一定要注意药物对胃肠道的不良反应，一旦出现要立即处理。另外，对于不明成分的"特效药"，在购买时要特别谨慎。

三十三、药物性肠病

药物性肠病是指药物所致肠黏膜损伤出血的一种急性病变，常见腹泻与肠炎。

泻剂

硫酸钠、硫酸镁、碳酸镁等泻剂，山梨醇等脱水剂，以及过量的半乳糖—果糖等，都可引起渗透性腹泻；刺激性泻剂如大黄、番泻叶、酚酞有时可引起严重的肠绞痛；酚酞和蓖麻油可阻碍肠内对钠的吸收，从而导致腹泻。

抗肿瘤药物

常见的有氟尿嘧啶、甲氨喋呤、更生霉素及甲基苄肼等，能对肠黏膜造成损害，从而引起溃疡性肠炎。

抗生素类药物

所有的抗生素都有可能导致或诱发结肠炎和腹泻，以青霉素类最为常见，而伪膜性肠炎几乎全部与使用抗生素有关。使用某些广谱抗生素到一定剂量后，容易引起肠道菌群失调而出现耐药菌株，进而导致单纯腹泻、溃疡性结肠炎及伪膜性肠炎，也可引起真菌感染。其中，氨苄西林、林可霉素、克林霉素等极易引起腹泻，称为抗生素性结肠炎。

金属制剂

如果误服或长期大量使用金、砷、汞、锑及铁化合物等，可因损害肠黏膜而引起肠炎。其中，氨、砷还可导致肠黏膜出血、坏死，引起肠绞痛、严重腹泻和血便等。

胆汁酸制剂

如鹅去氧胆酸能抑制水的吸收，从而引起腹泻。

副交感神经兴奋剂

常见的有洋地黄、奎尼丁、胍乙啶等,可增强肠蠕动,从而引起腹泻。

其他

有些药物如新霉素、秋水仙碱、对氨水杨酸、苯茚二酮和苯妥英钠等,可导致吸收不良而引起腹泻;某些润喉片与含有朱砂的六神丸同服,以及一些含有大黄、芒硝的排毒养颜中药,如长期服用都可导致药物性肠炎;慢性便秘患者不合理使用牛黄解毒片和麻仁润肠丸等,可诱发结肠黑变病;口服避孕药不当也会引起药物性肠病。

药物性肠病一般不需要进行特殊治疗,停药后大多可好转或消失。如果患者腹泻严重导致水、电解质紊乱,可适当静脉补充液体及电解质,同时予以对症治疗。

三十四、药源性心脏病

用于治疗心脏某些疾病的药物,如果使用不当,就会加重心脏原有病变或诱发新的病变,如有些药物可引起心律失常、心功能抑制、心肌病、心肌缺血、心瓣膜损害、心包炎等,这就是药源性心脏病。药源性心脏病的发生率较高,危害较大,如果不加注意,可能导致猝死等严重后果。

可对心脏造成损害的药物通常分为两大类,第一类是治疗心血管疾病的药物,此类药物对心脏的损害多与用药剂量过大有关。

洋地黄类药

洋地黄、地高辛、西地兰、毒毛旋花子甙 K 等,是目前治疗心力衰竭最常用的强心药物。由于此类药物的有效治疗量与中毒量非常接近,因此极易发生中毒。若过量使用,可诱发心律失常、房室传导阻滞或充血性心力衰竭等。如果延误治疗,会因心室颤动而导致死亡。在使用洋地黄过程中,如果心率突然降到 50 次/分,则可能是洋地黄中毒。

抗心律失常药

奎尼丁是治疗心律失常的常用药物,但当血药浓度大于 6 微克/毫升时,就会出现室性阵发性心动过速甚至心室颤动,或诱发心房内血栓脱落,引起脑血管、冠状动脉栓塞,造成短暂意识丧失、四肢抽动,甚至呼吸停止而突然死亡,这种现象叫"奎尼丁晕厥";利多卡因常用于防治急性心肌梗死时的室性心律失常,如果用量过大或静脉注射过快,易导致血压骤降或心搏骤停,严重者会因循环衰竭而死亡;用苯妥英钠治疗心律不齐时,如果使用过量或静脉注射过快,易引起心动过缓、房室传导阻滞,严重的甚至引起心跳停止;普鲁卡因胺、维拉帕米、乙胺碘呋酮、慢心律等抗心律失常药也可引起严重的心律失常及其他副作用。

儿茶酚胺类

此类药物本身也可能引起致命性的心律紊乱。

异丙基肾上腺素用于治疗急性心肌梗死、心功能不全等交感神经紧张状态和低血时,常会引起严重的心律紊乱。β_2 受体阻滞剂可导致心肌收缩力抑制和心功能不全,引起心动过缓、传导阻滞、低血压等,严重者可危及生命。嗜铬细胞瘤患者使用β受体阻滞剂可出现肺水肿。

第二类是用于治疗非心血管系统疾病的药物,会对心脏造成损害的主要有以下几种:

抗肿瘤药

环磷酰胺和蒽环霉素在静滴的过程中或用药后,可引起心脏的毒性反应,导致慢性心肌病、冠状动脉炎、心肌出血及心包炎等。阿霉素和柔红霉素可使接近半数的用药者心电图发生非特异性变化,出现室上性心动过速、室性早搏等,此变化与用药剂量无关,停药后可恢复正常。

因此,在使用此类药物时要做心电图和心脏检查。

抗精神病药

氯丙嗪、奋乃静、三氟拉嗪、氟哌啶醇等,如果长期使用可引起不同程度的心电图异常和心肌损害,尤其是长期大量用药时变化更加显著,可引起房室传导阻滞和心室颤动,严重者可引起心力衰竭致死。

抗抑郁药

丙咪嗪、阿米替林、多虑平等除了具有抗抑郁作用外,还能降低血压,易致心律失常;对原有心疾患者甚至可致突然死亡。

平喘药

氨茶碱应用过量或静脉注射过快,可导致窦性心动过速,呼吸窘迫者会引起心室颤动,伴有心律失常的慢性阻塞性肺部疾病的患者应当慎用。异丙基肾上腺素如果使用过量可提高心肌兴奋性,甚至导致心室颤动而猝死,冠心病及甲亢患者应慎用。

免疫抑制药

环孢素A、糖皮质激素等会影响心脏的正常工作,引起心肌缺血、心跳紊乱或其他心脏损害。因此,在使用此类药物时要做定期检查,以做到早发现、早处理。

抗寄生虫药

治疗血吸虫病的常用药物如吡喹酮、氯喹、海群生等,都会对心脏产生不同程度的毒副作用;锑剂可致急性心源性脑缺血综合征;依米丁可导致心肌损害,引起血压下降、心前区疼痛、心律失常,严重者可导致室颤、心衰而死亡。因此,在用药期间应严格控制剂量,并密切监护用药后的反应。

口服避孕药

口服避孕药可能引起静脉血栓症、缺血性心脏病、高血压等。

为了预防药源性心脏病的发生,在用药时应当听从医生的指导,正确掌握用药剂量,严格遵守治疗时间,并要注意与其他药物的配伍禁忌。

三十五、药物对肺脏的损害

药物对肺脏造成的损害,称为药源性肺损害。据统计,药源性肺损害约占全部药物不良反应的5%～8%,主要有间质性肺炎、肉芽肿肺炎、肺纤维化、肺水肿、胸水贮存、肺梗塞症、支气管痉挛或哮喘、呼吸肌麻痹、肺动脉高压症等。有的可造成肺组织永久性损害,严重者会危及生命。

导致肺损害的药物有很多种,法国有研究者发现,有 310 种药物可对肺造成医源性损害,同时每年至少还有 20～30 种新的治疗药物被列为可疑药物。常见的导致肺损害的药物有以下几种。

血管紧张素转换酶抑制剂

如卡托普利和依那普利常易引发咳嗽,发生率约为 10%,多见于女性和非吸烟者,主要表现为服药后数小时至数月开始发作的无痰干咳和咽部不适,治疗期间可持续存在,停药后数日症状可消失。

抗心律失常药

服用胺碘酮可引起肺间质的纤维化,有些人会出现渐进性呼吸困难;心得安可引起呼吸困难,导致哮喘;大剂量使用美托洛尔时,对支气管平滑肌 β_2 受体会产生阻断作用,甚至引发哮喘。

抗生素

一些抗生素如青霉素、氨苄青霉素等可引起间质性肺炎及弥漫性纤维化。

抗风湿病药

抗风湿病药包括甲氨喋呤和一些非皮质激素抗炎药等。

抗肿瘤药

博莱霉素具有很强的肺毒性作用,可引起肺炎样症状及肺纤维化,临床上常有低热及咳嗽,与服药总剂量及患者年龄有密切关系;长期使用氮芥类药瘤可宁,也可引起肺纤维化。

解热止痛药

如对乙酰氨基酚也会导致肺损害,每周服用该药的人哮喘发病率比从不使用该药的人高 80%,而每日使用该药的人患哮喘的风险则增加 1 倍多。

麦角衍生物

如溴隐亭等,用于改善老年患者脑功能或治疗帕金森病。

药源性肺病的发病机制

药物的毒性作用

因药物的毒副作用或使用剂量过大、患者个体耐受性差异等,造成肺组织器质性损害和功能异常的直接药物毒性作用。

人体对药物的变态反应

包括速发变态反应、细胞毒反应、免疫复合物反应和迟发过敏反应等 4 种药物过敏反应。

三十六、药源性肺炎

药源性肺炎是较为常见的药源性肺损害,临床一般表现为咳嗽、呼吸困难、发热、头痛、倦怠等,有时还会出现皮疹及血中嗜酸性细胞增多。

药源性肺炎的发生通常与以下几种因素有关。

机体的反应性

不同患者对同一种药物可有不同的反应,尤其是特异体质的患者。

剂量

服药剂量越大越容易发生反应,剂量越小反应越少或轻;身体虚弱的老年人使用常规药量有时也容易受到损害。

药物的化学毒性

相对分子量大、溶解度低的药物,随血液循环到达肺脏后容易停留,从而使药物与肺组织细胞的接触时间延长、局部浓度升高,对肺脏造成损害。

肺脏的生理特点

靠近血管的细胞没有纤维组织的包绕,最容易接受药物,也最容易受到损害。

导致肺炎的药物

降压药

利尿剂、神经节阻断剂和β-阻断剂等。

抗癌药

主要是免疫抑制剂博莱霉素、白消安、环磷酰胺等。

抗生素及化学药物

青霉素、两性霉素B等。

抗炎剂及风湿药

金剂、青霉胺、保泰松等。

抗癫痫药

去甲丙咪嗪、苯妥英钠、镇痉宁等。

其他

色甘酸二钠、麦角酸胺、甲糖宁、氯磺丙脲、加压素等。

为了避免药源性肺损害,用药前应咨询有经验的全科医生,对患者的身体情况作全面了解,同时要尽量避免使用对肺有损害的药物。患者如果出现轻微不适或呼吸系统症状持久存在时,应立即停用可疑药物,并及时检查,以最大限度地减少后遗症。老年人、儿童及患有慢性肺病和哮喘的患者,尤其要注意避免使用对肺有损害的药物。

三十七、药源性耳聋

药源性耳聋就是指由于不适当地使用了某种具有耳毒性的药物而导致的耳聋。近年来,由于大量化学药物和新型抗生素的不断出现和广泛应用,药物性耳聋患者的数量正在逐年增多。调查显示,在全国1770万聋哑人中,由于用药不当造成的耳聋约占20%。药物性耳聋已经成为新生儿先天性耳聋及成人后天性耳聋的主要原因。

服用耳毒性药物后，刚开始可能出现头痛、头晕、耳鸣等症状，病情进一步发展可引起眩晕、恶心、呕吐等症状，严重的还可出现站立或步态不稳、两侧肢体动作不协调等。一般在停药后几个月甚至几年，两耳听力开始呈对称性下降（也可在用药期间出现），最终导致耳聋。

为了防止药源性耳聋的发生，在使用耳毒性药物时应注意以下几点。

· 耳毒性药物尤其是氨基糖苷类抗生素能不用则不用，如果必须使用，应尽量选择耳毒性小、效果好的药物，采用最小的有效剂量，尽可能缩短用药时间。

· 用药之前应仔细阅读药物说明书，严格掌握药物使用的适应证，正确地选择药物，做到对症下药。

· 老年人、幼儿、肝肾功能不全者及听力原本就有损伤者，应减少剂量或延长间隔时间。孕妇应禁用耳毒性药物。

· 有的耳毒性药物联合应用时有加重毒性的作用，会加剧对听神经的损害，因此应尽量避免同时使用两种以上的耳毒性药物。

· 需要较长时间用药者应定期做听力及肾功能检查，一旦出现头痛、眩晕、耳鸣等早期表现，应立即减量或停用，并予以适当治疗。

· 在使用耳毒性药物的同时，可配合使用维生素 A、维生素 B、葡萄糖酸钙、泼尼松、三磷酸腺苷等进行辅助治疗，以减少药物的副作用。

三十八、引起药源性耳聋的药物

医学上已经发现的能引起听神经损害、导致耳聋的药物已达到 100 余种，这些药物称为耳毒性药物。耳毒性药物主要有以下几种

氨基糖苷类抗生素

新霉素、链霉素、庆大霉素、卡那霉素、丁胺卡那霉素、小诺霉素、托布霉素、阿奇霉素等。

非氨基糖苷类抗生素

氯霉素、紫霉素、红霉素、万古霉素、卷曲霉素、里杜霉素、巴龙霉素、尼泰霉素、多粘菌素 B 等。

解热镇痛，消炎药

阿司匹林、复方阿司匹林、水杨酸咪唑（施力灵）、复方扑尔敏、保泰松等。

利尿剂

速尿、利尿酸、撒利汞、丁尿胺、苯比磺苯酸、氯唑噻磺胺和哌噻乙酸等。

抗肿瘤药

顺氯胺铂（顺铂）、卡铂、氮芥、6-氨基烟酰胺、长春新碱、醚醇硝唑、氯苄吲唑酸、博莱霉素、氨甲嘌呤等。

抗疟疾药

奎宁（可以引起耳聋和耳鸣，如停药及时可恢复正常，如不及时停药或用于易

感人群,可引起永久性耳聋),氯喹。

抗高血压药

肼苯哒嗪等。

抗糖尿病药

胰岛素等。

重金属盐

含有重金属铅、砷、汞的制剂等。

消毒剂

碘酒、甲醛等。

中药

乌头碱等。

其他

避孕药、灭滴灵(甲硝唑)、苯巴比妥、乙胺碘呋酮、维生素 E 等。

三十九、引起神经系统损害的药物

药物对神经系统也会造成多方面的影响,既可损害中枢神经,也可侵犯周围神经,既可有神经症状,也可有精神病样发作。由于中枢神经组织对药物比较敏感,在使用某些药物后可导致脑脊液中的蛋白和细胞增加,出现严重头痛、高热、抽搐、大小便失禁、神经根炎甚至截瘫、呼吸衰竭、循环衰竭、昏迷等,反应严重者可导致死亡。神经精神损害通常表现为短暂的精神失常,患者常有濒危感,并伴有幻听、幻视、暂时失明、胸闷、空间定向力障碍等;有的可表现为抑郁症、夸大狂、恐惧症、强迫症、类偏狂反应;也有类似癔病的发作,患者处于高度焦虑状态,大声喊叫、吵闹,伴有眩晕、耳鸣、幻听、视觉障碍、感觉异常、遗忘、失语等。有些药物还可以引起周围神经损害,如末梢神经炎等,早期表现为某些部位的疼痛、灼热感、过敏、迟钝、双下肢麻木,很快出现局部的感觉,运动障碍。当服用药物后出现上述症状时,要警惕神经系统损害的发生。

引起神经系统损害的药物

安定类药

安定(地西泮)、氟安定(氟西泮)、硝基安定(硝西泮)、舒乐安定(艾司唑仑)、佳静安定(阿普唑仑)、海乐神(三唑仑)等。

抗震颤麻痹药

左旋多巴、金刚烷胺等。

抗精神病药

五氟利多、奋乃静、氟奋乃静、三氟拉嗪、碳酸锂、舒必利等。

抗抑郁类药

丙咪嗪、阿米替林等。

抗癫痫类药

苯妥英钠、三甲双酮、乙琥胺等。

镇痛类药

哌替啶等。

平喘药

麻黄素(麻黄碱)、异丙肾上腺素(喘息定、治喘灵)、舒喘灵(沙丁胺醇)等。

降压药

利血平、肼苯达嗪(肼屈嗪)、胍乙啶等。

强心药

洋地黄等。

胃肠解痉止痛药

阿托品、颠茄酊、东莨菪碱等。

抗消化性溃疡药

西咪替丁(泰胃美)等。

抗结核药

异烟肼、卷曲霉素、乙胺丁醇等。

抗生素类药

链霉素、卡那霉素等。

肾上腺皮质激素类药

可的松、泼尼松、地塞米松等。

驱肠虫药

吡喹酮、驱蛔灵(哌嗪)等。

四十、药物对血液系统的损害

由于血液成分和造血器官对药物的作用较敏感,因此血液系统也容易受到药物的损害,从而导致药源性血液病。药源性血液病在药物的不良反应中约占10%,在药物相关死亡病例中约占40%。

药源性血液病的发病机制主要有免疫性和非免疫性两个方面。前者与用药剂量无关,后者则与长期或大量用药有关。

在药源性血液病中,白细胞减少症和粒细胞缺乏症的发病率最高,其他常见的还有再生障碍性贫血、血小板减少、溶血性贫血、巨幼红细胞贫血等,有的表现为多种血细胞减少。

白细胞减少症和粒细胞缺乏症

此类药物主要有安乃近、阿司匹林、保泰松、布洛芬、苯妥英钠、苯海拉明、三甲双酮、氯丙嗪、丙咪嗪、地西泮、氯霉素、链霉素、氨苄西林、先锋霉素、他巴唑、硫氧嘧啶、甲磺丁脲、氯磺丙脲、异烟肼、对氨基水杨酸钠、利福平以及一些糖尿病药、磺胺类药、利尿剂、砷剂、抗组胺药、抗癌药、抗甲状腺药物等。

再生障碍性贫血

此类药物主要有氯霉素、阿司匹林、抗肿瘤药、巴比妥类、卡马西平、秋水仙碱、洋地黄类、消炎痛、放射性药物、安宁、6-巯嘌呤、他巴唑、甲氨喋呤、甲基多巴、青霉素、奎尼丁、链霉素、保泰松、苯妥英钠、磺胺类、甲苯磺丁脲、伯氨喹、异烟肼。

血小板减少症

此类药物主要有乙酰唑胺、阿司匹林、巴比妥类、卡马西平、白消安、头孢噻肟钠、氯霉素、氯磺丙脲、阿糖胞苷、洋地黄苷类、氢氯噻嗪、6-巯嘌呤、他巴唑、氨甲喋呤、甲基多巴、青霉素、奎尼丁、奎宁、利福霉素、保泰松、磺胺类、硫脲嘧啶、甲苯磺丁脲。

溶血性贫血

此类药物主要有阿司匹林、安替比林、头孢曲松、氯霉素、阿糖胞苷、呋喃唑酮、异烟肼、甲基多巴、亚甲蓝、呋喃妥因、对氨基水杨酸、青霉素、丙磺舒、奎尼丁、奎宁、磺胺类等。

巨幼红细胞性贫血

此类药物主要有巴比妥类、秋水仙碱、阿糖胞苷、5-氟尿嘧啶、导眠能、6-巯嘌呤、甲氨喋呤、新霉素、呋喃妥因、口服避孕药、对氨基水杨酸、扑痫酮、链霉素、苯妥因、氨苯喋啶、甲氧苄氨嘧啶、乙胺嘧啶。

多种血细胞减少

此类药物主要有乙酰唑胺、乙酰水杨酸、抗肿瘤药、巴比妥类、白消安、氯霉素、氯噻嗪、氯磺丙脲、洋地黄苷类、安宁、6-巯嘌呤、他巴唑、甲氨喋呤、甲基多巴、青霉素、奎尼丁、保泰松、优降糖。

出现药源性血液病时，除了及时停药并采取对症和支持疗法外，必要时应采取控制感染等综合措施。平时应避免滥用药物。

四十一、药物致突变、致畸、致癌和致残

如果使用不当,用以治病的药物甚至可能成为导致基因突变、胎儿畸形、癌症、残疾的罪魁祸首。

药物致突变

某些药物进入人体后,能够使人体细胞内的遗传基因发生突然的、根本性的改变,这就叫致突变作用。硝基呋喃类药物等易致基因突变。

药物致畸

如果发生基因突变的细胞是生殖细胞,即精子或卵子,那么由这样的生殖细胞形成的受精卵的基因就是不正常的,这样的受精卵发育形成的胎儿也将是不正常的,会具有某种先天性畸形,这就叫作致畸作用。畸形可因妇女怀孕前服药所致,更多的是在怀孕期间(尤其是妊娠初期的前 3 个月)服药所致。

能引起胎儿先天性畸形的药物有沙利度胺、丙呋嗪、己烯雌酚、孕酮、雄激素、甲氨喋呤、硫嘌呤、白消安、环磷酰胺、阿司匹林、氯氮卓、安定、苯巴比妥、苯妥英钠、氟哌啶醇、氯霉素、链霉素、奎宁、乙胺嘧啶、华法林、双香豆素、甲苯磺丁脲、氯磺丙脲、氯磺丁脲、糖皮质激素;有致畸可能性的药物有乙醇苯丙胺、碳酸锂、氯丙嗪、苯海拉明等。此外,还有报道称使用水杨酸钠可引起胎儿肺、肾细胞分裂不良,使用筒箭毒碱可造成胎儿长骨发育障碍。

药物致癌

如果发生基因突变的细胞是体细胞,体细胞(可能只有一个)会分裂增殖,形成癌细胞,一群癌细胞构成癌组织或肿块,形成良性或恶性肿瘤,这就叫作致癌作用。

肾脏病患者如长期服用解热镇痛药如阿司匹林等,可增加肾盂癌和膀胱癌的发生率。镇静药巴比妥、安宁、利眠宁,抗精神病药氯丙嗪、丙咪嗪、锂盐,治疗胃病和十二指肠溃疡的制酸剂,治疗甲状腺疾病的碘化钾、他巴唑、丙基硫氧嘧啶等,都有致癌的可能性。长期使用抗肿瘤药物,可诱发第二种肿瘤,如环磷酰胺、白消安、保泰松、氯霉素、苯丙胺、苯妥英钠、利血平、氯贝丁酯、煤焦油软膏等。有些药物如异烟肼、中药农吉利碱、某些鞣质等也都可能致癌。

药物致残

药物使用不当还会致人残疾,如因药物致畸而出生的畸形儿就是先天残疾,历史上著名的"反应停"事件,曾导致1.2万例畸形胎儿的诞生,其中半数已经死亡,而存活者因为没有双手,承受着生理上和心理上的双重压力,也给家庭和社会带来沉重的负担。链霉素、庆大霉素、卡那霉素等引起的神经性耳聋发生率很高。另外,激素能引起股骨头坏死,氯喹能损害视网膜引起视力障碍,最终导致无法治愈的残疾。药物致残作用会给人类带来严重的和长期的危害,必须引起我们的高度重视。

四十二、药物引起的血钾异常

钾是人体必需的生命元素,血液中的钾元素含量过低或过高时都会对人体造成不利影响,产生各种严重的病症。许多常用药物在发挥治疗作用的同时,也影响着血清中钾的浓度,引起血钾异常,对人们的身体健康造成了威胁,需引起人们的注意。

药源性低钾血症

某些药物的作用可使钾离子经肾脏或消化道排泄增多,使钾向细胞内转移,当血清中的钾浓度低于3.5毫摩/升时,就会引起药源性低钾血症,主要表现为中枢神经系统、循环系统和神经肌肉等方面的功能紊乱,可出现精神不振、烦躁不安、嗜睡、心律失常、血压降低、乏力、四肢发麻、颤抖、腹胀、呕吐,甚至昏迷、心力衰竭等症状。

可引起低钾血症的常用药物有利尿脱水药呋塞米(速尿)、利尿酸、双氢克尿噻、甘露醇等;皮质激素类药物地塞米松(氟美松)、泼尼松(强的松)、可的松、氢化可的松、醛固酮、去氧皮质酮等；青霉素 G 钠、羧苄青霉素等 β 内酰胺类抗生素、氨基糖苷类抗生素、两性霉素 B、胰岛素、维生素 B_{12} 和高渗葡萄糖、碳酸氢钠（小苏打）、水杨酸类解热镇痛药、各类泻药等。

药源性高钾血症

某些药物的作用可使钾离子经肾脏或消化道排泄减少，使钾从细胞内转出，当血清中的钾浓度高于 5.5 毫摩/升时，就会引起药源性高钾血症，出现胃肠痉挛、腹胀、腹泻及心律失常等。

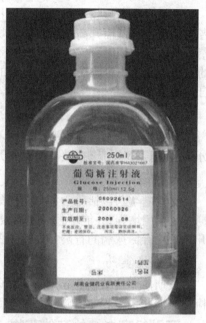

葡萄糖

可引起药源性高钾血症的常用药物有氯化钾、氨基糖苷类抗生素、抗肿瘤药物、两性霉素 B、高渗葡萄糖、头孢曲松、头孢噻啶、多粘菌素、环孢菌素 A、氨苯喋啶、巯甲丙脯酸（开搏通）、苯丁酯脯酸、吲哚美辛（消炎痛）、炎痛喜康、肝素、心得安、琥珀胆碱等。这些药物多属于抗肿瘤、抗炎、抗高血压和利尿药，它们所引起的高钾血症的临床症状与药源性低钾血症非常相似，而且有些药物既可引起高钾血症，又可引起低钾血症，具有潜在的双重危害。再加上这些药物多在老年人群中使用，因此在用药时需要格外谨慎。

上述药物引起的血钾异常，多与药物的性质、使用剂量、使用时间、患者的病情、钾摄入量、肾脏和胃肠功能等多种因素有关，因此在进行血钾异常纠正时，应采取综合分析和治疗。对于可引起血钾异常的药物，原则上不宜多种药物联合使用，且每种药物的使用剂量不宜过大，使用时间不宜过长。如果确实需要联合用药或长期大量用药，在用药的过程中应密切观察患者的病情，定期进行血钾监测，并根据具体病情和血钾监测结果，采取适当的措施及时进行处理，以避免因用药不当引起的血钾过低或过高现象及由此造成的严重危害。

四十三、警惕药源性高血糖

有些药物如果长期使用或不合理使用，容易造成患者机体糖代谢障碍，引起血糖增高。可引起血糖增高的常用药物主要有以下几类。

糖皮质激素

如泼尼松、氢化可的松、泼尼松龙、抗炎松、地塞米松、倍他米松等，均可引起血糖升高。糖皮质激素可通过以下途径影响糖代谢：增强糖原分解；促进糖原异生；抗胰岛素和提高胰高血糖素的作用；减少外周组织对葡萄糖的利用等。如果需要大剂量或长期使用糖皮质激素进行治疗，应密切监测血糖水平。

·健康医疗·

图文珍藏版

甲状腺制剂

甲状腺激素如甲碘胺、甲状腺素（T$_4$）、甲状腺球蛋白等,均可以促进肠道葡萄糖的吸收,加速糖原分解和促进糖原异生,使血糖升高。

肾上腺素

肾上腺素可增加肝脏和肌肉的糖原分解,使血糖升高。

利尿剂

长时间应用噻嗪类利尿剂,可引起胰岛素分泌减少,并促使糖原分解,导致患者的糖耐量降低而升高血糖。使用呋塞米（速尿）可引起高血糖;双氢克尿噻与普萘洛尔联合应用时,产生高血糖的不良反应最多;吲哒帕胺可严重损害糖尿病患者的血糖控制。由噻嗪类利尿剂引起的高血糖多在用药 2~3 个月后出现,停药后可自行恢复。

钙通道阻滞剂

大剂量使用钙通道阻滞剂如硝苯地平、维拉帕米、地尔硫卓等时可抑制胰岛素分泌,使糖耐量降低、血胰高血糖素升高。

女性避孕药

女性避孕药包括雌激素与黄体酮样衍生物,这些药物能促进皮质醇的分泌,使糖异生作用增强,并能增强对胰岛素的拮抗作用,从而导致葡萄糖耐量降低和血糖升高。患有糖尿病的育龄妇女禁服此类避孕药。

抗感染类药

长期使用抗结核药异烟肼,可影响糖代谢,使糖耐量降低,在用药期间应定期检查血糖并采取相应措施。萘啶酸、利福平、诺氟沙星、戊烷脒等也可致高血糖。

可引起高血糖的其他药物

降压药

二氮嗪、可乐定、甲基多巴、胍乙啶等。

激素类药

雌激素、生长激素、胰高血糖素等。

抗精神病药

泰尔登、多虑平、碳酸锂、吩噻嗪类药物、三环类抗抑郁药等。

消炎镇痛药

消炎痛、阿司匹林、扑热息痛、吗啡等。

抗癌药

四氧嘧啶、左旋门冬酰胺酶、链佐脲菌素、环磷酰胺等。

在使用这些药物时,应注意定期监测血糖,避免引起高血糖或糖尿。如果发现血糖升高同时要使用这些药物时,可以根据情况控制饮食或与降糖药配合使用。

四十四、口服补液要防高钠血症

腹泻是儿童常见病,在治疗急性腹泻的过程中,关键是纠正脱水与电解质紊乱。目前,临床上普遍使用口服补液法(ORS)来预防和治疗脱水及盐失衡。这种方法大大简化了液体疗法,也使腹泻死亡率明显下降。但在使用 ORS 时应注意掌握正确的方法,否则极有可能出现高钠血症。

ORS 配方

氯化钠 3.5 克,氯化钾 1.5 克,碳酸氢钠 2.5 克,无水葡萄糖 20 克,混合后加水至 1 000 毫升。

特点

·电解质中钠的含量为 90 毫摩/升,此浓度在治疗腹泻时的等渗性脱水、低渗性脱水效果较好。溶液中含有的钾、氯离子可用来弥补腹泻时丢失的钾、氯离子。

·溶液的渗透压接近血浆,能对血液中的各种细胞起到保护作用。

·配方中葡萄糖浓度为 2%,是促进钠、水吸收的最适当的浓度。

·配方中含有的碳酸氢钠可用于缓解脱水引起的酸中毒。

ORS 是用于治疗腹泻脱水的理想选择。但是,如果腹泻时无脱水或为了预防脱水,或累积失量在静脉补充后用 ORS 作为腹泻继续丢失的补充时,则会有出现高钠血症的危险。一般腹泻粪便中钠的含量为 50~60 毫摩/升,细菌性腹泻粪便中含钠量更高,而 ORS 中钠含量高达 90 毫摩/升,长期大量口服时就会引起高钠血症。

在补充累积损失量时,轻度脱水患者每千克体重给予 50 毫升补液,中度脱水患者每千克体重给予 80~100 毫升补液,重度脱水患者一般应采用静脉输液。以上所补液量应在 4~6 小时内补入,遵循少量多次原则,每 2~3 分钟补一次,每次 20~30 毫升,不可在短时间内大量摄入补液,以免引起高钠血症。

累积损失补完后,如果脱水得到缓解,则应保证自由饮水。用于补充大量持续丢失时,可将 ORS 稀释 1/3,每袋加水量由 1 升增加为 1.5 升,从而使电解质中钠的含量降为 60 毫摩/升,这样饮用后不易发生高钠血症。原有营养不良的慢性腹泻患儿,其体液处于较低渗状态,ORS 张力可偏高些;而对于营养状况较好的患儿,ORS 要进行适当稀释。新生儿的肾脏调节功能尚不健全,不宜饮用。

四十五、药物相互作用

药物相互作用,即药物与药物之间的相互作用,是指同时或先后服用两种以上药物时,其中一种药物使另一种药物的药理效应发生改变的现象。药物相互作用的结果可能是一种药物的效应得到加强或削弱,也可能是两种或多种药物的效应同时得到加强或削弱。使药物效应加强的,称为药物的协同作用,如利尿剂和其他降压药合用,可增强多种降压药的疗效;甲氧苄啶和磺胺药合用,可增强磺胺药的抗菌作用。使药物效应减弱的,称为药物的拮抗作用,如胃复安具有止吐作用,而阿托品为解痉药,这两种药物作用相互拮抗,同时服用会减弱药效。

两种或两种以上药物同时使用时称联合用药,或称配伍。当药物在体外配伍时,可能引起药物药理上或物理、化学上的变化,如沉淀、变色、潮解、中和等反应,从而影响药物疗效甚至影响患者用药安全,称为配伍禁忌。

药物相互作用可分为两类:一类是药代学的相互作用,指的是一种药物改变了另一种药物的吸收、分布或代谢。另一类是药效学的相互作用,指的是一种药物改变了另一种药物的药理效应,但并不会对血药浓度造成明显的影响,而主要是影响药物与受体作用的各种因素,如全身麻醉剂卤代烷能敏化儿茶酚胺对心脏的致心律失常作用。

随着现代治疗联合用药的逐渐增多,发生药物相互作用的情况也屡见不鲜。如近些年来,一些抗过敏药(特非那定、阿司咪唑等)在与咪唑类抗真菌药、大环内酯类抗生素(红霉素等)并用时,曾产生严重的心脏毒性,少数人甚至因此而死亡。为此,在用药时一定要仔细阅读说明书。中药在使用时也应该注意"忌口",以避免药物与食物间的不良相互作用。

容易发生药物相互作用的药物有很多种,主要有以下几类:治疗指数低的药物(即用药剂量稍有变化就会引起药理作用明显改变的药物)、需要监测血药浓度的药物、酶诱导剂和酶抑制剂等,具体包括口服抗凝药、口服降糖药、抗生素类、抗癫痫药、抗心律失常药、强心苷和抗过敏药等。

临床上药物相互作用的发生率主要与服药者的种族差异和同时用药的数量等因素有关。如由奥美拉唑引起的不良反应,在黄种人中的发生率比白种人高。另外,机体代谢能力、肝肾功能等因素也能对药物相互作用的发生造成影响。因此,急性病患者、肝肾功能不全者、老年人、新生儿发生药物相互作用的概率较大,在用药时要格外谨慎。

四十六　哪些中西药不可合用

在联合用药时不能轻率地采用中西药同服的办法,否则可能出现与预期相反的不良后果。在选药时最好先听取医生的建议,并要注意中西药服用的时间间隔,以免诱发其他病症。

·中成药舒肝丸不宜与西药胃复安合用,因为舒肝丸中含有的芍药具有解痉、镇痛的作用,而胃复安能加强胃的收缩,二者作用相反,合用时会相互抵消药效。

·中成药止咳定喘膏、麻杏石甘片、防风通圣丸不能与西药复方降压片、优降宁同时服用。因为前3种药物含有麻黄素,会使动脉收缩、血压升高,影响降压效果。

·中药麻黄不能与西药氨茶碱同服,否则二者的药效均会降低,而且能使毒性增加1~3倍,引起恶心、呕吐、心动过速、头痛、头昏、心律失常、震颤等。

·中成药蛇胆川贝液不能与西药吗啡、哌替啶、可待因等同服。因为蛇胆川贝液中含有苦杏仁苷,与上述西药的毒性作用相同,都能抑制呼吸,两者同服容易导致呼吸衰竭。

·中成药益心丹、香莲丸、川贝枇杷不能与西药阿托品、咖啡因同服,因为前者含有生物碱,与后者同服会增加毒性,引起药物中毒。

·中成药朱砂安神丸、梅花点舌丹、七厘散、人丹、冠心苏合不宜与西药溴化锌、溴化钠、碘化钾、碘化钠同服,因前者含有朱砂(粗制硫化汞),与后者同服会产生有毒的碘化汞或溴化汞等沉淀物,引起毒痢性大便,导致药源性肠炎。

· 中成药益心丹、麝香保心丸、六味地黄丸不宜与西药心律平、奎尼丁同服,否则可能导致心脏骤停。

· 中药虎骨酒、人参酒、舒筋活络酒不宜与西药鲁米那等镇静止痛药同服,否则会加强对中枢神经的抑制作用而发生危险。

· 中成药丹参片不宜与西药胃舒平合用,丹参片的主要成分是丹参酮、丹参酚,会与胃舒平所含的氢氧化铝形成铝结合物,不易被肠道吸收,造成疗效降低。

· 中成药昆布片不宜与西药异烟肼合用,因为昆布片中含有碘,在胃酸条件下易与异烟肼发生氧化反应形成异烟酸、卤化物和氮气,从而失去抗结核杆菌的功能。

· 中成药活络丹(丸)、香连片(丸)、贝母枇杷糖浆不宜与西药阿托品、咖啡因、氨茶碱合用。因前三者含有乌头碱、黄连碱、贝母碱等生物碱成分,与后者同服易增加毒性,出现药物中毒。

· 中成药人参、甘草、鹿茸不宜与西药甲苯磺丁脲、优降糖、降糖灵同服,否则会产生相互拮抗作用,降低降糖药的药效。

· 中成药麻杏止咳片、通宣理肺丸、消咳宁片不宜与西药地高辛合用,因前三者含有麻黄、麻黄碱,对心脏有兴奋作用,能增加地高辛对心脏的毒性,引起心律失常。

· 中成药风湿酒、国公酒、壮骨酒、骨刺消痛液不宜与西药阿司匹林同服,因前者含有乙醇,与后者合用会增加对消化道的刺激性,引起食欲不振、恶心、呕吐等症状,严重时可导致消化道出血。

· 中成药黄连上清丸不宜与西药乳酶生合用,因前者含有的黄连素可明显抑制乳酶生中乳酶菌的活力,使其失去消化能力。

· 中成药山楂丸、保和丸、乌梅丸、五味子丸不宜与西药碳酸氢钠、氢氧化铝、氨茶碱同服。因前者含酸性成分,而后者是碱性西药,两者同服可使酸碱中和,降低药物疗效。

· 中成药麻仁丸、解暑片、牛黄解毒片不宜与西药胰酶、胃蛋白酶、多酶片同服。因前者含有大黄、大黄粉,可通过吸收或结合的方式抑制胃蛋白酶的消化作用。

四十七、哪些常用西药不能合用

不但中药与西药合用时会发生药物相互作用,引起药效降低或产生毒副作用,而且两种或两种以上的西药合用时,也会发生类似的情况。为了避免发生药物不良反应,我们应该对不能同时使用的常用西药有所了解。

磺胺类药与维生素C

常用的磺胺类药包括复方磺胺甲恶唑、磺胺嘧啶(双嘧啶)等,此类药物通过肾脏排出体外,在酸性尿液中易结出结晶,形成尿结石,不易排出,从而对肾脏造成损害;而维生素C可酸化尿液,这大大增加了磺胺类药物形成尿结石的机会。

· 健康医疗 ·

图文珍藏版

磺胺药与酵母片

这两种药物合用,会为细菌的生长繁殖提供必需的养料,同时可降低磺胺药的药效。此外,磺胺类药物也不能与乌洛托品、普鲁卡因合用。

异烟肼、利福平与安眠药

异烟肼和利福平是抗结核药,它们与安眠药(如水合氯醛、鲁米那等)合用时可引起严重毒性反应,还可引起药源性肝炎甚至肝细胞坏死。

苯妥英钠与氯霉素、异烟肼

苯妥英钠在与氯霉素或异烟肼合用时,可抑制肝细胞的药物代谢酶,使药物代谢减慢、血药浓度升高,从而引起中毒,出现头晕、胃肠道反应等。

利福平与对氨基水杨酸钠(PAS)

二者合用时,对氨基水杨酸钠会影响胃肠对利福平的吸收,降低利福平的药效。

红霉素与咪唑类药物

红霉素与咪唑类药物如阿斯咪唑、伊曲康唑等合用,可引发心血管严重不良反应。

红霉素与阿司匹林、维生素 C

红霉素在碱性环境中抗菌力较强,在酸性环境中作用明显降低,而阿司匹林和维生素 C 是偏酸性药物,两类药物同时服用可降低红霉素的疗效。

乳酶生与抗生素

乳酶生与抗生素药物土霉素、黄连素、磺胺药等同服时,可使药效降低甚至消失。此外,乳酶生也不可与活性炭、次碳酸铋、胃舒平、氢氧化铝、小苏打等碱性药和肠道吸附剂同时服用。

麻黄素与痢特灵

麻黄素是一种拟交感神经递质药物,通过单胺氧化酶代谢,而痢特灵能抑制单胺氧化酶。两者合用后易在体内蓄积,并与体内的去甲肾上腺素起协同作用,使血压大幅升高,甚至引起血管意外而死亡。

利血平、胍乙啶与痢特灵

痢特灵与降压药利血平和胍乙啶合用,会迅速减弱降压作用,甚至发生逆转使血压升得比治疗前更高。

胃复安与胃舒平、普鲁本辛、阿托品

前者能加强胃窦部收缩,促进胃内容物排空;而后三者在药理上与前者是相互对抗的,会减缓胃肠蠕动,抑制胃肠的排空,合用会相互降低药效。

阿司匹林与吲哚美辛(消炎痛)

虽然两者都是解热镇痛和抗风湿药,但合用不但不能增加疗效,反而易加重对胃肠道的副作用,极易导致胃出血和胃穿孔。

氯霉素与磺脲类降糖药

氯霉素会使磺脲类降糖药在血中的浓度增加,从而引起低血糖。

四十八、联合用药不宜多

在治疗疾病的过程中,存在着不少联合用药的情况。所谓"联合用药",就是指同时使用两种或两种以上药物治疗一种或多种疾病。

联合用药的优点是提高疗效、减少不良反应,还可以缩短疗程,减少开支。如临床上使用最多的止痛片,就是由阿司匹林、扑热息痛、咖啡因3种药物组成,三者并用可加强解热、止痛作用,即所说的"协同作用"。又如根治幽门螺旋杆菌所采用的三联疗法,就是在一周内联合使用质子泵抑制剂加上两种抗生素,治疗效果非常好。

但是,联合用药如果过多或盲目合用,不但会影响药物疗效,达不到治疗目的,而且浪费卫生资源,还会造成额外的经济负担。这是因为有些药物之间会产生一些不良的相互作用;有些药物一起使用会增加毒性,发生不良反应;有些药物联合使用会使治疗作用相互抵消;还有一些作用相似的同类药物,联合使用时相当于药量增加,从而增加了毒副作用。例如将几种具有耳毒性的药物联合使用,就会大大增加耳聋的发生率。

研究显示,联合使用5种以下的药物,药物不良反应的发生率为3.5%;使用6~10种药物,不良反应发生率为10%;同时使用11~15种药物,不良反应的发生率为28%;而当同时使用16~20种药物时,不良反应的发生率就会高达54%。可见,联合使用药物越多,发生不良反应的概率就越大。

因此,患者在联合用药时必须做到精心设计、合理配伍,才能收到良好的效果。如果患者必须服用多种药物,应首先向医务人员进行咨询,切不可随意、盲目用药,以免发生意外。在保证治疗效果的前提下,应尽量减少联合用药的种类,一般以2~3种为宜。

四十九、用药应注意性别差异

临床用药通常只分为儿童剂量、成人剂量,而往往忽视了成人性别的差异。实际上,成年男女对相同剂量同种药物的反应是不尽相同的。

性别差异影响药物吸收

男女在药物吸收方面的差异主要体现在3个方面:一是女性在口服药剂的生物利用度上比男性高,如女性服用阿司匹林后的血药浓度就比男性要高。二是饮食习惯上,女性比男性摄入更多的水果和蔬菜,而高纤维食物会减少药物吸收。三是女性的皮下脂肪含量比男性丰富,可能影响经皮肤药物的吸收效果。据报道,药物喷雾剂(如利巴韦林和环孢菌素)通过呼吸道的吸收,女性比男性少。

性别差异影响药物代谢

研究人员发现,年轻女性药物代谢更快,在妇女月经周期的排卵期和黄体期,安替比林通过肝脏代谢的速度比男性要快得多。药物代谢的性别差异可能主要是由于男女体内不同激素的作用,其他因素还包括饮食、体重、吸烟、饮酒、日照时间、年龄等。总体来看,绝经前的妇女对许多药物的代谢速度都比男性快,如治疗哮喘的药物氨茶碱、抗生素类药物红霉素、消炎药甲基泼尼松、治疗癫痫的抗惊厥药苯妥英钠类衍生物以及氨基糖苷类、头孢类、氟喹诺酮类、地高辛等。因此,服药时需要根据性别因素来调整给药剂量。

性别差异影响药效的敏感性

许多研究表明,女性对药物的治疗效应比男性敏感。还有专家指出,妇女的心脏对药物的敏感度要比男性高出1倍。

五十、正确的用药观

药物具有治疗疾病的作用,但若使用不当,就很可能会引起一系列的毒副作用和不良反应,因此应格外谨慎。掌握一些正确的用药观念,对我们合理用药、快速治愈疾病具有重要意义。

要看清药物名称

药物的名称非常多,有时一种药物可有多种药名,如通用名、商品名、别名、化学名、成分名等。有些药物的名称只有一字之差,作用却完全不同。因此在用药时要注意区分,不可错用。

要对症下药

用药前还要先弄清药物的适应证,或者是作用与用途。只有药物的适应证与自己的症状符合时才能使用,做到对症下药。

要了解药物的使用方法

不同的药物具有不同的使用方法,如口服、舌下含服、嚼碎后吞服、喷雾吸服、肛塞、外涂等,使用前要仔细阅读说明书或向医生请教,以免因服药方法不当而影响治疗或伤害身体。

掌握适当的用药剂量

剂量不足达不到理想的治疗效果,剂量过大就会产生毒副作用。因此要严格遵守药品说明书或医生指示的剂量使用,不可擅自增加或减少剂量。如果没有特别说明,说明书上标明的剂量一般为成人的常用剂量,若小儿或老年人使用,应按规定折算。

要留意注意事项或禁忌证的内容

有些药物对某些特定人群不适用,或在使用时有各种条件限制,应加以注意,尤其是老年人、孕妇及儿童用药,更需特别注意。如一些常见的抗组胺药,在服用后常会使人产生睡意,对需要驾驶或操作机器的人可能会导致危险。还有的药物说明书上标有"肝肾患者慎用""12岁以下儿童禁用""孕妇慎用""禁食生冷辛辣食物"等内容,一定要严格遵守。

尽量避免同时服用多种药

如未经医生的同意,不要在同一时间内服用多种不同药物,否则可能因药物之间的相互作用导致药效增强或减弱,严重的会导致药物失效或中毒。若因病情需要必须同时服用多种药物,则应看清楚标签后再服药,以免吃错药。此外还要注意,切勿同时服用多种同质性高的药物,以免因药物成分重复而造成药物摄入过量,甚至引发中毒。

要注意药物的不良反应

服药后如果感觉不适或有过敏反应,如起红疹、嘴唇肿胀、呼吸急促等情况,应立即停止服药并尽快就医,以确认是否属于药物引起的不良反应,并记下药名,以便医生在病历上留下个人药物过敏记录,作为以后就医时用药的参照。

把握好停药时间

有些药物需要连续地服用较长时间才会有效,如心血管药、降糖药、抗帕金森药等,必须严格地遵照医嘱长期服药,切勿擅自中途停药,以免造成治疗失败或引起严重后果。若是属于症状解除类药物,一般在症状消失后即可停药,如头痛药等。而在忘记服用药物时,最好先向医生进行咨询,不要私自添补,以免因重复过量服用而导致中毒。

不要服用家人的药

有的患者认为自己的症状与家人相似,就擅自服用医生为家中其他成员所开的药物,这样做是不合适的,因为即使症状相似也并不代表是同一种疾病,胡乱使用别人的药是十分危险的。同时,也不要介绍所谓的"好药"给好朋友。

不要吃上次剩下的药

除非经医生同意,否则不要擅自服用上次吃剩下的药,当然更不要把吃剩下的药送给别人。

留意药物的有效期

用药前要先仔细看一下说明书上的有效期或失效期,发现过期或已经变质的药物应该马上丢弃,不要再使用。

五十一、家庭用药的误区

在家庭用药中,往往存在许多误区。若不引起注意,有时会引起严重后果。

用药瞒医生

由于各种原因,有些患者在就医时会对医生隐瞒自己以往的用药情况,这种做法是错误的。常言道:"病不瞒医。"在请医生诊治疾病时应该主动告诉医生以前得过什么病、用过什么药、现在正在用什么药、在用这些药物时出现过哪些反应,这些信息有助于医生正确诊断和更好地选择药物,在确定治疗方案时能全面考虑,扬长避短。如告诉医生以前使用某药时出现过过敏反应,医生就会避开类似的药物而选择其他的药物,以防止再次出现过敏反应。

以补代治

现在的保健品市场上,各种"健"字号保健品、保健饮料、滋补药多得令人眼花缭乱,加上某些商品广告经常夸大其词,过分渲染这些商品的保健、治疗功能,使得某些患者混淆了"补"和"治"的界限,生病时首先想到的是"补",而不是积极就诊用药,从而延误了疾病的及时治疗,使病情进一步加重。因此,选用补品要适当,不可盲目以补代治。

任意改变用药剂量

一般情况下,使用常用量就能获得良好的疗效。在一定范围内增加药物剂量,药效也会随之增强,但这种药效的增强是有限度的。当体内的血药浓度达到最大效应时,就不需要再无限制地增加药量。一些患者为了早日摆脱病痛的折磨,随意增加用药剂量或次数,以求早日痊愈。其实,这样做不仅不能增强疗效,反而会产生毒副反应,尤其是老年人和儿童极易引起中毒。相反,有些患者害怕用药剂量过大产生毒副作用,认为小剂量比较安全。其实,这样非但无效,反而会贻误病情,甚至产生耐药性。因此,患者用药时必须遵照医嘱,按一定的剂量和次数给药,切不可随意改变用药量。

不定时服药

有的患者服药时间不固定,两次用药间隔时间过长或过短。这样会造成血药浓度忽高忽低,无法将血药浓度控制在有效范围内。浓度过低就达不到治疗效果,浓度过高则易产生药物副作用。不少患者服药都安排在白天而忽视了夜间。有的药一日需服 2 次,应每隔 12 小时服用 1 次;而"1 日 3 次"指的是将一天 24 小时平均分为 3 段,每 8 小时服药 1 次,只有这样才能使体内的血药浓度保持稳定,达到治疗的效果。如果把 3 次服药时间都安排在白天,简单地随一日三餐服药,就会造成白天血液中药物浓度过高,给人体带来危险;而夜间血药浓度偏低,影响疗效。"饭前服用"是指此药需要空腹在饭前 1 小时或饭后 2 小时服用,以利于药物的吸收;"饭后服用"则是指此药需要在饭后半小时服用,利用食物来减少药物对胃肠的刺激或促进胃肠对药物的吸收。

随意停药

药物治疗都需要一定的时间,绝不能因为某些局部或全身症状的暂时缓解或消失就随意停药。在疾病尚未完全治愈的情况下贸然停药,很可能发展成为慢性感染。另外,许多慢性疾病需要长期坚持用药,以控制病情、巩固疗效,如精神病、癫痫病、抑郁症、高血压、冠心病等。如果擅自停药,就可能导致旧病复发甚至危及生命。因此,何时停药应该由医生来决定。

当停不停

一般药物达到预期疗效后就应及时停药,否则易产生毒副作用,如二重感染、过敏,身体对药物易产生耐受性或依赖性以及蓄积中毒等。

随意换药

有些患者用药几天后发现症状没有明显减轻,就怀疑所用药物是否有效,于是急忙另找医生更换其他药物,或者自行购买非处方药,甚至想方设法寻觅偏方、验方,想要在瞬间获得神奇疗效。实际上,药物显示疗效都需要一定的时间,如伤寒用药需要 3~7 日,结核病则需半年,因此不能急于求成。如随意换药,会使治疗复杂化,出现问题也难以找出原因对症处理。

用药多多益善

有些患者认为用药越多药效越强,疾病痊愈越快。确实,药物之间存在着相互作用,多种药物联合使用时常可增强疗效。但如果配合不当则会改变人体对药物的正常吸收和代谢,轻者产生拮抗作用,导致药效减弱或无效;重者会增强药效,引起过敏甚至中毒,或导致一系列的生理反应,造成休克甚至死亡。

药越贵越好

俗话说:"便宜没好货,好货不便宜。"因此,有些人就认为价格越贵的药越好,对于病情的治疗越有效。其实,药物的好坏与价格并没有必然的联系,最终还得以治疗作用的强弱和不良反应的轻重来衡量。况且即使是好药,如果不对症也起不到预期的效果,而且对于今后的病情发展不利。因为用药越好,身体或病原体一旦产生耐受性或抗药性,今后将越难用药。因此,只有安全、合理地用药才是最理想的选择。只要用之得当,便宜的药也可以达到药到病除的疗效。

新药即好药

许多患者在用药时"喜新厌旧",认为新药一定是好药,其实,这种观点是错误的。新药可能对某些疾病具有较好的疗效,或者比同类药物更胜一筹。但是,新药的应用时间毕竟较短,试用的人数也较少,其可能产生的某些毒副作用还没有完全显现出来,因此使用新药的风险相对要大一些。因此,绝不能为了赶时髦而乱用新药。

进口药就是好药

有些进口药确实疗效显著,副作用小,但进口药多是针对西方人的体质和用药特点研制的,由于中西方人存在种族的差异,因此进口药并非全都适合我们使用。同时,也有些进口药与国产同品种药的作用相当甚至不如国产药,但其价格却要高得多。所以不要盲目迷信进口药,而应根据病情实际需要合理选用药物。

名气大的就是好药

药物的"名气"很大程度上是由广告制造出来的。如今,各类媒体上的药物广告可谓五花八门,让人目不暇接。但不少广告言过其实,它们只宣传药物的优点,而对药物的副作用则尽量淡化,容易使人误解而上当受骗。因此,在购药时千万不要轻信一般药物广告,而应向有经验的医生或药师进行咨询,以免造成严重后果。

躺着服药

躺着服药片或药丸,药物容易黏附在食管壁上或在食管中溶化。如果在食管壁上停留的时间过长,不仅影响疗效,还可能刺激食管,引起咳嗽或局部炎症,严重的甚至损伤食管壁,发生溃疡,为食管癌的发生埋下隐患。所以,用药时最好采取坐位或站姿。服药后也不要马上躺下,尽量站立或走动几分钟,以便药物完全进入胃内。

对着瓶口喝药

有些人在服用糖浆或合剂时,为了贪图方便省事,会直接对着瓶口喝药,这样做既不卫生也不科学。对着瓶口喝药,一方面容易把细菌带入瓶内,污染药液,加速其变质;另一方面不能准确控制摄入的药量,服少了起不到治疗作用,服多了又会增加副作用,引起不良反应,甚至导致中毒。因此,应按规定剂量,将药倒在小勺或其他小型容器中,然后再用温开水送服。

干吞药

有些人为了省事,服药时不喝水,直接将药物干吞下去,这也是非常危险的。一方面与躺着服药一样,会使药物黏附在食管壁上,损伤食管黏膜,甚至程度更严重;另一方面由于没有足够的水来帮助溶解,有些药物容易在体内形成结石,例如复方新诺明等磺胺类药物。

喝水过多

干吞药不好,服药后喝水过多也不好。喝水过多会稀释胃酸,不利于对药物的溶解吸收。一般情况下,送服固体药物只需要一小杯温开水就足够了。如糖浆制剂就比较特殊,尤其是止咳糖浆,需要药物覆盖在发炎的咽部黏膜表面,形成保护性薄膜,以减轻黏膜炎症反应、阻断刺激、缓解咳嗽。所以,喝完糖浆5分钟内最好不要喝水。

掰碎吃或用水溶解后吃

由于个别口服药片、药丸的体积过大,有些人在服用这些药物时经常会出现吞咽困难,还有些人怕孩子吃药时噎住,就自作主张地把药掰碎或用水溶解后再服用。这样做不仅会影响药物的疗效,还会加大药物的不良反应,尤其是对于缓释类药物、肠溶片和胶囊剂。如阿司匹林肠溶片掰碎后,由于缺少了肠溶衣的保护,使得药品无法安全抵达肠道,在胃里就被溶解,不仅无法发挥疗效,还对胃黏膜有较大的刺激性,会引起恶心、呕吐等症状。因此,除非经医生允许或药物说明书上标明,否则不要这么做。但在服用中成药时有所不同。例如对于常见的大粒丸剂,为了加速药效的产生,可以先将药丸分成小粒,或用少量温水将药丸捣调成稀糊状后再用温开水送服。

打针比吃药效果好

不少患者都认为打针比吃药见效快,其实这是错误的。从药物被吸收到发挥作用的速度来看,打针确实比吃药的效果要快一些,但并不是所有的疾病都需要通过打针来治疗,有的病打针反而不如吃药有效。如治疗一些消化道疾病时,如果采用口服给药,胃肠道局部药物浓度高,治疗效果好,不必打针治疗;对一般的感冒等,打针的效果也不一定好;而对一些只能口服不能注射的药,打针更是错误的选择。此外,打针会给患者带来一定的痛苦,消毒不严还会产生交叉感染,安全系数小。而口服给药则要简便、易行、安全得多。因此,凡是吃药能治疗的疾病,尽量不要打针。

五十二、家庭用药禁忌

为了使药物达到最好的疗效,在服药时我们应注意一些用药禁忌,比如说禁止用茶水、果汁来服药,服药期间勿抽烟喝酒,服药后不要马上运动或睡觉。

服药前后禁止吃蔬果

在服药前后 30 分钟内,最好不要吃东西,尤其不要吃水果和蔬菜。这是因为某些蔬菜和水果中含有的物质可以和某些药物成分发生化学反应,使药物的作用发生改变,或者使药物失效,或者使药物产生毒副作用。这类药物主要包括降脂药、抗生素、安眠药、抗过敏药等。如某些抗过敏药可以与柑橘类水果发生反应,可能引起心律失常,严重的甚至会引起致命性心室纤维性颤动;一些水果可以与抗生素发生反应,会使抗生素的疗效大大降低。

服药期间要戒烟

试验证明,服药后半个小时内吸烟,药物到达血液的有效成分只有 1.2% ~ 1.8%,而不吸烟时可达 21% ~ 24%。这是因为烟草在燃烧中产生的烟碱(尼古丁)等成分可增加肝脏酶活性,降低药物的降解速度,使血液中药物的有效成分降低,影响其疗效的发挥。此外,吸烟还能延迟胃内容物的排泄时间,减慢药物的吸收。比如服用解热镇痛药、止痛与麻醉药、平喘药、抗心绞痛药、抗血小板药、降脂药、降糖药、利尿药、抗酸药、胃黏膜保护药等药物时,都会因吸烟受到影响。所以,为了保证药物的疗效,服药期间千万不能吸烟,最好能戒烟。

服药期间勿饮酒

服药时饮酒的危害很大,因为酒中含有浓度不等的酒精(乙醇),即使是啤酒、葡萄酒等低度酒也都含有酒精成分。酒精可与多种药物发生反应,从而导致某些药物的代谢加快,使药效降低;也会使某些药物的代谢减慢,引起药物蓄积,使药效或药物的毒副作用增加。这些情况都可使患者的病情复杂化,会引起严重后果。因此,患者服药时一定不能用酒来送服药物,也不能在服药前后饮酒。尤其是在服用下列几类药物时更需忌酒。

第一类:头孢菌素胶囊(如先锋霉素 V、先锋霉素 VI、菌必治等)、氯霉素、呋喃妥因、甲硝唑等;第二类:镇静催眠类药物,如苯巴比妥、水合氯醛、安定、利眠宁等;第三类:解热镇痛剂类,如阿司匹林、扑热息痛等;第四类:利血平、抗癌剂、异烟肼等药物。

某些药物不能和牛奶同服

新鲜牛奶中含有丰富的蛋白质和多种维生素及矿物质,还有充足的脂肪和乳糖等营养物质。但是,在服药时如果用牛奶送服或在吃完药后立即喝牛奶,则可能产生不良反应。如在服用吲哚美辛(消炎痛)时喝牛奶会对胃黏膜产生刺激作用,牛奶还可影响氨茶碱的生物利用度,并能使 β-受体阻滞剂在肝脏中的效应发生改变等。此外,牛奶还不能与下列药物同服。

抗生素类,包括阿莫西林、强力霉素等;降压药,如优降宁等;强心药,如洋地黄、地高辛等;抗结核病药,如异烟肼等;含铁药物;抗精神病药物等。

另外,牛奶本身含有钙,用来送服药片或其他药物时,很容易在肠胃内形成钙化物,导致药物失效,严重者会生成胆结石、肾结石。因此,应尽可能保证不用牛奶送服药物,婴儿在服药后也应隔一段时间再吃母乳。

禁止用茶水送药

茶叶的主要成分有咖啡因、茶碱、维生素等,还含有大量鞣酸。茶水中的这些成分可与许多药物发生化学反应,生成不溶性沉淀,胃肠道不能吸收,从而影响药物疗效的发挥,所以一般情况下不要用茶水送服药物。

需避免与茶水同服的药物有:补铁剂如硫酸亚铁、富血铁、柠檬酸铁等;抗抑郁药如苯乙肼等;强心类药物如洋地黄片、洋地黄毒苷片、地高辛等;助消化的酶类药物如胃蛋白酶、淀粉酶、多酶片、胰酶片、乳酶生等;解热镇痛药如氨基比林等;小苏打制剂;中枢镇咳药如咳必清等;镇静类药物如安定、苯巴比妥、氯丙嗪等;维生素B_1、红霉素、麻黄素、黄连素、痢特灵、优降宁、利福平、潘生丁以及中药元胡、大蓟、小蓟、牛膝等。

当然,茶水对有些药物的影响并不大,如许多抗生素类药及抗炎镇痛药(如磺胺类药、布洛芬、消炎痛等)、抗过敏药(如扑尔敏、去敏灵、苯海拉明等)。但为了保证药物的疗效,防止意外发生,最好还是不要用茶水送服。

禁止用果汁类饮料送药

在各种果汁类饮料中,通常都含有维生素C、果酸等,这些酸性物质可使许多药物提前分解,或使包糖衣或肠溶衣提前溶化,不利于药物吸收,还易对胃肠道产生刺激,甚至会出现较严重的不良反应。碱性药物更不能与果汁同时服用,因为酸碱中和会使药效大减。如用果汁或酸性饮料送服复方阿司匹林(APC)等解热镇痛药和黄连素、乙酰螺旋霉素等糖衣抗生素,会加速药物溶解,损伤胃黏膜,严重的可导致胃黏膜出血;送服氢氧化铝等碱性药物,会因酸碱中和而使药效完全丧失;送服复方新诺明等磺胺类药物,则会降低药物的溶解度,引起尿路结石。正确的服药方法是用温度适宜的白开水送服。

服药期间慎食醋

醋中含有蛋白质、多种有机酸和游离氨基酸,还含有维生素B_1、维生素B_2和维生素C等,具有助消化、增食欲、活血化淤、消毒杀菌等功能。但在服用某些药物时是必须禁止食醋的。如在服用红霉素、螺旋霉素、白霉素、链霉素、庆大霉素、卡那霉素等药物时食醋,酸性条件会使这些抗生素的作用降低。醋也不能与磺胺类药物合用,因为这类药物在酸性环境中的溶解度降低,容易在肾脏中形成磺胺结晶,产生尿闭和血尿,损坏肾小管。醋与氢氧化铝、氢氧化镁、三硅酸镁、碳酸氢钠、碳酸钙等碱性药物合用时,可因酸碱中和而使药物失效。此外,醋与解表中药合用时,醋酸会影响中药的发汗解表功效。

吃药之后不能马上睡觉

许多人有在临睡前服药或卧床服药的习惯,认为服完药后立即休息,有助于药物的吸收。其实这种做法是不正确的。服完药后马上就睡觉,特别是当饮水量不足时,往往会使药物黏附在食管上而不易进入胃中。有些药物的腐蚀性很强,在食管溶解后会腐蚀食管黏膜,引起食管溃疡。轻者只是吞咽时感到疼痛,严重者可造成血管损伤而引起出血。许多药物性食管溃疡患者就是因为在睡前服用过胶囊类药物(如抗生素胶囊、感冒胶囊等),或是服用了颗粒状的止痛药而造成的。因此,晚上服药时要多喝些白开水,尤其是服用胶囊剂时更应如此。同时,吃完药后不要立即睡觉,应先适当地活动一会儿,让药物彻底进到胃里后再平卧,以避免食管黏膜受损伤。最好把服药时间安排在入睡前半个小时左右。

服药之后不能马上运动

服药后也不能马上运动。因为服药后药物一般需要 30 分钟至 1 个小时才能被胃肠溶解并被小肠壁血管所吸收,然后再经血液循环将药物中的有效成分输送到全身各处。如果服药后马上运动,大量血液将流向运动器官,从而导致胃肠等脏器血液供应不足,使有效输入的药物量降低,药物的吸收效果就会大打折扣。

不能用热水送服的三类药物

助消化类

如多酶片、酵母片等,因为此类药物中的酶是活性蛋白质,遇热后会凝固变性,从而失去应有的催化剂作用。

维生素 C

维生素 C 是水溶性维生素,是所有维生素中最不稳定的,遇热后易被破坏而失去药效。

止咳糖浆类

止咳药溶解在糖浆里,需要覆盖在发炎的咽部黏膜表面,形成保护性的薄膜,才能减轻对黏膜的刺激,从而缓解咳嗽。如果用水冲服,就会稀释糖浆,降低黏稠度,不能生成保护性薄膜,达不到治疗效果。

五十三、不要随意改变药物的剂型

药物的剂型与药效有关,不同的剂型可以让药物在不同的消化器官中吸收,发挥最大的药效,因此不能随意改变药物的剂型。但是有些人因为对剂型缺乏足够的了解和认识,在用药过程中随意改变药物的剂型,不仅严重影响药物的疗效,还容易产生毒副作用。

包衣片分割使用

包衣片包括糖衣片、肠溶片等。糖衣片一旦破裂,便失去了特定的保护、遮味和隔离等作用;肠溶片如果被弄破外衣就会造成片芯外露,服用后其主要成分遇到胃酸即会被破坏而降低或失去疗效,并可对胃黏膜形成刺激,使患者感到上腹部不适、恶心、呕吐甚至胃出血。

胶囊改为冲服

把胶囊内的药物颗粒取出服用,不仅使药物失去了遮味作用,而且失去了原有的保护控释作用,影响疗效。如康泰克缓释胶囊,内装不等速释放的药物颗粒,并以不同颜色区分其作用。如果将其去除胶囊后冲服,就会破坏原有的比例,不仅难以维持应有的疗效,而且会增大对胃肠黏膜的刺激,增加不良反应。

针剂改为内服、外用、滴眼

有些人以为针剂的质量标准很高,改为口服或外用疗效更好,于是就将庆大霉素注射液用做口服,红霉素注射液用做外用。其实,这种做法是不妥的。因为不同剂型的药物吸收途径各不相同,针剂直接注入人体,剂量比口服要小,而且改为内服或外用后,药物的吸收率将大大降低,会影响疗效。另外,针剂中含有的附加剂对胃肠道有刺激作用,容易造成不良反应。还有的人把青霉素等抗生素注射剂改为滴眼药,这是十分危险的,容易引起眼睛疼痛,出现结膜水肿、视力障碍等不良反应。

舌下含服改口服

有人认为舌下含服比较麻烦而且作用也慢,不如吞服来得快。殊不知:欲速则不达。例如,治疗心绞痛的硝酸甘油片,含于舌下能迅速而完全地吸收,约2~3分钟即可奏效,而且止痛效果好;但若改为口服,不但吸收慢,而且药物在肝内会受到破坏,其疗效只有舌下给药的1/10。更重要的是,一旦心绞痛得不到及时控制,患者将有生命危险。

口服片用于阴道塞药

有些女患者为了治愈阴道滴虫、真菌感染等妇科疾病,将口服用药灭滴灵片、制霉菌素片和复方新诺明片等直接塞入阴道,以期获得更快更好的治疗效果。但是,这些口服药不含有发泡剂,置于阴道内很难溶解释放,难以被人体吸收,疗效甚微,而且会徒增痛苦或引起副作用。

五十四、服用中药的禁忌

服药时的饮食禁忌俗称“忌口”,是中医治病的一个特点,历来的中医学家对此都十分重视。实践证明,忌口是有一定道理的。因为我们在日常生活中所食用的各种各样的食物,它们本身都具有各自的性能,对疾病的发生、发展和药物的治疗作用都会产生一定的影响。而忌口则可以避免这些干扰因素,提高药物的疗效。

·由于疾病的关系,在服药期间,凡是属于生冷、辛辣、油腻、酸涩、腥臭等不易消化或有特殊刺激性的食物,原则上都应忌口,如冷饮、竹笋、糯米、辣椒等。

·在服用清内热及性凉的解热中药如玄参、生地、银花、连翘、大青叶等时,不宜食用生姜、葱、蒜、胡椒、羊肉、狗肉等热性的食物,否则会降低药物的疗效。在服用温性中药治疗寒证时,应禁食生冷食物及冷饮。

·甘草、黄连、桔梗、乌梅忌猪肉;薄荷忌鳖肉;丹参、茯苓忌醋;鳖鱼忌苋菜;鸡肉忌黄鳝;山药、常山忌生葱;蜂蜜忌葱蒜;天门冬忌鲤鱼;甘草忌鲢鱼;荆芥忌鱼、蟹、河豚、驴肉;白术忌大蒜、桃、李等;威灵仙、土茯苓忌茶;铁屑忌茶叶;地龙忌豆腐。如果吃了禁忌的食物,轻者疗效不理想,重者会起相反作用,甚至引起中毒。

·服用白参、西洋参、红参等补药时,一般忌食萝卜,因为萝卜有理气、促消化的作用,能降低人参的药力;在服用鹿茸、党参、白术、山药、黄芪、地黄、首乌等其他补药时,除了不能在服药前后1小时内吃萝卜以外,还要忌食碱性食物和饮茶。

另外,在不同病情条件下服用中药也应忌口,如下所述。

治疗因气滞引起的胸闷、腹胀时,不宜食用豆类和红薯,否则容易引起胀气。

水肿患者应少吃过咸食。

哮喘、过敏性皮炎患者,应少吃鸡、羊、猪头肉、鱼、虾、蟹。

肺病患者忌吃茄子、喝酒、吸烟。

心脏病患者忌食油腻食物、动物性脂肪。

高血压患者忌烟、酒、油腻及过咸食物。

肝病患者忌芹菜、动物内脏、油腻食物、酒。

肾病患者忌鸡、鸭脚、过咸食物、酒。

失眠患者忌过食肉类、动物内脏、过燥食物。

中风患者忌食虾和高胆固醇食物。

皮肤病患者忌牛乳、鸭蛋、鹅肉、竹笋、香菇、花生、芒果、海产类、过燥食品、酒。

风湿病患者忌食豆类、动物内脏、蛋、肌肉、油炸食品、香蕉、木瓜。

骨折治愈及筋骨疲痛者忌食香蕉。

胃病患者忌食糯米、香蕉、槟榔、油炸食物。

面疱患者忌食猪脚、猪耳、过燥食品、油炸食物。

减肥者忌食米、面、糖分含量高的食品、蛋糕、含糖分高的水果及饮料。

需要说明的一点是,忌口虽然重要,但也不能绝对化,而要因人、因病而异。对一般患者尤其是慢性患者,如果长时间忌口,而且禁食的种类又多,则可能无法保证人体正常所需营养的摄入,反而会降低人体的抵抗力,不利于恢复健康。因此,应在医生的指导下,适当补充一些有营养的食物,以免造成营养缺乏。

五十五、服用西药的禁忌

不仅服用中药时要忌口,服用西药期间同样必须注意饮食禁忌。如果饮食不合理,就会影响药物疗效或增加药物的毒副作用,严重的还可能危及生命。

降压药、抗心绞痛药

服用此类药物期间忌喝西柚汁、忌吃含盐量高的食品。因为西柚汁中的柚皮素会抑制肝脏中某些酶的作用,从而影响降压药和抗心绞痛药物的代谢。而食盐会使血压升高,减弱降压药的疗效,同时加重心绞痛。

降压药和抗风湿性关节炎药

都不宜与咸食和腌制品同食,否则会使治疗失败或使病情加剧。服用优降宁等降压药时,忌食动物肝脏、鱼、奶酪、巧克力、香蕉、豆腐、扁豆、牛肉、香肠、葡萄酒等。因为优降宁能抑制单胺氧化酶,若与以上食物同吃,可引起血压升高,甚至发生高血压危象和脑出血。

抗抑郁药,痢特灵,抗结核药,抗肿瘤药

这些药物忌与奶酪、香蕉、鳄梨、豆浆、啤酒等含酪胺较多的食物同时进食。因为这类药物中含有单氨氧化酶(MAO)抑制剂,容易与酪胺发生反应,产生去甲肾上腺素,聚集过多时将会造成血压异常升高,出现恶心、呕吐、腹痛、腹泻、呼吸困难、头晕、头痛等不良症状,影响治疗效果。

抗结核药

结核患者在服用异烟肼时忌食鱼类,因为鱼类含有大量组胺酸,它在肝脏内变为组胺,异烟肼能抑制组胺的代谢,使其在体内过量堆积而发生中毒,引起头痛、头晕、结膜出血、皮肤潮红、心悸、面部麻胀等症状。

平喘药

哮喘患者在使用氨茶碱、茶碱类药物时,不宜与豆制品及鸡肉、鸡蛋、牛肉、鱼虾、动物肝脏等高蛋白食物同服,否则会降低药效。

解热镇痛药

在服用氨基比林及索密痛、优散痛等含氨基比林的药物时要忌食腌肉,因为这些药物中的氨基可与腌肉中的亚硝酸钠反应,生成有致癌作用的亚硝胺。在服用保泰松时忌食高盐食物,因为保泰松能阻碍钠离子和氯离子从肾脏排出,高盐饮食容易导致血钠过高而引起水肿和血压升高。

抗菌消炎药

消炎药如磺胺嘧啶(SD)、复方新诺明等不宜与鲜橘汁同服,否则会引起血尿等症状。红霉素、阿奇霉素等药物不宜与螺、蚌、蟹、鳖、海带、海蜇、咸鱼、荠菜、花生米、核桃仁、葵花子、豆制品、乳制品等同时食用,因为这些食物中含有丰富的钙、铁、磷等元素,会相互结合,形成一种既难溶解又难吸收的络合物,导致药效降低。

磺胺类药物和碳酸氢钠

服药期间不宜同食酸性水果、醋、茶、肉类、禽蛋类等食物,以免因磺胺类药在泌尿系统形成结晶而损害肾脏,或降低碳酸氢钠的药效。

苦味健胃药、助消化药

服用期间忌吃糖或甜食。因为苦味健胃药和助消化药如大黄苏打片、龙胆酊等,主要借助于它们的苦味刺激味蕾,以促进唾液、胃液等消化液的分泌,以达到帮助消化、增强食欲的目的。而吃糖或甜食则会掩盖苦味、降低药效。

钙补充剂

服用期间忌食含草酸丰富的菠菜、茶、杏仁等。因为草酸会在小肠中与钙结合,生成无法被胃肠道吸收的不可溶物质,阻碍钙的吸收,同时还有形成结石的危险。

铁补充剂

服用期间忌大量食用动植物油脂。因为油脂会抑制胃酸的分泌,影响三价铁离子转变为二价铁离子,不利于胃肠道对铁的吸收,从而降低补铁、补血效果。同时,还应忌食花生米、芝麻酱与海带、动物肝脏等含钙、磷较多的食物。此外,在使用硫酸亚铁等铁制剂时,忌用茶水送服,因为茶中的鞣质会与铁结合生成鞣酸铁,影响铁的吸收。

碘补充剂

服用期间忌食菠菜、桃、梨等蔬果。因为这些食物会阻碍碘顺利进入甲状腺。

利尿剂、钾补充剂

在服用呋塞米、氨苯喋啶等利尿剂和补钾剂时,不宜同时食用香蕉、芫荽、香椿芽、红糖、菠菜、紫菜、海带、土豆、葡萄干、橘子等。因为此类食物含钾量高,容易引起高钾血症,引起胃肠痉挛、腹胀、腹泻和心律失常等。

维生素类补充剂

服维生素 K 时忌食富含维生素 C 的食物,如山楂、辣椒、鲜枣、茄子、芹菜、西红柿、苹果等,也不宜食用猪肝、黑木耳;服用维生素 C 时忌食猪肝,因为猪肝中含有大量的铜,会将维生素 C 氧化为去氢抗坏血酸,使维生素 C 失效。

激素类及抗凝血药

服药期间忌食动物肝脏,否则会造成药物失效。

甲状腺素

在服用甲状腺素时宜少吃或不吃黄豆、豆油、萝卜、白菜等,因为这些食物能抑制甲状腺素的产生。

与中药忌口一样,西药忌口也不能绝对化。一般情况下,是否需要忌口应根据病情和药性而定,不能一概而论。尤其是对于少年儿童,他们正处于生长发育的关键时期,如果禁食种类过多,很容易造成营养不足和抵抗力下降,严重的还会引起并发症,对疾病的治疗与康复造成很大影响,甚至影响儿童的正常发育。因此,对忌口应特别慎重。

五十六、保健品不可随意用

近年来,各种各样的保健品在市场上大量出现,其名目之繁多,宣传功能之神奇,令人眼花缭乱,无所适从。出于对自身健康的考虑,越来越多的人开始倾向于使用保健品,以达到强身健体的目的;有些人甚至用保健品替代药物来治疗疾病。那么,保健品对健康是否真的有益无害,可以随意使用呢? 它真的能像广告中所宣传的那样,起到"有病治病,无病健身"的作用吗?

保健品虽然有一定的保健作用,能够增强机体的免疫功能,提高抗病能力,但绝大多数保健品都没有特定的治疗功能,只能作为治疗疾病的一种辅助方法。有些人认为"是药三分毒",而保健品是没有毒的,于是在治疗疾病时就自作主张舍弃药物而改用保健品。这种做法是非常错误的。保健品是功能性食品,使用得当确实能起到一定的保健功能,但这种保健功能是有一定限度的,它远远不能替代药物的治疗作用。如果用保健品替代药物进行治疗,轻则会延误治疗,使病情加重,重则可能危及生命。因此,我们千万不能把保健品当作药物来使用。

还有些人认为保健品是营养品,多食对身体只有好处没有坏处,所以随意地大量食用各种保健品。这种做法也是不可取的。从医学的角度来讲,只有处于亚健康状态的人,才需要使用保健品来调节机体平衡。而事实上对于大多数人来讲,只要自身的消化吸收功能正常,饮食结构均衡合理,就足以保证机体对各种营养物质的正常吸收,不会出现营养缺乏的亚健康状态。如果盲目追求营养,而不考虑保健品的成分和功能,也不论是否适合自己,随便拿来就吃,轻者会导致"上火",如长口疮、流鼻血等,重者会导致心脑血管疾病、肥胖病和中医所讲的湿阻热郁等病的发病率明显提高,对身体健康造成严重危害。

因此,我们应该清楚地认识到,不同的保健品有不同的功效和特定的适用人群,并非人人都能使用。在选用保健品时,应保持清醒的头脑,要结合自己的年龄、体质和营养等状况,准确、合理地使用保健品,切不可随意滥用。否则,花钱不说,还可能伤了身体。

五十七、中药汤剂的正确煎法

中药通常需要煎服,其主要目的是要通过一些理化作用,如溶解、扩散、膨胀、渗透和吸附等作用,将中药里的有效成分转入汤液里。

中药汤剂的煎法是很有讲究的,因为汤剂作用的大小、起效的缓急,都与煎药的方法有着直接关系。要正确掌握中药煎煮的方法,通常应注意以下几个方面:

煎药

煎药的容器

煎药最好用陶器,如瓦罐或砂锅等。陶器的优点在于它的性质稳定,不易与药物成分起化学反应,而且传热均匀、缓和,可慢慢提高温度,使中药的有效成分充分转到汤液中来。此外,还可使用玻璃搪瓷容器煎药。但要注意不能使用铁、铜、铝等金属容器煎药,因为这类容器容易与某些药中的有效成分发生化学反应,会改变药性,影响疗效。

煎药用水

煎药最好选用雪水、雨水,因为这类水中含有的杂质较少,很少与药中的有效成分起反应。此外,还可采用清洁而无杂质的河水、井水和自来水熬药。自来水中含有一定量的氯气分子,会影响中药的性能,应静置一夜等氯气完全挥发后再使用。

煎煮前最好先把中药用凉水淘洗几遍,将沉于水底的泥土除去,然后再用凉水浸泡半小时左右,使水浸透药物组织并使其细胞扩大,以利于药物中的有效成分充分煎出。

加水量应根据药物体积大小、分量轻重、药味多少适当掌握。第一次煎应多加水,浸没全部药物,一般以高于药面2~3厘米为宜;第二次煎以高于药面1~2厘米为宜。如按计算,每克中药一般应加水10毫升左右,但也不可一概而论,而要注意各种中药性质的差异,如有的中药松软、吸水量大,有的中药如贝壳类不吸水,而滋补药因煎熬时间长则应多加些水。

煎药时的温度

中药加水浸泡后,一般宜先用大火将水煮沸,然后改用小火煎煮。用小火煎药的好处在于可使药物的有效成分慢慢析出,不会破坏药性,并且能减少水分蒸发,避免水分很快被煎干。

煎药的时间

一般煎药的时间以半小时左右为宜,但要因药性不同而定,如感冒解表药、芳香开窍药、理气药等属于发汗药、挥发性药,大约在水煎沸后再用小火煮5分钟左右就可取汁服用;而强壮补益药则需要煎的时间长些,一般在煮沸后还要再煎40分钟左右。需要注意的是,煎药时间的长短不能以颜色的深浅来判断,如有些中药越煎颜色越深,但药的有效成分早就煎出来了;有的药煎的时间太长也不好,会造成某些挥发性有效成分的逸散和药性的破坏;而且,熬的时间过长,还会使药液的味道变差。

每剂药煎的次数

每剂中药汤剂一般需要煎两次,第一次的药液叫"头汁",第二次的药液叫"二汁"。

药物的特殊煎法

在一剂药的大药袋里有时还有些小包药,上面写有"先煎""后下""包煎""另煎""另溶(烊化)""冲服"等字样,这些是煎煮时需要特殊处理的药物。

先煎

矿石类的石膏、紫石英、寒水石、灵磁石等,贝壳类的珍珠母、角甲类的鳖甲等,因质地坚硬,在水中的溶解度很小,不易将有效成分煎出,一般应先煎30分钟至1个小时,然后再加入其他药物同煎,有的还需要先打碎再煎。有毒的药物如附子等,也要先煎1~2个小时,以达到减毒去毒的目的。

后下

发汗药(薄荷、荆芥等)和芳香健胃药(如木香、茴香、丁香、藿香、砂仁等)含有挥发性的有效成分,不能久煎,一般应在其他药物煎好前5~10分钟加入同煎。久煎后可影响疗效的药物如大黄等,也宜后下。

包煎

粉末类药物和细小种子类药物易浮在水面上,含有黏性成分的药物易粘于锅底焦化,有绒毛的药物易刺激咽喉引起咳嗽,如旋覆花、六一散、枇杷叶等,需在煎煮前用纱布口袋包好,再加入其他药物共同煎煮。

另煎

一些贵重药材,如人参、西洋参、冬虫夏草等,需要另外煎煮后与中药冲服,以免同煎浪费药材损失药效。

另溶

又称烊化,是指阿胶、鳖甲胶、龟板胶、鹿角胶、饴糖等胶质药材或黏性较大的中药,与其他药物一起煎煮时会影响其他药物溶出,因此应另外用水加热使之溶化,然后加入其他药物煎好的药汁中同服。

冲服

有些贵重药物如犀角、羚羊角等应磨碎冲服,三七、白药等粉散剂也需冲服。

·健康医疗·

图文珍藏版

因为此类药物在水中的溶解度很小，冲入煎好的药液中饮服常会获得更好的药效。

五十八、中药汤剂的正确服法

服用中药汤剂的方法正确与否，直接关系着药效能否充分发挥，能否达到治疗目的。因此，应掌握中药汤剂的正确服法。

服药时间

一般中药汤剂可在早晚各服一次，也可在两餐之间（上午 10 时和下午 3 时）各服一次。民间习惯在临睡前和次日早晨各服一次。

总体来讲，应根据病情的需要和方药的不同来合理安排用药时间。

· 一般慢性病患者应定时服药，使药物的有效成分在人体血液中保持一定的浓度。

· 一般汤剂宜在饭前 1 小时服用，对胃肠有刺激的药物宜在饭后立即服下。

· 一般补益药宜在饭前 2 小时空腹服用，以利于吸收；其中壮阳药宜在白天服，补阴药宜在晚上服，可提高疗效。

· 驱虫药最好在清晨空腹服，有利于药力集中，且吸收快、起效快。

· 泻药宜在饭后 2 小时服用。

· 抗疟疾药应在发作前 2~3 小时服用。

· 催眠安神药应在临睡前半小时服用。

· 镇静安眠药宜在睡前 1~2 小时服用。

· 解表药应及时趁热服下，以促使汗解。

其他特殊方剂应遵医嘱服用。

服药温度

为了顺应药性、提高治疗效果、防止呕吐等不良反应，服用中药汤剂时要掌握好温度。通常可分为温服、冷服和热服。

温服

一般汤剂均应温服，尤其是对胃肠道有刺激性的药物，如乳香等。温服和胃益脾，能避免对胃肠的刺激。

冷服

呕吐患者或中毒患者服药均宜冷服，热证患者用寒药也可冷服。真寒假热的病症用热性药宜冷服。

热服

指的是将煎好的中药汤剂趁热服下。急证用药、寒证用药、祛风散寒、温胃和中的药均宜热服。发汗解表药必须热服，服药后加喝热稀粥以助药力发汗。真热假寒的病症用寒性药宜热服。

服药剂量

中药汤剂的服药剂量，通常每次以 150 毫升为宜，但病情不同用量也有差异。如发热大汗、口燥咽干的患者在服用清热解毒剂和生津止渴药时，煎取的药量可稍多些,以增强药力;身强者服药可多些,小儿、重症患者、老弱患者或易引起呕吐的汤药,煎取药量宜少些,急性中毒者须以小量药液多次频服,夜间多尿者睡前服药宜浓缩少量。

服药次数

通常情况下,中药汤剂都分两次服用,早晚各服一次,可以煎一次服一次,随煎随服;也可以连续煎两次,然后将所得的药液混合、搅匀后分 3 次服用。

分服

慢性患者和病情缓和者宜缓慢调治,可将一剂汤药煎好后分 2~3 次服用。呕吐患者应先少后多,分多次服下。小儿宜浓缩体积,少量多次,不可急速灌服,以免咳呛。

顿服

急性患者和病情较重者宜急速治疗,可将一剂汤药一次全部服下,药力大而猛,能充分发挥作用。病情危重者甚至可一日 2~3 剂,煎成药汁合并一处,分成数份昼夜连服,使药力持久,从而达到快速控制病情的目的。

需要说明的是,在煎服中药的过程中,目前绝大多数人都是分煎分服的,这种做法实际上是不合理的。研究证明,头煎药液中药物有效成分的煎出率为 30%,二煎煎出率为 40%~50%,三煎煎出率仍有 20%~30%。头煎、二煎和三煎的药液中所含的有效药物成分有较大差别,不利于保持相对稳定的药物浓度,容易造成疗效的波动。因此,一般情况下,一剂中药应以煎煮 2~3 次为宜,然后再将煎得的药液混合、搅匀后分次服用。

五十九、用药引提高中成药疗效的窍门

药引有引药归经、增强疗效的作用,有时还兼有调和、保护、制约、矫味等功效。与中成药适当配合,不仅能够弥补中成药不能随意加减的不足,还能减少毒副反应,收到相得益彰的效果。

黄酒

酒性辛热,有舒筋活络、发散风寒等作用,可用于送服治疗颈肩腰腿痛、血寒经闭、跌打损伤、疮痈初起等症的中成药,如活络丸、追风丸、木瓜丸、通经丸、妇女养血丸、七厘散、云南白药。一般每次 10~20 毫升,温热后送服。

姜汤

有散风寒、暖肠胃、止吐等功用,可用于送服治疗风寒外感、胃寒呕吐、腹痛腹泻等症及健脾和胃的中成药,如藿香正气丸、附子理中丸、通宣理肺丸等。用时取3~5 片生姜,水煎取汁。

米汤

能保护胃气,减少苦寒药对胃肠的刺激,常用于补气、健脾、利嗝、止渴、利尿及滋补性中成药,如用小米汤送服香连丸,用大米汤送服八珍丸、人参养荣丸、十全大补丸等。用时取煮饭之汤汁,不拘浓淡及用量,以温热为佳。

盐汤

有引药入肾、软坚散结、清热凉血等作用,宜用淡盐汤送服补肾药物,如大补阴丸、六味地黄丸、七宝美髯丹等,也可送服固肾涩精药,如金锁固精丸、安肾丸等。用时取食盐2~3克,加半杯(约60毫升)温开水,搅拌溶化即可服用。

葱白汤

有发散风寒、发汗解表等功用,可用于送服风寒感冒冲剂、九味羌活丸、荆防败毒丸等。用时取新鲜葱白2~3根切碎,煎后温水送服。

芦根汤

具有清热、生津、止吐、止血等作用,宜送服治疗外感风热或痘疹初起等症的中成药,如银翘解毒片、大小回春丹等。用时取芦根10~15克,加水煎汤送服,芦根以鲜者为佳。

大枣汤

有补中益气、补脾胃、缓和药性等功用。一般用大枣5~10枚加水煎汤,送服归脾丸等。

酸枣仁

有滋养心肝、补血安神、益阴敛汗等功能,主要用于送服治疗心肝血虚、心悸失眠、体虚多汗等病症的中成药,如乌灵胶囊、灵芝胶囊等。用时可取10~15克水煎送服,或取3克研末送下。

藕汁

有清热止血等作用,可用于送服十灰散等药物,效果极佳。用时先取鲜藕洗净、切碎,然后加入少量凉开水捣烂,再用纱布包裹挤压取汁,每次饮半杯(约100毫升)即可。

蜂蜜水

有润肺止咳、润肠通便等效能,可用于送服蛤蚧定喘丸、百合固金丸、麻仁丸、润肠丸等。用时取蜂蜜1~2汤匙,加入温开水中搅匀即可。

红糖水

具有散寒、活血、补血等功效,可用于送服治疗妇女血寒、血虚、血滞所引起的月经不调、痛经闭经、产后淤滞等病症的中成药,如当归丸等。用时可取红糖25~50克,加开水溶化送服,也可配生姜3片煎汤送服,效果更佳。

菊花

具有疏散风热、平肝明目、清热解毒等作用,主要用于送服风热感冒、温病初起、肝火上攻、目赤翳障和痈肿疔疮等病症的中成药,如障翳散、牛黄解毒片等。用时可取菊花10~15克煎汤送服,也可加茶叶10克同煎汤送服。

陈皮

有理气健脾、燥湿化痰等功能,主要用于送服治疗脾胃气滞、食少吐泻、咳嗽痰多等病症的中成药,如保济丸、蛇胆川贝散等。用时可取10~15克加水煎汤送服,也可加入生姜、枳实等一同煎汤送服,效果更佳。

此外,用竹沥汁送服治疗风热咳嗽的中成药,用茶叶汁送服治疗心血管疾病的中成药也有一定的作用。

药引大多具有药源丰富、容易寻觅、质地新鲜等特点,但因中药店不便保存,一般需要患者自备。在应用过程中,要根据中成药的功能、主治、药性等特点,结合患者的病情变化、病程长短、体质强弱、发病季节的不同以及药引自身的功效来确定所用药引的种类和用量,以达到提高药物疗效,降低毒副作用,顾护正气,快速治愈疾病的目的。

六十、服药时间的掌握

要使药物发挥最佳的治疗效果,就必须按规定的次数按时服药。

大多数药物都是每日服用3次,是指早、中、晚各服一次。在体内代谢较快的药物,要适当增加服药次数,如有的药物要每日服用4次,是指早上8时、下午1时、下午4时和晚上8时各服一次。有的药物如磺胺嘧啶、复方新诺明等,在体内代谢较慢,可每日服用2次,一般是指早8时、晚8时各服一次。有的药物要求每日服用一次,是指每天在固定的时间服用一次。此外还有隔日一次,或每周服用一次的。

按时服药还要根据具体药物而定。

饭前服用

一般指饭前半小时至1小时内服用,此类药物大多对胃没有大的刺激性,饭前服用可使药物保持有效浓度,并能达到吸收充分、起效迅速的效果。通常需要在饭前服用的药物有:健胃药如龙胆、大黄制剂,收敛止泻药如鞣酸蛋白,胃黏膜保护药如氢氧化铝、三硅酸镁、次碳酸铋、次硝酸铋等,胃肠解痉药如硫酸阿托品片,抗酸药如小苏打片,肠道抗感染药如磺胺脒,利胆药如硫酸镁等。

饭后服用

通常是指饭后15~30分钟服用,一般情况下,凡是说明书中没有注明或医生没有交代服药时间的药物都可以在饭后服用,尤其是对胃肠道有明显刺激性的药物。这些药物包括:阿司匹林、索密痛、保泰松、消炎痛、黄连素、强力霉素、呋喃丙胺、三溴片、巴氏合剂、硫酸亚铁、苯妥英钠、氯丙嗪、维生素等。

饭中服用

有些药物,如消化药胃酶片、淀粉酶和稀盐酸、胃蛋白酸合剂等,需要和食物混合在一起,才能及时而有效地发挥助消化作用,因此这些药物宜在进餐时服用。

空腹服用

通常指清晨空腹时(即早餐前1小时左右)服用,如盐类泻药硫酸镁等,空腹服用能使药物迅速进入肠内并保持较高的浓度,迅速发挥作用。有的驱虫药如肠虫清、驱蛔灵等,也要求在空腹或半空腹时服下,若在饭后服用,药物会被食物隔住,难以达到治疗目的。有些药物如氨苄青霉素、氟哌酸等宜在饭前或饭后2小时左右半空腹状态下服用,疗效较好。

睡前服用

通常指睡前15~30分钟服用。安眠药如巴比妥、水合氯醛、安定、安眠酮等应睡前服用,以在药物生效时使患者迅速入睡;泻药如大黄、酚酞等,服后 8 ~ 10 小时才能见效,可在睡前服下,第二天早晨生效;胆囊造影剂服用后 12 ~ 14 小时才在胆囊出现,也需睡前服药;驱虫药如使君子等,也应在睡前服用。

必要时服用

通常是指患者在一般情况下不用,而在症状发作时或有特殊用途时服用,如解热药可以在发热时服用,镇痛药可以在疼痛时服用,此外还有平喘药和防晕药等。这些药物在使用时应注意间隔时间,不宜在短时间内反复使用,以免引起严重不良反应。

六十一、服用胶囊剂、片剂的技巧

有些人不喜欢口服胶囊剂和片剂,吞咽一粒胶囊或一片药都感到很费力,尤其是老年人因唾液分泌减少,吞咽胶囊或药片就显得更加困难。

口服胶囊剂、片剂时掌握一定的技巧,使得服药更轻松。可在服药前先漱一下口,也可以先喝一些温水润润咽喉,然后再将药片或胶囊放在舌的后部,喝一口水咽下。如果药片或胶囊太大,吞咽时有可能卡在嗓子里,给服药者带来危险。这时可将药片研碎或将胶囊内的药物倒出来,置于汤匙内,加温水混匀后再服用。

需要注意的是,有些胶囊或片剂是缓释性质的,必须完整吞服才能使药物以均衡的速度释放,从而发挥最佳药效。如果剥去胶囊将药物倒出来服或研碎服用,将破坏其缓释特性,达不到缓释的目的。还有些肠溶胶囊和肠溶片剂,如果将胶囊剥开服用或研碎服用,会降低甚至失去药效,并增加对胃的刺激性,甚至引起胃出血,因此也应整片整粒吞服。

有些需要放在舌下含化的片剂,应该将其置于舌下,使其慢慢溶化吸收,不可吞服。

六十二、正确服用药酒的技巧

药酒有畅通血脉、散淤活血、行药势、散诸痛、祛风湿、健脾胃等多种功效,是调养进补的佳品。但要注意饮用药酒不可过量,以每日早晚各饮 10 ~ 30 毫升为宜,且应在空腹时服用。对于有治疗作用的药酒,在病愈后就应停止饮用,或在医生指导下饮用。

患有肝炎、肝硬变、食管炎、胃炎、胃溃疡、胰腺炎、浸润性肺结核、心功能不全、慢性肾功能不全、高血压、过敏性疾病、皮肤病者,最好不要饮用药酒。如果必须饮用,则应兑 10 倍的水,放在药锅里用小火煮一下,除去大部分酒精后再饮用。对于不善饮酒的患者,可将药酒按 1:1 ~ 1:10 的比例兑在葡萄酒、黄酒或加糖的冷开水中饮用。

有些患者,尤其是不善饮酒者因为担心醉酒,往往把药酒安排在晚上饮用。其实,从提高药效的角度来看,这种做法是不合适的。因为药酒在体内清除和代谢的速度,在早晨到中午这段时间最慢,而且此时肝脏内酶的活性不高,能够保证血液中较高的酒、药浓度,有利于药效的发挥。如果在下午到晚上饮酒,药酒在体内排泄和代谢的速度最快,而且肝酶的活性较高,不利于发挥药效。所以,药酒最好在白天饮用。

用药期间若饮用药酒,药酒中的酒精会抑制肝脏中的药物代谢酶,从而影响药物的疗效或引起不良反应。如果糖尿病患者在注射胰岛素或服用甲苯磺丁脲等降糖药物时饮用药酒，可增强药物的降血糖作用，引起严重的低血糖和不可逆的神经系统病变；如果在服用镇静安眠药、抗癫痫药、抗组胺药期间饮用药酒，可加强药物对中枢神经系统的抑制作用，可能引起患者呼吸中枢抑制、昏迷，甚至突然死亡。因此，在服药期间最好避免饮用药酒。还要注意一点，在饮用药酒的前后半小时内不能吃鲜柿子，否则会形成胃柿石。

六十三、漏服药物的补救技巧

药物在血液中需要维持一定的浓度才能达到治疗效果。如果漏服药物，就会影响血液中的药物浓度，结果会直接导致药物疗效下降。但也不能随便补服，因为一旦补服过量，药物在血液中的浓度就会高于药物治疗的有效浓度，这时疗效非但不会增加，反而会产生严重的毒副作用。

在补服药物时应注意以下几点。

·服药的间隔时间一般为 4~6 小时，发现漏服时，如果发现时间在两次用药间隔时间的 1/2 之内（即 2~3 小时内），应立即按量补服，下次服药仍可按照原间隔时间进行。

·如果发现时间已超过两次用药间隔时间的 1/2，则不必补服，下次按时吃药即可。

·在发现漏服后马上补服，下次服药时间按此次服药时间向后顺延。

·漏服药物后，千万不可在下次服药时加倍剂量或加大剂量补服，以免引起药物中毒。

·抗生素类药物必须按时按量服用，不定时地随意乱服不但起不到灭菌的作用，反而会增加病菌的耐药性，使抗生素失灵。一旦漏服应立即补服，但不可离下次吃药时间太近。

·解热镇痛药、止咳药在 3 小时内发现漏服时可以立即补服，如超过 3 小时则不必补服，而应在下次按时服药。

·泻药超过服药时间 2 小时后则不需补服，下次按时服药即可。

·降压药在 2 小时内发现漏服则可以补服，若超过 2 小时应立即补服，并适当推迟下次眼药时间。

·特殊药物如激素类药等，必须遵医嘱或药物说明书。

第二节　家庭特殊成员用药

一、新生儿用药

新生儿是指从出生断脐开始到满 28 天这段时间内的婴儿。新生儿处于生长发育期间，肝脏、肾脏等器官和组织还没有完全发育成熟，新陈代谢比较旺盛，血液循环需要的时间短，吸收、排泄的速度都比较快，抵抗能力较差，所以很容易生病。

但新生儿对药物的敏感性很强,如果用药不当,极容易产生不良反应,因此在给新生儿用药时应慎之又慎。

尽量少用药

任何药物都有一定的毒性,都会对机体造成一定的损伤,对新生儿尤其如此,因此新生儿应尽量避免使用各种药物。父母应加强对新生儿的护理,以避免生病和用药。如必须用药,一定要遵照医嘱,千万不能随便加药或改变剂量。当新生儿出现发热和炎症时,应尽量采用中药制剂,可选用一些中成药冲剂和糖浆制剂服用。

及时给药

新生儿抗病能力弱,疾病临床表现常不典型,变化快,因此一旦确诊应及时服药,不可耽误。如常见的新生儿败血症,通常表现为吃奶不香、神情木然等,如不及时用药,就会延误病情。

注意给药途径和次数

要根据新生儿的特点,选择合适的给药途径和用药次数。因为新生儿吞咽功能不好,不宜使用丸、片、膏等剂型,片剂和粉剂可先用温开水溶为液体,然后用滴管慢慢喂服,以免发生呛噎。危重患儿宜通过静滴给药。要确定给药次数,可先按体重计算出每日应给的药量,然后分次给药。

应避免使用解热镇痛类药

解热镇痛药如小儿退热片、复方阿司匹林片等,可引起新生儿紫绀症、贫血以及肚脐出血、吐血、便血等,所以新生儿一般不要使用这些药物。如果出于治疗需要必须使用时,应注意剂量不能过大,用药时间不能过长。

注意某些抗生素的使用

抗生素是新生儿常用药物,用于防治各类感染性疾病,但也会对新生儿造成不良影响。氯霉素可抑制骨髓的造血功能,导致再生障碍性贫血和粒细胞缺乏症,甚至发生灰婴综合征;新霉素可引起新生儿黄疸和耳聋;大剂量的链霉素会引起耳聋、昏迷、休克,甚至死亡。

慎用外用药物

新生儿的皮肤和黏膜又薄又嫩,血管也很丰富,角质层发育差,对外用药物的吸收能力要比成人相对较大。如果涂搽的范围过大、浓度过高,或皮肤本身有炎症或破损,就会引起严重反应,甚至发生全身中毒。如新生儿常用的扑粉、可的松药膏、氧化锌软膏、硼酸软膏和溶液等,使用不当可因药物吸收过量而导致中毒,甚至引起循环衰竭和休克而死亡;大面积涂抹激素类皮炎软膏,会引起新生儿全身水肿;新生儿高热用大量酒精擦浴,可引起昏迷、呼吸困难;一些刺激性很强的药物,如水杨酸、碘酒等,会使新生儿皮肤发生水疱、脱皮或腐蚀。

新生儿忌用下列几种药物

氯霉素

能抑制骨髓,导致造血功能下降,久用可发生再生障碍性贫血及灰婴综合征。

氯丙嗪

可导致麻痹性肠梗阻。

磺胺类、亚硝酸类

如小儿安的主要成分是磺胺,而磺胺只对细菌性疾病(如支气管炎、肺炎等)有效,对病毒引起的小儿发热无效。而且,新生儿使用小儿安还可引起高铁血红蛋白血症及新生儿黄疸,出现缺氧性全身紫绀。

奎宁

易引起血小板减少,临床表现为皮肤稍受挤压就会出现局部紫绀。

伯氨喹

易引起溶血性贫血,出现呼吸急促、全身青紫,有血样尿。

喘咳宁

含有麻黄素,会使婴儿烦躁不安、心跳加快,用量过大时还会引起抽风。

滴鼻净或鼻眼净

可出现嗜睡、呼吸减慢、体温降低、心率减慢、四肢发凉等中毒现象。

二、婴儿期(2 岁以内)用药

婴儿期用药的主要特点是药物较易进入脑组织,即使是在皮肤局部应用洗剂和软膏剂等外用药物,也会被迅速吸收,有时还可一在体内产生全身性作用。因此,婴儿无论使用何种药物都应密切注意,以免对其正常生长和发育造成影响。

鉴于婴儿生理尤其是智力上的原因,用药时应注意选择正确的药物剂型。一般来说,为了确保用药安全,只有那些明确标明了婴儿可以使用并规定了相关的用法、用量的药物剂型才能使用。这个时期的婴儿吞咽能力较差,大多数不会自服药,口服给药要注意防止药物误入气管,特别是石蜡油等药物,误入后会引起吸入性肺炎。

下列两类药物婴儿应禁用或慎用。

应尽可能完全避免使用的药物

氯霉素、无味红霉素、磺胺类(2 个月以内)、苯乙哌啶、异烟肼、萘啶酸(3 个月以内)、呋喃妥因。

需要慎用或需要在医生密切监视下使用的药物

阿司匹林、磺胺类(2 个月以上)、含哌嗪的驱虫药、多粘菌素 E、雄激素、可的松样药物、萘啶酸(3 个月以上)、吩噻嗪类、维生素 A(大剂量)。

婴儿忌用药

硬脂酸和红霉素

可引起胆汁郁滞性肝炎,刚发病时眼白发黄,严重时出现全身发黄。

肾上腺皮质激素

可导致脑水肿,引起胃溃疡、肠黏膜坏死或穿孔、骨质疏松、眼晶状体突出、高血压等。

甘草制剂和麻黄素

一般应禁用。

维生素 D

服用过多易引起婴儿高血压。

呋喃坦啶

可引起多发性神经炎,手、足皮肤有麻、胀、痛感或蚁行感,并逐渐伸延至躯干,严重时手拿不住东西,足背抬不起来,感觉完全消失,皮肤粗糙、冰凉、不出汗。

肼苯哒嗪

可导致红斑狼疮综合征。

三、儿童期(2~12 岁)用药

儿童处于生长发育阶段,机体尚未成熟,对药物的反应也与成人有很大的不同。因此,应根据儿童的年龄、体重及对药物的敏感性来正确选择药物,合理确定用药剂量。

儿童用药时也应注意选择正确的药物剂型,一般情况下 3 岁以下儿童不宜使用片剂、胶囊剂等需要吞咽的剂型。液体药剂在服用前应先摇一下药瓶,使各成分混合均匀,然后用标准的量具准确量取所需剂量。

儿童对某些感染较为敏感,在治疗的过程中如果症状消失,不应立即停止服药,以免突然停药引起严重的并发症。

下列两类药物应禁用或慎用。

应尽可能完全避免使用的药物

右旋苯丙胺(3 岁以下)、哌醋甲酯(6 岁以下)、保泰松、羟基保泰松。

需要慎用或需要在医生密切监视下使用的药物

阿司匹林、对氨基水杨酸、磺胺类、苯妥英钠、利血平、哌嗪类驱虫药、可的松样药物(长期使用)、丙咪嗪、吩噻嗪类、哌醋甲酯(6 岁以上)、萘啶酸、雄激素及类似药物。

四、儿童用药的误区

药物可以治病,但是如果使用不当,也会导致其他疾病,尤其是处于生长发育过程中的儿童,不正确的用药可能造成严重的后果。

以下是儿童服药时常见的误区,应加以注意。

多种药同服

孩子患一种病,一些家长为了让孩子赶快好起来,往往"多管齐下",同时使用多种药物。殊不知,使用药物过多,由于药物相互作用常可使药效抵消,而药物毒性却累积增强,不仅达不到预期治疗目的,反而会引起严重不良反应。如将磺胺与维生素 C 合用,可加重肾脏中毒;将青霉素与阿司匹林合用,可降低青霉素的抗菌效果。

滥服补药

有些父母为了增强孩子的体质,促进孩子身体的发育,便长期给孩子服补药或给予大量营养滋补品,但是这些营养品中或多或少都含有一定量的激素或类激素物质,服用过多会造成内分泌功能紊乱,极易使孩子出现肥胖或性早熟等不良反应,影响孩子的正常生长发育。专家建议:健康孩子最好不服补品,5岁以上的体弱儿童可酌情服用,但应在医生指导下进行。

滥用维生素

维生素在儿童的生长发育过程中起着重要作用,有些家长认为维生素有益无害,多吃也无妨。其实,服用维生素并非多多益善,许多药用维生素都会产生一定的不良作用甚至毒性反应,用量过大或过久可能造成体内蓄积而中毒。

滥用维生素可导致的后果

维生素 A

服用过量可引起毛发枯干、皮疹、瘙痒、厌食、骨痛、头痛、呕吐等中毒症状。

维生素 C

服用过量可引起腹痛、腹泻、尿路结石、脆骨症等。

维生素 D

服用过量则可引起低热、呕吐、腹泻、厌食,甚至软组织异位骨化、蛋白尿、肾脏损害等。

滥用丙种球蛋白

冬末春初是感冒的高发时期,一些家长认为注射丙种球蛋白可以增强孩子的抵抗力,从而预防感冒。其实,这种做法是不科学的。丙种球蛋白是以混合健康人血浆为原料制成的,主要用于预防麻疹、甲型肝炎、腮腺炎和脊髓灰质炎等,但并不能降低感冒的发病率。如果滥用,有可能出现荨麻疹等副作用。

滥用中药

一般来说,中药的毒副作用比西药少,安全性比西药大一些。但这只是相对而言,并不代表中药就可以随便服用。如果使用过量,中药同样可以对婴幼儿的健康造成损害。如六神丸含有牛黄、冰片、蟾蜍、珍珠、雄黄等成分,可能引起恶心、呕吐、惊厥、心律失常等症状,长期服用还会引起心、肝、肾等脏器的功能损害;珍珠丸含有朱砂,可能诱发齿龈肿胀、咽喉疼痛、记忆力减退、失眠等症状;长期服用牛黄解毒片可导致白细胞减少。可见,中药也不能滥用。

盲目相信新药、贵药

有很多家长总喜欢给孩子买一些新药或价格比较昂贵的药物,他们认为新药和贵药要比老药和价格低廉的药物疗效要好一些。其实,药物的疗效与价格的高低并不是成正比关系的,便宜而对症的才是好药;而"新药比老药好"的观点也是不正确的,因为老药是经过了长期临床验证确实有效的,而且它的主要不良反应也已经为我们所了解,而新药则多处于试用阶段,其具体疗效和不良反应还有待于进一步观察。

用成人药

有的家庭备有小药箱,孩子一旦感冒发热,有些家长就会给他们服用一些去痛片、感冒通之类的成人用药,认为只要减少一点用量就不会出现问题,其实这样做也是不妥的。儿童正处在生长发育的过程中,肝、肾等脏器发育不完善,药物解毒的酶系统、代谢系统均未完全成熟,许多药都不宜使用,否则易产生不良反应,重者可致残甚至死亡。如氟哌酸可引起儿童关节病变,影响其正常发育;安痛定、去痛片含有氨基比林成分,易引起儿童白细胞数量迅速下降,并有致命的危险;感冒通中的有效成分双氯芬酸(双氯灭痛)可损害肝肾功能,并可抑制血小板凝集引起急性血小板减少。

糖水服药

良药苦口,尤其是中药,其味苦涩的程度常常令成人都难以下咽,更不用说是儿童了。因此,父母便经常用糖水给他们喂药,以改善口味。这种服药方法很容易让儿童接受,但是糖水中含有较多的钙、铁等矿物元素,它们会与中药中的蛋白质发生化学反应,使疗效大打折扣;而有些药物正是利用苦味来刺激消化液的分泌而发挥疗效的。此外,糖还会干扰微量元素与维生素的吸收,抑制某些退热药的作用,还会破坏某些药物的有效成分。因此,服药时最好还是用白开水送服。

五、儿童用药禁忌

慎用阿司匹林

12岁以下的儿童服用阿司匹林容易患瑞氏综合征,开始时表现为发热、惊厥、频繁呕吐,最后可引起昏迷和肝功能损害,而且很容易被误诊为中毒性脑病或病毒性脑炎。患流感、水痘时更要避免服用阿司匹林,否则可使瑞氏综合征的发病率增加25倍。儿童服用复方阿司匹林后可因发汗过多而引起虚脱,若是新生儿服用则有引起黄疸的可能,还会引起暂时性精神障碍等。

忌服速效感冒胶囊

婴幼儿的神经系统发育还不完全,肝脏的解毒功能也不够健全。因此,在感冒发热时如果服用速效感冒胶囊,易引起惊厥,还可导致血小板减少甚至肝脏损害。

忌服维生素 A

维生素 A 与骨骼的生长有关,它能促使软骨的成熟。但维生素 A 摄入量过多,反而会引起骨骼、皮肤、黏膜以及神经系统等方面的病变,尤其是会加速软骨细胞的成熟,使骨骼软骨板变窄甚至早期闭合,造成骨骼只长粗而不长长,影响孩子的身高,严重的还会导致两下肢跛行或缩短畸形。所以,维生素 A 不可乱服。

服用维生素 C 时忌吃猪肝

因为猪肝中含有丰富的铜元素,而铜元素可以促进维生素 C 的氧化,使其降低或失去原有的生物作用,所以在服用维生素 C 时不宜进食猪肝等铜元素含量丰富的食物。

补钙时忌食菠菜及菜汤

因为菠菜等青菜中含有的草酸易与钙形成草酸钙沉淀,从而影响钙的吸收和利用。

服铁剂禁忌

铁剂(如硫酸亚铁、富马酸亚铁等)不能空腹服用,否则会刺激胃肠道;此外,牛奶、豆浆、苏打饼干、菠菜汁、茶水等会影响铁的吸收,也不能与铁剂同时服用。

忌用氨茶碱

婴幼儿对氨茶碱的解毒与排泄功能还不完善,而且其治疗剂量与中毒剂量十分接近,掌握不好很容易因超量而导致氨茶碱急性中毒,出现烦躁不安、出虚汗、心动过速甚至休克死亡。因此,2岁以内幼儿忌用此药。如果非用不可,必须严格掌握用量,最好在医生的现场指导下服用。

乳酶生忌与抗生素同服

如果在给儿童服用乳酶生的同时服用黄连素、痢特灵等抗生素,可抑制乳酶生的活性,使其失去药效,因此二者不可同服。如果必须配合使用,则应相隔 3~4 小时。

糖浆剂忌饭前服用

儿童用的各种药物糖浆不宜在饭前、睡前服用,因为糖能抑制消化液的分泌,若在饭前服用,会使儿童产生饱胀感而影响食欲。

六、儿童服用补剂注意事项

儿童的身体正处在快速生长发育时期,体内物质代谢比较旺盛,需要大量的营养素来维持。在现有的生活条件下,只要保持正常饮食,儿童一般不会出现明显的营养不良。但是,如果儿童没有养成良好的饮食习惯,饮食无规律、偏食挑食,或是体质较弱、消化吸收不好或患某种疾病时,就可能造成营养缺乏。这时,就需要根据儿童的具体营养状况,适当地服用一些营养补剂。

钙、磷等的补充

儿童机体的发育,在形体上首先是骨骼的发育,在这一过程中需要大量的蛋白质和钙、磷等营养素。钙和磷是构成骨骼的主要营养素,体内钙、磷不足就会影响骨骼的正常发育,应当适量补充。但需要注意的是,在补充钙、磷的同时还要补充适量维生素 D,这是因为钙、磷的正常吸收和利用需要维生素 D 的协助。由于儿童户外活动少,缺乏足够的日光照射,致使体内维生素 D 的合成不足,再加上儿童胃肠的消化吸收能力较差而需要量又远大于一般人,所以很容易发生维生素 D 缺乏症,出现低血钙症状,如多汗、睡眠不安、易惊、枕部秃发以及惊厥等,严重时还会引起肢体骨骼畸形等佝偻病症状。因此,在给幼儿补钙时千万别忘了同时补充维生素 D。

维生素 A 的补充

维生素 A 可促进儿童生长发育,维持上皮细胞组织健康,增加对传染病的抵抗力,还对维持正常视力起着重要作用。儿童如果偏食、喂食不当(如已过 6 个月龄仍不在食物中添加鸡蛋、瘦肉等动物性辅食)或患有慢性腹泻、肝炎等疾病,常会造成维生素 A 的缺乏,引起儿童生长发育迟缓、皮肤干燥粗糙、毛发干枯、易患感染等营养不良症状,还可引起干眼症、夜盲症、角膜溃疡和穿孔,严重时甚至可发展为完全失明、眼球萎缩。因此,在儿童的日常饮食中可滴加适量的含有维生素 A 和维生素 D 的鱼肝油,这样既补充了维生素 A,同时也补充了维生素 D,能够做到合理搭配,有利于吸收和利用。

铁、锌等微量元素的补充

人体内所需的微量元素有铁、锌、铜、碘等十几种,儿童中缺铁、缺锌比较常见。铁是人体合成红细胞的主要原料之一,而儿童常有先天铁贮存不足、后天补充难吸收利用等情况,所以儿童经常患缺铁性贫血。锌是维持人体正常生理功能所必不可少的微量元素之一,对处在生长发育过程中的儿童更是具有不可替代的重要作用。儿童如果缺锌,就会引起厌食、口疮、生长迟缓或停滞,并可影响儿童智力的正常发育。可见,要及时给儿童补充铁、锌等微量元素。

除了上述维生素、微量元素外,儿童需要的其他营养素还有很多种,如蛋白质、糖、脂肪等。但对于绝大多数儿童来说,只要饮食安排合理,不偏食、挑食,一般不会发生基本营养素的缺乏。需要补充供给不足的营养素时,最好采用"食补"的方法,只有在儿童因营养不足而呈现病态时才能考虑"药补"。

七、儿童预防接种的注意事项

预防接种就是通过注射或服疫苗增加自身的抵抗力,以预防或减轻某些传染病。儿童的机体免疫系统尚未发育完善,对各种传染病的抵抗力较差,很容易感染生病,严重威胁着儿童的健康和生命。因此,有计划、有步骤地接种预防是非常有必要的。

儿童预防接种必须按照规定的程序进行,家长不可擅自行事。同时,预防接种会引起儿童机体的免疫反应,从而产生一些异常现象,需要在预防接种过程中加以注意。

严格遵守规定

儿童预防接种要严格按照规定的月龄、年龄和时间进行,次序不可颠倒,也不可简化程序。如预防结核病的卡介苗应在婴儿出生后 24 小时内接种;预防脊髓灰质炎的儿童麻痹糖丸一般在婴儿出生后满 2 个月时初服,以后每过 1 个月服 1 次,共服 3 次;预防百日咳、白喉、破伤风的百白破三联疫苗一般在婴儿出生满 3 个月接种,初种必须注射 3 针,每次间隔 4~6 周,1 岁时复种 1 次,7 岁时复种白破二联疫苗。需要注意的是,接种任何一种疫苗后 2 周内不可接种其他疫苗。

注意禁忌证

体温超过 37.5℃的发热儿童,应在退热后再进行预防接种;患有牛皮癣、皮肤感染、皮炎、严重湿疹等皮肤病的儿童,须在病愈后才能进行接种;患有严重心脏病、肝炎、肾炎、活动性结核病和血液病的儿童不宜接种;患有癫痫、脑膜炎后遗症、大脑发育不全、抽搐等神经、精神疾病的儿童不宜接种;有严重营养不良及消化功能紊乱、严重佝偻病、先天性免疫缺陷的儿童不宜接种;有过敏性体质及患哮喘、荨麻疹等过敏性疾病的儿童不宜接种;腹泻期间的儿童应避免服用儿童麻痹糖丸,可在康复后2周内补服;腋下或颈部淋巴结肿大的儿童不宜接种;空腹或饥饿时不宜注射,以防血糖过低引起眩晕或昏厥。

注意不良反应

在预防接种后24小时左右常会出现一些不良反应,如接种部位红肿、发热、疼痛等现象,有时伴有淋巴结肿大、淋巴管发炎等症状,有的还可能出现头痛、寒战、恶心、呕吐、腹泻、乏力和周身不适等全身反应。如果体温在38℃以下,局部红肿直径在2.5厘米以下,则属于正常的不适反应,不需要做特殊处理。但要保证多休息、多饮水,避免触碰接种部位,一般1~2天后反应会自然消失。如果反应比较强烈、症状比较明显且持续时间较长,则最好尽快到医院治疗。

注意接种后的保护

接种后应让儿童好好休息,2~3天内应避免剧烈活动,并注意注射部位的清洁卫生,防止抓破伤口造成感染,必要时可覆盖伤口或包裹儿童双手。暂时不要洗澡,以防局部感染。让儿童多饮些开水,不要吃大蒜、辣椒等有刺激性的食物。一侧上臂进行皮肤划痕接种后,4周后才能在同侧接种其他疫苗。

注意接种后的疾病预防

疫苗在接种到儿童体内后需要经过一段时间才会发挥作用,产生抵抗力。而儿童在刚刚接种过疫苗后,抵抗力往往有所降低,在接种后2个月内很容易感染疾病,所以家长要特别注意。

八、儿童中成药的选用

中成药在治疗儿童常见病方面发挥着重要作用,儿童常用的中成药一般都具有疗效可靠、使用方便、价格低廉、药性平和、毒副反应小、易于贮存等优点,因此深受家长们的欢迎。

供儿童服用的中成药,大多数都在药名中含有"儿""小儿""儿童"等字样,如小儿感冒冲剂、小儿百效散、小儿牛黄散、小儿止泻散、小儿化毒散、小儿惊风散、小儿清热片、小儿至宝丸、小儿化食丸、小儿健脾丸、小儿回春丸、小儿化痰丸、肥儿丸、儿童清肺丸、小儿咳喘颗粒、小儿清热止咳口服液等。有的儿童中成药在商标上画有儿童的模样,或者在说明书中注明是儿童用药,这些都可以作为选药时的参考。

在选用儿童中成药之前,首先要了解儿童的具体病情和症状,然后将症状与药物说明相对照,如果二者相符,就可选用此药。需要注意的是,即使是同一疾病,用药也可能不同。如同样是感冒,如果患儿怕冷明显,同时还有发热、无汗、流清鼻涕等症状,这时应该选用辛温解表的中成药,如儿童清肺丸、妙灵丹等;如果患儿发热

·健康医疗·

图文珍藏版

严重，但不怕冷或怕冷不明显，流浑浊鼻涕，这时则应选用辛凉解表的中成药，如桑菊感冒片、银翘解毒片等。

还需要说明的一点是，不能仅从药名来推断中成药的功效，有时这样做并不可靠。如"肥儿丸"听起来好像是用于促使儿童长胖的，而实际上它是用于治疗脾胃虚弱和肠道寄生虫病的。对药名望文生义，往往会导致用药不当和治疗无效，轻者会贻误病情，重者可造成严重后果。

九、儿童常用中成药

为了确保儿童的用药安全，我们有必要对儿童常用中成药的主要成分、性质功能、适用范围、用法用量以及不良反应等做更深入的了解。

六神丸

主要由牛黄、麝香、珍珠、雄黄、蟾酥、冰片六味药物组成，具有清热解毒、消肿止痛的作用，通常用于治疗急性扁桃体炎、烂喉丹痧、喉风、咽喉肿痛、吞咽困难、丹毒疮疖以及儿童高热抽风等症，疗效显著。可内服外用。需要注意的是，六神丸含有蟾酥等毒性成分，如果使用过量就会发生中毒，皮肤会出现红斑，甚至出现惊厥、肢体抽搐、口吐白沫、口唇紫绀、呼吸急促等症状，与助消化药多酶片、

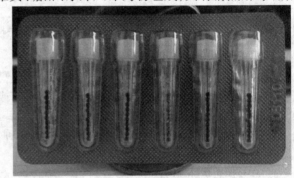

六神丸

胃蛋白酶和抗贫血药富马铁片同服会降低药效或失效，与解痉止痛药阿托品等联用会促使雄黄氧化，增加毒性反应，因此使用时要慎重。

金银花露

由金银花蒸馏提炼而成，具有清热解毒和消暑的作用，能抑制多种致病菌，尤其对溶血性链球菌的抑制作用最强。因此，既可用于治疗儿童胎毒和热毒疮疖等症，又可作为清凉解暑饮料，用于治疗暑热烦渴、咽喉肿痛，对预防痱子也有一定的效果，还可以提高免疫力。服用方法：每次服用60毫升左右，每日2~3次。切勿暴饮，否则就会像暴食西瓜一样引起腹泻。服药后要及时将瓶盖旋紧，放置在阴凉干燥处，以免发霉变质。

至宝锭

由山楂、槟榔、藿香、紫苏、薄荷、茯苓、陈皮、朱砂、琥珀、牛黄、麝香等20多味药配成，有健脾消食、清热解表、疏风镇惊、化痰导滞之功效，对婴幼儿因风寒感冒、消化不良引起的发热怕冷、鼻塞流涕、咳嗽多痰、痰热惊风、恶心呕吐、停食停乳、不思饮食、烦躁不安、身热面赤、牙关紧闭、大便酸臭甚至神昏抽搐等症，均有良好的治疗效果。此药最适合初生儿到1周岁以内的患儿服用，但用药时间不宜超过3

天,服药后如果病情不见好转,应及时请医生治疗。需要提醒一点的是,此药并不具有预防疾病的作用,因此不能作为预防用药经常给孩子服用,否则会有损健康。患有脾虚泄泻、肠炎、痢疾的儿童忌服此药。

一捻散

又称一捻金,由大黄、人参、槟榔、朱砂、牵牛子组成,主要用于治疗饮食不当引起的恶心呕吐、腹胀腹痛、大便秘结、烦躁不安等症,具有用量小、疗效好的特点。服用方法:1周岁以内,每次口服 0.3~0.6 克,1 日 2 次;1~3 岁,每次口服 0.6~1.2 克,1 日 2 次,空腹用温开水送服。疾病痊愈后应立即停药,不宜多服。此外,一捻散没有解表作用,不适合发热无汗、怕冷、大便稀薄者使用。

紫雪散

原名紫雪丹,因其外形像霜雪且点缀着紫色而得名。主要由生石膏、羚羊角、犀角、麝香、青木香、丁香、朱砂、玄参、芒硝等配合而成,具有清热解毒、镇静开窍等作用。常用于急性热病引起的高热不退、斑疹、吐衄、大便秘结、尿少尿赤、烦躁不安以及神志不清、说胡话等症状,尤其对儿童急惊风疗效显著且起效迅速。此外,对急性扁桃体炎、流行性乙型脑膜炎、流行性脑脊髓膜炎等也有很好的疗效。服用方法 1 周岁以内,每次 0.3 克,1 天 1 次;每增加 1 岁,用量递增 0.3 克,5 岁以上酌情服用。需要注意的是,此药只有对高热患儿才有退热作用。如果热度并不高的儿童,或突然出现无名高热的儿童也盲目使用该药治疗,虽然可以达到退热的效果,但却掩盖了病情,易造成误诊,所以在病因尚未查明之前最好不要使用此药。

珍贝散

由牛黄、珍珠、川贝、竹黄、沉香、胆南星、冰片等成分组成,具有清热消炎、止咳化痰的作用,常用于治疗儿童气管炎、支气管炎、哮喘性支气管炎等疾病。服用方法:2 岁以下,每次 0.15~0.3 克;3~5 岁,每次 0.3~0.6 克;6~12 岁,每次 0.6~0.9 克,1 日 3 次,用温开水送服或用糖水调服。大便溏薄的患儿慎用。

淡竹沥

又称竹沥、竹沥油,具有化痰止咳、清热镇静等作用,对肺热咳嗽、痰多气喘等症疗效显著,尤其对面红、发热、咳嗽、气喘、痰黄浓稠、小便红赤、大便干结等症效果最佳。此外,淡竹沥还可用于治疗儿童惊风、四肢抽搐、破伤风、癫痫等症,但不适用于外感风寒所致的咳嗽、流涕、痰液呈泡沫状等症,盲目使用会加重病情。

化痰丸

既含有川贝、半夏、南星、桔红、桔梗等化痰止咳药物,又含有钩藤、天麻、天竺黄、僵蚕、朱砂、石菖蒲等清热安神药物,可用于治疗儿童发热、咳嗽痰多及神志不安等症,也具有相应的预防作用。

婴儿乐

含有藿香、薄荷、防风、黄芩、杏仁、茯苓、六神曲、麦芽、甘草等成分,具有解表散风、止咳化痰、镇心安神、和胃消食等功效,主要用于治疗感冒初起和消化不良症状,如发热怕冷、鼻塞流涕、咳嗽痰多、烦躁不安、恶心呕吐、腹痛腹泻、大便酸臭,或

·健康医疗·

图文珍藏版

不思饮食、腹部胀满、夜卧不安、午后身热、小便红赤、大便臭秽等。空腹用温开水送服。服药的同时忌食生冷、油腻的食物。

十、如何选用儿童止咳药

与发热相似，咳嗽也是身体的一种保护性反应，如吃饭时不小心米粒呛入喉管，可以通过剧烈的咳嗽将其咳出；患有气管炎、肺炎时，可以通过咳嗽、咯痰把肺内的细菌和病理性分泌物排出体外。因此，不能一有咳嗽就马上使用止咳药。

我们平时所说的止咳药一般包括镇咳药、祛痰药和平喘药3类。镇咳药常用的有甘草合剂、甘草片、咳必清片、咳特灵等；祛痰药常用的有碘化钾、痰咳净等；平喘药常用的有麻黄素、氨茶碱、舒喘灵等。那么，儿童在咳嗽时应选用哪种止咳药呢？

引起咳嗽的原因是多种多样的，因此当儿童咳嗽时，要对引起咳嗽的各种原因进行仔细分析，以便对症下药。如感冒引起的咳嗽是由于上呼吸道炎症的刺激，这时咳嗽对身体没有任何保护作用，因此要服用镇咳药来止咳。但在治疗因气管炎、肺炎引起的咳嗽时，就不宜单独使用镇咳药，因为此时呼吸道内存在大量痰液，单独使用镇咳药会因咳嗽停止将痰液留于呼吸道内，使炎症扩散；这时一般应选用祛痰药，如氯化铵、碘化钾、痰咳净等，其中氯化铵的祛痰作用较强，只能用于痰黏稠而咳不出的患者。但是，祛痰药会产生恶心、呕吐等副作用，所以儿童用量不宜过大，最好在儿科医生的指导下服用。哮喘是由于过敏及炎症刺激引起的支气管平滑肌痉挛，所以平喘药实际上就是解痉药。

有些儿童医院把上述几种咳嗽药配合在一起，组成了几个品种，以发挥各种咳嗽药的协同作用。例如：

咳1号

由远志、氨茴香、碘化钾组成，用于一般咳嗽，无论早期还是晚期均可使用。

咳2号

就是复方甘草合剂，镇咳作用优于1号，化痰作用稍弱，早期咳嗽者慎用。

咳3号

由麻黄素、氯化铵组成，止喘作用强，用于喘息性气管炎。

咳4号

又称百日咳合剂，由溴化钾、麻黄素、复方甘草合剂组成，镇咳作用强，可用于百日咳和剧咳。

此外，某些中成药也有很好的止咳祛痰效果，如川贝止咳糖浆、急支糖浆、梨膏糖、莱阳梨冲剂、蛇胆陈皮末、蛇胆川贝液等。

十一、怎样给孩子喂药

给孩子喂药也是一门学问，尤其是对那些不肯吃药、年龄偏小的孩子，更需要一定的方法和技巧。

·服用药丸或药片时可用温开水送服，服后应检查患儿口腔，看药丸或药片是否确实服下。注意不要让患儿躺着服药。对不能吞服药丸或药片的患儿，可先将药丸或药片研成粉末，然后调糖水喂服。

· 对于普通药粉，可将其粘在母亲的乳头上或奶瓶嘴上，然后给孩子喂奶，药粉可随着乳汁一同服下；药量大时，可重复多次进行。也可用少量白开水或糖水将药粉溶解，然后用小勺或吸管喂服。

· 如果药味很苦，如黄连素等，可先在小勺里放点糖，然后将药倒在糖上，再放点糖把药盖上，并准备好糖水，不搅拌就倒进口里，然后迅速用糖水送下。

· 对于油类药物，如鱼肝油、蓖麻油、内服液体石蜡等，可将药滴在饼干或馒头等食物上，或滴在一勺粥里一起吃下。婴幼儿可用滴管直接滴在口中，再喂糖水。

· 孩子吃完药后要多喝水，以避免药物停留在食管部位产生刺激性，也有利于药物尽快到达胃肠，及早吸收。喂药要按时、按量，服用时要仔细核对药名，以防误服。

· 在一般情况下，最好在空腹或半空腹时给孩子吃药，需要饭后服用的药应在饭后半小时至 1 小时服用。在婴儿哭闹时不可喂药，也不能捏鼻子灌药，那样容易把药和水呛入气管，轻者呛咳、呕吐，重者可堵塞气管造成窒息，会有生命危险。

· 不要将药与牛奶混服，以免婴儿以后讨厌牛奶。味重的药物也不要和食物放在一起喂给孩子，以免引起拒食，造成喂养上的困难。

· 3~4 岁的孩子已经懂事，这时已经不能再灌药，而要向孩子说明服药的必要性，耐心说服让其自行服药；也可在吃药前准备一些糖果等食物，作为对孩子按要求吃药的表扬和鼓励。千万不能用训斥、吓唬甚至打骂的方法逼着孩子吃药，这样会造成恶劣印象，给孩子造成恐惧心理，不但不利于疾病的康复，而且更增加了以后吃药的困难。

十二、孕妇用药注意事项

妇女在怀孕后，体内各系统都会发生一些相应的变化，主要是生殖系统，其他还有消化系统、内分泌系统、神经系统、心血管系统、造血系统以及某些肝脏功能等。怀孕期间用药，药物不但会对孕妇产生影响，而且还可以通过胎盘直接进入胎儿体内或通过母体代谢间接影响胎儿。因此，孕妇在整个怀孕期间应尽量少用药或不用药，如果生病必须用药，则应该在医生指导下服药。

· 孕妇在怀孕早期经常会出现恶心、呕吐等胃肠反应，此时不能使用对肠胃道有刺激性的药物，如红霉素、阿司匹林、布洛芬类及复方新诺明等，以免加重妊娠反应。此外，长期服用阿司匹林还会影响新生儿血小板功能，引起新生儿出血；磺胺类药如复方新诺明、增效联磺片等还可导致胎儿黄疸。

· 在怀孕 6 个月后，孕妇可能会出现血压升高、下肢水肿等症状，此时不能使用易引起高血压和对肾功能有害的药物，如链霉素、庆大霉素、卡那霉素、万古霉素等，这些药还可造成胎儿听觉神经损害，引起先天性耳聋。孕妇如果患有血吸虫病，应避免使用锑剂治疗，因为锑剂常会引起一系列的不良反应，如恶心、呕吐、腹痛、腹泻、头晕、寒战等，此时腹腔内压升高，子宫充血，容易导致流产或早产。此外，锑剂对心脏和肝脏也会产生较严重的毒性，可引起严重的心律失常和中毒性肝炎。

·临产妇应避免使用各种抗凝血药,如肝素、蝮蛇抗栓酶、链激酶、尿激酶、华法林、双香豆素等,否则易引起产期出血过多;临产前应用吗啡,可抑制胎儿呼吸中枢,造成新生儿窒息。

·注意保胎,防止流产。在怀孕期间不能使用可收缩子宫平滑肌的药物,如麦角制剂、益母草制剂、脑垂体后叶素、催产素、奎宁等,以免引起流产。药性剧烈的泻药如硫酸镁、番泻叶、大黄、芒硝等,也会引起子宫和盆腔充血,以致子宫收缩,应当慎用。利尿药如氯噻酮、速尿、氨苯喋啶等也可能引起子宫收缩,也应慎用。有些中药如巴豆、牵牛、黑丑、白丑、大戟、斑蝥、乌头、商陆、皂角、

附子

天南星等毒性较强,三棱、莪术、水蛭、虻虫、麝香、常山等药性猛烈,有流产的危险,应完全禁服。具有活血化淤、行气泄下作用的药物如大黄、枳实、附子、桃仁、茜草、红花等,大辛大热的药物如半夏、肉桂、附子、干姜等,具有滑利作用的药物如木通、通草、瞿麦、茅根等,以及元胡、牛膝、丹皮、薏仁、牛黄、赭石等中药,用量太大也可导致流产,怀孕期间均应慎用。

·注意防止胎儿畸形。孕妇用药后,药物可从血浆通过胎盘进入胎儿体内,影响胎儿生长发育,有些药物甚至可引起胎儿畸形,因此用药时要特别小心。尤其是怀孕头 3 个月,胎儿各种器官正处于形成阶段,对药物分解、解毒能力很差,排泄缓慢,而且胎儿敏感性强,最容易受药物的影响。为了防止药物诱发畸胎或影响胎儿发育,在怀孕头 3 个月内应尽量避免使用药物,尤其是对胎儿有致畸作用的药物应绝对禁用。

地西泮(安定)、冬眠灵、奋乃静、苯巴比妥、氯氮卓(利眠宁)、甲丙氨酯(眠尔通)等镇静安眠药,都能引起胎儿畸形;甲氨喋呤、白消安、苯丁酸氮芥、环磷酰胺等抗癌药,也可导致胎儿畸形;肾上腺皮质激素、己烯雌酚、睾酮、孕酮等激素类药也能致畸,其中氢化可的松可引起腭裂及骨骼畸形,己烯雌酚可引起胎儿内脏畸形和脑积水,女孩成年后可发生阴道腺癌,还可使男胎女性化并造成后代永久性不育;口服避孕药可引起胎儿先天性心脏病;甲苯磺丁脲、氯磺丙脲等降糖药,可导致胎儿多发性畸形;此外,抗过敏药丙咪嗪、敏克静,抗癫痫药苯妥英钠和扑痫酮,抗凝血药双香豆素、苄丙酮双香豆素和华法林,抗疟疾药磷酸氯喹、乙胺嘧啶和奎宁,缩瞳药毛果芸香碱,拟肾上腺素类药麻黄素和鼻眼净,兴奋药咪嗪和苯丙胺等,都可导致胎儿畸形。

十三、孕妇尿路感染如何用药

众所周知,孕妇发生尿路感染的机会比一般非妊娠妇女明显增多。同时,妊娠尿路感染又不同于非妊娠尿路感染,因为用药时除了要考虑母体之外,还要考虑药

物对胎儿的影响。因此，孕妇在发生尿路感染而用药治疗时要高度警惕，以防药物对胎儿造成损害。但是，我们还应该认识到，妊娠尿路感染并非洪水猛兽，完全没必要过度担心，给自己增加心理负担，只要及早诊断和及时治疗，绝大多数都可以治愈，不会引起过多的损害。

从目前的医疗条件来看，治疗尿路感染主要使用的是抗生素。目前，可供孕妇安全选用的抗生素主要有青霉素类和头孢菌素类。临床上，红霉素是治疗非淋菌性尿道炎的一线药物，可作为孕妇的首选药物，对解脲支原体性尿道炎疗效更佳。其他各类抗菌药物对孕妇和胎儿都有不同程度的毒副作用，因此在用药时应特别慎重，除非万不得已不能使用。

常用抗生素对胎儿的不良影响

氨基糖苷类

如链霉素、庆大霉素等，可以引起胎儿听觉神经损害，导致永久性耳聋，还会对肾脏功能造成损害。

酰胺醇类

如氯霉素，会引起新生儿再生障碍性贫血，还可引起灰婴综合征，导致婴儿出生时全身灰紫，并因缺氧而死亡。

磺胺类

如复方磺胺甲恶唑等，孕期 6 个月以上的孕妇服用后，可引起新生儿核黄疸，严重时可出现发热、烦躁不安、肢体强直甚至惊厥等。

喹诺酮类

氟哌酸（诺氟沙星）、（氧氟沙星）、氟啶酸（依诺沙星）等，可引发新生儿骨骼发育障碍甚至软骨坏死，最好避免使用，必须要用时，服药时间不宜过长。

因此，孕妇在发生尿路感染时千万不能擅自乱服药，而应在医生指导下服用药物，同时应根据具体病情合理用药。

十四、维生素对孕妇的影响

胎儿生长发育所需的各种营养物质必须通过孕妇的血液循环来获得，孕妇体内的营养是胎儿营养的唯一源泉。如果孕妇体内营养缺乏，就会导致胎儿代谢物质资源不足，从而影响胎儿的正常生长发育。因此，女性在怀孕期间一定要注意各种营养物质的摄入和补充，以免发生营养不良。

在孕妇所需的各种营养物质中，维生素是必不可少的。虽然它在体内所需的量并不多，但它对维持正常生命活动却发挥着不可替代的作用。孕妇体内的维生素缺乏或过量时，都会给孕妇和胎儿双方带来很多不良影响。

维生素 A 对视觉的形成、上皮组织细胞的生长和分化、骨骼的发育和胎儿细胞的发育都是必需的，而且孕妇对维生素 A 的需要量比未怀孕时增加 25%，所以应适当补充维生素 A。孕妇如果缺乏维生素 A，会影响胎儿视觉器官的发育，引起胎儿眼球不可逆转的软化，还会引起肺不张、膀胱黏膜上皮病变，甚至会抑制皮肤、肌肉、骨骼以及脑细胞的生长，导致胎儿多种异常，如性器官发育不良、畸形等。但要

·健康医疗·

图文珍藏版

注意服用维生素 A 不可过量,孕妇如果在怀孕早期大量使用维生素 A,可能导致胎儿骨骼畸形、泌尿道畸形以及腭裂、脊柱裂、肢体缺陷等。如果孕妇通过食补仍然无法满足体内对维生素 A 的需要,这时就要在医生的指导下服用适量的维生素 A 类药物。

维生素 B 是人体细胞代谢重要的辅酶,它对多种组织的形成具有重要作用。维生素 B 族对孕妇的影响最大,在怀孕早期,维生素 B 族可以防止胎儿畸形、先天性心脏病,还能抑制恶心和呕吐反应。缺乏维生素 B 会引起血细胞形成障碍,造成孕妇和胎儿贫血,还会使孕妇出现舌炎、周围神经炎、腹泻、感觉迟钝、食欲下降等症,进而干扰营养物质的摄取,影响胎儿发育,导致新生儿智力低下。孕妇平时应多吃些含有维生素 B 的食物,如瘦肉、鱼、紫菜、核桃、芝麻、玉米及绿色蔬菜等。

维生素 C 又叫抗坏血酸,是细胞之间的黏合物,是连接骨骼、结缔组织所必不可少的营养物质。它能促进骨骼正常发育和创伤愈合,还能激活白细胞的吞噬作用,增加对疾病的抵抗能力。怀孕期间胎儿必须从母体获得大量的维生素 C,以维持骨骼、牙齿的正常发育和造血系统的正常功能等。缺乏时可引起坏血病,皮肤、牙龈等部位出血,且会祸及胎儿。因此,孕妇要多吃各种新鲜蔬菜和水果,以补充所需的维生素 C。含维生素 C 丰富的食物有柿椒(红、青)、菜花、雪里蕻、白菜、西红柿、黄瓜、四季豆、荠菜、油菜、菠菜、苋菜、白萝卜、酸枣、山楂、橙、柠檬、草莓、鸭梨、苹果等。但需要注意的是,孕妇服用维生素 C 可能增加婴儿患哮喘的风险,摄入过多还易引起流产。

维生素 D 是控制钙化的激素,对骨骼和牙齿的形成极为重要。孕妇缺乏维生素 D 时,可出现骨质软化,发病部位先是骨盆和下肢,以后逐渐波及脊柱、胸骨和其他部位,严重时可出现骨盆畸形,从而影响自然分娩。维生素 D 缺乏可使胎儿骨骼钙化、骨脆易断,并会引起胎儿牙齿发育不良,严重者可致先天性佝偻病。为防止维生素 D 缺乏,孕妇要常到户外晒晒太阳,因为阳光中的紫外线能在人体内合成维生素 D。还可以多吃一些富含维生素 D 的食物,如鱼肝油、鸡蛋、鱼、奶、动物肝脏、小虾等。但过多的维生素 D 则会导致胎儿的大动脉和牙齿发育出现问题。

维生素 E 又名生育酚,能促进人体新陈代谢,维持生殖器官正常功能,增强机体耐力,还具有抗氧化作用,能保护生物膜不被氧化,并能维持骨骼、心肌、平滑肌和心血管系统的正常功能。孕妇如果适量补充维生素 E,还可大大减少婴儿患哮喘的概率。孕妇如果出现维生素 E 缺乏,会引起早产儿溶血性贫血。又由于孕妇体内的维生素 E 通过胎盘运送到胎儿的量很少,因此应增加每日的摄入量。维生素 E 广泛存在于绿色植物中,尤其是麦胚油、棉子油、玉米油、菜子油、花生油、芝麻油、莴苣叶、柑橘皮等,维生素 E 含量较多。只要孕妇能保证饮食的多样化,一般不会出现维生素 E 缺乏。同时,服用维生素 E 过多会干扰凝血机制,造成胎儿大脑发育异常,导致新生儿体重偏低,并可增加新生儿患其他并发症的风险。

十五、哺乳期妇女服药对婴儿的影响

药物进入人体经过代谢后,大多数是从肾脏排出体外,但在妇女哺乳期,也有一部分可经乳汁排出。这样,哺乳期妇女服用的药物及其代谢产物就可以通过乳汁进入婴儿的体内,对婴儿产生影响,有的药物可使婴儿受到损害甚至引起中毒。

哺乳期妇女应慎用抗生素和磺胺类药物,抗生素包括青霉素、链霉素、氯霉素、红霉素等。青霉素和链霉素可引起婴儿过敏反应,还可导致耐药菌株的产生;口服氯霉素可抑制骨髓,影响造血功能,甚至引起灰婴综合征,应禁用。如果新生儿的红细胞内先天性缺乏葡萄糖-6-磷酸脱氢酶和谷胱甘肽还原酶,则哺乳期妇女不可服用抗生素、磺胺类、呋喃类、抗疟药、抗结核药以及阿司匹林、水溶性维生素 K 等药物,否则易造成新生儿体内红细胞的磷酸戊糖通路代谢障碍,导致血红蛋白变性,可引起溶血性贫血,严重时将危及生命。

哺乳期妇女应慎用镇静药和吗啡类成瘾性镇痛药,如使用安定可导致婴儿体重下降和高胆红素血症;使用溴化物可诱发婴儿皮疹和嗜睡;哺乳期妇女患癫痫服用苯妥英钠、苯巴比妥可导致婴儿高铁血红蛋白症,出现嗜睡、虚脱、全身淤斑等症状。需要特别注意的是,吗啡类等成瘾性镇痛药很容易进入乳汁内,而且其浓度可比血浆浓度高好几倍,对 6 个月内的婴儿易引起呼吸中枢抑制而发生意外,应加以提防。

哺乳期妇女在使用抗甲状腺药如甲基硫氧嘧啶、丙基硫氧嘧啶、他巴唑等治疗甲状腺疾病时,可导致乳汁中药物浓度增高,最高时可达血中药物浓度的 12 倍。这种乳汁进入婴儿体内后会抑制甲状腺激素的合成,还可促使甲状腺激素继发增高。从而引起婴儿甲状腺肿和甲状腺功能下降,严重影响幼儿甲状腺的正常发育。此外,抗甲状腺药还可引起皮疹、粒细胞减少和黄疸等,应避免使用。

哺乳期妇女如果大剂量使用阿司匹林或口服抗凝药,会损害婴儿的凝血机制,发生出血倾向;大剂量的溴化物、麦角碱类(麦角生物碱、二甲麦角新碱)、大黄类、番泻叶等泻药可使婴儿中毒,导致婴儿大便变稀、次数增加;异烟肼会抑制婴儿生长发育,其代谢还会引起肝中毒,应禁用;哺乳期妇女用较大剂量的阿托品,可使婴儿出现皮肤潮红、心跳加快、高热、兴奋不安;抗高血压药如利血平等可引起婴儿嗜睡、腹泻及鼻塞等症状。

此外,抗肿瘤药、口服降糖药、利尿药、避孕药、抗组胺类、水杨酸盐、锂盐(如碳酸锂)、丙咪嗪、维生素 K 等药物,在乳汁中的浓度虽然不高,但长期使用也会对婴儿引起不良反应;碘剂、汞剂、皮质激素、放射性药物(如放射性碘)以及安宁、氯丙嗪、灭滴灵等,在乳汁中的含量如果超过母体的血药浓度,也会对婴儿造成损害,因此哺乳期应当禁止使用。如果必须服用,应暂停哺乳。

十六、哺乳期妇女用药注意事项

哺乳期妇女所用的各种药物几乎都可以通过乳汁进入婴儿体内。目前已知有 300 多种药物可以通过乳汁排出,因此哺乳期妇女在用药时要格外慎重,不仅要考虑药物对自身的危害,而且要尽量防止或减少药物对婴儿的影响。

合理安排用药时间

哺乳期妇女在正常用药时,乳汁中的药物浓度通常较低,乳汁中药物含量一般不超过乳妇用药总量的 2%,此药量一般不会对婴儿造成伤害。即便如此,如果哺乳期妇女必须服药且所服药物是相对安全的,其用药时间也应该安排在哺乳后 30~60 分钟或下次哺乳前 4 小时以上。在这段时间内,大部分药物已经被母体清除,乳汁中的药物浓度相对较低,药物对婴儿的影响也能降到较低水平。除了合理安排用药时间外,哺乳期妇女还可以通过减少用药次数的方法进一步降低乳汁中的药物浓度,减少药物对婴儿的影响。这样,就能保证哺乳期妇女安全用药,而不必因用药而停止哺乳。

掌握禁用药物

有些药物经乳汁排出的量较多,对婴儿的危害明显,哺乳期妇女必须禁用。如果因治疗需要必须使用,则应在用药期间暂时停止哺乳。这类药物主要有:红霉素、氯霉素、链霉素、阿霉素、庆大霉素、卡那霉素、放线菌素 D、氨苄西林、阿莫西林、氯唑西林、磺胺类、异烟肼、阿司匹林、水合氯醛、巴比妥类、苯妥英钠、扑米酮、卡马西平、利巴韦林、甲磺丁脲、硫脲嘧啶、利血平、氯丙嗪、西咪替丁、雷尼替丁、法莫替丁、氧氟沙星、诺氟沙星、环丙沙星、氯氮卓、地西泮、硝西泮、普萘洛尔、阿替洛尔、卡替洛尔,以及各类抗肿瘤药和麻醉性镇痛药等。

掌握慎用药物

有些药物虽然危害不大,但在使用时也需慎重,尽量减少对婴儿的不良影响。这类药物有氨茶碱、氨基糖苷类抗生素、β-肾上腺素受体阻断药、糖皮质激素、吩噻嗪类抗精神病药、噻嗪类利尿药、口服降糖药、乙胺丁醇、溴丙胺太林、雌激素、黄体酮、硫脲类、甲状腺素、磺胺类、维生素 A、维生素 D、华法林等。

十七、老年人用药的特点

老年人用药的特点由老年人的体质特点和老年疾病的发病特点决定。老年人体内各器官和组织的生理功能都有不同程度的退化,对药物的吸收、分布、代谢、排泄都有一定的影响。又因老年人的免疫功能和抗病能力有所减弱,患病的机会增加,出现慢性疾病较多,用药的品种及数量增多,引起药物不良反应和药物中毒的可能性也增多。因此,老年人用药具有突出的特点。

吸收和利用药物的能力下降

老年人由于胃肠功能减退,导致胃酸和消化酶分泌减少,胃肠蠕动减弱,肠道表面的细胞减少,胃排空时间延长,胃肠道血流量减少。这些变化都会影响对药物的溶解和吸收,但对大多数药物来说影响不太大。然而对于需要在酸性环境中水解而生效的药物,在老年人缺乏胃酸时,则其生物利用度将大大降低,如弱酸性药物水杨酸类、双香豆素类、呋喃妥因、萘啶酸及巴比妥类等。

影响药物分布

老年人血浆中的白蛋白随年龄增加而减少,65～70 岁者可比青年人减少 1/4。因缺少血浆白蛋白,使一些药物与白蛋白结合减少,影响老年人体内的药物分布,造成游离型药物增多,药物在血中的浓度和停留的时间增加,药效增强,易发生不良反应。此外,老年人体内脂肪增加,尤其是老年女性更加明显,可改变药物在脂肪中的分布情况。

药物代谢速度降低

肝脏是药物代谢解毒的主要器官。老年人随着年龄的增长,肝脏重量不断减轻,70岁以上老年人肝脏的重量比青壮年约低30%。此外,老年人的肝中血流量减少,肝药酶活性降低,功能性肝细胞减少,这些变化都会对药物的代谢产生一定影响。又由于老年人长期服药,已经使肝脏受到了一定的损害,肝脏对药物的代谢速度大大降低。因此,在给老年人使用经肝代谢的药物如氯霉素、利多卡因、普萘洛尔、洋地黄类、氯氮卓及其同类药时,可导致血中药物浓度增高或药物自体内消除延缓,从而产生更多的副作用,所以需适当调整剂量。

药物排泄减慢

肾脏是药物排泄的主要器官。老年人随着年龄的增长,肾脏功能逐渐衰退,肾血流量减少,肾小球的滤过率降低,肾小管的分泌功能减弱,导致肾脏对药物的排泄功能减慢,药物在血中的浓度升高,容易造成药物在体内蓄积而发生中毒反应。因此,给老年人用药时,要根据肾功能调整用药剂量或调整用药的间隔时间。一般来说,60岁以上老年人用药,以成人用量的3/4为宜。

药物之间易相互作用

由于老年人慢性病较多,常常同时使用多种药物。由于药物品种多,药物之间容易发生相互作用。多种药物并用时,配伍得当可产生协同作用,减少不良反应,增加疗效;如果配伍不当就会产生拮抗作用,导致药物不良反应的发生率增高,增加毒副作用。同时,随着用药物品种的增加,不良反应的发生率也相应增高。据统计,同时使用4~6种药物时,不良反应的发生率可高达15%。因此,老年人用药时,应根据药物的相互作用来决定药物及其用量,以减少不良反应。

老年人用药引起的不良反应主要体现在精神、神经系统方面

如硝西泮(硝基安定)可引起头痛,阿米替林、丙咪嗪可引起老年人不安、失眠、健忘、激动等神经系统症状。这些发生在神经系统的毒副反应,多数并不是因为用药过量引起的,而是与老年人的神经系统功能有关。因此,老年人在使用作用于神经系统的药物时要格外谨慎。

十八、老年人用药注意事项

老年人机体各器官的功能都有不同程度的衰退,药物在体内的吸收、分布、代谢、排泄过程都将受到一定的影响,尤其是药物的代谢和排泄受到的影响更大。因此,老年人在用药过程中应特别注意,以防发生药物不良反应。

尽量避免用药

药物只是治疗疾病的一个方面,因此不能一得病就急着用药,特别是老年人,因为他们大多数不具备自己用药的能力,需要他人协助用药。经常用药不但会对身体造成一定的损害,而且会使药效逐渐下降。因此,老年人患病时,首先要考虑一下能否采取除用药以外的其他方法来解决问题,如便秘者多吃一些含纤维素丰富的食物即可通便。对一些老年慢性病患者,应尽量不用或少用药物治疗,多用其他疗法如针灸、按摩、理疗及锻炼与饮食相结合等方法。当然,如果病情严重非用药不可,则需及时用药,但也应尽量少用药。

选择药物要慎重

老年人最好在明确诊断的基础上使用药物,切忌不明病因就随意滥用药物,以免发生不良反应或延误治疗。

在疾病诊断清楚后,最好听从医生意见来选择药物,医生会根据病情的轻重缓急和患者的体重、性别、用药史、肝肾功能以及健康状况等开出处方,这些药物能有效缓解症状,且毒副作用小、不良反应少、安全性强。如患有失眠、焦虑的老年人,最好使用安定治疗,因为安定不会产生成瘾性,可以长期使用。凡是对老年人损害较大的药物,除非特别需要非用不可,都应尽量使用更安全的替代药物,以减少损害。

此外,老年人应尽量选用最熟悉的药物品种,最好不要使用新药,因为新药的疗效尚不确切,安全程度也很难估计。

根据老年人代谢降低、反应迟缓的生理特点,老年人用药应采取中西药结合的方法。对急性病,可先使用西药治标,迅速控制症状,然后采用中药调养,以利于治本;对慢性病则以中药治疗为主,因为中药比西药作用缓和,副作用也比西药少,老年人使用会更加安全一些。

尽量减少用药种类

老年人用药的种类宜少不宜多,因为同时服用多种药物,会由于药物之间的相互作用而增加或降低药效,引起不良反应。用药物的种类越多,发生药物不良反应的机会也越多,如阿司匹林与激素类药合用可诱发溃疡病大出血;呋喃苯胺酸与氨基糖苷类抗生素及消炎痛、阿司匹林合用,可增加耳肾毒性,降低呋喃苯胺酸的作用;螺内酯与钾盐和血管紧张素转移酶抑制剂合用,可引起高钾血症;氨苯喋啶与非甾体抗炎药合用,可致肾毒性等。再加上老年人记忆力减退,同时服用多种药物容易造成误服、漏服或重复用药,带来不必要的麻烦。所以,老年人应尽量避免联合用药,同时用药最好不超过 3 种,最多不要超过 5 种。

用药剂量宜小不宜大

老年人用药剂量应随年龄的增加而相应减小。一般来说,60~80 岁者,用药剂量应为成人的 3/4~4/5;80 岁以上者用药剂量为成人的 1/2。如果患者肝肾功能不好,则更要减少用药剂量或延长用药间隔时间,以防发生不良反应。

对作用较强的药物和初次使用的新药应从小于标准剂量开始,然后根据治疗效果和反应情况再逐渐增量或减量。

选择合适的药物剂型

许多老年人吞药有困难,尤其是大量用药时更加麻烦。因此,老年人不宜使用片剂或胶囊剂,可选用液体剂型,必要时可注射用药。老年人胃肠道功能不稳定,不宜服用缓慢释放的药物制剂,否则会因胃肠蠕动加速而导致释放不充分,反之则会因释放和吸收量增加而产生毒性。

合理把握用药时间

老年人的视力、听力和记忆力都有一定程度的下降,往往因为看错或记错药物名称、使用方法和剂量,听错医生和家人嘱咐而误服药物或忘记服药。因此,老年人的服药方案应尽可能简单,以利于其更好地领会和记忆,最好每种药物每日只服1次,用药时间应尽量安排在清晨空腹时,不宜间隙用药。

老年人肾功能减退,对药物及其代谢产物的滤过减少。所以,老年人用药时间越长,越容易发生药物蓄积中毒,有时还会产生成瘾性和耐药性,因此要避免长期用药。老年人用药时间应根据病情以及医嘱合理缩短。患急性病的老年人,在病情好转后应及时停药或减量;必须长期用药者,应在家属或他人的协助和监督下进行。

尽量减少注射给药

由于老年人的肌肉对药物的吸收能力较差,注射后疼痛较为明显,有时容易形成硬结,所以对患有慢性病的老年人,一般不主张用静脉点滴和肌内注射方法给药。但如果患的是急性病、急性感染伴有高热等,则需要静脉途径给药。

注意观察药物反应

老年人在用药过程中要注意观察有无不良反应,如服用阿司匹林可导致大汗不止或引起胃出血,利尿药氢氯噻嗪会引起血糖升高,诱发老年性糖尿病。因此,老年人在用药时一旦发现身体有异常反应,应立即停药,必要时应请医生诊治,更换作用相同或相似、毒副作用小的其他药物。

慎用滋补药

身体虚弱、容易患病的老年人可适当地服用一些补虚益气的药物,以增强体质,提高抗病能力。但要注意的是,滋补药也不可盲目滥用,而应根据自己身体的实际情况,在医疗保健人员的指导下适当选用,否则将有害无益。对于老年人来说,更重要的是要注意合理营养,加强身体锻炼,保持身心健康。

用药不可生搬硬套

有的老年人看到别人使用某种药物治好了某种疾病,便盲目仿效,却忽视了彼此之间的体质和病症差异。如同样是高血脂患者,如果是胆固醇高就该应用烟酸肌醇酯,如果是甘油三酯高则应用安妥明。

老年人患的多是慢性病,有的患者因为长期不愈,就会出现"乱投医"现象,乱用那些未经验证的秘方、单方、验方。由于这些处方药物的疗效无法科学判定,完全是凭运气治病,因此常会延误病情甚至引起中毒,得不偿失。

注意药物的更换

有的老年人用药时总更换药物,今天听说这种药好便使用这种药,明天听说那种药好又改用那种药。用药种类不确定,多种药物混用,不但治不好病,反而容易引出毒副反应。

当然,同一种药物也不能长期应用,否则不仅容易产生抗药性,使药效降低,而且会产生对药物的依赖性甚至形成药物依赖。

十九、老年人应该慎用药物

解热镇痛药

如阿司匹林、吲哚美辛、保泰松等。老年人易出现慢性腰背疼痛和四肢关节疼痛,长期服用解热镇痛药易引起不良反应,如阿司匹林可使老年人大量出汗而致虚脱,吲哚美辛可引起胃溃疡、胃肠出血、眩晕、精神障碍等,保泰松可引起水肿和再生障碍性贫血。因此老年人应避免长期使用或少用此类药。

苯二氮卓类抗焦虑药

如氯氮卓(利眠宁)、安定等。此类药物不易从老年人体内排出,还会引起嗜睡等不良反应,长期常用剂量使用会很快产生依赖性和成瘾性,并随之出现耐药性。因此,老年人在服用时应减至成人剂量的 $1/3 \sim 1/2$。

三环类抗抑郁药

如丙咪嗪、阿米替林等,可引起嗜睡、直立性低血压,使用时应减小剂量。

抗震颤麻痹药

如左旋多巴、苯海索等,易引起老年人精神错乱和运动障碍,如用药期间出现异常,则应及时停药或改用其他药物。

吩噻嗪类药物

如氯丙嗪、奋乃静等,可引起锥体束征,故老年人最好不用。

抗生素

如青霉素、链霉素、卡那霉素、庆大霉素、氯霉素等。抗生素副作用较多,如青霉素容易引起过敏反应,轻者出现全身皮疹,重者可因过敏性休克而死亡;链霉素、卡那霉素、庆大霉素具有耳毒性,可损害第 8 对脑神经,导致听力下降、耳鸣和眩晕,还易引起老年人肾功能障碍;氯霉素可引起再生障碍性贫血。因此老年人最好不要使用抗生素。

导泻药

如酚酞(果导)、大黄等。老年人便秘大多是由身体过胖、腹部肌肉无力、肠蠕动减弱等原因引起,属于功能性便秘。长期服用泻药会导致结肠痉挛,还会造成体内钙和维生素的缺乏,因此不能长期使用。

洋地黄类药

如地高辛等,由于老年人对药物的排泄减慢,易造成药物在体内的蓄积中毒。因此老年人使用此类药物时应减为青壮年剂量的 $1/4 \sim 1/2$,并要定期监测血药浓度。

口服降糖药

可引起夜间低血糖,老年人最好选用作用持续时间较短的口服降糖药。

抗凝血药

如华法林等,易引起自发性出血,应减量使用。

苯巴比妥类药

老年人使用时容易出现毒性反应,表现为头晕头胀、步态不稳、反应迟钝,严重者可出现意识模糊,老年人应慎用。

肝素

易引起出血,老年人使用不得超过 48 小时。

心得安

有低血压、心动过缓、哮喘、心功能不全的老年患者不宜使用。

氨茶碱

有些老年人服用后可迅速出现中毒症状,表现为烦躁、忧郁、记忆力减退、定向力差、心律紊乱、血压骤降、呕吐等。肌肉注射时可引起注射部位剧烈疼痛,静脉注射则可能兴奋心脏,引起心律失常、惊厥甚至死亡,故老年人须慎用。

胃复安

又称灭吐灵,常用于治疗恶心、呕吐等胃肠道症状,毒性较低。但是老年人,尤其是糖尿病患者服用后易出现神经系统不良反应,主要表现为急性阵发性肌张力障碍,故老年人最好不用。

肾上腺素,胰岛素、麻黄碱、阿托品、颠茄

老年人对这些药物比较敏感,使用时应酌情减小剂量。

第三节　家庭常见病的药物治疗

一、感冒

常用中药

中医根据辨证施治的原则,将感冒分为风寒感冒、风热感冒、表里双感、风寒湿滞、气虚感冒等类型进行对症用药。

风寒感冒

主要症状为发热怕冷,头痛,咽喉发痒,周身不适,四肢酸痛,咳嗽,多稀白痰,鼻塞声重,时流清涕,无汗,舌苔薄白,脉浮紧或浮缓等。

选用药物　荆防败毒散、通宣理肺丸、麻黄止嗽丸、小儿四症丸和参苏理肺丸,并以生姜、葱白煎汤为药引。

注意事项　忌用桑菊感冒片、银翘解毒片、羚翘解毒片、羚羊感冒片、复方感冒片等。

风热感冒

主要症状为发热重,微恶风寒,头胀痛,咽喉肿痛,口微渴,少汗出或无汗,鼻塞涕黄,咳嗽痰黄,舌苔薄白或微黄,舌尖红赤,脉浮数等。

选用药物　桑菊感冒片、银翘解毒片(丸)、羚翘解毒片(丸)、Vc 银翘片、羚羊感冒片、复方感冒灵片、银黄口服液、板蓝根冲剂、感冒退热冲剂、风热感冒冲剂、桑菊银翘散、银柴冲剂等。

注意事项　忌用羌活丸、参苏理肺丸、通宣理肺丸等。

表里双感（风寒和风热混合型）感冒

主要症状为高热，恶寒，头痛眩晕，四肢酸痛，口苦口干，咽喉肿痛，或咳呕喘满，大便干燥，小便发黄，舌苔薄黄，舌头红赤。

选用药物　防风通圣丸（散）、重感灵片、重感片等。

注意事项　单用银翘解毒片、强力银翘片、桑菊感冒片或牛黄解毒片等疗效欠佳。若属流行性感冒可服用复方大青叶冲剂、感冒冲剂等。

风寒湿滞感冒

主要症状为恶寒发热，热度不高，痰湿中阻，胃脘满闷，恶心呕吐，腹痛泻下，或头重头痛，无汗，或四肢倦怠，苔白，脉浮等。

选用药物　藿香正气丸或藿香正气水、午时茶等。

注意事项　不能选用保和丸、山楂丸、香砂养胃丸等。

气虚感冒

多发于身体虚弱、抵抗力差者，平时易出汗，不耐风寒。主要症状为疲倦乏力，食欲不振，轻度发热，头痛冒虚汗，鼻流清涕，常缠绵日久不愈，或反复多发。

选用药物　补中益气丸、参苏丸。

注意事项　治疗此型感冒不应过于疏散，用一般感冒药疗效不好，需扶正祛邪、益气解表。

常用西药

阿司匹林

阿司匹林又称乙酰水杨酸。

适应证　发热、感冒、头痛、神经痛、肌肉痛、关节炎、痛风等。

注意事项　少数患者服用此药后会出现恶心、呕吐、上腹部不适和过敏等不良反应。还可能引起胎儿异常，孕妇、肾功能不全者应慎用，哮喘、胃及十二指肠溃疡、肝病、心功能不全者应慎用或不用。

阿司匹林分子式

扑热息痛

扑热息痛又称对乙酰氨基酚、百服宁、泰诺、必理通。

适应证　由感冒引起的发热、头痛、四肢酸痛、全身不适等症状，关节痛、神经痛、癌性痛及手术后止痛等。

注意事项　少数患者服药后可能出现恶心、呕吐、腹痛、厌食、出汗等不良反应。服药后如果发生红斑或水肿等过敏反应，必须立即停止用药；不能与其他含有扑热息痛的药物同时服用；服药期间应避免饮酒及含酒精的饮料；长时间服用可引起肾损害，过量服用可引起肝损害，严重者可致昏迷甚至死亡；成人24小时内服用的剂量不能多于2克，3岁以下儿童及新生儿因肝、肾功能发育不全最好不用；孕妇和哺乳期妇女慎用。

用药禁忌 酒精中毒、患肝病或病毒性肝炎者禁用,肾功能不全者禁用。

扑尔敏

扑尔敏又称氯苯吡胺、马来拉敏、氯屈米通。

适应证 感冒、过敏性鼻炎、皮肤黏膜变态反应性疾病、荨麻疹等。

注意事项 会引起嗜睡、胸闷、心悸、乏力等不良反应。早产儿、新生儿、孕妇及老年人慎用。

用药禁忌 车、船、飞机驾驶人员,高空作业者,精密仪器操纵者及对本类药物过敏者禁止服用。

布洛芬

布洛芬又称异丁苯丙酸、芬必得、大亚克芬(布洛芬缓释剂)、异丁洛芬、炎痛停。

适应证 各种原因引起的高热、头痛、牙痛、神经痛、肌肉痛、腰背痛、关节痛、痛经及风湿性关节炎等。

注意事项 少数患者服药后可能会出现消化不良、头晕、耳鸣、胃肠道溃疡、转氨酶升高、皮疹等不良反应,宜饭后服用。若患者在服药期间出现胃肠出血,肝、肾功能损害,视力障碍,血象异常以及变态反应等情况,应立即停药。有消化道溃疡及心功能不全病史者、有出血倾向者应慎用。

用药禁忌 对阿司匹林或其他非甾体抗炎药过敏者、哮喘患者、鼻息肉综合征患者、孕妇及哺乳期妇女禁用。

消炎痛

消炎痛又称吲哚美辛、吲哚新。

适应证 风湿性、类风湿性、痛风性关节炎及发热等。

注意事项 可能引起恶心、呕吐、腹痛、腹泻、溃疡等胃肠道反应,有时甚至会引起胃出血及穿孔,饭后服用能够减少胃肠道反应。还可引起头痛、眩晕等中枢神经系统症状。如果头痛持续不减,应立即停药。

用药禁忌 溃疡病、震颤麻痹、精神病、癫痫病、支气管哮喘患者,肾功能不全者、对阿司匹林过敏者以及孕妇、哺乳期妇女及儿童禁用。

扑炎痛

扑炎痛又称贝诺酯、百乐来、苯乐来、乙酰水杨酸酯。

适应证 类风湿性关节炎、急慢性风湿性关节炎、风湿痛、感冒、发热、头痛、神经痛及术后疼痛等。

注意事项 有胃肠道反应,可能引起呕吐、灼心、便秘、嗜睡及头晕等,用量过大可导致耳鸣、耳聋。

用药禁忌 肝、肾功能损害者、对阿司匹林过敏者、不满3个月的婴儿禁用。

阿苯片

阿苯片本品每片含阿司匹林100毫克,苯巴比妥10毫克。

适应证 主要用于儿童的退热,并能预防高热所导致的惊厥。

注意事项 常会引起恶心、呕吐、上腹部不适或疼痛等不良反应,偶可引起支气管痉挛性变态反应，少数患者可出现皮疹、荨麻疹、皮肤瘙痒、剥脱性皮炎等皮肤变态反应。儿童必须在成人监护下使用，连续使用不得超过 3 天，某些儿童使用本药可能引起异常兴奋。肝肾功能减退、心功能不全、鼻出血以及有溶血性贫血史者慎用。体温过高者应用小剂量，以免出汗过多造成虚脱。不宜与其他中枢神经系统抑制药及抗凝药（如双香豆素、肝素）同用。

用药禁忌 对阿司匹林和苯巴比妥药物及其他解热镇痛药过敏者禁用。呼吸抑制、卟啉病、喘息、鼻息肉综合征患者禁用。血友病、血小板减少症、活动性出血性疾病患者禁用。

二、咳嗽、咯痰

常用中成药

根据咳嗽、咯痰的不同症状表现，中医上可将其分为 4 种类型进行辨证论治。

风寒咳嗽

主要症状为咳嗽声重，咽痒，喘息胸闷，怕冷发热，头痛，无汗，痰稀薄色白且量多，常伴有鼻塞、流清涕、骨节酸痛等，舌苔白，脉浮。

选用药物 通宣理肺口服液、苏子降气丸、半夏止咳糖浆、杏仁止咳糖浆、杏苏止咳冲剂、止咳青果丸、蛇胆陈皮胶囊或散剂，以及川贝止咳糖浆、风寒咳嗽丸、复方川贝精片、感冒解痛散、麻黄止咳丸、止咳宁嗽胶囊、止咳合剂等。

风热咳嗽

主要症状为咳嗽，喘息气粗，胸闷咽痛，口渴，鼻流黄涕，发热，出汗，怕风，头痛，痰黏稠色黄，咯痰不爽，舌苔薄黄，脉浮数。

选用药物 二母宁嗽丸、止咳定喘口服液、橘红片、川贝止咳露、川贝枇杷露、复方鲜竹沥口服液等，其他还有白绒止咳糖浆、除咳止嗽丸、二母清肺丸、三蛇胆川贝膏、复方枇杷膏、复方贝母散、复方罗汉果止咳冲剂、橘贝合剂、清金止嗽化痰丸、清气化痰丸、清热镇咳糖浆、风热咳嗽胶囊等；儿童宜选用急支糖浆、复方甘草合剂、银黄口服液、健儿清解液、小儿咳喘灵冲剂和儿童咳液等。

燥邪咳嗽

主要症状为干咳少痰，咯痰不爽，口干，微有发热等。

选用药物 川贝清肺糖浆、养阴清肺膏（糖浆）、罗汉果玉竹冲剂、川贝枇杷膏，其他药物还有止咳橘红丸、止咳梨浆、雪梨蜜膏、川贝末胶囊、镇咳宁口服液等；儿童宜选用儿童清肺口服液。

肺虚咳嗽

主要症状为咳嗽日久，痰少，咳吐不爽，口干，手足微热，气短乏力。

选用药物 百合固金丸、秋梨润肺膏、川贝二冬膏，其他药物还有川贝银耳糖浆、川贝梨糖浆、二冬膏、扶正养阴丸、复方梨膏、橘红梨膏、理气定喘丸、润肺膏等。

常用西药

咳快好

咳快好又称二苯哌丙烷，为非麻醉性、中枢及外周双相止咳药，其镇咳作用比可待因强 2~4 倍,且毒性低。

适应证 刺激性干咳,如感冒或者急慢性支气管炎及各种原因引起的无痰咳嗽,以及由吸烟、刺激物、过敏等引起的咳嗽等。

注意事项 对口腔黏膜有麻醉作用,易产生麻木感,服用时需整片吞下,切勿嚼碎。偶有口干、胃部烧灼感、食欲不振、乏力、头晕和药疹等不良反应。孕妇应在医生的指导下服用。

用药禁忌 过敏者禁止使用。

咳必清

咳必清又称枸橼酸喷托维林、枸橼酸维静宁,为非成瘾性止咳药,具有中枢和外周性镇咳作用,其镇咳作用约为可待因的1/3。

适应证 无痰或少痰的咳嗽、百日咳、急性支气管炎、慢性支气管炎及各种原因引起的咳嗽。

注意事项 偶有便秘、轻度头痛、头晕、口干、恶心、腹胀、皮肤过敏等不良反应。服药后可能会出现嗜睡现象,司机及操作机器者慎用。痰量多者宜与祛痰药并用。

用药禁忌 青光眼及心功能不全、伴有肺淤血的患者禁用,孕妇和哺乳期妇女禁用。

美沙芬

美沙芬又称右美沙芬、右甲吗喃,为中枢性止咳药,可抑制咳嗽中枢,从而产生镇咳作用,其镇咳作用与可待因相等或稍强,但无止痛作用。一般治疗剂量不抑制呼吸,作用快且安全,长期服用不产生成瘾性和耐受性。

适应证 无痰、干咳,以及感冒、急性或慢性支气管炎、支气管哮喘、咽喉炎、肺结核以和其他上呼吸道感染时的咳嗽。

注意事项 偶有头晕、头痛、轻度嗜睡、口干、食欲不振、便秘等不良反应,用药过量会产生呼吸抑制。

用药禁忌 肝功能不良者慎用,痰多患者慎用或与祛痰药合用。妊娠 3 个月内妇女、有精神病史者、有呼吸衰竭危险的患者禁用。不能与单胺氧化酶抑制剂(常用于精神抑郁的药物)合用,以免发生高热或死亡。

必嗽平

必嗽平又称溴己新、溴己铵、必消痰等,为黏痰调节剂,对黏痰具有较强的溶解作用,可使痰中的黏多糖纤维素或黏蛋白裂解,从而降低痰液的黏稠度。

适应证 急、慢性支气管炎、支气管扩张、哮喘等痰液黏稠而不易咯出的症状。

注意事项 偶有恶心、胃部不适,减少药量或停药后可消失。偶有血清氨基转移酶短暂升高,但能自行恢复。胃炎或胃溃疡患者慎用。

化痰片

化痰片又称羧甲基半胱氨酸、羧甲司坦,为黏痰调节剂,主要影响支气管腺体的分泌,使低黏度的唾液黏蛋白分泌增加,而高黏度的岩藻黏蛋白产生减少,从而使痰液的黏稠度降低,易于咳出。

适应证　慢性支气管炎、支气管哮喘等疾病引起的咳嗽、咯痰,尤其是痰液黏稠、咯痰困难和痰液阻塞气管等,也可用于防治手术后咯痰困难和肺炎并发症。用于小儿非化脓性中耳炎,有预防耳聋的作用。

注意事项　偶有轻度头晕、恶心、腹泻、胃部不适、胃肠道出血、皮疹等不良反应,有消化道溃疡病史者慎用。

痰之保克

痰之保克又称氨溴索、沐舒痰、兰勒索。本品为黏痰溶解剂,可使痰中的黏多糖纤维化裂解,稀化痰液,并能抑制支气管黏膜酸性糖蛋白的合成,从而降低痰液黏稠度,使之易于咳出。

适应证　伴有咯痰和过多黏液分泌物的各种急、慢性呼吸道疾病,尤其是严重的慢性支气管炎、气喘性支气管炎及支气管哮喘。

注意事项　有轻度胃肠道反应,片剂宜饭后服用,皮疹极少见,妊娠头3个月内妇女慎用。

三、支气管哮喘

常用中成药

中医通常将哮喘分为实喘和虚喘两类。在治疗方面,实喘重在治肺,以散邪宣肺为主;虚喘重在治肺肾,以滋补纳气为主。根据症状不同,实喘可分为寒喘、热喘和痰喘3类;而虚喘可分为肺气虚和肺肾阴虚两类。

寒喘

主要症状为气促喘息,咳嗽,咯痰少而清稀、色白呈黏沫状,口不渴,脉弦滑,常伴有怕冷发热、头痛、无汗、鼻塞、流涕等症状。

选用药物　通宣理肺口服液等。

热喘

主要症状为呼吸急促,呛咳阵作,喉有哮鸣音,咳嗽,痰黄稠难以排出,咽干,口苦口渴喜饮,身热汗多,舌质红,苔黄腻,脉滑数。

选用药物　止咳定喘口服液。

痰喘

主要症状为咳嗽痰多,色白黏稠,气逆作喘,胸部满闷,严重时出现恶心、呕吐等症状。

选用药物　橘红片、止咳化痰丸、咳嗽定喘丸、清气化痰丸等。

肺气虚

主要症状为咳嗽痰多,痰液清稀,面色苍白,气短作喘,动则出汗,精神不振,身倦无力等。

选用药物　人参保肺丸等。

肺肾阴虚

主要症状为气短作喘,咳嗽痰少,或干咳无痰,或痰中带血,口干咽燥,腰膝酸软,头晕耳鸣,潮热盗汗,舌红,苔少,脉细数。

选用药物　二母宁嗽丸、二母宁嗽颗粒剂、麦味地黄丸、都气丸等。

常用西药

糖皮质激素

糖皮质激素简称激素,是当前治疗支气管哮喘最有效的首选抗炎药,可分为吸入剂、口服剂和静脉用药。

适应证　吸入激素是控制哮喘长期稳定的最基本的治疗手段;在急性严重哮喘发作早期,口服糖皮质激素能够防止病情进一步加重;在哮喘持续状态时则需要用大剂量的糖皮质激素作短期全身给药;治疗慢性严重哮喘可长期吸入大剂量的糖皮质激素。

注意事项　糖皮质激素吸入剂可产生局部不良反应,主要是口咽不适、口咽炎、声音嘶哑、偶尔出现的上呼吸道刺激性咳嗽和口咽部的念珠菌感染,吸药后用清水漱口可预防或减轻口腔念珠菌感染。

选用药物　常用的吸入激素有二丙酸倍氯米松、布地缩松、氟尼缩松、氟替卡松和曲安缩松等,口服剂有泼尼松、泼尼松龙,静脉用药主要有琥珀酸氢化可的松。

白三烯调节剂

白三烯调节剂包括白三烯受体拮抗剂和合成抑制剂,不但能缓解哮喘症状,而且能减轻气管炎症。

适应证　白三烯受体拮抗剂特别适用于运动性哮喘及阿司匹林哮喘。

注意事项　会产生轻微的胃肠道症状,少数患者会出现皮疹、血管性水肿、转氨酶升高等不良反应,停药后可恢复正常。

选用药物　扎鲁司特、孟鲁司特。

色甘酸钠

色甘酸钠又称咽泰、咳乐钠,是一种新型非激素类抗变态反应药,能稳定肥大细胞膜和嗜碱细胞膜,从而抑制组胺、5-羟色胺、白三烯等过敏介质的释放,对其他炎症细胞释放介质也有一定的抑制作用。

适应证　主要用于预防过敏性哮喘发作。

注意事项　少数患者会出现咽喉不适、胸闷等不良反应,偶见皮疹,孕妇慎用。

β_2 受体激动剂

适应证　短效吸入型 β_2 受体激动剂是治疗哮喘急性发作症状和预防性治疗运动诱发哮喘的首选药物,长效吸入型 β_2 激动剂可抑制抗原引起的速发和迟发反应及组胺引起的气管反应性增高。

注意事项　长期应用会引起 β_2 受体功能下调和气管反应性增高,增加哮喘发作的次数,因此不主张长期、有规律的应用。如果需要长期应用,应该和吸入激素配合应用。

选用药物　短效(作用时间为4~6小时)的有沙丁胺醇(喘乐宁、舒喘灵)、特布他林(博利康尼、喘康速)、非诺特罗(酚丙喘定、酚丙喘宁),长效(作用时间12~24小时)的有沙美特罗(施立稳)、福莫特罗(安通克)、丙卡特罗(美喘清)、班布特罗(巴布特罗)。

茶碱(黄嘌呤)类

适应证　长效茶碱用于控制夜间哮喘,静脉给药主要用于重危症哮喘。

注意事项　茶碱的不良反应主要有胃肠道症状(恶心、呕吐)、心血管症状(心动过速、心律紊乱、血压下降),最好饭后服用以降低对胃肠道的刺激。偶尔会兴奋呼吸中枢,严重的会导致抽搐甚至死亡。用药时最好进行血药浓度监测,将浓度保持在5~15毫克/毫升。酒精中毒及合用甲氰咪胍、喹诺酮、大环内酯类药物等会降低茶碱的代谢,应减少用药量;吸烟能加快茶碱的代谢,应增加用药量。发热、妊娠、幼儿、老年人、肝肾功能不全、心律失常、严重心脏病患者及甲状腺功能亢进者慎用。

选用药物　氨茶碱、茶碱、羟丙茶碱、二羟丙茶碱、恩丙茶碱、胆茶碱等。

抗胆碱药物

此类药物以吸入剂型为佳,虽然起效较慢,但药效持续时间较长,不良反应少,长期使用不会出现耐药性。

适应证　主要用于单独使用β_2激动剂不能控制症状的哮喘患者,对老年性哮喘及并发有慢性阻塞性肺疾病的哮喘特别有效。与β_2激动剂联合使用具有更强、更持久的支气管舒张作用,尤其适用于夜间哮喘及多痰的患者。

注意事项　少数患者会出现口苦或口干感及咽部刺激,青光眼患者还会出现眼压升高症状。

选用药物　异丙托溴铵(溴化异丙阿托品)。

四、慢性支气管炎

常用中成药

慢性支气管炎属中医咳嗽的范畴,根据症状及脉象可将本病分为几个类型,然后进行辨证论治。

风寒袭肺型

主要症状为咳嗽声重,或有气急喘息及胸闷,咯痰稀薄色白,初起多兼有恶寒,头痛,咽痒,发热,鼻塞,流清涕,身痛,无汗,口不渴,苔薄白或白腻,脉浮滑或弦紧。

选用药物　通宣理肺口服液等。

风热犯肺型

主要症状为咳嗽声粗,喘促气粗,痰稠色黄,咽痛,鼻流黄涕,身热头痛,口渴喜冷饮,胸闷烦躁,汗出,舌质红,苔薄黄,脉浮数。

选用药物　羚羊清肺丸等。

痰热蕴肺型

主要症状为咳嗽气喘,胸脘满闷,痰黏色黄,咳出不爽,兼有发热出汗,流涕,咽痛,烦热口渴,口淡无味,溺黄,大便干结,舌质红,苔黄腻,脉滑数。

选用药物　痰喘丸等。

肺脾气虚型

主要症状为咳嗽气短,痰白而稀或泡沫,自汗,胸脘痞闷,大便溏薄,神疲乏力,声低懒言,每遇风寒则咳嗽或喘息发作加重,舌质淡,苔白薄,脉虚。

选用药物　三蛇胆陈皮末、黄荆油胶丸等。

肺肾阴虚型

主要症状为干咳少痰,或痰中带血,或咯血,或伴喘息;面色潮红,盗汗,五心烦热,咽干口燥,失眠,舌质红,苔少,脉细数。

选用药物　麦味地黄丸、二冬膏、琼玉膏等。

肺肾阳虚型

主要症状为咳喘久作,呼多吸少,动则尤甚,痰稀色白或如泡沫,畏寒肢冷,腰膝酸痛,疲倦乏力,舌质淡,苔白而滑,脉沉细无力。

选用药物　金匮肾气丸、参桂鹿茸片、参芪蜂王浆、蛤蚧精等。

常用西药

抗生素

慢性支气管炎并发感染时,可选用抗生素配合治疗。常用抗生素有青霉素、链霉素、红霉素、氯霉素、麦迪霉素、复方新诺明等,严重感染时,可选用氨苄西林、环丙沙星、氧氟沙星、阿米卡星(丁胺卡那霉素)、奈替米星(乙基西梭霉素)或头孢氨苄、头孢呋辛等头孢类抗生素联合静滴给药。反复感染患者,可采用预防性用药,可选用复方磺胺甲恶唑长期用药。

祛痰止咳药

常用咳嗽药水有氯化铵、棕色合剂、鲜淡竹沥、吐根糖浆,此外,止咳还可用咳必清、咳美芬等。常用祛痰药物有沐舒痰(盐酸溴环己胺醇)、化痰片(羧甲基半胱氨酸)、碘化钾等,溴己新(必嗽平)、氯化铵、棕色合剂等也有一定的祛痰作用。当痰多而黏稠,不易咯出时,可用枇杷叶蒸汽吸入,或用超声雾化吸入,以稀释气管内分泌物。

解痉平喘药

喘息型支气管炎常选用解痉平喘药物,如氨茶碱、喘定、丙卡特罗(美喘清)等。慢性支气管炎有可逆性阻塞者及阵发性咳嗽伴有不同程度的支气管痉挛时,应采用支气管舒张剂来改善症状,常用药物有异丙托溴铵(溴化异丙阿托品)气雾剂、特布他林(博利康尼)、沙丁胺醇、丙卡特罗(美喘清)等。

五、病毒性肺炎

常用中成药

板蓝根冲剂、抗病毒冲剂、双黄连粉针剂等。

常用西药

抗病毒药:三氮唑核苷(病毒唑)、金刚烷胺、α-干扰素、胸腺肽等。抗生素:在继发细菌感染时,可应用青霉素、头孢菌素等抗生素治疗。

六、肺结核

常用中药

肺结核可根据症状及脉象分为3种类型进行辨证论治。

阴虚肺热型

主要症状为午后潮热,手足心热,夜间盗汗,两颧发热,唇红咽干,形体消瘦,干咳无痰,或痰少不易咯出,或痰中带血丝,舌苔薄,边尖红,脉细数。

选用药物　贝母二冬膏、保肺散、贝母梨膏、百花膏、羊胆丸、罗汉果玉竹冲剂、复方抗结核片等。

肺肾阴虚型

主要症状为潮热盗汗,腰脊酸软,头晕耳鸣,心烦失眠,五心烦热,颧红体瘦,咳呛气急,痰少质黏,或咯血、血色红量多,或伴胸痛、舌红、少苔,或光剥,脉细数无力。

选用药物　玉露保肺丸、金贞麦味地黄丸、补金片、养阴清肺膏、养阳脉安片、麦味地黄丸等。

气阴两虚型

主要症状为午后潮热颧红,热势不高,恶风畏冷,自汗盗汗,食少,神疲气短,咳嗽无力,痰稀白量多,偶带淡红色,舌淡有齿印,苔薄白,脉细数无力。

选用药物　润肺止嗽丸、人参固本丸、天麻王浆、百部丸、人参滋补膏、万年春蜂王浆、雪哈银耳胶丸等。

常用西药

异烟肼

异烟肼又名异烟酰肼,对结核杆菌有高度的选择性和较强的抑制和杀灭作用,对细胞内外的结核杆菌同样有效,为治疗结核病的首选药物。

适应证　各种类型的结核病。

注意事项　大剂量使用可导致维生素B缺乏,出现周围神经炎、中枢神经中毒症状,如头痛、失眠、记忆力减退、神经兴奋、易怒、欣快感、幻觉、抽搐、四肢感觉异常等。少数患者会出现排尿困难、肝脏损伤、白细胞减少、嗜酸粒细胞增多和贫血等。

用药禁忌　肝肾损害、肝肾功能不全者、精神病和癫痫病患者忌用。孕妇慎用。

利福平

利福平又名甲哌力复霉素,为高效的广谱抗生素,作用与异烟肼类似,比链霉素强,能杀灭细胞内外的结核杆菌、麻风杆菌等。

适应证　主要应用于各种类型的结核病,尤其是重症结核病和耐药结核菌引起的结核病。也可用于麻风、军团菌肺炎及金黄色葡萄球菌引起的败血症和胆管感染,还可用于厌氧菌感染。外用可治疗沙眼及敏感菌引起的眼部感染。

注意事项　可致恶心、呕吐、食欲不振、腹泻、腹胀、胃痛等胃肠道不良反应,还可致白细胞减少、血小板减少、嗜酸性粒细胞增多、肝脏损害、黄疸、脱发、头痛、疲倦、眩晕、视力模糊、蛋白尿、血尿、肌病、心律失常、低血钙等不良反应。此外,利福平还可引起多种过敏反应,如药物热、皮疹、急性肾功能衰竭、胰腺炎、剥脱性皮炎和休克等,在某些情况下还可发生溶血性贫血。长期服用此药可降低口服避孕药的作用而导致避孕失败。婴儿、肝肾功能不良者和3个月以上孕妇慎用。用药期间应定期检查肝肾功能。食物可阻碍药物吸收,所以宜空腹服药。

用药禁忌　肝功能严重不全、胆管阻塞者和3个月以内的孕妇禁用。

乙胺丁醇

乙胺丁醇为人工合成抑菌性抗结核药,对结核杆菌有较强的抑制作用,结核杆菌对本药与其他药物之间无交叉耐药现象,是较好的第二线抗结核药物。

适应证　与利福平或异烟肼等其他抗结核药联用,可治疗各型活动性结核病。也可用于非典型结核分支杆菌病的治疗。

注意事项　可引起恶心、呕吐、腹泻等胃肠道反应,大剂量使用时易发生球后视神经炎,表现为视力障碍、辨色力受损、视野缩小、出现暗点。用药前和用药期间应每日检查视野、视力、红绿鉴别力等,一旦出现视力障碍或下降,应立即停药。用药期间血尿酸浓度会增高,应定期监测血清尿酸。偶见肝功能损害、下肢麻木、畏寒、关节肿痛、粒细胞减少、皮疹、瘙痒以及幻觉、不安、失眠等精神症状。痛风、视神经炎、糖尿病眼底病变、肝肾功能减退者慎用。

用药禁忌　孕妇、哺乳期妇女、糖尿病患者、乙醇中毒者及13岁以下的儿童均禁用。

链霉素

链霉素为氨基糖苷抗生素,是抗结核治疗中的主要用药。在低浓度时可抑制结核杆菌,高浓度时有杀菌作用。此外,链霉素对革兰阴性菌的抗菌作用十分突出,但对革兰阳性菌的抗菌作用不及青霉素。

适应证　适用于各种结核病,尤其是浸润型肺结核、粟粒性肺结核和结核性脑膜炎等,还适用于革兰阴性菌所引起的泌尿道感染、肠道感染、败血症等。

注意事项　链霉素具有耳毒性,可引起眩晕、恶心、呕吐、平衡失调、耳鸣、耳部饱满感、听力减退甚至耳聋。还可有麻木、针刺感或面部烧灼感,少数患者可出现视力减退、皮疹、斑丘疹、瘙痒、药物热等过敏反应,偶有过敏性休克。链霉素对肾脏也会造成一定损害,可引起排尿次数减少或尿量减少、食欲减退、极度口渴、蛋白尿、管型尿和血尿等。孕妇、哺乳期妇女、新生儿、婴幼儿、肾功能减退、重症肌无力、帕金森病患者慎用。服药过程中如果出现耳鸣、耳有堵塞感、皮疹、药物热等不良反应,应及时停药。

用药禁忌　对链霉素过敏者忌用。

吡嗪酰胺

吡嗪酰胺又名异烟酰胺,对细胞内结核杆菌具有抑制和杀灭作用,但抑菌作用不及链霉素和异烟肼,为二线抗结核药。吡嗪酰胺毒性大,单用容易产生耐药性,常与利福平和异烟肼等其他抗结核药物联合应用,以产生协同效应,缩短疗程。

适应证　主要用于其他抗结核药物治疗失败而复治的患者,是三联或四联强化期短程化疗方案中的基本药物之一。

注意事项　肝脏损害最常见,可引起转氨酶升高,用药量过大可引起肝细胞坏死,还可引起高尿酸血症而致关节痛,因此在用药期间要定期检查肝功能和血尿酸。偶见发热及皮疹等过敏反应,甚至可能出现黄疸。个别患者对光敏感,皮肤见光部位呈鲜红棕色,长期服药者的皮肤呈古铜色,停药后可逐渐恢复。因此在服药期间应避免暴晒,一旦发生过敏反应,应立即停药。此外,还可引起食欲不振、恶心及呕吐等胃肠道反应。糖尿病、溃疡病患者慎用。

用药禁忌　肝功能不良者、痛风患者及 3 岁以下小儿禁用。

对氨基水杨酸钠

对氨基水杨酸钠又名对氨基柳酸钠、派斯钠,能够妨碍结核杆菌对氨基苯甲酸的利用,阻碍叶酸合成,从而影响蛋白质的合成,抑制结核杆菌生长。常配合异烟肼、链霉素等应用,以增强疗效并避免细菌产生耐药性。

适应证　主要用于各种类型的活动性结核病。

注意事项　可引起恶心、呕吐、食欲不振、腹泻、腹痛、胃烧灼感等胃肠道反应,与水杨酸类同服可加重胃肠道反应并可致溃疡出血,应在饭后服用或与碳酸氢钠同服,可减轻症状。偶见皮疹、瘙痒、剥脱性皮炎、药物热、结晶尿、蛋白尿、白细胞减少、肝损害、黄疸,应立即停药。避光下贮存和使用,变色后不可再用。能干扰利福平的吸收,两者同服时最好间隔 6~8 小时。肝肾功能减退者慎用。

七、高血压

常用中成药

高血压病在中医上属于眩晕的范畴,可分 3 种类型辨证论治。

肝阳上亢型

主要症状为头胀痛,眩晕,耳鸣,烦躁,失眠,口干口苦,面红目赤,舌红,苔黄,脉弦或弦数。

选用药物　田七花精、脑立清、安宫降压丸、牛黄降压丸、天麻定眩丸、天麻钩藤冲剂、降血压糖浆、天麻眩晕宁、罗布麻叶冲剂、醒脑降压丸等。

阴虚火旺型

主要症状为头痛,眩晕,腰膝酸软,心烦口干,耳鸣健忘,心悸失眠,舌红,苔薄白或少苔,脉弦细而数。

选用药物　二至丸、左归丸、六味地黄丸、延寿丹、健脑补肾片、滋肾宁神丸、阿胶首乌汁、补肾养血丸等。

阴阳两虚型

主要症状为重度眩晕头痛,劳累更甚,全身乏力,心悸气短,失眠多梦,腰膝酸软,夜尿频多,面色苍白,畏寒肢冷,或有双下肢水肿,舌质淡嫩,苔白,脉沉细或细弦。

选用药物　冬青补汁、参芪二仙片、龟鹿二胶丸、壮腰健肾丸、双龙补膏、复方羊红膻片等。

常用西药

利尿剂

利尿剂是治疗高血压的代表性药物，能促进血液中的水分排泄，增加尿量，以降低循环系统的水量，减少心脏的负荷，达到降低血压的目的。同时，它还能帮助肾脏促进盐分排泄，对盐摄取过量的患者十分有效。

适应证　单纯性高血压、心力衰竭。

选用药物　速尿、利尿酸、双氢克尿噻、氯噻酮、安体舒通、氨苯喋啶等。

注意事项　可能会产生无力、性欲降低、低血钾、姿势性低血压、食欲不振等副作用。长期使用可能会引起血糖、电解质、尿酸升高等代谢异常问题，痛风患者应谨慎服用，糖尿病患者应提防血糖过高。

β 受体阻滞剂

β 受体阻滞剂的主要作用是抑制心脏的收缩、减慢心率，从而减少心脏需氧量以达到降低血压的目的。降压安全、有效，单独使用一般能使收缩压下降 2.0～2.5 千帕。

适应证　高血压并发冠状动脉心脏病、一般高血压。

选用药物　阿替洛尔（氨酰心安）、美托洛尔（倍他乐克、美多心安）、拉贝洛尔（柳胺苄心定）、比索洛尔（搏苏）。

注意事项　初次使用常有疲惫感或手脚麻冷的感觉，常见副作用有呼吸不畅、失眠、性欲降低等。长期使用可能会引起血糖、电解质、尿酸升高等代谢异常问题，痛风患者应谨慎服用，糖尿病患者应提防血糖过高。

用药禁忌　怀孕期间禁止服用，除非可能治疗效益大于危险性，服药期间应杜绝哺乳。心率很慢、存在心脏传导阻滞和患有哮喘的高血压患者禁止服用。

钙拮抗剂

钙拮抗剂可以抑制使血管收缩的钙离子发挥作用，它作用于周边血管平滑肌，使其扩张，进而使血管扩张，降低血压。在降压的同时，不会降低重要器官的血液供应，不会影响血脂、血糖的代谢，因此老年高血压和患有心、脑、肾损害的高血压患者适宜使用。

适应证　高血压并发冠状动脉心脏病、一般高血压及脑梗塞。

选用药物　短效的有硝苯地平（心痛定）、恬尔心，中效的有尼群地平，长效的有氨氯地平（络活喜）、非洛地平（波依定）、尼卡地平。缓释和控释制剂具有长效的作用，如硝苯地平控释片、恬尔心缓释片、缓释异搏定（维拉帕米）。

注意事项　使用初期可能会出现潮红、头痛等症状，有心跳缓慢、下肢轻微水肿、便秘、疲倦等副作用，可以通过降低剂量或更换钙离子阻断剂的种类来加以改善。

血管紧张素转换酶抑制剂（ACEI）

血管紧张素转换酶抑制剂通过抑制体内血管紧张素转换酶的作用，来阻止血管紧张素的合成,从而达到控制血压的目的。这类降压药安全有效,不影响血脂和血糖的代谢,对肾脏也有保护作用。

适应证　高血压并发心力衰竭和糖尿病、冠心病。

选用药物　短效的有卡托普利(巯甲丙脯酸),中效的有依那普利(依那林),长效的有苯那普利(洛汀新)、培多普利(雅施达)、福辛普利(蒙诺)、贝那普利(一平苏)、米达普利(达爽)等。

注意事项　可能会产生持续性咽痒干咳、食欲不振、疲倦等副作用,万一出现水肿应立即停药。另外,必须注意肾功能的变化,肾功能不强的患者会加速恶化,甚至引起肾衰竭。

用药禁忌　严重肾功能衰竭、双侧肾动脉狭窄患者以及孕妇禁止服用。

血管紧张素Ⅱ受体拮抗剂(ARB)

这是一类最新的降压药,与血管紧张素转换酶抑制剂相比,它能更充分、更有选择性地阻断血管及组织中的血管紧张素Ⅱ受体,进而控制血压。它不会引起咽痒干咳、血管神经性水肿等不良反应,副作用小,比以往的抗高血压药物更具安全性。

适应证　高血压、动脉硬化、心肌肥厚、心力衰竭、糖尿病、肾病等。

选用药物　氯沙坦、缬沙坦、伊贝沙坦和替米沙坦等。

注意事项　可能会产生呼吸道感染、头痛、眩晕、腹泻等副作用。服用大量利尿剂的患者在服用此药时容易产生姿势性低血压,因此必须调整原先用药的剂量或减少此药的用量。

用药禁忌　孕妇禁用。

α受体阻滞剂

α受体阻滞剂主要用于扩张血管,通过使血管肌肉松弛而达到降低血压的目的。它不影响血脂和血糖的代谢,而且能够缓解前列腺肥大引起的症状,对伴有前列腺肥大的老年人更为适用。

适应证　高血压、糖尿病、高血脂。

注意事项　和利尿药合并使用时可能会引起姿势性低血压,因此服用该药的患者起床时要格外小心,动作要慢。另外还可能产生眩晕、心跳过快、肠胃不适等副作用。老年人和肝肾功能不良者应谨慎使用。

用药禁忌　孕妇及幼儿禁用。

常用药物　短效的有哌唑嗪,长效的有多沙唑嗪、特拉唑嗪等。

八、冠心病

常用中药

冠心病属于中医胸痹、胸痛、原心痛等范畴,可分为以下5个类型,据此辨证治疗。

胸阳不振型

表现为胸闷憋气,心前区绞痛,心悸气短,面色苍白,怕冷喜暖,乏力自汗,舌淡体胖有齿痕,舌苔薄白或白腻,脉沉迟无力。

选用药物　冠心苏合丸、心舒丹、速效救心丸、乌头赤石脂丸等。

气滞血淤型

表现为阵发性心前区刺痛,痛引肩背,胸闷气短,心悸不宁,舌质紫暗或有淤点,脉沉涩或弦涩。

选用药物　血府逐淤片、冠心片、愈风宁心片、丹七片、复方丹参片等。

脾虚痰聚型

表现为体多肥胖,疲倦嗜睡,咳嗽痰稀,胸闷气憋作痛,心悸气短,大便溏薄,舌苔厚腻。

选用药物　香砂六君丸、人参归脾丸、二陈丸等。

肝肾阴虚型

表现为胸闷气憋,夜间胸痛,头昏耳鸣,口干目眩,夜卧不宁,腰酸腿软,舌红,脉细。

选用药物　二至丸、杞菊地黄丸等。

肝肾阴虚型

表现为胸闷心痛,有时夜间憋醒,头晕耳鸣,心悸气短,怕风肢冷,五心烦热,舌暗,苔少,脉细弱结代。

选用药物　通脉养心丸、养血安神丸等。

常用西药

阿司匹林

阿司匹林能抑制血小板的聚集,可防止凝血块的形成,减少血栓形成,缓解血管痉挛,降低心跳频率。

适应证　头痛、冠心病等。

注意事项　患有哮喘、溃疡病、腐蚀性胃炎、痛风及发生其他过敏性反应时应慎用;肝功能减退时服用该药会加重肝脏毒性反应和出血倾向,肝功能不全和肝硬变患者易出现肾脏不良反应;心功能不全或高血压患者在大量用药时,可能会引起心力衰竭或肺水肿;肾功能衰竭时服用会有加重肾脏毒性的危险。

用药禁忌　血友病或血小板减少症、有出血症状的溃疡病或其他活动性出血时禁用。

硝酸甘油

当冠心病、心绞痛突然发作时,立即把硝酸甘油药片含于舌下,可快速吸收,扩张冠状动脉血管,以增加冠状动脉血流量及心脏氧气供应量。

适应证　心绞痛急性发作、急性左心室衰竭。

注意事项　可能产生头痛、面潮红、心悸等副作用。硝酸甘油是一种亚硝酸盐,对光敏感,怕热,长时间暴露于空气中或受热后,有效成分会很快挥发散失,因此应储存在深棕色的玻璃瓶中,严密封盖,并放置于阴凉处。不宜长期存放,最好每3个月更新一瓶。

用药禁忌　硝酸甘油能使脑压和眼压升高,所以严重贫血、脑出血、青光眼、眼内压高者禁用;对硝酸酯、亚硝酸盐类、巴比妥剂有反应者禁用;冠状动脉闭塞、冠状动脉血栓症者禁用;避免烟酒;服用威而钢者禁用;含药时不能站立,以免出现头晕甚至昏倒,应坐靠在宽大的椅子或凳子上。

血管扩张剂

此类药物能扩张冠状动脉血管,使冠状动脉血流量轻度增加,从而改善心肌的血供和缺氧状况,缓解心绞痛。

适应证　冠心病、心力衰竭。

注意事项　可能会引起头痛等副作用,要预防胸闷、胸痛引起的心肌梗死的发作。

用药禁忌　硝酸酯类血管扩张剂,如5-单硝酸异山梨醇酯等。

九、心力衰竭

常用中成药

中医治疗时,可根据症状及脉象将心力衰竭分为以下 3 个类型,然后进行辨证论治。

气虚血淤型

表现为呼吸困难,活动时加重,口唇紫绀,咯血痰,舌暗无光泽,有淤点或淤斑,脉细数。

选用药物　冠心苏合丸、复方丹参片等。

心肾阴虚型

表现为呼吸困难,口渴咽干,面颊潮红,心悸,烦躁,入夜盗汗,手足心热,舌质红,苔少,脉弦或细数。

选用药物　天王补心丹。

阳虚水泛型

表现为心悸,气短而喘,胸满不能平卧,下肢水肿或全身水肿,腹胀,尿液量少,怕冷,舌质淡胖大,苔白,脉沉无力。

选用药物　金匮肾气丸。

常用西药

常用治疗药物有洋地黄类制剂、利尿剂、血管扩张剂、血管紧张素转换酶抑制剂(ACEI)、血管紧张素Ⅱ受体拮抗剂(ARB)、β受体阻滞剂等。

洋地黄

洋地黄能增强心脏的收缩能力,使衰弱的心脏跳动得强而有力,以输送更多的血液到身体各个组织,减轻水分过多导致的心力衰竭。

适应证　心力衰竭。

选用药物　可能产生的副作用有腹泻、胃口降低、疲倦、嗜睡、轻微的恶心、呕吐等。

用药禁忌　曾服用此药产生严重反应者禁用。

利尿剂、血管紧张素转换酶抑制剂(ACEI)、血管紧张素Ⅱ受体拮抗剂(ARB)、β受体阻滞剂等详见高血压用药。

血管扩张剂详见冠心病用药。

十、高脂血症

常用中药

中医上可将高脂血症分为痰浊、湿热、阴虚、阳虚、淤血等5种类型,然后进行辨证论治。

痰浊阻络型

主要症状为体形肥胖,胸脘痞闷,眩晕,四肢麻木,舌苔厚且白腻,脉濡滑有力。

选用药物　天麻丸、白金降脂丸、冠心苏合丸等。

湿热蕴郁型

主要症状为形肥面垢,脘痞,呕吐恶心,心烦多梦,大便不畅,小便黄赤,皮肤及眼睑有黄色斑块,舌红,苔黄腻,脉濡滑数有力。黄赤,皮肤及眼睑有黄色斑块,舌红,苔黄腻,脉濡滑数有力。

选用药物　龙胆泻肝片、当归龙荟丸、防风通圣丸等。

肝肾阴虚型

主要症状为头晕耳鸣,口燥咽干,腰膝酸软,五心烦热,舌红,苔少,脉细数。

选用药物　杞菊地黄丸、麦味地黄丸、二至丸等。

脾肾阳虚型

主要症状为面色苍白,疲倦乏力,四肢清冷,腰膝发凉,便溏溲清,纳呆腹胀,舌淡,苔润,脉沉细无力。

选用药物　桂附理中丸、脾肾双补丸、金匮肾气丸等。

淤血阻络型

主要症状为胸闷气憋,心前区或胸背刺痛,舌质暗有淤斑,脉沉涩。

选用药物　复方丹参片、冠心苏合丸、大黄等。

常用西药

胆酸结合剂

肠肝循环减少,粪便中胆固醇和胆汁酸的排出量增多,促进肝内胆固醇的消耗,由此降低胆固醇的浓度。

适应证　高胆固醇血症,但对高甘油三酯血症无效。

选用药物　消胆胺。

注意事项　可能产生便秘、腹胀、消化不良、胀气等副作用。此药应在空腹时用大量的水送服,又因为它会影响其他药物的正常吸收,因此应在服用此药1小时前或4小时后使用其他药物。

用药禁忌　对胆酸结合剂过敏者禁止使用。

烟碱酸

烟碱酸又称为烟酸,是水溶性 B 族维生素的一种。它以降低低密度脂蛋白和甘油三酯为主,也能降低低密度脂蛋白和胆固醇。同时,它还有扩张周围血管的作用,用药后可降低心肌梗死的发病率。

适应证 高脂血症、动脉粥样硬化症、血管性偏头痛、头痛、脑动脉血栓形成、肺栓塞、内耳眩晕症、中心性视网膜脉络膜炎等。

注意事项 其不良反应有皮肤潮红并有热感、瘙痒,有时可引起荨麻疹、胃肠不适、恶心、呕吐、心悸、视觉障碍等。还会对肝脏造成损害,引起轻度肝功能减退、消化性溃疡发作,使血糖和血尿酸升高。饭后服用可减少不良反应。

用药禁忌 溃疡病、糖尿病及高尿酸患者,肝脏损害、严重低血压、出血或动脉出血者禁用。

纤维酸衍生物(贝特类)

纤维酸衍生物能够增加经由粪便排出的胆固醇量。它还能提高周边脂蛋白脂酶的活性,加速低密度脂蛋白及甘油三酯的分解代谢,进而降低血浆内甘油三酯的浓度。服用此药还能减少患胰腺炎的危险,对减少动脉粥样硬化也有帮助。

适应证 主要用于治疗高脂血症,对高甘油三酯症最有效。

注意事项 可能产生恶心、腹胀、腹泻、胃肠不适、嗜睡、过敏等副作用。

用药禁忌 孕妇、严重输尿管结石患者、严重肝肾病患者不可使用。

选用药物 吉菲贝齐(诺衡)、苯扎贝特(必降脂及脂康平)、非诺贝特(力平脂)、氯贝丁酯(安妥明)、益多酯(特调脂)等。

他汀类药物

他汀类药物使用安全方便,副作用少,不会增加癌症发生率,是目前已知最有效的降脂药。

适应证 高胆固醇血症。

注意事项 可能产生肌炎、肝功能指数上升、失眠等副作用,偶有皮疹、下痢、腹痛、胃不适等症状。与纤维酸衍生物博利脂、烟碱酸、免疫抑制剂环孢菌素、红霉素同时服用时会增加危险性,易出现横纹肌溶解症。

用药禁忌 孕妇禁用。

第三章　疾病预防与护理

疾病急救十分重要,在紧急时候,可以挽救自己和家人的生命。疾病急救的关键在于明确患者所患病症,对症施行急救措施。本章中,按照内科、五官科、皮肤科、妇产科等分类,详细介绍疾病急救知识。

第一节　常见急危重症

家庭中常常会出现各种突发疾病。本节中选取了最常见的 20 种突发状况,并介绍了多种急危重症的现场急救方法。掌握了这些急救与自救原理,并加以针对性的预防,您一定可以在突发状况面前临危不乱!

一、昏迷

昏迷是由于大脑皮层及皮层下网状结构发生高度抑制而造成的意识障碍,即意识持续中断或完全丧失,是最高级神经活动受高度抑制的表现。昏迷者意识清晰度极度降低,对外界刺激没有反应,对语言无反应,各种反射(如吞咽反射、角膜反射、瞳孔对光反射等)呈不同程度的丧失,程度较轻者防御反射及生命体征可以存在,严重者将消失。

【病因】

昏迷既可能是由中枢神经系统病变而引起的,也可能是全身性疾病的后果。以下几种原因可能引起昏迷:第一,昏迷伴有神经系统定位体征。如脑出血、脑梗死、脑外伤、脑肿瘤、脑炎等。第二,昏迷伴有脑膜刺激征。如各种细菌、病毒、真菌引起的脑膜炎、全身感染引起的虚性脑膜炎、脑出血、脑外伤等血液进入蛛网膜下腔等。第三,全身疾病导致的昏迷。见于严重感染及内分泌及代谢障碍性疾病、电解质紊乱等。如感染性疾病,内分泌及代谢障碍性疾病,电解质紊乱、白血病、脑病、癫痫持续状态、窒息、循环骤停等;第四,急性中毒导致的昏迷。如气体类中毒、农药类中毒、药物类中毒,植物类中毒、动物类中毒、物理因素导致的昏迷。

【症状】

昏迷是意识完全丧失的一种严重情况:临床上昏迷一般分为 3 度:嗜睡、浅昏迷、深昏迷。嗜睡是指似睡非睡,可简单对答;浅昏迷对强烈刺激有轻微反应,表现为随意运动丧失,仅有较少的无意识自发动作,对疼痛刺激有躲避反应和痛苦表情,但不能回答问题或执行简单的命令。吞咽反射、咳嗽反射、角膜反射及瞳孔对光反射、腱反射等基本生理反应仍然存在,生命体征无明显改变。可能同时伴有谵妄和躁动;深昏迷表现为自发性动作完全消失,肌肉松弛、对外界刺激没有任何反应,角膜反射、瞳孔反射、咳嗽反射、吞咽反射及腱反射均消失,血压下降,呼吸不规则。即各种生理反应和反射都消失。病理征继续存在或消失,可能会伴有生命体征的改变。

另外,某些部位的病变也可能会出现一些特殊的昏迷。如醒状昏迷,又称去皮质状态,表现为两侧大脑半球广泛性病变;无动性缄默症,表现为网状结构及上行激活系统病变;闭锁综合征,表现为脑桥腹侧病变。

【应急处理】

当身边突然出现疑似昏迷的患者时,鉴别患者是否昏迷最简单的办法是用棉芯轻触一下患者的角膜,正常人或轻症患者都会出现眨眼动作,而昏迷特别是深昏迷患者毫无反应。当确定患者昏迷时,应尽快送患者到医院抢救。在护送患者去医院途中,要注意做好如下几点。

(1)要使患者平卧,下颌抬高或头侧向一侧,以保持呼吸道通顺。

(2)患者有活动性假牙,应立即取出,以防误入气管。

(3)松解腰带、领扣,随时清除口咽中的分泌物。

(4)呼吸暂停者立即给氧或口对口人工呼吸。

(5)注意给患者保暖,防止受凉。

(6)密切观察病情变化,经常呼唤患者,以了解意识情况。对躁动不安的患者,要加强保护,防止意外损伤。

【护理】

日常生活中,我们经常遇到如下二种情况:一种是我们身边突然出现患者昏迷;另一种是患者因脑血管病或颅脑外伤等已昏迷一定时期,病情稳定后需回家中恢复和休养。做好这两种情况下昏迷患者的护理是家庭护理的重点。

1.常规护理

(1)生命体征的观察:定时测量和记录体温、脉搏、呼吸和血压的变化。

(2)专科情况的观察:观察患者对外界刺激和言语信号的反应,以及肢体对疼痛刺激的反应,记录意识、瞳孔和眼球运动的变化。

(3)保持室内温度和湿度,防止患者着凉并发呼吸道感染;定时进行通风和紫外线空气消毒,防止病房内交叉感染。

2.预防并发症

皮肤护理:将患者放置于气垫床上,做到床单平整,清洁,无皱褶,床单下放置橡皮布,防止尿、便污染,保持皮肤干燥和清洁。骶尾部、双侧髂骨、外踝及枕骨等骨骼突出部位放置气枕或气圈。每1~2小时翻身1次,对于受压部位的皮肤定时使用50%乙醇按摩,防止发生褥疮。

眼部护理:双眼或单眼闭合受限者用凡士林油纱覆盖,防止异物落入;定时涂以0.5%金霉素眼膏,防止角膜溃疡;双侧眼睑结膜水肿者,定时用0.25%氯霉素眼液滴眼,防止感染。

口腔护理:外用生理盐水棉球擦拭口腔,每日3~4次。出现口腔炎症者给予1:5000呋喃西林液清洁口腔;出现口腔黏膜白色分泌物者,提示有真菌感染,给予4%碳酸氢钠溶液清洁口腔;出现口腔溃疡者,给予1%双氧水清洁创面,并行紫外线照射治疗。

保持呼吸道通畅：尽量采取侧卧位，平卧位时头应偏向一侧，以防止舌后坠和分泌物阻塞呼吸道；有分泌物和呕吐物时应立即用吸引器吸干净，防止误吸和窒息。

预防泌尿系统感染：尿失禁或尿潴留的患者应给予气囊式留置尿管，每4小时开放1次；每日使用1:5000呋喃西林液250毫升冲洗膀胱1~2次；每日冲洗会阴部1次；每周更换一次性尿袋2次。

饮食护理：给予鼻饲匀浆饮食，每日热量维持在1500~2000卡，液体量保持在2000~2500毫升。每餐注入匀浆前应抽取少量胃液，观察是否有上消化道出血的存在。每2~4周更换鼻饲管1次。

保持大便通畅：昏迷患者出现随意大便时往往伴有不安的表情和姿势，此时可以试用大便器。便秘二天以上的患者应及时处理，以防因用力排便，引起颅内压增高。对于应用缓泻剂仍不能排便的患者，隔日给予开塞露纳肛促进排便，仍不能奏效者可给予小剂量低压不保留灌肠。大便失禁时，应注意肛门及会阴部卫生，可涂保护性润滑油。

避免昏迷患者因抽搐坠床：不能强力按压肢体，以免骨折。

3.康复性护理

（1）基本体位：患者平卧位时，头部与躯干均应呈一条直线，面部略朝向偏瘫侧。肩部和髋部各用一个枕头稍垫高，使上肢保持稍外层位，肘关节在枕头上伸展。下肢伸直，膝关节稍屈曲，足底放置支架、沙袋或棉垫。侧卧位时，瘫痪侧上肢保持肩外层位，上肢保持伸肘、伸腕和伸指姿势；下肢保持适当屈髋和屈膝体位，在膝关节处和外踝处置气枕，保持足背屈的体位。每2小时给予患者翻身1次，侧卧位时可在肩部和腰部放置枕头。

（2）肢体的被动活动：患者平卧，由家属对肢体的各个关节进行被动运动，定时进行肩部外展，屈髋关节，伸肘关节、腕关节、指关节、膝关节和踝关节，各个关节活动每日3~5次，每次20分钟。

（3）促醒护理：经常呼唤患者的名字，给予言语信号刺激；定期对患者肢体和全身皮肤进行按摩，增加外界刺激；给予患者双耳放置袖珍收放音机的耳机，以言语和音乐共同促醒。

（4）注意保暖，不要给患者喂食物。患者清醒后不要马上站起来，等患者全身的无力症状好转后再慢慢起立行走。

【预防】

平时发现有关疾病及时彻底治疗，对有可疑诱因的昏迷，如饥饿、炎热、站立时间过久、激动、晕针、晕血等因素应尽量避免。

二、眩晕

眩晕是指患者所感到的自身或周围物体旋转的主观感觉，常伴有恶心、呕吐、耳鸣和出汗等一系列症状。

【病因】

（1）神经源性眩晕如椎—基底动脉供血不足、脑动脉硬化、听神经纤维瘤、多发性硬化及癫痫、晕动症等。

（2）耳源性眩晕如梅尼埃综合征、迷路炎症、积液和出血等。

（3）颈椎病。

（4）中毒性眩晕如苯妥英钠、奎宁、水杨酸、链霉素、新霉素、庆大霉素及卡那霉素等药物中毒。

（5）心血管性疾病所致眩晕如高血压、低血压、贫血及心功能不全等。

（6）其他如更年期综合征、神经衰弱、屈光不正及眼肌麻痹也可致眩晕。

【症状】

患者感到自己在围绕着周围环境运动，或者感到周围环境在围绕自己转动，同时伴有步态不稳，不能直线行走，行走时持续偏向一侧及眼球震颤等。眩晕是常见的临床症状，可见于多种疾病。

1.梅尼埃综合征

多于中年起病，其病理改变为膜迷路积水，主要表现为发作性眩晕，波动性听力减退及耳鸣。其眩晕发作突然，并伴有恶心和呕吐；听力减退和耳鸣通常累及一侧；一次发作持续数分钟至数小时。发作时可查及眼球震颤，听力检查为感音性耳聋。

2.前庭神经元炎

多发生于上呼吸道感染后，表现为突起眩晕，恶心，呕吐，无耳鸣及听力损害。眩晕症状持续数周，然后渐缓解。

3.急性化脓性迷路炎

多为中耳乳突炎的并发症。眩晕骤起，伴恶心呕吐，有自发性眼震和剧烈耳鸣，1~2日内患耳听力完全丧失。

4.良性发作性位置性眩晕病

为内耳耳石病变所致。多见于成年人，处于某一体位或头位时易发生眩晕，避免该体位或头位则少发或不发，持续数秒至数十秒。重者伴恶心呕吐，无听力障碍。

5.药物中毒性眩晕

多种药物可引起听神经的中毒性损害，常见的是氨基糖甙类抗生素。患者于用药数天至数周后出现眩晕症状，感到周围环境在摇晃，在头部转动、行走时更明显；同时有行走不稳等平衡障碍，眩晕症状持续数月渐退。变温试验显示双侧前庭功能明显减退或消失。

6.桥脑小脑角病变

以听神经纤维瘤常见。表现为眩晕和一侧进行性听力减退，行走不稳。

7.颈性眩晕

常因颈椎骨质肥大性改变引起。眩晕呈发作性，与头颈转动有关。固定头部使身体向左右转动立即诱发者基本可以诊断。

8.中枢性眩晕

椎基底动脉系统的短暂脑缺血发作表现为发作性眩晕，伴构音障碍、吞咽困难、复视、共济失调等，症状在24小时内完全缓解。累及脑干、小脑的病变均可产生眩晕，但其眩晕较久，听力障碍不重，并有脑干、小脑受损的其他神经系统体征。

此外,头颅骨折、复视、脑炎、癔病、癫痫、多发性硬化、血液病等均可有眩晕的表现。

【应急处理】

(1)卧床休息,多饮开水,补足水分。

(2)尽快弄清发病原因,如为药物引起者应立即停用;如为晕车晕船所致者,应乘车船前口服乘晕灵1~2片,同时双眼视前方即可防止呕吐和眩晕的发生。

(3)口服地西泮5毫克,每日3次或灭吐灵10~20毫克,每日3次。

(4)针刺风池、百会、头维、内关、足三里等穴位。

【护理】

(1)眩晕发作期,患者应自选体位卧床休息。卧室保持极度安静,光线尽量暗些,但空气要流动通畅。

(2)消除患者紧张情绪及顾虑,对药物中毒引起眩晕者应立即停药,多饮水。

(3)在间歇期不宜单独外出,防止突然发作,出现事故。对于位置性眩晕患者,可加强前庭锻炼,注意精神调理,保持心情舒畅。

(4)要减轻处于某一特定体位时眩晕,应协助患者摆好舒适体位,减少眩晕症状,使患者得以充分休息。平时应有良好的生活习惯,保持足够睡眠,避免过度紧张的脑力与体力劳动,以防止复发。

(5)眩晕患者平时应注意保持良好的心情,精神不要过度紧张,以免引起自主神经紊乱。

(6)饮食宜素淡和容易消化。不宜食用酒、浓茶、咖啡、韭菜、辣椒、大蒜等刺激性食物。还要少吃高盐、高脂肪的食物。

【预防】

1.功能练习

眩晕症的患者进行功能锻炼是极有益处的,特别是自主神经功能紊乱,药物中毒性眩晕等。练习太极拳、按摩、体操、适当的头部运动都能收效。晕动症者可逐步由短距离的乘车、慢速转椅、原地踏步转动等开始,反复多次乘坐交通工具,逐步加大活动量,要持之以恒,症状可明显减轻。如训练与自我放松,生物反馈训练相结合效果更好。

2.解除精神顾虑

患者应有充分的睡眠、规律的生活、舒适的环境及少油腻易消化的饮食,特别是炎热的夏天。部分精神过于紧张者应给予少量镇静剂。

三、晕厥

晕厥又称昏厥、昏倒,常因大脑暂时缺血、缺氧而引起,有短暂性意识丧失;而昏迷意识障碍历时较长,常以小时或天计。晕厥与昏迷不同,昏迷的意识丧失时间较长,恢复较难。晕厥与休克的区别在于休克早期无意识障碍,周围循环衰竭征象较明显而持久。对晕厥患者不可忽视,应及时救治。晕厥是临床常见的综合征,具有致残甚至致死的危险,表现为突然发生的肌肉无力,姿势性肌张力丧失,不能直立及意识丧失。

【病因】

多见血管抑制性晕厥、颈动脉窦性晕厥、直立性低血压晕厥、咳嗽晕厥、排尿性晕厥、大量失血和失液所致晕厥,或由严重心律不齐、心肌梗塞、心瓣膜病、颈椎病、脑血管痉挛和严重缺氧、中毒、低血糖、癔症发作、癫痫、贫血等原因引起发病。

【症状】

无论哪种晕厥,发病多突然开始,头晕、心慌、恶心呕吐、面色苍白、全身无力,意识模糊持续数秒钟至数分钟后自然清醒,随之周身疲惫无力,稍后自动恢复,一般无抽筋和尿失禁,但常有外伤。

【应急处理】

(1)使患者平卧,头放低,松解衣扣。

(2)可用手指导引人中、百会、内关、涌泉等穴。

(3)血压低时,可肌肉注射麻黄碱 25mg,或安纳咖 0.25g。

(4)原因不明的晕厥,应很快送医院诊治。

(5)当患者脸色苍白、出冷汗、神志不清时,立即让患者蹲下,再使其躺倒,以防跌撞造成外伤。

(6)患者意识恢复后,可给少量水或茶。

(7)吸入食醋或氨溶液(质量分数一般为 9.5%~10.5%),使其苏醒。

【护理】

晕厥患者护理的主要目的应包括预防晕厥再发和相关的损伤,降低晕厥致死率,提高患者生活质量。大多数晕厥呈自限性,为良性过程。但在处理一名晕倒的患者时,医师应首先想到需急诊抢救的情况如脑出血、大量内出血、心肌梗塞、心律失常等。老年人不明原因晕厥即使检查未发现异常也应怀疑完全性心脏阻滞和心动过速。

(1)使晕厥患者后置头低位(卧位时使头下垂,坐位时将头置于两腿之间)保证脑部血供,解松衣扣,头转向一侧避免舌阻塞气道。

(2)向面部喷少量凉水和额头上置湿凉毛巾刺激可以帮助清醒。

(3)注意保暖,不喂食物。

(4)清醒后不马上站起。待全身舒服有力后逐渐起立行走。

【预防】

(1)生活有规律,处事达观,不要过度熬夜、不要一日三餐不规律。这样可以使得人体生物钟有规律的运转,同时也使得神经、体液调节条理有序。这是预防疾病的关键。

(2)晚上睡觉前不要喝过浓的茶或咖啡,积极进行体育锻炼,饮食结构均衡。

(3)老年人晕厥发作有时危险不在于原发疾病,而在于晕倒后的头外伤和肢体骨折。因此建议厕所和浴室地板上覆盖橡皮布,卧室铺地毯,室外活动宜在草地或土地上进行,避免站立过久。

四、休克

休克是指由于急性循环功能不全引起的以微循环血流障碍为特征的综合征,其主要病理生理改变为有效循环血容量减少、血管阻力改变和心功能不全,致使全身组织灌注不足、微循环血流减少,产生循环、细胞和代谢等方面的一系列障碍和重要器官的损害。

【病因】

休克患者主要表现为皮肤苍白、四肢厥冷、口唇及指甲发绀、大汗淋漓、脉搏细弱而快、尿少及血压下降,另外患者尚有烦躁不安、嗜睡、意识模糊、谵妄甚至昏迷等神志改变。

引起休克原因很多,可分为以下几类。

心源性休克:如急性心肌梗塞、心律失常、肺栓塞及心包填塞等引起。

低血容量性休克:如出血、烧伤、肠梗阻和骨折等引起。

感染性休克:如败血症、肺炎及其他感染性疾病所致。

过敏性休克:如青霉素、普鲁卡因过敏等引起的休克。

【症状】

各种类型的休克因病因不同,临床表现也各有特点,但其基本病理生理改变均为重要器官的急性微循环障碍引起组织灌注不足,其共同的临床表现为:早期焦虑不安,皮肤苍白、湿冷,可伴有大汗。紫绀、过度换气,血压因反射性血管痉挛的代偿,不一定降低。

随休克加重血压会明显降低,脉压小,心音弱,神志模糊,四肢发冷,紫绀加重,尿量减少至小于 20 毫升/小时或无尿。休克半年病情加重,出现昏迷,生命器官如肾、肝、心、肺功能衰竭,治疗反应差,进入不可逆性休克。

【应急处理】

(1)若为严重的创伤时,应立即止血、止痛、包扎、固定。

(2)平卧于空气流通处,下肢抬高 30°头部放低,并用冷水打湿毛巾敷头,以利静脉血液回流。

(3)保持呼吸通畅,松解腰带、领带及衣扣,及时清除口鼻中呕吐物。

(4)方便时立即吸氧,保持安静,止痛,保暖,少搬动。

(5)意识清楚时,给热茶、姜汤水。

(6)运送途中平稳,少搬动,头低脚高,保暖。

(7)疼痛时,肌肉注射杜冷丁 50mg 或强痛定 50mg,吸氧,补液;过敏所致者立即停用致敏药,平卧,头低足高,肌肉注射肾上腺素 1mg,或异丙嗪 50mg,或地塞米松 10mg,就地抢救;心源性休克者原则上不能搬动,应吸氧,胸外按压心脏,速请医生;感染性休克者安静平卧,头低足高,尽快送急救站、医院治疗。高热时采取物理降温或少量退热药物口服。

(8)尽快消除病因,外科疾病引起的休克抢治时,不能墨守"先抢救后手术"的成规。例如:控制内脏大出血,修补脏器穿孔,切除坏死肠管,整复肠扭转,引流体腔大量脓汁等都应及时处理。补充足够的体液容量,输血、输液是根本的急救措施。

【护理】

(1)评估患者体液不足的症状、体征及严重程度,如血压、脉搏、皮肤弹性、尿量等。

(2)严密监测心率、脉搏、血压,每 2 小时 1 次。

(3)准确记录 24 小时出入水量,包括胃肠减压量、尿量、呕吐、进食及补液量。

(4)遵医嘱及时快速输液,开放一条或一条以上静脉,用以输液、输血或静脉给药。如输液速度不及失液速度时,就立即加压输液,同时监测中心静脉压以调整输液量及速度。

(5)若术后肠蠕动已恢复,能口服者,应鼓励患者尽早口服补液。

(6)遵医嘱给予止呕、止泻药。

(7)监测尿比重,每 4 小时 1 次。

(8)监测血清电解质的变化如尿素氮、肌酐、血清蛋白、红细胞压积等的变化。

(9)监测体重的改变,若体重减轻 2%~4%,表示轻度脱水;若减轻 4%~6%,表示中度脱水;若超过 6%,表示重度脱水。

(10)应用升压药的护理

①刚用升压药或更换升压药时,血压常不稳定,应 5~10 分钟测量 1 次。

②根据血压的高低适当调节药物浓度。若患者感到头痛、头晕、烦躁不安时,就立即停药,报告医师。

③用升压药必须以低浓度慢速开始,每 5 分钟测血压 1 次,待血压平稳时及全身情况改善,改为 15~30 分钟测 1 次。

④静滴升压药时,切忌外渗造成局部组织坏死。

⑤长期输液患者,每 24 小时更换输液器,并注意保护血管。

【预防】

(1)对有可能发生休克的患者,应针对病因,采取相应的预防措施。对外伤患者要进行及时而准确的急救处理;活动性大出血者要确切止血;骨折部位要稳妥固定;软组织损伤应予包扎,防止污染;呼吸道梗阻者需行气管切开;需后送者,应争取发生休克前后送诊,并选用快速而舒适的运输工具,运输时患者头向车尾或飞机尾,防行进中脑贫血。后送途中要持续输液,并做好急救准备。

(2)严重感染患者,采用敏感抗生素,静脉滴注,积极清除原发病灶(如引流排脓等)。对某些可能并发休克的外科疾病,抓紧术前准备。2 小时内行手术治疗,如坏死肠段切除。

(3)必须充分做好手术患者的术前准备,包括纠正水与电解质紊乱和低蛋白血症;补足血容量;全面了解内脏功能;选择合适的麻醉方法。还要充分估计术中可能发生休克的各种因素,采取相应的预防低血容量休克的措施。

五、高热

正常人体体温调节中枢通过体热的产生和散热系统的调节来维持机体的体表温度。由于各种疾病的原因而使体温升高称为发热。在安静状态下的体温(口腔温度)超过 37.4℃时叫发热,口腔温度在 37.4~38.4℃时称为低热,38~39℃称为中热,而体温在 39~41℃称为高热。

发热是人体本能抵抗外来刺激的防卫反应,许多疾病一开始的表现都为发热。发热是身体某部位生病所发出的信号。普通的发热是一种正常的免疫反应,有很多积极作用。因为它不仅可以帮助白血球抵抗细菌,而且还可以帮助杀菌提升抵抗力。同时,分析发烧的形态可以帮助诊断病因,及早对症下药。因此有些轻微的发烧是不必急着退烧的。

虽然发烧有如此多的作用,但长时间的持续发烧还是会给人体带来很多危害的。因为发烧会增加新陈代谢,它明显增加身体的消耗,损害心、脑、肝、肾等重要脏器的功能,出现心跳和呼吸加快、食欲不振、恶心、呕吐、便秘,甚至意识不清、惊厥等一系列症状。对于危重患者,这无异于雪上加霜,应该需要小心治疗和护理。

【病因】

引起高热的原因很多,一般可分为两大类。

1.感染性发热

这种发热是由细菌、病毒、寄生虫、立克次体、螺旋体、真菌等引起的。

急性上呼吸道感染:95%以上由病毒引起,以鼻、咽、喉黏膜炎症为主要特点。主要症状为发热、流涕、鼻塞、喷嚏、干咳、咽部急性充血,部分患者可有呕吐、腹泻、脐周围疼痛,有时可并发中耳炎、支气管炎、肺炎。

大叶性肺炎:为肺炎球菌所致。患者急性起病,突然畏寒寒战、高热、咳嗽、胸痛。咳痰带血或呈铁锈色、呼吸困难、发绀等。

急性扁桃体炎:常为链球菌感染所致,起病较急,高热常伴咽喉疼痛,用压舌板或其他东西压舌观看咽喉时,可发现扁桃体肿大甚至化脓。

急性尿路感染:多因尿路下端感染向上蔓延所致,致病菌以大肠杆菌最为多见。80%的患者为女性,以生育年龄妇女较为多见。起病较急,除寒战、高热外,还有泌尿系的症状,即尿急、尿频、尿痛、腰痛、下腹痛、肾区叩击痛等。

2.非感染性发热

这种发热是由组织损伤或坏死、变态反应、内分泌疾病、中枢神经系统疾病、肿瘤、中暑等所引起的。急症绝大多数是因感染性发热引起的。

【症状】

患者高热的症状表现为面色潮红,皮肤烫手,口渴咽干,精神不振,饮食不佳,呼吸和脉搏加快(从37℃开始计算,每升高1℃,脉搏加快10次)。同时患者开始嗜睡,严重的会出现昏迷、抽搐(惊厥)等症状。

【应急处理】

高热刚开始的时候,由于皮肤血管强烈收缩,患者可能出现寒战,此时不要急于采取退热措施,而应注意保暖。寒战后体温可迅速上升,必须及时采取退热措施。

(1)卧床休息,多饮水,每日2000毫升左右,气温较高时更应多饮水。最好不用含糖多的饮料。

(2)采取物理降温法,给患者降温。

①冷敷降温:将冰块砸碎,装入热水袋中,在冰块放至袋约1/2时,加入少量凉水,以填充冰块间的空隙,排出袋中的空气,盖紧袋口。检查有无漏水。冰袋放置的部位一般是在前额,也可枕于头下,或放于颈部、双侧腋窝等处。每次放置时间不应超过20分钟,以免发生局部冻伤。或是用冷毛巾敷于前额、腋窝、腹股沟等大血管走行处,每3~5分钟更换1次。

②温水擦浴:用低于患者皮肤温度的温水,一般为32~34℃进行擦浴。擦浴部位为四肢、颈部、背部,擦至腋窝、腹股沟等血管丰富处,停留时间应稍长,以助散热,全部擦浴时间约20分钟。禁擦部位有胸前区、腹部、颈后部,这些部位对冷的刺激较敏感,冷刺激可引起反射性的心率减慢、腹泻等不良反应。擦浴过程中要注

意给患者保暖,擦浴完毕后,应给患者更换衣裤,过半小时后要给患者测量一下体温。

③酒精擦浴降温:此法能使局部血管扩张,并利用酒精的蒸发作用带走热量,从而达到降温的目的。用作物理降温的酒精浓度为50%左右(不要用消毒酒精,因消毒酒精浓度为75%)。具体配制方法为:95%的酒精100毫升加凉水200毫升。在待擦浴的部位下面铺上干净的厚毛巾,其余部位需盖上床单。开始擦浴时,先上肢后下肢,一侧擦完再换另一侧,最后擦腰背部。一般每侧肢体擦5分钟,全部擦毕约30分钟,擦浴结束后,用干毛巾将全身擦干,出汗多者应及时更换衣裤,让患者感到凉爽和舒适。

酒精擦浴时应注意动作要轻柔,以被擦皮肤稍微发红为度,擦浴时酒精不要太多,薄薄地擦一层即可,这比擦很多酒精更容易带走热量。擦浴过程中应注观察患者,如果出现体温骤降、寒战、面色苍白、口唇青紫等,应立即停止擦浴,并盖上被子保暖,喝一点糖水。降温勿过急过度,一般降至38.5℃左右即可。不要擦腹部,以免腹部受刺激后产生疼痛与腹泻。皮肤有出血点的人禁止酒精擦浴。

(3)服用退热剂:如复方阿司匹林,对乙酰氨基酚或吲哚美辛等,剂量根据情况而定。一般成人1片,小儿酌减。用退热剂应注意让患者多饮水,以免出汗过多引起虚脱。

(4)注意室内通风换气,以利患者降温。尤其是儿童或幼儿发烧,必要时给予小剂量的镇静剂如地西泮等,以免高热过久引起抽搐。

(5)针刺降温常用穴位为曲池、合谷、大椎、少商、十宣等。

(6)对高热患者应注意饮食调养,比如要给予清淡易消化食物,吃些含维生素多的水果和蔬菜等。出汗过多时要及时更换衣服,保持皮肤清洁。

(7)对高热惊厥患者,待稍安定时,迅速送医院救治。

【护理】

密切观察病情:每小时测量一次体温并做记录,有异常时,若是住院应随时报告医生,若在家中应及时就医。

注意休息:要给患者制造一个好的休息环境,绝对卧床休息。

保证营养:由于高热导致热量消耗,应给予患者高热量、高蛋白及丰富维生素、低脂肪、易消化的流质或半流质饮食,以满足机体热量的需要。饭菜尽量要做得可口一些,令患者有食欲。

保证饮水:由于高热使机体水分散失增加,因此应鼓励患者多饮水,特别是服用退热药后大量排汗时更应多饮水。

皮肤护理:高热患者在退热过程中往往大量排汗,为了保持患者皮肤的清洁及舒适,应经常更换衣裤以及被罩、褥单,每日擦浴。

口腔护理:长期发热可致口腔黏膜干燥且容易引起口腔炎,故应注意早晚及餐后的口腔清洁。口唇干裂时可以涂一点唇膏予以保护。

高热只是某些疾病的一个症状,单纯退烧有时效果不好,药效一过体温又会升高。所以,高热时应重视寻找病因,针对病因,对症下药。感染性疾病引起的发烧,经足量有效的抗菌药物治疗,病情好转自然就会退烧了。

【预防】

首先应注意加强体格锻炼,增强体质,预防感冒发热。

出现面色通红、精神差等应及时测量体温,及早处理。

出现发热后应及时服用退热剂,多饮水,多休息,注意物理降温。

对反复抽搐,有癫痫可能的患者可在医生指导下服用适当药物预防。

六、窒息

窒息是指喉或气管的骤然梗塞,造成吸气性呼吸困难,如抢救不及时很快发生低氧高碳酸血症和脑损伤,最后招致心动过缓。心跳骤停而死亡。

【病因】

吸入异物。

大咯血。

自缢。

喉部梗阻:急性喉部炎症;喉部肿瘤;喉外伤;喉部异物;两侧声带麻痹。

【症状】

患者不能说话,吸气性呼吸困难,咳嗽似犬吠状,眼结膜点状出血,烦躁不安,声嘶哑,浮肿,有明显三凹征(胸骨上切迹、锁骨上窝及肋间隙随吸气动作向内凹陷)。心脏跳动由快至慢,心律失常,直至心跳、呼吸停止。

【应急处理】

急救原则是采取紧急措施使呼吸道通畅和针对病因进行紧急抢救。

1.呼吸道阻塞的救护

将昏迷患者下颌上抬或压额抬后颈部,使头部伸直后仰,解除舌根后坠,使气道畅通。然后用手指或用吸引器将口咽部呕吐物、血块、痰液及其他异物挖出或抽出。当异物滑入气道时,可使患者俯卧,用拍背或压腹的方法,拍挤出异物,以保持呼吸道通畅。

2.颈部受扼的救护

应立即松解或剪开颈部的扼制物或绳索。呼吸停止立即进行人工呼吸,如患者有微弱呼吸可给予高浓度吸氧。对自缢者,应立即做心、肺、脑复苏术。

3.胸部严重损伤的救护

半卧位法,给予吸痰及血块,保持呼吸道通畅,吸氧,止痛,封闭胸部开放伤口,固定肋骨骨折,速送医院急救。

七、缢死

缢死,俗称吊死,是利用自身全部或部分的体重,使环绕颈项部的绳索或其他类似物压迫颈项部而引起的死亡。自缢多见于心理情绪不良,或者精神疾病,如有抑郁、妄想等症状的患者。自缢可能会导致脑部及全身各器官严重损害。但是由于缢绳的粗细、身体的重力及时间的长短不同,损害的程度也有所不同。

【病因】

当颈部受到压迫时,颈静脉、颈动脉甚至椎动脉都容易闭塞,发生脑血液循环障碍、脑贫血,使大脑皮层因缺氧而发生抑制,并且很快就会丧失意识,甚至死亡。

如果颈部静脉受压闭锁,血液回流受阻,而颈动脉压闭不全,血液还能够在一段时间内继续流向脑及头面时,可以引起脑及头面淤血,进而循环终止,因脑缺氧而死亡。这种情况多见于侧位、前位和不全缢死者;脑血液循环障碍是缢死、勒死等机械性窒息死亡的主要死因。国外法医学者的研究表明:大约3.5千克的压力,便足以闭锁颈总动脉;大约16.6千克的压力,即可压闭椎动脉。因此,当颈部受到16.6千克以上的压力时,就足以闭塞颈部所有的血管,使脑血液循环完全停止。因此,不仅悬挂正吊者可以致死,就是采取站、坐、跪、卧以及侧吊、反吊的姿势,只要有人体部分重量,甚至仅仅是头部的重量,就能引起脑血液循环障碍,导致脑缺氧而死亡。

绳索等物压迫颈部还能够刺激迷走神经而引起反射性心跳停止。迷走神经是人体的第10对脑神经。起始于延髓,后经颈部、胸部而至腹部,有多个分支分布于外耳道、耳廓、心脏、肺脏、肝脏、肾脏、小肠、大肠左曲内上2/3段等部位。迷走神经的中央核及其发出的纤维组成了心脏抑制系统,它与心交感中枢共同调节心脏的活动。正常情况下,二者处于动态的平衡。当体内因素刺激迷走神经感觉末梢,神经冲动传入迷走中枢使兴奋性相对增强时,就会由传出迷走神经纤维将冲动传到心脏,通过心迷走神经的节后纤维释放乙酰胆碱而使心跳变慢。当兴奋过度时,心迷走神经通过节后纤维释放大量乙酰胆碱,可以导致心搏停止。迷走神经受刺激引起的反性心脏抑制死亡,非常迅速,有人称之为闪电式的窒息死。

【症状】

一般性的缢死,死者都是双脚离地,悬于空中,全部体重压迫在颈前绳套的兜住弧处,绳结位于颈后,这称为典型缢死。除此之外还有很多非典型的缢死法。非典型缢死的姿势是多种多样的,一般有悬挂、跪位、蹲位、俯卧位等。悬挂缢死者双脚离地,身体悬空,绳套承受全部体重的下坠力;站、坐、跪、蹲、卧位缢死者,只有身体的部分体重压迫颈部。所以前者称为全缢死,后者称为不全缢死。非典型缢死绳套压迫的部位有前位、侧位和后位三种类型。前位缢死者绳套的兜住弧压迫后颈部,绳套绕过颈侧至前提空,所以又称为反吊;侧位缢死者绳套的兜住弧压迫颈部的左侧和右侧,绳结位于相对的一侧提空,所以又称为侧吊;后位缢死者绳套的兜住弧压迫颈前部,绳结位于颈后,所以又称为正吊。

缢死会导致脑部损害。脑部损害主要是由于颈动脉受重力压迫而阻断脑部的循环,呼吸道受压而阻断氧气吸入。除此之外,也可能因为激惹颈动脉窦反射引起心脏骤停而导致严重后果。患者脑部呈急性缺氧缺血性病理改变,并且和神经组织缺氧时间以及救治后生存时间不同而表现各异。早期死亡者,可见脑部不同程度的肿胀,全脑表面血管充盈扩张。镜检除脑部组织呈水肿,神经细胞多呈急性细胞肿胀,其胞体胀大,细胞核正常,胞质中有细小空胞称"微空泡形成"。稍晚脑部神经细胞会进一步呈缺血性细胞病。胞体皱缩变小,核固缩而深染呈三角形,胞质深染伊红(HE)或紫蓝色。有学者认为缺血性细胞病在缢死者似较因心脏猝停及低氧者更为常见。一般急性细胞肿胀是可逆性的病变,而缺血性细胞病为不可逆性的损害。

上述病变可能会漫及全脑,但在脑皮质及海马锥体细胞层CAl亚区受损最为显著。晚期亡者由于缺血性细胞病比较容易累及大脑皮质第3、5、6层,因其神经细胞消失及该部组织疏松称为假分层性坏死,若损害仅限于第3层则称为典型的分层性坏死。一般大脑皮质缺血性改变由枕叶经顶叶向前而逐渐减轻。

【应急处理】

一旦发现自缢患者,应立即实施院前抢救。具体做法是:

(1)立即抱住患者,解脱自缢的绳套。

(2)将其平放在地上,松解衣领胸扣,并实施人工呼吸。

(3)如果心跳尚存,即使心跳微弱也应给予氧吸入,复苏成功者,必须尽快给予后二期心、肺及脑部复苏治疗,包括控制脑水肿,给予中枢神经系统兴奋药物,应用高压氧,纠正体液酸碱及电解质失衡等措施,直至患者清醒。

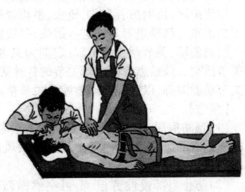

人工呼吸

(4)心跳停止者,应该进行胸外心脏按压复苏术,并尽早转送入院进行救治。

自缢的死亡率较高,抢救时间的早晚,是心肺复苏抢救是否成功的关键,也是脑复苏能否成功的关键。因此对自缢者必须抓紧一切时间全力抢救。

【预防】

对自缢行为我们主要是要做好心理疏导,预防精神、心理及行为障碍。对抢救存活的患者,一定要对他们多加关爱,帮助他们顺利度过生活的难关。

八、颈肩痛

颈肩痛主要痛点在肩关节周围,故称肩关节周围炎,简称肩周炎,俗称凝肩、漏肩风或冻结肩。该病多见于50岁左右的中年人,青年与老年人也有发生。

【病因】

起病多因肩关节周围组织,如滑囊等受冷冻、外伤、感染所致。不少患者是由风湿病引起的。

【症状】

主要症状为颈肩持续疼痛,患侧上肢抬高、旋转、前后摆动受限,遇风遇冷感觉有沉重隐痛。如不及时治疗,拖延日久可使关节粘连,患侧上肢变细,无力甚至形成废用性萎缩。疼痛特点是胳膊一动就痛,不动不痛或稍痛,梳头、穿衣、提物、举高都有困难。发作严重时可疼痛难忍,彻夜不眠。

【应急处理】

(1)早期治疗主要应用吲哚美辛药物控制疼痛和肌肉痉挛,鼓励患者循序渐进有规律的做肩关节各方向的活动锻炼。

(2)急性期需用吊带以保证肩的充分静止,配合止痛剂、理疗、湿热敷、针灸、推拿、按摩、局部药物封闭治疗等,急性期过后仍需坚持活动锻炼。

(3)对于其他如颈椎病引起的肩周炎,应治疗其原发疾病。

【护理】

心理护理:患者有时会表现出焦虑、紧张,为疾病的预后担忧。应对患者进行卫生知识的宣传,提高患者对疾病的认识,从心理上配合治疗与护理。向患者介绍治疗成功的病例,消除因治疗怕疼痛而引起的紧张心理。

生活护理:协助患者穿衣、梳头、系腰带等。关心、体贴患者。协助患者解决生活中的困难。鼓励患者主动进行锻炼,尽快恢复生活自理能力。

肌肉萎缩、关节粘连的护理:定期为患者按摩上肢及肩部肌肉,主动加强上肢各关节活动。鼓励患者做手指关节的各种活动,捏橡皮球或健身球,并做主动性的肩关节功能锻炼,以防止肌肉萎缩及关节粘连。

【预防】

(1)预防肩周炎,最理想又简单的方法是坚持体育锻炼,如打太极拳、做操等,平时注意肩部保暖,夏天睡觉不要露肩吹风扇,不要在潮湿的地方睡卧,以防受风寒湿邪。

(2)防止肩部慢性劳损,不可突然做强力劳动或卸过重物体,以防肩部发生扭伤。

九、心脏猝死

心脏猝死是指健康人或在已有的疾病稳定的情况下,突然心跳骤停,呼吸也很快停止,脑的供血供氧立即中断的情况,又称急死,多数来不及抢救。猝死主要原因是冠心病。

【病因】

触电、溺水、严重的创伤等也可引发猝死,但主要原因是冠心病、高血压、吸烟、肥胖、精神紧张、情绪激动、剧烈活动、气候寒冷。

【症状】

发生猝死后心音消失,测不到血压,脉搏触不到,继之呼吸停止,意识消失,四肢厥冷,抽搐,瞳孔散大。心电图可见心搏停止。

判断心脏猝死的表现:

(1)心跳呼吸停止。

(2)患者知觉丧失,高声呼唤其姓名或摇动其躯体无反应。

(3)大动脉搏动消失,用手的拇、食指在颈前喉结两侧可摸到有搏动,表示心跳未停,如无搏动表示心跳停止。

(4)心音消失,用耳朵直贴在左胸心前区(锁骨中线与4~5肋间横线交叉处),如听不到心音,表明心跳停止。

(5)心跳停止数秒钟、数分钟,呼吸也停止。也有呼吸先停而心跳后停者。

(6)心跳停止45秒钟,瞳孔开始散大。

(7)测量血压变为零,即测不出血压。

【应急处理】

急救原则是就地立即实行心、肺、脑复苏急救,分秒必争。

(1)将患者平卧,背部垫一硬板,颈部上抬,头颈微后仰,促使气道通畅。

(2)施术者握拳,以患者的胸骨部下段,做一二次短促有力的叩击。如无反应再重复一二次,经叩击后,常可终止室速,室颤,恢复窦性心律。如无效做下步处理。

（3）立即做全外心脏按压，左手掌置于患者胸骨下 1/3 处，右手压在其上方，以每分钟 60 次的速度，用力适度，反复按压，使胸廓上下活动程度 3~4 厘米，心内剩余含氧血迅速排入动脉使心脑供血，胸廓下陷回弹时，有助于通气。按压应用力均匀，轻柔，用力过猛，易引起肋骨，胸骨骨折，气胸，血胸，心包积血，骨髓栓塞，内脏破裂等并发症。如无反应，同时进行下一步处理。

（4）人工口对口呼吸：一手捏住患者鼻孔，推开下颌，使其口张开，用力吸气后患者口腔紧对密闭，将气吹入患者口腔，以每分钟 16~18 次的速度，反复（吸，吹）进行。如能听到患者呼气声最好。

（5）在抢救过程中，每 4~5 分钟检查一次颈动脉及自主呼吸，瞳孔大小，对光反射等生命体症，每次检查间歇时间不能超过 5 秒钟。如在医院外抢救，心跳，呼吸出现后应急送医院观察，寻找心脏骤停原因，针对原发病继续治疗。

【预防】

猝死前常无先兆，心搏收缩停止未超过 4 分钟，抢救及时，约有半数存活，如超过 6 分钟存活率很小。因此，关键在于预防。预防猝死应注意以下几个方面：

（1）定期体检：老年人本身是心脏病及各种疾病的高发人群，应定期到医院进行体检。青、中年人工作紧张、生活节奏快、工作生活压力大也容易患冠心病、高血压等疾病。定期体检及早检查便于及时发现疾病，及早进行治疗，减少猝死风险。在做心脏方面相关检查时，建议除了做心电图检查，还要做

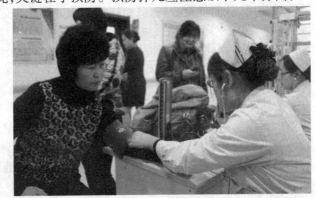

定期体检可以及时发现疾病

心脏超声检查，以及冠状动脉 CT 检查或冠状动脉造影检查。心脏超声检查可检测到心脏结构异常的疾病，而冠状动脉 CT 或冠状动脉造影可检测出心脏血管病变的情况。

（2）避免过度疲劳和精神紧张。过度疲劳和精神紧张会使机体处于应激状态，使血压升高，心脏负担加重，使原有心脏病加重。即使原来没有器质性心脏病也会引发室颤的发生。所以，每个人应该对自己的工作、生活有所安排，控制工作节奏和工作时间，不可过快过长。每天有一定的休息和放松时间，缓解疲劳和精神紧张，使心脏及各脏器功能得以恢复。

（3）戒烟、限酒、平衡膳食、控制体重、适当运动。吸烟、过度饮酒、高脂饮食及肥胖会使心脑血管疾病发生率显著增加。大量饮酒及情绪激动会使血压升高，心脏缺血缺氧加重，而戒烟限酒、平衡膳食、控制体重、定期适量运动，保持良好的生活习惯会减少心脑血管疾病的发生。

（4）注意过度疲劳的危险信号及重视发病的前兆症状。长期过度疲劳会引发

·健康医疗·

图文珍藏版

身体出现一些改变。如：

①焦虑易怒、烦躁情绪难以控制。

②记忆力减退、健忘。

③注意力不集中。

④失眠及睡眠质量差。

⑤头痛头晕耳鸣。

⑥性功能减退。

⑦脱发明显等。

当机体出现这些情况，应意识到自己可能疲劳过度，应调整工作节奏、适当休息，让机体功能得以恢复。有些人在发生猝死前是有一些表现的，如当日有心绞痛、心悸、胸闷、呼吸困难、头痛头晕，甚至面色苍白、出大汗情况发生。当出现上述情况，应立即停止工作，尽可能平卧休息，服用治疗相应疾病的药物。如不能缓解应立即前往医院救治。

（5）对已患有冠心病、高血压等疾病的患者应在医生指导下坚持服药治疗。常常有些患者在治疗一段时间后，自觉病情好转或认为疾病已经治好，自行将治疗药物停止使用，从而使冠心病、高血压病持续进展或恶化，在一定外因作用下，如过度疲劳、精神紧张，就会发生心脏猝死，有些人因工作忙而忘记服药或忘记带药，也会使病情加重。因此在医生指导下坚持服药治疗是十分重要的，患者应面对现实、接受现实，认真对待治疗。

十、胸痛

胸痛是指患者自觉胸前区疼痛的一种临床症状，常由胸部组织、器官（包括胸壁、肺及胸膜、心血管、纵隔及食管横膈）的病变所引起，症状有轻有重，胸痛的部位也有所不同，但这并不能表示病情的轻重。发生在心前区的急性心肌梗塞所致的疼痛，如不及时抢救，就会危及患者生命。

【病因】

1.胸腔内脏器疾病

（1）源于心血管系统疾病，常见的有心绞痛、急性心肌梗塞、急性心肌炎、心包炎、心包肿瘤等。

（2）源于呼吸系统疾病，如肺部疾病（肺炎、肺结核、肺纤维化、硅沉着病和肺癌等）和胸膜炎、胸膜肿瘤、自发性气胸。

（3）源于食道病变如食管裂孔疝、返流性食管炎、食管痉挛以及食道癌等。

（4）源于纵隔疾病如纵隔炎、纵隔脓肿、纵隔肿瘤等。

2.胸腔外疾病

（1）胸壁皮肤病变，以带状疱疹最为常见，还有由于神经炎、神经肿瘤、神经受压所引起的肋间神经痛。

（2）肌肉病变和胸椎病变，如胸部肌肉损伤、炎症、病毒感染及肥大性、结核性、化脓性胸椎炎等。

（3）全身性疾病：常见的有血液病、骨肿瘤、痛风等。

【症状】

1.胸痛的部位

胸壁皮肤炎症在罹患处皮肤出现红、肿、热、痛等改变。带状疱疹呈多数小水疱群，沿神经分布，不越过中线，有明显的痛感。流行性肌痛时可出现胸、腹部肌肉剧烈疼痛，可向肩部、颈部放射。非化脓性肌软骨炎多侵犯第一二肋软骨，患部隆起、疼痛剧烈，但皮肤多无红肿。心绞痛与急性心肌梗塞的疼痛常位于胸骨后或心前区。食管疾患、膈疝、纵隔肿瘤的疼痛也位于胸骨后。自发性气胸、急性胸膜炎、肺梗塞等常呈患侧的剧烈胸痛。

2.胸痛的性质

肋间神经痛呈阵发性的灼痛或刺痛。肌痛则常呈酸痛。骨痛呈酸痛或锥痛。食管炎、膈疝常呈灼痛或灼热感。心绞痛常呈压榨样痛，可伴有窒息感。主动脉瘤侵蚀胸壁时呈锥痛。原发性肺癌、纵隔肿瘤可有胸部闷痛。

3.影响胸痛的因素

心绞痛常于用力或精神紧张时诱发，呈阵发性，含服亚硝酸甘油片迅速缓解。心肌梗塞常呈持续性剧痛，虽含服亚硝酸甘油片仍不缓解。心脏神经官能症所致胸痛则常因运动反而好转。胸膜炎、自发性气胸、心包炎的胸痛常因咳嗽或深呼吸而加剧。过度换气综合征则用纸袋回吸呼气后胸痛可缓解。

【应急处理】

（1）卧床休息，采取自由体位，如为胸膜炎所致者，朝患侧卧可减轻疼痛。

（2）局部热敷。

（3）口服止痛药物，可选用阿司匹林 0.3~0.6 克，每日 3 次；对乙酰胺基酚 0.25~0.5 克，每日 3 次，或吲哚美辛 25 毫克，每日 3 次。若加用地西泮 5 毫克，每日 3 次，效果更好。

（4）若疑为心绞痛者，可舌下含服硝酸甘油或硝苯地平 5~10 毫克。

（5）经上述紧急处理后疼痛仍未缓解时，应速送医院急救。

【护理】

由于胸痛原因众多而复杂，护理时应注意有其他伴随症状，以尽早查明原因及时处理。

（1）对因肺部疾病所致的胸痛者，宜取患侧卧位。伴有胸闷、气急的胸痛或心脏病致胸痛者宜取半卧位。

（2）在胸痛初期可试服小剂量镇痛剂和止痛剂。心绞痛发作时应立即将备用的硝酸甘油放在舌下含服，1~3 分钟后即可缓解。

【预防】

一旦发生急性胸痛，应迅速就医，以免错过最佳抢救时机。

十一、腰痛

腰痛为中医学病症名，是指腰部一侧或两侧疼痛。

【病因】

致病因素有外部、内部与外伤 3 个方面。外部以实证居多，内部多由肾虚所致。

【症状】

·健康医疗·

图文珍藏版

1.因腰肌劳损引起的腰痛症状

长期从事站立操作诸如纺织、印染、理发、售货等工作的妇女,由于持续站立,腰部肌腱、韧带伸展能力减弱,局部可积聚过多的乳酸,抑制了腰肌的正常代谢,也可导致腰肌劳损而引起的腰痛。经常背重物,腰部负担过重,易发生脊椎侧弯,造成腰肌劳损而出现腰痛。

2.因泌尿系统感染引起的腰痛症状

由于女性的尿道短而直,且尿道外口靠近肛门,常有大肠杆菌寄生,加之女性生理方面的特点,尿道口污染的机会较多,若忽视卫生,则容易发生泌尿系感染。腰痛以急、慢性肾盂肾炎所致者为多,表现为腰部胀痛、严重者沿输尿管放射至会阴部。除泌尿系感染外,泌尿系结石、结核等疾患,亦会引起腰痛。

【应急处理】

(1)卧床休息,床褥不宜太软。如果腰痛严重的话,应该立刻停止运动和全面休息。不太严重的话,有时停止个别引发腰痛的动作,如提重物,弯腰及过度拱背等,就可让患处有足够的休息机会。

(2)冰敷,对于急性的腰痛最为有效,亦可减低发炎的情况,舒缓肌肉收紧。

(3)热敷患处(不适用于急性扭伤)。急性期过后,热敷可减少受伤部位僵硬。

(4)暂停做过烈运动。

(5)药物,视腰痛的情况,医生会指示患者服用药物。大致上可以止痛、消炎、放松肌肉等。

(6)如有需要,配戴腰箍。如症状持续恶化,便应立刻看医生及接受物理治疗。

【护理】

(1)避寒湿、宜保暖:妇女腰痛患者。要注意保暖,特别是在冬春寒湿季节,尤其需要做好腰部的保暖。尽量避免淋雨受寒,夜卧当风等。避免久卧潮湿之地,在寒湿季节,可适当使用电热褥祛寒保暖。

(2)经常活动腰部:可使腰肌舒展,促进局部肌肉的血液循环。所以对于久坐、久站工作的病人,一定时间要适当活动一下腰部,使腰肌得以解除紧张,有缓解疼痛的作用。可在室内稍为行走,做一些腰部活动的体操等。

(3)注意性生活卫生:腰痛明显加重期间,应避免性生活,在缓解期,也要适当调整性生活频度。注意经期卫生,保持外阴清洁,避免泌尿生殖系的感染,减少加重腰痛的因素。做好计划生育,避免过多的人流,选择合适的避孕方法。对于放环后引起的腰痛,月经异常,可改用其他的节育措施,以减轻病情发展。

(4)不宜束腰过紧:腰痛患者,切忌束腰,因为束腰可引起局部血液循环障碍,加重病情。有些妇女产后为保持苗条身材而采用束腰的方法,是不妥当的,正确的做法是做好产后的保健锻炼,才能真正达到健美的目的。

(5)康复疗法

①掌压腰骶部:俯卧位,双掌重叠压在疼处腰椎上,以不引起疼痛为度。一呼一吸为 1 次,做 10~15 次。

②揉摩腰背:工作之余,晨起或晚睡前都可以双手掌揉按摩擦腰背肌肉,上下揉摩 50~100 次,同时扭动腰部,有舒筋活血,促进局部血液循环,改善腰痛的作用。

③揉筋结:用拇指指腹仔细在腰、骶部触摸,如发现有压痛的硬结时,则以指腹压其上,每个关节揉1分钟。

④推下肢:旁人帮助,俯卧位,固定胯部,以掌根从骶部开始,经臀部沿大腿外侧、小腿外侧,至另一侧肢体。

(6)饮食调摄:腰痛者的饮食,一般与常人无多大区别。但要注意避免过多地食用生冷寒湿的食物,即使在夏天,也不宜多饮冰冻的饮料。

(7)健身操

腿操:仰卧,双手抱住一侧腿膝部,尽量屈髋,使大腿前沿贴紧腹部,连续做5~10次,再做另一下肢;然后双手同时抱紧双膝,同时做5~10次。每晚1次,或晨起加做1次。

起坐操:仰卧,收腹坐定。注意不能用上肢帮助,下肢保持伸直,次数不定。本操还可起到减少腹部脂肪的作用。

滚腰操:仰卧,保持屈曲双腿的姿势,把身体蜷曲成团状,前后滚动10~20次。仰卧位,以热湿毛巾,不流水为度,于腰间疼痛部和稍下面的骶部,上面再放一热水袋,湿热约10分钟,然后再分别在腰两侧各约10分钟。最后,仰卧同法腹部。尤适用于经期腰痛。注意温度以不烫伤为准。

【预防】

控制体重:根据身高计算标准体重,避免体重增加,以减少腰椎前凸机会,可减少腰痛发生。

锻炼腹肌和腰背肌:每天要有意识地进行腹肌和腰背肌的功能锻炼。适量劳动和体育活动都能对腹肌和腰背肌起到良好的锻炼作用。

加强腿部力量锻炼:腿部肌肉在保持良好姿势方面能起到重要作用。强健的腿部能有效分担腰背部负担,阻止和缓解腰疼形成。

进行柔韧性锻炼:如果身体柔韧性不强,腰部损伤的机会就增加。可以通过练瑜伽、打太极拳等活动来增强柔韧性。

注意体位:避免长时间久坐或站立,应有适当的活动时间。注意座椅的高低及坐的姿势。坐时最好用小枕头垫在腰部,每隔一定时间可以去掉小枕头几分钟,这样能让腰部经常变换位置。坐得太久了应站起或走动一会儿,并做伸腰动作,让腰部肌肉得到休息。另外,还要改进床垫,以木板最好,减少脊椎侧弯压迫。

十二、关节痛

关节痛是一症状名称,全称为风湿寒性关节痛,由关节本身或全身性病变所引起。

【病因】

主要由骨关节炎、类风湿性关节炎、关节外伤、化脓性关节炎、结核性关节炎以及发热性疾病等致关节疼痛、红肿、炎症和活动受阻、功能受限。轻者因疼痛影响活动与睡眠,重者严重影响劳动与生活料理。

以上引起关节痛的疾病,多侵犯、累及或损伤到膝、髋、肩、肘、腕、踝关节,也有影响到指、趾关节的,无论哪个关节受累,均给患者带来疼痛之苦。

【症状】

常见的关节痛,凡风湿性的多呈游走性,有的有轻度红肿;如果治疗不及时,常常侵犯心脏,后期发展成风湿性心脏病;凡类风湿性的,以手、腕、踝、趾关节受累最多,发病关节处红、肿、热、痛明显,发展至晚期则造成关节变形、僵直至活动严重障碍。发病年龄多在20~45岁,女性比男性高3倍;凡因外伤(扭、挫、跌、打、碰等)撞击于关节者,轻者皮肤红肿,重者可致韧带撕裂、关节脱位甚或骨折、破裂,这种损伤均可带给伤者以严重的关节痛;凡全身性发热、感染或结缔组织性疾病,都可累及、影响到关节,常致关节与肌肉疼痛。

【应急处理】

(1)凡外伤所致的关节痛,应先局部消毒,然后迅速包扎、固定外伤。有条件时可内服阿司匹林0.5~1.0克或止痛片1~2片止痛,以防因剧痛发生休克。对关节扭、挫、跌、打、碰伤,凡未破皮仅有红、紫、肿、痛者,可立即上冷敷(用冰袋、冰块或冷水浸湿毛巾等),以防继续出血并能消肿止痛。在做损伤关节处理时,凡肢体与指、趾部位关节伤损者,应一律设法将患处肢体抬高。以便其血液回流,可以减少肿痛。

(2)凡因全身发热、感染等疾病所致的肌肉关节疼痛,在未明病因和治本之前,可以使用退热、止痛或消炎药物。一般可服用阿司匹林0.5~1.0克,日服3次;止痛片1~2片,1日3次;水杨酸钠0.6~1.0克,每日3次,或解热止痛片(复方乙酰水杨酸)1~2片,每日3次;或者服用对乙酰胺基酚0.5克,每日3次。这些药均有止痛、退热、抗风湿作用。如连服2~3天后胃部不适,或病情未见好转,应停服,并请医师诊治。对已诊断明确的类风湿性关节炎引起的红、肿、胀、痛,可服用吲哚美辛25毫克,每日2~3次。此药常用会损伤肝、肾,影响造血机能,孕妇与精神病者禁用;保泰松100毫克,每日2~3次,多在1周内显效。服用时要警惕白细胞与血小板减少,青光眼、肝脏病患者禁用。

(3)针刺疗法。根据关节痛的部位,选用体针、耳针、梅花针等针刺常用穴位,有止痛、消炎作用。

(4)拔罐治疗。根据关节病变部位、疼痛程度、伤情与病因,按照常用穴位或痛点,施以拔罐治疗,确有止痛、消肿、消炎、去湿的功效。

(5)热敷治疗。凡外伤24小时后以及关节有红肿胀痛者,可用诸如热水袋、烧热砖、炒细砂或盐等,在严防烫伤皮肤的规则下做关节热敷治疗,每日1~2次,有止痛、消肿、去湿作用。如家有电吹风,可先用湿布(纱布、毛巾等)包裹关节痛的部位,用强力热风熏烤,每次30~45分钟,每日1~2次,止痛效果明显;也可用60~100瓦电灯泡光照关节痛处,以不致灼伤为度,每次可烤15~20分钟,有良好止痛效用。

(6)偏方疗法。对风湿性关节炎止痛消炎可用下列偏方:将葱头500克,生姜500克,碾泥绞汁,加入煮开的上好醋中熬成膏状,摊在布上,敷于关节疼痛处;干红辣椒40克,花椒30克,加水3000毫升煮沸几分钟,取出辣椒,去籽,再将辣椒皮摊于3~4层纱布上贴于关节痛处,然后将辣椒、花椒水加热至沸直熏关节痛处,每次30~40分钟,可连续1周反复使用,每次用时加热,但用于贴痛处的辣椒需每次更换新品。此两方,对治疗风湿性关节炎有显效。此外,用花椒、葱根、蒜瓣各适量煎煮浓汤,热洗关节,对风湿、类风湿性关节痛,均有止痛、消肿、活血作用。

（7）经上述紧急处理后疼痛仍未缓解时，应速送医院急救。

【护理】

风湿性及类风湿关节炎为全身系统性疾病。病情易反复。如累及重要器官（如心脏、神经系统、肾脏、眼球），可导致较严重的后遗症。应与医生紧密配合，早期注意休息，坚持较长期的治疗，争取良好疗效。

结核性及化脓性关节炎应在医生指导下积极应用抗结核及抗生素等药物控制病原菌。早期治疗，预后良好。假如炎症对关节腔已形成破坏性损害，可留有关节强直、畸形等后遗症。

【预防】

选择适宜的体育锻炼。

保持居室和个人的清洁卫生。

避免潮湿和寒冷的侵袭。

经常按摩病变部位。

及时治疗。

十三、中暑

中暑是指在高温环境下人体体温调节功能紊乱而引起的中枢神经系统和循环系统障碍为主要表现的急性疾病。

【病因】

中暑发生的原因是人体内热量不断产生，散热困难；或由于外界高温使人体内的热量越积越多，身体无法调节。除了高温、烈日暴晒外，工作强度过大、时间过长、睡眠不足、过度疲劳等均为常见的诱因。

【症状】

根据临床表现的轻重，中暑可分为先兆中暑、轻症中暑和重症中暑，而它们之间的关系是渐进性的。

1.先兆中暑症状

高温环境下，出现头痛、头晕、口渴、多汗、四肢无力发酸、注意力不集中、动作不协调等症状。

体温正常或略有升高。

如及时转移到阴凉通风处，补充水和盐分，短时间内即可恢复。

2.轻症中暑症状

（1）体温往往在38℃以上。

（2）除头晕、口渴外往往有面色潮红、大量出汗、皮肤灼热等表现，或出现四肢湿冷、面色苍白、血压下降、脉搏增快等表现。

（3）如及时处理，往往可于数小时内恢复。

3.重症中暑症状

重症中暑是中暑中情况最严重的一种，如不及时救治将会危及生命。这类中暑又可分为4种类型：热痉挛、热衰竭、日射病和热射病。

热痉挛症状：多发生于大量出汗及口渴，饮水多而盐分补充不足致血中氯化钠浓度急速明显降低。这类中暑发生时肌肉会突然出现阵发性的痉挛疼痛。

热衰竭症状:这种中暑常常发生于老年人及一时未能适应高温的人。主要症状为头晕、头痛、心慌、口渴、恶心、呕吐、皮肤湿冷、血压下降、晕厥或神志模糊。此时的体温正常或稍微偏高。

日射病症状:这类中暑的原因正像它的名字一样,是因为直接在烈日的曝晒下,强烈的日光穿透头部皮肤及颅骨引起脑细胞受损,进而造成脑组织的充血、水肿;由于受到伤害的主要是头部,所以,最开始出现的不适就是剧烈头痛、恶心呕吐、烦躁不安,继而可出现昏迷及抽搐。

热射病症状:还有一部分人在高温环境中从事体力劳动的时间较长,身体产热过多,而散热不足,导致体温急剧升高。发病早期有大量冷汗,继而无汗、呼吸浅快、脉搏细速、躁动不安、神志模糊、血压下降,逐渐向昏迷伴四肢抽搐发展;严重者可产生脑水肿、肺水肿、心力衰竭等。

【应急处理】

(1)迅速把患者移至阴凉处,平卧休息,解开衣扣。

(2)在头部、腋窝、腹股沟处用冰袋冷敷,或将全身冷水擦洗,以加快散热。

(3)给予含盐的清凉饮料。

(4)针刺人中、曲池、百会穴位。

(5)口服仁丹或十滴水。

(6)可用扇子或电扇吹风,帮助散热。

(7)中暑严重者,需及时送往医院。

【护理】

(1)出行躲避烈日:夏日出门记得要备好防晒用具,最好不要10~16点时在烈日下行走,因为这个时间段的阳光最强烈,发生中暑的可能性是平时的10倍!如果此时必须外出,一定要做好防护工作,如打遮阳伞、戴遮阳帽、戴太阳镜,有条件的最好涂抹防晒霜;准备充足的水和饮料。此外,在炎热的夏季,防暑降温药品,如十滴水、仁丹、风油精等一定要备在身边,以备应急之用。外出时的衣服尽量选用棉、麻、丝类的织物,应少穿化纤品类服装,以免大量出汗时不能及时散热,引起中暑。

(2)老年人、孕妇、有慢性疾病的人,特别是有心血管疾病的人,在高温季节要尽可能地减少外出活动。

(3)别等口渴了才喝水:因为口渴已表示身体已经缺水了。最理想的是根据气温的高低,每天喝1.5~2升水。出汗较多时可适当补充一些盐水,弥补人体因出汗而失去的盐分。另外,夏季人体容易缺钾,使人感到倦怠疲乏,含钾茶水是极好的消暑饮品。

(4)夏天的时令蔬菜如生菜、黄瓜、西红柿等的含水量较高;新鲜水果,如桃子、杏、西瓜、甜瓜等水分含量为80%~90%,都可以用来补充水分。另外,乳制品即能补水,又能满足身体的营养之需。

【预防】

(1)预防中暑应从根本上改善劳动和居住条件,隔离热源,降低温度,供给含盐0.3%清凉饮料。

(2)夏天日长夜短,气温高,人体新陈代谢旺盛,消耗也大,容易感到疲劳。充足的睡眠,可使大脑和身体各系统都得到放松,既利于工作和学习,也是预防中暑的措施。最佳就寝时间是 22~23 时,最佳起床时间是 5 时 30 分至 6 时 30 分。睡眠时注意不要躺在空调的出风口和电风扇下,以免患上空调病和热伤风。

(3)对有心血管器质性疾病、高血压、中枢神经器质性疾病,明显的呼吸、消化或内分泌系统疾病和肝、肾疾病患者应列为高温车间就业禁忌证。

十四、抽搐

抽搐,俗称抽筋,是大脑功能暂时紊乱的一种表现。人体肌肉的运动是受大脑控制的,当管理肌肉运动的大脑有关细胞暂时过度兴奋时,就会发生不能自控的肌肉运动,可局限于某群肌肉或身体一侧,或波及全身。

按发作形式,抽搐可以分为以下几类:发作性抽搐、持续性抽搐和偶发性抽搐。在生活中比较常见的是偶发性抽搐,主要与身体姿势不对、劳损、疲劳有关。抽搐的部位也常常不同,主要有群肌肉的抽搐(也就是肌痉挛)、单纤维的抽搐和纤颤等。

【病因】

抽搐最常见、也最简单的原因是疲劳而出现的抽搐。高热、癫痫、破伤风、狂犬病、缺钙等原因都可能引起抽搐。除此之外,还有代谢类抽搐,主要是因为出现了低血钙。

还有神经性抽搐,如中枢神经引起的抽搐,也就是癫痫(羊癫风)。感染性的抽搐是因为肌肉或神经出现炎症引起。一些遗传性的疾病(如遗传性痉挛瘫痪、手足抽搐),也经常表现为抽搐。另外,人们常说的"眼跳"属于眼睑抽搐,多为偶尔或暂时性的,这多和长期视觉疲劳有关,如果是频发或持续性抽搐,需到神经康复科的医生进行咨询和诊断。

【症状】

抽搐的临床表现可分为以下几种:

(1)脑性抽搐。因脑部病变部位的不同,临床上表现为不同的形式,其特征是抽搐出现在脑部病变的对侧肢体,大多数抽搐起始于口角,指端,常见有特发性癫痫、颅内肿瘤、脑寄生虫等。

(2)心性抽搐。常见的有严重心律失常,肥厚性心肌病,严重的主动脉瓣、二尖瓣狭窄,心绞痛等。这种抽搐多是突然发生的,患者倒在地上双眼上翻,全身强直性抽搐,脉搏弱或消失。

(3)肾性抽搐。又称为尿毒性脑病,是尿毒症的常见症状,多为全身性抽搐,为尿毒症性脑病的晚期表现。这种抽搐常表现为肢体轻微抖动,波及指端、面部、躯干等处肌肉群突然不规则不对称的短暂抽搐。

(4)低血糖性抽搐。轻者肌肉跳动,重者呈全身性抽搐。胰岛素引起的低血糖最容易发生抽搐,并且多发生在清晨。低血糖性抽搐在抽搐前有饥饿感、心悸、无力、冷汗,手颤等症状,抽搐发作时给糖治疗非常有效。

(5)癔性抽搐。是癔病发作的最常见的形式之一,发作前常伴有头痛、胸闷、心烦等症状,癔性抽搐发作没有规律,一般持续数分钟,抽搐中也可能有间歇性。

(6)抽搐的类型很多,另外还有糖尿病高渗性昏迷引起的高渗性抽搐,低血

·健康医疗·

图文珍藏版

钠、高血钠及低血镁引起的碱中毒抽搐;破伤风,狂犬病,维生素D缺乏亦可引起抽搐等。

【应急处理】

(1)立即将患者平放在床上,头偏向一侧并略向后仰,颈部稍抬高,将领带、皮带、腰带等松解,注意不要将患者跌落地上。

(2)迅速清除口鼻咽喉的分泌物与呕吐物,以保证呼吸道通畅,防止舌根后倒,为防止咬伤舌头,可以用纱布或布条包绕的压舌板或筷子放在上下牙齿之间,并用手指掐压人中穴及合谷穴,以上要求必须在几秒钟内迅速完成。

(3)防止患者在剧烈抽搐时与周围硬物碰撞致伤,但是绝对不可以用强力把抽搐的肢体压住,以免引起骨折。

(4)掌握腓肠肌抽筋的处理方法,能有效地缓解或消除抽搐的痛苦。

①急剧运动时腓肠肌突然觉得疼痛、抽筋时,要马上捉紧拇指,慢慢地把腿伸直,待疼痛消失时再进行按摩。

②游泳时抽筋的处理。手指,手掌抽筋:将手握成拳头,然后用力张开,然后再迅速握拳,如此反复进行,并用力向手背侧摆动手掌。上臂抽筋:将手握成拳头并且尽量屈肘,然后再用力伸开,如此反复进行。小腿或脚趾抽筋:用抽筋小腿对侧的手,握住抽筋的腿的脚趾,然后用力向上拉,同时用同侧的手掌压在抽筋小腿的膝盖上,帮助小腿伸直,如此坚持一段时间。大腿抽筋:弯曲抽筋的大腿,使之与身体成直角,并弯曲膝关节,然后用两手抱着小腿,用力使它贴在大腿上,做震荡动作,随即向前伸直,如此反复进行。

③如果半夜出现腓肠肌抽筋,可以利用墙壁压挡脚趾,将腿部用力伸直,直到疼痛、抽筋缓解,然后进行按摩放松。

【预防】

其实抽搐是可以预防的,针对抽搐的预防,有如下几点建议:

(1)针对病因积极治疗原发病。例如癫痫患者需按医嘱服药,如果突然停药,即使是一两天,都会导致癫痫抽筋的发作。又比如小儿高烧容易抽筋,及时退烧可以预防抽筋;破伤风病可能引起抽筋,所以要打破伤风疫苗预防破伤风病;狂犬病会引起抽筋,所以预防狗咬伤很重要,万一被狗咬伤,要立即到医院诊治。缺钙会引起抽筋,所以小孩要补足钙(多吃含钙食物,必要时服葡萄糖酸钙、钙片等),同时要多晒太阳,补充鱼肝油等。

(2)预防腓肠肌抽筋。要在剧烈运动前或游泳前做足够的准备运动、热身运动。为防止晚上睡觉时抽筋,白天不要过度疲劳,晚上不要使腿部受凉。

(3)此外,女性较男性来说,容易出现抽筋,特别是中年女性和更年期女性,这和内分泌调节障碍有关。钙的缺乏和分布不平衡会引起抽筋。缺钙是抽筋最常见的原因,但是还有其他原因,所以特别提醒女性注意以下几点:

①回归自然,接受日照。很多人觉得抽筋是因为缺钙,于是开始补钙,但还是会出现抽筋。其实,最主要的一个原因是缺乏日照。随着生活节奏的加快、交通的便利,人们接触太阳的机会越来越少。因此,我们提倡回归自然,接受日照,但也不能暴晒,暴晒同样对身体有害。

②膳食合理,理性减肥。女性大都喜欢减肥,因为减肥出现的减肥综合征中就

包括抽搐,以偶发性的大肢体抽搐为主,也会出现腰背脊抽搐,甚至引起摔倒。因为瘦肉中也含有钙,所以提醒减肥的女性要膳食合理,理性减肥。防止长期腹泻。长期腹泻,丢失的营养较多,也会引起营养不良性抽搐。另外也可能引发肌强直性抽搐,如眼睛突然睁不开了,这也与代谢有一定的关系。

③适当休息,防止过度疲劳。偶发性抽筋一个明确的原因就是疲劳和睡眠不好。所以,在生活、工作中,都不能过长、过度地保持一个姿势,并且要保证充足的睡眠。

④运动适度。运动量少的时候会出现抽筋,因此在做某项运动前,一定要做足够的热身运动和适应性的锻炼。当然,当运动量过多的时候,肌细胞膜上的钙分布异常,也会引起劳累性抽筋。因此,主张运动,但运动一定要适宜适度。

十五、急性腹痛

急性腹痛是指患者自觉腹部突发性疼痛,常由腹腔内或腹腔外器官疾病所引起,前者称为内脏性腹痛,常为阵发性并伴有恶心、呕吐及出汗等一系列相关症状,腹痛由内脏神经传导;而后者腹痛是由躯体神经传导,故称躯体性腹痛,常为持续性,多不伴有恶心、呕吐症状。

【病因】

腹膜急性发炎:最常由胃、肠穿孔所引起,腹痛有疼痛定位明显,一般位于炎症所在部位,可有牵涉痛;呈持续性锐痛;腹痛常因加压、改变体位、咳嗽或喷嚏而加剧;病变部位压痛、反跳痛与肌紧张;肠鸣音消失。

腹腔器官急性发炎:如急性胃炎、急性肠炎、急性胰腺炎等。

腹空腔脏器梗阻或扩张:腹痛常为阵发性与绞痛性,可甚剧烈,如肠梗阻、胆道蛔虫病、泌尿道结石梗阻、胆石绞痛发作。

脏器扭转或破裂:腹内有蒂器官(卵巢、胆囊、肠系膜、大网膜等)急性扭转时可引起强烈的绞痛或持续性痛。急性内脏破裂如肝破裂、脾破裂、异位妊娠破裂,疼痛急剧并有内出血体征。

腹腔内血管梗阻:比较少见,腹痛相当剧烈,主要发生于心脏病、高血压动脉硬化的基础上,如肠系膜上动脉栓塞、夹层主动脉瘤等。

中毒与代谢障碍:如铅中毒绞痛、急性血卟啉病、糖尿病酮中毒,常有腹痛剧烈而无明确定位的特点。

胸腔疾病的牵涉痛:肺炎、肺梗塞、急性心肌梗塞、急性心包炎、食管裂孔疝等,疼痛可向腹部放射,类似"急腹症"。

神经官能性腹痛。

【症状】

(1)疼痛的部位:腹痛的部位常为病变的所在。胃痛位于中上腹部,肝胆疾患疼痛位于右上腹,小肠绞痛位于脐周,结肠绞痛常位于下腹部,膀胱痛位于耻骨上部,急性下腹部痛也见于急性盆腔炎症。

(2)疼痛的性质与程度:消化性溃疡穿孔常突然发生,呈剧烈的刀割样、烧灼样持续性中上腹痛。胆绞痛、肾绞痛、肠绞痛也相当剧烈,患者常呻吟不已,辗转不安。剑突下钻顶样痛是胆道蛔虫梗阻的特征。持续性广泛性剧烈腹痛见于急性弥

·健康医疗·

图文珍藏版

漫性腹膜炎。脊髓疾患、胃肠危象表现为电击样剧烈绞痛。

（3）诱发加剧或缓解疼痛的因素：急性腹膜炎腹痛在静卧时减轻，腹壁加压或改变体位时加重。铅绞痛时患者常喜按，胆绞痛可因脂肪餐而诱发，暴食是急性胃扩张的诱因，暴力作用常是肝、脾破裂的原因，急性出血性坏死性肠炎多与饮食不洁有关。

【应急处理】

（1）卧床休息，取俯卧位可使腹痛缓解，也可双手适当压迫腹部可使腹痛缓解。

（2）适当给予解痉药物如阿托品、山莨菪碱或维生素K可暂时缓解腹痛。

（3）若是暴饮暴食所致腹痛、腹泻者，可试用桐油按摩腹部，往往可起到一定止痛效果。

（4）腹痛剧烈且伴有呕吐、高热、血便和肠形时，应速送医院治疗，不宜滞留家中以免耽误病情。

【护理】

家中有急性腹痛患者时，首先要弄清楚腹痛初起时和现时疼痛的部位，注意疼痛的经过，与大、小便及饮食有否直接关系，还应该注意与疼痛一起出现的还有哪些症状（如恶心、呕吐、血尿、便血、腹泻、发热等），这些情况必须详细记录下来，以便在去医院就诊时供临诊医生参考。

急性腹痛在没有确诊时不能吃止痛片，更不能打止痛针，同时严格禁食，以免掩盖重要的症状和加重病情。严密观察病情的变化，病情严重者应立即送医院。

遇成年女性急性腹痛则要注意月经情况，有无停经史，如系宫外孕破裂出血，则将迅速出现面色苍白、冷汗、血压下降甚至休克，须立即送医院抢救。

【预防】

由于引起急腹痛的原因很多，疾病的发展过程各有不同。

（1）疼痛剧烈，出冷汗或大汗淋漓以及痛到倒地乱滚，或者疼痛到抱住膝盖蹲着难以站立，或者服用止痛药后未能缓解疼痛。

（2）疼痛剧烈而引起意识模糊、脸色苍白、出冷汗，脉搏缓慢或者畏寒。

（3）腹部肌肉紧张变成一块硬板一样坚硬的板状腹。

（4）反复呕吐以及不能大便。

当出现上述情况时，应尽快就医，进一步检查和处理。

十六、急性腹泻

肠黏膜的分泌旺盛与吸收障碍、肠蠕动过快，致排便频率增加，粪质稀薄，含有异常成分者，称为腹泻。急性腹泻起病急骤，每天排便可达10次以上，粪便量多而稀薄，排便时常伴腹鸣、肠绞痛或里急后重。

【病因】

1.急性肠疾病

急性肠感染：病毒性、细菌性、真菌性、阿米巴性、血吸虫性等。

细菌性食物中毒：由沙门菌、嗜盐菌、变形杆菌、金黄色葡萄球菌等引起。

2.急性中毒

植物性：如毒蕈、桐油。

图文珍藏版

动物性:如河豚、鱼胆。

化学毒物:如有机磷、砷等。

3.急性全身感染

如败血症、伤寒或副伤寒、霍乱与副霍乱、流行性感冒、麻疹等。

4.其他

变态反应性疾病:如过敏性紫癜、变态反应性肠病。

内分泌疾病:如甲状腺危象、慢性肾上腺皮质功能减退性危象。

药物副作用:如利血平、氟尿嘧啶、胍乙啶、新斯的明等。

【应急处理】

(1)休息,若伴有频繁呕吐者应暂禁食,其余应给予流质并补充水分,以服开水、汤类为宜。

(2)轻微腹泻者可服家中备用的小檗碱0.5克,1日3次;呋喃唑酮0.1克,1日3次;吡哌酸0.5克,1日3次或诺氟沙星0.2~0.4克,1日3次。

(3)伴有脓血便或米泔样大便者,应将患者用过的餐具、衣物等煮沸消毒,排泄物需进行处理(可用石灰)。

(4)腹泻若伴有呕吐或腹泻严重者,应及时送医院治疗。

【护理】

注意休息:急性腹泻患者多半体质虚弱,机体抵抗力降低。因此,应注意休息,以利康复。

多饮水:腹泻次数越多,体内水分丢失也越多。因此,患病期间要主动多喝白开水、茶水、淡盐水、红糖水、米汁、青菜汤、扁豆汤等,可交替饮服。饮用的方法是多次少量,以补足丢失的水分和氯化钠等成分。

注意饮食调养:腹泻期间肠黏膜充血、水肿、肠管痉挛、肠蠕动加快,消化吸收功能紊乱。此时宜吃无油少渣、易消化的流食,如藕粉、大米粥、小米粥、粳米山药粥、细面条、薄面片、咸面糊等,少食多餐,勿食生冷、坚硬及含粗纤维多的食物,禁吃油炸、油煎食品。另外,如牛奶、豆浆等应暂时不喝,以免腹胀。

(4)遵照医嘱按时按量服药:不要吃吃停停,如治疗不彻底,可演变成慢性腹泻。

(5)注意腹部保暖:腹泻期间一定要保暖,以利恢复健康。

(6)做好肛门周围皮肤的清洁卫生:由于腹泻次数多,肛门周围多次的刺激,容易沾染病菌、病毒和其他不洁之物,如果便后不及时清洁干净,往往引起这些部位发生炎症,甚至糜烂。因此,腹泻患者每次便后一定要用温开水充分洗净肛门,然后用卫生纸或软布物擦拭干净。

【预防】

(1)在流行季节应保证饮用水的卫生,防止因失水过多而发生脱水;合理调整饮食,注意劳逸结合和保证充足的睡眠,以提高机体抵抗疾病的免疫力。

(2)注意饮水饮食卫生,不喝生水,不吃腐败变质食物。

(3)外出旅游一定要注意饮食卫生和安全;加强体质锻炼,提高抵抗力。

(4)自觉讲究个人卫生,饭前便后要用肥皂流水反复洗手。搞好卫生,做好厕所的清洁消毒工作。保持环境清洁,消灭苍蝇。

（5）当发生腹痛、腹泻、恶心、呕吐等胃肠道症状时，要及时到医院接受治疗，以免延误病情。

十七、恶心与呕吐

恶心常为呕吐的前驱感觉，但也可单独出现，主要表现为上腹部的特殊不适感，常伴有头晕、流涎、脉搏缓慢、血压降低等迷走神经兴奋症状。呕吐是指胃内容物或一部分小肠内容物，通过食管逆流出口腔的一种复杂的反射动作。呕吐可将食入胃内的有害物质吐出，从而起反射性保护性作用。但实际上呕吐往往并非由此引起，且频繁而剧烈的呕吐可引起失水、电解质紊乱、酸碱平衡失调、营养障碍等情况。

【病因】

1.反射性呕吐

（1）咽刺激。

（2）各种原因的胃肠疾病。

（3）肝、胆、胰与腹膜疾病。

（4）心血管疾病，如急性心肌梗塞、休克、心功能不全等。

（5）其他原因，如青光眼、肾绞痛、盆腔炎、急性传染病、百日咳等。

2.中枢性呕吐

（1）中枢神经系统疾病，如中枢神经感染、脑血管疾病、颅内高压症、偏头痛、颅脑外伤。

（2）药物或化学性毒物的作用。

（3）其他：代谢障碍（如低钠血症、酮中毒、尿毒症）、妊娠、甲状腺危象等。

3.前庭障碍性呕吐

如迷路炎、晕动症等。

4.神经官能性呕吐

如胃神经官能症、癔病等。

【症状】

妊娠呕吐与酒精性胃炎的呕吐常于清晨发生。胃源性呕吐常与进食、饮酒、服用药物有关，常伴恶心、呕后常感觉轻松。喷射性呕吐常见于颅内高压症，常无恶心的先兆，呕后不感觉轻松。呕吐物如为大量，提示有幽门梗阻胃潴留或十二指肠淤滞。腹腔疾病、心脏病、尿毒症、糖尿病酮中毒、颅脑疾患或外伤等所致呕吐，常有相应病史提示诊断。

【应急处理】

（1）卧床休息，头应偏向一侧以防呕吐物误入呼吸道而发生窒息。

（2）呕吐频繁者应暂禁食。

（3）口服镇吐药如甲氧氯普胺5~10毫克，每日3次或解痉剂如阿托品0.5~1.0毫克，每日3次，或山莨菪碱，每次5~10毫克，每日3次，另外可加服镇静药物如地西泮2.5~5毫克，每日3次口服。

（4）指压双腕内关穴可有一定止吐作用。

（5）针刺内关、中脘、足三里。

【护理】

（1）关心和帮助患者,消除疲乏、强烈的情绪、过度的紧张。用手托住患者前额,使呕吐物吐入容器内。仰卧患者应偏向一侧,避免呕吐物呛入气管。呕吐后帮助患者漱口、洗手脸、整理床铺,取舒适的卧位。呕吐停止,需暂停进食,可给热饮料补充水分。

（2）仔细观察呕吐物的性质、数量及次数。一般呕吐物为消化液和食物有酸臭味,混有大量胆汁呈绿色,混有血液呈鲜红色或棕色残渣。

（3）去除病因。精神创伤者,予以安慰。妊娠期注意休息,进易消化的食物,服维生素B。所进食物应清洁卫生,进食时不要有难嗅的气味及谈不高兴的事情等不良刺激。胃肠道慢性出血者应禁酒、辣椒。急性出血者应去枕静卧,头偏向一侧,禁食并到医院急诊。

【预防】

恶心与呕吐在临床上十分常见,多因消化系统本身病变所致,也可因消化系统以外的全身性疾病导致。反复和持续的剧烈呕吐多引起严重并发症,故应该予以重视,及时到医院接受治疗。

十八、咯血

咯血是指喉咙以下的呼吸器官出血,经咳嗽从口中排出咯血。出血颜色鲜红的通过嘴咯出,含有泡沫或者混着痰液,前期可能是比较纯的血,后期咯出的可能会是暗红色血块。大咯血时,血液或血块可堵塞气管或支气管,从而引起窒息而死亡。

【病因】

引起咯血的疾病繁多,主要是呼吸系统疾病。

(1)呼吸系统疾病:肺结核、支气管扩张、肺癌、肺脓肿、支气管炎、肺炎、肺真菌病、肺阿米巴病、肺吸虫病、支气管结石、尘肺、恶性肿瘤肺转移、良性支气管瘤等。

(2)心血管系统疾病:风湿性心脏病、二尖瓣狭窄、肺动脉高压、肺动静脉瘘等。

(3)全身性疾病与其他原因:血小板减少性紫癜、白血病、血友病、再生障碍性贫血、弥散性血管内凝血、肺出血型钩端螺旋体病、流行性出血热、肺型鼠疫、慢性肾衰竭、尿毒症、白塞病、胸部外伤、肺出血、肾炎综合征、替代性月经、氧中毒和结缔组织病等。

【症状】

1.咯血前兆

(1)喉痒,患者恐怖不安。

(2)突然胸闷,挣扎坐起。

(3)呼吸困难增剧,面色青紫,继而发生窒息、昏迷。

2.症状

咯出的血常与痰混在一起,其特点是与出血性疾病状态有关。大咯血通常指在24小时内咯血量超过600~800毫升或每次咯血量在300毫升以上;小量咯血指每次咯血少于100毫升;中等量咯血指每次咯血100~300毫升。

【应急处理】

（1）绝对卧床休息，咯血时应平卧，睡患侧以利于止血和避免吸入性肺炎的发生。

（2）消除思想顾虑，鼓励患者咳出残留在呼吸道中的陈旧血液，以免阻塞呼吸道而发生窒息性死亡。

（3）摄取易消化性食物如流质或半流质，保持大便通畅，以免大便时费力，再次咯血。

（4）适当给予镇静药物如口服地西泮 2.5~5 毫克，每日 3 次或苯巴比妥 0.3 克，每日 3 次。

（5）止咳药物应用，大咯血时一般不用镇咳药物，咳嗽剧烈妨碍止血时，可在血咯出后口服咳必清 25 毫克或复方桔梗片 1 片。

（6）止血药物应用如云南白药 0.3~0.6 克，每日 3 次口服或安络血片剂 2.5 毫克，每日 3 次。

（7）应速送医院进一步救治。

【护理】

（1）应让患者绝对卧床休息，可平卧或取头低足高位。用冰袋进行局部冷敷。暂时不要饮用任何食物和水分，可服用止血剂。

（2）密切观察患者面色和脉搏。倘若脉搏 1 分钟超过 120 次以上，虽患者已停止咯血，还应考虑有内部出血。呕血患者恢复期的食物应以流质为主，然后逐渐改为软质饮食。

（3）咯血无论是何种病因引起的，均具有起病急、病情重、病情变化快的特点。尤其咯血量大者易发生休克，所以在咯血发生后应立即送患者到医院治疗。

【预防】

积极治疗原发病，已有咯血者应减少活动，避免情绪激动，禁食刺激性食物，避免剧咳或用力排便，以免诱发再次咯血。

（1）预防感冒，出门时要根据天气变化注意增减衣服。防止着凉感冒。

（2）注意饮食，饮食应以富含维生素的食物为首选。

（3）"管理空气"，房间经常通风，保持适宜温度（常为 18~25℃）和湿度（常为 40%~70%）。

（4）锻炼身体，坚持每天进行适量的体育锻炼和呼吸功能锻炼。

（5）备急救药，家里要备小药箱，特别是要备足止咳药物，如以治疗干咳为主的喷托维林（咳必清）片和糖浆；用以镇咳为主的可愈糖浆；以镇咳化痰为主的棕胺合剂等。家庭必备止血药物如云南白药，用以镇静的药物如安定等。注意小

云南白药

药箱里的过期药物要及时更换。

(6)戒烟、限酒:患有呼吸道疾病的患者,一定要戒烟、限酒,以减少或避免发生咯血的因素。

十九、呕血

呕血是指患者呕吐血液,由于上消化道(食管、胃、十二指肠、胃空肠吻合术后的空肠、胰腺、胆道)急性出血所致,但也可见于某些全身性疾病。在确定呕血之前,必须排除口腔、鼻、咽喉等部位的出血以及咯血。

【病因】

1.消化系统疾病

(1)食管疾病:食管静脉曲张破裂、食管炎、食管憩室炎、食管癌、食管异物、食管裂孔疝、食管外伤等。食管静脉曲张破裂出血最严重。食管异物(如鱼骨)刺穿主动脉可引起致命的出血。

(2)胃十二指肠疾病:消化性溃疡、急性糜烂性胃炎、应激性溃疡、胃癌、胃黏膜脱垂症、胃动脉硬化等。出血常以十二指肠球部溃疡较重,应激性溃疡、胃癌与胃动脉硬化的出血也较严重。

(3)肝胆道疾病:如肝硬化、食管与胃底静脉曲张破裂、急性出血性胆管炎、壶腹癌等。

(4)胰腺疾病:胰腺癌。

2.血液病

白血病、血小板减少性紫癜、血友病、霍奇金病、真性红细胞增多症、遗传性出血性毛细血管扩张症等。

3.急性传染病

钩端螺旋体病、出血性麻疹、暴发型肝炎等。

4.其他原因

尿毒症、结节性多动脉炎、血管瘤、抗凝剂治疗过量等。

呕血的病因虽多,但主要的3大病因是:消化性溃疡、食管或胃底静脉曲张破裂出血、急性胃黏膜出血。

【症状】

患者多先有恶心,然后呕血,继而排出黑便。食管或胃出血多有呕血及黑便,而十二指肠出血多无呕血而仅有黑便。呕出血液的性状主要取决于血量及其在胃内的停留时间。如出血量较少而在胃内停留时间较长,由于血红蛋白受胃酸的作用,转化为酸化正铁血红蛋白,呕吐物呈咖啡残渣样棕黑色,但如出血量大而在胃内停留时间短,则呕吐物呈鲜红色或暗红色。

上消化道出血失血量不大(少于800~1000毫升)时,患者可仅有呕血与黑便、皮肤苍白厥冷、头晕、乏力、出汗、脉快、心悸等急性失血性贫血症状。如出血量大,除上述症状之外还出现脉搏细弱、呼吸加快、血压下降与休克等急性周围循环功能不全症状。

【应急处理】

(1)绝对卧床休息,取平卧位,或将双下肢抬高30°。

（2）如有剧烈恶心、呕吐时，应进流质饮食；频繁呕吐或食道静脉曲张破裂出血者，可暂禁食。

（3）患者烦躁不安、情绪紧张时，可给予镇静剂如地西泮 5~10 毫克肌注或口服对止血有效。

（4）保持呼吸道通畅，防止呕血时吸入气管内发生窒息。

（5）止血药物应用如云南白药 0.3~0.6 克，每日 3 次口服。

【护理】

（1）在家中若有呕血患者，应让其绝对卧床休息，并安慰患者，消除其恐惧紧张心理。按医嘱服药。

（2）饮食上严格禁食，程度轻者可给冷流质饮食。

（3）严密观察患者的面色、精神状态、脉搏、呼吸、血压等，如出现脉搏加快、烦躁不安、出汗、休克等情况，应立即送医院急诊。

【预防】

积极治疗原发病，去除可能的致病因素。

二十、呃逆

呃逆是膈肌和肋间肌等辅助呼吸肌的痉挛性不随意挛缩，伴吸气期门突然闭锁，空气迅速流入气管内，发出特异性声音。呃逆频繁或持续 24 小时以上，称为难治性呃逆，多发生于某些疾病。

【病因】

健康人可发生一过性呃逆，多与饮食有关，特别是饮食过快、过饱，摄入很热或冷的食物饮料、饮酒、饮碳酸饮料等，外界温度变化和过度吸烟亦可引起。按病变部位其病因分为如下几种情况。

（1）胸腹腔脏器疾病使膈神经受到刺激，诸如食管肿瘤、胃肠或肝胆疾患、心肌和心包的炎症等。

（2）膈肌本身的病变，像膈下脓肿、胸膜炎等疾病波及到膈肌。

（3）中枢神经的某些病变累及到膈神经，比如脑炎、脑瘤及脊髓的一些疾病。

【症状】

膈肌反复不自主地收缩引起气体突然冲入肺脏同时声门（控制声带的组织）关闭，发出"呃"声音；呃逆的持续时间短，多于饱餐或大量饮酒后出现。

【应急处理】

（1）将一匙糖放在舌下慢慢溶化，或者吞咽干糖及喝糖水。糖在口腔里改变了原来的神经冲动，以阻挠横膈膜的肌肉作间歇性地收缩。

（2）喝几口温开水，慢慢咽下，并做弯腰 90 度的动作 10~15 次。因胃部离膈肌较近，可从内部温暖膈肌，在弯腰时，内脏还会对膈肌起到按摩作用，缓解膈肌痉挛，达到止嗝的目的。

（3）用棉拭子刺激口腔顶部硬腭与软腭的交界部位。取一根细棒，一端裹上棉花（如手边无棒，可用竹筷的细端包上棉花代替），放入患者口中，用其软端按端前软颚正中线一点，此点的位置正好在硬、软颚交界处稍后面。一般按摩一分钟就能有效地控制呃逆。

（4）当感到要出现呃逆时，憋气并进行吞咽。可以重复进行 2~3 次，直到呃逆停止。心肺功能不好的人慎用此法。

（5）将一个棕色纸袋罩在嘴上，用力快速地呼吸，至少 10 次。要确保嘴周围封闭严密，没有空气进入。用呼出的二氧化碳重复吸入，增加血液中二氧化碳的浓度，来抑制打嗝。

（6）吮吸柠檬片，或者吞咽 1 汤匙醋。

（7）如果出现呃逆，那么屏住呼吸不发笑，同时轻轻地胳肢他。

（8）比如在进食进可以暂停进食，作几次深呼吸，往往在短时间内能止住呃逆。

（9）打嗝时，如果想办法打个喷嚏，就可以止嗝，可以用鼻子闻一下胡椒粉即可打喷嚏。

（10）如分散注意力的交谈，疼痛或其他不适刺激，喝冰水、用纸袋或塑料袋罩于口鼻外做重复呼吸，喝大口水分次咽下，做深吸气后屏气，用力做呼气动作，以阻断呃逆反射弧。趁不注意猛拍一下打嗝者的后背，也能止嗝。因为惊吓作为一种强烈的情绪刺激，可通过皮层传至皮下中枢，抑止膈肌痉挛。

（11）可用牵舌法（使患者伸舌用纱布包住向外牵引 3~5 分钟，同时作深吸气、摒气动作）或通过鼻腔插入软导管，一般插入 8~12 厘米，来回移动导管以刺激咽部，由于阻断呃逆反射环，常可使呃逆停止。

（12）治疗者双手拇指按压患者双侧眼眶上，相当于眶上神经处，以患者耐受为限，双拇指交替旋转 2~4 分钟，并嘱患者节奏屏气。

（13）患者闭目，医生将双手大拇指置于患者双侧眼眶上，按顺时针方向适度揉压眼球上部直到呃逆停止。若心率突然下降到每分钟 60 次以下应停止操作，青光眼及高度近视者忌用，心脏病者慎用。

（14）取一较长的圆形硬纸空盒，一端开口，把用火点燃之纸屑放入盒中，使其熄灭产生烟雾，立即将纸盒开口一端紧压口周，留出鼻孔，嘱患者张口做进食动作，把烟雾吞咽下去，忌用抽吸，吞咽 1~2 分钟，呃逆可止。

（15）针灸内关、合谷、中脘、膈俞、足三里、三阴交等穴。

（16）如果持续不停地连续打嗝儿，就可能是胃、横膈、心脏、肝脏疾病或肿瘤的症状，应及时去医院进行细致的诊治。

【护理】

保持病房整洁、舒适、安静、安全，使患者心身都能得到较好的休息，对稳定其情绪也起到促进的作用。

观察呃逆的发作特点、是否有伴随症状。如出现汗出肢冷、面白或紫、息微脉绝，提示病情加重，须予积极抢救及采取相应的护理措施。

【预防】

应保持精神舒畅，避免过喜、暴怒等精神刺激。

注意避免外邪侵袭。

饮食宜清淡，忌食生冷、辛辣，避免饥饱失常。食量以无饱胀感为好，每次不宜多食，但餐次可增加，发作时应进食易消化饮食，半流饮食。

家庭生活百科

·健康医疗·

图文珍藏版

第二节 内科

内科可以分为呼吸内科、消化内科、心血管内科、神经内科、内分泌科、血液内科、传染病科等等。本节中将为您介绍常见的内科突发疾病的急救处理办法及预防措施,让身体尽可能减少损坏。

一、阵发性心动过速

三个或三个以上连续发生的过早搏动为阵发性心动过速。其特点是阵发性和突发性又突然停止发作,心律在 160~220 次/分钟。

【病因】

1.室上性阵发性心动过速的原因

发作与情绪激动、过度疲劳、烟酒、浓茶、咖啡过量有关。多见青壮年,或因风湿性心瓣膜病、高血压性心脏病、肺原性心脏病、心肌病、先天性心脏病、低血钾引起。

2.室性阵发性心动过速的原因

冠心病发生急性心肌梗塞、心肌炎、风湿性心脏瓣膜病、肾上腺素过量,或因严重缺钾、心脏插管时刺激心脏等。

【症状】

突然发作,突然停止。发作时有情绪不安,心悸,心前区、头颈发胀。心律在200 次/分钟以上时出现血压下降、呕吐、恶心、无力、头晕、昏厥、心力衰竭。有冠心病史者,常引起心绞痛、心肌梗塞,甚至引起死亡。

【应急处理】

(1)令患者深吸一口气后屏住,然后用力做呼气动作。

(2)压迫颈动脉窦,同时注射阿托品或肾上腺素急救药。患者仰卧位,头偏一侧,先在甲状腺软骨上缘摸到颈动脉搏动处,急救者用食、中两指向颈椎方向压迫颈动脉窦,先压右侧 10~30 秒钟,如无效再试压左侧。如心动过速缓解,指压也应停止,以防心脏停搏。注意不能同时压迫两侧颈动脉窦,以免引起脑缺血,对脑血管病变者和老人忌用此法。

(3)用手指或压舌板、棉棒刺激咽部,引起呕吐反射。

(4)压迫眼球,病者平卧、闭眼向下看,急救者用拇指在眶下缘压迫眼球上方,先压右侧,无效再压左侧,用力要适度,不能过猛过重,否则会引起视网膜剥离和其他眼球损伤。老年人、青光眼、高度近视者忌用。

(5)用洋地黄类药物,如心得安口服,一般 10~20mg/次,3 次/日。

【护理】

(1)阵发性室性心动过速是一种危急病症,极易导致心室停顿或心室颤动而死亡,因此必须争分夺秒地进行处理。

(2)阵发性室性心动过速,对于无明显器质性心脏病的人,如不经常发作,且发作短而无症状，可以不治疗，可用一些简单易行的方法，如深吸一口气并用力闭气，作恶心、呕吐动作，交替按摩一侧颈动脉窦等。若上述方法无效，应给予药物治疗。如维拉帕米、普罗帕酮、西地兰等。

（3）如出现危险征象如休克、阿斯综合征、急性心力衰竭以及猝死时，应立即送医院抢救。

【预防】

（1）避免诱因。

（2）地高辛 0.25mg，口服每日 1 次；奎尼丁 0.2g，口服每 6~8 小时 1 次；心得安 10mg，口服每日 3 次；异搏定 40~80mg，口服 3 次/日。在医生指导下服用。

二、心跳过慢

一个人如果每分钟心跳次数少于 60 次，就是"心跳过慢"，也可以称为"心动过缓"。

【病因】

（1）第一种是迷走神经功能亢进。在大脑的延髓部位有一个调节心血管活动的神经中枢，这个中枢可以抑制心跳也可以加速心跳。迷走神经就是这个中枢发出的神经纤维，用来控制心跳快慢。当迷走神经兴奋时，它的末梢可以释放一种称为"乙酰胆碱"的物质，对心脏起抑制作用，使心跳减慢。

（2）第二种心跳过慢叫"病态窦房结综合征"，简称"病窦"。常见的病因是冠心病、心肌病以及老人心脏传导系统的退行性病变。"病窦"患者心跳很慢，有时每分钟只有 30~40 次。

【症状】

出现心跳过缓时，患者自觉心悸、气短、头晕和乏力，严重时伴有呼吸不畅、胸闷，有时心前区有冲击感。

【应急处理】

（1）由迷走神经功能亢进引起的心跳过慢一般无需特殊治疗。但要注意的是：生活有规律，保持良好心态和乐观情绪。植物神经调节机制恢复正常，大都能逐渐康复。

（2）窦房结病变引起的心跳过慢的处理方法是，最好安装心脏起搏器，帮助心脏跳动。医学科技的进步，心脏起搏器的类型、性能、安全性已大大提高，即使 80 岁以上的老人也能够耐受。当然，在具体运作上要考虑适应症、经济承受力等条件。病情较轻者可酌情服用阿托品片、生脉饮及其他活血化瘀、加强心肌收缩力的药物。

【预防】

正常人或者运动员都可能出现心跳过缓，特别是运动员，因为经常锻炼使心脏的收缩力量增强，每搏动一次所输出的血量增加，足够供应身体各器官的需要，所以心跳每分钟 50~60 次就够了。但是如果心跳每分钟只有 30~40 次，则可能属于不正常，要查一下原因。

三、心绞痛

心绞痛是冠状动脉供血不足,导致心肌急剧地暂时缺血与缺氧所引起的临床综合征。

【病因】

(1)心绞痛是由于冠状动脉粥样硬化,血管壁内膜增厚、管腔狭窄,或者冠状动脉痉挛,造成心肌的缺血、缺氧。

(2)其发作状况往往有明显的诱因,如:情绪激动、精神紧张、过度劳累、饱餐、烟酒过度等不良生活习性。

【症状】

心绞痛常表现为:突然发生的胸骨中上部的压榨痛、紧缩感、窒息感、重物压胸感,胸疼逐渐加重,数分钟达高潮,并可放射至左肩内侧、颈部、下颌、上中腹部或双肩,伴有冷汗,以后逐渐减轻。持续时间为几分钟,经休息或服用硝酸甘油可缓解病情。不典型的患者,在胸骨下段,上腹部或心前可出现压痛感。有的仅有放射部位的疼痛,如咽喉发闷、下颌疼、颈椎压痛。

【应急处理】

(1)停止一切活动,平静心情,可就地站立休息,无须躺下,以免增加回心血量而加重心脏负担。

(2)取出随身携带的急救药品,如:硝酸甘油片一片,嚼碎后含于舌下,通常两分钟左右疼痛即可缓解。

(3)如果效果不佳,10分钟后可再在舌下含服一片,以加大药量。但需注意,无论心绞痛是否缓解,或再次发作,都不宜连续含服三片以上的硝酸甘油片。

(4)若疼痛剧烈或随身带有亚硝酸异戊酯,可将其用手绢包捏碎,凑近鼻孔将其吸入。

【护理】

(1)消除诱发因素,预防心绞痛发作:大多数的心绞痛发作均有其固定的或相近似的诱因,患者应根据个人的具体情况,总结出每次发病的特点,调整体力活动量,避免过度的情绪激动、焦虑、发怒、精神紧张,减轻不必要的心理负担。注意天气变化,突然受到寒冷刺激或饱餐也可诱发心绞痛。总之在实际生活中予以针对性预防。

(2)改变饮食结构:限制脂肪摄入,控制肥胖,戒烟,避免酗酒和暴饮暴食,减少餐后因心血管活动不稳定引起的心绞痛发作,积极防治高血压和高脂血症,限制钠盐的摄入,减少冠心病的危险。

(3)注意症状变化,警惕心肌梗塞的发生:患者应注意每次心绞痛发作的症状及诱发因素的变化,不稳定性心绞痛常是导致急性心肌梗塞和猝死的前驱信号,对初发的心绞痛患者、症状和诱因进行性恶化的患者,必须予以住院治疗,并严密观察病情变化。对于具有以下情况之一者,要警惕:

①新近发生的心绞痛。

②原有心绞痛症状加重、发作较频繁、持续时间延长、硝酸甘油疗效较差。

③心绞痛持续时间超过20分钟,经休息或含服硝酸甘油不能缓解。

④心绞痛发作时伴恶心呕吐、大汗和心功能不全,或伴心动过缓、严重心律失常以及血压大幅度波动等。

(4)用药护理:①硝酸甘油是缓解心绞痛首选药,如心绞痛发作时可用短效制剂1~2片舌下含化,通过唾液溶解而吸收,1~2分钟即开始起作用,约半小时后作用消失,嘱患者不能吞服,如药物不易被溶解,可轻轻嚼碎继续含化。②应用硝酸脂类药物时告诉患者可能出现头昏、头胀痛、头部跳动感、面红、心悸,继续用药数日后可自行消失。为避免体位性低血压所引起的晕厥,患者应平卧片刻,慢慢起床。③对长期服用β受体阻滞剂如氨酰心安、倍他乐克时,应嘱咐患者不能随意突然停药或漏服,否则会引起心绞痛加剧或心肌梗塞。因食物能延缓此类药物吸收,故应在饭前服用。

【预防】

(1)积极防治高血压、高血脂等冠心病的主要易患因素,将血压和血脂控制在正常范围内。

(2)饮食:以低盐低脂的清淡素食为主,避免饮食过饱,禁忌暴饮暴食,特别是晚餐宜少吃,少抽烟、喝酒,少喝浓茶、咖啡等刺激性饮料。

(3)禁烟、酒。

(4)劳逸结合,生活规律,保证充足的睡眠,避免过度劳累,对高度紧张及注意力集中的工作,不宜持续时间过长,夜间不看球赛及惊险的影视剧。

(5)控制情绪,保持良好的心境,培养乐观豁达的性格,避免情绪失控。

(6)注意保暖,根据气候变化添减衣服。冠心病每遇寒冷及气候转换季节易加重,心绞痛在冬季发作频繁,患者应避免寒冷刺激,不在清晨迎风跑步,冬季室外散步最好不在清晨,而以上午10~11时或下午3时阳光充足时为宜,刮大风时尽量减少外出机会,如在冷天大风天因事必须外出时,应注意衣着暖和,也可含服硝酸甘油预防。

(7)保持大便通畅,养成每日排便习惯,饮食中多食粗纤维食物,保证蔬菜和水果的摄入。若有便秘可服用缓和的导泻剂。禁忌过度用力排便。

(8)在医师的指导下进行适度的体育活动,可采取散步、体操、太极拳、气功等,避免过度用力、紧张刺激性强的运动。

(9)遵医嘱长期正确服用预防心绞痛发作的药物,如吲哚美辛、异乐定、恬尔心、阿司匹林。中成药制剂复方丹参滴丸、心可舒等。

(10)家庭必备药品:家中应必备的急救药品硝酸甘油、速效救心丸、吲哚美辛等,在家中放置固定易取的地方。而硝酸甘油和速效救心丸要随身携带,尤其外出要放置易取的上衣衣袋中。

四、急性心肌梗塞

急性心肌梗塞是由于冠状动脉粥样硬化、血栓形成或冠状动脉持续痉挛,导致冠状动脉或分枝闭塞,促使心肌因持久缺血、缺氧而发生坏死。

【病因】

冠状动脉粥样硬化所致,其次为梅毒性主动脉炎所致。心肌梗塞的患者,常有心绞痛反复发作的病史,其疼痛程度比心绞痛剧烈,且持续时间较长。

【症状】

1.疼痛

常在胸骨后或心前区突发持续性压榨性剧痛,并向上肢、颈部、上腹部放射。憋气、胸闷多持续30分钟,长则1~2天。

2.神态

口服硝酸甘油片无效者很可能是心肌梗塞。患者烦躁不安,出冷汗,面色苍白。

3.心力衰竭

呼吸困难,心跳加快,咳粉红色泡沫样痰。

4.休克

面白,肢冷,脉细而快,血压下降,尿少,意识模糊;恶心、呕吐、发热等;甚者昏迷,白细胞增高,血沉加快,心电图改变等。

5.心律紊乱

心跳过慢、过快或节律不齐。常因受冷、劳累、恐怖、紧张和情绪不稳定而使症状加剧。

【应急处理】

急性心肌梗塞多发生在左心室,梗塞面积大,现场如乱动,易发生并发症,如严重的心律失常,心室颤动,这是导致患者早期死亡的重要原因。

(1)心肌梗塞急性发作时应卧床休息,尽量少搬动患者。室内保持安静,切不可啼哭喊叫,以免刺激患者加重病情,与此同时立即与急救中心取得联系。

(2)在等待救护车期间,若发现患者脉搏细弱、四肢冰冷,提示可能将发生休克,应轻轻地将患者头部放低,足部抬高,以增加血流量。如果发生心力衰竭、憋喘、口吐大量泡沫痰以及过于肥胖的患者,头低足高位会加重胸闷,只能扶患者取半卧位。让患者含服硝酸甘油、吲哚美辛或苏合香丸等药物。烦躁不安者可服地西泮等镇静药,但不宜多喝水,应禁食。解松领扣、裤带,有条件的吸氧,注意保暖。针刺内关穴。若患者脉搏突然消失,应立即做胸外心脏按压和人工呼吸,且不能中途停顿,须持续到送医院抢救之后。

【护理】

(1)心理治疗:平时患者精神上要保持舒畅愉快,应消除紧张恐惧心情,注意控制自己的情绪,不要激动。并避免过度劳累及受凉感冒等,因这些因素都可诱发心绞痛和心肌梗塞。

(2)急性期需绝对卧床休息:卧床期间应加强护理。进食、漱洗、大小便均要给予协助,尽量避免患者增加劳力。以后可按病情逐渐增加活动量。休养环境应安静、舒适、整洁、室温合适。

(3)饮食宜清淡:要吃易消化、产气少,含适量维生素的食物如青菜、水果和豆制品等,每天保持必需的热量和营养,少食多餐,避免因过饱而加重心脏负担,忌烟、酒。少吃含胆固醇高的食物,如动物内脏、肥肉和巧克力等,有心功能不全和高血压者应限制钠盐的摄入。

(4)避免肢体血栓形成及便秘:对于卧床时间较长的患者应定期作肢体被动活动,避免肢体血栓形成。由于卧床及环境、排便方式的改变,容易引起便秘,要提醒患者排便忌用力过度,因排便用力可增加心脏负荷,加重心肌缺氧而危及生命,可给些轻泻剂或开塞露通便,便前可给予口含硝酸甘油片或吲哚美辛等。

(5)心绞痛和心肌梗塞一旦发生,首先应让患者安静平卧或坐着休息,不要再走动,更不要慌忙搬动患者。如给舌下含硝酸甘油片不见效而痛未减轻时,应观察患者脉搏是否规律,若有出冷汗、面色苍白和烦躁不安加重的情况,应安慰患者使之镇静,去枕平卧,有血压表的可以测量血压,初步处理平稳后再转送医院治疗。

(6)警惕不典型的发病表现:有时心绞痛或心肌梗塞的症状很不典型,如有的患者可出现反射性牙痛,也有的心肌梗塞先发生胃痛。在病情平稳恢复期要防止患者过度兴奋,使其保持稳定的情绪,适量的体力活动,以预防病情的反复。

【预防】

(1)合理调整饮食,禁忌刺激性食物及烟、酒、浓茶,少吃肥肉和动物脂肪及蛋类等胆固醇较高的食物。

(2)注意劳逸结合,康复期患者可适当进行锻炼,锻炼过程中如有胸痛、心慌、呼吸困难、脉搏增快,应停止活动,及时就诊。

(3)若急救医生不能在很短时间赶到患者现场,应请救护人员处理,等患者得到控制后再用担架平稳送往医院治疗。

五、心力衰竭

心力衰竭简称心衰是指由于心脏排血量减少及(或)不能将静脉回心血量充分排出,引起静脉回流受阻,导致静脉系统淤血及动脉系统血液灌注不足所出现的心脏循环衰竭的症侯群。

【病因】

(1)广泛的急性心肌梗塞,急性心肌炎或急进型高血压发作时,左心室排血量急剧下降,肺循环压力升高,诱发急性心力衰竭。

(2)严重的心律失常,如发作较久的快速性心律失常或重度的心动过缓。

(3)输液过快或过多,心脏的负荷突然增加,超出正常范围,原有左心衰竭的患者可引起急性肺静脉高压。

【症状】

(1)急性左心室心力衰竭表现为气促、夜间阵发性呼吸困难、端坐呼吸及发绀、咳嗽、咳粉红色泡沫状血痰等。

(2)右心衰主要表现为恶心呕吐、少尿、食欲下降、腹胀、肝区胀痛等症状。

【应急处理】

(1)卧床休息,给予高热量、低盐及多维生素饮食,严格限制水量。

(2)左心衰竭时取端坐位,双下肢下垂或半卧位,也可采用轮流结扎肢体以减少回心血量,减轻心脏负荷,并速送医院急救。

(3)右心衰竭时可口服双氢克尿噻 25~50 毫克或安体舒通 20 毫克,每日 3 次,必要时加服巯甲丙脯酸或盐酸哌唑嗪等血管扩张剂。

(4)尽早送往医院进一步诊治。

【护理】

(1)合理安排作息。对心功能Ⅲ级的患者,一天大部分时间应卧床休息,并以

·健康医疗·

图文珍藏版

半卧位为宜。在病情得到控制后,可稍试下床活动和自理生活,适当进行户外散步,减少由于长期卧床引起的下肢栓塞、肺部感染和体力、精力日益衰退,有助于身心健康。心功能Ⅳ级的患者,必须绝对卧床,避免任何体力活动,以减轻心脏负担。

(2)气急明显者,可给予吸入袋装氧气。

(3)重度心力衰竭、明显浮肿或年老体弱的患者,容易产生下肢静脉栓塞、肢体萎缩、肺炎和褥疮等。原则上不能移动患者,必要时只能轻轻地调换床单及衣物。痰不易咳出时,可适当侧体引流。

(4)心力衰竭患者要限制盐的摄入,强调低盐饮食,防止水分在体内潴留,导致浮肿和心脏负担加重。食物以高热量、高蛋白、多维生素、易消化为宜。注意少量多餐,因进食过饱会增加心脏负担,诱发心力衰竭。

(5)冠状动脉心脏病、高血压心脏病和肥胖者宜用低脂及低胆固醇饮食。严禁烟酒和刺激性食物,控制水分。

(6)要经常注意心律和心率的变化。对正常窦性心律患者,用测脉率即可;如有心房颤动的患者,可通过听诊器来测量心率。发觉病情异常变化,应立即送医院治疗。

(7)心力衰竭患者应避免过度劳累和精神刺激,要节欲或避孕,病情严重者应遵守医嘱暂禁妊娠,以防止心力衰竭发作。

(8)气候转冷时要注意加强室内保暖措施,防止呼吸道感染,减少发作诱因。

(9)心力衰竭是心脏病的危重表现。心脏病的重要特点是病情变化快,且有突然死亡的意外,故必须严密观察病情变化,如出现急性心力衰竭症状:突然呼吸困难,不能平卧;或急性肺水肿症状:气急、发绀、粉红色泡沫痰、两肺布满湿性啰音,应立即送医院抢救。家属应学会识别上述病情。

【预防】

(1)预防感冒:在感冒流行季节或气候骤变情况下,患者要减少外出,出门应戴口罩并适当增添衣服,患者还应少去人群密集之处。患者若发生呼吸道感染,则非常容易使病情急剧恶化。

(2)适量活动:做一些力所能及的体力活动,但切忌活动过多、过猛,更不能参加较剧烈的活动。以免心力衰竭突然加重。

(3)饮食宜清淡少盐:饮食应少油腻,多蔬菜水果。对于已经出现心力衰竭的患者,一定要控制盐的摄入量。盐摄入过多会加重体液潴留,加重水肿,但也不必完全免盐。减少钠盐的摄入,可使体内潴留过多的液体排出,减轻全身各组织和器官的水肿,使过多的血容量减少,减轻心脏的前负荷。减轻心脏的前负荷是治疗心力衰竭的重要措施。

(4)健康的生活方式:一定要戒烟、戒酒,保持心态平衡,不让情绪过于兴奋波动,同时还要保证充足的睡眠。根据病情适当安排患者的生活,活动和休息。轻度心力衰竭患者,可限制其体力活动,以保证有充足的睡眠和休息。较严重的心力衰竭者应卧床休息,包括适当的脑力休息。当心功能改善后,应鼓励患者根据个体情况尽早逐渐恢复体力活动。

六、冠心病

冠心病是指由于冠状动脉器质性狭窄或者堵塞所引发的心肌缺血缺氧或者心肌坏死的心脏病,也称为缺血性心脏病。我们通常所说的冠心病大多是动脉器质性狭窄或堵塞引起的,也可称为冠状动脉粥样硬化性心脏病。

【病因】

一般认为与高血压、糖尿病、高脂血症、高粘血症、内分泌功能低和年龄偏大等相关。据调查 40 岁后冠心病发病率明显升高,女性绝经期前发病率比男性低,绝经期后和男性大致相同;除年龄外,脂质代谢紊乱也是诱发冠心病的最重要因素;高血压与冠状动脉粥样硬化的形成和发展关系紧密;吸烟是引发冠心病的最重要危险因素;冠心病是未成年人糖尿病患者的第一死因,在糖尿病患者所有死亡原因和住院原因中冠心病大约占 80%;肥胖症是冠心病的首要危险因素,可能会增加冠心病的死亡率;很少运动的人患冠心病的几率和死亡的危险性几乎要翻一倍。

【症状】

1.心绞痛型

通常表现为胸骨后侧有压榨感,闷胀感,并伴随着明显的焦虑感,时间大致持续 3 到 5 分钟,常常延伸到左侧臂部、肩部、下颌、咽喉、背部、也可能会延伸到右臂。依据其发生的频率和严重程度可划分为稳定型和不稳定型。稳定型心绞痛是指发作时间在一个月以上的劳力性心绞痛。不稳定型心绞痛指的是稳定型心绞痛的发作频率,持续时间,严重程度相对来说有所增加,或者新发作的劳力性心绞痛(发生在 1 个月以内),或者是静息的时候产生的心绞痛。

2.心肌梗塞型

梗塞前一个星期左右通常出现前驱症状,身体伴随着有明显的不舒服及疲倦。梗塞时常表现为持续的剧烈压迫感,闷塞感,多发生于胸骨后侧,常波及到整个前胸,左侧尤其严重。发生的时间更加持久,疼痛感更严重。有的时候会出现上腹部疼痛,伴有低烧,烦躁,多汗和冷汗,恶心,呕吐,心悸,头晕,极度乏力,呼吸困难等症状;通常持续达 30 分钟以上,长者可达几小时。

3.无症状性心肌缺血型

许多患者有明显的冠状动脉阻塞但是却没有过心绞痛,甚至有些患者在发生心肌梗塞时也并没有心绞痛的感觉。有一部分患者发生了心脏猝死,进行常规体检时发现有心肌梗塞,也有一部分患者心电图有供血不足的表现,出现了心律失常,或因为运动试验阳性做冠脉造影时才发现。

4.心力衰竭和心律失常型

部分患者原来就有心绞痛发作的症状,以后由于产生广泛的病变,心肌广泛变得纤维化,心绞痛的感觉渐渐减少及至消失,但却出现心力衰竭的症状,如气紧,水肿,无力等,并且有各种心律失常,通常表现为心悸。也有部分患者从来没有过心绞痛,而是直接表现为心力衰竭和心律失常。

5.猝死型

因为冠心病引起的突然的死亡,这是在急性症状出现后 6 个小时内发生心脏骤停导致的。主要是因为缺血造成心肌细胞的生理活动不正常,而引起严重的心律失常所引起的。

【应急处理】

1.冠心病患者自救

冠心病患者常发病骤然，或有心绞痛，或有心律失常，甚至可发生心肌梗塞，如果能及时用药，常可转危为安。但往往是冠心病患者在发病时身边无人，家又离医院较远，这时如果身边带有一个保健盒则再好不过了。

一般的保健盒，常分别装有速效硝酸甘油、长效硝酸甘油、潘生丁、亚硝酸异戊酯、地西泮、吲哚美辛、芬那露等几种药品。通常选用3~5种药品装在小的铝盒或其他合适的药瓶中，平时带在身上，晚上睡觉放在床边，用时随手可取。

如果突然发作了心绞痛。要立刻卧床休息，同时马上舌下含服速效硝酸甘油1~2片，一般用药后2~3分钟就可缓解。药效可维持20~30分钟，可重复用药2~3次。

如心绞痛发作时，伴有精神紧张或烦躁不安，或伴有心动过速，可同时服用地西泮或芬那露1~2片有助于解除焦虑，对缓解心绞痛大有好处。

如近期反复发生心绞痛，除临时服用速效硝酸甘油外还要坚持每天3次定时服用吲哚美辛和潘生丁，剂量为吲哚美辛每次10毫克，潘生丁每次50毫克。这两种药都是血管扩张药，对改善心肌供血，减少血小板凝集，减轻心脏负担，缓解心绞痛大有好处。

服用上述药物主要是为了急救，而后应速去医院继续诊治。

2.心绞痛的家庭急救

(1)如果1个冠心病患者在家中突然出现心前区疼痛、胸闷、气短、心绞痛发作，则应立即平卧，舌下含化硝酸甘油片，如果1片不解决问题，可再含服1片。如果发作已缓解还需平卧1小时方可下床。

(2)如果患者病情险恶，胸痛不解，而且出现面色苍白、大汗淋漓，这有可能不是一般的心绞痛发作，而是发生心肌梗塞了。此时就要将亚硝酸异戊酯用手帕包好，将其折断，移近鼻部2.5厘米左右，吸入气体。

如果患者情绪紧张，可给1片地西泮口服。另一方面要立即和急救中心联系，切不可随意搬动患者，如果距医院较近可用担架或床板将其抬去。

(3)如果患者在心绞痛时又有心动过速出现，可在含服硝酸甘油的基础上加服1~2片乳酸心可定片。

当冠心病心绞痛发作或心肌梗塞时，一定要让患者平卧，不要随意搬动，不要急于就诊，更不能勉强扶患者去医院。可在家中按上述方法首先抢救，如果是心绞痛发作，经过处理可缓解。如果是心肌梗塞则不缓解，必须和急救中心联系。

【护理】

(1)恢复期或缓解期的患者仍需充分休息。居室应清静，避免噪声；可适当活动，但不能做剧烈运动，要避免疲劳。

(2)合理膳食，要清淡、易消化、低脂低盐饮食，多食富含不饱和脂肪酸的食品，如鱼类；多食富含维生素C和粗纤维和新鲜水果；严禁暴饮暴食或过饱，可少食多餐。

(3)保持乐观、松弛的精神状态，避免紧张、焦虑，情绪激动或发怒。

（4）保持大便通畅，大便时切忌用力。

（5）戒烟、少饮酒；不饮浓咖啡和浓茶，生活规律，保证充足睡眠；注意保暖，预防上呼吸道感染。

（6）用药要针对病情，不宜过多；心绞痛或心肌梗塞突发时，应立即舌下含服硝酸甘油或吲哚美辛、速效救心丸等，病情不缓解可再次含药。

（7）冠心病患者应随身携带家中备有的急救药物，以便发病时自己或家人能及时取到并服用，应定期到医院做健康检查。

【预防】

即在没有冠心病证据的人群中减少发生冠心病的危险。主要是针对易患人群，控制易患因素，防止动脉粥样硬化的形成。要从儿童、青少年及年轻时就开始积极有效的预防危险因素的发生。

（1）不吸烟。

（2）保持血压正常稳定，理想血压是 80/120mmHg。高血压的防治措施包括保持正常体重，限制酒精，食盐摄入，保持适当钾、钙和镁摄入，以及在医生指导下服用降压药。

（3）维持血脂正常，防治高脂血症，高危人群定期检查，低脂饮食。运动并服用降脂药。

（4）避免精神紧张。

（5）运动过少的生活方式是冠心病的重要危险因素，规律地锻炼有助于保持体重，减少高血脂和高血压、冠心病的发生。

（6）维持血糖正常，防治糖尿病。

（7）对已有冠心病危险因素（高血压、糖尿病、高脂血症等）的高危患者，建议长期服心血康，防止冠心病的发生。

七、急性主动脉夹层动脉瘤

急性主动脉夹层动脉瘤是指由于主动脉壁的营养血管破裂发生小出血，血流入管壁中层而将主动脉壁分为二层，或主动脉中层呈囊性坏死出血，在压力大的主动脉撕开中层形成血肿，并沿着中层扩散。

【病因】

高血压及动脉粥样硬化是其主要致病的因素。

【症状】

突然出现前胸部呈刀割样撕裂痛，并沿着扩散方向放射到背部及腹部，另外还常伴有呼吸困难、休克表现，如面色苍白、出冷汗、四肢厥冷等，甚至偏瘫、下肢麻木及猝死。

【应急处理】

（1）卧床休息，准备送医院抢救。

（2）若为高血压所致者，立即口含硝苯吡啶或尼卡地平 10 毫克。

（3）有出血性休克、心包填塞致猝死等严重并发症时，应迅速就地抢救并向医院求救。

【护理】

（1）出院后以休息为主,活动量要循序渐进,注意劳逸结合。

（2）低盐、低脂饮食,并戒烟、酒,多食新鲜水果、蔬菜及富含粗纤维的食物,以保持大便通畅。

（3）指导患者学会自我调整心理状态,调控不良情绪,保持心情舒畅,避免情绪激动。

（4）按医嘱坚持服药,控制血压,不擅自调整药量。

（5）教会患者自测心率、脉搏,有条件者置血压计,定时测量。

（6）定期复诊,若出现胸、腹、腰痛症状及时就诊。

（7）患者病后生活方式的改变需要家人的积极配合和支持,指导患者家属给患者创造一个良好的身心修养环境。

【预防】

积极有效治疗高血压,可降低本病发生率。

八、心房扑动与心房颤动

心房扑动与心房颤动是指发生于心房的、冲动频率较房性心动过速更快的异位心律失常。心房扑动时,心房率达到每分钟 250~350 次,节律规则。心房颤动时,心房率超过每分钟 350 次且不规则。

【病因】

绝大多数发生在有器质性心脏病的患者,其中以风湿性二尖瓣病变、冠心病和离心病最为常见。亦可见于原发性心肌病、甲状腺功能亢进、慢性缩窄性心包炎和其他病因的心脏病。低温麻醉、胸腔和心脏手术后、急性感染及脑血管意外也可引起,少数可发生在洋地黄中毒及转移性肿瘤侵及心脏时。部分长时间阵发或持久性房颤患者,并无器质性心脏病的证据,又称为特发性房颤。

【症状】

心房扑动者,常有心悸、气急、心前区不适感,心室率常在每分钟 150 次左右,规则压迫颈动脉窦或眼球时可使心室率突然减半。心房颤动者,常有心悸、气急、胸闷、自觉心跳不规则。心室率在每分钟 100~160 次左右,心律绝对不规则,心音强弱不等,有短绌脉。

【应急处理】

（1）可采用针刺主穴内关、通里,备穴神门、心俞。主备穴交替针刺。

（2）人参 15 克,急煎顿服。

（3）进行人工呼吸和胸外心脏按压术。

（4）急向医院求救或速送附近医院急救。

【护理】

（1）绝对卧床休息:呼吸困难时呈半卧位,保持呼吸道通畅,积极清除呼吸道的分泌物,鼓励患者咳痰,对无力排痰者应改变体位,拍背帮助排痰。有肺性脑病时采取吸痰法,必要时气管切开。

（2）吸氧:要正确选用给氧方法和氧浓度,由于缺氧和二氧化碳潴留,常选用鼻导管持续低流量吸氧,必要时通过面罩或呼吸机给氧。浓度在 24%~30% 范围之间,流量在 1~2 升/分钟,湿化瓶温度应保持在 30℃ 左右,鼻导管应每日更换。

（3）临床观察：密切观察体温、脉搏、呼吸、血压、神志、皮肤黏膜等变化。记录出入量，特别是尿量。控制水的摄取，防止增加负担，保持大小便通畅，以防用力过度发生猝死。做好口腔和皮肤护理，预防口腔溃疡和褥疮发生。准备好各种抢救物品，如吸痰器、呼吸机等，随时做好危重患者抢救工作。

（4）加强全身营养：鼓励患者多进食高热量、高蛋白、易消化食物，少食多餐，必要时鼻饲和静脉给予肠外营养，以保证营养供给。

（5）做好心理护理：患者常为老年人，性情固执，加之病程长，且易反复发作，患者存在悲观、忧虑的心理，对康复失去信心，所以要耐心倾听患者的心声，安慰患者，做好解释工作，鼓励他们树立战胜疾病的信心，消除悲观失望心理，使之配合治疗，安心休养，争取早日康复。

【预防】

复律后可用奎尼丁或同类药物预防复发。如复律不成功或房颤复发，则以钙拮抗剂、β阻滞剂或洋地黄控制心室率。

九、早搏

早搏又称期前收缩，是一次提早的异位心搏，可分窦性、房性、交界性及室性早搏，多见于正常人及迷走神经功能亢进者，也常见于器质性心脏病患者。

【病因】

药物、感染、电解质紊乱、情绪激动、过度疲劳、吸烟、饮酒过度均可引起早搏，另外器质性心脏病如心肌炎、心肌病、冠心病、心肌梗塞及甲亢等，也可引起早搏。

【症状】

早搏可无症状，也可有心悸或心跳暂停感，但频发室性早搏者常有心悸、心慌等症状，严重者可出现阿斯综合征及心力衰竭、休克等。

【应急处理】

（1）偶发早搏不需治疗。

（2）注意休息，戒烟戒酒，控制情绪，生活保持节律性。

（3）频发早搏伴有心悸、心慌者，可去医院查明原因，治疗原发性疾病。

（4）如为洋地黄引起的室性早搏应立即停止服用该类药物，并可服用美西律0.1~0.2克，乙胺碘呋酮0.2克，每日3次；或安搏律定，首剂100毫克，以后每6小时50~100毫克口服，24小时总剂量不超过300毫克，维持量为每日50~100毫克。

（5）出现阿斯综合征，应立即采取人工呼吸和胸外心脏按压术进行抢救，并速送医院急救。

【护理】

（1）早搏本身并非严重疾病，所以患者应消除思想顾虑，保持乐观情绪，积极配合治疗。

（2）注意劳逸结合，使睡眠充足。

（3）不吸烟，不饮酒，饮食不过饱，少吃刺激性食物。

（4）活动后早搏不增多的慢性患者应适当参加文体活动。

（5）伴有严重心脏病或有明显症状者须服用抗心律失常药物。此类药物应在医师指导下服用。

【预防】

(1)要保持规律的生活及适当的体育锻炼,不要过度熬夜,不要长时间看电视或长时间坐在电脑前;散步、打太极拳,利用一些健身器械进行健身训练将为你的身体健康带来长久的益处。

(2)要戒烟及避免大量饮酒,因为吸烟及饮酒是引起冠心病的主要诱发因素。

(3)要保持情绪稳定,要摆正工作、生活和学习的关系,情绪高度紧张及大起大落是引起功能性"早搏"的主要诱因。

(4)要定期到医院体检,一旦发现心悸、漏跳等情况要及时到医院就诊。

十、病态窦房结综合征

病态窦房结综合征简称病窦综合征,是指由于窦房结及其周围组织病变造成其起搏和(或)冲动传出障碍,引起一系列心律失常和多种症状的综合病症。临床特征主要表现为持续性心动过缓,如合并快速性室上性心律失常反复发作时,又称心动过缓—心动过速综合征。

【病因】

多见于冠心病、高血压心脏病、风心病、心肌炎、心肌病等,部分有家族史,也有原因不明者。

【症状】

轻者可有头晕、乏力、记忆力减退、反应迟钝或易激动等。严重者反复晕厥及出现阿斯综合征等。

【应急处理】

(1)可口服阿托品或异丙肾上腺素1~2片,每日3次。

(2)艾灸神门、命门、足三里穴,每次15分钟,可提高心率4~10次/分。

(3)中药黄芪、红参、肉桂、附子、丹参、红花煎服,能增快心率,改善症状。

(4)严重者或用药物治疗无效者,可送医院安装心脏起搏器治疗。

【护理】

对不伴房性快速心律失常的患者,若药物治疗无效且症状严重者,宜装置按需型人工心脏起搏器。心动过缓—心动过速综合征的患者也可根据症状装置按需人工心脏起搏器,并在起搏器控制心室的条件下加用抗心律失常药物,控制快速心律失常。

病情稳定时,可适量参加轻微体力活动,动静结合。病情发作时,应卧床休息,避免活动。平时饮食以低钠为主,以减轻心脏负担,同时忌烟、酒。

【预防】

(1)预防诱发因素:吸烟、酗酒、过劳、紧张、激动、暴饮暴食,消化不良,感冒发烧,摄入盐过多,血钾、血镁低等。

(2)稳定的情绪:保持平和稳定的情绪,精神放松,不过度紧张。

(3)定期检查身体:定期复查心电图,电解质、肝功能等。

(4)生活要规律:养成按时作息的习惯,保证睡眠;运动要适量,量力而行,不勉强运动或运动过量,不做剧烈及竞赛性活动,可做气功、打太极拳;洗澡水不要太热,洗澡时间不宜过长;养成按时排便习惯,保持大便通畅;饮食要定时定量;节制性生活,不饮浓茶不吸烟;避免着凉,预防感冒;不从事紧张工作,不从事驾驶员工作。

十一、感染性心内膜炎

感染性心内膜炎是指由于病原体经血液直接侵犯心内膜而产生的心脏瓣膜和心壁内膜的炎症,以细菌性心内膜炎为多见。

【病因】

急性细菌性心内膜炎常继发于化脓性感染,病原菌以金黄色葡萄球菌最多见,其次为溶血性链球菌、肺炎球菌、革兰阳性杆菌和真菌等;亚急性细菌性心内膜炎常发生于风湿性心瓣膜病、先天性心血管和心脏手术后的患者,病原菌以草绿色链球菌为多见,其次为肠球菌,金黄色葡萄球菌,白色葡萄球菌,溶血性链球菌和革兰阳性菌等。

【症状】

起病急骤、寒战、高热、肌肉关节酸痛、乏力出汗、食欲不振等,另外还有栓塞引起的指趾端疼痛、脾区及腰部疼痛症状,脑栓塞时可有昏迷、瘫痪。

【应急处理】

(1)卧床休息,给予高蛋白、多维生素及易消化食物饮食,鼓励患者多饮水或菜汤等以补充水分。

(2)高热时应采取物理降温或少量退热药物使用。

(3)有抽搐、昏迷患者,应及时清除鼻腔和口腔内异物,保持呼吸道通畅,并急送医院救治。

【护理】

遵医嘱准确、按时给予抗生素。

采取降温措施:物理降温,必要时使用退热剂。

监测体温每4小时1次。

发热时遵医嘱抽血作培养。

保持病房温度适宜,注意保暖。

卧床休息,采取舒适体位,限制活动量。

补充水分,鼓励患者多喝温热饮料。

做好口腔护理。

饮食上给予营养丰富、富含维生素的食物,鼓励进食。

【预防】

患者要充分休息,忌劳累。

保持良好的精神状态,放下思想包袱,树立战胜疾病的信心。

禁烟,忌酒,合理饮食。

有先天性或风湿性心脏病患者平时应注意口腔卫生,防止齿龈炎、龋齿。

十二、急性心肌炎

急性心肌炎是一种心肌损伤性疾病,常发生于风湿热活动期或继发于某些感

【病因】

风湿热活动期。

继发感染性疾病。

化学药物中毒。

结缔组织疾病所致。

其他不明原因如克山病。

【症状】

心肌炎的临床表现轻重悬殊很大,轻者可无症状,极重者则暴发心源性休克或急性充血性心力衰竭,于数小时或数日内死亡或猝死。心肌炎症状可发生在病毒感染的急性期或恢复期。如发生在急性期,则心肌炎的症状常为全身症状所掩盖。

典型急性心肌炎的症状与体征在心脏症状出现前数日或2周内有呼吸道或肠道感染,可伴有中度发热、咽疼、腹泻、皮疹等症状,继之出现心脏症状。主要症状有疲乏无力、食欲不振、恶心、呕吐、呼吸困难、面色苍白,发热,年长儿可诉心前区不适、心悸、头晕、腹痛、肌痛。检查多有心尖部第1心音钝,可有奔马律,心率过速或过缓,或有心律失常,因合并心包炎可听到心包摩擦音,心界正常或扩大,血压下降,脉压低。根据急性心肌炎病情可分为轻、中及重三型。轻型可无症状或仅有一过性心电图ST-T的改变,或表现为精神不好、无力、食欲不振,第1心音减弱,或有奔马律,心动过速,心界大都正常,病情较轻,经治疗于数日或数周内痊愈,或呈亚临床经过。中型除以上症状外,多有充血性心力衰竭,起病多较急,患儿拒食、面色苍白、呕吐、呼吸困难、干咳。

【应急处理】

绝对卧床休息,给予高蛋白、多维生素及易消化性食物饮食。

有心力衰竭时,应取端坐位,双下肢下垂或半卧位,也可轮流结扎肢体,以减少回心血量,减轻心脏负荷。

有休克时应取平卧位,头稍低,及时清除口腔内异物,保持呼吸道通畅。

出现严重心力衰竭或休克时,应速送医院救治。

【护理】

应卧床休息,恢复期可逐渐增加活动量,但不可过于劳累。

多进食含维生素C类水果(如橘子、番茄等)及富于氨基酸的食物(如瘦肉、鸡蛋、鱼、大豆等)。

注意气候变化,防止受凉、感冒或上呼吸道感染。

服药要遵医嘱,尤其是伴心律失常(如频发早搏等)的患者,不可自行增加或减少药量。

长期持续早搏患者应避免剧烈活动,注意生活规律,保持良好的精神状态,心理上不必过于紧张。

【预防】

急性心肌炎的预防在于避免致病因素,充分治疗原发病如白喉应早期给予定量抗血清治疗。咽炎、扁桃体炎等链球菌感染时应予以青霉素治疗。某些感染,如麻疹、脊髓灰质炎、白喉等可通过预防注射达到预防的目的。

国学经典文库

家庭生活百科

·健康医疗·

图文珍藏版

十三、急性心包炎

急性心包炎是一种感染或非感染因素所致的心包膜炎症性疾病,一般可分感染性心包炎和非感染性心包炎。

【病因】

感染性心包炎最常见是结核性和金黄色葡萄球菌、肺炎球菌及脑膜炎双球菌等引起的化脓性心包炎;而非感染性心包炎是以风湿性、尿毒症性心包炎多见。

【症状】

(1)心前区疼痛:主要见于炎症变化的纤维蛋白渗出阶段。心包的脏层和壁层内表面无痛觉神经,在第五或第六肋间水平以下的壁层外表面有膈神经的痛觉纤维分布,因此当病变蔓延到这部分心包或附近的胸膜、纵隔或膈肌时,才出现疼痛。心前区疼痛常于体位改变、深呼吸、咳嗽、吞咽、卧位尤其当抬腿或左侧卧位时加剧,坐位或前倾位时减轻。疼痛通常局限于胸骨下或心前区,常放射到左肩、背部、颈部或上腹部,偶向下颌,左前臂和手放射。右侧斜方肌嵴的疼痛系心包炎的特有症状,但不常见。有的心包炎疼痛较明显,如急性非特异性心包炎;有的则轻微或完全无痛,如结核性和尿毒症性心包炎。

(2)心脏压塞的症状:可出现呼吸困难、面色苍白、烦躁不安、发绀、乏力、上腹部疼痛、浮肿、甚至休克。

(3)心包积液对邻近器官压迫的症状:肺、气管、支气管和大血管受压迫引起肺淤血,肺活量减少,通气受限制,加重呼吸困难,使呼吸浅而速。患者常自动采取前卧坐位,使心包渗液向下及向前移位,以减轻压迫症状。气管受压可产生咳嗽和声音嘶哑。食管受压可出现下咽困难症状。

(4)全身症状:心包炎本身亦可引起发冷、发热、心悸、出汗、乏力等症状,与原发疾病的症状常难以区分。

【应急处理】

(1)卧床休息,取半卧位。

(2)给予高蛋白、多种维生素及易消化性食物饮食。

(3)高热时可采用物理降温或口服退热药物。

(4)疼痛剧烈时可口服吲哚美辛25毫克。每日3次,必要时加地西泮以镇静。

(5)休克取平卧位、头稍低,并速送医院急救。

【护理】

1.一般护理

(1)急性心包炎病人应卧床休息,给予氧气吸入,并保持情绪稳定,以免因增加心肌耗氧量而加重病情。休息时可采取半卧位以减轻呼吸困难;出现心包填塞的病人往往采取强迫前倾坐位,应给病人提供可趴俯的床尾小桌,并加床挡保护病人,以防坠床。

(2)饮食上给予高热量、高蛋白、高维生素、易消化的半流食或软食;如有水肿,应限制钠盐摄入。

2.心理护理

(1)病人气急发生后,常常精神紧张,甚至是产生恐惧心理,陪护人员应守护在旁,给予解释和安慰,消除不良心理因素,取得病人的配合。

(2)在行心包穿刺抽液治疗前,向病人做好解释工作,通过讲解此项治疗的意义、过程、术中配合事项等,减轻恐惧不安情绪。护士可在手术中陪伴病人,给予支持、安慰。

【预防】

急性心包炎的治疗包括对原发疾病的病因治疗、解除心脏压塞和对症治疗。

(1)患者宜卧床休息。

(2)胸痛时给予镇静剂,必要时使用吗啡类药物或左侧星状神经节封闭。

(3)风湿性心包炎时应加强抗风湿治疗,应用肾上腺皮质激素较好;结核性心包炎时应及早开始抗结核治疗,并给予足够的剂量和较长的疗程,直到结核活动停止后1年左右再停药,如出现心脏压塞症状,应进行心包穿刺放液;如渗液继续产生或有心包缩窄表现,应及时做心包切除,以防止发展为缩窄性心包炎;化脓性心包炎时应选用足量对致病菌有效的抗生素,并反复心包穿刺抽脓和心包腔内注入抗生素,如疗效不显著,即应及早考虑心包切开引流,如引流发现心包增厚,则可作广泛心包切除;非特异性心包炎时肾上腺皮质激素可能有效,如反复发作亦可考虑心包切除。心包渗液引起心脏压塞时应做心包穿刺抽液,可先做超声波检查确定穿刺的部位和方向。并将穿刺针与绝缘可靠的心电图机的胸导联电极相连结进行监护。还应预防性地使用阿托品,避免迷走性低血压反应。

十四、心脏黏液瘤

心脏黏液瘤是临床上最常见的心脏原发性肿瘤,多属良性,恶性者少见。

【病因】

肿瘤大小不一,多有蒂与心房或心室壁相连,外形多样,外观富有光泽,呈半透明胶冻状。切面呈实质性,间有斑片状出血区及充满凝血块的小囊腔。显微镜下可见肿瘤细胞呈星芒状、梭形、圆形或不规则形,散在或呈闭索状分布于大量黏液样基质中,胞核多为单核也可呈多核瘤巨细胞。黏液肉瘤细胞形态不一,胞核大,染色深,可见核分裂,瘤细胞可浸润至小血管内形成瘤栓。

【症状】

本病的临床表现取决于肿瘤的部位、大小、性质及蒂的有无和长短。瘤体大蒂长者易致房室瓣口狭窄或关闭不全,发生血流动力学的改变,出现一系列的症状,瘤体小蒂短者,可长期无症状。

(1)梗阻症状:早期常有心悸、气短、运动耐力减低,左心房黏液瘤如梗阻肺静脉或二尖瓣口可产生酷似二尖瓣病变的肺淤血症状;阵发性夜间呼吸困难、咯血丝痰,重者可有颈静脉怒张,肝肿大及下肢浮肿。

右房黏液瘤如梗阻腔静脉、三尖瓣口可出现与心包积液相似的症状;颈静脉怒张,肝肿大及水肿。本病的梗阻症状有随体位变动而发作的特点,如有与体位相关的发作性眩晕及呼吸困难,肿瘤突然堵塞房室瓣口引起心搏量显著降低,可发生突然昏厥或心脏骤停。

(2)栓塞:黏液瘤碎片或瘤体表面血栓脱落可发生体、肺循环的栓塞。左房黏液瘤约有40%发生栓塞,右房黏液瘤者栓塞少见。

（3）全身症状：主要有发热、血沉增快，贫血、体重减轻及血清 α2、β 球蛋白异常增高，此可能与肿瘤内有出血坏死及炎症细胞浸润有关。

【应急处理】

（1）应适当休息、避免体力劳动和情绪激动。

（2）昏厥时可让患者平卧、头低脚高、解开衣扣，同时指压人中、合谷等穴位。

（3）急性左心衰竭时应取端坐位，双下肢下垂或半卧位，或轮流结扎肢体减少回心血流量，减轻心衰程度，并速送医院进一步救治。

（4）本病有发生猝死的危险性，应去医院确诊后及早进行心脏肿瘤切除术。

【护理】

（1）神志的观察：因肿瘤组织松脆，术中容易脱落引起栓塞，另外体外循环后老年患者易出现神经系统损伤，加之老年患者代谢能力降低，对麻醉药品的清除迟缓，故术后需注意观察患者的神志、瞳孔变化及其对光反应并记录。患者完全清醒后，对其四肢肌力、感觉及肌张力做出评估，若出现四肢功能障碍、腱反射迟钝及病理反射，应及时进行判断处理。

（2）循环系统的管理：严密观察并记录患者心率、心律、血压及中心静脉压变化。对于术前心功能不全的患者，术后仍需强心、利尿治疗，视病情给予血管活性药物，如多巴胺、多巴酚丁胺、硝酸甘油等微量泵输注，根据病情随时调整剂量。

（3）呼吸系统的管理：在机械辅助呼吸期间，严密监测动脉血气，及时调整呼吸机各项参数，防止发生呼吸性酸中毒或碱中毒；定时吸痰，严格无菌操作。病情允许拔除气管插管后，立即给予持续氧气吸入，协助患者翻身、叩背、咳痰。术前并存慢性支气管炎、肺气肿者，超声雾化液内加抗生素、沐舒坦及解痉药进行雾化吸入，每天 4 次，有利于排痰和预防呼吸道感染。同时鼓励和协助患者早期下床活动，以减少肺部并发症，促进肺功能恢复。

（4）预防栓塞：密切观察病情，预防栓塞的发生。体外循环本身有气栓的可能，再加上黏液瘤质地脆，瘤体碎片易脱落，虽然术者操作轻柔，术中充分冲洗心腔，尽量清除脱落的碎屑，但仍然有微栓子栓塞的可能。故除观察患者的神志、瞳孔外，还需观察周围动脉搏动、肢体活动、腹痛等情况。

【预防】

患者有不明原因的突发性心悸、气短，且日渐加重，尤其是随体位改变症状加重或减轻者，应高度怀疑本症，及时做超声心动图检查，一旦确诊，应在体外回流心内直视手术下切除肿瘤，预后良好。

十五、急性肺源性心脏病

急性肺源性心脏病主要由于来自静脉系统或右心的栓子进入肺循环，造成肺动脉主干或其分支的广泛栓塞，同时并发广泛肺细小动脉痉挛，使肺循环受阻，肺动脉压急剧升高而引起右心室扩张和右心衰竭。

【病因】

主要为严重肺动脉栓塞引起。最常见为周围静脉或盆腔静脉血栓；其次为右心血栓、癌栓、气栓及脂肪栓等栓塞所致。

【症状】

·健康医疗·

图文珍藏版

突然发作性呼吸困难、发绀、剧烈咳嗽、心悸、咯血和胸痛、胸骨后疼痛等并伴有血压急剧下降、皮肤苍白、大汗淋漓、四肢厥冷,甚至休克、心力衰竭、心脏停搏或心室弦颤而猝死。

【应急处理】

(1)卧床休息,取半卧位或端坐位,双下肢下垂。

(2)给予高热量、多维生素及易消化食物饮食。

(3)烦躁不安时可口服或肌注地西泮 10 毫克 1 次镇静。

(4)休克患者应取平卧位,头稍低,注意保暖,保持呼吸道通畅。

(5)经上述紧急处理后速送医院急救。

【护理】

(1)加强锻炼,提高机体抗病能力,积极治疗支气管及肺部疾患,防治感冒。

(2)宜进食高热量、高蛋白、易消化食物。有心衰者应控制钠、水摄入。忌烟、酒。

(3)生活规律,顺应自然,秋冬季节时注意保暖,避免受风寒诱发或加重病情。

(4)加强呼吸功能锻炼,做膈式呼吸和缩拢口唇呼吸以利于肺通气功能的改善。

【预防】

主要是防治足以引起本病的支气管、肺和肺血管等疾病。

积极采取各种措施提倡戒烟。

积极防治原发病的诱发因素,如呼吸道感染、各种过敏源,有害气体的吸入,粉尘作业等的防护工作和个人卫生的宣教。

十六、上呼吸道感染

急性上呼吸道感染,俗称感冒,是指由病毒或细菌等病原体感染所致的以侵犯鼻、咽部为主的急性炎症。

【病因】

(1)病源体绝大多数为各种呼吸道病毒。常见的有流感、副流感病毒,呼吸道合胞病毒,腺病毒等。此外,鼻病毒,肠道病毒(柯萨奇、埃可病毒)亦可引起。

(2)上呼吸道感染,少数可由细菌及支原体引起。

(3)本病以鼻部和咽部黏膜炎症为主,亦常侵及口腔、鼻窦、中耳、喉、眼部、颈淋巴结等邻近器官,如炎症向下蔓延则可引起气管炎、支气管炎或肺炎。

【症状】

(1)烦躁不安、鼻塞、流涕、轻咳、食欲不振、呕吐、腹泻等是此症状的表现。

(2)起病 1~2 天由于突发高热可引起惊厥,但很少连续多次,退热后,惊厥及其他神经症状消失。

【应急处理】

(1)高热可给予物理降温,如头部冷敷、35%酒精擦浴或温水擦浴。

(2)可在进食前或睡前用 0.5%麻黄素滴鼻。

(3)情况严重的患者,应实时送往医院,按医生指示进行治疗。

【预防】

（1）以增强机体抵抗力和防止病原体入侵为主。平时要求小儿加强锻炼,增强体质,注意卫生,合理喂养,常到户外活动,多晒阳光,防治营养不良及佝偻病。

（2）避免发病诱因,保持居室空气新鲜,在气候变化时注意增减衣服,避免交叉感染。患者应尽量不与健康小儿接触,在呼吸道发病率高的季节,不要带小儿去公共场所。

（3）反复呼吸道感染的小儿患者应到医院就诊并严格从医嘱服用药物。

十七、流感

流行性感冒简称流感,是流感病毒引起的急性呼吸道感染。流感可引起上呼吸道感染、肺炎及呼吸道外的各种病症。

【病因】

本病系流感病毒引起,病毒可分为甲（A）、乙（B）、丙（C）3 型,甲型病毒经常发生抗原变异,传染性大,传播迅速,易发生大范围流行。

【症状】

起病急,主要表现为高热、头痛、身痛及显著性乏力等症状,呼吸道症状较轻,有咽干、咽痛、干咳,仅部分患者有轻度喷嚏、流涕及鼻塞。

【应急处理】

（1）应进行呼吸道隔离,住单人房间,进出人员需戴口罩。

（2）卧床休息,给予高热量、多维生素流质或半流质饮食,多饮水。

（3）高热时可采取物理降温或复方阿司匹林 0.42 克,每日 3 次,口服 1~2 日,退热后停药。

（4）病情严重者应送往医院诊治。

【护理】

（1）居室宜空气清新、流通,阳光充足,有条件者应实行家庭隔离,让患者单独居住,可用食醋蒸熏居室,以控制流感病毒,防止传播。隔离期限自发病至热退 48 小时。

（2）发热患者宜卧床休息,注意保暖,防止复感风寒,应多饮开水。

（3）保持口咽、鼻腔清洁,早晚刷牙,进食后以淡盐水或温水漱口,防止继发感染。

（4）患者用过的生活用具应注意消毒,可用煮沸消毒法或日光曝晒。

（5）平素多参加体育锻炼,增强体质,适时增减衣服。流行季节少去公共场所。

（6）患者饮食宜营养丰富,易于消化。高热时可进流质或半流质饮食,适当饮用富含维生素 C 的果汁。

【预防】

除吃药预防以及实行个人口鼻腔消毒预防、环境空气消毒外,还要注意在流感流行期间少去公共场所,减少感染机会。要注意体育锻炼,保证休息,增强体质。提高自己的身体抵抗力也是预防流感的重要措施。

十八、急性支气管炎

急性支气管炎是一种气管平滑肌痉挛、黏膜充血、水肿、分泌物增多性疾病。

【病因】

感染因素：以病毒和细菌感染多见。

理化因素：过冷空气、粉尘、刺激性气体或烟雾吸入等均可引起。

过敏反应：花粉、粉尘、真菌孢子等均可引起。

蠕虫移行：蛔虫、钩虫等幼虫在肺脏移行时可引起本病。

【症状】

初起主要表现为鼻塞、喷嚏、咽痛、声嘶等上呼吸道感染症状，继之咳嗽、咳痰，初为刺激性干咳或少量黏液性痰，后转为黏液脓痰。全身症状可有畏寒、发热、头痛、四肢酸痛等，症状较轻，如伴有支气管痉挛时可出现哮喘。

【应急处理】

（1）痰多时可服氯化铵糖浆或甘草合剂。痰粘稠者可用雾化吸入或蒸气吸入稀释。

（2）可服镇静药：如异丙嗪或氯丙嗪，每次 0.5～1.0 毫克，每日 3 次。注意避免过量而抑制咳嗽反射，造成痰堵塞，使呼吸困难加重。

（3）喘息严重时应使用氨茶碱口服，每次 4 毫克，每日 3 次。或加入葡萄糖液 100 毫升静脉滴注。能缓解支气管痉挛，利于排痰。

（4）对反复发作者，可用气管炎疫苗皮下注射。每周 1

甘草

次，每次 0.1 毫升，以后每周增加 0.1 毫升（每周 0.5 毫升为最大量）。10 次为一疗程。

【护理】

（1）注意保证充足的睡眠和适当的休息，发病时应增加日间卧床休息时间，调整好饮食，保证足够的能量摄入。

（2）大量饮水。水是痰液最好的生理稀释剂，每日最少饮 2 升水。如有发热，在此基础上还需增加。咳嗽可服用必嗽平、咳必清、可待因等镇咳药物。

（3）急性支气管炎一般 1 周左右可治愈。部分儿童患者咳嗽的时间要长些，以后逐渐会减轻、消失，适当地服些止咳剂即可。

【预防】

（1）保持良好的家庭环境卫生，室内空气流通新鲜，有一定湿度，控制和消除各种有害气体和烟尘，戒除吸烟的习惯，注意保暖。

（2）加强体育锻炼，增强体质，提高耐寒能力和机体抵抗力，冬天坚持用冷水洗脸，洗手，睡前按摩脚心、手心，都有一定帮助。

（3）在气候变化和寒冷季节，注意及时添减衣服，避免受凉感冒，预防流感，注意观察病情变化，掌握发病规律，以便事先采取措施。

十九、支气管哮喘

支气管哮喘简称哮喘,是指由于支气管平滑肌痉挛、黏膜充血、水肿、分泌物增多使管腔狭窄而引起的发作性哮喘等临床表现的支气管疾病。

【病因】

多为外界或机体内存在的变态原所引起的变态反应性疾病。外源性变态原有花粉、屋尘螨、真菌、动物皮屑、鱼、虾、蟹及油漆、染料等;内源性变态原主要为体内寄生虫或细菌、细菌产物等。

【症状】

突然发作性呼吸困难,呼气延长费力,胸部紧迫感、烦躁不安、出汗、端坐呼吸,并有喘鸣,反复发作,每次可持续数小时,如持续 24 小时以上不缓解时,称为哮喘持续状态,病情危急,必须紧急处理。

【应急处理】

(1)协助患者采取坐位,以使其隔肌下降,胸腔容积扩大,肺活量增加,减少体力消耗。

(2)可给患者吸入氧气,以便纠正或预防低氧血症。

(3)补充水分可防止脱水、痰液过于粘稠及痰栓形成而加重气道阻塞。

(4)给患者服用化痰药时要避免使用镇咳药。

【护理】

(1)要了解患者是否有其他疾病,正确应用支气管解痉剂。应合理给氧,鼓励多饮水,保证每日一定的水量。

(2)给予营养丰富、清淡的饮食,多饮水,多吃水果和蔬菜。给予精神安慰和心理护理。

(3)保持房间的安静和整洁,减少对患者的不良刺激。居室内禁放花、草、地毯。忌食诱发患者哮喘的食物,如鱼、虾。

【预防】

防治原则包括消除病因,控制急性发作,巩固治疗,改善肺功能,防止复发,提高患者的生活质量。

居室内禁放花、草、地毯等。

忌食诱发患者哮喘的食物,如鱼虾等。

避免刺激气体、烟雾、灰尘和油烟等。

避免精神紧张和剧烈运动。

避免受凉及上呼吸道感染。

寻找过敏原,避免接触过敏原。

戒烟。

二十、支气管扩张症

支气管扩张症是指由于气管及其周围组织慢性炎症,破坏管壁以致支气管扩张和变形性疾病。

·健康医疗·

图文珍藏版

【病因】

(1)支气管扩张形成的基本因素系气管引流不畅及感染。

(2)可继发于肺结核、慢性支气管炎及肺不张等。

(3)幼年期患有肺炎、百日咳、麻疹或支气管受淋巴结压迫等。

【症状】

主要表现为慢性咳嗽、咳痰或痰中带血,如伴有严重感染时可有发热、心率加快、白细胞计数增高等全身中毒症状。

【应急处理】

(1)卧床休息,注意保暖,防止受凉感冒。

(2)口服抗菌药物如复方磺胺甲唑2片,每日2次,乙酰螺旋霉素0.2克,每日3~4次,或诺氟沙星0.2克,每日2~3次,必要时可全身应用大剂量抗生素。

(3)咳嗽频繁且无痰时,可服咳必清25毫克,每日3次;痰黏稠不易咳出时,可口服必嗽平16毫克,每日3次。

(4)少量咯血时,可口服维生素K3约12毫克,每日3次,或云南白药0.3~0.6克,每日也是3次。

(5)大量咯血时,可冷敷颈部,并速送医院救治。

【护理】

(1)天冷应注意保暖,避免受凉感冒。

(2)戒烟,避免接触烟雾及刺激性气体。

(3)痰量多时宜采取体位引流(如病变支气管在下叶的采取头低脚高势),每日2~3次,每次约15分钟。

(4)咯血时应轻轻将血咳出,切忌屏住咳嗽以致窒息。

(5)抗菌药物应在医师指导下使用,不要自己滥用或长期使用。

(6)急性期应注意休息,缓解期可作呼吸操和适当的全身体育锻炼,以增强机体抵抗力和免疫力。

(7)多食蛋、肉、鱼、奶和新鲜蔬菜、瓜果类食物。

【预防】

支气管扩张症的治疗,主要是感染的防和治,防治感染的关键在于加强呼吸道痰液的引流,并根据感染的病原菌适当选用抗生素,必要时亦可进行支气管冲洗局部给药,湿化呼吸道及应用祛痰药物,亦可根据扩张的支气管部位进行体位引流。大咯血时必须积极抢救,防止窒息。

对于反复发生呼吸道感染或大咯血的病人,经支气管造影或CT检查显示支气管扩张范围较局限(一般不超过二个肺叶),心肺功能无严重障碍者可做肺叶切除,效果较好。积极防治呼吸道感染(尤其是幼年期)对预防支气管扩张的发生具有重要意义。

已患支气管扩张者,应锻炼身体,努力增强体质,坚持体位排痰及戒烟、减少尘埃吸入,预防感冒等防止支气管扩张的发展。

二十一、急性肺炎

肺实质的炎症称肺炎,其发病率高,死亡率也较高,应该引起家人及社会的高度重视。重症肺炎是婴幼儿时期主要死亡原因之一，近年来采用中西医结合治疗，其病死率已有明显下降。临床常以病理、病原、病情及病程分类，婴幼儿以急性支气管肺炎为多见。

【病因】

肺炎的病因主要有感染性、理化性（如放射线、毒气、毒物、药物等），以及免疫、变态反应性（如过敏、风湿病等），但临床上所见的急性肺炎绝大多数为各类微生物引起的感染性肺炎，其病原体包括细菌、病毒、衣原体、支原体、立克次体和寄生虫等。急性肺炎系肺实质的急性炎症，为临床上常见的感染性疾病，按解剖学分类，肺炎可分为大叶性、小叶性和间质性。近年来，由于抗生素的广泛应用，临床上以轻型或不典型的肺炎为常见，而整叶实变的肺炎已不多见。

细菌性肺炎仍是最常见的肺炎，约占肺炎的80%。但随着医疗技术的发展、抗菌药物广泛应用和易感人群结构的改变，近几年肺炎病原体的分布也发生了明显的变化。调查结果表明，医院外感染肺炎中肺炎球菌所占比例下降，而流感嗜血杆菌、金黄色葡萄球菌和其他革兰氏阴性杆菌所占比例明显上升，此外，病毒性和真菌性肺炎在急性肺炎中的比例有上升的趋势。正常肺部的免疫防御功能，如对吸入气体的过滤和湿化、会厌反射和咳嗽反射、支气管纤毛黏液排泌作用、体液和细胞免疫功能以及中性粒细胞的吞噬作用等，可使气管、支气管和肺泡组织保持无菌状态。口咽部定居菌吸入是急性细菌性肺炎最主要的发病机理，正常人的口咽部定居的菌群包括不少可引起肺炎的致病菌，当机体的免疫功能低下或进入下呼吸道的病原菌毒力较强或者数量较多时，则肺炎随之发生。吸烟是影响肺部免疫防御功能最常见的原因之一。病毒性肺炎主要通过飞沫与直接接触传播，而且传播迅速、传播面广，多发生于冬春季节，可散发流行或者暴发流行；引起肺炎的病毒常见的有流感病毒A和B，腺病毒3、4和7型，其他尚包括鼻病毒、肠道病毒、副流感病毒和呼吸道合胞病毒。

【症状】

（1）肺炎以发热、咳嗽、恶寒、胸痛、出汗或咯痰为主症。

（2）起病急骤或迟缓。发病前先有轻度上呼吸道感染数日，骤发者常有发热，早期体温在38～39℃之间，亦可高达40℃，多为弛张热或不规则热。体弱婴儿大都起病迟缓，发热不明显或体温低于正常。咳嗽较频，早期呈刺激性干咳，中期咳嗽又略减轻，恢复期转为湿咳。

【应急处理】

（1）给予足量的维生素和蛋白质，经常饮水及少量多次进食，保持呼吸道通畅。

（2）有缺氧表现时应及时给氧。最常用鼻前庭导管持续吸氧，直至缺氧消失方可停止。

（3）咳嗽有痰者，不可滥用镇咳剂，因为抑制咳嗽会不利于排痰。

（4）重症患者，尤其是血压不稳定的患者，必须送往医院救治。

【护理】

（1）根据病情合理氧疗。保证静脉输液通畅、无外溢，必要时置中心静脉压了解血容量。

（2）给予高营养饮食，鼓励多饮水，病情危重高热者可给清淡易消化半流质

·健康医疗·

图文珍藏版

饮食。

（3）注意保证充足的睡眠和适当的休息，发病时应增加日间卧床休息时间，调整好饮食，保证足够的能量摄入。

（4）注意大量饮水，每日最少饮 2 升水。如有发热，在此基础上还需增加。保持居室的温、湿度适宜，空气新鲜，避免呼吸道的理化性刺激。

【预防】

（1）根据天气变化，注意防寒保暖。

（2）保持生活工作环境的空气流通。

（3）注意个人卫生，勤洗手。

（4）加强锻炼，增强体质。

（5）避免吸烟，少饮酒。

（6）在流行期间少到公共场所和减少参加集体活动，接触病人者应戴口罩。

（7）疫苗预防肺炎的关键是探明当地流行的菌型。人体免疫球蛋白被动免疫对易感的病人，特别是针对水痘与麻疹有一定的保护作用。对流行性感冒病毒、腺病毒等，接种相应的疫苗有一定保护作用，但不能完全防止其发病。

二十二、大叶性肺炎

大叶性肺炎是指病原菌入侵肺部而引起的感染性疾病。

【病因】

大叶性肺主要由肺炎双球菌感染所致，少数为葡萄球菌和肺炎杆菌引起。

【症状】

（1）起病急骤，寒战、高热、胸痛、咳嗽、咳铁锈色痰。病变广泛者可伴气促和发绀。

（2）部分病例有恶心、呕吐、腹胀、腹泻。

（3）重症者可有神经精神症状，如烦躁不安、谵妄等。亦可发生心力衰竭，并发感染性休克，称休克型（或中毒性）肺炎。

（4）急性病容，呼吸急促，鼻翼扇动。部分患者口唇和鼻周有发绀。

（5）早期肺部体征不明显或仅有呼吸音减低和胸膜摩擦音。实变期可有典型体征，如患侧呼吸运动减弱，语颤增强，叩诊浊音，听诊呼吸音减低，有湿啰音或病理性支气管呼吸音。

【应急处理】

（1）卧床休息，给予高热量、多维生素及易消化食物饮食，鼓励患者多喝水或菜汤以补充水分。

（2）全身应用大剂量抗生素如青霉素、氨苄青霉素等。

（3）高热者可在头、腋下、咽窝等处放置冰袋或冷水袋，全身温水或酒精擦浴等物理降温处理，必要时口服解热药物如复方阿司匹林、吲哚美辛等。

（4）神志恍惚或昏迷者，及时清除口腔内异物，保持呼吸道通畅。

（5）休克者应平卧，头稍低，并速送医院抢救。

【护理】

1.一般护理

嘱患者卧床休息,病室要求空气要新鲜,温度达 18~20℃,湿度为 60%,环境要清洁舒适,开窗通风时应注意给患者保暖,防止受凉。高热的患者机体代谢增强,应给予高蛋白,高热量,高维生素,容易消化的饮食,并鼓励患者多饮水。

2.高热期的护理

高热时,首先给予物理降温,可用水袋冷敷前额或用 50%的温水酒精擦拭腋下、腹股沟等大血管走行处,每次擦拭 20 分钟左右,待半小时后测试体温,并记录于体温记录单上。酒精擦浴时应用温度为 37℃的酒精,稍用力至局部皮肤潮红,同时要注意遮盖患者,以免受凉。效果不佳时,可改用药物降温,用药剂量不宜过大,以免因出汗过多体温骤降引起虚脱。高热时由于神经系统兴奋性增强,患者可出现烦躁不安,谵语和惊厥,应加强防护措施,并给予适当的镇静剂。由于高热唾液分泌减少,口唇干裂,容易发生口腔炎,应用生理盐水或朵贝尔氏液漱口,保持口腔清洁湿润,口唇可涂石蜡油,防止细菌生长,如出现疱疹,可涂抹甲紫。

3.给氧

对于气急、呼吸困难、发绀的患者,应给予半卧位吸氧,并注意氧气的湿化,防止呼吸道黏膜干燥,定时观察血气,使动脉血氧分压维持在正常水平。

4.保持呼吸道通畅

应鼓励患者咳嗽,如无力咳嗽或痰液黏稠时,应协助患者排痰,更换体位、叩背、吸引、超声雾化吸入,应用祛痰剂等。同时指导患者做深呼吸,即呼气时轻轻压腹,吸气时松开的腹式呼吸锻炼,可促进肺底部分泌物排出。注意观察痰液的颜色,性质和量,以便协助疾病的鉴别诊断。肺炎球菌性肺炎的患者常咳铁锈红色痰;葡萄球菌肺炎的痰可为脓性带血,呈粉红色乳状;肺炎杆菌肺炎的痰常为红棕色胶冻状等。应按要求留置痰标本,及时送细菌培养和药物敏感试验,以寻找敏感的抗生素。

5.密切观察病情及生命体征变化

胸痛时嘱患者患侧卧位,可在呼气状态下用 15 厘米宽胶布固定患侧胸部或应用止痛剂以减轻疼痛。如发现患者面色苍白,烦躁不安,四肢厥冷,末梢发绀,脉搏细速,血压下降,应考虑休克型肺炎,要立即协助医生进行抢救,加大吸氧量的同时(3~5 升/分),迅速建立静脉通路,输入升压药,切勿使药液漏出血管,以免致组织不死。尿量的改变是休克的重要标志,应记录每小时的尿量,若少于 30 毫升/小时,应考虑急性肾衰竭的可能。当病情进一步恶化出现昏迷时,应加强基础护理,防止护理并发症。若进行机械辅助呼吸时应按常规进行专科护理。

【预防】

(1)预防上呼吸道感染,加强耐寒锻炼。

(2)避免淋雨受寒、醉酒、过劳等诱因。

(3)积极治疗原发病,如慢性心肺疾病、慢性肝炎、糖尿病和口腔疾病等,可以预防大叶性肺炎。

(4)饮食宜清淡,忌生冷、辛辣。避免受凉感冒及情志刺激。

(5)忌烟酒肥厚饮食及接触刺激性气体。

【预防】

增强体质,应用中西医方法增强机体免疫功能,加强呼吸功能锻炼,防治呼吸

·健康医疗·

图文珍藏版

道感染。

二十三、急性胸膜炎

胸膜炎是伴有渗出液与纤维蛋白沉积的胸膜炎症。主要特征是胸腔内含有纤维蛋白性渗出物。按其病程可分为急性与慢性;按其病变的蔓延程度可分为局限性与弥漫性;按其渗出物的性质可分为浆液性、浆液纤维蛋白性、出血性、化脓性和化脓腐败性等。

胸膜炎又称"肋膜炎",是胸膜的炎症。胸膜炎是致病因素(通常为病毒或细菌)刺激胸膜所致的胸膜炎症。胸腔内可有液体积聚(渗出性胸膜炎)或无液体积聚(干性胸膜炎)。炎症消退后,胸膜可恢复至正常,或发生两层胸膜相互粘连。由多种病因引起,如感染、恶性肿瘤、结缔组织病、肺栓塞等。

【病因】

(1)原发性病因:急性原发性胸膜炎比较少见,可因过度剧烈运动和感冒而促进发病。

(2)继发性病因:大多数病例继发于胸壁挫伤、穿透创感染、肺部的炎症、腹膜炎、肋骨骨折、骨疽或骨坏死、脓毒症、胸部食管穿孔等。肺结核常引起浆液和浆液纤维蛋白性胸膜炎。

【症状】

(1)发热,深吸气、咳嗽时一侧胸痛。胸膜炎最常见的症状为胸痛。胸痛常突然出现,程度差异较大,可为不明确的不适或严重的刺痛,可仅在患者深呼吸或咳嗽时出现,亦可持续存在并因深呼吸或咳嗽而加剧。胸痛为壁层胸膜的炎症所致,通常出现于正对炎症部位的胸壁。亦可表现为腹部、颈部或肩部的牵涉痛。

(2)屏住呼吸可使严重的胸痛消失。

(3)胸腔积液。

(4)气短、干咳。

【应急处理】

(1)卧床休息,给予高蛋白、多维生素及易消化食物饮食,鼓励患者多饮水。

(2)胸痛剧烈者可选用止痛药物如阿司匹林0.3~0.6克,每日2~3次;吲哚美辛25毫克,每日3次等。

(3)咳嗽剧烈时可选用咳必清25毫克,每日3~4次;复方甘草合剂10毫升,每日3次口服,或可待因15~30毫克,每日3次。

(4)积液过多者应卧健侧,以免肺萎缩和肺不张的发生。

(5)有呼吸困难者,速送医院进行胸穿抽液减压。

【护理】

(1)病人居室要安静,采光,通风,以解除其不安情绪。

(2)让病人采取疼痛部位向下的侧卧位,尽量减少患侧部位的活动。

(3)对持续性剧痛者,伴有呼吸困难而影响睡眠时,可酌情使用止痛药或镇静药。癌症引起的胸痛在晚期可间断使用麻醉药(以不成瘾为原则)。对有呼吸困难者常需给予吸氧。胸痛伴有剧烈咳嗽者可实施热湿敷,缓解疼痛;伴咯血时可用冷湿敷。咯血患者要避免灰尘、油烟刺激而引发剧烈咳嗽。

（4）因胸痛而影响呼吸者，可用绷带或胶布固定，限制胸廓活动度。

（5）发热期间应卧床休息。饮食以易于消化吸收、富含营养为原则。患者应补充足够的蛋白质、维生素、微量元素及其他营养，如奶制品、瘦肉、鸡蛋、绿色蔬菜、水果、豆浆、豆腐、动物肝脏等，并注意饮食平衡，保持标准体重。

【预防】

（1）积极彻底的治疗肺内外疾病。

（2）平素可选用百合、玉竹、麦冬、沙参、杏仁、黄精等滋阴润肺之品，加入瘦肉或粳米，煲汤、熬粥饮用，有补肺健体之效。

（3）锻炼身体，增强体质，提高抗病能力。

二十四、阻塞性肺气肿

阻塞性肺气肿系终末细支气管远端部分（包括呼吸性细支气管、肺泡管、肺泡囊和肺泡）膨胀，并伴有气腔壁的破坏。

【病因】

（1）吸烟：纸烟含有多种有害成分，如焦油、尼古丁和一氧化碳等。吸烟者黏液腺岩藻糖及神经氨酸含量增多，可抑制支气管黏膜纤毛活动，反射性引起支气管痉挛，减弱肺泡巨噬细胞的作用。吸烟者并发肺气肿或慢支和死于呼吸衰竭或肺心病者远较不吸烟者为多。

（2）大气污染：尸检材料证明，气候和经济条件相似情况下，大气污染严重地区肺气肿发病率比污染较轻地区为高。

（3）感染：呼吸道病毒和细菌感染与肺气肿的发生有一定关系。反复感染可引起支气管黏膜充血、水肿，腺体增生、肥大，分泌功能亢进，管壁增厚狭窄，引起气道阻塞。肺部感染时蛋白酶活性增高与肺气肿形成也可能有关。

（4）蛋白酶抗蛋白酶平衡失调：体内的一些蛋白水解酶对肺组织有消化作用，而抗蛋白酶对于弹力蛋白酶等多种蛋白酶有抑制作用。

【症状】

咳嗽、咳痰、气促为主要症状，常伴有食欲减退、体重减轻；严重者或发生右心衰竭及水肿。

【应急处理】

应停止吸烟及避免被动吸烟。

加强呼吸肌锻炼。

积极防治上呼吸道感染。

鼓励患者把痰咳出而不要用镇咳药，经常注意翻身或体位引流。

解痉药物可选用氨茶碱 0.1~0.2 克，每日 3 次；或喘定 0.2 克，每日 3 次，舒喘灵 2~4 毫克，每日 3 次。

钙离子通道阻滞剂如硝苯吡啶口服也有一定疗效。上述方法治疗无效，应拨打急救电话或送医院急救。

【护理】

（1）本病由咳、喘引起，故应重视慢性肺系疾病的治疗，尤应预防感冒咳嗽。

（2）进行体育锻炼及呼吸训练，提高机体抗病能力。

二十五、呼吸困难

呼吸困难是呼吸功能不全的一个重要症状。患者主观上感到空气不足,客观上表现为呼吸费力,严重时出现鼻翼扇动、发绀、端坐呼吸,辅助呼吸肌参与呼吸活动,并可有呼吸频率、深度与节律的异常。目前多认为呼吸困难主要由于通气的需要量超过呼吸器官的通气能力所引起。

【病因】

(1)肺源性呼吸困难:由于呼吸道病变所致的呼吸困难统称为肺源性呼吸困难。

(2)心源性呼吸困难:有心脏病史,由于病情加重所致。

(3)中毒性呼吸困难:由于年老体弱、久病或进食少而诱发。常见于代谢性酸中毒,呼吸性酸中毒,代谢性碱中毒及呼吸性碱中毒。

(4)神经精神性呼吸困难:可见于重症脑部疾病及癔病等症状。

【症状】

心源性呼吸困难表现为夜间阵发性呼吸困难,少尿及水肿。

中毒性呼吸困难患者可表现为呼吸深快、呼吸浅快或浅慢。呼吸困难加重者可出现紫绀,呼出气体有苹果味等伴随症状。化学毒物及药物中毒亦可出现呼吸困难。

【应急处理】

(1)一旦出现呼吸困难,应首先保持气道通畅,如有气道分泌物或异物应及时清除。

(2)应使患者保持安静,避免情绪紧张以防加重呼吸困难。

(3)取半卧位或坐位,减少疲劳及耗氧,此法可减轻急性心衰引起的呼吸困难。

(4)家中如果有吸氧条件,可立即给患者吸氧。

【护理】

(1)取半卧体位,上半身抬高 40°~75°角,这样有助于减轻呼吸困难,若患者夜间阵发性呼吸困难,帮其坐起,可缓解症状。

(2)张口呼吸者适时漱口,防止口唇干裂。

(3)有痰咳喘者,应轻叩后背帮助其排痰,以保持呼吸道通畅。

(4)保持室内空气新鲜,保持一定湿度,禁止吸烟。

(5)心源性呼吸困难者,应避免劳作,减少活动。

【预防】

(1)长期坚持参加适当的体育锻炼。根据自己年龄,选择 2~3 项体育锻炼项目,不可贪多求全,运动不可过度,而要量力而行,持之以恒,循序渐进。

(2)增加深呼吸的锻炼来增加供氧量。

(3)可以吹气球、吹笛子等乐器、唱歌、说话来锻炼肺活量,尤其吹气球可以迅速提高肺活量。有人吹气球可能晕,这也正常,说明更需要锻炼,由少开始,慢慢增加。

(4)对于肺活量严重不足的患者可以适当采用吸入氧气,甚至把提高肺活力的药物和氧气结合来吸入治疗。

二十六、成人呼吸窘迫综合征

成人呼吸窘迫综合征是患者原心肺功能正常,由于肺外或肺内的严重疾病过程中继发急性渗透性肺水肿和进行性缺氧性呼吸衰竭。虽其病因各异,但肺组织损伤的病理和功能改变大致相同,临床表现均为急性呼吸窘迫,难治性低氧血症,因其临床类似婴儿呼吸窘迫征,而它们的病因和发病机制不尽相同,故遂冠以"成人",以示区别。

【病因】

病因甚多,如严重休克、严重创伤、骨折时脂肪栓塞、严重感染(特别是革兰染色阴性杆菌败血症所致的感染性休克)、吸入刺激性气体和胃内容物、氧中毒、溺水、大量输血、急性胰腺炎、药物或麻醉品中毒等。

(1)休克。败血性、出血性、过敏性休克。

(2)大的创伤、烧伤。非胸部外伤、挫伤、脂肪栓子。

(3)严重感染。细菌性或病毒性感染。

(4)中毒。吸入毒气、N_2O、高浓度氧、药物中毒。

(5)误吸。误吸胃液、淡水或海水。

(6)大量输血或输液感染。

(7)弥漫性血管内凝血(DIC)。

(8)放射。

(9)其他。急性胰腺炎、尿毒症、妊娠中毒症、心脏转复术后、心肺体外循环、透析等。

【症状】

除原发病如外伤、感染、中毒等相应症状和体征外,主要表现为突发性、进行性呼吸窘迫、气促、发绀、常伴有烦躁、焦虑表情、出汗等。

【应急处理】

(1)患者应取半卧位,解开衣扣,保持室内空气新鲜、流通。

(2)及时清除鼻腔、口腔内分泌物,保持呼吸道通畅。

(3)经紧急吸氧后速送医院急救。

【护理】

(1)保持呼吸道通畅,及时清除呼吸道分泌物。

(2)密切监测生命体征、出入量。

(3)对于外伤或手术后患者,严格无菌操作技术,减少感染机会。

(4)预防褥疮,勤翻身。

(5)用生理盐水进行口腔清理,每日2次口唇涂液状石蜡少许。

(6)与患者沟通,增强战胜疾病的信心。

(7)室内空气要新鲜,避免烟尘刺激。

(8)注意保暖,避免寒冷。

(9)结合体质选择适当的活动方式。

(10)饮食宜清淡而富有营养,忌油腻、辛燥。

【预防】

对高危的患者应严密观察,加强监护,当发现呼吸频速,动脉血氧饱和度降低等肺损伤表现,应早期给予呼吸支持和其他有效的预防及干预措施,防止成人呼吸窘迫综合征进一步发展和重要脏器损伤。

二十七、气胸

胸膜腔由胸膜壁层和脏层构成,是不含空气的密闭的潜在性腔隙。任何原因使胸膜破损,空气进入胸膜腔,称为气胸。此时胸膜腔内压力升高,甚至负压变成正压,使肺脏压缩,静脉回心血流受阻,产生不同程度的肺、心功能障碍。用人工方法将滤过的空气注入胸膜腔,以便在X线下识别胸内疾病,称为人工气胸。由胸外伤、针刺治疗等所引起的气胸,称为外伤性气胸。最常见的气胸是因肺部疾病使肺组织和脏层胸膜破裂,或者靠近肺表面的肺大疱、细小气肿泡自行破裂,肺和支气管内空气逸入胸膜腔,称为自发性气胸。

【病因】

外伤气胸:常见各种胸部外伤,包括锐器刺伤及枪弹穿透伤肋骨骨折端错位刺伤肺,以及诊断治疗性医疗操作过程中的肺损伤,如针灸刺破肺活检,人工气胸等。

继发性气胸:为支气管肺疾患破入胸腔形成气胸。如慢性支气管炎,尘肺支气管哮喘等引起的阻塞性肺性疾患,肺间质纤维化,蜂窝肺和支气管肺癌部分闭塞气道产生的泡性肺气肿和肺大泡,以及靠近胸膜的化脓性肺炎,肺脓肿结核性空洞肺真菌病,先天性肺囊肿等。

特发性气胸:指平时无呼吸道疾病病史,但胸膜下可有肺大泡,一旦破裂形成气胸称为特发性气胸多见于瘦长体型的男性青壮年。

慢性气胸:指气胸经2个月尚无全复张者。其原因为:吸收困难的包裹性液气胸,不易愈合的支气管炎胸膜瘘肺大泡或先天性支气管囊肿形成的气胸,以及与气胸相通的气道梗阻或萎缩肺覆以较厚的机理化包膜阻碍肺复张。

创伤性气胸:胸膜腔内积气称为气胸。创伤性气胸的发生率在钝性伤中约占15%～50%创伤性气胸,在穿透性伤中约占30%～87.6%。气胸中空气在绝大多数病例来源于肺被肋骨骨折断端刺破(表浅者称肺破裂,深达细支气管者称肺裂伤),亦可由于暴力作用引起的支气管或肺组织挫裂伤,或因气道内压力急剧升高而引起的支气管或肺破裂。锐器伤或火器伤穿通胸壁,伤及肺、支气管和气管或食管,亦可引起气胸,且多为血气胸或脓气胸。偶尔在闭合性或穿透性膈肌破裂时伴有胃破裂而引起脓气胸。

【症状】

(1)患者常有持重物、屏气、剧烈运动等诱发因素,但也有在睡眠中发生气胸者,病人突感一侧胸痛、气急、憋气,可有咳嗽、但痰少,小量闭合性气胸先有气急但数小时后逐渐平稳。X线也不一定能显示肺压缩。若积气量较大者或者原来已有广泛肺部疾患,病人常不能平卧。如果侧卧。则被迫使气胸患侧在上,以减轻气急。病人呼吸困难程度与积气量的多寡以及原来肺内病变范围有关。当有胸膜粘连和肺功能减损时,即使小量局限性气胸也可能明显胸痛和气急。

(2)张力性气胸由于胸腔内骤然升高,肺被压缩,纵隔移位,出现严重呼吸循环障碍,病人表情紧张、胸闷、甚至有心律失常,常挣扎坐起,烦躁不安,有紫绀、冷

图文珍藏版

汗、脉快、虚脱、甚至有呼吸衰竭、意识不清。

(3)在原有严重哮喘或肺气肿基础上并发气胸时,气急、胸闷等症状有时不易觉察,要与原先症状仔细比较,并作胸部 X 线检查。体格显示气管多移向健侧,胸部有积气体征。

(4)体征:少量胸腔积气者,常无明显体征。积气量多时,患者胸廓饱满,肋间隙变宽,呼吸度减弱;语音震颤及语音共振减弱或消失。气管、心脏移向健侧。叩诊患侧呈鼓音。右侧气胸时可致肝浊音界下移。听诊患侧呼吸音减弱或消失。有液气胸时,则可闻及胸内振水声。血气胸如果失血过多,血压下降,甚至发生失血性休克。

【应急处理】

(1)应先作 X 线胸部透视,了解肺脏压缩情况,然后用人工气胸器测压抽气。

(2)为防止剧烈咳嗽,可按医生指示进行服药。

(3)为防止感染,应进医院进行药物注射。

(4)如果患者出现咳嗽,可适量口服镇咳剂,减轻疼痛。

【预防】

(1)多吃高蛋白饮食,不挑食,不偏食,适当进食粗纤维素食物。

(2)减少活动,保持大便通畅,必要时采取相应的通便措施。

(3)胸痛剧烈患者,可给予相应的止痛剂。

(4)气胸痊愈后,1 个月内避免剧烈运动,避免抬、举重物,避免屏气。

二十八、脑溢血

脑溢血又称脑出血,它起病急骤、病情凶险、死亡率非常高,是急性脑血管病中最严重的一种,为目前中老年人致死性疾病之一。脑血管意外往往发病急,病情进展快,致残率高,死亡率高。保证患者在黄金时间内得到及时正确的救治,是抢救成功的关键。

【病因】

中老年人是脑溢血发生的主要人群,以 40~70 岁为最主要的发病年龄,脑溢血的原因主要与脑血管的病变、硬化有关。血管的病变与高血脂、糖尿病、高血压、血管的老化、吸烟等密切相关。通常所说的脑溢血是指自发性原发性脑溢血。

【症状】

脑溢血多发生在情绪激动、过量饮酒、过度劳累后,因血压突然升高导致脑血管破裂。脑溢血多发生在白天活动时,发病前少数人有头晕、头痛、鼻出血和眼结莫出血等先兆症状,血压较高。患者突然昏倒后,迅即出现昏迷、面色潮红、口眼㖞斜和两眼向出血侧凝视,出血对侧肢体瘫痪、握拳,牙关紧闭,鼾声大作,或面色苍白、手撒口张、大小便失禁。有时可呕吐,严重的可伴有胃出血、呕吐物为咖啡色。

【应急处理】

(1)初步判断为脑溢血后,应使患者仰卧,头肩部应垫高,头偏向一侧,防止痰液或呕吐物回流吸入器官造成窒息,如果患者口鼻中有呕吐物阻塞,应设法抠出,保持呼吸道通畅。

(2)使患者平卧,解开患者领口纽扣、领带、裤带、胸罩,如有假牙也应取出。

·健康医疗·

图文珍藏版

可不放枕头或将枕头垫在肩膀后面,使下颌略微仰起。

（3）如果患者是清醒的,要注意安慰患者,缓解其紧张情绪。宜保持镇静,切勿慌乱,不要悲哭,或呼唤患者,避免造成患者的心理压力。

（4）打电话给急救中心或医院寻求帮助,必要时不要放下电话,询问并听从医生指导进行处理。

（5）拉上窗帘,避免强光刺激。

（6）有条件者可吸氧。

（7）可做一些简单的检查。如用手电筒观察患者双侧瞳孔是否等大等圆,如有可能测量血压,如收缩压超过 150mmHg 可以给患者舌下含服硝苯地平 1 片（10毫克）。

（8）有条件者呼叫救护车来运送患者。若自行运送,在搬运患者时正确的方法是:2~3 人同时用力,一人托住患者的头部和肩部,使头部不要受到震动或过分扭曲,另一人托起患者背部和臀部,如果还有一人,则要托起患者腰部及双腿,三人一起用力,平抬患者移至木板或担架上,不要在搬运时把患者扶直坐起,切勿抱、拖、背扛患者。

（9）在没有医生明确诊断之前,切勿擅自做主给患者服用止血剂、安宫牛黄丸或其他药物。另外,在等待过程中,不要给神志不清的患者服用食物和水。

【护理】

心理护理:急性期家属及患者的注意力在抢救生命上,而在康复期则往往急于功能恢复,要求很快自理,甚至去工作。要求用新药、新方法治疗者颇多;有部分患者表现悲观、失望,精神抑郁。因此,要多鼓励患者树立战胜疾病的信心,要身残志不残、身残也要志坚;要实事求是地对待自己的疾病和功能,力争取得良好的预后。要与医护人员、家庭配合好,共同战胜疾病。"既来之,则安之"。否则,急于求愈,则容易急躁,反而不利。

注意合理用药:由于患者往往同时患有几种病或多种症状,本来医生开给的药物已有多种,亲友或家属不要自行再加用许多药物。过多、过乱的应用药物,对胃、肝、肾或造血系统有可能产生副作用,不但不能加快恢复,反而可引出其他问题。

防止脑卒中再发:在恢复期预防再发很有意义。因为脑卒中可以突然再发,发作次数越多,每次的后遗症加起来,预后就更差,死亡率也大大增加。为了防止日后再发,应注意保持血压平稳,食入量适宜,心脏、肺部有无并发症等。

做好家庭康复:康复期一般是在家庭度过的,家属应了解如何做好家庭康复这一时期药物已不是主要疗法。

注意康复期护理:包括心理护理、基础护理,保证患者基本的生活需要;做好特种护理,视具体患者、病情施护,如对鼻饲管、尿管、褥疮的护理等。

保证营养和入量适当:因脑卒中患者常伴失语,不能正确表达意愿,或有呛咳咽下困难,不能保证进食,入量常有不足或过多,家属应予足够重视。要定食谱、定量、定时间供给,必要时经鼻管饲给。

大便通畅:大便秘结,排便时过于用力可诱发出血性脑卒中、脑栓塞。为了保持大便通畅,定时排便,适当吃芹菜、胡萝卜、水果等。必要时可用药物,如番泻叶泡水、麻仁润肠丸、果导片等。

【预防】

要控制血压:高血压是终身疾病,要终身服药,不能三天打鱼两天晒网,这样血压反复反弹,极易导致血管破裂,发生脑溢血。

生活要有规律:冬季是精气藏匿的时节,要按时休息,保证睡眠,尤其是中午,最好能有2个小时的午休。老人可以适当做一些力所能及的劳动,但不可过于劳累。

要养成科学的饮食习惯:高血压患者要戒烟、限酒,提倡低盐低脂饮食,饮食宜清淡、多样。五谷杂粮都要吃,宜多食鱼类、豆类、鸡蛋、牛奶、瘦肉等富含维生素和矿物质的食物,以及新鲜蔬菜水果。

要保持平和的心态:健康的心态是预防动脉硬化、高血压脑出血的重要因素。老年人要避免大喜大怒和受强烈的刺激。尤其是患有心脑血管疾病的老年人,要善于调节和控制情绪,不宜炒股、打麻将,防止由于情绪的剧烈波动而诱发脑血管意外的突发。

二十九、脑血栓

脑血栓形成是指由于脑动脉硬化等引起脑血流缓慢形成血栓而使周围脑组织缺血,从而发生缺血性脑梗死等临床症状的脑血管意外。

【病因】

(1)动脉粥样硬化,是最常见病因之一。

(2)动脉内膜炎。

(3)高血凝状态如妊娠、产后、术后、服用避孕药物等。

(4)血液黏稠度增高如脱水、高脂血症等。

【症状】

中老年人平时血压过高或偏低,会突然出现表情呆滞、口眼㖞斜、呼吸急促、口吐白沫、瞳孔变小或不等大、意识障碍、语言不清、四肢活动受限、大小便失禁等症状,这时首先应该想到的是脑血栓。

【应急处理】

(1)患者应平卧休息,给予营养丰富、多维生素及易消化食物饮食。

(2)呕吐时,应将口腔内容物及时清除。

(3)保护瘫痪肢体,避免擦伤。

(4)多翻身和肢体早期作被动运动,以防肌挛缩和恢复肌力。

(5)尽早送往医院治疗。

【护理】

(1)提供一个安静、无干扰的环境,并应保持患者舒适的体位。

(2)向患者介绍血栓疾病的病因、临床表现、易患因素及治疗知识。

(3)告诉患者目前所用药物的名称、用法、作用及副作用。

(4)提供有关疾病诊断、治疗、护理、预防等方面的书籍,鼓励患者学习。

(5)卧床期间协助患者洗漱、进食、大小便及保持个人卫生等。

(6)将常用的物品放在患者手容易拿到的地方。

(7)翻身更换体位应每2小时1次,并记录。

(8)保持关节功能位,如足背屈,使足与床成直角,防止关节变形而失去正常功能。

(9)严密观察患侧肢体及受压局部皮肤的颜色、温度,有无肿胀、破损。

(10)鼓励患者每日饮水 2000~3000 毫升(如无禁忌),多食纤维素食物及香蕉,保持大便通畅,必要时给予软化剂。

(11)每日用皮尺测量患肢的肿胀程度并记录。

【预防】

慎用药物,过量服用降压药物,尤其睡眠前大量服用,可使血压大幅度下降,影响大脑的血液供应,血流减慢,导致脑血栓形成;长期大量服用利尿药,使体内水分从尿中排出,如不及时补充,则体内失水过多,造成血液浓缩,致使血液黏稠度增高,血流减慢,形成脑血栓。在应用止血敏、安络血等止血药时,会因血液凝固性增强而促进血栓形成。所以在应用上述药物时,应严格遵守医嘱,不能擅自加大剂量和改变服用方法。

(1)重视先兆短暂性脑缺血:发作历时短暂,症状较轻,且在 24 小时内能完全缓解,它往往与脑血栓形成的早期表现相同。有人统计,在短暂性脑缺血发作后,于 12~36 个月内发生中风的占 40%~60%。短暂性脑缺血发作可表现为头晕、眼花、走路不稳、突然单侧肢体肌力减退、口舌麻木、说话不清、吞咽困难等。这些症状虽可自行消失,但必须马上到医院进行检查治疗,否则进一步发展会出现偏瘫、口角喝斜、单眼失明等,就真正发生脑血栓了。

(2)加强锻炼:适当进行体育锻炼或体力活动,可增强心肌活力,维护心脏较好的功能,拥有较好的代偿能力。

(3)合理饮食:老年人应少吃高脂肪、高胆固醇的饮食,以素食和富含维生素的食物为主。这样可以避免血液中脂质过多,预防动脉硬化,减少血栓形成。

党参

(4)服用党参、黄芪、丹参、川芎、红花等补气、活血化淤的药物,对脑血栓形成有一定的预防作用。

三十、蛛网膜下腔出血

蛛网膜下腔出血是指颅内血管破裂后血液流入蛛网膜下腔。蛛网膜下腔出血一般分为颅脑损伤性和非损伤性(自发性)两大类,自发性蛛网膜下腔出血又分为两种:由脑底部或脑表面的病变血管破裂血液流入蛛网膜下腔称作原发性蛛网膜下腔出血;因脑实质内出血,血液穿破脑组织进入蛛网膜下腔者,称继发性蛛网膜下腔出血。

【病因】

常见的病因是颅内动脉瘤破裂,其他少见的病因有:脑血管畸形、酶菌性动脉瘤、血液病、胶原病、脑梗死后、血管炎、脑及脑膜感染等。

【症状】

(1)剧烈头痛伴呕吐,多在活动或用力、激动状态下突然起病。起病早期多有血压升高、心率快、呼吸急促。

(2)精神意识障碍:意识障碍常波动性变化是其特点之一,意识障碍恢复后又加重则可能为再出血、脑血管痉挛、脑缺血等。

(3)脑膜刺激症:表现颈部强直,克氏症阳性。

(4)颅神经损害:眼睑下垂、眼球外展不能、一侧周围性面瘫、面部麻木、耳鸣耳聋、眩晕、视网膜出血和视乳头水肿等。

(5)其他神经功能损害:一过性一侧肢体瘫痪、局限性或全身性抽搐、暂时性失语等。

【应急处理】

(1)立即让患者平卧,患者肩下垫上枕头,使上身和头部都略抬高,有利于头部血液回流。同时快速呼叫急救中心。

(2)出现意识丧失,呼吸道阻塞时很危险,应让患者侧身俯卧,下颌前伸,避免窒息发生。

【护理】

蛛网膜下腔出血多属脑血管异常所致,即使一时止住,也有再发的可能。因此,应该进行彻底的治疗。

1.预防再出血

(1)绝对卧床休息:蛛网膜下腔出血患者,在急性期应绝对卧床休息4~6周,避免不必要的搬动及检查,床头抬高15°以利颅内静脉回流。对于有复发患者,应坚持卧床2个月。

(2)给予适当的生活护理:为保证患者能绝对卧床休息,坚持喂水、喂饭、递送便器。对排尿困难者,应作诱导排尿或留置导管,对排便困难者,应给予无刺激性的缓泻剂或油质栓,必要时给予低压灌肠。为防止发生便秘,鼓励患者进食高维生素、易消化、含一定量粗纤维的食物,并在餐后1~2小时后行腹部按摩。

2.对症护理

(1)对剧烈头痛者,给予镇静剂和脱水剂,若仍不减轻,必要时协助医生行腰穿以降低颅内压。腰穿时,摆体位动作轻柔,忌过度弯曲,以免影响呼吸,增加患者缺氧。

(2)深昏迷、咳嗽反射消失者,应行气管插管或气管切开,便于清除呼吸道内分泌物,必要时给予机械辅助呼吸。清醒患者痰多黏稠不易咳出者,给予雾化吸入,使痰液湿化、液化易于咳出。咳嗽剧烈者,给予止咳剂控制咳嗽,防止剧咳时血压及颅内压急剧升高诱发再出血。

(3)蛛网膜下腔出血患者,由于血液的刺激及应用激素,有发生应激性溃疡的可能,因此,要定期做大便隐血试验,鼻饲前应检查有无胃出血,必要时,可给小剂量雷尼替丁预防应激性溃疡的发生。一旦发生应激性溃疡,应立即禁食,给予胃肠减压、冰水灌胃、应用止血剂等,并准备好输血及其他抢救措施。

(4)昏迷及偏瘫患者应积极预防褥疮发生,除勤翻身防止局部受压外,还应注意支持疗法,给予营养丰富的食物,改善患者的营养状况。

(5)为防止偏瘫患者发生肌萎缩及关节强直,帮助患者保持患肢的正常姿势,并给予适当的被动活动。肢体的被动活动应在无痛的前提下进行,动作要缓慢柔和,避免再出血的发生。

3.心理护理

应讲清病情,并给予精神安慰,避免一切精神刺激,尽可能使患者保持安静,从而有利于治疗。当病情稳定,卧床休息期间,患者随病情的好转,考虑的问题也逐渐增多。此时要做好思想工作,抓住患者主要的思想活动,给予开导,同时要严格控制探视时间不可过长,避免患者疲劳。对反复发作的患者,要帮助解除顾虑,消除悲观情绪,使其树立战胜疾病的信心。

【预防】

一般来说,患者经过 2~3 周的治疗后,头痛停止,脑膜刺激症逐渐减轻或消失,病情便会趋向稳定。但当情绪激动、用力或过早活动时,还可发生再出血。因此,仍需注意预防复发。患者一般要安静休息 4~6 周,保持大便通畅,避免用力咳嗽和精神刺激等,对可疑由脑动脉瘤和血管畸形引起的患者,可待病情稳定后,作血管造影或数字减影等检查,一旦确诊,能够手术者,可行手术切除术,以防止再复发。

三十一、短暂性脑缺血发作

短暂性脑缺血发作,简称 TIA,也称一过性脑缺血发作或小中风。短暂性脑缺血发作是指颈内动脉系统或椎动脉系统由于各种原因发生暂时性的供血不足,导致受累脑组织出现一过性的功能缺损而表现相应的临床症状和体征,其持续时间短则数秒至数分钟长则数小时,最多不超过 24 小时,症状和体征全部恢复,但可反复发作。往往因症状来得快,消失也快,恢复后不留任何后遗症而易被人忽视。实际上,TIA 症状虽轻,但后果严重,如不及时治疗,据统计,约有 25%~40% 患者,在 5 年内将产生严重的脑梗死,而威胁病人生命。因此,医学家们常常把它看成是脑血管病的先兆或危险信号。

【病因】

本病的病因绝大多数是动脉粥样硬化,但多因以下几种触发因素而发病。

微血栓:主动脉-颅脑动脉粥样硬化斑块的内容物及其发生溃疡时的附壁血栓凝块的碎屑,可散落在血流中成为微栓子,这种微栓子循血流进入视网膜或脑小动脉,可造成微栓塞,引起局部缺血症状。微栓子经酶的作用而分解,或因栓塞远端血管缺血扩张,使栓子移向末梢而不足为害,则血供恢复,症状消失。

血液动力学改变:患者原已有某一动脉严重狭窄或完全闭塞,平时靠侧支循环尚能勉强维持该局部脑组织的血供。在一过性血压降低时,脑血流量下降,该处脑组织因侧支循环供血减少而发生缺血症状。

头部血流的改变和逆流:急剧的头部转动和颈部伸屈,可能改变脑血流量而发生头昏和不平衡感,甚至触发短暂性脑缺血,特别是有动脉硬化、颈椎病等更易发生本病。

血液成分的改变:各种影响血氧、血糖血脂、血液黏度和凝固性的血液成分改变和血液病理状态,如严重贫血、红细胞增多症,白血病、血小板增多症等,均可能成为短暂性脑缺血的触发因素。

【症状】

60 岁以上老年人多见,男多于女。多在体位改变、活动过度、颈部突然转动或屈伸等情况下发病。本病临床表现具有突发性、反复性、短暂性和刻板性特点。一般持续数秒钟、半小时或 1~2 小时不等。也可一天数次,数周 1 次,数月 1 次发作,但不到 24 小时就自行缓解,不留任何后遗症。此病多在清醒状态下突发,无先兆。

颈内动脉系统短暂性脑缺血:可出现侧面瘫、舌瘫伴上肢瘫、偏瘫或伴失语、半身麻木、单纯失语、失读、失写、计算障碍及单眼一过性黑蒙、偏盲等。

椎基底动脉系统短暂性脑缺血:习惯上称为椎基底动脉供血不足。眩晕是最常见的症状,有时伴恶心、头痛等症状。

【应急处理】

抗血小板凝集药物:既可作轻型短暂性脑缺血的治疗,也可用于预防发作。如小剂量阿司匹林、潘生丁等。

结合中成药消栓再造丸、华佗再造丸、大活络丸,可选其一种服用。短暂性脑缺血频繁或一次发作较重者,可去医院输液。

【护理】

本病发作期间,饮食宜清淡,监测血压、血糖、血脂、血黏度、血尿酸、红细胞及纤维蛋白原含量变化情况等,针对异常表现进行相应处理。密切观察药物反应及临床症候变化,适时调整治疗方案。并向患者及其家属宣传有关本病的知识以及日常生活的注意事项等,以便配合治疗,并将其作为长期保健措施的内容。

【预防】

(1)一级预防(指未发生卒中前预防发生动脉粥样硬化和小动脉硬化):认真管理血压。戒烟,戒酒,有中风家族史和其他血管危险因素的人定期查血小板聚集功能。

(2)二级预防(指发生卒中后预防复发)。主要服用抗血小板聚集药物,同时仔细寻找患者中风的危险因素。适当控制脂肪的摄入,饮食忌过咸,过甜。

三十二、脑震荡

脑震荡是指头部遭受外力打击后,即刻发生短暂的脑功能障碍。病理改变无明显变化,发生机理至今仍有许多争论。临床表现为短暂性昏迷、近事遗忘以及头痛、恶心和呕吐等症状,神经系统检查无阳性体征发现。它是最轻的一种脑损伤,经治疗后大多可以治愈。其可以单独发生,也可以与其他颅脑损伤如颅内血肿合并存在,应注意及时做出鉴别诊断。

【病因】

头颅受暴力打击后发生短暂意识障碍,但脑组织无明显改变。

【症状】

(1)头脑伤后意识障碍的脑震荡,可持续数分钟至半小时或 12 小时之久,同时面色苍白、血压下降、脉搏细弱、冷汗、瞳孔散大或缩小、呼吸浅而慢。

(2)意识障碍消除后,回忆不出当时受伤的情景(即逆行性遗忘),并遗有耳鸣、头痛、头晕、失眠、记忆力减退、恶心、心慌等。一般的很快即恢复正常,但要注意脑内是否有出血、血肿、骨折,需认真观察。

【应急处理】

(1)安静卧床休息1~2周,保持呼吸道通畅。避免头部震动,减少脑力劳动。

(2)忌用吗啡和哌替啶。对症治疗,发热时要用冷水或冰块敷于头、额部降温。

(3)注意观察病情变化,重者送医院治疗。

【护理】

(1)注意观察受伤后的精神症状、意识等临床表现。

(2)伤后应注意卧床休息,尽量减少外界刺激。

(3)做好解释工作,消除患者对脑震荡的畏惧心理。

(4)遵医嘱给予对症药物,但禁止使用吗啡类药物。

【预防】

并无预防方法,只可尽量避免脑部受损伤。

三十三、脑中风

脑中风指以脑部缺血和出血性损伤等症状为主要临床特征的疾病,又叫作脑卒中或者脑血管意外。导致死亡以及致残的比率非常高,主要可以区分为出血性的脑中风(包括脑出血或者蛛网膜下腔出血)以及缺血性的脑中风(可导致脑梗死和脑血栓的形成)这两个大的类别,其中最为常见的是脑梗死。脑中风发病比较急而且病死的比率比较高,是现今世界上最重要的几种致死性疾病之一。

【病因】

高血压、动脉硬化是导致这种病的主要因素,因此中老年人最为常见。根据它的病理变化可以划分为出血性和缺血性脑血管病两种类型。

【症状】

(1)头痛:无论是脑出血还是脑梗死,头痛都是经常出现的,也是一个可能会脑中风的重要症状和信号。

(2)呕吐:通常是和头痛一起出现的,也是经常出现的,它的特点是常表现为喷射状的呕吐。如果遇到有呕吐咖啡色(像酱油样或者是棕黑色)液体的情况,则表示病情可能是非常严重。

(3)眩晕:眩晕还常常伴随着呕吐或者耳鸣的情况,是脑中风的症状中比较常见的。

(4)出现在面部、上肢或者下肢,尤其是身体一侧肢体的麻木感、无力感或瘫痪。

(5)流口水:会出现口角歪斜、流口水或者食物从口角流出来的症状,一定要引起充分的重视。

(6)突发的视感障碍:通常表现为看不见左边或者右边的东西或者视觉上的缺损,也可能表现为暂时性的眼前模糊或发黑。

(7)突发的言语不清楚以及吞咽呛咳等症状:表现为患者说活不清楚,磕磕巴巴,吐词比较困难,喝水或吞咽时的呛咳。

(8)意识错乱或理解力障碍:表现为神志模糊不清、呼吸不畅、打呼噜,严重的可能会出现深度昏迷。

（9）行走困难，表现为站立不稳、头晕或动作笨拙。

【应急处理】

脑中风的治疗

脑血管疾病的发病率，病死率和致残率相对来说都是比较高的，因此应加强防治。具体疾病不同的时期有不同具体的治疗措施。

急性期，应采用内科治疗和手术治疗。

【护理】

恢复期主要的治疗目的是促进瘫痪肢体以及语言障碍的功能逐渐恢复，改善脑功能，减少后遗症以及预防反复发作。

（1）防止血压过高和情绪过分激动，生活一定要有规律，合理饮食，大便不宜干结。

（2）进行功能性锻炼。

（3）药物治疗；可以选用促进神经代谢的药物，比如胞二磷胆碱、脑复康、r-氨酪酸、辅酶 Q10、脑活素、维生素 B 类、维生素 E 及一些有扩张血管功效的药物等。当然也可以选用能够起到滋补肝肾、活血化瘀、益气通络、滋补肝肾、化痰开窍等作用的中药方剂。

【预防】

（1）一旦发现有中风发作的症状，必须立刻抓紧时间予以系统性治疗，否则有可能导致完全性中风的发生。对中风的先兆征象一定要予以足够的重视，如出现头晕、头痛、肢体麻木、性格反常、昏沉嗜睡等症状，就应及时采取治疗措施，以避免中风的发生。

（2）消除减免诱发中风的各种因素，如情绪起伏比较大、太过劳累、用力过猛等，应该进行自我控制并尽量避免这些情况的出现。

（3）及时治疗可能引起中风的疾病，比如肥胖病、颈椎病、动脉硬化、糖尿病、冠心病、高血脂病、高黏滞血症等。高血压是引起发生中风的最危险因素，也是预防中风的一个中心环节，平时应该注意控制血压，坚持长期按时服药，并长期监测观察血压的变化情况，以便发现情况能够及时处理。

（4）饮食要有合理结构，低盐、低脂肪、低胆固醇是最佳选择，适当多食豆制品、蔬菜和水果。应忌烟，最好少喝酒，每日饮酒量应低于 100 毫升（白酒）。定期有针对性地检查血糖和血脂。

（5）坚持每天进行体育锻炼和体力活动，有助于胆固醇分解从而达到降低血脂，降低血小板的凝聚性的目的，并且能够缓解精神紧张和过度疲劳。

（6）要注意保持心理的健康，维持愉悦的精神状态，稳定的情绪。做到生活规律，劳逸结合，保持大便通畅，避免由于因用力排便而导致使血压急剧升高，引发脑血管病。

三十四、自发性气胸

由于慢性肺部疾病，如肺大泡、肺空洞破裂及肺癌侵犯胸膜而引起胸膜破裂，均使肺内气体进入胸膜腔形成自发性气胸。临床上分为闭合性气胸（裂口较小、很快闭合,肺复张较快)、开放性或交通性气胸(裂口大,空气可自由进出,胸膜腔内压力与大气压相等)、张力性气胸(破裂处形成活瓣样,吸气时空气进入胸膜腔,呼气时活瓣关闭,空气不能排出,胸内压高于大气压)。

【病因】

(1)肺气肿最常见,多继发于慢性阻塞性肺部疾病。

(2)肺部病灶向胸膜腔破溃,如肺炎、肺结核、肺脓肿、肺癌等。

(3)先天性疾病如肺大泡或先天性肺囊肿破裂。

(4)邻近器官组织损伤累及胸壁所致。

【症状】

突发剧烈胸痛、胸闷及渐进性呼吸困难,重者大汗淋漓、烦躁不安、脉搏细速、发绀,甚至休克、昏迷。

【应急处理】

(1)立即让病人取半坐半卧位,不要过多移动,有条件的吸氧。家属和周围人员保持镇静。立即进行胸腔排气,这是抢救成败的关键。在紧急情况下,可用大针管以胶管连接针头,自锁骨中线外第二肋间上缘刺入 1~2 厘米抽气,即可解除病人呼吸困难。

(2)也可将手指或避孕套紧缚在穿刺针头上,在绞套尾端剪一弓形裂口,吸气时,胸腔里负压,裂口闭合,胶套萎陷,胸腔外空气不得进入。

(3)呼气时,胸腔呈正压,胶套膨胀,弓形口裂开,胸腔内空气得已排出。若急救现场无注射器,应争分夺秒送医院救治。

【护理】

1.一般护理

给患者提供舒适安静的休养环境,保持适宜的温度及湿度,调节温度在 18~20℃之间为宜,湿度应在 50%~70%,如果胸腔内气体量小,一般无明显呼吸困难,可不用吸氧,应以限制活动,卧床休息为主,避免过多搬动,气体可逐渐被吸收。如果有明显的呼吸困难或胸痛,应给予半坐卧位,并给予吸氧,应用止痛剂等对症治疗,必要时给予排气治疗以减轻症状。饮食方面,应多食蔬菜和水果及含粗纤维的食物,以保持大便通畅,或常规给予润肠剂,以减少大便用力引起胸腹腔内压升高,延误胸膜裂口愈合。剧烈的咳嗽时要服用镇咳剂,支气管痉挛者可应用支气管扩张剂,可缓解症状。

2.排气的护理

肺萎缩小于 20% 的患者,胸腔内的气体大都可在 2~4 周内被吸收。肺萎缩大于 20% 或症状明显者,可用人工抽气机每日或隔日抽气 1 次,每次抽气不超过 800 毫升为宜。

3.胸腔闭式引流的护理

(1)术前心理护理:在行插管闭式引流前,应对患者做好解释工作,消除其顾虑和紧张情绪,取得患者合作。

(2)预防胸腔感染:引流瓶及引流管必须经过高压消毒,每日用灭菌的生理盐水更换引流瓶液体,要观察引流瓶中液体的颜色、性状、合并液气胸时应记录引流量。水封瓶置于患侧床以下,低于患者胸部,防止瓶中液体逆流入胸腔。手术伤口处每日更换敷料,预防胸腔感染,如发生感染应全身抗生素治疗。

(3)保持引流管通畅:随时观察水封瓶中玻璃管排气情况,水柱随吸气下降,呼气上升,胸腔内气体多,压力高时,管内连续冒大量气泡,胸腔内气体少,压力小时,气泡排出少或咳嗽时才会有气泡排出,表示引流管通畅。必须保证引流玻璃管在液平面以下 1~2 厘米,若管插入水内过深则气体要克服较大阻力才能排出,过浅则易使玻璃管露出水面,气体进入胸腔。

(4)保持舒适的卧位:一般给予半坐卧位,鼓励患者轻轻翻身活动,做深呼吸运动,适当咳嗽,以加速胸腔内气体排出,消除气道分泌物,使肺尽早复张。如插管局部疼痛,不敢吸气,多由于插管位置不适所致,可轻轻转动插管,改变位置即可奏效。

(5)拔管:如水封瓶中玻璃管末端连续无气泡排出,排除阻塞的因素后,提示肺已复张,胸膜破口已愈合,经 X 线证实后,可以先夹管,观察 24 小时以上,无气急等症状可以拔除插管。

4.病情的观察

对于气胸的患者,要密切观察病情的变化,如果体温升高、寒战、胸痛加重,白细胞增高,常提示并发胸膜炎或脓气胸,应及时留取痰液标本,了解感染细菌的种类,给予敏感的抗生素。对于原发病应根据年龄、病情采取相应的治疗和护理措施。在护理过程中注意脉搏和血压以及呼吸的变化。如果发现患者呼吸困难加重、皮肤发绀、大汗、四肢冷、血压下降、脉搏细弱等休克症状,应立即进行抢救。

5.外科治疗

经内科治疗和护理,如 1 周后胸腔大量气体持续不吸收,肺仍不复张,或慢性气胸(病程大于 3 个月)、反复发作的气胸和肺大泡患者,则需采用手术治疗,缝合伤口,切除肺大泡或异常组织,并使胸腔闭锁。

【预防】

气胸是一种良性疾病,大部分可痊愈,约 20%的气胸可复发,一般在 2 年之内,因而要避免诱因,积极治疗原发病,尽量避免屏气用力,提取重物、剧烈咳嗽、打喷嚏或大笑,还应保持大便通畅等。

三十五、肺性脑病

肺性脑病又称肺气肿脑病、二氧化碳麻醉或高碳酸血症,是因各种慢性肺胸疾病伴发呼吸功能衰竭、导致低氧血症和高碳酸血症而出现的各种神经精神症状的一种临床综合征。属中医"痰迷心窍""昏谵""神昏"范畴。

【病因】

(1)由于慢性肺气肿、慢性支气管炎、肺结核等脊椎侧弯、后弯、肌萎缩侧索硬化症,重症肌无力症等引起的。

(2)急性呼吸道感染、严重的支气管痉挛、痰液阻塞等,使肺通气、换气功能进一步减低。

(3)左心衰竭使脑血液进一步减少和淤积,加重脑的二氧化碳潴留和缺氧。

(4)利尿剂使用不当、水电解质紊乱、消化道出血、休克、弥散性血管内凝血等也能引起肺性脑病。

(5)治疗不当,如使用高浓度氧可降低颈动脉对缺氧的敏感性,导致呼吸中枢抑制;镇静剂(如苯巴比妥类、氯丙嗪)使用不当,可使呼吸中枢抑制。

【症状】

1.精神障碍

意识障碍:嗜睡或朦胧、谵妄以至昏迷状态。

躁狂状态。

抑制状态。

幻觉或妄想状态。

2.神经症状

扑翼样震颤或痉挛发作,肌痉挛、视乳头水肿、视网膜出血、复视等。

【应急处理】

(1)卧床休息,保持室内空气新鲜、流通。

(2)昏迷、抽搐时,应专人护理,清除鼻腔、口腔内异物,保持呼吸道通畅。

(3)速送医院抢救。

【护理】

(1)控制感染:积极配合医生合理使用有效的抗生素,尤其是在急性感染期,应及时、有效、足量地选择针对性较强的抗生素控制感染,防止病情加重。

在药物治疗中,严格按照给药时间,做到现用现配,并注意无菌操作,加强病房管理,避免交叉感染。

(2)合理用氧:应用正确的氧疗方法,并注意监测其疗效。氧疗不当不仅不能改善症状,反而使病情恶化,是肺性脑病诱发因素之一。

(3)保持呼吸道通畅:临床上一般应用呼吸兴奋剂,促进二氧化碳排出,但是使用呼吸兴奋剂时,必须保持呼吸道通畅,否则会促发呼吸肌疲劳,进而加重肺性脑病的发生。应定时翻身、拍背;若痰液黏稠,可给予超声雾化,以湿化气道,稀释痰液。对于年老体弱,神志异常而无力咳嗽、咳痰的患者要适时给予吸痰,必要时进行气管插管。

(4)纠正电解质紊乱:合理使用利尿剂。

(5)饮食护理:宜采用低热量、清淡可口易消化的饮食。有心衰并四肢水肿的患者给予低盐饮食,可给予适量的碳水化合物和脂肪,对于应用排钾利尿药的患者应鼓励多进含钾药物,以免造成电解质失衡而诱发肺性脑病。

(6)慎用安眠镇静剂:患者烦躁不安时要警惕呼吸功能衰竭、电解质紊乱,切勿随意使用安眠镇静剂,以免诱发或加重肺性脑病,必要时可按医嘱给予水合氯醛等。

(7)心理指导:针对不同的对象给予心理健康指导。

【预防】

(1)加强锻炼,提高机体抗病能力,预防感冒和呼吸道感染。

(2)加强对原发病的防治,禁烟,阻止其向呼吸衰竭发展。

(3)慢性呼吸衰竭由代偿转入失代偿的直接诱因常为呼吸道感染,一旦发生应立即治疗,防止呼吸衰竭恶化。

(4)病因治疗。

（5）住院积极诊治,治疗原则是纠正缺氧、改善通气、治疗酸碱失衡及电解质紊乱和消除诱因等。

三十六、流行性乙型脑炎

流行性乙型脑炎简称乙脑,是由乙型脑炎病毒引起的中枢神经系统传染病。

【病因】

流行性乙型脑炎是一种人畜共患的自然疫源性疾病。人类、家禽、家畜以及野生禽兽都可被流行性乙型脑炎病毒感染。蚊子是流行性乙型脑炎的主要传播媒介。当人体被带流行性乙型脑炎病毒的蚊子叮咬受感染后,多数人不发生任何症状,叫隐性感染。部分人可出现一般呼吸道或消化道症状,但不发生神经精神症状,这部分人常被误诊为上呼吸道感染或消化不良。只有少数人由于抵抗力降低或感染较重,流行性乙型脑炎病毒经血液循环突破血脑屏障侵入中枢神经系统,引起脑组织广泛充血水肿,神经细胞变性坏死。

【症状】

起病多急骤,病程第 1～3 天,发热常在 39～40℃ 以上,伴有头痛、呕吐和不同程度的意识障碍;病程第 4～10 天,体温上升至 40～41℃ 以上,出现惊厥、嗜睡或昏迷、脑膜刺激征,严重者出现衰竭表现;发病 7～10 天以后,体温开始下降,神志渐清,言语功能及神经反射逐渐恢复,少数患者可于 6 个月内恢复,也有半年以上的不恢复,长期遗留意识障碍、失语、强直性痉挛、强直性瘫痪等后遗症。

【应急处理】

（1）应进行隔离,防止蚊虫叮咬再传染他人。

（2）卧床休息,流质或半流质饮食如牛奶、米汤、菜汤、豆浆及水果汁等。

（3）对症处理。

（1）高热者应采取物理降温,尽量少用解热退烧药物,以免虚脱,鼓励患者多喝淡盐开水或汤类。

（2）惊厥者可口服地西泮 5～10 毫克。

（3）呕吐剧烈者应取平卧位,头朝向一侧以免呕吐物误入呼吸道,同时可口服甲氧氯普胺 10 毫克加地西泮 5～10 毫克。

（4）昏迷或呼吸衰竭时应及时清除患者口腔内异物,保持呼吸道通畅。

（5）有呼吸停止者应立即行人工呼吸并急送医院救治。

（6）应尽早送往医院进一步诊治。

【护理】

（1）按虫媒隔离要求进行隔离,病室应有防蚊设备,温度适宜。

（2）对于出现惊厥、抽搐患者,应安置于安静、光线柔和的房间内,防止声音、强光的刺激,有计划集中安排各种检查、治疗、护理操作,减少对患者的刺激,避免诱发惊厥或抽搐。室内应准备急救药物及抢救设备,如氧气、吸引装置、气管切开等。

（3）密切观察病情:①观察生命体征,尤其是体温及呼吸最为重要。若体温过高者,应采取物理降温,可冷敷头部或大动脉,25%～50% 酒精、32～36℃ 温水擦浴、冷（温）盐水灌肠等,将体温控制在 38℃（肛温）以下;但要避免持续长时间冰敷同

·健康医疗·

图文珍藏版

一部位,以防止局部冻伤,同时,要注意周围循环状态,有脉搏细数、面色苍白、四肢厥冷者,禁用冷敷和酒精擦浴。持续高热,物理降温效果欠佳者,可配合药物降温。退热药用量不宜过大,以免出汗过多导致虚脱。出现惊厥或抽搐者应采取相应的护理措施。②密切观察患者的呼吸频率、节律、意识状态、瞳孔大小、对光反应、血压变化。若出现呼吸困难、发绀、叹息样呼吸,则为呼吸衰竭的表现,立即给予氧气吸入(儿童采用漏斗吸氧,氧流量为 2~4 升/分钟),保持呼吸道通畅;若同时有烦躁、喷射性呕吐、双侧瞳孔大小不等,血压升高多为合并脑疝,应立即通知医生,做好急救及护理。

(4)注意安全保护:对于出现惊厥的患者,应加床档或专人看护,口腔内加用舌垫,防止舌咬伤,同时报告医生处理。

(5)加强皮肤、口腔、眼睛的护理,防止继发感染:高热患者易发生口腔炎,可予以生理盐水于饭后、睡前漱口,病情重者,协助口腔护理。

昏迷患者应每日行口腔护理 2~3 次。大汗后的患者给予温水擦拭,及时更换衣裤,保持皮肤清洁、干燥,使患者感到舒适,防止感染。

(6)饮食护理:根据病情给予高营养、高热量饮食,初期及极期应给予清淡、流质饮食,如西瓜汁、绿豆汤、菜汤、牛奶等;昏迷及有吞咽困难者可给予鼻饲,或静脉输液,每日入量 60~80 毫升/千克体重,注重水、电解质平衡。抽搐时暂禁食。

(7)康复护理:肢体瘫痪应将肢体放于功能位,并进行肢体按摩及被动运动,防止肌肉萎缩和功能障碍。恢复期配合针灸、理疗、按摩、功能锻炼、语言训练等,帮其尽早康复。

(8)心理护理:由于本病起病急、来势猛、发展快,患者及家属对疾病缺乏认识,易产生紧张、焦虑心理,护理人员应主动关心患者及家属,详细介绍病情及预后,用通俗易懂的语言来讲解本病知识,取得家属及患者的信任,积极配合治疗和护理,为患者的康复创造有利条件。对于语言障碍、躯体活动受限者,应做好生活护理,正确引导患者要以循序渐进、持之以恒的心态进行功能锻炼。

【预防】

乙脑的预防主要采取两个方面的措施,即灭蚊防蚊和预防接种。

灭蚊:三带喙库蚊是一种野生蚊种,主要孳生于稻田和其他浅地面积水中。成蚊活动范围较广,在野外栖息,偏嗜畜血。因此,灭蚊时应根据三带喙库蚊的生态学特点采取相应的措施。如:结合农业生产,可采取稻田养鱼或洒药等措施,重点控制稻田蚊虫孳生;在畜圈内喷洒杀虫剂等。

人群免疫:目前国际上主要使用的乙脑疫苗有两种,即日本的鼠脑提纯灭活疫苗和中国的地鼠肾细胞灭活疫苗。

三十七、高血压

高血压病也是指通常在静息的情况下动脉的收缩压和舒张压的增高(一般来说大于等于 140/90mmHg),通常伴有脂肪以及糖代谢的紊乱和脑、心、肾以及视网膜等器官的功能性或者器质性的变化,它是一种全身性疾病。

【病因】

发病率会随着年龄增长而逐渐增高。40 岁以上的人群发病率相对来说会比较高;摄入食盐比较多的人群,高血压发病概率相对来说也比较高;身体偏肥胖的人群,发生高血压病的概率相对较高;大概有差不多一半的高血压患者都有家族史;相对来说,在噪音嘈杂喧闹的环境中工作,过度紧张或兴奋的脑力劳动者都是容易发生高血压症状的人群,城市人群的发病率要明显高于农村人群的发病率。

【症状】

1.头胀痛

高血压的机械作用会引起我们的血管非正常扩张,刺激我们的动脉壁的痛觉感受器,从而引发头痛等症状。疼痛大多是出现在两侧的太阳穴和后脑的位置。头痛主要表现为持续性疼痛或者搏动性的胀痛,有时甚至会引发恶心、呕吐等现象。

2.眩晕

高血压发病时主要表现多为头晕、眼花。这主要是由于血压的长时间升高导致血管弹性变得比较弱,血管壁硬化,再加上动脉粥样硬化,高血脂,血粘度增高,这些都会对血液的顺畅流通产生影响。长时间下去,因为身体总是无法得到充分的血氧供应,那么就会引起眩晕症状。

3.耳鸣

高血压会导致人体的动脉硬化以及血管的痉挛,非常容易引起内耳的缺血,从而引发耳聋、耳鸣等症状。高血压所引起的耳鸣通常是双耳耳鸣,而且耳鸣会持续比较长的一段时间。

4.肩痛腰酸

高血压患者同样经常有肩膀和腰部出现酸痛的症状。

5.心悸胸闷

这是因为长时间以来由于高血压的影响,高血压患者的心脏产生了功能性的变化。假如长期血压居高不下,导致左心房扩张,心脏肥大。心肌梗塞或者是心肌肥厚等症状发生,都会加重心脏的负担,进一步出现心率失常以及心肌缺血的情况。像这样恶性循环下去,患者就会产生心悸、气喘、胸闷、呼吸困难等感觉。

6.肢体麻木

高血压患者由于动脉硬化或者是血管的舒张和收缩的功能紊乱等多方面原因,会使得肢体内局部供血的缺乏,尤其是如果高血压症状长期以来都无法得到较好的控制,就会非常容易损害脑血管,从而引起脑血管产生意外,产生肢体麻木等各种症状。

【应急处理】

(1)患者应立即卧床,保持室内安静和稳定情绪。

(2)立即服用平时疗效较佳的降压药、血管扩张药,服用后注意保暖。

(3)有条件的可以吸入氧气。如果患者呼吸道分泌物较多,应该及时吸出,保持呼吸道通畅。

(4)经初步处理后,再及时将病患者送医院治疗。

【护理】

(1)高血压患者应注意以下几点:工作和生活应劳逸结合,应保持充足且高质量的睡眠,注意锻炼身体,并且合理调节饮食,最好食用低盐、低动物脂肪的食品,

·健康医疗·

图文珍藏版

并且尽量避免含胆固醇丰富的食物。身体偏胖的人群应适当控制进食量和热量,适度的减轻体重,并且戒烟限酒。服用少量的镇静剂可缓解精神紧张和部分症状,建议选用:安定、溴化钾、苯巴比妥、利眠宁等药品。

(2)高血压患者应根据不同程度的病情合理服用降压药物,把血压保持在一个正常或者接近正常值的水平,这对于缓解症状,延缓病情发展和预防脑血管意外、心力衰竭以及肾功能衰竭等一系列并发症都有很大的作用。

(3)针对高血压患者应建议采用临床治疗结合康复医疗的方法,这可以更有效地降低血压,缓解症状,稳定治疗效果,同时也可以减少使用药物量。康复性治疗还对于改善心血管功能和血脂的新陈代谢,防治血管硬化,对减少心、脑、肾的并发症有很大帮助。

【预防】

(1)合理膳食:合理的饮食可以让身体胖瘦适宜,胆固醇高低得当。

(2)适量运动:运动可促进血液循环,降低胆固醇的形成,还能够增强肌肉、骨骼,减少关节僵硬等情况的发生。

另外,运动不但能够增进食欲,促进肠胃的蠕动、还可以改善睡眠质量,预防便秘。

(3)戒烟限酒:吸烟是致使高血压疾病的因素之一。高浓度的酒精会导致动脉硬化,从而加重高血压。

(4)心理平衡:高血压患者常常表现为紧张、容易生气、情绪不稳定等,这些都是诱发血压再次升高的因素。患者可以通过调节自己的心情,培养良好的适应自然环境和社会环境的能力,避免情绪的过分激动和过度紧张、焦虑,遇到事情要沉着、冷静,并且要学会释放压力。

(5)学会自我调节:一定要定期测量血压,要按时服用降压药,不可随意减少服用量或停止用药,在医生建议下对病情加以调整,防止血压的反复。如果条件许可,可以家庭自备血压计并且掌握自测血压的方法。不仅要服用适当的药物,此外还要注意劳逸结合、注意饮食、保持稳定的情绪和充足的睡眠。老年人降压要循序渐进不能操之过急。

三十八、高血压危象

凡高血压过程中由于某种诱因使血压急骤升高、病情急剧恶化而引起一系列神经—血管加压性危象及某种器官性危象症状,称为高血压危象。

【病因】

(1)高血压:患有原发性或继发性高血压,如妊娠高血压、肾性高血压等。

(2)食用了禁忌食物:患者正在服用优降宁(帕吉林)治疗时,食用红葡萄酒、啤酒、腌鱼、扁豆等,因这些食物中含"酪胺",易在体内大量贮积,可以导致高血压危象,甚者死亡。

(3)突然停药:服可乐定、避孕药突然停药,可导致血压急剧增高。

(4)其他:精神创伤、情绪急剧波动、寒冷刺激、疲劳过度、内分泌紊乱、气候突变可诱发本症。

【症状】

（1）起病急,头痛剧烈,恶心,呕吐,多汗,耳鸣,眩晕。脑动脉硬化,脑小动脉痉挛、坏死、血栓形成,舒张压升高的高血压脑病,多见于缓进型高血压,心悸,气促,面白,视物不清,腹痛,尿频,甚者抽动,昏迷,烦躁不安,手足发抖等。

（2）收缩压常升高到 26.7kpa（200mmHg）,舒张压 17kPa（128mmHg）以上。

（3）甚者昏迷,暂时性偏瘫、失语,眼底视乳头水肿、出血等。

【应急处理】

（1）绝对卧床休息、低盐、低脂及低热量饮食,多吃蔬菜、水果,避免情绪激动。

（2）口服地西泮 10 毫克镇静。

（3）立即口含快速降压药物如硝苯吡啶或尼卡地平 10 毫克,舌下含化。

（4）抽搐、昏迷者,应专人护理,及时清除鼻腔及口腔内分泌物,保持呼吸道通畅。

（5）心力衰竭者应取端坐位,双下肢下垂或平卧位,也可轮流结扎肢体,可减少回心血量,减轻心脏负荷。

（6）速送医院抢救。

【护理】

（1）药物治疗与护理:按医嘱给予静脉推注硝普钠,使用微量注射泵,严格掌握其剂量、浓度,硝普钠应现配现用、避光,每 4~6 小时更换液体 1 次,视血压情况调节其推注速度;最初 48 小时内血压降低幅度,舒张压不低于 100mmHg,收缩压不低于 160mmHg,血压降到初步治疗目标后应维持数天,在以后 1~2 周内,再酌情将血压逐步降到正常。使用利尿剂应观察尿量变化,注意对电解质的监测;甘露醇应在 20 分钟内滴完,防止药液渗漏出血管外;β-受体阻滞剂可引起心动过缓、支气管痉挛及心肌收缩力减弱;钙通道阻滞剂可出现头晕、头痛及反射性心动过速;血管紧张素转换酶抑制剂可引起干咳、头晕、乏力。

（2）生命体征的监测:严密观察患者神志、瞳孔、血压、心率、心律、呼吸频率,连接好心电、血压监护,如发现血压急剧升高或骤然过低、晕厥、剧烈头痛、肢体乏力、恶心、呕吐、视力模糊、神志改变等情况应立即报告医生。

【预防】

（1）高血压患者应坚持服药治疗,并经常到医院监测血压变化,及时调整药物剂量。

（2）平常应合理安排工作和休息,不宜过劳,保证充足睡眠。

（3）戒除烟、酒及高脂饮食,避免情绪产生较大的波动。

三十九、低血糖

低血糖是指血糖浓度低于 4.0mmol/1 而引起交感神经过度兴奋和脑功能障碍,严重者可昏迷。早期及时补充葡萄糖可使之迅速缓解,延误治疗将出现不可逆的脑损伤甚至死亡。

【病因】

（1）胰岛 β 细胞瘤及各种内分泌症所引起的低血糖症;糖尿病患者由于饮食控制,进行降血糖治疗中易引起低血糖症;严重的肝功能衰竭及进食太少或进食间隔时间太长也会引起低血糖症。

（2）长时间剧烈运动或体力劳动,体内的血糖大量消耗,肝糖元储备不足,不能及时补充血糖的消耗也是引发低血糖症的原因。

【症状】

轻者会感到非常饥饿、极度疲劳、头晕、心悸、面色苍白、出冷汗。重者则会出现神志模糊、言语不清、四肢发抖、呼吸短促、烦躁不安或精神错乱,甚至昏迷。

【应急处理】

（1）注意卧床休息,测量生命体征,排除其他疾病引起的昏迷。

（2）家中有血糖仪者,可立即测血糖。

（3）轻症患者应饮温糖水,或吃些饼干、馒头等食物,10分钟后症状即可消失。

（4）对昏迷不醒的患者,可用指压或针刺人中、百会、涌泉等穴位,并送医院处理。

【护理】

（1）保持周围环境中没有障碍物,保持地面整洁干燥。

（2）对有幻觉躁动的患者应加床档,防止坠床,并行保护性约束,昏迷患者还要防止舌咬伤。

（3）嘱患者勿在清晨空腹时运动,有晨练习惯者可在运动前喝1杯牛奶,吃几块饼干,10分钟后再运动。

（4）运动时可随身携带食物,运动量不可过大,要循序渐进,当出现低血糖时应立即停止运动,服下随身携带的食物。

（5）口服降糖药或注射胰岛素1.5小时后一定要按时进食。

（6）平时当出现心慌、出冷汗、软弱、手足颤抖时,应立即口服糖水,卧床休息或及时报告医生处理。

（7）鼓励患者规律地进食,预防低血糖发生。

【预防】

（1）积极参加体育锻炼以改善体质。不能操之过急,但要持之以恒。

（2）起床时,目花头晕严重甚至昏倒者,欲起床前应先略微活动四肢,搓搓面,揉揉腹。

（3）生活要有规律,饮食要营养丰富。平时可多食一些具有温脾肾、升阳气的食物,如鹿肉、狗肉、羊肉、公鸡、酒、韭菜、龙眼、浓茶、咖啡等。

（4）多喝水,多吃汤,每日食盐略多于常人。少吃冬瓜、西瓜、葫芦、赤小豆等通利小便的食品,以保持血液容量。

四十、糖尿病

糖尿病是由于免疫功能的紊乱、遗传的因素,微生物感染以及毒素、自由基毒素和精神上的因素等各种各样致病因子作用在机体上从而导致胰岛的功能退化、胰岛素抵抗等从而所引起的蛋白质、糖、水、脂肪以及电解质等物质的一系列代谢紊乱综合征。

【病因】

1.与Ⅰ型糖尿病有关的因素

（1）自身免疫系统缺陷:因为在Ⅰ型糖尿病患者的血液中可查出多种自身免疫

抗体,如谷氨酸脱羧酶抗体(GAD 抗体)、胰岛细胞抗体(ICA 抗体)等。这些异常的自身抗体可以损伤人体胰岛分泌胰岛素的 β 细胞,使之不能正常分泌胰岛素。

(2)遗传因素:目前研究提示遗传缺陷是 I 型糖尿病的发病基础,这种遗传缺陷表现在人第六对染色体的 HLA 抗原异常上。科学家的研究提示:I 型糖尿病有家族性发病的特点—如果你父母患有糖尿病,那么与无此家族史的人相比,你更易患上此病。

(3)病毒感染可能是诱因:也许令你惊奇,许多科学家怀疑病毒也能引起 I 型糖尿病。这是因为 I 型糖尿病患者发病之前的一段时间内常常得过病毒感染,而且 I 型糖尿病的“流行”,往往出现在病毒流行之后。病毒,如那些引起流行性腮腺炎和风疹的病毒,以及能引起脊髓灰质炎的柯萨奇病毒家族,都可以在 I 型糖尿病中起作用。

2.与 II 型糖尿病有关的因素

(1)遗传因素:和 I 型糖尿病类似,II 型糖尿病也有家族发病的特点。因此很可能与基因遗传有关。这种遗传特性 II 型糖尿病比 I 型糖尿病更为明显。例如:双胞胎中的一个患了 I 型糖尿病,另一个有 40% 的机会患上此病;但如果是 II 型糖尿病,则另一个就有 70% 的机会患上 II 型糖尿病。

(2)肥胖:II 型糖尿病的一个重要因素可能就是肥胖症。遗传原因可引起肥胖,同样也可引起 II 型糖尿病。身体中心型肥胖病人的多余脂肪集中在腹部,他们比那些脂肪集中在臀部与大腿上的人更容易发生 II 型糖尿病。

(3)年龄:年龄也是 II 型糖尿病的发病因素。有一半的 II 型糖尿病患者多在 55 岁以后发病。高龄患者容易出现糖尿病也与年纪大的人容易超重有关。

(4)现代的生活方式:吃高热量的食物和运动量的减少也能引起糖尿病,有人认为这也是由于肥胖而引起的。肥胖症和 II 型糖尿病一样,在那些饮食和活动习惯均已“西化”的美籍亚裔和拉丁美商人中更为普遍。

3.与妊娠型糖尿病有关的因素

(1)激素异常:妊娠时胎盘会产生多种供胎儿发育生长的激素,这些激素对胎儿的健康成长非常重要,但却可以阻断母亲体内的胰岛素作用,因此引发糖尿病。妊娠第 24 周到 28 周期是这些激素的高峰时期,也是妊娠型糖尿病的常发时间。

(2)遗传基础:发生妊娠糖尿病的患者将来出现 II 型糖尿病的危险很大(但与 I 型糖尿病无关)。因此有人认为引起妊娠糖尿病的基因与引起 II 型糖尿病的基因可能彼此相关。

(3)肥胖症:肥胖症不仅容易引起 II 型糖尿病,同样也可引起妊娠糖尿病。

【症状】

在临床上,糖尿病以高血糖为最主要特征,比较典型的病例可能会出现多尿、多饮、多食以及消瘦等症状,也就是我们通常所说的“三多一少”症状。

然而,不同种类类型、不同病期的糖尿病有不同的症状,轻者可能没什么感觉,重者可能会对生活产生影响。糖尿病患者的典型症状即为“三多一少”,是多尿、多饮、多食与体重减轻,按照发病机制来说应是按这个顺序发生的,但也可能会仅仅突出某一个症状,因为由于病情不同发病方式的不同,并非每个患者都具有这些症状。

·健康医疗·

图文珍藏版

（1）多尿：尿量增多，表现为每昼夜尿量可达 3000~5000 毫升，最高的可超过 10000 毫升。排尿次数也明显增名，平均一、两个小时就可能排尿 1 次，有的患者甚至每昼夜可达到 30 多次。尿液多泡沫，尿渍呈现发白、发粘的样子。

（2）多饮：由于多尿，水分失去的较多，可能引起细胞内脱水，刺激口渴中枢神经系统，常常感到口渴，饮水量和饮水次数明显增多。排尿越多，饮水也越多，这是呈正比关系的。

（3）多食：由于血糖无法进入细胞，不能被细胞利用，刺激大脑的饥饿中枢神经从而多食，并且进食后没有饱腹感，导致进食次数和进食量都明显增多。Ⅱ型糖尿病初期，因为高胰岛素血症的原因，使血糖的利用加速，从而出现餐前产生明显的饥饿感，甚至出现低血糖的情况，这通常是Ⅱ型糖尿病的最首要症状。

（4）消瘦：因为体内胰岛素缺乏，葡萄糖不能被机体充分利用，脂肪和蛋白质加速分解以此来补充足够的能量和热量。最终会大量消耗体内碳水化合物、蛋白质和脂肪，再加上水分的流失，使得患者体重减轻、严重者体重可下降几十斤，导致疲乏无力，精神萎靡。

（5）糖尿病患者还有其他症状，表现为：疲乏无力，由于血糖无法进入细胞，细胞缺乏能量所致。据报告显示大约 2/3 的糖尿病患者会产生无力的症状，甚至多于消瘦的人数。容易感染，糖尿病对免疫功能产生影响，导致抵抗力下降，容易出现皮肤疖肿，呼吸系统、泌尿胆管系统等的各种炎症，并且治疗相对来说比较困难。皮肤感觉异常，感觉神经障碍引起肢体末梢部位皮肤感觉不适，如蚁走感、麻木感、针刺感，瘙痒等，特别是女性外阴瘙痒是最首要症状。视力障碍，糖尿病可引起眼睛各个部位的并发症，甚至会出现视力下降、黑朦乃至失明等情况：性功能障碍，糖尿病引起血管、神经系统病变和心理障碍等可能会引发男性阳痿，女性性冷淡、月经不调等性功能障碍。X 综合征，Ⅱ糖尿病有胰岛素抵抗，高胰岛素血症的情况，因此可能会同时或先后出现高血压，冠心病、高脂血症、血液黏稠度高、肥胖等，这虽然不是糖尿病的症状，但出现以上情况时，应注意检查血糖是否有升高。

【应急处理】

以往有糖尿病史，突然昏迷，又找不到其他病因，首先怀疑糖尿病昏迷，可按昏迷的急救原则急救。

（1）病人平卧头侧向一边，保持呼吸道通畅，清除呕吐物，防止误吸引起窒息。

（2）细心观察病情变化，一旦发现呼吸停止，立即进行人工呼吸。

（3）迅速呼叫"120"急救电话，将病人迅速送往医院急救。要检查血糖，以确定病情治疗方向。

（4）由于糖尿病引起的昏迷，除了低血糖的原因外，血糖显著升高还可引起高渗性昏迷，所以在昏迷原因不清楚时不要随便给病人喂食糖水，以免加重病情。而且给意识不清的病人喂糖水容易造成呛咳甚至窒息。

【护理】

（1）饮食：建议碳水化合物含量应在总热量不变的条件下适当增加，而且一定要食用高纤维素食物。

（2）运动：根据患者的功能情况和疾病的特征，进行体育锻炼防治疾病、增强身体的抵抗力，是帮助患者克服疾病，恢复健康的有效措施。

（3）药物：那些病情较重的患者，单靠平时运动和饮食可能没有办法有效地控制病情。这时就需要配合药物治疗。相关的药物主要有以下几种：

磺脲类：主要通过对胰岛素分泌进行刺激而发挥作用，最佳服药时间为餐前半小时。

双胍类：降糖的效果明显，不会引起低血糖。此外具有心血管保护作用，如调脂、抗血小板凝集等。但建议患有严重心、肝、肾功能不良的患者不要服用。餐后服用更佳。

糖苷酶抑制剂：通过对小肠黏膜上皮细胞表面的糖苷酶产生抑制，延缓碳水化合物的吸收，因此降低餐后血糖，所以适合那些单纯餐后血糖升高的患者。餐前服用或与第一口饭同时服用，饮食中需要含有一定的碳水化合物（如大米、面粉等）时才能发挥效果。

噻唑烷二酮：至今为止最新的口服降糖药。通过加强外周组织对胰岛素的敏感度、改善胰岛素抵抗来降低血糖，并能改善和胰岛素抵抗相关的多种心血管危险因素。这类药物应用过程中必须时刻关注肝功能。

甲基甲胺苯甲酸衍生物：是这几年研发的非磺脲类胰岛素促分泌剂，见效快，时间短，对餐后血糖有比较好的效果，建议进餐前服用。

胰岛素：分为短效胰岛素、中效胰岛素、长效胰岛素和预混胰岛素，注意必须要在专科医生指导下服用，并要时刻做好观察和监测。

中草药：能够较好地辅助治疗糖尿病，但是一定要在中医专业医生的指导下，合理用药服用。

【预防】

（1）糖尿病患者应尽量戒酒，因为喝酒会扰乱体内糖、脂肪、蛋白质的新陈代谢，促进糖尿病急、慢性并发症的产生，同时喝酒阻碍降糖药分解和排泄，容易引发低血糖的出现。

（2）糖尿患者应食用少油少盐而且清淡的食物。同时吃饭时应定时定量。建议糖尿患者应当少吃多餐。糖尿病患者在以下两种情况下不宜吃水果：餐前餐后不宜吃，尽量在两餐间隔中吃；含糖量较高的水果不宜吃。

四十一、意识障碍

意识是指人们对自身和周围环境的感知状态，可通过言语及行动来表达。意识障碍系指人们对自身和环境的感知发生障碍，或人们赖以感知环境的精神活动发生障碍的一种状态。

【病因】

（1）重症急性感染：如伤寒、斑疹伤寒、恙虫病、败血症、大叶性肺炎、中毒型菌痢、脑炎、脑膜脑炎、脑型疟疾等。

（2）内分泌与代谢障碍：甲状腺功能减退、甲状腺危象、尿毒症、肝性脑病、肺性脑病、糖尿病、低血糖、妊娠中毒症等。

（3）心血管疾病：如阵发性室性心动过速、房室传导阻滞、病态窦房结综合征等，可出现不同程度的意识障碍。意识障碍还可见于重度休克。

（4）外源性中毒：安眠药、酒精、有机磷农药、一氧化碳、吗啡等中毒。

（5）物理性损害：如高温中暑、触电、淹溺、高山病等。

（6）颅脑疾患：

①脑血循环障碍：脑缺血、脑出血、蛛网膜下腔出血、脑栓塞、脑血栓形成、高血压脑病。

②颅内占位性病变：如脑肿瘤、硬膜外血肿、脑脓肿等。

③颅脑外伤：如脑震荡、颅骨骨折等。

④癫痫。

【症状】

（1）嗜睡：是最轻的意识障碍，患者处于病理的睡眠状态，但可被轻度刺激或言语所唤醒；醒后能回答问题，但反应较迟钝，回答简单而缓慢。停止刺激后又再入睡。

（2）意识模糊：是较嗜睡为深的一种意识障碍，患者有定向障碍，思维和语言也不连贯，可有错觉与幻觉、躁动不安、谵语或精神错乱。意识模糊较常见于急性重症感染（如伤寒）的高热期。

（3）昏睡：是接近于人事不省的意识状态，患者处于熟睡状态，不易唤醒。虽在强烈刺激下（如压迫眶上神经、摇动患者身体等）可被唤醒，但很快又再入睡。醒时答话含糊，或答非所问。

（4）昏迷：昏迷是意识障碍最严重的阶段，也是病情危急的信号。按其程度大致可区分为两种。

①浅昏迷：意识大部丧失，无自主运动，对声、光刺激无反应，对疼痛刺激尚可出现痛苦的表情或肢体退缩等防御反应。角膜反射、瞳孔对光反射、眼球运动、吞咽反射等可存在。

②深昏迷：意识全部丧失，强刺激也不能引起反应。肢体常呈弛缓状态。深、浅反射均消失。偶有深反射亢进与病理反射出现。机体仅能维持呼吸与血循环功能。

此外，还有一种以兴奋性增高为主的高级神经中枢急性活动失调状态，称为谵妄。表现为意识模糊、定向力丧失，感觉错乱（幻觉、错觉）、躁动不安、言语杂乱。谵妄可发生于急性感染的发热期间，也可见于某些药物中毒（如颠茄类药物中毒、急性酒精中毒）、代谢障碍（如肝性脑病）、循环障碍或中枢神经疾患等。由于病因不同，有些患者可以康复，有些患者可发展为昏迷状态。

【应急处理】

意识障碍的主要危险是气道阻塞、舌后坠阻塞气道或患者不能用力咳嗽，而致呕吐物或其他异物不能从咽部清除，首先检查意识障碍患者是否有呼吸，如果无呼吸，则必须进行口对口人工呼吸复苏。如果有呼吸但呼吸微弱或有气过水声，须检查口腔，以确定是否阻塞，一旦正常呼吸恢复立即解开紧身衣服，将患者置保护体位，如果可能加盖一至二层上衣或毯子以减少热量散发，在得到医疗救助以前一定要看护好患者。

（1）当患者出现意识模糊，昏迷等意识障碍时，严密观察以防其加深而进入昏迷。

（2）昏迷时，应将头偏向一侧，便于口涎外流，并用纱布将下坠的舌头拉出，因患者不会吞咽,所以不要向口中喂水或喂药。

(3)保持呼吸道通畅,要将衣领扣子解开,如果患者口腔有分泌物要及时吸出。

(4)保护眼睛,如果患者眼睛不能闭合,应涂上眼药膏,用消毒的纱布湿敷于眼睛上,防止角膜干燥。

(5)预防肺炎和褥疮,这是在家庭护理昏迷患者很重要的原则,定时翻身、拍背、吸痰、清洁口腔,保持床铺的清洁卫生,尿湿的床单及时更换,防止褥疮发生。

(6)及时送医院确诊,针对病因进行抢救和治疗。

【护理】

(1)意识障碍患者,保证口腔无外来异物或假牙。

(2)将患者上臂靠近他(她)的躯干,将手置于大腿近侧。

(3)将对侧手横置于胸前,将对侧下肢在膝部交叉于近侧下肢上。

(4)用一只手保护和支持头部,用另一只手抓牢患者对侧臀部裤子迅速搬动患者转向救护者,以保证患者面对救护者。

(5)调整头部以确保患者气道开放。

(6)屈曲患者上侧肢体以保证躯干上部处于舒适位置,于膝部屈曲患者上侧下肢以使大腿恰当向前而支撑患者躯干下部。小心地将另一上肢从肩膀下面拿出,让躯体平放地面以防躯体移回原体位。

【预防】

平时发现有关疾病及时彻底治疗。

外伤者按有关外伤急救处理。

四十二、急性肾衰竭

急性肾衰竭简称急肾衰,属临床危重症。该病是一种由多种病因引起的急性肾损害,可在数小时至数天内使肾单位调节功能急剧减退,以致不能维持体液电解质平衡和排泄代谢产物,而导致高血钾、代谢性酸中毒及急性尿毒症综合征,此综合征临床称为急性肾功能衰竭。肾脏是机体维持内环境稳定的重要器官。

【病因】

1.肾中毒

对肾脏有毒性的物质,如药物中的磺胺、四氯化碳、汞剂、铋剂、二氯磺胺;抗生素中的多粘菌素,万古霉素、卡那霉素、庆大霉素、先锋霉素 I、先锋霉素 II、新霉素、二性霉素 B 以及碘造影剂、甲氧氟烷麻醉剂等;生物毒素如蛇毒、蜂毒、鱼蕈、斑蝥素等,都可在一定条件下引起急性肾小管坏死。

2.肾缺血

严重的肾缺血如重度外伤、大面积烧伤、大手术、大量失血、产科大出血、重症感染、败血症、脱水和电解质平衡失调,特别是合并休克者,均易导致急性肾小管坏死。此外,血管内溶血(如黑尿热、伯氨喹所致溶血、蚕豆病、血型不合的输血、氧化砷中毒等)释放出来的血红蛋白,以及肌肉大量创伤(如挤压伤、肌肉炎症)时的肌红蛋白,通过肾脏排泄,可损害肾小管而引起急性肾小管坏死。

【症状】

突然发生少尿,每日尿量少于 400 毫升,并伴有恶心呕吐、嗜睡、水肿、血压升高及血尿、蛋白尿等,常伴有心衰、休克等严重并发症。

【应急处理】

(1)卧床休息注意保暖,防止受凉。

(2)低盐、低蛋白、高热量及多种维生素饮食。

(3)神志不清及抽搐者,应专人护理,可口服或鼻饲安宫牛黄丸或紫雪丹、至宝丹1~2丸。

(4)急性心衰及水肿者,应取端坐位,双下肢下垂或半卧位,可轮流结扎肢体,减少回心血量,减轻心衰作用。

(5)经上述紧急处理后应尽早送医院进一步诊治。

【护理】

(1)密切观察病情变化。注意体温、呼吸、脉搏、心率、心律、血压等变化。急性肾功能衰竭常以心力衰竭、心律紊乱、感染、惊厥为主要死亡原因,应及时发现其早期表现,并随时与医生联系。

(2)保证患者卧床休息。休息时期视病情而定,一般少尿期、多尿期均应卧床休息,恢复期逐渐增加适当活动。

(3)营养护理:少尿期应限制水、盐、钾、磷和蛋白质入量,供给足够的热量,以减少组织蛋白的分解。不能进食者从静脉中补充葡萄糖、氨基酸、脂肪乳等。透析治疗时患者丢失大量蛋白,所以不需限制蛋白质入量,长期透析时可输血浆、水解蛋白、氨基酸等。

(4)精确地记录出入液量。口服和静脉进入的液量要逐项记录,尿量和异常丢失量如呕吐物、胃肠引流液、腹泻时粪便内水分等都需要准确测量,每日定时测体重以检查有无水肿加重。

(5)严格执行静脉输液计划。输液过程中严密观察有无输液过多、过快引起肺水肿症状,并观察其他副作用。

(6)预防感染严格执行无菌操作,加强皮肤护理及口腔护理,定时翻身,拍背。病室每日紫外线消毒。

(7)做好亲属及患者思想工作、稳定情绪,解释病情及治疗方案,以取得合作。

【预防】

(1)置单间,室内空气新鲜,清洁,定期进行空气消毒,以防感染。

(2)绝对卧床休息,有抽搐昏迷者应采取保护措施,防止坠床。烦躁不安者,应用镇静剂,保持呼吸道通畅。

(3)给高糖、低脂肪、低蛋白、低盐易消化饮食。

(4)严密观察病情变化,观察有无左心衰竭,肺水肿的表现以及肾功能的改变。应及时通知医生,备好抢救药品。有急性水肿时,及时给吸氧,液化瓶内放入75%酒精。

(5)准确记录液体出入量,特别是尿量。无尿者应限制钠盐及水的摄入,每日约600~800毫升。

(6)注意口腔卫生,经常漱口,避免口腔溃烂及口腔炎,加强皮肤护理,预防褥疮发生。

(7)对贫血或出血者,按医嘱输新鲜血时,滴速宜慢,应注意输血反应并及时处理。

(8)及时准确应用各种药物,并观察治疗效果,但禁用对肾脏有毒的药物。

四十三、肾及输尿管结石

结石形成的原因尚未完全阐明,一般多见于 20~40 岁男性,结石多在肾及膀胱形成,其成分为尿酸、草酸钙及磷酸镁铵等,形态不一,大小不等,可引起尿路梗阻、感染及黏膜损伤。一般多为单侧结石。

【病因】

病因未明,可能为多种因素所致,如尿中盐类沉淀、泌尿系感染、尿路梗阻、甲状旁腺功能亢进及胶体与晶体的平衡失调等。

【症状】

突然发生阵发性腰部疼痛,并向下放射至下腹部、腹股沟区域,疼痛剧烈时可伴有出汗、面色苍白及肉眼血尿。

【应急处理】

(1)卧床休息,鼓励患者多饮水,有利于排石。

(2)肾区疼痛剧烈时可热敷或口服阿托品 0.5 毫克,每日 3 次,也可针刺肾俞、三阴交、足三里穴位,有止痛和促排石作用。

(3)如伴有尿路感染时,可口服吡哌酸 0.5 克或诺氟沙星 0.2 克,每日 3 次。

(4)经上述紧急处理后应送医院进一步诊治。

【护理】

(1)多饮水,至少每日饮水 2000~3000 毫升,以稀释尿液,使结石易于排出,除白天大量饮水外,睡前也须饮水 500 毫升,睡眠中起床排尿后再饮水 200 毫升。多饮水可冲洗泌尿系统结石,又可稀释尿液,改变尿 pH 值。

(2)适当调节饮食,可以预防结石的再生。含钙结石患者应少喝牛奶等含钙高的饮食,草酸盐结石患者应少吃菠菜、马铃薯、豆类和浓茶等。磷酸盐结石患者宜用低磷、低钙饮食,并口服氯化胺使尿液酸化。尿酸盐结石患者应少吃含嘌呤的食物,如动物内脏、肉类及豆类,口服碳酸氢钠使尿液碱化,亦利于尿酸盐结石的溶解。

(3)观察排石现象,如绞痛部位下移,表明结石下移,疼痛突然消失,结石可能进入膀胱,这时患者应努力排尿,使结石排出。

(4)增加体育活动。除多饮水外还要增加体育活动,如跳跃等使结石易排出。

(5)为排出结石患者增加日饮水量,如突然出现心慌、胸闷、脉搏细弱等症状,应注意可能由于大量饮水而致使心脏负担过重,应立即送医院治疗。

(6)经皮肾镜或经膀胱输尿管肾盂镜取石或超声碎石术前做好心理护理,以减轻患者恐惧焦虑心情,术后患者常伴有尿漏、出血,甚至肠穿孔或其他周围脏器损伤的并发症,应加强观察。

(7)实行肾盂切开取石术或输尿管切开取石术后,要做一些必要的护理。

①密切观察患者有无肉眼血尿。

②一般术后都有不同程度的尿液漏出,最好术中伤口内放置负压球吸引,术后可以做持续吸引漏尿,正确记录漏尿量,并可避免多次伤口换药。输尿管切开取石

·健康医疗·

图文珍藏版

术患者,术后漏尿在 3 周以上,应作膀胱镜输尿管内插导管做内支架,可促使输尿管壁切口愈合而停止漏尿。

③外渗尿液引流不畅或有残余结石引起感染可发生高热,应严密观察体温、血常规,必要时作 B 型超声波检查,了解肾周有无积液,并用抗生素控制感染。

(8)实行肾部分切除术和肾实质切开取石术后,要做一些必要的护理。

①由于肾脏血流丰富,组织脆嫩,缝合止血不易,术后 48 小时内大出血者。多因术中止血不够完善,应注意引流液血色深浅、引流管是否通畅,观察血尿程度,如有进行性出血者,有时需再次手术止血。

②术后应绝对卧床 2 周,7～10 日是肠线吸收期,尤其要定期测血压、脉搏,保持大便通畅,必要时灌肠。因便秘或咳嗽在用力时可致出血。

③预防感染。

④预防尿漏。肾周围引流管应至少保留 4 日,确实无渗液后,才可拔除。

(9)体外震波碎石术护理:做好心理护理及术前常规护理。术后严密观察患者血尿进展、肾绞痛、发热,在碎石术及中西药物治疗情况下,要特别注意患者心肺功能的改变。

【预防】

(1)多喝水:不论结石属于哪一类,最重要的预防之道是提高水分的摄取量。水能稀释尿液,并防止高浓度的盐类及矿物质聚积成结石。合适的饮水量是达到 1 天排 2 升的尿液,就算足够。如果一整天都在烈日下工作,需要喝更多的水。

(2)补充纤维素:加食米糠,可以防止结石发生。

(3)控制钙的摄取量:结石中有 50% 是由钙或含钙的产品形成的。如果上一回的结石,主要是钙的成分,则得注意钙质的摄取。如果正服用营养补充品,首先需要请教医师是否必要。其次是检查每天高钙食物的摄取量,包括牛奶、干酪、奶油及其他乳制品。牛奶及抗酸剂可能产生肾结石。

(4)检查胃药:某些常见的制酸剂含高量的钙。假使患钙结石,同时也正在服用制酸剂,则应查此药的成分说明,以确定是否含高钙。若含高钙,应改用别的药。

(5)勿吃富含草酸盐的食物:大约 60% 的结石属于草酸钙结石。因此,应限量摄取富含草酸的食物,包括豆类、甜菜、芹菜、葡萄、青椒、香菜、菠菜、草莓及甘蓝菜科的蔬菜。也避免酒精、咖啡因、茶、巧克力、无花果干、羊肉、核果、青椒、红茶等。

(6)多活动:不爱活动的人容易使钙质淤积在血液中。运动帮助钙质流向它所属的骨头。勿整天坐等结石的形成,应该到户外走走或做运动。

(7)热敷:在肾区热敷、拔火罐、电疗,可以止痛。常洗热水澡,也有利于排石。

(8)吃富含维生素 A 的食物:维生素 A 是维持尿道内膜健康所必要的物质,它也有助于阻碍结石复发。健康的成年人,1 天需摄取 5000 单位的维生素 A。1 杯胡萝卜汁便能提供 10055 单位的维生素 A。其他富含维生素 A 的食物尚有绿花椰菜、杏果、香瓜、南瓜、牛肝等维生素 A 在高剂量时有毒。故欲补充维生素 A 之前,应先经由医师同意。

(9)注意蛋白质的摄取:肾结石与蛋白质的摄取量有直接的关联。

蛋白质容易使尿液里出现尿酸、钙及磷,导致结石的形成。假使曾患过钙结石,应特别注意是否摄取过量蛋白质,尤其假使曾有尿酸过多或胱胺酸结石的病历。每天限吃 180 克的高蛋白食物,这包括肉类、干酪、鸡肉和鱼肉。

（10）少吃盐:如果有钙结石,应该减少盐分的摄取。应将每日的盐分摄取量减至 2~3 克。

（11）补充营养素也很重要。

①氧化镁或氯化镁:每天 500 毫克。减少钙的吸收。研究发现每日服用镁,可减少 90% 的复发率。因为镁和钙一样,皆可与草酸结合。但与草酸钙不同的是,草酸镁较不会形成疼痛的结石。

②维生素 B_6:每天 10 毫克,每天 2 次。与镁并用时,维生素 B_6 能减少尿液中的草酸盐,这是肾结石中常见的矿物盐。

③蛋白质分解酵素:用量依照产品指示,两餐之间使用,帮助消化正常。

④维生素 A 乳剂或胶囊:25000 单位。治疗受结石损坏的尿道衬膜。

（12）多吃西瓜:西瓜是天然的利尿剂。要经常吃西瓜,且要单独吃,不与其他食物并用。西瓜有清净体内的作用,但勿与其他食物同时食用。

（13）限制维生素 C 的用量:如果容易形成草酸钙结石,应限制维生素 C 的用量。1 天超过 2~3 克,可能增加草酸的制造,因而提高结石发生的概率。勿摄取高效力的维生素 C 补充物。

（14）勿服用过多维生素 D:过量的维生素 D 可能导致身体各部堆积钙质。

四十四、膀胱结石

膀胱结石多在膀胱内形成,少数自上尿路移行而来,是最常见的泌尿外科疾病之一。肾脏是大多数泌尿系统结石的原发部位,结石位于肾盏或肾盂中,输尿管结石多由肾脏移行而来,肾和输尿管结石单侧为多,双侧同时发生者约占 10%。肾结石在尿路结石中占有重要地位,目前发病有增加的趋势。任何部位的结石都可以始发于肾脏,而肾结石又直接危害于肾脏。结石常始发在下肾盏和肾盂输尿管连接处可为单个或多发,其大小甚悬殊,小的如粟粒,甚至为泥沙样,大的可充满肾盂或整个肾盏呈铸形结石。

【病因】

尿路结石在肾和膀胱内形成。上尿路结石与下尿路结石的形成机制、病因、结石成分和流行病学有显著差异。上尿路结石大多数为草酸钙结石。膀胱结石中磷酸镁铵结石较上尿路多见。虽然部分肾结石有明确的原因、如甲状旁腺功能亢进、肾小管酸中毒、海绵肾。

【症状】

肾和输尿管结石的主要表现是与活动有关的血尿和疼痛。其程度与结石部位、大小、活动与否及有无并发症及其程度等因素有关。结石越小症状越明显。肾盂内大结石及肾盏结石可无明显临床症状,仅表现为活动后镜下血尿。若结石引起肾盏颈部梗阻,或肾盂结石移动不大时,可引起上腹或腰部钝痛。结石引起肾盂输尿管连接处或输尿管完全性梗阻时,出现肾绞痛。疼痛剧烈难忍为阵发性,患者展转不安,大汗,恶心呕吐。疼痛部位及放射范围根据结石梗阻部位而有所不同。肾盂输尿管连接处或上段输尿管梗阻时,疼痛位于腰部或上腹部,并沿输尿管行至,放射至同侧睾丸或阴唇和大腿内侧。当输尿管中段梗阻时,疼痛放射至中下腹部,右侧极易与急性阑尾炎混淆。结石位于输尿管膀胱壁段或输尿管口处,常伴有膀胱刺激症状及尿道和阴茎头部放射痛。

根据结石对黏膜损伤程度的不同,可表现为肉眼或镜下血尿。以后者更为常见。有时活动后镜下血尿是上尿路结石的唯一临床表现。结石伴感染时,可有尿频、尿痛等症状。继发急性肾盂肾炎或肾积脓时,可有发热、畏寒、寒颤等全身症状。双侧上尿路结石引起双侧完全性梗阻或独肾上尿路结石完全性梗阻时可导致无尿。有时感染症状为尿路结石的唯一表现。特别是儿童上尿路结石,大多数表现为尿路感染,值得注意。

【应急处理】

大量饮水,适当运动。

可给予镇静、止痛药物。

口服枸橼酸钠3克,每日3次。

口服中药治疗。

经上述治疗无效或有大的结石时,应送医院进行手术取石。

【护理】

(1)平时应多饮水,养成饮水习惯。因为多饮水可增加尿量,稀释尿中的结晶,使其容易排出体外。同时,即使已形成的细小结石,也可及早把它从膀胱中冲刷出去。最好每天饮水2500毫升以上,维持尿色清淡。如果当地的水源含钙量较高的话,更应注意先经软化后再饮用。

(2)不要大吃大喝,限制超量营养。因为大吃大喝多为高蛋白、高糖和高脂肪饮食,这样会增加结石形成的危险性。平时应适当多吃些粗粮和素食。

(3)如果是结石患者,结石治愈以后,对于草酸盐结石患者,为了预防结石复发,应避免吃含草酸较高的食物,如菠菜、甜菜、香菇、土豆、栗子、浓红茶、咖啡、可可、巧克力、柿子和杨梅等;如果是尿酸盐的患者,应注意尽量少吃含尿酸较高的食物,如动物内脏、海产品、咖啡、可可、红茶、巧克力和花生等。

(4)尽量不服用或少服用与结石有关的药物,如维生素C、阿司匹林、磺胺类药物。

【预防】

必须消除下尿路梗塞和感染。如手术治疗前列腺增生和尿道狭窄,根治尿路感染,尤其是那些分解尿素的细菌,避免膀胱异物,减少结石发生。

四十五、急性肾盂肾炎

急性肾盂肾炎是指肾盂黏膜及肾实质的急性感染性疾病,主要是大肠杆菌的感染,另外还有变形杆菌、葡萄球菌、粪链球菌及绿脓杆菌等引起。急性肾盂肾炎最严重的并发症是中毒性休克。

【病因】

上行性感染:此类最常见,细菌通过尿道、膀胱、输尿管上行侵入肾脏而感染。尿路梗阻或尿潴留是常见的诱因。

血行性感染:细菌经过血液而侵入肾脏,如败血症等。

淋巴结运行感染:细菌由输尿管周围的淋巴管侵入肾脏。

直接蔓延:肾脏附近的感染灶直接蔓延至肾脏,如肾周围脓肿、腰大肌脓肿等。

【症状】

(1)全身表现:起病大多数急骤、常有寒战或畏寒、高热、多为弛张热,也可呈稽留热或间歇热,体温可达39℃以上,全身不适、头痛、乏力、食欲减退、有时恶心或呕吐等。

(2)尿路系统症状:最突出的是膀胱刺激症状即尿频、尿急、尿痛等,每次排尿量少,甚至有尿淋漓、大部分病人有腰痛或向会阴部下传的腹痛。

(3)轻症患者可无全身表现,仅有尿频、尿急、尿痛等膀胱刺激症状。

【应急处理】

(1)卧床休息,忌食刺激性食物,多饮水,每天保持尿量在1500～2000毫升,以利于排毒。

(2)口服吡哌酸0.5克或诺氟沙星0.1克,每日3次。

(3)有排尿困难、尿痛者,可适当给服碳酸氢钠、阿托品或颠茄合剂等。

(4)高热者可采用物理降温或给予少量解热药物。

【护理】

(1)注意观察患者有无尿频、尿急、尿痛等尿路刺激症状,有异常要及时通知医生。

(2)观察是否有药物不良反应。

(3)收集肾盂肾炎患者尿标本时,应注意除急症外以留取晨尿为宜,并立即送检。留取中段尿作细菌培养时,必须严格执行无菌操作。

(4)帮助患者养成勤洗澡、勤更衣的卫生习惯。

(5)女性肾盂肾炎患者要注意经期、婚后及孕期卫生,保持会阴部清洁。

(6)保持良好的心态,积极治疗并坚持服药,定期到医院进行复查,直至痊愈为止。

【预防】

(1)增强体质,提高机体防御能力。

(2)坚持每天多饮水,定时排尿。

(3)注意阴部的清洁,尤其是女性患者在月经、妊娠和产褥期更应注意。

(4)消除各种诱发因素如糖尿病、尿路结石及尿路梗阻等。

(5)积极寻找并去除炎性病灶,如男性的前列腺炎、女性的阴道炎及宫颈炎。

(6)与性生活有关的反复发作的尿路感染,于性生活后即排尿并按常用量内服一次抗菌药物做预防。

(7)尽量避免使用尿路器械,如必须留置导尿管,最初3天内服抗菌药物有预防作用,以后则无预防作用。

(8)有妇科慢性炎症疾患如盆腔炎等,亦应彻底治疗,以防蔓延感染至肾盂。

(9)急性肾盂肾炎患者一定要积极治疗,直至痊愈,防止反复感染。

四十六、肾病综合征

肾病综合征简称肾综,是指由多种病因引起的,以肾小球基膜通透性增加伴肾小球滤过率降低等肾小球病变为主的一组综合征。肾病综合征不是一独立性疾病,而是肾小球疾病中的一组症候群。肾病综合征典型表现为大量蛋白尿、低白蛋白血症、高度水肿、高脂血症。

【病因】

继发性肾病综合征:继发性肾病综合征的原因很多,常见者为糖尿病性肾病、肾淀粉样变、系统性红斑狼疮肾炎、药物及感染引起的肾病综合征。一般于小儿应着重考虑遗传性疾病、感染性疾病及过敏性紫癜等引起的继发性肾病综合征,中青年则应着重考虑结缔组织病、感染、药物引起的继发性肾病综合征;老年则应着重考虑代谢性疾病及与新生物有关的肾病综合征。

原发性肾病综合征:成人约 2/3 和大部分儿童的肾病综合征为原发性,包括原发性肾球肾病、急慢性肾小球肾炎和急进性肾小球肾炎等。引起原发性肾病综合征的病理类型也有多种,以微小病变肾病、系膜增生性肾炎、膜性肾病、系膜毛细血管性肾炎及肾小球局灶阶段性硬化 5 种临床病理类型最为常见。其中儿童及少年以微小病变肾病较多见;中年人则以膜性肾病多见。

【症状】

全身浮肿:几乎所有肾病综合征患者均出现程度不同的浮肿,浮肿以面部、下肢、阴囊部最明显。浮肿可持续数周或数月,或于整个病程中时肿时消。在肾病综合征患者感染(特别是链球菌感染)后,常使浮肿复发或加重,甚至可出现氮质血症。

消化道症状:因胃肠道水肿,肾病综合征患者常有不思饮食、恶心、呕吐、腹胀等消化道功能紊乱症状。当肾病综合征患者出现有氮质血症时,上述症状加重。

高血压:非肾病综合征的重要症状,但有水钠潴留、血容量增多,可出现一时性高血压。而Ⅱ型原发性肾病综合征可伴有高血压症状。

蛋白尿:大量蛋白尿是诊断肾病综合征最主要症状。

低蛋白血症:主要是肾病综合征患者血浆蛋白下降,其程度与蛋白尿的程度有明显关系。

高脂血症:肾病综合征患者血中三酰甘油明显增高。

【应急处理】

(1)应卧床休息,待水肿消退,血压恢复正常后,即可逐渐恢复正常活动。

(2)严格限制钠的摄入,每日摄入氯化钠量应在 2 克以下。

(3)给予高蛋白、高热量饮食。

(4)对皮质激素反应良好者,一般不用利尿剂,对激素无效、水肿不能完全消退时,可用双氢克尿噻 25~50 毫克,每日 3 次,加安体舒通 20~40 毫克,每日 3 次,或加氨苯蝶啶 50~100 毫克,每日 3 次。

(5)皮质激素可使用泼尼松每日 30~60 毫克,分 3 次口服。

(6)皮质激素应用无效时,可使用免疫抑制剂如环磷酰胺每日 150~200 毫克,分 2~3 次口服。

【护理】

心理护理:患者常有恐惧、烦躁、忧愁、焦虑等心理失调表现,这不利于疾病的治疗和康复。护理者的责任心,热情亲切的服务态度,首先给患者安全和信赖感,进而帮助他克服不良的心理因素,解除其思想顾虑,避免情志刺激,培养乐观情绪。

国学经典文库

家庭生活百科

·健康医疗·

图文珍藏版

临床护理:如水肿明显、大量蛋白尿者应卧床休息;眼睑面部水肿者枕头应稍高些;严重水肿者应经常改换体位;胸腔积液者宜半卧位;阴囊水肿者宜用托带将阴囊托起。同时给高热量富含维生素的低盐饮食。在肾功能不全时,因尿素氮等代谢产物在体内潴留,刺激口腔黏膜易致口腔溃疡,应加强卫生调护,用生理盐水频漱口,保持室内空气新鲜,地面用84液消毒,每日1次,并减少陪护人员等。

药物治疗的护理:用利尿剂后,应观察用药后的反应,如患者的尿量、体重、皮肤的弹性。用强效利尿剂时,要观察患者的循环情况及酸碱平衡情况;在用激素时,应注意副作用,撤药或改变用药方式不能操之过急,不可突然停药,做好调护,可促进早日康复。

【预防】

加强身体锻炼,增强机体抗病能力,积极预防呼吸道、消化道感染及其他系统感染。一旦发现疾病,及早治疗,尽量避免使用对肾脏有损害的药物。

四十七、急性前列腺炎

前列腺炎是成年男性的常见病,它可全无症状,也可以症状明显,迁延不愈,甚至可以引起持续或反复发作的泌尿生殖系感染,可分为急性前列腺炎和慢性前列腺炎。

【病因】

急性前列腺炎是男性泌尿生殖系常见的感染性疾病,致病菌以大肠杆菌为主,约占80%。

(1)细菌感染途径为血行感染或直接蔓延。其中经尿道直接蔓延较多见,主要病因有以下几种。

①淋菌性尿道炎时,细菌经前列腺管进入前列腺体内引起炎症。

②前列腺增生和结石使前列腺部尿道变形、弯曲充血,失去对非致病菌的免疫力而发生前列腺炎。

③尿道器械应用时带入细菌或上尿路炎症细菌下行,致前列腺感染。

(2)感染途径为血行感染,常继发于皮肤、扁桃体、龋齿、肠道或呼吸道急性感染,细菌通过血液到达前列腺部引起感染。

【症状】

全身症状:乏力、虚弱、厌食、恶心、呕吐、高热、寒战、虚脱或败血症表现。突然发病时全身症状可掩盖局部症状。

局部症状:会阴或耻骨上区重压感,久坐或排便时加重,且向腰部、下腹、背部、大腿等处放散。

尿路症状:排尿时灼痛、尿急、尿频、尿滴沥和脓性尿道分泌物。膀胱颈部水肿可致排尿不畅,尿流变细或中断,严重时有尿潴留。

直肠症状:直肠胀满,便急和排便痛,大便时尿道流白。

【应急处理】

(1)急性前列腺炎,可手导引或针刺关元、中极、阴陵泉、三阴交和气海,可取得理想效果。

(2)如有便秘,应用开塞露或灌肠、缓泻药解决。

(3)按摩、热敷下腹膀胱区和会阴部可促使排尿。

(4)禁忌房事,避免性兴奋。

(5)如已患有此病,应速到医院彻底治疗,不要拖延。

【护理】

(1)卧床休息,保持大便通畅,禁食辛辣刺激性食物,多饮水,促进排尿。

(2)急性炎症时不做前列腺按摩,禁用尿道器械检查,以防止感染扩散。

(3)性生活不能过度,禁烟、酒、不吃辛辣食物,不能久坐。

(4)排除诱发因素,预防感冒及会阴损伤,避免骑自行车。

(5)下腹会阴部热敷或热水坐浴。

(6)避免会阴部受潮湿阴冷刺激,如疼痛剧烈时可服用镇痛药物。

【预防】

(1)多饮水:多饮水就会多排尿。浓度高的尿液会对前列腺产生一些刺激,长期不良的刺激对前列腺有害、多饮水不仅可以稀释血液,还可有效稀释尿液。

(2)不憋尿:膀胱充盈有尿意,就应小便,憋尿对膀胱和前列腺不利。在乘长途汽车之前,应先排空小便再上车,途中若小便急则应向司机打招呼,下车排尿,千万不要硬憋。

(3)节制性生活:预防前列腺肥大,需要从青壮年起开始注意,关键是性生活要适度而规律,不纵欲也不要禁欲,性生活频繁会使前列腺长期处于充血状态,以至引起前列腺增大,因此,在性欲比较旺盛的青年时期,应注意节制性生活,避免前列腺反复充血,给予前列腺充分恢复和修整的时间。当然,过分禁欲也会引起胀满不适感,同样对前列腺也不利。另外,未婚男性应避免频繁的自慰,拒绝色情音像制品,保持健康的思想。

(4)多放松:生活压力可能会增加前列腺肿大的机会。临床显示,生活压力减缓时,前列腺症状会得到舒缓,因而平时应尽量保持放松的状态。

(5)洗温水澡:洗温水澡可以缓解肌肉与前列腺的紧张,减缓不适症状,经常洗温水澡无疑对前列腺病患者十分有益,如果每天用温水浴会阴部1~2次,同样可以收到良好效果。

(6)保持清洁:男性的阴囊伸缩性大,分泌汗液较多,加之阴部通风差,容易藏污纳垢,局部细菌常会乘虚而入,这样就会导致前列腺炎、前列腺肥大、性功能下降,若不注意还会发生严重感染。因此,坚持清洗会阴部是预防前列腺炎的一个重要环节。另外,每次同房后都坚持冲洗外生殖器是很有必要的。

(7)避免摩擦会阴部:摩擦会加重前列腺的症状,让患者感到明显不适,为了防止局部有害的摩擦,前列腺患者应少骑自行车,更不能长时间或长距离地骑自行车或摩托车。

(8)调摄生活:为避免前列腺组织长期、反复的慢性充血,应尽量不饮酒,少吃辣椒、生姜等辣刺激性食品。由于大便秘结可能加重前列腺炎症状,所以,平时宜多进食青菜、水果,避免便秘的发生,必要时服润肠通便的药物帮助排大便。

(9)戒烟:虽然人们对吸烟的危害大多有所了解,但对吸烟也可以影响前列腺的知识却知之甚少。其实,香烟中的烟碱、焦油、亚硝胺类、一氧化碳等有毒物质不但可以直接毒害前列腺组织,而且还能干扰支配血管的神经功能,影响前列腺的血液循环,也可以加重前列腺的充血。

（10）起居有常：起居,也就是生活、工作的作息,它包括日常生活中各种细节的安排。起居有常,即指人们要妥善处理好生活的各个方面,遵循生活规律,养成按时作息的良好习惯。良好的起居习惯、有规律的生活方式,可以使患者保持身心健康和良好的精神状态,更好地为战胜疾病做好充足的准备。

（11）防止复发：慢性前列腺炎不仅治疗十分困难,而且治愈后还容易复发,给患者造成极大的精神心理负担。前列腺炎患者治愈后,并不表示由于感染所致的前列腺组织损伤已完全修复,在疾病恢复期的一段时间内,前列腺往往处在一种亚健康状态,比一般人群更容易再次感染病原体,而使前列腺炎的症状再度出现。其原因可能是与这类患者全身抵抗力降低、卫生状况较差、不良生活习惯、不洁性行为等因素有关,因此,造成他们患前列腺炎的某些易感因素依然存在,此时可以发生某些病原微生物致病菌或尿道正常菌群的感染或重新感染。

四十八、急性胆道蛔虫症

急性胆道蛔虫症是蛔虫沿肠道上窜入胆道,使胆道括约肌急剧痉挛,是临床常见急症。

【病因】

胆道蛔虫症是肠道蛔虫病中最严重的一种并发症,它是由各种原因引起的肠道蛔虫运动活跃,并钻入胆道而出现的急性上腹痛或胆道感染。发作时患者疼痛难以忍受,大哭大叫,十分痛苦。若治疗措施跟不上,晚期患者可出现不同程度的脱水和酸中毒,甚至危及生命。

【症状】

突发性右上腹剧烈疼痛,不能安卧,弯腰翻滚,面色苍白,满头大汗,呕吐,甚至吐出蛔虫。疼痛为阵发性,发作时疼痛难忍;间歇时疼痛消失。检查时局部有小范围的压痛区。

【应急处理】

（1）针灸足三里和阴陵泉穴或手导引上述经络,可镇痛镇静。

（2）乌梅丸9克,3次/日口服,可利于胆排虫。

（3）乌梅12克,川椒9克,使君子肉15克,苦楝皮9克,木香9克。

（4）延胡索12克,枳壳9克,大黄9克,分2剂水煎服,每日1剂,可驱胆道蛔虫。

（5）用阿托品0.5毫克皮下注射。痛剧者,可口服硝酸甘油片0.3~0.6毫克/次。

（6）取米醋30毫升加等量温开水,口服3~4次/日。

（7）防感染可肌内注射庆大霉素或卡那霉素。

【护理】

（1）为避免重复感染蛔虫病,必须注意养成良好的卫生习惯,做到饭前便后洗手,蔬菜、瓜果等食物一定要洗净,不吃不洁的食物,这是预防蛔虫病的积极措施。

（2）饮食方面可给以容易消化的半流质,也可以吃些酸性食物,如酸梅、食醋等,蛔虫厌酸,这样可达到安蛔目的。药物方面可用解痉剂及维生素C,以放松胆道口括约肌,使蛔虫容易退回,又可减轻腹痛。待症状缓解后,应予以驱虫。

【预防】

(1)养成良好的卫生习惯,饭前便后洗手。注意饮食卫生和个人卫生,做好粪便管理,不随地大小便。胆道蛔虫症来源于肠道有蛔虫的病人,而肠蛔虫病是一种传染病,传染源是蛔虫病人或带虫者,感染性虫卵通过口腔吞入肠道而成为带虫者。所以只有把好传染源,切断传播途径才能彻底根除肠道蛔虫的发生。

(2)肠道有蛔虫的病人,在进行驱虫治疗时,用药剂量要足,以彻底杀死,否则因蛔虫轻度中毒而运动活跃,到处乱窜,极有可能钻入胆道而发生胆道蛔虫症。

(3)广泛给易感人群投药以降低感染是比较可行的方法,但蛔虫病的感染率极高,应隔3~6个月再给药,最重要的是人粪便必须进行无害化处理后再当肥料使用和能够进行污染处理的卫生设施才是长期预防蛔虫病的最有效措施。

四十九、肠梗阻

肠梗阻是由不同病因引起的肠内容物不能正常通过肠道的一细临床症候群。不仅能使肠道的功能改变,而且使全身生理功能紊乱。肠梗阻发生后,会导致机体出现一系列病理变化,由于大量呕吐,不能进食,导致血容量减少和血液浓缩。酸性代谢产物增加,引起代谢性酸中毒。肠内容物淤积、细菌繁殖产生大量毒素,机体吸收后引起全身中毒症状,很易导致休克。预后不良,需及早手术。

【病因】

(1)机械性梗阻最常见,约占90%以上。

①肠壁病变:由先天性肠道狭窄、闭锁、肿瘤、炎症等引发。

②肠管受压:由肠管扭转、肠粘连、嵌顿性疝等引起。

③肠腔堵塞:如粪块、寄生虫虫卵、异物等。

(2)动力性生肠梗阻较少见,多由于神经反射或毒素刺激引起肠壁肌肉功能紊乱所致,使肠蠕动减弱或消失,肠管痉挛,以致肠内容物停止运行。

(3)血运性生肠梗阻多由于肠系膜血管血栓形成或堵塞致使肠管血运障碍,失去蠕动力所致。

肠梗阻还可分为单纯性、绞窄性,高位、低位,完全和不完全性肠梗阻。

【症状】

(1)确定肠梗阻是否存在根据腹痛、呕吐、腹胀、肛门不排便不排气四大症状。加之腹部可见肠蠕动波或肠形,肠鸣音亢进,一般可做出诊断。

(2)如何区分肠梗阻的类型,机械性肠梗阻有典型阵发性腹绞痛,剧烈呕吐,腹胀,停止从肛门排便、排气。

①动力性肠梗阻:无阵发性绞痛和肠蠕动亢进的表现。肠蠕动减弱或消失,腹胀明显。

②绞窄性肠梗阻:腹痛发作急剧,呈持续性加重,起病急骤,病情变化迅速,早期即出现休克征象;呕血,便血,呕吐物呈血性或咖啡样;腹胀不均匀可扪及包块。

【应急处理】

(1)早期单纯性及不完全性肠梗阻,全身情况较好,症状轻,无明显腹膜刺激片,采用非手术治疗。

①使患者静卧,安慰患者消除紧张情绪。

②禁饮食。

③镇痛镇静,皮下注射阿托品 0.5 毫克;或哌替啶 50~100 毫克肌内注射,必要时 6 小时后重复 1 次注射。

④胃肠减压是治疗肠梗阻的关键,可以吸出肠内液体和气体,降低肠腔压力,1 种用单腔胃管,1 种用双腔 M-A 管,排除细菌和毒素。

⑤中医治疗对肠梗阻有一定辅助疗效,如复方大承气汤(川朴 15~30 克,炒莱菔子 30 克,枳实 9 克,桃仁 9 克,赤芍 15 克,大黄 15 克(后下),芒硝 9~15 克(冲服)。加水 500 毫升,煎成 200 毫升,每剂分 2 次服或经胃管注入,每日 1~2 剂)、桃仁承气汤(桃仁 9 克,当归 15 克,赤芍 15 克,红花 9 克,川朴 15 克,大黄 9 克(后下),芒硝 9 克(冲服)。加水 500 毫升,煎至 200 毫升,每日 1~2 剂,分 2~4 次服)等。

⑥针刺或手导引中脘、天枢、足三里、合谷、关元、气海等穴位。

(2)无论哪种类型肠梗阻,速送医院抢治为上策,特别是在院外急救无效而病情继续恶化时,应当分秒必争速送医院。

【护理】

(1)机械性肠梗阻的治疗以手术为主,特别是一些先天性肠道畸形,如先天肠道闭锁,必须及时手术,但有些疾病如肠套叠,绝大多数可经气灌肠得到治疗,又如粘连性肠梗阻,有相当一部分患儿经禁食,胃肠减压,中药,输液等保守治疗而缓解。

(2)最常见的机械性肠梗阻有三种疾病,即粘连性肠梗阻,肠套叠和腹股沟斜疝嵌顿。功能性肠梗阻主要针对引起肠麻痹的疾病进行治疗,例如肺炎合并肠麻痹时,主要治疗肺炎,同时采取禁食,胃肠减压,洗肠等保守疗法,减轻肠梗阻的症状,真正需要手术者很少。

(3)绞窄性肠梗阻因病情重,发展快,应积极治疗,并及时手术,以防发生严重的中毒性休克和肠管过多的坏死所导致的死亡。

【预防】

(1)及时治疗能引起肠梗阻的其他疾病。如肠道蛔虫、腹壁疝、肠结核等;

(2)各种腹部手术后,在允许的情况下尽早活动,以减少肠粘连而预防肠梗阻。同时,腹部手术后的人在饮食方面应当注意。少食或不食不易消化的食物,如黏食等。

(3)平时应避免暴饮暴食及饭后剧烈活动,以防引起肠扭转。

(4)婴儿断奶期应注意,不可过饥过饱和过冷过热。因为这些情况都可能使小儿胃肠功能紊乱而容易发生肠套叠。

(5)加强卫生宣传、教育,养成良好的卫生习惯。

五十、急性阑尾炎

阑尾是位于盲肠末端的一细长盲管,管腔狭窄,可自由活动,是腹腔内的一退化器官。如果急性阑尾炎未能及早治疗,发生阑尾穿孔、化脓,引起弥漫性腹膜炎等严重并发症,死亡率较高,侥幸存活者因肠道粘连经常发生肠梗阻,患者十分痛苦。急性阑尾炎是外科常见病,居各种急腹症的首位。急性阑尾炎一般分四种类型:急性单纯性阑尾炎,急性化脓性阑尾炎,坏疽及穿孔性阑尾炎和阑尾周围脓肿。

【病因】

（1）在阑尾狭窄的管腔内由于粪石、食物残渣、毛发团块、肠道寄生虫滞留,阑尾发生损伤而肿胀、扭曲。

（2）阑尾壁上有丰富的淋巴组织,病菌可经血循环进入阑尾引起急性炎症,发生红、肿、疼痛。

（3）饮食生冷和不洁食物、便秘、急速奔走、精神紧张,导致肠功能紊乱,妨碍阑尾的血循环和排空,为细菌感染创造了条件。常见的致病菌有大肠杆菌、厌氧菌。

（4）另外饮食习惯、生活方式也与阑尾炎发病有关。

【症状】

（1）右下腹痛是急性阑尾炎的特点,随着病情的加重,疼痛的范围、程度也会随之加大。

约55%的患者开始左上腹部或脐周围疼痛,酷似胃痛发作,几小时后转到右下腹痛,呈持续性胀痛,阵发性加重。阑尾发生坏疽时,可出现较剧烈的跳痛,而当阑尾穿孔前,疼痛特别严重,一旦穿孔后,阑尾腔内容物流出,疼痛似有减轻,但范围却扩大。这时用手按压腹部感到很硬,按压时腹痛加重,用手按压右下腹,然后猛一抬手,腹痛更加剧烈称为反跳痛,这就是发生了腹膜炎。

每个人阑尾的位置不一样,发生的腹痛也不一样,高位阑尾可表现为右腰部痛,而低位阑尾却有下腹坠痛。由于腹痛的程度和位置的变化,常常使急性阑尾炎被误诊为其他疾病,尤其是老人和小儿。

患者可出现恶心,呕吐1~2次即止,并有食欲不振,腹胀,腹泻等症状。患者喜弯腰屈膝姿势侧卧。部分患者发烧、头痛、全身无力等。

（2）小儿急性阑尾炎的特点与成人有一定的差别,12岁以下约占发病数的4%~5%。

发病前多有感冒、扁桃体炎、腹泻等诱因,表现为寒战、发烧、恶心、呕吐及腹泻为主,腹痛位置可在右下腹、肚脐周围或全腹部,仔细检查腹部,仍是以右下腹压痛明显。小儿阑尾炎极易发生阑尾穿孔,穿孔后腹部仍然是柔软的,加之小儿叙述不清楚,容易误诊,导致病情加重。

（3）老人急性阑尾炎的特点:开始症状轻微,疼痛不重,不引起重视。而老人阑尾壁萎缩变薄变脆,易发生穿孔和坏死,加上老年人常患有糖尿病、心脏病、高血压等慢性病,给治疗造成困难,死亡率随年龄增长而增高,所以必须提高警惕。

【应急处理】

（1）针刺或穴位指压法:取足三里、阑尾、合谷穴,强刺激留针20~30分钟;如无条件针刺,可直接用手指按压以上穴位,也可起止痛消炎作用:

（2）中成药:可服用牛黄解毒片、活血内消丸等,量应稍大些。

（3）局部外敷用药,药的种类不同,使用方法也会不同。

①如意金黄散加醋调为糊状,涂敷于右下腹痛处,药层厚约0.2~0.3厘米,干燥后用部分新药调和再敷用。

②大黄粉加醋或茶水调为糊状外用，直到阑尾炎缓解后停用。

③巴豆、朱砂等量研细末，外敷于阑尾穴。

④井边青苔，苎麻根各 50 克，捣烂和蜜敷痛处。

⑤双柏散：大黄、侧柏叶各 2 份、黄柏、泽兰、薄荷各 1 份、共研细粉，以蜜为水调成糊状，一般用 60 克，外敷右下腹痛处。适于各类型的阑尾炎有包块者。

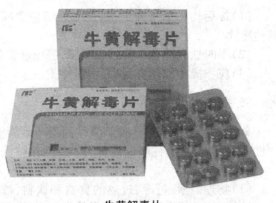

牛黄解毒片

（4）如果上述治疗无效，应于 24~72 小时内送医院救治。

【护理】

（1）非手术疗法的护理：非手术疗法适用于单纯性阑尾炎、轻症化、脓性阑尾炎，及有局限化脓倾向的阑尾周围脓肿。

①患者取半坐位，禁食 24~48 小时，以减少肠蠕动，有利炎症局限。

②静脉或肌内注射抗生素控制感染。中药以清热解毒，行气活血和通里攻下为主。

③注意观察患者体温、脉搏、呼吸，腹部体征的变化，每 3~4 小时测量 1 次。若短时间内体温升高至 38.5℃以上，脉搏 100 次以上，腹痛加重，甚至出现里急后重症状时要及时到医院就诊。

④腹痛患者观察期间，禁止服止痛药物，以免掩盖腹部体征，影响观察。

⑤禁食期间可以输液，若医生允许，可进米汤、鸡蛋羹、藕粉之类的流质饮食。

（2）术后护理也很重要，护理是否到位，能决定痊愈的速度。

①根据不同麻醉，选择适当卧位，如腰椎麻醉患者应去枕平卧 6~12 小时，防止脑脊液外漏而引起头痛。连续硬膜外麻醉患者可低枕平卧。

②观察生命体征，每 1 小时测量血压、脉搏 1 次，连续测量 3 次，至平稳。如脉搏加快或血压下降，则考虑有出血，应及时观察伤口，采取必要措施。

③单纯性阑尾炎切除术后 12 小时，或坏疽性或穿孔性阑尾炎切除术后，如置有引流管，待血压平稳后应改为半卧或低姿半卧位，以利于引流和防止炎性渗出液流入腹腔。

④饮食：手术当天禁食，术后第 1 天流质，第 2 天进软食，在正常情况下，第 3~4 天可进普食。

⑤术后 3~5 天禁用强泻剂和刺激性强的肥皂水灌肠，以免增加肠蠕动，而使阑尾残端结扎线脱落或缝合伤口裂开，如术后便秘可口服轻泻剂。

⑥术后 24 小时可起床活动，促进肠蠕动恢复，防止肠粘连发生，同时可增进血液循环，加速伤口愈合。

⑦老年患者术后注意保暖，经常拍背帮助咳嗽，预防坠积性肺炎。

【预防】

·健康医疗·

图文珍藏版

(1)饭后切忌暴急奔走,盛夏酷暑切忌贪凉过度,尤其不宜过饮冰啤酒,以及其他冷饮。

(2)平时饮食注意不要过于肥腻,避免过食刺激性食物。

(3)应积极参加体育锻炼,增强体质。

五十一、急性胃炎

急性胃炎是指由于各种刺激性因素所致胃黏膜急性损伤性疾病,临床上可分急性单纯性胃炎、急性腐蚀性胃炎和急性化脓性胃炎。

【病因】

(1)物理因素:过冷、过热的食物和饮料,浓茶、咖啡、烈酒、刺激性调味品、过于粗糙的食物、药物(特别是非甾体类消炎药如阿司匹林、吲哚美辛等),均可刺激胃黏膜,破坏黏膜屏障。

(2)化学因素:阿司匹林等药物还能干扰胃黏膜上皮细胞合成硫糖蛋白,使胃内黏液减少,脂蛋白膜的保护作用削弱,引起胃腔内氢离子逆扩散,导致黏膜固有层肥大细胞释放组胺,血管能透性增加,以致胃黏膜充血、水肿、糜烂和出血等病理过程,前列腺素合成受抑制,胃黏膜的修复亦受到影响。

(3)生物因素:细菌及其毒素。常见致病菌为沙门菌、嗜盐菌、致病性大肠杆菌等,常见毒素为金黄色葡萄球菌或毒素杆菌毒素,尤其是前者较为常见。进食污染细菌或毒素的食物数小时后即可发生胃炎或同时合并肠炎此即急性胃肠炎。葡萄球菌及其毒素摄入后合并肠炎此即急性胃肠炎。葡萄球菌及其毒素摄入后发病更快。近年因病毒感染而引起本病者也不在少数。

(4)精神、神经因素:精神、神经功能失调,各种急重症的危急状态,以及机体的变态(过敏)反应均可引起胃黏膜的急性炎症损害。

(5)胃内异物或胃石、胃区放射治疗均可作为外源性刺激,导致本病。情绪波动、应激状态及体内各种因素引起的变态反应可作为内源性刺激而致病。

【症状】

主要表现为恶心、呕吐伴上腹部不适、饱胀及疼痛,偶有腹泻、明显呕吐,呕吐物含有黏液、不消化食物,甚至胆汁。腐蚀性胃炎者呕吐物常有血液及坏死的胃黏膜。

严重的化脓性胃炎和腐蚀性胃炎时,上腹部剧烈疼痛、腹肌强直,前者常伴有高热及全身明显的中毒症状,后者晚期可产生幽门狭窄或伴发食道狭窄,二者均可发生胃穿孔、继发性腹膜炎及气腹等。

【应急处理】

(1)卧床休息。

(2)禁食8~12小时,恶心呕吐停止后可进流质饮食。

(3)腹部疼痛时可热敷,剧烈时可口服颠茄合剂10~20毫升或阿托品0.5毫克。

(4)腐蚀性胃炎者可饮牛乳、蛋白及豆腐之类以保护胃黏膜,减轻胃黏膜的损伤。

(5)严重者或并发穿孔或腹膜炎时,应迅速送医院急救。

【护理】

(1)在短期内应给患者禁食或给予流质饮食,并按医嘱及时用药。

(2)如呕吐频繁,且有脱水时,应去医院静脉输液,补充水分和营养。

(3)病愈后,要养成良好的饮食习惯,切勿再暴饮暴食,要节制饮酒,不吃对胃有刺激的或不新鲜的食物。

【预防】

(1)注意饮食卫生。不要食用未经消毒和处理的食物及水果。

(2)禁止暴饮暴食,以免增加胃肠负担。

(3)饮食要有规律,尽量做到定时进餐。

五十二、急性肠胃炎

急性肠胃炎是指肠痢疾、霍乱、伤寒以外的各种致病菌(包括细菌和病毒)引起的急性胃肠道的感染。好发于夏秋季,常通过不洁的饮食、水等,经口侵入。主要表现为恶心、呕吐、腹痛、腹泻等胃肠道症状,较严重的伴畏寒、发热等全身感染症状,严重的可引起脱水及电解质紊乱。

【病因】

细菌和毒素的感染:以沙门菌属和嗜盐菌(副溶血弧菌)感染最常见,毒素以金黄色葡萄球菌最为常见,亦可见到病毒。常有集体发病或家庭群发多发的情况。如吃了有病或被污染的家禽、家畜的肉、鱼,或吃了嗜盐菌生长的蟹、螺等海产品,或吃了被金黄色葡萄球菌污染了的剩菜,剩饭等而引发这种疾病。

物理化学因素:吃进生冷食物或某些药物如水杨酸盐类、磺胺及某些抗生素等;或误服强酸、强碱和农药等都可能引起这种病。

【症状】

主要症状是恶心、呕吐、发热、腹痛、腹泻等,严重者可导致脱水、电解质紊乱、休克等。患者多先出现恶心、呕吐;然后是腹泻,每日3~5次甚至数十次不等,大便多呈水样,深黄色或带绿色,恶臭,可伴有腹部绞痛、发热、全身酸痛等症状。

【应急处理】

(1)卧床休息,注意保暖。

(2)禁食6~12小时,逐渐进流质如米汤、稀粥等,1周内逐步恢复正常饮食。

(3)口服家中已备用的抗生素如小檗碱0.1~0.2克,吡哌酸或诺氟沙星0.1~0.2克,每日3次。

(4)暴饮暴食或消化不良所致者,可口服蓖麻油30毫升。

(5)腹痛较剧烈时可热敷或口服颠茄合剂10毫升或阿托品0.5毫克,每日3次。

(6)有口渴、尿少等轻度脱水症状时,应口服补盐液或淡盐开水,以补充水分。

(7)脱水明显或休克者,应立即送往医院救治。

【护理】

(1)重症患者应卧床休息,禁食6~12小时,以后渐进流质、半流质饮食。

(2)腹泻量多者应多饮淡盐水。

(3)呕吐物及粪便应妥善处理,防止交叉感染。

（4）注意观察腹泻次数、量、时间及伴发症状等，腹泻严重者应记录出入量。

（5）急性肠胃炎患者应卧床休息，注意不要着凉。

（6）急性期患者常有呕吐、腹泻等症状，失水较多，所以需补充水分，可食用鲜果汁、藕粉、米汤、蛋汤等流质食物，根据具体情况多喝开水、淡盐水。

（7）为避免胃肠道发酵、胀气，急性期最好不要吃牛肉等容易胀气的食物，并尽量减少蔗糖的摄入。一定要注意饮食卫生。不要吃油煎、炸及熏、腊的鱼肉等含脂肪比较多的食物，以及蔬菜、水果等含纤维素较多的食物，刺激性强的饮料、食物和调味品等。

【预防】

讲究个人卫生，饭前便后洗手。

不吃不洁、被污染及变质的食物和饮料。

吃的瓜果，应彻底洗净，特别是夏季应避免生吃水产品等。

五十三、急性胆囊炎

急性胆囊炎是一种胆囊疾病，它是由细菌感染与高浓缩的胆汁或反流的胰液等化学刺激所引起的炎症，是常见的胆道系统疾病，常与胆石症并发。

【病因】

（1）约有80%的患者是由胆囊结石引起的。当胆囊管梗阻后，胆汁浓缩，浓度高的胆汁酸盐会损害囊黏膜上皮，引起炎症的变化。

（2）还有部分患者是因致病细菌入侵引起。致病细菌大多通过胆道逆行而入侵。胆囊细菌主要是大肠杆菌，少数为葡萄球菌、链球菌、伤寒或副伤寒杆菌、绿脓杆菌以及厌氧菌等。当患者受到厌氧菌感染时，就会引起急性气肿性胆囊炎。

【症状】

（1）进食油腻食物后，右上腹强烈绞痛，阵发性加重，常伴有右肩背部痛、恶心、呕吐、发热寒战等症状，严重时还伴有全身黄疸。

（2）检查时右上腹部有压痛，可以摸到肿大的胆囊。实行胆囊超声检查时会发现胆囊增大，壁增厚，胆囊内结石。

【应急处理】

（1）卧床休息，暂禁食。待病情好转以后，可进食流质食物，但不可吃脂肪类和油腻类的食物。

（2）应给静脉补充营养，维持水、电解质平衡，供给足够的葡萄糖和维生素以保护肝脏。

（3）可使用阿托品、硝酸甘油、杜冷丁、美散痛等解痉镇痛，以维持正常心血管功能和保护肾脏。

（4）通常氨苄青霉素、氯林可霉素和氨基糖甙类联合应用，或选用第二代头孢霉素治疗。

（5）在进行上述治疗的同时，应做好外科手术的准备，在药物治疗不能控制病情发展时，应及时改用手术疗法切除胆囊。

【护理】

（1）及早治疗原发病，有感染灶者，应用抗生素，防止炎症扩散。

（2）患者术后应注意护理，宜低脂饮食，忌油腻及饱餐，养成良好的工作、休息及饮食习惯，避免劳累及精神高度紧张。

（3）若为保守治疗（即非手术治疗），应按医嘱服药治疗，定期行 B 超检查，一般 3~6 个月检查 1 次，连续 2~3 次无特殊变化，则每年检查 1 次。

【预防】

（1）急性胆囊炎多因结石梗阻或细菌感染引起。因此，预防本病的关键是少吃含胆固醇高的食物，如肥肉、油炸食品，含油脂多的干果、籽仁类食物及蛋黄，动物脑、肝、肾及鱼子等食品均宜严格控制。平时饮食亦应进易消化、少渣滓食物以避免产生气体。

（2）一切酒类、刺激性食物、浓烈的调味品均可促进胆囊收缩，使胆道括约肌不能及时松弛，造成胆汁流出，从而使胆囊炎急性发作，所以均应避免。急性发作时宜予低脂、易消化半流食或流食；重者应予禁食、胃肠减压及静脉补液。

五十四、急性胰腺炎

急性胰腺炎是常见的急腹症之一，是由胰管阻塞，胰管内压力骤然增高和胰腺血液淋巴循环障碍等引起胰腺消化酶对自身消化的一种急性炎症。

【病因】

（1）蛔虫、结石、水肿、肿瘤或痉挛等原因可使胰管阻塞而形成急性胰腺炎。

（2）十二指肠邻近部病变也是引发急性胰腺炎的病因。

（3）其他高钙血症与甲状旁腺机能亢进可诱发急性胰腺炎；某些传染性疾病如流行性腮腺炎、病毒性肝炎等可伴有胰腺炎。

【症状】

腹痛为本病的主要症状，大多为突然发作，常于饱餐和饮酒后 1~2 小时内发病。疼痛为持续性，有阵发性加剧，呈钝痛、刀割样痛或绞痛，常位于上腹或左上腹，亦有偏右者，可向腰背部放散，仰卧位时加剧，坐位或前屈位时减轻。当有腹膜炎时，疼痛弥漫全腹。

【应急处理】

急救原则是禁饮食，解痉镇痛。

（1）安静卧床，禁饮食，减少对胰腺的刺激。症状缓解后可饮淀粉粥，禁食脂肪、蛋白质含量高的食物。一般禁食 7~15 天。

（2）应用阿托品、杜冷丁、受体阻滞剂，既解痉止痛，又可降低胃肠腺体的分泌，有利于炎症的恢复。

（3）当症状无明显改善，或逐渐恶化，急性胰腺炎合并脓肿或假性囊肿，诊断可疑又不能排除溃疡病穿孔或小肠坏死时，均应及早采取外科手术治疗。

（4）透析可将腹腔内含有的大量胰酶和炎性产物的渗出液排出体外，从而防止和减少这些有毒物质对身体的毒害，减少并发症的发生

【护理】

（1）禁食期间，患者口渴可用含漱口或湿润口唇，待症状好转逐渐给予清淡流质、半流质、软食，恢复期仍禁止高脂饮食。

（2）对休克患者除保证输液、输血的通畅外，还应给氧，并注意保暖。

（3）急性期按常规做好口腔、皮肤护理，防止褥疮和肺炎的发生。

【预防】

（1）预防肠道蛔虫，及时治疗胆道结石以及避免引起胆道疾病急性发作，都是避免引起急性胰腺炎的重要措施。

（2）平素酗酒的人由于慢性酒精中毒和营养不良而致肝、胰等器官受到损害，抗感染的能力下降。在此基础上，可因一次酗酒而致急性胰腺炎，所以不大量饮酒也是预防方法之一。

（3）暴食暴饮，可以导致胃肠功能紊乱，使肠道的正常活动及排空发生障碍，阻碍胆汁和胰液的正常引流，引起胰腺炎。所以，切忌暴食暴饮。

（4）上腹损害或手术：内视镜逆行胰管造影也可引起急性胰腺炎，此时医生和患者都要引起警惕。

（5）其他：如感染、糖尿病、情绪及药物都可引起。还有一些不明原因所致的急性胰腺炎，对于这些预防起来就很困难了。

五十五、消化性溃疡穿孔

消化性溃疡穿孔是消化性溃疡常见并发症。

【病因】

可由于饱食、药物、劳累、气候变化及精神因素等诱发产生胃十二指肠急性穿孔，以十二指肠穿孔较多见。

【症状】

突然上腹部疼痛加剧，渐蔓延及右下腹及全腹，伴有恶心、呕吐等，严重时可出现休克。患者多有消化性溃疡病史，穿孔前症状常加重，穿孔后症状可突然短暂缓解。

【应急处理】

（1）禁饮、禁食。

（2）患者取半卧位，使穿孔后流出的胃内容物局限在右下腹部，避免造成广泛性腹膜炎。

（3）有条件时可插入胃管进行胃肠减压。

（4）对症处理：休克时取平卧位，头稍低，及时清除口腔内异物，保持呼吸道通畅，并注意保暖；腹痛剧烈时可口服颠茄合剂 10~20 毫升或阿托品 0.5 毫克。

（5）经上述紧急处理后速送医院进一步救治。

【护理】

（1）生活要有规律，避免过劳或睡眠不足，对急性发作，疼痛或伴消化道出血（呕血或便血）者，应卧床休息；病情稳定者可适当活动。

（2）加强精神调护，劝解患者克服不良情绪，避免恼怒忧思，保持乐观；病情加重时，帮助患者树立信心，战胜疾病。

（3）患者宜进食无渣、柔软又营养丰富的易消化食物，忌食坚硬、油煎类、辛辣、生冷食物，忌酒及浓茶；少食多餐；进食时应细嚼慢咽。急性期以流质食物为主，如米汤、藕粉、水果汁等；病情好转后可进半流质饮食，如稀饭、面条汤、蒸蛋等。胃胀者应少食牛奶豆制品。

（4）长期吸烟会促使胃溃疡发生或加重，故患者应忌烟。

（5）患者要适时增减衣服，调节室温，避免受寒，因寒冷常诱发疼痛。

【预防】

穿孔是溃疡病的一种并发症，因此预防上关键是防治溃疡病的发生。已有溃疡病者应接受内科系统的治疗，定期复查，平时注意饮食，不喝酒，不吸烟，少吃刺激性食物。

五十六、便秘

便秘是消化系统常见症状之一，可由肠道器质性疾病（如肠粘连、肠梗阻、结肠直肠癌）引起，但大多数属功能性便秘（如由于排便反射失常而引起的直肠便秘或习惯性便秘）。一般说来，排便后 8 小时内所进食物的残渣在 40 小时内未能排出或大便次数减少、粪便干硬且排便困难亦称便秘。

【病因】

（1）肠道器质性疾病：如肠道肿瘤、肠粘连、炎症等，或见于肛门疾患（肛裂、痔疮）。

（2）肠道外器质性疾病：腹腔内大的肿块压迫、脊髓与神经根病变、甲状腺机能减退、门静脉高压或心衰。

（3）功能性便秘：如排便动力缺乏（腹肌衰弱、肠平滑肌衰弱、提肛肌衰弱等）、结肠痉挛、直肠排便反应迟钝或丧失、滥用强泻剂而造成依赖性。

（4）肠蠕动减慢：长期卧床者或老年人因活动少，肠蠕动慢。生活不能自理者如不能及时排便，便意即消失。粪便水分吸收多，粪块干硬难排，长期憋便使肠道对粪便敏感性降低，便意更弱，形成恶性循环，导致习惯性便秘。

（5）全身性病变：甲状腺功能减低、抑郁症、自主神经功能紊乱等。

（6）药物副作用：抗胆碱性药物、阿片类、含钙或铝的制剂、铋剂、抗抑郁药、神经阻滞剂等。

（7）饮食影响：食物过于精细，缺少必要的纤维素，达到大肠后形不成必要的残渣刺激大肠蠕动，造成便秘。

【症状】

便秘本身不是一种独立的疾病，而是可由多种疾病在消化道表现出来的一组症状。对不同的病人来说，便秘有不同的含义。常见症状是排便次数明显减少，每 2~3 天或更长时间一次，无规律，粪质干硬，常伴有排便困难感。

（1）自然便次少，少于每周 3 次，粪便量少，自然排便间隔时间延长，并可逐渐加重。

（2）排出困难，可分为两种情形：一种为粪便干硬，如板栗状，难以排出；另一种情形是粪便并不干硬，亦难以排出。有的患者自觉肛门上方有梗阻感，排便用力越大，这种梗阻感越强烈，迫使患者过度用力，甚至大声呻吟，十分痛苦。部分女患者有粪块前冲感，自觉粪块不向肛门方向下降，则是向阴道方向前冲；有经验者用手指伸入阴道，向后壁加压，可使粪块较易排出。部分患者觉直肠内胀满，尾骶部疼痛，排便不全，用手指、纸卷、肥皂条插入肛门后可使排便较为容易。

【应急处理】

（1）心理治疗：消除患者对便秘的恐惧心理，不要憋便，一有便意应立即排便。应养成按时排便的好习惯，偶有排便减少也不必紧张，不要轻易用泻药。

（2）对于有器质性病变者应针对原有疾病进行治疗。对症处理，如使用导泻药物（有肠梗阻者忌用或慎用）或灌肠（尽量少用，以免造成依赖性）等。

（3）对于停留在直肠内的硬结大便堵塞于肛门者，口服泻剂是没有效果的。在这种情况下，要手戴薄的胶手套，在手指部涂上甘油或其他油类，慢慢插入患者的肛门中将粪块掏出来。但要注意动作不可太粗鲁，以免损伤直肠黏膜。

（4）单纯性便秘应养成定时排便的习惯，即使无便意也应坚持定时蹲坐 10～20 分钟。对于腹肌衰弱者要加强锻炼，可用排便动作（一收一放的动作）以锻炼提肛肌的收缩。便秘者要注意饮食，多饮白开水或盐开水，多食水果、蔬菜或其他多渣食物。

（5）药物治疗

①硫酸镁：清晨服 5～20 克，多饮水，一般 2～8 小时排便。

②硫酸钠：清晨服 15～20 克，饮水 500 毫升。

③蓖麻油：每次 5～20 毫升。

④液体石蜡：每次 15～30 毫升，睡前服。

⑤甲基纤维素：每日 1.5～5 克。

⑥酚酞：口服，每晚 0.05～0.2 克，睡前服。

⑦麻仁润肠丸：每次 1～2 丸，每日 1～2 次。

⑧番泻叶：每次 3～5 克，泡水代茶，睡前服。

⑨开塞露：先用开塞露涂在肛门，再轻轻地将开塞露的尖端插入肛门，挤出药液，平卧片刻，即可排便。

【护理】

（1）老年人多便秘，应多食含纤维素高的蔬菜与水果。蔬菜中以茭白、韭菜、菠菜、芹菜、丝瓜、藕等含纤维素多，水果中以柿子、葡萄、杏子、鸭梨、苹果、香蕉、西红柿等含纤维素多。

（2）锻炼身体，如散步、慢跑、勤翻身等。如做腹部按摩可从右下腹开始向上、向左，再向下顺时针方向按摩，每天 2～3 次，每次 10～20 回，甚有效果。

（3）便秘可为某种疾病的症状，要及时治疗痔疮等肛周疾病，警惕结肠癌。

（4）使用泻剂的原则是交替使用各种泻药，并避免用强烈的泻药。

（5）不用或少用易引起便秘的药物，如可待因、铁剂、铝剂、钙剂等。

【预防】

1.日常饮食的调理

（1）食物不要过于精细，更不能偏食，增加膳食中的纤维素含量，如五谷杂粮、蔬菜（萝卜、韭菜、生蒜等）、水果（苹果、红枣、香蕉、梨等）。

（2）摄取足够水分。每日进水量约 2000 毫升，每天清晨空腹饮 1～2 杯淡盐水或开水或蜂蜜水，均能防治便秘。

（3）饮食中摄入适量植物脂肪，如香油、豆油等，或食用含植物油多的硬果如核桃、芝麻等。

（4）适当食用有助润肠的食物，如蜂蜜、酸奶等。

（5）可经常食用一些防治便秘作用的药粥如芝麻粥、核桃仁粥、菠菜粥、红薯粥等。

（6）少吃强烈刺激性助热食物,如辣椒、咖喱等调味品,忌饮酒或浓茶。

2.生活调理

（1）养成定时排便的习惯:最好每天早饭后定时排便,根据"胃—结肠反射",进餐后易于排便反射的产生。只要坚持养成定时排便,即可逐渐建立起排便反射的条件反射,习惯后则能按时排便。

（2）养成集中精力排便的习惯:上厕所不宜看书报、听广播、抽香烟等,消除一切分散便意及延长排便时间的习惯。老年人宜用坐式便器,以防排便时久蹲及用力排便而致虚脱。

（3）不能忽视便意:经常忽视便意或强忍不便,粪便在肠道滞留时间过久,大便干燥,从而引起或加重便秘。

（4）生活要有规律、保持心情舒畅:适当参加体力劳动,经常参加体育锻炼,尤其注意腹肌的锻炼,如仰卧起坐、跑步、跳绳等活动。避免久坐、久卧、久站。

（5）自我腹部按摩:如简单的方法为仰卧位,以腹部为中心,用自己的手掌,适当加压,按顺时针方向按摩腹部。每天早、晚各1次,每次约10分钟。可促进消化道的活动,保持大便通畅。

（6）自我保健,经常做体操、缩肛训练、气功、太极拳等。

（7）保持乐观的情绪。

3.药物的调节

发生便秘时,应首先查明原因,针对病因进行正确的治疗。先采用饮食调节等综合治疗措施,不要滥用药物。

五十七、便血

消化道出血时,血从肛门排出,色鲜红、暗红或柏油样黑色,或粪便带血,称为便血。一般认为上消化道出血量在50毫升以上即可出现黑便。

【病因】

1.上消化道疾病

（1）食管疾病:食管静脉曲张破裂、食管炎、食管憩室炎、食管癌、食管异物、食管裂孔疝、食管外伤等。

（2）胃十二指肠疾病:消化道溃疡、急性糜烂性胃炎、应激性溃疡、胃癌、胃黏膜脱垂症、胃动脉硬化等。

（3）肝胆道疾病:如肝硬化、食管与胃底静脉曲张破裂、急性出血性胆管炎、壶腹癌等。

（4）胰腺疾病:胰腺癌。

2.下消化道疾病

（1）小肠疾病:肠结核、局限性肠炎、小肠肿瘤、小肠血管瘤或溃疡等。

（2）结肠疾病:急性细菌性痢疾、阿米巴性痢疾、慢性非特异性结肠炎、结肠癌、结肠息肉、结肠血吸虫病等。

（3）直肠疾病:直肠损伤、非特异性直肠炎、直肠癌等。

(4)肛管疾病:痔、肛裂、肛瘘等。

3.其他疾病

(1)急性传染病与寄生虫病:流行性出血热、重型肝炎、伤寒与副伤寒、钩端螺旋体病、败血症、钩虫病等。

(2)血液病:白血病、血小板减少性紫癜、过敏性紫癜、血友病、遗传性出血性毛细血管扩张症等。

(3)维生素缺乏症:维生素 C 缺乏症、维生素 K 缺乏症。

【症状】

消化道大出血时主要临床表现为急性失血性贫血与急性周围循环功能不全的症状。

便血的颜色取决于消化道出血部位的高低。上消化道出血时排出的多为暗红色血便,或呈柏油样黑便。下消化道出血时多为暗红色或鲜红色的血便,然而二者均可有例外。急性上消化道大出血如伴有肠蠕动加速时,可排出较鲜红的血便而不呈黑便。小肠出血时,如血液在肠内停留时间较长,可呈柏油样黑便;当小肠出血多、排出较快时,则便血呈暗红色甚至呈较鲜红色的稀便。结肠与直肠出血时,由于血液停留于肠内时间较短,往往排出鲜红色或较鲜红的血便。

【应急处理】

肛门出血急救首要问题是查明原因,实施病因治疗为上策。院外急救很难做到,但应毫不迟疑地采取可能的止血措施。

(1)患者应卧床,安静休息,保暖,食流质食物。

(2)肛裂或痔疮出血:用 1%～2%盐水浸泡棉球或纱布压迫肛门止血,并加 T 字带固定;有条件时生理盐水加 1%盐酸黄麻碱,用上述压迫法暂时止血。另外出血量较少,但长期不断出血,常常造成患者贫血、面色苍白、无力、抵抗力低下,甚者休克等恶果,应及早采取止血措施。

(3)原因不明出血:进院前,可口服云南白药每次 0.2～0.3 克,每日 3 次;有条件时维生素 K1 肌内注射每次 10 毫克,每日 2 次;或用止血敏肌内注射每次 0.25～0.75 克,每日 2～3 次。及时送医院查明原因抢治。

【护理】

(1)做好情志护理,消除恐惧心理,给予精神安慰,保持心情舒畅。绝对卧床休息,减少疲劳,避免不必要的搬动和检查。

(2)找出便血原因,根据不同原因,采取相应的护理措施。

(3)严密观察患者的便血量、颜色和性状。定时记录血压脉搏并做好输血准备。

(4)注意饮食卫生,及时防治下消化道疾病,宜食黑木耳、红枣等易消化富有营养的食品,忌食生冷刺激及难以消化之食品。

(5)若患者突然腹痛加剧,拒按,头昏,心慌,口渴,烦躁不安,面色苍白,脉细数,这是大出血的征象,应立即报告医生,并急速做好抢救准备。

(6)保持床铺干燥、整洁,嘱患者每次大便后温水坐浴,血止后,防止大便秘结,切忌频繁蹲厕,以防再次出血。

【预防】

（1）养成定时大便的习惯，大便以稀糊状为佳。

（2）减少增加腹压的姿态，如下蹲、屏气。忌久坐、久立、久行和劳累过度。

（3）忌食辛热、油腻、粗糙、多渣的食品，忌烟酒、咖啡。

（4）多食具有清肠热、滋润营养黏膜、通便止血作用的食品，如生梨汁、藕汁、荸荠汁、芦根汁、芹菜汁、胡萝卜、白萝卜（熟食）、苦瓜、茄子、黄瓜、菠菜、金针菜、卷心菜、蛋黄、苹果、无花果、香蕉、黑芝麻、胡桃肉、白木耳等。

（5）要心情开朗，勿郁怒动火。心境不宽，烦躁忧郁会使肠黏膜收缩，血行不畅。

（6）减少房事，房事过频会使肠黏膜充血而加重出血。

五十八、血尿

尿液中红细胞增多或肉眼见到红色尿，称为血尿。肉眼能看到尿呈红色或洗肉水样色，称为肉眼血尿；需要通过显微镜检查才能看到微量的红细胞，称为显微镜血尿或微血尿。

【病因】

1.泌尿系统疾病

如各种肾炎（急性肾小球肾炎、病毒性肾炎、遗传肾炎、紫癜性肾炎）、结石（肾、膀胱、尿道）、心及肾结核、各种先天畸形、外伤、肿瘤等。

2.全身性病症

如出血性疾病、白血病、心力衰竭、败血症、维生素 C 及 K 缺乏、高钙尿症等。

（1）感染：如感染性心内膜炎、败血症、流行性出血热、猩红热、丝虫病。

（2）血液病：如血小板减少性紫癜、过敏性紫癜、白血病、血友病等。

（3）结缔组织病：如系统性红斑狼疮、结节性多动脉炎。

（4）心血管病：如急进型高血压病、肾淤血、肾动脉栓塞、肾梗塞。

3.物理化学因素

如食物过敏、放射线照射、药物、毒物、运动后等。

4.尿路邻近器官疾病

如前列腺炎、急性阑尾炎、急性盆腔炎、直肠结肠癌等。

5.药物与化学因素

如磺胺类、抗凝剂、环磷酰胺、汞剂、甘露醇、斑蝥等的副作用或毒性作用。

6.其他

运动后血尿。

【应急处理】

（1）口服地泮 5 毫克，每日 3 次，可起镇静作用。

（2）对肾绞痛者，可给予阿托品、山莨菪碱等解痉药物。

（3）对前尿道出血者，用手指压即可止血。

（4）速去医院查找出血原因。

【护理】

（1）积极进行检查、诊断：患者可到医疗条件较好的医院就诊，以便及早检查确诊及时治疗。无症状的显微镜下血尿亦应重视。一时不能确诊者，除按一般抗感染外,应密切观察病情发展,定期到医院复查。

(2)留取血尿标本,送常规检查和细胞学检查。

(3)观察出血性质和排尿情况,是血尿还是阴道出血。是初血尿还是终末血尿。

(4)观察在一次排尿中血色的变化。膀胱出血,初期血尿可能不太严重,可表现为终末血尿严重些;膀胱以上尿路出血在排尿中血尿呈全程性血尿。

(5)肉眼血尿严重时,应按每次排尿的先后依次留取尿标本,以便比色,并判断出血的发展。

(6)血尿严重时应予卧床休息,并每天测量血压、脉搏。

(7)在就诊时应听从医生安排做腹部平片照片和做静肾盂造影、膀胱镜等检查以便及时确诊治疗。

(8)平时养成多饮水习惯。

(9)少抽烟或不抽烟。

(10)积极治疗泌尿系统的炎症、结石等疾病。

(11)做好染料、橡胶、塑料等工具生产工人的防护保健工作。

(12)平时发热或感冒时不一定要马上服药。因人体在38℃以上可杀死癌细胞、马上服药并非好事。

(13)在平时生活工作中,不能经常使膀胱高度充盈,感觉有尿意即要去排尿,以减少尿液在膀胱中存留时间。

(14)膀胱癌术后要继续治疗,预防复发。在2~3年内每3个月进行1次膀胱镜检查。

【预防】

血尿是泌尿系统许多种病的一种共同表现。为不致误诊误治,应尽早去医院检查原因,进行治疗,不可忽视、大意。

五十九、尿痛

尿痛是指患者排尿时尿道或伴耻骨上区、会阴部位疼痛。

【病因】

在人体排泄系统中,肾脏是制造尿液的地方,输尿管处在尿路的上游,尿道则是尿路的下游,可以将尿液排出体外。因此,除了以上因素外,女人生殖系统的各种疾病都有可能引起尿痛,如宫颈内膜炎、非特异性阴道炎、真菌性阴道炎、子宫肌瘤。此外,卵巢肿瘤、尿路结石、癌病需接受化学抗癌药物治疗或骨盆腔放射线治疗时,都会引起尿痛。

(1)尿道炎:尿道炎直接影响排尿,其炎症细菌可在尿道扩散,是引起尿痛的主要因素之一。

(2)宫颈内膜炎:女人宫颈内膜炎因宫颈有充血、水肿,表现为触之易出血、黄色黏液脓性分泌物增多以及下腹部不适等。和尿道息息相关的部位,都是引起尿痛的因素。

(3)非特异性阴道炎:非特异性阴道炎的主要症状是阴道上皮大量脱落,阴道黏膜充血,触痛明显,严重时出现全身乏力、小腹不适,白带量多、呈脓性或浆液性,白带外流刺激尿道口,严重引起尿痛。

(4)真菌性阴道炎:该症的突出症状是白带增多及外阴、阴道奇痒,阴道黏膜高度水肿,有白色片块状薄膜粘附,易剥离,此外受损黏膜的糜烂基底或形成浅溃疡等,刺激尿道,引发尿痛。

(5)子宫肌瘤:这种常见于 30~50 岁的女人生殖器良性肿瘤,其症状是下腹部有肿块。这些肿块上的细菌可能随生殖道入侵尿道,引发尿痛。

【症状】
疼痛程度有轻有重,常呈烧灼样,重者痛如刀割。

【应急处理】
(1)多饮水,多吃新鲜蔬菜水果,注意作息规律劳逸结合等。
(2)去医院查明原因。

【护理】
(1)尿道炎:可在医生指导下选用穿心莲片、八正合剂等中成药服用。要注意所服药物的疗程,不要在自觉症状刚消失的时候立刻停药,以免复发。
(2)非特异性阴道炎:纠正阴道酸碱度;注意合理应用广谱抗生素及激素。
(3)真菌性阴道炎:使用维生素 E 胶囊,直接涂于患部;每天用 2%~4% 小苏打液清洗阴道和外阴 1~2 次;中草药治疗。
(4)子宫肌瘤:采用中药疗法。

【预防】
1.尿道炎
(1)在出汗后,要补充足量的水分,以便及时把细菌等有害物质排出体外。
(2)夏天要保证充足的睡眠,保证身体具有较强的抵抗能力。
(3)内裤不宜过小或太紧,也不能用化纤织品做内裤,内裤的面料应以吸湿性、透气性均好的棉、麻织品为佳。
(4)要注意个人卫生,勤洗澡,勤换内裤,大便后手纸应由前向后抹拭,以免污染尿道。
2.宫颈内膜炎
(1)增加轻微运动,阻止宫颈内膜炎的发生,但不宜剧烈运动。
(2)减少咖啡因的摄取,如汽水、可乐、茶、咖啡等会加重尿痛,应少饮用。
(3)非特异性阴道炎
3.真菌性阴道炎
(1)应特别注意皮肤及外阴清洁。
(2)皮肤瘙痒不能用手搔抓,以免指甲带有真菌。
(3)治疗期间应避免性生活。
(4)必要时夫妇同时进行诊治。
4.子宫肌瘤
(1)定期去医院检查,一般 3~6 个月复查 1 次,如有出血现象或发现肌瘤,应进行手术治疗。
(2)饮食调节,多吃含蛋白质、维生素的食物。

·健康医疗·

图文珍藏版

六十、急性尿潴留

急性尿潴留是指患者突然发生不能排尿而膀胱充盈膨胀现象。

【病因】

1.梗阻性尿潴留

(1)膀胱颈部梗阻如膀胱炎症、结石、肿瘤及膀胱颈挛缩等所致。

(2)后尿道梗阻如后尿道损伤、狭窄、结石、肿瘤及前列腺炎或脓肿等。

(3)前尿道梗阻。

2.神经性尿潴留

多见于脊椎麻醉后,反射性神经功能障碍和精神性因素所致尿潴留。

3.尿潴留可继发其他疾病

(1)继发尿路感染:因尿潴留有利于细菌繁殖,容易并发尿路感染,感染后难以治愈,且易复发,加速肾功能恶化。例如男性前列腺肥大和女性尿道狭窄患者,常出现部分尿潴留,但其无自觉排尿障碍,对这类患者需及早诊治,清除残留尿,有效控制尿路感染,保护肾功能。

(2)继发反流性肾病:因尿潴留使膀胱内压升高,尿液沿输尿管反流,造成肾盂积液,继之肾实质受压、缺血,甚至坏死,最后导致慢性肾衰竭。

【症状】

发病突然,膀胱内充满尿液不能排出,患者常胀痛难忍,有时部分尿液可从尿道溢出,但不能减轻下腹疼痛。

【应急处理】

(1)对于反射性、精神性及脊椎麻醉后所致尿潴留者,采用语言暗示,流水声诱导和下腹热敷等方法可促进患者排尿。

(2)可试用手挤压膀胱帮助排尿。

(3)针刺关元、气海、中极、曲骨及水道主穴,并配合针刺三阴交、阴陵泉等配穴。

(4)必要时插入导尿管进行导尿。

【护理】

(1)应先安慰患者,让其情绪安定下来,以免因焦急紧张情绪而加重尿道括约肌痉挛,使排尿更加困难。

(2)应该体贴鼓励患者,并帮助创造良好的环境。有的患者不习惯卧床排尿,在不影响病情的前提下,可扶助患者站立或坐位排尿。

(3)给患者听流水声进行暗示,诱导排尿。

(4)热敷耻骨上膀胱区及会阴,对尿潴留时间较短,膀胱充盈不严重的患者有很好的疗效。

(5)顺脐至耻骨联合中点处轻轻按摩,并逐渐加压,可用拇指点按关元穴部位约1分钟,并以手掌自膀胱上方向下轻压膀胱,以助排尿,切忌用力过猛,以免造成膀胱破裂。

(6)用食盐250克炒热,布包熨脐腹,冷后再炒热敷脐。

(7)若以上措施不能奏效时,应与医生联系,及早进行导尿,不宜等待太久,以

家庭生活百科

·健康医疗·

图文珍藏版

免尿潴留加重、增加患者尿路感染的机会。

【预防】

（1）在日常生活中注意预防感冒。

（2）适当多饮水，但注意及时排尿，避免膀胱过度充盈。

（3）不吃辛辣刺激性食物，不饮咖啡。

（4）不长时间骑自行车。

（5）禁忌大量饮酒，因酒精有利尿作用，同时摄入大量水分又不及时排尿，使膀胱短时间内过度膨胀，容易诱发急性尿潴留。

六十一、急性细菌性痢疾

急性细菌性痢疾简称菌痢，是由痢疾杆菌引起的一种急性肠道传染性疾病。一年四季均有散在性发病，以夏秋季节常见流行，普遍易感，以小儿为多。

【病因】

痢疾杆菌可通过受污染的水和手以及食物餐具、苍蝇、蟑螂等传播而发病。

【症状】

根据症状轻重及病情急缓分为以下 5 型。

轻型：无中毒症状，体温正常或稍高，腹痛腹泻较轻，大便次数多每日 10 次以下，呈糊状或水样，含少量黏液，里急后重感不明显，可有恶心呕吐。

普通型（中型）：起病较急，有畏寒、发热中毒症状，体温在 39℃ 左右，伴有恶心呕吐、腹痛腹泻、里急后重，大便次数为每日 10~20 次，脓血便量少，少数患者以水样腹泻为特点，失水不明显。

重型：起病急骤，畏寒、高热、恶心呕吐、腹痛剧烈、黏液血便且次数频繁，多于 20 次／日、里急后重、四肢厥冷、意识模糊。

中毒型：起病急，突发高热，24 小时之内迅速出现休克、惊厥和意识障碍。大便次数不多，常发生在儿童，病情凶险，死亡率极高。

慢性菌痢：多由于急性菌痢未彻底治疗或自行缓解而成为慢性菌痢，病程超过 2 个月以上，有食欲不振、大便不正常，时干时稀，少有黏液。一般无腹痛，仅在排便前有下腹部隐痛或肠绞痛，排便后腹痛消失。部分患者可有失眠、多梦、健忘、神经衰弱等症状。

【应急处理】

（1）应进行消化道隔离至大便培养 2 次阴性，患者餐具和用具均专用和严格消毒，大便要用石灰处理。

（2）卧床休息，流质饮食，多喝淡盐开水。

（3）口服小檗碱 0.5 克，每日 3 次；或吡哌酸 0.5 克，每日 3 次。

（4）对症处理。

①高热者应采取物理降温处理。

②抽搐、昏迷者应专人护理，清除口腔内异物，保持呼吸道通畅。

③休克患者应取平卧位，头稍低，注意保温并急送医院抢救。

（5）重症患者应急送医院进一步诊治。

【护理】

（1）按传染病一般护理常规护理,消化道隔离,接触者医学观察7天。

（2）详细记录出入量,继续随意饮食,充分供给水分和电解质,保证尿量正常。

（3）病程24小时以内的患者,每2小时观察一次体温、血压、呼吸、神志、面色、四肢循环。及时发现重型(中毒型)患者。

（4）保持肛周皮肤清洁干燥,防止糜烂。

【预防】

（1）搞好环境卫生,加强厕所及粪便管理,消毒处理好苍蝇孳生地,消灭苍蝇。

（2）加强饮食卫生及水源管理。

（3）加强卫生教育,人人做到饭前便后洗手,不饮生水,不吃变质和腐烂食物,不吃被苍蝇污染的食物。

（4）不要暴饮暴食,以免胃肠道抵抗力降低。

（5）做好消毒隔离工作,食具要煮沸15分钟消毒,患者的粪便要用1%漂白粉液浸泡后再倒入下水道。

六十二、阿米巴痢疾

阿米巴痢疾又称肠阿米巴病,是由致病性溶组织阿米巴原虫侵入结肠壁后所致的以痢疾症状为主的消化道传染病。本病遍及全球,多见于热带与亚热带,我国多见于北方。发病率农村高于城市,男性高于女性,成人多于儿童,大多为散发。

【病因】

阿米巴痢疾是由溶组织阿米巴原虫引起的肠道传染病,病变主要在盲肠与升结肠。临床上以腹痛、腹泻、排暗红色果酱样大便为特征。本病易变为慢性,并可引起肝脓肿等并发症。

【症状】

潜伏期平均1~2周(4日至数月),临床表现有不同类型。

（1）无症状型(包囊携带者):此型临床常不出现症状,多在粪检时发现阿米巴包囊。

（2）普通型:起病多缓慢,全身中毒症状轻,常无发热,腹痛轻微,腹泻,每日便次多在10次左右,量中等,带血和黏液,血与坏死组织混合均匀呈果酱样,具有腐败腥臭味,含痢疾阿米巴滋养体与大量红细胞成堆,为其特征之一。

（3）轻型:见于体质较强者,症状轻微。

（4）暴发型:极少见。

（5）慢性型:常因急性期治疗不当所致腹泻与便秘交替出现,使临床症状反复发作,迁延2个月以上或数年不愈。常因受凉、劳累、饮食不慎等而发作。

【应急处理】

（1）卧床休息,注意保暖。

（2）禁食6~12小时,逐渐进流质如米汤、稀粥等,1周内逐步恢复正常饮食。

（3）口服家中备用的抗生素如小檗碱0.1~0.2克,吡哌酸或诺氟沙星0.1~0.2克,每日3次。

（4）腹痛较剧烈时可热敷或口服颠茄合剂10毫升或阿托品0.5毫克,每日3次。

(5)有口渴、尿少等轻度脱水症时,应口服补盐液或淡盐开水,以补充水分。

(6)脱水明显或休克者,应立即送往医院救治。

【护理】

(1)患者宜卧床静养,不可过量活动。

(2)忌食荤腥油腻、生冷瓜果。饮食宜清淡素洁,如粳米粥、蔬菜之类。

(3)注意观察大便的颜色、性状及大便的次数。

(4)久痢不愈,或时发时止者,应避免情志刺激,同时还得注意保暖。

【预防】

(1)治疗患者及携带包囊者,饮水须煮沸,不吃生菜,防止饮食被污染。

(2)防止苍蝇孳生和灭蝇。

(3)平时注意饭前便后洗手等个人卫生。

六十三、急性血吸虫病

血吸虫病是一种人和动物都能受传染的寄生虫病。血吸虫的生活史比较复杂。成虫寄生在人、牛、猪或其他哺乳动物的肠系膜静脉和门静脉的血液中,因此人和这类动物被称为成虫宿主或终宿主。

【病因】

大量血吸虫尾蚴感染所致。

【症状】

起病较缓慢,发热多呈间歇或弛张型,常有腹痛腹泻,稀便每天2~5次,少数患者可有脓血便;肝肿大,以左叶为显著,有触痛;脾轻度肿大,另外患者还有皮肤过敏反应如荨麻疹等。

【应急处理】

(1)卧床休息,多饮水,给予高热量、高维生素、易消化食物饮食。

(2)高热时宜采用物理降温配合药物降温。

(3)抗虫治疗如口服吡喹酮60毫克/千克体重,单剂或分2次服用。

(4)尽早送往医院进一步诊治。

【护理】

(1)发热的护理:对初入院的患者,一般不随意使用退热药,为配合抗虫药物治疗,再酌情考虑物理降温或激素退热。此外,应及时补充水电解质,常用温水擦身,勤换衣裤被褥,保持室内空气新鲜。

(2)消化系统症状的护理:常见症状有食欲减退、腹胀、腹泻等,大便常呈稀水样,每日3~5次,有时多达10余次,重症患者常伴有脓血便。应及时补充营养,鼓励患者多食高蛋白、高维生素、易消化、少粗纤维的食物,多饮水,必要时静脉补充营养。

(3)抗虫治疗:一般每日2次,即上午10时及晚上20时,体质弱反应重者则每日3次,即上午9时,午后14时及晚上20时。吡喹酮常见反应有头昏、乏力、腰腿酸等,有时会出现视力模糊、频繁早搏等,重的可有共济失调,下肢弛缓性瘫痪,昏厥等。治疗期间应密切观察病情,嘱患者不得饮酒,注意休息。

(4)心理的护理:一般有两种情况,一种是忧虑型;另一种是轻视型。应针对性地反复讲解消除其恐惧心理及正确对待疾病,使之积极配合治疗。

【预防】

(1)灭螺:预防急性血吸虫病的根本措施。

(2)加强粪、水管理:粪便加盖贮存、堆肥发酵、修建无害化厕所,急用粪时用药物灭卵。饮水消毒可采用漂白粉或水缸中放置浸有 1%氯硝揉柳胺的纱布二块,一块放在缸面,一块放在缸底。

(3)加强个人防护:穿桐油布鞋、长筒胶鞋、塑料防护裤;涂擦防护剂;凡与疫水接触 1 个月内,均可口服总剂量为 8 克以上、疗程为 5 天以上的呋喃丙胺。

(4)控制传染源:应彻底治疗患者和病畜,切断传播途径。

六十四、急性白血病

白血病是造血系统的恶性肿瘤,是指某一系统血细胞的恶性增生与浸润、骨髓及外周血细胞有质与量的异常。按照病情缓急、白血病细胞幼稚程度和自然病程可分急性白血病、慢性白血病。

【病因】

1.电离辐射

接受 X 线诊断与治疗、32P 治疗、原子弹爆炸的人群白血病发生率高。

2.化学因素

苯、抗肿瘤药如烷化剂和足叶乙甙、治疗银病的乙双吗啉等均可引起白血病,特别是 ANLL。

3.病毒

如一种 C 型逆转录病毒——人类 T 淋巴细胞病毒-I 可引起成人 T 细胞白血病。

4.遗传因素

家族性白血病占白血病的 7‰,同卵双生同患白血病的几率较其他人群高 3 倍,B 细胞 CLL 呈家族性倾向,先天性疾病如 Fanconi 贫血、Downs 综合征、Bloom 综合征等白血病发病率均较高。

5.其他血液病

如慢性髓细胞白血病、骨髓增生异常综合征、骨髓增生性疾病如原发性血小板增多症、骨髓纤维化和真性红细胞增多症、阵发性血红蛋白尿、多发性骨髓瘤、淋巴瘤等血液病最终可能发展成急性白血病,特别是急性非淋巴细胞白血病。

【症状】

(1)主要有贫血、出血、感染及伴有肝、脾淋巴结等脏器组织浸润。

①贫血:疾病早期可出现并呈进行性加重。

②出血:早期为皮肤黏膜出血,中晚期有内脏出血,其中脑出血是致死常见原因之一。

③感染:常见感染有肺炎、咽峡炎、疖痈及肛周炎、败血症等,细菌多为金黄色葡萄球菌、绿脓杆菌、大肠杆菌、变形杆菌等,真菌及双重感染有增多趋势。

④浸润:肝、脾、淋巴结肿大多见于急性淋巴细胞性白血病;皮肤黏膜浸润如齿龈肿胀及口腔溃疡,多见于急性单核细胞性白血病。

（2）骨、关节痛及胸骨压痛为白血病的特异体征。

（3）脑膜或中枢神经系统可有恶心、呕吐、头痛等脑膜刺激反应。

【应急处理】

（1）并发脑出血时，应保持绝对安静。

（2）昏迷者应取侧卧位或头转向一侧，以防舌根后坠阻塞气道，定时翻身，防止褥疮发生。

（3）抽搐者，可给予地西泮 10 毫克肌注或口服，并急送医院救治。

【护理】

（1）鼓励患者积极和疾病作斗争，克服悲观绝望情绪，树立信心，配合治疗。

（2）患者在化疗期间或化疗后应减少或避免探视，不到公共场所活动。

（3）地面要清洁消毒，室内紫外线照射消毒，保持室内空气新鲜。

（4）每日用淡盐水、呋喃西林含漱液漱口，以防止口腔感染，保持大小便通畅，注意肛门周围的清洁，大便后可用高锰酸钾溶液坐浴。

（5）饮食搭配要合理，摄入蛋白质及维生素含量高的食物，多吃新鲜水果，忌烟酒。

（6）生活起居要规律，慎避寒暑，劳逸结合，调情志，忌郁怒，保持心情舒畅，使机体处于良好的状态。在工作中接触电离辐射及有毒化学物质（苯类及其衍生物）人员，应加强防护措施，定期进行身体检查。禁止服用对骨髓细胞有损害的药物如氯霉素、乙双吗啉等。

（7）注意口腔、鼻腔、外阴、肛门皮肤卫生和清洁，口眼不吸收抗生素如新霉素、黏菌素及制霉菌素防治感染，可用 PP 粉坐浴清洗肛门及外阴。

（8）进无菌或少菌食物。

（9）避免外伤，防止出血进一步加重。

（10）并发尿酸性肾病时，应鼓励患者多饮水，停止使用细胞毒性药物，防止肾功能进一步恶化，口服别嘌呤醇 200 毫克，每日 3 次。

【预防】

虽然白血病的病因到目前为止还不完全清楚，当然也不能做到完全预防，但针对一些发病因素，还是能取得相对预防的效果。

（1）不要过多地接触 X 射线和其他有害的放射线：尤其是婴幼儿和孕妇，当然偶尔的 X 线检查，因剂量较小，基本上不会对身体造成影响，但从事放射线工作的人员一定要做好个人的防护，加强预防措施。

（2）不要滥用药物：使用氯霉素、细胞毒类抗癌药、免疫抑制剂等药物时要小心谨慎，必须有医生指导，切勿长期使用或滥用。

（3）要减少苯的接触：慢性苯中毒主要伤害人体的造血系统，引起人白细胞、血小板数量的减少，诱发白血病。从事以苯为化工原料生产的人员一定要注意加强劳动保护。

六十五、弥散性血管内凝血

弥散性血管内凝血是指在某些因素作用下，血液在微小血管内凝固，导致播散性微血栓形成，消耗大量血小板和凝血因子，并继发纤维蛋白溶解活性亢进，引起严重的微循环机能障碍和止、凝血机能障碍的一类临床症候群。临床以广泛出血、微血栓形成、休克及溶血为特点。

【病因】

临床上最常见的病因依次为感染、恶性肿瘤、组织损伤等。

【症状】

弥散性血管内凝血的症状轻重不等,发展快慢不一。其严重程度因促凝物质的量和强度、凝血的大小和纤维蛋白溶解的速度及范围而异。由于微循环梗塞,患者可以表现有惊厥、昏迷、瘫痪、呼吸困难、发绀、无尿、腹痛、血压下降、皮肤花斑、四肢厥冷等。由于继发性消耗性凝血障碍,患者可以有皮肤紫癜瘀斑、鼻出血、龈血、呕血、咯血、便血、子宫出血、血尿或伤口出血不止。弥散性血管内凝血发生后,小血管中形成的纤维蛋白丝,可引起红细胞的机械性损伤而产生微血管性溶血性贫血和黄疸。

【应急处理】

(1)顽固性低血压或休克患者应平卧位、头稍低、注意保暖。

(2)有呼吸困难及发绀者,应保持空气新鲜和通畅,保持室内安静,防止患者因烦躁难耐引发呼吸困难。

(3)昏迷及抽搐患者应由专人护理,及时清除患者鼻、口腔内异物或分泌物,保持呼吸道通畅。

(4)经上述紧急处理后应尽快送往医院进一步救治。

【护理】

1.病情观察

(1)观察出血症状:可有广泛自发性出血,皮肤黏膜瘀斑,伤口、注射部位渗血,内脏出血如呕血、便血、泌尿道出血、颅内出血、意识障碍等症状。应观察出血部位、出血量。

(2)观察有无微循环障碍症状:皮肤黏膜发绀缺氧、尿少尿闭、血压下降、呼吸循环衰竭等症状。

(3)观察有无高凝和栓塞症状:如静脉采血血液迅速凝固时应警惕高凝状态,内脏栓塞可引起相关症状,如肾栓塞引起腰痛、血尿、少尿,肺栓塞引起呼吸困难、发绀,脑栓塞引起头痛、昏迷等。

(4)观察有无黄疸溶血症状。

(5)观察实验室检查结果如血小板计数、凝血酶原时间、血浆纤维蛋白含量、3P试验等。

(6)观察原发性疾病的病情。

2.对症护理

(1)出血的护理:按本系统疾病护理的出血护理常规。

按医嘱给予抗凝剂、补充凝血因子、成分输血或抗纤溶药物治疗。

正确、按时给药,严格掌握剂量如肝素,严密观察治疗效果,监测凝血时间等实验室各项指标,随时按医嘱调整剂量,预防不良反应。

(2)微循环衰竭的护理:意识障碍者要执行安全保护措施。保持呼吸道通畅,氧气吸入,改善缺氧症状。定时测量体温、脉搏、呼吸、血压、观察尿量、尿色变化。

建立静脉通道,按医嘱给药,纠正酸中毒,维持水、电解质平衡,维持血压。

做好各项基础护理,预防并发症。

严密观察病情变化,若有重要脏器功能衰竭时应做相关护理,详细记录。

(3)一般护理

①按原发性疾病护理常规。

②卧床休息,保持病室环境安静清洁。

③给予高营养,易消化食物,应根据原发疾病调整食品的营养成分和品种。

④正确采集血标本,协助实验室检查以判断病情变化和治疗效果。

六十六、急性粒细胞缺乏症

当外周血细胞计数低于 $2.0 \times 10^9/L$,中性粒细胞绝对值低于 $500 \times 10^6/L$ 或完全消失并伴有畏寒、高热、多汗等全身症状时,称为急性粒细胞缺乏症。

【病因】

粒细胞缺乏症可继发于药物反应、化学药物中毒、电离辐射、感染或免疫性疾病,亦可原因不明,但最常见的病因是药物反应。多因药物或化学毒物通过免疫反应致粒细胞及其前身破坏和受抑所致,另一些药物可能对粒细胞前身有直接毒性作用。

【症状】

多数突然起病,可有畏寒、高热、多汗、咽喉痛、乏力、衰竭及关节、四肢痛等症状。

【应急处理】

(1)及时停用引起本病的可疑药物。

(2)卧床休息,给予高蛋白、高热量食物饮食,保证热量。

(3)保持皮肤、口腔、鼻腔、肛门及外阴等清洁,防止新的感染发生。

(4)高热者应采取物理降温法处理。

(5)一旦确认或疑为本病,应急送医院积极组织抢救,防止败血症或脓毒血症的发生。

【护理】

(1)做好患者的思想工作,帮助患者树立和增强战胜疾病的信心,保持精神愉快、乐观。

(2)保持病房有良好的通风、清洁、空气新鲜,舒适安静。

(3)饮食上要保持营养均衡,摄取含蛋白质、维生素丰富的食物,食物要清洁、新鲜。

(4)避免大便干燥及腹泻,预防感冒。

(5)按时服用药物,服药期间注意血常规变化及其他药物反应。

(6)对从事放射线工作及接触有毒的化学物品和致癌物质的工作人员,要加强劳动保护,防止和消除环境污染,慎起居,调情志,勿过劳,节制烟、酒、饮食,平时要加强体育锻炼,提高机体的抗病能力。

【预防】

(1)对密切接触放射线物质或苯等的工作人员应定期进行体检,可早期发现

·健康医疗·

图文珍藏版

及治疗患者。

（2）对服用有可能引起粒细胞减少药物的患者应严密检查血常规,如有异常应立即停药。

（3）对本身有过敏史的患者,应避免服用这些药。

六十七、血友病

血友病是先天性因子Ⅷ、Ⅸ、Ⅺ缺乏,可分为血友病甲、乙、丙。血友病甲发病率最高、症状最重,其次为血友病乙,血友病丙发病率低且症状轻。血友病甲、乙为伴性染色体隐性遗传,血友病丙为常染色体隐性遗传。先天性缺乏因子Ⅷ、Ⅸ和Ⅺ,使内源性凝活酶生成减少,导致凝血障碍。

【病因】

血友病是一组先天性凝血因子缺乏,以致出血性疾病。先天性因子Ⅷ缺乏为典型的性联隐性遗传,由女性传递,男性发病,控制因子Ⅷ凝血成分合成的基因位于 X 染色体。患病男性与正常女性婚配。子女中男性均正常,女性为传递者;正常男性与传递者女性婚配,子女中男性半数为患者,女性半数为传递者;患者男性与传递者女性婚配,所生男孩半数有血友病,所生女孩半数为血友病,半数为传递者。约 30%无家族史,其发病可能因基因突变所致。

因子Ⅸ缺乏的遗传方式与血友病甲相同,但女性传递者中,因子Ⅸ水平较低,有出血倾向。因子Ⅺ缺乏,均导致血液凝血活酶形成发生障碍,凝血酶原不能转变为凝血酶,纤维蛋白原也不能转变为纤维蛋白而易发生出血。

【症状】

自发或轻微外伤后出现皮下大片淤血或肌肉深部血肿、局部紫黑,黏膜出血以及鼻出血、牙龈出血多见,消化道出血不多见,膀胱、肾、肺及胸膜出血均少见,颅内出血虽不多见,但可危及生命。关节病变主要表现为肿痛,反复出现引起慢性增生性关节炎,导致关节畸形,丧失功能。

【应急处理】

（1）尽量避免手术或外伤。

（2）局部压迫或冷敷止血,也可贴敷新鲜血浆浸膏。

（3）云南白药、三七粉局部使用可达局部止血作用。

（4）有新鲜血肿或关节积血时,应卧床休息,减少活动。

（5）急性期可口服泼尼松每日 40~60 毫克,分 3 次服用;口服避孕药能缓解女性患者月经过多。

（6）出血严重或持续不止时,应送往医院输新鲜全血或血浆及其他制品。

【护理】

一旦被诊断为血友病,就要注意防止或减少其出血现象的发生。以下的建议不仅适合儿童,也适用于其他年龄的血友病患者。

（1）选择柔软的没锐角的玩具。如果在学步期间总是摔伤则可将衣服加厚。

（2）从很小的时候就告诉患儿及其兄弟姐妹和小伙伴有关血友病的情况。父母应该鼓励他们通过和其他孩子的玩耍而正常成长。

（3）遵守当地的疫苗接种计划,但要记住,注射必须采用皮下注射而不能深入至肌肉,注射后应该压迫5分钟。

（4）强烈建议接种乙肝疫苗,因为一些血液制品仍会传播这种病毒。同时也推荐接种甲肝疫苗。

（5）坚持刷牙和看牙医可以防止烂牙和牙龈疾病,这非常重要,因为被忽视的牙齿感染后牙龈就会出血。如果可能的话,选择一位懂血友病的牙医,或由患者的医生推荐一位牙医。补充氟化物可以减少牙龋。

（6）积极、有规律的锻炼计划是非常有益的,强壮的肌肉可以支撑关节以减少出血次数,在那些不能轻易得到血制品的地区,这点尤为重要。

（7）像游泳、骑车和步行这样对关节压力很小的运动还是非常适宜的,但许多其他运动也是可以参加的。应该禁止参加那种接触性的体育运动,比如拳击、橄榄球等,这些运动存在着头部或颈部受伤的危险性。应当请医生、按摩师或护士为患者制定一个锻炼计划或给出参加体育运动的建议。

【预防】

（1）患者及亲属要对该病有充分的思想认识,亲属要给予患者足够的关心和爱护,患者自己要树立自信、自立、自强的生活观念,做好自我护理,最大限度地减少疾病发作和提高生活质量。

（2）出血的预防是日常生活预防的重要组成部分。

①特别注意避免创伤,到医院看病时,要向医生、护士讲明病情,尽可能避免肌内注射。家庭内做好各种安全防范,尽量避免使用锐器,如针、剪、刀等。

②平时在无出血的情况下,做适当的运动,对减少该病复发有利。但有活动性出血时要限制活动,以免加重出血。

③关节出血时,应卧床,用夹板固定肢体,放于功能位置,限制运动,可局部冷敷和用弹力绷带缠扎。关节出血停止,肿痛消失后,可做适当的关节活动,以防长时间关节固定造成畸形和僵硬。

④尽可能避免肌内注射。

⑤因该病属一种遗传性疾病,故要使患者本人及家属懂得优生优育的道理。若产前羊膜穿刺确诊为血友病,应终止妊娠,以减少血友病的出生率。

⑥调情志,重养生:精神刺激、情绪波动过大均可诱发出血。

⑦若需手术,必须在手术前按血浆Ⅷ:C水平及手术大小、部位把Ⅷ因子提到替代治疗效果。

六十八、疝气

疝气又名小肠气,是腹内脏器由正常位置经腹壁上孔道或薄弱点突出而形成的包块。

【病因】

疝气多是因为咳嗽、喷嚏、用力过度、腹部过肥、用力排便、妇女妊娠、小儿过度啼哭等原因引起。

【症状】

疝气的症状最主要的是在腹股沟区,可以看到或摸到肿块。引起肿块出现的诱因是腹压的上升,最常见的原因是哭泣,其他的还有咳嗽、排便、排尿等。除了可以看到或摸到肿块外,有些小孩会有便秘、食欲不振、吐奶等现象,也有些可能会变得易哭、不安等。阴囊疝气太大则会引起行动的不便。

【应急处理】

(1)当疝气初发时,很容易把肠还纳。患者躺平后,往往可以用手把肿物送回腹腔内,这可听到"咕噜"一声。

(2)如果发生疝气的是小孩,首先安慰小孩别哭。因为哭时腹部压力增加,更难进行还纳。为了让小孩不哭,可用喂牛奶或洗澡等方法来哄,有时通过洗澡也可以治好。

(3)老年人发生了疝气,自己常用手把肠还纳到腹腔,便不去请医生诊治。还有些老年人得了疝气,因为不好意思,长期不去看病,甚至连家人都不知道,这是很危险的。

(4)老年人应积极治疗咳喘、小便不畅、便秘等症。同时不定期要适当锻炼身体,增加腹肌的力量,以防发生疝气。

(5)及时去医院治疗。

【护理】

(1)应尽量避免和减少咳嗽和便秘。

(2)注意休息,坠下时,可用手按摩,推至腹腔。

(3)尽量减少奔跑与站立过久,适当注意休息。

(4)适当增加营养,平时可吃一些具有补气作用的食物,如山药、扁豆、鸡、鱼、肉、蛋等。

(5)适当进行锻炼,以增强身体素质。

【预防】

无论男孩还是女孩,6个月前的疝气有自愈的可能,而6个月后这种可能非常小,所以要尽早手术,以免孩子因哭闹、剧烈运动、腹压增高等情况导致疝嵌顿,这样的后果是很严重的。微孔手术对孩子的疝气无疑是最好的,也是最安全的,术后基本无复发的病例,也不需要住院。

六十九、急性风湿热

急性风湿热是一种全身性变态反应性结缔组织疾病,临床主要表现为发热、游走性关节炎、心肌炎、关节炎和多形性红斑、舞蹈症等症状。

【病因】

(1)风湿热与链球菌感染的地区分布、季节及气候特点相一致。

(2)湿热发病前1~5周常有溶血性链球菌感染,如咽喉炎、扁相体炎、猩红热等。

【症状】

1.发热

不规则发热、多汗、疲乏、食欲不振、体重减轻。

2.游走性多发性关节炎

以膝、踝、肩、腕、髋、肘等大关节最易受累,表现为局部红、肿、热、痛和运动障碍,常与气候变化及潮湿有关,但不产生永久性关节畸形,成人多见。

3.心脏炎

儿童多见,可有心肌炎、心包炎和心内膜炎。

(1)心肌炎:心悸、气短、心率加快且与体温不成比例,心脏扩大,心尖区第一心音减弱,可出现舒张期奔马律,心电图提示有各种心律失常和P-R间期延长的改变。

(2)心包炎:心前区疼痛、心脏浊音扩大,可闻及心包摩擦音,心音遥远。X线检查心影扩大呈烧瓶状。

(3)心内膜炎:二尖瓣和主动脉瓣容易受累,可出现不同程度的瓣膜关闭不全和狭窄所致的杂音。

4.皮肤损害

躯干和肢体内侧常出现不固定的红斑。

5.舞蹈症

四肢不自主,无目的且不协调地运动,面部表情怪异,语言不清,兴奋时加剧,入睡后消失。

【应急处理】

(1)卧床休息,如有心脏炎时应在风湿活动期停止后,逐渐增加活动量。

(2)关节炎患者或口服保泰松0.1~0.2克,每日3次;吲哚美辛,25~50毫克,每日3次;或阿司匹林,成人每日3~6克,儿童为每日每千克体重80~100毫克,分3~4次口服,症状控制后,逐渐减量,疗程为3日。

(3)预防链球菌感染:如经常患有扁桃体炎时,可去医院手术摘除。

(4)急性心功能衰竭时,患者取端坐位,双下肢下垂或平卧位,也可轮流结扎肢体,每5~10分钟轮换放松1次,目的是减少回心血量,减轻心脏负荷,并速送医院急救治疗。

【护理】

(1)加强体格锻炼,增强小儿抵抗力,防止呼吸道感染。

(2)因地制宜地改善居住条件,避免寒冷、潮湿。

(3)及时与彻底地预防和治疗链球菌感染。

(4)第一次发病年龄愈小,复发率愈高,12岁以后复发明显减少。

(5)去除病灶如龋齿、扁桃体炎等。

【预防】

由于风湿热的发病与链球菌的关系十分密切,因此预防链球菌感染是预防风湿热的重要环节。预防措施包括以下几方面。

(1)加强儿童、青少年的保健和卫生宣教工作,开展体育锻炼,增强体质,提高抗病能力。注意居住卫生,因地制宜地做好防寒、防潮工作,积极预防上呼吸道感染。

(2)对猩红热、急性扁桃体炎、咽炎、中耳炎和淋巴结炎等急性链球菌感染,应予积极彻底地治疗,以免引起风湿热的发作。抗生素中以青霉素为首选。

(3)清除慢性病灶,对反复感染的扁桃体,应在风湿活动停止后2~4个月,予以手术摘除。手术前后用青霉素预防感染的发作。对鼻窦炎、严重龋齿等链球菌感染的病灶,也应同样予以彻底清除。

·健康医疗·

图文珍藏版

(4)曾患过风湿热的患者,应积极预防链球菌的感染。一旦再有感染,宜早期应用足量抗生素,治疗时间宜适当延长。

七十、贫血

贫血是指全身循环血液中红细胞总量减少至正常值以下。但由于全身循环血液中红细胞总量的测定技术比较复杂,所以临床上一般指外周血中血红蛋白的浓度低于患者同年龄组、同性别和同地区的正常标准。

【病因】

贫血可按不同的发病机理和细胞形态学的特征进行分类。按发病机理可分为造血不良、红细胞过度破坏和急、慢性失血三类。按形态学分类则可分为正常红细胞型、大红细胞型、单纯小红细胞型和小红细胞低色素型四类。形态学的分类不是固定不变的,例如再生障碍性贫血多数是正常红细胞型贫血,但偶可呈大红细胞型贫血;溶血性贫血也可呈大红细胞型贫血。

【症状】

面色萎黄或苍白,倦怠乏力,食欲减退,恶心嗳气,腹胀腹泻,吞咽困难,头晕耳鸣,甚则晕厥,稍活动即感气急,心悸不适。并发症严重持久的贫血可导致贫血性心脏病,甚至心衰。

【应急处理】

(1)宽松身上衣物,头放低,休息几分钟。复原后最好给予温水。

(2)在病患昏倒时要防止头部受击。

(3)若意识久久未能恢复,则需送医。

【护理】

(1)首先应强调病因治疗。找出出血原因,才能彻底治愈出血性贫血。诊断为药物性贫血,应立即停药并绝对避免再次用药。

(2)缺乏造血要素的贫血,如缺铁性贫血和营养性巨幼细胞性贫血等,积极补充造血要素,如铁剂、维生素 B_{12} 或叶酸等,可获得良好效果。

(3)一般慢性贫血,可以参加轻微劳动。但血红蛋白下降较速,贫血明显(一般低于 $8g/dl$),有症状或伴出血倾向者,应予适当休息。

【预防】

(1)贫血的原因很多,应仔细检查病因才能对症下药,不要自己随便吃"补血药"。

(2)贫血病人不可偏食,注意经常进食含铁及叶酸丰富的食物,如绿色蔬菜、蛋、肉、鱼、水果等。

(3)小儿生长发育期和妇女妊娠期、哺乳期造血物质需要量大,应加强营养,如食物补充不够,可在医生指导下口服铁剂和叶酸。

第三节 五官科

临床医学上的五官科,是指研究包括眼、耳、鼻、喉、口腔等头颈部器官疾病的一门学科。五官科器官结构复杂,疾病繁多,各个器官之间关系紧密,器官之间的疾病也是相互影响的,诊疗和预防的难度较高。五官一旦出现状况,调理就显得格外重要。

一、沙眼

沙眼是一种特殊类型的结膜角膜炎。本病特点为乳头增生及滤泡形成、角膜发生血管翳,晚期常有瘢痕形成。沙眼是一种社会性疾病,其发病与个人卫生、环境卫生和生活条件有密切关系,多见于小儿,男女老幼皆可患病,痊愈后仍可再感染。

【病因】

(1)接触感染。

(2)致病菌为沙眼衣原体。

【症状】

轻者可无任何不适,重者常有摩擦感,畏光,流泪及少量分泌物。角膜上有血管翳时,刺激症状更为显著,并影响视力。

【应急处理】

(1)用0.1%利福平眼药水、0.5%红霉素眼膏等点眼,每日4次,连续治疗3~6个月。

(2)也可用黄连西瓜霜眼药水点眼,每日3~4次。

(3)改善个人及环境卫生,毛巾专用,防止接触感染。

(4)重者可去医院进一步诊治。

【护理】

(1)督促患者按时用药,点完眼药后,用1%~2%来苏水或0.05%~0.1%新洁尔灭液泡手或用酒精棉球擦手,以免传染他人。

(2)患者毛巾、手帕、脸盆、枕头以及被套等用品要经常晾晒或煮沸消毒(沙眼衣原体在热水中1分钟死亡,在干燥环境中1小时可死亡)。

(3)沙眼的治愈只有经过医生检查后方可认定,自觉症状消失并不等于治愈,因此切不可擅自停药。

(4)患慢性沙眼时,严禁滴用可的松眼药水,因为可的松眼药水能使沙眼衣原体活跃,促使病情恶化。

(5)在结膜面比较粗糙,大量滤泡存在时,可到医院手术治疗,以缩短治愈时间。严禁用针、树皮等摩擦睑结膜上的滤泡,也不能用竹板、树皮等夹眼皮来矫正内翻倒睫,以免引起感染,甚至损伤角膜引起溃疡。

(6)如有并发症,要及时到医院治疗。

(7)手术治疗是辅助疗法,不能根治沙眼,所以仍要配合药物治疗。

(8)发现患急性结膜炎而经久不愈,应想到是否患了沙眼,发现沙眼后应及早治疗。

【预防】

沙眼也是一种传染性眼病,其预防要从消灭传染源、切断传染途径开始。

二、麦粒肿

麦粒肿，是指睑板腺或睫毛毛囊周围的皮脂腺受到葡萄球菌感染所引起的急性化脓性炎症，是眼睑腺体的一种急性化脓性炎症，又称睑腺炎。临床通常主要表现为眼皮有小疖子、微痒、局部红肿、热疼痛，出现硬结以及黄色脓点等症状，俗称针眼。麦粒肿患者多以少儿、青少年为主，体质虚弱、或有近视及不良卫生习惯者容易患病。

【病因】

(1)化脓性细菌侵犯眼睑腺体而引起。

(2)身体抵抗力降低、营养不良、屈光不正时容易发生。

【症状】

麦粒肿分为内外两种：眼睑皮脂腺或睫毛毛囊的感染为外麦粒肿，睑板腺感染称内麦粒肿。表现为眼睫毛底部周围的眼睑出现带有黄头的脓。脓头周围的眼睑皮肤有肿胀感、发炎。有明显的疼痛感或触痛感。

(1)外麦粒肿俗称"偷针眼"。初期时痒感渐渐加剧，眼睑局部出现水肿、充血现象，有胀痛感和压痛感，在近睑缘处可以触到硬结，发生在外眦部者疼痛则特别显著，外侧球结膜水肿，耳前淋巴结肿大并有压痛感。数日后硬结慢慢软化，在睫毛根部形成黄色脓头，积脓一经穿破皮肤向外排出后，红肿则迅速消退，疼痛也将随之减轻。

(2)内麦粒肿为睑板腺急性化脓性炎症。因睑板腺被牢固的睑板组织包围，病变较深，疼痛加剧，但发展缓慢。故眼睑红肿不是很明显。腺体化脓后在充血的睑结膜面可隐见灰黄色的脓头。多突破睑板和结膜的屏障，而流入结膜囊，也有的从睑板腺开口处排出，个别的可穿破皮肤。脓液排出后，红肿即消退。如果睑板未能突破，致病菌毒性又剧烈，则在脓液未向外穿破前，炎症已扩散，侵犯整个睑板而形成眼睑脓肿。无论内外麦粒肿，如果加压挤脓，则会导致细菌，毒素容易倒流到颅内，引起眼眶蜂窝组织炎、海绵栓塞的严重并发症，严重者可危及生命，所以长"针眼"时，切忌挤压。

【应急处理】

(1)麦粒肿早期治疗可在眼结膜囊滴抗菌素眼药水局部湿热敷，以促进血液以及淋巴循环，有助于炎症消散，全身及局部药物治疗可促进炎症的消失。局部也可以点眼药。临睡前可涂眼膏。

(2)应用超短波也有不错的疗效。脓肿形成后，如还未溃破或虽溃破但排脓不畅时，应在使用抗菌素基础上作切开引流。无论内、外睑腺炎，切开时切忌过早或挤压排脓，以免造成炎症扩散到眼眶内或颅内，引起严重的海绵窦静脉炎或眼睑蜂窝组织炎以及脑膜炎等。

(3)当脓头出现时切忌用手挤压。因为眼睑处血管丰富，眼的静脉与眼眶内静脉相通，又与颅内的海绵窦相通，而眼静脉没有静脉瓣，血液可向各方向回流，挤压会使得炎症扩散，有可能会引起严重合并症，从而危及患者的生命。

【护理】

(1)炎症广泛严重者，应卧床休息，及早全身使用抗生素或中药清热解毒剂。

（2）顽固复发病例除考虑用自身疫苗注射外，全身伴有发烧，耳前、颌下淋巴结肿大者可给以抗生素及磺胺类的药物应用。

（3）不要用脏手揉眼睛，以免将细菌带入眼内，引起感染；对于麦粒肿的治疗，中医治疗方法主要有：耳针、穴位激光照射、灯火灸、耳穴埋针、刺血、穴位敷贴、火针等等。

【预防】

（1）注意用眼卫生，杜绝养成用脏手及脏手帕擦眼等不良习惯。

（2）注意休息睡眠，不熬夜，不要使眼睛过度疲劳。

（3）不宜食辛辣刺激的食物，如大蒜、大葱、花椒、辣椒等。

（4）不宜多吃油腻厚味的菜肴如鸡鸭鱼肉，应多吃蔬菜水果，少吃糖。

（5）急性期间不宜受到油烟热气的熏灼。

（6）保持大便通畅。

三、急性结膜炎

急性结膜炎主要是因外感风热或感受时气邪毒而致，俗称"红眼病"或"火眼病"，发病较急，易相互传染，多见于春秋季节。

【病因】

（1）局部感染：主要致病菌为科维菌、链球菌、葡萄球菌、肺炎双球菌及嗜血流感杆菌和淋菌等。少见有病毒性感染特别是游泳池的感染和产道感染。

（2）继发于全身感染：如麻疹、猩红热、流行性感冒疾病等可引起本病。

【症状】

眼病较急，会有流泪、结膜充血、眼睑痉挛疼痛。结膜炎初期，结膜潮红、肿胀、充血、流出水样分泌液。随着炎症的发展，眼睑肿胀明显，眼分泌物变成黏液性或脓性，眼角上被黄色或者白色的分泌物覆盖。患眼有异物感及烧灼感，黏液性或脓性分泌物增多，一般无视力障碍。严重者可累及角膜，表现为疼痛、畏光、流泪、视力障碍等。

【应急处理】

（1）用3%硼酸溶液或无菌生理盐水冲结膜囊，每天2~3次，淋菌者每半小时1次。

（2）局部频繁点滴抗生素药水如0.25%氯霉素、0.5%新霉素、10%磺胺醋酰钠等。

（3）睡前可涂0.5%四环素眼膏。

（4）畏光者可戴太阳镜，切忌包扎。

（5）防止传染扩散，迅速控制传播途径。

（6）重症患者，应送医院进一步诊治。

【护理】

（1）流行季节，常用消炎眼药水点眼，或用1%~2%冷盐水洗眼，保持眼部卫生。亦可用菊花、夏枯草、桑叶等煎水代茶饮。

（2）游泳季节，严禁患者到公共游泳场所游泳。

（3）患者的手帕、洗脸用具、枕套等物均须隔离和消毒。

(4)临床诊治时,医务人员双手及接触过患眼分泌物的医疗器械、污物等均须严加消毒处理,以防通过医务人员传染他人。

(5)本病流行季节或患病以后,一定要让眼睛得到充分的休息,避免熬夜或长时间用眼工作。

(6)饮食上,不要吃辛辣、香燥等助火的食物,戒烟酒。

【预防】

(1)个人卫生:勤洗手,勤剪指甲,不用手揉眼,不用别人的手帕,毛巾。

(2)集体卫生:提倡流水洗脸,当发现"红眼"患者时,应进行隔离,对患者用的面盆、毛巾可用开水烫及煮沸消毒。加强理发店、游泳池的卫生管理,公用毛巾要做到用一次消毒一次。如有"红眼"暴发性流行,游泳池应暂停开放。

(3)忌食葱、韭菜、大蒜等辛辣、热性刺激食物。酒酿、芥菜、带鱼、黄鱼、鳗鱼、虾、蟹等发物,以不吃为宜。

(4)马兰头、枸杞子、茭白、冬瓜、苦瓜、绿豆、菊花、荸荠、香蕉、西瓜等具有清热利湿解毒功效,可作辅助性治疗食用。

(5)最好闭眼休息,以减少眼球刺激。

(6)环境卫生:消灭苍蝇。

四、急性泪囊炎

急性泪囊炎是指泪囊急性化脓性炎症,合并周围结缔组织的蜂窝组织炎。

【病因】

多由慢性泪囊炎引起的急性发作。

局部外伤所致鼻泪管阻塞和慢性泪囊炎。

先天性鼻泪管阻塞引起。

急性原发性细菌感染所致。

致病菌以葡萄球菌为主,其次为肺炎双球菌和链球菌。

【症状】

患眼有异物感以及泪囊为中心,局部红、肿、热、痛,肿胀可蔓延到眼睑、鼻根部及本侧颊部,耳前及颌下淋巴结肿大及触痛,可伴有体温升高、白细胞增多等全身症状。

【应急处理】

(1)炎症早期可用足量磺胺或其他抗生素。

(2)患眼可用热敷或鱼石脂软膏局部涂敷或给予抗生素眼膏或软膏涂擦。

(3)脓肿形成时可去医院行切开引流术。

(4)反复发作或瘘管形成不愈合者,应在炎症控制后3个月至半年施行泪囊鼻腔吻合术和泪囊摘除术治疗。

【护理】

(1)保持患者眼部卫生。

(2)嘱患者勿用脏手及不洁之物擦拭眼部分泌物。

(3)用手指挤压泪囊区,使泪囊内黏液或脓液排尽后再滴抗生素眼药水,每天4~6次。

（4）每天用生理盐水或抗生素进行泪道冲洗。

（5）嘱患者眼部瘙痒及有其他不适时，勿用力揉擦眼球，以免擦伤角膜、结膜造成眼部感染。

（6）认识到该病对眼球威胁的严重性及手术是消除病灶的根本方法，积极配合治疗。

【预防】

（1）保持眼部清洁卫生，不用脏手揉眼或脏手帕擦眼睛。

（2）及时彻底治疗沙眼、睑缘炎等外眼部炎症，不给细菌以可乘之机。

（3）有迎风流泪的患者，尽早到医院检查，明确病因，给予治疗。

（4）有鼻中隔偏曲、下鼻甲骨肥大或慢性鼻炎者应尽早治疗。

五、急性角膜炎

急性角膜炎是一种角膜急性炎症。

【病因】

（1）细菌性或病毒感染：如肺炎球菌、链球菌、葡萄球菌为最常见；淋菌、绿脓杆菌、白喉杆菌较少见；单疱病毒、真菌少见。

（2）过敏性反应。

（3）神经麻痹性如眼神经麻痹、维生素缺乏等。

（4）外伤。

（5）慢性泪囊炎转变而来。

【症状】

自觉畏光、流泪、不能睁眼、视力模糊、眼睛痛。有溃疡者，异物感很重。

【应急处理】

（1）局部滴用氯霉素溶液或其他抗生素溶液，无脓性分泌物者可涂抗生素软膏并包扎。

（2）局部热敷。

（3）必要时用镇静剂。

（4）疑有虹膜炎时可用10%阿托品散瞳。

（5）重症患者，应送医院进一步诊治。

【护理】

（1）角膜炎患者应注意充分休息。让眼睛多与新鲜空气接触，以利康复。多听轻松音乐，也利于缓解眼痛与局部刺激症状。

（2）饮食上宜多吃富含维生素及纤维素的蔬菜和水果。多吃豆类、豆制品、瘦肉、蛋类等高热量、高蛋白食品，以利角膜修复。应戒烟酒，不要吃煎炸、辛辣、肥腻和含糖度高的食品。

（3）精神调养于本病十分重要，最忌郁怒，以免加重肝火，不利康复。但也不宜过度言谈嬉笑，以心情舒畅、宁静为度。

【预防】

应注意建立健康的生活方式。由于单疱角膜炎患者终身带毒，任何影响免疫波动的因素，都会引发旧病复发。患者应该生活规律，避免熬夜、饮酒、暴饮暴食、感冒发烧、日光曝晒等诱因,才能减少旧病复发的危险。一旦旧病复发,要及时到医院接受医生的诊疗,不要胡乱用药,以免使病情复杂化,加大疾病的治疗难度。

六、急性虹膜睫状体炎

急性虹膜睫状体炎是指虹膜和睫状体同时发炎。

【病因】

(1)结核、风湿病、梅毒、钩端螺旋体感染等变态反应。

(2)病灶感染如牙龈、扁桃体等慢性炎症。

(3)急性传染病如麻疹、猩红热、肺炎、脑膜炎、败血症等全身转移性炎症。

(4)眼球挫伤、穿通伤及角膜溃疡。

【症状】

发病骤然、自觉眼痛、视力模糊、畏光及流泪、偏头痛等症状。

【应急处理】

(1)用1%阿托品散瞳,每日滴3次。

(2)眼部热敷,最好选用湿热敷,每天4次,每次15~20分钟。

(3)服用水杨酸钠1支,每日3次。

(4)局部滴0.5%可的松液,每日4次。

(5)重症患者,应送医院进一步诊治。

【护理】

(1)遵医嘱积极应用皮质类固醇类及抗生素类药物,减轻炎症反应。

(2)给患者配戴有色眼镜及戴眼罩,减少强光刺激,减轻疼痛。

(3)合理安排治疗时间,创造良好的环境,保证患者休息。

(4)进行球结膜或筋膜下注射时应充分麻醉后进行,避免加重患者疼痛。

(5)帮助患者分散注意力,如与他人交谈、听音乐,散步等。

【预防】

(1)应加强身体锻炼,增强体质。

(2)外出应戴墨镜。

(3)应保持大便通畅,急性期应多饮水。

七、急性青光眼

急性青光眼,更多的是急性原发性闭角型青光眼,由眼压急性升高而引发。

【病因】

(1)青光眼按其病因可分为原发性青光眼和继发性青光眼两大类。原发性青光眼患者一般存在解剖因素,如眼球小、眼轴短、远视、前房浅等症状。情绪波动、在光线较暗的地方停留过久、长时间低头阅读等,都可能诱发青光眼。

(2)多由于外伤、炎症、出血、肿瘤等多发病症引起,这些多发病破坏了房角的结构,使房水排出受阻而导致眼压升高。

【症状】

患眼侧头部剧痛,眼球充血,视力骤降。因眼压升高,出现眼胀痛,偏头痛,虹视等症状;视力显著下降,仅有感光,不及时治疗会导致失明;结膜混合性充血及睫状充血;角膜水肿雾状混浊;瞳孔散大,呈椭圆形,对光反射消失。

【应急处理】

(1)立即停止活动,用手掌轻压眼球,立即口服浓度较高的白糖水。

(2)使用缩瞳药物:如毛果云香碱眼液或依色林眼液在急性期 15 分钟滴一次,眼压下降后 1~2 小时一次,眼压正常后停用。

(3)按医生指示,进行口服药物的治疗。

(4)眼压下降后应及时选择手术治疗。

【预防】

(1)多食用富含维生素 A、C、E 及 B 族维生素等抗氧化物食品,这样不仅能降低眼压,而且能改善微循环,改善眼部供血。

(2)情绪不要急躁,对生活中的不如意要保持乐观,不要因此而影响情绪。

(3)少看电视、计算机,防止用眼过度。少饮水,以免出现水肿,引起动脉血压升高。

(4)不要干重体力活,不要过分用力,因为血管本来就很脆弱。只要有一个细小的血管破裂,就会导致失明。要尽量避免便秘。不要低着头做事,血涌上头对青光眼患者有害。

八、急性闭角型青光眼

急性闭角型青光眼是指房角关闭,而致眼内压突然升高,引起眼痛、头痛、恶心呕吐、虹视及视蒙等一系列症状性眼科急症。

【病因】

(1)眼内房水循环发生急性阻滞,导致急骤眼内压升高所致。

(2)常于情绪波动、疲劳、气候突变及长时间在暗处等诱发。

(3)多在中年以上,80%发生于女性。

【症状】

发作时剧烈眼痛、头痛、恶心呕吐、虹视及视蒙等症状出现,且常合并有发热、寒战及便秘等。

【应急处理】

(1)立即用 1%或 2%毛果芸香碱滴眼,每 10 分钟 1 次,直至瞳孔缩小,眼内压下降,然后逐渐减少次数至每日 3~4 次,必要时可合并滴 0.25%依色林。

(2)缩瞳剂无效时,可口服乙酰唑胺 500 毫克,每 4 小时 1 次,效果不佳时,可用尿素滴注或口服甘油。

(3)切忌使用阿托品或后马托品及其他散瞳剂。

(4)烦躁不安者,可给予苯巴比妥或氯丙嗪以镇静。

(5)疼痛剧烈者,可给予镇痛剂。

(6)便秘者可加用缓泻剂。

(7)眼压下降时,应及时去医院手术。

【护理】

(1)心理护理:青光眼患者一般性情急躁易怒,对环境的变化敏感,应耐心向患者解释,态度和蔼,并向患者解释青光眼急性发作与情绪有密切关系。要求患者保持良好的心理状态,心情舒畅,生活规律,配合治疗。

(2)严密观察患者用药后的反应:频繁应用缩瞳剂,有时会出现出汗、气喘、眩晕,此时应采取保暖,及时擦汗,报告医师给予处理。局部点药,药液应靠近外眦部,并且压迫泪囊,以减少缩瞳剂经鼻泪管吸收。

(3)嘱患者少量多次饮水,每次不超过300毫升,以免激发眼压增高,不与酸性药物同时使用,如维生素 C,患者出现腰痛尿少,小便困难,手足麻木,应停用药物,出现血尿、肾区疼痛应报告医师及时处理。

(4)治疗环境应安静,保证患者充足的睡眠,睡时枕头应适当垫高,以免巩膜静脉压增高,引起眼压增高。

(5)保持患者大便畅通,给予易消化的软质软食,多吃水果。

(6)门诊复查。

【预防】

(1)食用含有眼组织正常代谢所必需的营养物质,如维生素 A、维生素 E、维生素 B、维生素 B_2 等,故应多吃豆类、花生、鸡蛋、植物油、糙米、肉类、肝类等食物。

(2)忌食动物性脂肪及含胆固醇高的食物,少吃肥肉和煎炒炙煿食物。不宜食辛辣食物,忌辛辣燥烈之品,忌烟、酒、忌饮浓茶。入夜饮水要有节制,不可过量。

(3)避免在光线不足的地方看书或在黑暗的环境中工作。因为在黑暗的环境中工作,瞳孔散大,影响眼内房水的排出,从而引起眼压升高,导致或加重本病。

(4)注意情志调节,勿躁怒,勿悲伤,勿过度劳累,保持心情舒畅。

九、鼻出血

鼻出血是鼻腔疾病的常见症状之一,由局部或全身原因引起,出血部位大多在鼻中隔前下方的易出血区。鼻出血轻者可表现为涕中带血,重者可出血不止,以致引起失血性休克,反复多次出血易引起贫血。儿童鼻出血几乎全部发生在鼻腔前部;青年人也以鼻腔前部出血为多见,但也有少数严重的出血发生在鼻腔的后部;40 岁后鼻腔前部出血者减少,鼻腔后部出血显著增多,可能与动脉硬化和高血压有关。

【病因】

1.局部病因

(1)外伤:挖鼻过重,剧烈喷嚏,用力擤鼻,鼻腔异物。鼻外伤,颅底骨折,鼻腔手术,鼻中隔穿孔等均可引起鼻出血。

(2)鼻中隔偏曲:鼻中隔偏曲的凸侧、嵴、距状突处,黏膜干燥,血管易破裂而出血。

(3)鼻腔炎症:急性鼻炎,鼻前庭炎,干燥性鼻炎,萎缩性鼻炎可引起血管扩张或黏膜糜烂,以致出血。麻风及结核等也可引起鼻出血。

(4)局部血管压力过高:鼻中隔的易出血区,医学上称为黎特区,血管丰富,表浅,剧烈喷嚏,用力擤鼻时,可使血管破裂出血。

(5)肿瘤:鼻腔肿瘤多富于新生血管,并可压迫邻近组织,使之破坏或发生坏死、感染而引起出血。

（6）气候干燥：高原地区或初春、秋末气候干燥，鼻黏膜干燥结痂，使血管易于破裂。

2.全身因素

（1）高血压和动脉硬化的患者鼻黏膜血管收缩力弱，破裂后不易自动愈合，一般出血较剧烈。

（2）风湿热：鼻衄常为风湿热疾病的早期症状，多见于儿童，其鼻中隔前部常有血管扩张。

（3）静脉压增高：慢性气管炎、肺气肿及肺心病的患者，当剧烈咳嗽或气喘发作时，鼻腔静脉怒张，可引起鼻出血。

（4）血液疾病：较常见者有出血性紫癜、白血病，再生障碍性贫血，可引起出血。

（5）急性传染病：如流感、血热、麻疹、伤寒及传染性肝炎可引起鼻出血。

（6）其他：如营养障碍或维生素缺乏，妇女月经期和妊娠后3个月也可鼻出血，可能为血管脆性增加的原因。化学物质中毒，气压变化剧烈（飞行、潜水），以及黏膜受到有害气体的刺激和腐蚀等，都可引起鼻出血。

【症状】

患者突然一侧鼻孔出血，如堵塞之可有另一侧鼻孔出血或口腔中有血，也有的患者表现为鼻涕中带血。多数出血者可自止或将鼻捏紧后可自止，少数患者须送院治疗方可止血。出血多的患者可有头晕、心悸、耳鸣、体疲乏力等感觉。

【应急处理】

（1）取半坐位，可口服地西泮以镇静。患者发病时不可以躺下，因为躺下来后，血液会流向鼻部，血压增高，鼻血会流得更厉害。

（2）用拇指和食指捏鼻翼数分钟，可使出血暂停或减少。

（3）鼻腔填塞法：可用干净棉花或纱布条填塞鼻腔以达到暂时止血作用。不可用粗糙的异物塞入鼻孔，因为粗糙的异物会破坏鼻黏膜，使微血管更脆弱，塞入的异物会使鼻黏膜受损更厉害，更容易流血。

（4）出血量较大或出血面积较广时，速去医院急救。

【护理】

（1）出血期间勿食辛辣食物，不饮酒。习惯性鼻出血者平素亦不宜进食辛辣刺激性食物，减少烟、酒。

（2）有原发病者应及时治疗原发病。

（3）孕妇慎用中药。

（4）如患者反复鼻出血，并有鼻腔通气受阻或有腥臭味，应到医院就诊。

（5）无论是自行填塞或到医院进行的填塞，填塞物均须48小时内取出（医生填塞时不可自行取出）。

【预防】

（1）平时尽量不挖鼻。

（2）如感觉鼻腔干燥，可涂抗生素软膏每日3次或每日滴香油数次。

（3）避免大便干燥。

·健康医疗·

图文珍藏版

十、鼻炎

鼻炎指的是鼻腔黏膜和黏膜下组织的炎症。临床症状通常表现为水肿或充血,患者经常会出现咳嗽、鼻痒,喉部不适,鼻塞,流清水涕等症状。当鼻内出现炎症时,鼻腔内会分泌出大量的鼻涕,并可以因感染而变为黄色,流过咽喉时则会诱发咳嗽,鼻涕量较多时还可以经前鼻孔排出。

【病因】

(1)急性鼻炎多由急性感染所致,俗称"伤风"或"感冒"可以引发全身症状;以秋冬或冬春季之交易患症状,一般经过一周到两周左右便会逐渐好转,抵抗力强者可不治自愈。症状主要表现为:起病时鼻内先有干燥感、打喷嚏,随即出现鼻塞,并逐渐加重,流清水样鼻涕,以后鼻涕变为黏液脓性,说话时呈闭塞性鼻音。

(2)干燥性鼻炎:干燥性鼻炎的发生与气候和职业等外界因素有着密切的关系。由于鼻黏膜长期受到刺激而发生黏液腺体萎缩分泌减少,引起黏膜干燥甚至有浅表糜烂。症状主要表现为:鼻腔内干燥不适,分泌物减少,患者一般无鼻涕,由于鼻内干燥诱发痒感,患者常挖鼻子。

(3)萎缩性鼻炎:主要是指鼻黏膜骨膜和鼻甲骨萎缩;由于鼻组织的萎缩虽然鼻腔比较宽大但鼻黏膜却丧失了其正常生理功能,且因鼻内干燥患者仍会感到通气不顺畅,当有细菌感染时其毒素及排泄物等产生刺鼻的恶臭气味。症状主要表现为;鼻子嗅觉消失,由于鼻腔内大量脓痂腐败分解,产生恶臭鼻涕,多为黄绿色脓臭鼻涕。

(4)慢性单纯性鼻炎:是一种常见的多发病,由急性鼻炎发展而来。与合并细菌继发感染治疗不彻底或反复发作相关。症状主要表现为:鼻塞,呈间歇性或持续性,寒冷时加重,鼻涕多为黏液脓性,有时不易擤出。

(5)慢性肥厚性鼻炎:是由慢性单纯性鼻炎发展而来,是一种长期的慢性炎症因淤血而使得鼻黏膜鼻甲出现增生所致。此时黏膜增厚,组织弹性下降,鼻腔通气能力减弱,从而危及鼻子的生理功能。

(6)变态反应性鼻炎:又称为过敏性鼻炎,由于鼻腔黏膜对吸入空气中的某些成分极度敏感所致。其症状与感冒相似,但此症状一日内可多次发作;不发作时则完全正常。过敏性鼻炎的发作有时与季节有着密切的关系。症状主要表现为:阵发性喷嚏,流大量清水样鼻涕、鼻塞、鼻内发痒等症状。其表现很像感冒。

(7)药物性鼻炎:是一种慢性鼻炎。是不恰当的鼻腔用药长期持续作用的结果,其致病原因主要就是不合理的鼻腔用药,包括使用作用强烈的鼻黏膜血管收缩滴鼻剂药液的浓度过高,用药过量或长期用药等,这些都会损害鼻黏膜纤毛的结构,从而影响鼻黏膜的生理功能,引起相关症状的发生。

【症状】

鼻炎症状多种多样,依据鼻炎的种类不同,鼻炎症状也有所不同,鼻炎症状主要表现有鼻塞,流涕,打喷嚏,头痛,头晕等现象。

【应急处理】

(1)口服药物:主要是针对鼻炎的原发病因进行治疗。

根据不同的鼻炎症状用药也有所区别,过敏性鼻炎则需要抗过敏治疗,如使用息斯敏、扑尔敏等。一般慢性鼻炎可以服用霍胆丸、鼻炎片等药物,萎缩性鼻炎则需服用维生素类的药物。

(2)局部滴鼻药物:滴鼻药物一般主要是用来消减鼻炎的症状。鼻油用以缓解干燥性鼻炎的干燥,呋麻合剂则可以缓解鼻腔受阻,激素类滴鼻液则有助于减轻过敏性鼻炎出现的打喷嚏、流清水鼻涕等症状。

(3)手术:手术主要用于药物治疗后效果不明显的鼻炎。主要用于鼻甲肥大导致的鼻腔受阻,或者鼻腔特别干燥的萎缩性鼻炎等。可考虑采取施行鼻内镜、下鼻甲黏膜下成形术,使鼻气道恢复通畅,能有效地减少黏膜损伤。

(4)采用激光或者微波进行治疗:适用于鼻腔受阻等症状。

(5)使用低温等离子射频治疗鼻炎:适用鼻腔受阻症状,但损伤和副作用较之激光、微波偏小。

【预防】

(1)注意工作、生活环境的空气质量,避免同灰尘及化学气体特别是有害气体相接触。

(2)加强锻炼,提高身体素质。通过运动提高身体免疫力,使得血液循环改善,鼻甲内的血流不致阻滞。

(3)改掉挖鼻、用力挤鼻等一些不良习惯。

(4)彻底治疗扁桃体炎、鼻窦炎等慢性疾病,及时矫正一切鼻腔的畸形。

(5)谨慎服用鼻黏膜收缩剂,尤其不要长期不间断使用。(如滴鼻净、麻黄素、必通、呋麻滴鼻液等药剂)。

(6)减少冷空气对鼻黏膜的刺激,适当时候应注意戴上口罩。洗头后应尽量擦干头发再出外活动。

(7)注意防寒保暖,气候转变极易感冒引发鼻炎。季节转换注意观看天气预报及时适当添加衣服。

(8)使用盐水洗鼻,可以有效预防鼻炎。

十一、中耳炎

中耳炎是鼓室黏膜的炎症。由于普遍性感冒或咽喉感染等上呼吸道感染所导致的疼痛并发症。其症状主要表现为耳内疼痛、口苦,小便发红或发黄、发热,听力减弱等。中耳炎常与慢性乳突炎同时并存。急性期的治疗假若不彻底的话,常会转变为慢性中耳炎,并随着气候环境、体质的变化,耳朵内会经常有脓液流出,或多或少,持续多年。

【病因】

(1)急性中耳炎是中耳黏膜的急性化脓性炎症,由咽鼓管途径感染最多见。感冒后咽部、鼻部的炎症向咽鼓管蔓延,咽鼓管咽口及管腔黏膜出现充血、肿胀,纤毛运动发生障碍,致病菌乘虚侵入中耳,引起中耳炎。常见的致病菌主要是肺炎球菌、流感嗜血杆菌等,因此预防感冒就能减少中耳炎发病的机会。

(2)擤鼻涕方法不正确也可导致中耳炎。有的人擤鼻涕时往往用两手指捏住两侧鼻翼,用力将鼻涕擤出。这种擤鼻涕的方法不但不能完全擤出鼻涕而且很危险,鼻涕中含有大量的病毒和细菌,如果两侧鼻孔都捏住用力擤,则压力迫使鼻涕向鼻后孔挤出，到达咽鼓管引发中耳炎。因此应提倡正确的擤鼻方法：用手指按住一侧鼻孔，稍用力向外擤出对侧鼻孔的鼻涕，用同法再擤另一侧。如果鼻腔发堵鼻涕不易擤出时，可先用氯麻滴鼻液滴鼻，待鼻腔通气后再擤。

（3）游泳时水咽入口中，通过鼻咽部而进入中耳引发中耳炎。外伤所致的鼓膜穿孔禁止滴任何水样液体，以免影响创口的愈合，可用消毒棉球堵塞外耳道以免感染诱发中耳炎。

（4）如果婴幼儿仰卧位吃奶，由于幼儿的咽鼓管比较平直，且管腔较短，内径较宽，奶汁可经咽鼓管呛入中耳引发中耳炎。因此母亲给孩子喂奶时应取坐位，把婴儿抱起呈斜位，头部竖直吸吮奶汁。

（5）吸香烟包括吸二手烟，也会引起中耳炎。吸烟可引起全身性的动脉硬化，尤其是香烟中的尼古丁进入血液，使小血管痉挛、黏度增加，给内耳供应血液的微动脉发生硬化，造成内耳供血不足，严重影响听力。香烟不仅会引起中耳炎，同时会加重中耳炎的病情，情况严重的会使中耳炎患者造成永久性耳聋。同时，香烟中的一种强致癌物 NNK 会引起中耳炎的恶性病变，严重影响脉冲神经，引起长期头部疼痛及经常头晕，并会引起半身瘫痪。因此，家庭中有婴幼儿及中耳炎患者的，应不吸香烟，尽量不接触二手烟环境。

（6）长时间用耳机听摇滚类的大分贝的音乐，也容易引起慢性中耳炎，对耳朵造成组织性的损伤。严重时听力下降以及其他一些并发症状。

【症状】

中耳炎临床以耳内出现闷胀感或堵塞感、发热、听力减弱及耳鸣为最常见症状。常发生于感冒后，或不知不觉中发病。有时头位时而变动可感觉听力改善，有自听增强。部分患者有轻度耳痛。儿童常表现为对声音反应迟钝或注意力不集中等症状。

（1）听力减弱：听力下降，自听增强。头位前倾或偏向健侧时，因积液离开蜗传，听力可暂时改善（变位性听力改善）。积液粘稠时，听力可不因头位变动而改变。

（2）耳痛：急性者可有隐隐耳痛感，常表现为患者的第一症状，具有持续性，亦可表现为抽痛。慢性者耳痛感则不很明显。本病经常伴有耳内闭塞感或闷胀感，按压耳屏后可暂时减轻症状。

（3）耳鸣：多为低调间歇性耳鸣，如"劈啪"声、嗡嗡声及流水声等单一音律或杂音。当头部运动时或打呵欠、擤鼻子时，耳内可出现气过水声。

【应急处理】

（1）服用解热镇痛剂溶液，而且让患部靠在包裹着毛贴的热水袋上。

（2）上温水充填热水袋，让头部疼痛的那一侧朝下，以便让耳朵的渗出液排出来。

（3）如果是婴儿耳痛，用一条柔软的毛巾紧靠他的患部即可。还应该在 24 小时内带患儿就诊。

【护理】

（1）注意休息，保证睡眠时间。

（2）注意室内空气流通，保持鼻腔通畅。

（3）积极治疗鼻腔疾病,擤鼻涕不能用力和同时压闭两只鼻孔,应交叉单侧擤鼻涕。

【预防】

（1）患病后,应积极地配合医生治疗鼻咽部疾病,以免病菌进入中耳,诱发炎症。

（2）挖取耳道内侧的耳垢时,要小心谨慎,可以先湿润后才挖,防止破坏鼓膜。

（3）平时不能大力气的擤鼻和随意冲洗鼻腔,不能同时压按两只鼻孔,应交叉分开单侧擤鼻涕。

（4）游泳结束后,将头歪向一侧单脚跳动,保障耳道内的水流出,最好用棉签吸干水分。

（5）急性期要注意休息调整,保持鼻腔内通畅。

（6）患慢性中耳炎者不宜参与游泳等水上活动。

（7）平时要加强体育锻炼,提高身体素质,减少感冒的概率。

（8）不宜吃辛辣、刺激食品,如姜、胡椒、葱、蒜、酒、羊肉、辣椒等。切忌服用热性补药,如人参、肉桂、附子、鹿茸、牛鞭之类。多食有清热消炎作用的新鲜蔬菜水果,如芹菜、丝瓜、茄子、苦瓜等。

苦瓜

（9）若有小虫进入耳道后,不要急躁,不要深挖硬捉,可滴入食油泡死小虫后然后排出。

十二、突发性耳聋

突发性耳聋是一种突然发生的原因不明的感觉神经性耳聋,又称暴聋。其发病急,进展快,治疗效果直接与就诊时间有关,应视为耳科急诊。

【病因】

突发性耳聋指素日听力正常,突然一耳听觉消失,多见于成人,患者自觉耳胀满或堵塞感,有时头晕。常因内耳外伤,感染、梅尼埃症、梅毒、药物中毒,听神经瘤引起,也有原因不明的突发性耳聋。感冒、疲劳,情绪激动、饮酒、用力擤鼻涕,常可诱发本病。

【症状】

耳聋:此病来势凶猛,听力损失可在瞬间、几小时或几天内发生,也有晨起时突感耳聋。慢者耳聋可逐渐加重,数日后才停止进展。其程度自轻度到全聋。可为暂时性,也可为永久性。多为单侧,偶有双侧同时或先后发生。可为耳蜗聋,也可为蜗后聋。

耳鸣:耳聋前后多有耳鸣发生,约占70%。一般于耳聋前数小时出现,多为嗡嗡声,可持续 1 个月或更长时间。有些患者可能强调耳鸣而忽视了听力损失。

眩晕:突聋伴有不同程度的眩晕,其中约 10% 为重度耳聋,恶心、呕吐,可持续 4~7 天,轻度晕感可存在 6 周以上。少数患者以眩晕为主要症状而就诊,易误诊为梅尼埃病。数日后缓解,不反复发作。

耳堵塞:耳堵塞感一般先于耳聋出现。

眼震:如眩晕存在可有自发性眼震。

【应急处理】

(1)使患者安静休息,情绪不要急躁。

(2)不要增加咽鼓管气压,不用力擤鼻涕等。

(3)原因未明前应限制水和食盐的摄入量。

(4)患者情绪不稳定时可口服地西泮 2.5 毫克/次,每日 3 次。

(5)可用葛根片每日 3 次,每次 3 片口服。

【护理】

(1)突发性耳聋的患者应在家安心静养,尤应避免接触噪声或过大的声音。保持家庭环境整洁,患者心情舒畅,才有利于疾病恢复。

(2)预防感冒,有一部分突发性耳聋的患者可能与感冒有间接关系,故预防感冒则可减少 1 个发病因素。

葛根片

(3)注意勿过度劳累,做到起居有时,饮食定量。本病多发于中年人,故中年人更应注意这一点。

(4)情绪稳定,忌暴怒狂喜,因为这些均可使人体内神经体液调节失去平衡,造成耳部血循环障碍,发生耳聋。

【预防】

(1)预防耳外伤和感染。

(2)慎用链霉素、卡那霉素等以防中毒。

(3)如患有听神经瘤、梅毒等病时,应及时治疗。

(4)情绪要稳定,防感冒和疲劳过度。

(5)远离噪音。噪音会损害耳朵功能,若长期处在噪音环境下,应做好耳朵的防护措施。

(6)忌挖掏耳屎(耳屎也称耵聍)。耳道内少量的耵聍有助耳朵健康,多余的耵聍会随说话时耳部肌肉的运动排出体外,所以不必经常挖掏耳朵。响必要时应到医院清理。

急性扁桃体炎是腭扁桃体的一种非特异性急性炎症,常伴有一定程度的咽黏膜及咽淋巴组织的急性炎症。

【病因】

主要致病菌为乙型溶血性链球菌,葡萄球菌,肺炎双球菌。腺病毒也可引起本病。细菌和病毒混合感染也不少见。细菌可能是外界侵入的,亦可能系隐藏于扁桃体隐窝内的细菌,当机体抵抗力因寒冷,潮湿,过度劳累,体质虚弱,烟酒过度,有害气体刺激等因素骤然降低时,细菌繁殖加强所致。有时则为急性传染病的前驱症状,如麻疹及猩红热等。急性扁桃体炎往往是在慢性扁桃体炎基础上反复急性发作。

【症状】

(1)急性充血性扁桃体炎:全身症状较轻,可有低热、咽痛等急性咽炎症状,检查时咽黏膜及扁桃体充血、水肿,表面无渗出物。

(2)急性化脓性扁桃体炎:起病急骤,可有畏寒、高热、咽痛剧烈、吞咽困难,疼痛常放射至耳部,检查时可见咽部充血,扁桃体红肿,表面有脓性渗出物,并连接成片状如伪膜状,易拭去,不易出血。

【应急处理】

(1)对于急性扁桃体炎患者,应进行隔离,防止借飞沫或接触传染。

(2)注意休息,多饮水,进流质饮食。

(3)局部用药及含漱剂如复方硼砂溶液、1:5000 呋喃西林液漱口;洗必泰含片、含碘喉症片等含化。

(4)解热镇痛时可用对乙酰胺基酚、布洛芬等。

(5)全身应用抗生素控制感染。

(6)两颌下角部位热敷可助消炎。

(7)用锡类散、冰硼散吹喉,每2小时1次。

(8)扁桃体周围脓肿时,可去医院穿刺吸脓减压后,再作切开引流,延期切除扁桃体。

【护理】

(1)发病时应卧床休息,多饮水排除细菌感染后在体内产生的毒素。

(2)淡盐水含漱每日多次,保持口腔清洁无味。

(3)在应用抗生素治疗时,应严密观察患者体温、脉搏变化,如仍持续高热,可增大剂量,或在医生指导下更换药物。

(4)小儿体温过高时,应物理降温,用凉水或冰袋敷头颈部,也可用酒或低浓度酒精擦拭头颈、腋下、四肢,帮助散热,防止病儿发生惊厥。

(5)保持大便通畅,大便秘结时可服用缓泻药。

(6)急性扁桃体炎不是一种单纯的局部疾病,当细菌或病毒毒素进入血液循环后,会引起严重的并发症。如风湿热、心肌炎、肾炎、关节炎等。邻近器官也可并发颈淋巴炎、中耳炎等,因此对此病必须重视,严密观察患者病态发展,给予及时处理,勿使并发症发生。

【预防】

(1)为预防疾病的反复发作,应注意锻炼身体;增强体质,增强抗病能力。

(2)注意口腔卫生,养成良好的生活习惯。多喝水,多吃青菜、水果,不可偏食,尤其不可过多食用炸鸡、炸鱼,因为这些食物属于热性食物,吃了易"上火",从而发生扁桃体炎。

(3)人在感冒时容易扁桃体发炎。因此,在夏季要注意,空调房间与室外温差不可相差太大。外出时,先开门在门口适应半分钟,然后才出去。

(4)居室空气要保持新鲜流通。小孩在大汗后嫌热,喜欢冷水冲头,这时千万要管住孩子,因为皮肤受凉,毛孔突然闭合,会导致体温调节失衡而引发病症。

【应急处理】

(1)病情较重的患者,应到医院接受注射治疗。

(2)若同时用超声雾化吸入治疗此病,效果更好、更快。

(3)可用庆大霉素 8 万单位合地塞米松 2 毫克,加入 20~50 毫升生理盐水,雾化吸入,每天 1 次,可迅速改善声嘶症状,缩短病程。

(4)如果患者出现咳嗽,可给予口服镇咳剂,减轻疼痛。

【预防】

(1)平时加强户外活动,多见阳光,增强体质,提高抗病能力。

(2)在感冒流行期间,尽量减少外出,以防传染。生活要有规律,饮食有节,起居正常,避免着凉。

(3)保持口腔卫生,晨起、饭后和睡前养成刷牙漱口的习惯。

(4)患者应禁烟酒,不吃有刺激性食物,适当多吃梨、生萝卜、话梅等蔬果,以增强咽喉的保养作用。少讲话,以利炎症消退。

(5)小儿急性扁桃体炎可引起呼吸困难,不能掉以轻心。一般建议住院观察。

十四、急性喉炎

急性喉炎是喉黏膜的急性炎症病变,常继发于急性鼻炎、鼻窦炎、急性咽炎,为整个上呼吸道感染的一部分,也可单独发生。

【病因】

(1)感染:一般认为多发于感冒后,先有病毒入侵,继发细菌感染。常见细菌有乙型流行性感冒杆菌、葡萄球菌、链球菌、肺炎双球菌、奈瑟卡他球菌等。

(2)职业因素:过多吸入生产性粉尘、有害气体(如氯、氨、硫酸、硝酸、毒气、烟熏等),亦可引起喉部黏膜的急性炎症。使用嗓音较多的教师、演员、售票员等,如发声不当或使用声带过度,声带急性炎症的发病率较高。

(3)外伤异物、检查器械等操作喉部黏膜,也可继发急性喉炎。

(4)烟酒过多、受凉、疲劳致机体抵抗力降低时,易诱发本病。

【症状】

(1)轻度患者以无热或低热为多,症状仅有犬吠样咳嗽及轻度声音嘶哑。

(2)重度患者起病急,症状重,高热,声音嘶哑,咽喉部充血,声带肿胀,声门下黏膜呈梭形肿胀,以致喉腔狭小而发生喉梗阻。严重者烦躁不安,咳出喉部分泌物后可稍见缓解。

（3）一般白天症状较轻，夜间入睡后，因喉部肌肉松弛，分泌物潴留阻塞，致症状加剧。

【应急处理】

（1）应适当休息。

（2）患者应禁烟酒，不吃有刺激性食物，少讲话，以利炎症消退。

（3）局部治疗可用超短波理疗及雾化吸入。

（4）可使用激素，以使声带尽可能消肿，对以用声为职业的人来说尤其重要。

（5）小儿急性喉炎可引起呼吸困难，要特别注意，不能掉以轻心，一般建议住院观察。

【护理】

（1）按时服药。有些家长一听激素两字就很紧张，其实大可不必。一般急性喉炎用激素只需 3~5 天，而且用量不大，但效果显著且快。家长千万不要因对激素一知半解，而不给病儿使用，致使病情加重，延误治疗。

（2）多喝水。

（3）少用嗓子，尽量不让孩子大声哭闹。

（4）饮食要清淡。

【预防】

（1）平时加强户外活动，增强体质，提高抗病能力。

（2）注意气候变化，及时增减衣服，避免感寒受热。

（3）在感冒流行期间，尽量减少外出，以防传染。

（4）生活要有规律，饮食有节，起居有常，避免着凉。

（5）保持口腔卫生，养成晨起、饭后和睡前刷牙漱口的习惯。

（6）适当多吃梨、生萝卜、话梅等水果，以增强咽喉的保养作用。

（7）注意休息，尽量减少活动以减低氧的消耗。

（8）保持室内空气新鲜，温度一般控制在 18~20℃，湿度应保持在 60%~70% 左右。

十五、急性咽炎

急性咽炎是咽黏膜、黏膜下组织和淋巴组织的急性炎症。

【病因】

（1）病毒传染：通过飞沫和密切接触而传染，以柯萨奇病毒、腺病毒、副流感病毒最多。

（2）细菌感染：以链球菌、葡萄球菌和肺炎双球菌为主。

（3）物理化学因素：如高温粉尘、烟雾、刺激性气体等。

（4）体质和遗传因素。

【症状】

起病较急，自觉咽干、灼热、咽部疼痛，咽下唾液比进食更为明显。有些患者可有咳嗽、声嘶，全身可有乏力、不适、头痛及四肢酸痛。本病以秋冬及冬春之交较常见，患者多有急性鼻炎的病史。

【应急处理】

(1)卧床休息,给予流质饮食。

(2)可用复方硼砂溶液、呋喃西林等含漱剂反复漱口。

(3)用薄荷喉片、杜灭芬、草珊瑚含片、六神丸等含化或口服。

(4)咽部有渗液时可用多贝尔氏液含漱,每4小时1次。

(5)胖大海2枚,金银花1.5克,玄参3克,生甘草2克,每日1包代茶饮用。

(6)酌情选用抗生素、磺胺类药及抗病毒药物。

【护理】

(1)一般预后良好,但婴幼儿较差,所以对婴幼儿患者,要加倍注意。

(2)要求卧床休息,避风。

(3)忌进一切辛辣、海鲜、发物及高脂食品、甜食。

(4)多饮开水及流质饮料。

(5)认真进行咽部喷药和及时服药。

胖大海

【预防】

(1)增强体质,预防感冒。

(2)及时治疗急性鼻炎及呼吸道疾患。

(3)禁烟酒,不吃辛辣食物,保持口腔、咽喉清洁。

十六、咳嗽

咳嗽是呼吸道疾病最常见的一种症状,咳嗽是人体一种保护性防御功能。通过咳嗽,可以排出呼吸道的分泌物或侵入气管内的异物。仅有咳嗽而无痰的称为干咳,可见于多种疾病。

若咳嗽次数频繁,会造成胸痛、腹痛,并且妨碍睡眠休息,给患者带来痛苦。咳嗽消耗的能量也很大。长时间地剧烈咳嗽,可能会造成神志昏迷,或者因肺部穿孔而引起气胸。所以对咳嗽不可掉以轻心,而应尽快查明病因,抓紧治疗。

【病因】

(1)呼吸道疾病:呼吸道各部位,如咽、喉、气管、支气管和肺的刺激性气体吸入,异物、炎症、肿瘤、出血等刺激均可引起咳嗽。

(2)胸膜疾病:胸膜炎或胸膜受刺激(如自发性气胸)时,均可引起咳嗽。

(3)心脏病:如二尖瓣狭窄或其他原因所致左心功能不全引起的肺淤血与肺水肿,可引起咳嗽。以在右心或体循环静脉栓子脱落引起肺栓塞时,也可出现咳嗽与咯血。

(4)中枢性因素:咳嗽也可起源于大脑皮质(随意性咳嗽),这时冲动从大脑皮质发出传至延髓咳嗽中枢,引起咳嗽动作。

【症状】

(1)慢性咽炎:患者咽部干燥,有瘙痒感和不适感,并由此刺激发出阵阵咳声,自己对着镜子张开嘴可发现咽后壁黏膜表面粗糙,有许多扩张的小血管,严重时会有透明的小白泡,以单纯性为多见。

(2)慢性喉炎:如果患者干咳,伴有声音嘶哑,感到喉部干燥发痒,火辣辣地疼痛,就有可能是喉炎。

(3)慢性支气管炎:中年以上者经常咳嗽,咳出或多或少的黏痰液,在清晨醒后加剧,每年冬春季节发作,夏季减轻或缓解,严重的或时间较长的患者发现胸廓增宽,应怀疑为慢性支气管炎。

(4)支气管哮喘:如果咳嗽反复发作,喘气时喉间如拉锯,同时患者感觉到胸闷、呼吸困难、每到寒冷季节或接触某种过敏物质时可诱发咳嗽,应检查是否患有支气管哮喘。

(5)肺结核、肺癌:患者咳声低微。咳痰带血或咯血,感到浑身无力,饭量减少,身体日渐消瘦,午后和夜间体温增高,睡觉时出汗增多,时有心慌,同时伴有两颧发红。

(6)感染性咳嗽:呼吸道疾病如上呼吸道病毒感染或细菌感染也可引起咳嗽。

(7)其他原因咳嗽:气管异物、胸膜炎、胸腔积液等疾病以及诸多物理、化学因素也能引起咳嗽。

【应急处理】

(1)咳嗽的患者尽可能避免吸入刺激性气体,如香烟、煤气、汽车废气及氨气、氯气等。

(2)如果冷空气是咳嗽诱因的话,应戴上口罩,避免吸入冷空气。

(3)让患者安静地休息,饮用温热的食物,减少冷的刺激。用温毛巾热敷喉部,鼓励患者尽量将痰咳出。

(4)对症处理:若咳嗽是上呼吸道疾病所引起,可服感冒清或速效感冒胶囊1~2粒,每日3次,也可服咳必清或咳快好及板蓝根冲剂、大青叶合剂等。干咳或痰不多时,可服咳必清、咳快好等止咳药片或止咳糖浆。咳嗽吐痰多者可用氯化铵、必漱平等药物祛痰。痰多者不宜用单纯的止咳药物,更不准用麻醉性的止咳药(如可待因)等,以免痰液留于呼吸道,刺激呼吸道,加剧咳嗽和感染。若是因其他较严重的疾病所引起的咳嗽,如肺结核、肺脓肿、胸膜炎或气管异物等,应在医生的指导下服药和处理。

【护理】

(1)首先要判断疾病本身是否严重。若感冒时偶尔有几声咳嗽,无须特殊处理。若咳嗽较频,初期无痰者可用使分泌物变稀的药物,如氯化铵。

(2)有痰以后可用一般的咳嗽药;体质差,大便经常稀薄的小儿不宜用竹沥水;咳嗽伴高热应注意是否有肺炎,要送医院诊治。

(3)如咳嗽时间久而伴低热、消瘦,要怀疑是否患肺结核。

(4)咳嗽时不要轻易用麻醉性止咳药,如喷托维林(咳必清)、可待因。一般在咳嗽严重无痰,影响饮食、睡眠时才可在医生指导下慎重使用。

(5)痰多时用麻醉性止咳药反而不利于痰液的咳出,不利于疾病的治疗。

【预防】

由于绝大部分咳嗽是由于呼吸道疾病引起的,因此预防呼吸道疾病是防止咳嗽的关键。

（1）加强锻炼,多进行户外活动,提高机体抗病能力。

（2）气候转变时及时增减衣服,防止过冷或过热。

（3）少带小儿去拥挤的公共场所,减少感染机会。

（4）经常开窗,流通新鲜空气。家人有感冒时,室内可用醋熏蒸消毒,防止病毒感染。

（5）感冒流行期间可服中药(贯众 12 克,防风 12 克,荆芥 10 克,每日 1 剂,连服 2~3 天)预防。

（6）对经常易感冒的小儿,可每天以黄芪 15 克,红枣 7 只,煎汁代茶,长期服用可增加机体免疫力,减少感冒的发生。

十七、牙痛

牙痛是口齿科疾病的常见症状之一,无论是牙齿或牙齿周围的疾病都可发生牙痛。

【病因】

急或慢性牙髓炎、牙周膜炎、智齿冠周炎、深度龋齿、牙槽脓肿、外伤等都可引起牙痛。

【症状】

（1）龋齿:初龋一般无症状,如龋洞变大而深时,可出现进食时牙痛,吃甜食或过冷、过热的食物时疼痛加重。

（2）牙髓炎:多是由于深龋未补致牙髓感染,或化学药物或温度刺激引起,其疼痛为自发性,阵发性剧痛,可有冷、热刺激痛和叩痛。

（3）牙根尖周炎:多由牙髓炎扩散到根管口,致根尖周围组织发炎。表现为持续性牙痛,患牙有伸长感,触、压痛明显,不能咬食物。

（4）牙外伤:如意外摔倒、碰伤或吃饭时咬到砂粒等致牙折或牙裂开,引起牙痛。

（5）智齿冠周炎:智齿萌出困难(阻生),加上口腔卫生不良,引起牙冠周围组织发炎、肿痛。此外,流感、三叉神经痛、颌骨囊肿或肿瘤、高血压、心脏病,有时也会引起牙痛。

【应急处理】

1.龋齿

可先用防酸止痛牙膏,温水刷牙,必要时用民间验方止痛,但有效的治疗方法应是填补龋洞。

（1）花椒 1 枚嚼于龋齿处,疼痛即可缓解。

（2）将丁香花 1 朵,用牙咬碎,填入龋齿空隙,几小时牙痛即消,并能够在较长的时间内不再发生牙痛(丁香花可在中药店购买)。

（3）用手按揉合谷穴(手背虎口附近)或用手指压迫,均可减轻痛苦。

（4）用盐水或酒漱几遍口,也可减轻或止牙痛。

（5）牙若是遇热而痛;多为积脓引起,可用冰袋冷敷颊部,疼痛也可缓解。

2.牙髓炎

可用芬必得 300 毫克口服,1 日 2 次,止痛。根治的方法是在局麻下用牙砧磨开牙髓腔作牙髓治疗。

3.牙根尖周炎

可服消炎止痛药,如先锋霉素四号 0.5 克,1 日 3 次;甲硝唑 0.4 克,1 日 3 次,吲哚美辛 25 毫克,1 日 3 次;并吃软食。待消炎后再作根管治疗。

4.牙外伤

可先服消炎、止痛药。有条件者应到口腔科处理。

5.智齿冠周炎

可用口泰或口舒等含漱液漱口,服消炎、止痛药或用民间验方止痛。消炎后再拔除阻生牙。

【护理】

由于食物的刺激每能使牙痛增剧,因此对牙痛患者的护理,主要是注意饮食的调节。食物不宜过热过冷,忌食辛辣煎炒及过酸过甜之品,宜进食富于营养而易消化、清淡的食物,最好进食流质或半流质。

(1)注意口腔卫生,养成"早晚刷牙,饭后漱口"的良好习惯。

(2)发现蛀牙,及时治疗。

(3)睡前不宜吃糖、饼干等淀粉类的食物。

(4)宜多吃清胃火及清肝火的食物,如南瓜、西瓜、荸荠、芹菜、萝卜等。

(5)忌酒及热性动火食品。

(6)脾气急躁,容易动怒会诱发牙痛,故宜心胸豁达,情绪宁静。

(7)勿吃过硬食物,少吃过酸、过冷、过热食物。

【预防】

预防上应注意口腔卫生,每日最好早、晚各刷牙 1 次,饭后漱口,保护牙齿洁净。定期进行口腔检查,是防治牙病的重要措施。

十八、口腔出血

口腔出血一般是由于口疮、齿龈(牙周)疾病或血小板减少的缘故,是口腔常见的一种疾病现象。

【病因】

(1)口腔疾病:如牙周炎、口腔溃疡等口腔疾病都会出现口腔出血的症状。

(2)全身性疾病:经常牙龈出血,且有偏食习惯(如不爱吃蔬菜、水果),经口腔科会诊没有口腔疾病者,考虑是否有维生素 C、K 等缺乏病的可能,应到内科就诊。

(3)血液疾病:口腔内经常出血,且伴全身多处出血,如鼻出血、皮肤出血点或瘀斑及面色苍白有明显贫血的患者,应前往血液科进一步检查。

【症状】

患者在吸吮、刷牙、咬硬食物时唾液中带有血丝,重者在牙龈受到轻微刺激时即出血较多,更严重者可自发性出血,血流不止。

【应急处理】

(1)牙龈出血时,用棉球压迫牙龈数分钟,也可以用止血粉、止血纸等压迫止血。

（2）拔牙出血后，在牙槽窝内填入可吸收的止血剂，再用棉卷压迫止血。如无法止血，应进医院治疗。

【护理】

（1）如果是由于口腔卫生不良，有大量牙垢、牙石导致的刺激出血，可到口腔科请医生清洁牙齿，去除牙垢、牙石，并口服抗生素1周，牙龈炎症会很快消除，出血也就随之停止。一般来讲，如果不发生牙龈出血，也应半年到一年洗牙1次。

（2）如果是由于残根、残冠引起的牙龈出血，应拔除残冠、残根，以后镶假牙；如果是制作不良的牙套或不良修复体导致的牙龈出血，应重新制作牙套或重补牙。

【预防】

选用新型保健牙刷，避免用力横刷牙齿，采用竖刷法，防刺激牙龈造成出血。

十九、口腔溃疡

口腔溃疡又称为"口疮"。是一种发生在口腔黏膜上以周期性反复发作为特点的口腔表浅性局限性溃疡损害，大小可从米粒至黄豆大小、成圆形或卵圆形，溃疡面为凹状，周围充血，可因刺激性食物引发疼痛，一般差不多一到两周的时间就可以自愈，口腔溃疡可发生于口腔黏膜的任何部位，以唇、颊、舌部多见，严重者可以波及咽部黏膜。不少患者随着病程的延长，口腔溃疡面积增大，数目增多，疼痛加重，愈合期延长，间隔期缩短等，影响饮食和说话。

临床上一般可分为三种类型：复发性轻型口腔溃疡，复发性口炎性口腔溃疡，复发性坏死性黏膜腺周围炎。

【病因】

引发口腔溃疡的原因很多，比如饮食不当，睡眠不足，睡眠失调，性情不稳定，还有自身的免疫系统的不健全等都有可能导致症状的发生。在日常生活中，工作和生活的节奏愈来愈快。熬夜加班，工作量大，使得人们的生活秩序紊乱，导致自身的机体免疫力下降或者是在某一方面的病理性加强，免疫系统的缺陷可使人们出现经常性的口腔溃疡，这种溃疡的症状表现为持续时间长，灼痛，并可能导致一系列的口腔黏膜的炎症反应。

复发性口腔溃疡与免疫有着十分密切的关联。有的患者表现为免疫缺陷，有的患者则表现为自身免疫反应，也就是由于多种因素，使人体正常的免疫系统，对自身组织抗原，产生免疫反应，而引起组织的破坏而发病。其次是与遗传有关系，在临床中，复发性口腔溃疡的发病，有明显的家族遗传倾向。另外，复发性口腔溃疡的发作，常常还与一些疾病或症状有关，比如消化系统疾病胃溃疡，十二指肠溃疡，慢性或迁延性肝炎，结肠炎等，另外贫血，偏食，消化不良，腹泻，发热，睡眠不足，过度疲劳，精神紧张，工作压力大、月经周期的改变等等。随着一种或多种因素的活跃、交替、重叠就出现机体免疫力下降，免疫功能紊乱，也就造成了复发性口腔溃疡的频繁发作。

【症状】

溃疡是由一些淡黄色的斑点组成，四周边缘呈现红色。口疮溃疡很小，其横径约为2~3毫米。通常它们会成群出现在口腔侧面上或牙龈上，持续存在的时间是6~12天。创伤溃疡通常较大，持续时间为一周或一周以上。发生在口腔黏膜上的表浅性溃疡,大小可从米粒至黄豆大小,成圆形或卵圆形状,溃疡表面为凹状,周围充血,可因刺激性食物引发疼痛。

【应急处理】

1.局部治疗

主要原则是消炎,止痛,促进溃疡愈合。治疗方法较多,应根据病情科学选用:

(1)含漱剂如0.25%金霉素溶液,1:5000高锰酸钾溶液,1:5000呋喃西林溶液等。

(2)含片如杜米芬含片,氯已定含片等。

(3)散剂如冰硼散,锡类散,青黛散,黄连散等是中医传统治疗口腔溃疡的主要药品。此外,复方倍他米松撒布也具有消炎、止痛、促进溃疡愈合作用。

(4)药膜其基质中含有抗生素及可的松等药物。用时应先将溃疡处擦干,剪下与病变面积大小相近的药膜,贴在溃疡上,可有效地减轻疼痛,保护溃疡面,起到促进愈合的作用。

(5)止痛剂如0.5%~1%普鲁卡因液,0.5%~1%达克罗宁液等,用时将药剂涂于溃疡面上,连续2次,用于进食前短暂止痛。

(6)烧灼法适用于溃疡数目少,面积小且间歇期长的患者。方法是首先用2%地卡因表面麻醉,隔湿,擦干溃疡表面,用面积小于溃疡面的小棉球蘸上10%硝酸银液或50%三氯醋酸酊或碘酚液,放置于溃疡面上,至表面发白即可。这些药物可使溃疡面上蛋白质沉淀而形成薄膜用以保护溃疡面,促进溃疡的愈合。

操作时应注意药液不能蘸得太多,不能烧灼相邻的健康组织。

(7)局部封闭采用于腺周口疮。以2.5%醋酸泼尼龙混悬液0.5~1ml加入1%普鲁卡因液1ml注射于溃疡下部组织内,每周1~2次,共2~4次。可加速溃疡愈合。

(8)激光治疗用氦氖激光照射,可促使黏膜再生过程活跃,促进愈合。治疗时,照射时间为30秒~5分钟。

2.全身治疗

在病情严重的情况下可考虑全身治疗:

(1)在溃疡发作的时期,补充维生素B_1、B_2、B_6及维生素C,可提高机体的自愈能力。

(2)抗生素类药。当溃疡有继发感染时,可适当地服用抗生素类药。

(3)调整免疫功能的药。在溃疡数目多,不断复发时,可考虑使用。如用肾上腺皮质激素,一般中小剂量,短疗程。也可在医师指导下辨证论治服用中药,可服用调整免疫功能的药物如人参、黄芪、冬虫夏草等,提高免疫功能后可以减少复发。

【预防】

(1)切忌食用辛辣或刺激性食物,如葱、蒜、辣椒等食物。

(2)治愈后应加强体育锻炼,提高机体对疾病的免疫力和抵抗力。

(3)平时多吃一些新鲜的蔬菜水果和富含维生素、蛋白质的食物。

(4)注意生活起居有规律,戒烟酒,保持心情的舒畅,避免过度劳累和精神紧张。

(5)使用软毛的牙刷刷牙,保持口腔清洁。

（6）对复发性口腔溃疡早发现、早治疗，并定期进行复查。

（7）对于一般性溃疡，也可自行局部涂敷锡类散、青梅散、溃疡糊剂等药物。

二十、急性智齿冠周炎

下颌第三磨牙萌出过程中牙冠周围的软组织发生的炎症为智齿冠周炎。常发生于 18~25 岁的青年，是常见口腔疾病之一。

【病因】

下颌智齿在下颌骨的萌出位置不足，导致下颌智齿萌出受阻，部分萌出的智齿与周围牙龈辨之间形成盲袋，嵌塞食物及细菌，一旦遇有感冒、疲劳等全身机体抵抗力降低时，常诱发急性冠周炎。

【症状】

（1）急性智齿冠周炎的主要症状为牙冠周围软组织肿胀疼痛。如炎症影响咀嚼肌，可引起不同程度的张口受限，如波及咽侧则出现吞咽疼痛，导致病员咀嚼、进食及吞咽困难。病情重者尚可有周身不适、头痛、体温上升、食欲减退等全身症状。

（2）牙冠周围软组织红肿、龈瓣边缘糜烂、盲袋内有脓性分泌物。有时可形成冠周脓肿，出现颌面肿胀，同侧颌下淋巴肿大，压痛。

（3）急性冠周炎如未能彻底治疗，则可转为慢性，以后反复发作，甚至遗留瘘管。例如蔓延至骨膜下形成骨膜下脓肿；或脓液沿下颌骨外侧骨面向前流注，可在相当于下颌第一或第二磨牙颊侧形成脓肿或龈瘘。

【应急处理】

（1）全身治疗：根据病情选用抗菌药物或内服清热、解毒的中草药进行治疗。

（2）局部治疗：智齿冠周炎的局部治疗很重要。每日可用 1%~3% 过氧化氢溶液及生理盐水或其他灭菌溶液冲洗盲袋，然后点入 3% 碘甘油。另给复方硼砂液等含漱，一日多次。

【护理】

急性炎症消退后，应对病源牙做进一步处理，以防复发。如牙位正、能正常萌出，并有对颌牙行使咀嚼功能者，可作冠周龈瓣楔形切除术。否则应予拔除。

【预防】

（1）保持口腔卫生。当智齿冠周发炎时，口腔内的卫生较差，自洁作用下降，再加上食物残渣及菌块堆积，很容易患其他口腔疾病。

（2）每天要用温热生理盐水，同时用热毛巾热敷患颊，有利于炎症缓解。

二十一、急性牙髓炎

急性牙髓炎是指急性牙髓组织的炎症，其感染源主要来自深髓，牙髓的感染可通过根尖孔引起根尖感染，临床主要特征是剧烈疼痛，一般止痛药物效果不明显，后期可发展为牙髓坏疽。

【病因】

临床上绝大多数属于慢性牙髓炎急性发作的表现，龋源性者尤为显著。无慢性过程的急性牙髓炎多出现在牙髓受到急性的物理损伤、化学刺激以及感染等情况下,如手术切割牙体组织等导致的过度产热、充填材料的化学刺激等。

【症状】

(1)剧烈疼痛:有自发性阵发性痛、夜间痛、温度刺激加剧疼痛和疼痛不能自行定位。

(2)患牙可查及极近髓腔的深龋或其他牙体硬组织疾患,或见牙冠有充填体存在,或有深牙周袋。

(3)探诊常可引起剧烈疼痛,有时可探及微小穿髓孔。

(4)温度测验时,患牙在早期炎症阶段,其反应性增强;晚期炎症则表现为迟钝。

(5)处于晚期炎症的患牙,可出现垂直方向的轻度叩痛。

【应急处理】

(1)避免冷、热、酸、甜的食物饮食。

(2)针刺合谷、牙痛穴、颊车、下关等几处穴位。

(3)局部止痛药物有樟脑酚、丁香油、牙痛水及中药的细辛、花椒、荜拨浸剂等,以小棉球浸入龋洞内或深开洞袋内也可收到止痛效果。

(4)口服镇痛剂如去痛片、索密痛、可待因等,同时也可给予消炎药物如红霉素、甲硝唑等治疗。

(5)在急性牙髓炎化脓阶段,应去医院口腔科进行开髓引流术,若治疗效果不良或病牙无保留价值的可予以拔掉。

【护理】

(1)平时注意口腔卫生,保持牙齿洁净,及时治疗牙体疾病,如龋齿、隐裂等。

(2)在患病时,应进细软或半流质食物,避免过冷过热的温度刺激,忌食酸甜。

(3)服药时以温热为好。

【预防】

(1)保持口腔卫生,早晚刷牙,饭后漱口是个重要环节;口腔良好的卫生环境可减少牙石的积聚和细菌的繁殖。采用合理的刷牙方法,可减少牙垢和牙石,正确的刷牙方法是:顺着牙缝的方向刷,上牙由上向下刷,下牙由下向上刷,根牙的里面外面和咀嚼面都要刷。

(2)定期清除牙颈部的结石,使牙颈部保持清洁、光滑,食物残渣不易再附着。并在牙里面涂上碘甘油,起消炎收敛作用,减少脓性分泌物。

(3)加强身体锻炼,劳逸结合,使体质健壮,御邪在外。

(4)病后应以调整肾本为主,可根据患者身体情况,选用金匮肾气丸或六味地黄丸,以调肾脏阴阳平衡,健骨固齿。

二十二、急性牙龈炎

牙龈炎是一种最常见的疾病,此病与局部牙石的机械刺激及全身代谢障碍和中医所说的"上火"有密切关系。

【病因】

牙龈炎是由牙垢、牙石长期刺激所致。由于食物和碎屑很容易嵌塞在牙缝和龈袋内,唾液中的钙盐也就很容易沉积在这些地方,多科厌氧菌更以此为温床而大

·健康医疗·

图文珍藏版

肆繁殖。这些异物如果没有得到彻底清除,它们就会形成牙垢或牙石,并紧贴在牙颈部的牙面上(特别是内侧),甚至伸展至龈下。牙垢和牙石经常给牙龈以多种不良刺激,结果导致慢性牙龈炎,出现红、肿、溃烂、出血等症状。本病病程长,可持续多年。

【症状】

一般患者无自觉症状,牙龈呈暗紫色,表面轻微水肿,有的患者牙龈肥厚,特别是牙龈乳头肥大,有菌斑,软垢以及牙结石等,但无疼痛,刷牙时牙龈可有出血。

【应急处理】

(1)牙龈炎治疗的关键就是去除牙菌斑和牙结石,即进行龈上洁治术(洗牙),机械地将沉积于牙面上的牙菌斑和牙结石去除干净,磨光牙面。

(2)炎症严重者,需配合全身的抗菌治疗。

【预防】

(1)养成早晚刷牙及使用牙线清洁牙缝的习惯,尤其是在睡前,可以清除牙菌膜,减少在睡觉时牙菌膜的积聚。每6个月或1年,定期往牙科医生处清洁牙齿,预防牙菌膜变成牙石,或清除牙齿上已形成的牙石。

(2)制定与季节变化适应的作息制度。

(3)进餐要有规律,细嚼慢咽,多食蔬菜,如胡萝卜、菠菜、木耳。适量进食水果,如山楂、苹果。

(4)正确的刷牙方法是预防牙龈炎最简单有效的方法,应顺着牙齿长轴方向,上牙向下刷,下牙往上刷,每个牙面都要刷到,这样刷牙不仅能把牙刷干净,而且对牙龈起到按摩作用,促进牙龈的血液循环。

第四节　妇产科

患有妇科疾病的女性,生理和心理都承受着很大的压力。面对自身有可能出现的突发状况,女性朋友应树立起良好的预防意识,掌握一定的自救互助技巧,才可能在突发疾病时,给予身体最好的照顾。

一、阴道出血

阴道出血是指经期以外的阴道出血,女性生殖器外伤和病变都可引起阴道出血。

【病因】

1.创伤性出血

主要是外阴以及阴道、子宫因外来物理性创伤而引起的出血。

(1)性交创伤:新婚、哺乳期、阴道发育不良以及老年妇女,其阴道组织脆弱,若性交时动作粗暴,可使处女膜、阴道后穹窿破伤出血,一般出血不多,可自行愈合,但亦有大出血不止而致生命危险者。宫颈乳头糜烂、腺瘤样息肉、外阴静脉曲张等患者,在性交时亦可引起出血。

（2）外伤出血：外阴血管丰富，皮肤及结缔组织疏松，阴道子宫黏膜薄嫩，一旦受到外伤，容易形成血肿，引起出血。

2.肿瘤性出血

女性生殖器官肿瘤，无论是良性的或是恶性的，均可导致月经过多或不规则出血，良性肿瘤如子宫肌瘤、子宫肌腺瘤、子宫内膜息肉等；恶性的如子宫癌、子宫颈癌等。

3.妊娠出血

妇科妊娠出血是比较常见的一个症状，在临床上，阴道出血首先要弄清楚有否妊娠的情况存在。

4.炎症出血

患者出现血性白带或黄带夹血，多为生殖道炎症所致，如滴虫性阴道炎、真菌性阴道炎、梅毒、淋病性阴道炎、外阴阴道炎、阴道溃疡、老年性阴道炎等，均可出现出血。

5.内分泌失调性失血：

主要是由于体内雌激素的迅速改变，或过高过低，均可导致阴道出血。

6.全身性疾病引起阴道出血

一些慢性消耗性疾病，如高血压、贫血、白血病、心肾疾病、血小板减少症、维生素缺乏症等，均可使血管壁变薄变脆，通透性增加而导致子宫出血。

7.其他原因出血

主要为异物性出血，是由于阴道放置异物而引起阴道壁损伤出血，属创伤出血的范围。

【症状】

不规则性出血或接触性出血等，其流血量可多可少。

【应急处理】

（1）少量出血，要注意患者的精神状况，数数脉搏快不快，并让患者绝对卧床休息。

（2）面色苍白、出虚汗者，应把头部放低，脚抬高一些，喝点淡盐水，注意保暖，也不宜过热。

（3）适当吃些镇静药或同时服止血药，也可把冷水袋或冰袋放在下腹部，冷敷止血。

（4）恶心时，应把脸偏向一侧，防止窒息。

【护理】

（1）如出血量较少，先在家安静休息观察，因此时步行或乘车会引起病情恶化，可迅去医院检查。

（2）出现大流血应尽快请医生或通知急救中心，否则会导致死亡。

【预防】

由于发病原因较为复杂，阴道出血的预防较为困难。主要应该针对病因进行针对性的预防。比如，保持轻松愉快的心情，饮食要规律。

·健康医疗·

图文珍藏版

二、乳房不适

乳房会感到不适有一部分是受雌激素与黄体素的刺激乳腺的关系,使乳房肿胀,有时也会有乳头疼痛及伴随透明性之分泌物,这种情况一般会发生在月经前期,而在月经结束后消失,这属于正常的生理现象。但是有些肿痛或硬块初期被诊断为乳房肿瘤,这些乳房肿瘤大多是良性的,但也有可能是形成乳癌的前身。

【病因】

乳房不适是一般女性的常见毛病,除了恶性肿瘤以外,还有很多因素可以造成乳房不适。

乳房不适原由近年乳癌病患者急剧上升,女性也提高警觉,定期自我检查乳房,看看有没有硬块或是否为肿瘤。女性常把乳房的毛病与癌症、恶性肿瘤等拉上关系。其实,除了恶性肿瘤以外,还有很多因素可以造成乳房不适:

(1)不合身的胸罩。选择合适的胸罩是让乳房舒适的主因之一。市场上流行的魔术胸罩大行其道,但它的设计过紧,往往会使胸部挤压向上,造成不适。

(2)药物。有些药物的副作用会致使胸部疼痛,但一般在停止食用药物后,疼痛情况会有所改善。

(3)怀孕。女性在怀孕期间,荷尔蒙会有所转变,导致胸部肿胀。这个情况会一直持续至怀孕完毕才停止。

【症状】

(1)乳房肿块:一般多出现在单侧乳房,质地较硬,增大的较快,可以活动,如果侵及胸肌或胸壁则活动性差或固定。

(2)皮肤改变:乳腺癌侵犯皮肤会造成皮肤的特异性改变,用橘皮来比喻最形象;还有一种特殊类型的乳腺癌,主要表现为乳房皮肤的炎症性改变,皮肤颜色由浅红色到深红色,同时伴有皮肤水肿、增厚,表面温度升高,可以由局部扩大到全乳房。

(3)乳头改变:肿瘤侵犯乳头会造成乳头内陷。如果肿块较大,会造成一侧乳房肿大,使得两侧乳头不能保持同一水平。

(4)乳头溢液:如果未发现明显肿块,只是出现乳头血性或液性溢液也应及时就诊,警惕乳腺癌的发生。

(5)浅表淋巴结肿大:如果发现腋窝,锁骨上出现淋巴结肿大,尤其是质地较硬,活动性较差(也可以是活动性的),应怀疑乳腺癌的可能。

【应急处理】

(1)当感到乳房不适时,无须过于担心癌症降临在自己身上,因为很多日常生活细节也会导致乳房不适。最佳的方法当然是定期到诊所检验,及早发现毛病并加以治疗。

(2)轻轻按摩乳房,可使过量的体液再回到淋巴系统。按摩时,先将肥皂液涂在乳房上,沿着乳房表面旋转手指划约一个硬币大小的圆,然后用手将乳房压入再弹起,这对防止乳房不适症有极大的帮助。

(3)热敷是一种传统的中医疗法,可用热敷袋、热水瓶或洗热水澡等方式缓解乳房痛。如果采用冷、热敷交替法,效果会更好。

【护理】

用蓖麻油敷胸。蓖麻油含有一种能提升 T11 淋巴细胞功能的物质,这种淋巴细胞能加速各种感染的复原,去除疼痛。方法是:将蓖麻油滴于折成四层的棉布上,让其沾满蓖麻油,但勿过湿,以免四处滴流。将此布敷于乳房上,盖一层塑胶薄膜,再放上热敷袋。将热敷袋调至你能忍受的热度,敷一小时即可。

【预防】

(1)改变饮食习惯。采用低脂高纤的饮食,食用谷类(全麦)、蔬菜及豆类的纤维。

(2)切忌滥用药。有的人胡乱吃些消炎药或是抗生素类药来止住乳房胀痛,这是错误和危险的,因为乳房胀痛不能使用局部性的类固醇消炎剂。

(3)穿稳固的胸罩。胸罩除了防止乳房下垂外,更重要的作用是防止已受压迫的乳房神经进一步受到压迫,消除不适。细心的姐妹会发现,那些慢跑运动员穿戴稳固的胸罩就是这个保健原因。

(4)避免利尿剂。利尿剂的确有助于排放体内的液体,也能削减乳房的肿胀。但这种立即的缓解需付出代价。过度使用利尿剂会导致钾的流失、破坏电解质的平衡,以及影响葡萄糖的形成。

(5)不吃咸。高盐的食物易使乳房胀大,月经来前的 7~10 天尤应避免这类食物。

(6)摄取维生素。饮食中应摄取富含维生素 C、钙、镁及维生素 B 群的食物。这些维生素有助于调节前列腺素 E 的制造,同时,少吃人造奶油,因其中的氢化脂肪会干扰体内必需的脂肪酸(来自食物)转化为 Y-亚麻油酸(GIA)的能力,而 GIA 促成前列腺素 E 的形成,进而抑制催乳激素的产生,达到缓解乳房胀痛的目的。

三、急性乳腺炎

急性乳腺炎是乳腺的急性化脓性感染,患者多是产后哺乳的妇女,尤以初产妇更为多见,往往发生在产后 3~4 周。

【病因】

(1)乳汁淤积:乳汁是理想的培养基,乳汁淤积将有利于入侵细菌的生长繁殖。

(2)细菌入侵:乳头破损或皲裂,使细菌沿淋巴管入侵是感染的主要途径。细菌也可直接侵入乳管,上行至腺小叶而致感染。多数发生于初产妇,因为缺乏哺乳的经验。也可发生于断奶时,6 个月以后的婴儿已长牙,易致乳头损伤。

【症状】

患者感觉乳房疼痛、局部红肿、发热。随着炎症发展,患者可有寒颤、高热、脉搏加快,常有患侧淋巴结肿大、压痛,白细胞计数明显增高。局部表现可有个体差异,应用抗菌药治疗的患者,局部症状可被掩盖。一般起初呈蜂窝组织炎样表现,数天后可形成脓肿,脓肿可以是单房或多房性。脓肿可向外溃破。深部脓肿还可穿至乳房与胸肌间的疏松组织中,形成乳房后脓肿。感染严重者,可并发脓毒症。

【应急处理】

(1)患侧乳房要暂停哺乳,用手掌侧面按摩乳房,由乳房外周顺乳管向着乳头方向轻轻按摩,同时用吸奶器尽量吸出淤积的乳汁,用乳罩托起乳房,减轻疼痛。

（2）早期可冷敷乳腺消肿止痛，稍后可用25%的硫酸镁湿热敷促进炎症消退。

（3）外敷鱼石脂软膏或用中草药如仙人掌汁、鲜蒲公英（捣烂）敷贴可减轻肿胀并起到消炎、止痛的作用。

（4）请医生诊断治疗。

【护理】

（1）早期按摩和吸乳是避免转成脓肿的关键。患者或家属可用手指顺乳头方向轻轻按摩，加压揉推，使乳汁流向开口，并用吸乳器吸乳，以吸通阻塞的乳腺管口。吸通后应尽量排空乳汁，勿使壅积。

（2）取芒硝100克，研细，加入面粉调成糊剂。贴敷于患侧乳房局部，可减轻乳房疼痛。

（3）哺乳期要保持乳头清洁，常用温水清洗乳头；定时哺乳，每次应尽可能将乳汁排空，如乳汁过多，婴儿不能吸尽，应借助吸乳器将乳汁排空；发热，体温达39℃时不宜吸乳。

（4）不宜让婴儿含乳头睡觉，哺乳后用胸罩将乳房托起。

（5）饮食宜清淡，容易消化，少吃荤食，忌辛辣。

（6）情志不畅亦与本病有关，要劝导患者解除烦恼，消除不良情绪，注意精神调理。

【预防】

（1）避免乳汁淤积，防止乳头损伤，并保持其清洁。

（2）应加强孕期卫生宣教，指导产妇经常用温水、肥皂洗净两侧乳头。

（3）如乳头内陷，可经常挤捏、提拉矫正。

（4）要养成定时哺乳、婴儿不含乳头而睡等良好习惯。

（5）每次哺乳应将乳汁吸空，如有淤积，可按摩或用吸乳器排尽乳汁。

四、急性盆腔炎

女性内生殖器及其周围的结缔组织、盆腔腹膜发生急性的炎症称急性盆腔炎。它为妇科常见病，炎症可局限于一个部位，也可几个部位同时发病，急性炎症有可能引起弥漫性腹膜炎、败血症以致感染性休克等严重后果。

【病因】

（1）产后或流产后感染：患者产后或小产后体质虚弱，宫颈口经过扩张尚未很好地关闭，此时阴道、宫颈中存在的细菌有可能上行感染盆腔；如果宫腔内尚有胎盘、胎膜残留，则感染的机会更大。

（2）妇科手术后感染：行人工流产术、放环或取环手术、输卵管通液术、输卵管造影术、子宫内膜息肉摘除术，或黏膜下子宫肌瘤摘除术时，如果消毒不严格或原有生殖系统慢性炎症，就有可能引起术后感染。也有的患者手术后不注意个人卫生，或术后不遵守医嘱，有性生活，同样可以使细菌上行感染，引起盆腔炎。

（3）月经期不注意卫生：月经期间子宫内膜剥脱，宫腔内血窦开放，并有凝血块存在，这是细菌滋生的良好条件。如果在月经期间不注意卫生，使用卫生标准不合格的卫生巾或卫生纸，或有性生活，就会给细菌提供逆行感染的机会，导致盆腔炎。

(4)邻近器官的炎症蔓延：最常见的是发生阑尾炎、腹膜炎时，由于它们与女性内生殖器官毗邻，炎症可以通过直接蔓延引起女性盆腔炎症。患慢性宫颈炎时，炎症也能够通过淋巴循环，引起盆腔结缔组织炎。而慢性盆腔炎常为急性盆腔炎治疗不彻底，或患者体质较差，病程迁延所致，但也有的妇女并没有急性盆腔炎的过程，而直接表现为慢性盆腔炎。慢性盆腔炎病情较顽固，当机体抵抗力较差时，可急性发作。

【症状】

发热寒战，下腹部疼痛，呈持续性，腹痛拒按。或有腰部酸痛。炎症累及盆腔腹膜时腹痛严重，有反跳痛。妇科检查有子宫周围组织增厚感并有明显压痛。如果患者病起于子宫全切除后，可以发现阴道断端处有少许脓性或脓血性渗出物。由于盆腔结缔组织与腹膜后结缔组织相连，向上可达肾脏周围，因此如果急性盆腔结缔组织炎未经治疗，炎症不仅可以扩散至输卵管、盆腔腹膜等组织器官，引起盆腔脓肿，还可以向上蔓延，导致肾周围脓肿。

【应急处理】

(1)卧床休息，取半卧位。

(2)避免各妇科检查，防止炎症扩散。

(3)给予清淡、易消化食物。

(4)腹部剧痛时，可给予镇静止痛药物并给予下腹部热敷处理。

(5)高热者，可采用物理降温或给予少量解热药物口服。

(6)尽早送往医院进一步诊治。

【护理】

(1)杜绝各种感染途径，保持会阴部清洁、干燥，每晚用清水清洗外阴，做到专人专盆，切不可用手掏洗阴道，也不可用热水、肥皂等洗外阴。盆腔炎时白带量多，质黏稠，所以要勤换内裤，不穿紧身、化纤质地内裤。

(2)月经期、人流术后及上、取环等妇科手术后阴道有流血，一定要禁止性生活，禁止游泳、盆浴、洗桑拿浴，要勤换卫生巾，因此时机体抵抗力下降，致病菌易乘虚而入，造成感染。

(3)被诊为急性或亚急性盆腔炎患者，一定要遵医嘱积极配合治疗。患者一定要卧床休息或取半卧位，以利炎症局限化和分泌物的排出。慢性盆腔炎患者也不要过于劳累，做到劳逸结合，节制房事，以避免症状加重。

(4)发热患者在退热时一般汗出较多，要注意保暖，保持身体的干燥，汗出后合予更换衣裤，避免吹空调或直吹对流风。

(5)要注意观察白带的量、质、色、味。白带量多、色黄质稠、有臭秽味者，说明病情较重，如白带由黄转白(或浅黄)，量由多变少，味趋于正常(微酸味)说明病情有所好转。

(6)急性或亚急性盆腔炎患者要保持大便通畅，并观察大便的性状。若见便中带脓或有里急后重感，要立即到医院就诊，以防盆腔脓肿溃破肠壁，造成急性腹膜炎。

(7)有些患者因患有慢性盆腔炎，稍感不适，就自服抗生素，长期服用可以出现阴道内菌群紊乱，而引起阴道分泌物增多，呈白色豆渣样白带，此时，应即到医院

·健康医疗·

图文珍藏版

就诊,排除真菌性阴道炎。

(8)盆腔炎患者要注意饮食调护,要加强营养。发热期间宜清淡易消化饮食,对高热伤津的患者可给予梨汁或苹果汁、西瓜汁等饮用,但不可冰镇后饮用。白带色黄、量多、质稠的患者忌食煎烤油腻、辛辣之物。少腹冷痛、怕凉,腰酸疼的患者则在饮食上可给予姜汤、红糖水、桂圆肉等温热性食物。烦热、腰痛者可食肉蛋类血肉有情之品,以滋补强体。

(9)做好避孕工作,尽量减少人工流产术的创伤。手术中要严格无菌操作,避免致病菌侵入。

【预防】

(1)注意休息,避免劳累,适当锻炼,增强体质。

(2)注意调整心态,保持心情舒畅,避免各种不良刺激。

(3)外阴清洁,勿洗内阴,不要人为地去破坏身体的天然屏障。

(4)不再生育及无生育指标者应注意避孕,避免不必要的手术。

(5)月经期勤换经垫,经期及月经刚干净时禁房事。

(6)有邻近器官感染时应及时治疗。

(7)加强营养,注意膳食结构。少食辛辣刺激性食物。

(8)坚持定期门诊检查,如出现下腹部疼痛、腰酸、带下量多,随时就诊,及早治疗。

五、急产

急产是指产痛后 3 小时内即完成分娩。通常会有异常强烈的子宫收缩、很低的产道阻力,或者产妇对产痛没有知觉。

【病因】

(1)早产。孕期为 29～36 周,多见于 18 岁以下或 40 岁以上的孕妇。

(2)孕妇患有贫血、高血压等疾病也容易急产。

(3)有胎儿过小、双胎、胎位不正、胎盘异常等情况,但没有遵循常规产前检查。

(4)接近临产时乘坐车船,过度劳累,运动量大,年轻产妇宫缩力强等,也容易发生急产。

【症状】

突然感到腰腹坠痛,短时间内就出现有规律的下腹疼痛,间隔时间极短;破水出血、出现排便感;甚至阴道口可看见胎头露出。

【应急处理】

(1)破水或出现一阵一阵的腹痛时,要马上送医院。

(2)来不及的情况下,要准备好干净的毛巾、布、纱布、大水盆、热水(不能太烫)、剪刀、粗线、包袱布、热水袋、产妇的衣裤等产前用具。以上用具一定要注意清洁。

(3)妊娠初、中期出现出血和疼痛,可能是流产,应保持镇定,叫救护车。

【护理】

(1)叮嘱产妇不要用力屏气,要张口呼吸。因地制宜准备接生用具,如干净的布、用打火机烧过消毒的剪刀、酒精。

（2）婴儿头部露出时，用双手托住头部，注意不能硬拉或扭动。当婴儿肩部露出时，用两手托着头和身体，慢慢地向外提出。等待胎盘自然娩出。

（3）将婴儿包裹好以保暖。用干净柔软的布擦净婴儿口鼻内的羊水。不要剪断脐带，并将胎盘放在高于婴儿的地方。

（4）尽快将产妇和婴儿送往医院。

【预防】

（1）假如是已知可能发生急产的孕妇，最好在事前与医师做好充分准备，并准备好生产包，事先将入院所需证件及物品放入其中，再安排好交通工具、路线及可陪同生产的人，以避免措手不及的生产。

（2）假如分娩已经不可避免的发生了，就不要慌张，按照上述步骤一步一步完成，再尽早到医院进行产后的照顾。

六、妊娠高血压综合征

妊娠高血压综合征，简称妊高征，是怀孕 5 个月后出现高血压、浮肿、蛋白尿等一系列症状的综合征。

【病因】

（1）精神过分紧张或受刺激致使中枢神经系统功能紊乱。

（2）寒冷季节或气温变化过大，特别是气压高时。

（3）年轻初孕妇或高龄初孕妇。对正常生理状态妊娠缺乏足够认识而产生紧张情绪的初产孕妇。

（4）有慢性高血压、肾炎、糖尿病等病史的孕妇。

（5）营养不良，如低蛋白血症者。

（6）体型矮胖即体重指数>0.24。

（7）子宫张力过高，如羊水过多、双胎、糖尿病巨大儿及葡萄胎等。

（8）家庭中有高血压史，尤其是孕妇之母有妊高征史者。

【症状】

（1）遗传因素，家庭中有高血压史，尤其是孕妇之母有妊高征史者病概率大。

（2）轻度妊高征主要临床表现为血压轻度升高，可伴轻度蛋白尿和水肿。此阶段可持续数日至数周，或逐渐发展，或迅速恶化。

（3）重度妊高征患者可出现头痛、眼花、恶心呕吐和胸闷等不良症状反应。

【应急处理】

（1）中度以上妊高征患者应送往医院治疗，防止子痫及并发症发生。

（2）对于头痛、眼花、视力模糊症状等先兆子痫表现，应予镇静药物，并用硫酸美解痉，低分子右旋糖酐扩容，肼苯达嗪降压。全身水肿、肾功能不全、尿少时用利尿剂。

【护理】

（1）在妊娠早期进行定期检查，主要是测血压、查尿蛋白和测体重。

（2）注意休息和营养。患者心情要舒畅，精神要放松，争取每天卧床 10 小时以上，并以侧卧位为佳，以增进血液循环，改善肾脏供血条件。饮食不要过咸，保证蛋白质和维生素的摄入。

（3）及时纠正异常情况。发现贫血，要及时补充铁质；若发现下肢浮肿，要增加卧床时间，把脚抬高休息；血压偏高时要按时服药。症状严重时要考虑终止妊娠。

（4）注意既往史。曾患有肾炎、高血压等疾病以及上次怀孕有过妊娠高血压综合征的孕妇应在医生的指导下进行重点监护。

七、早期产后出血

产妇在胎儿娩出后 24 小时之内，出血达 400 毫升以上的现象，叫作产后出血。出血多发生在产后 2 小时之内。

【病因】

（1）精神过于紧张。有些产妇在分娩时精神过于紧张，导致子宫收缩力不好，是造成产后出血的主要原因。在正常情况下，胎盘从子宫蜕膜层剥离时，剥离面的血窦开放，常见有些出血，但当胎盘完全剥离并排出子宫之后，流血迅速减少。但是，如果产妇精神过度紧张及其他原因，造成子宫收缩不好，血管不得闭合，即可发生大出血。如产妇精神过度紧张，产程过长，使用过长，使用镇静药过多，麻醉过深，也可造成胎盘收缩无力，出现大出血。又如羊水过多、巨大儿、多胎妊娠时。由于子宫过度膨胀，使子宫纤维过度伸长，产后也不能很好收复；生育过多过频，使子宫肌纤维有退行性变，结蒂组织增多，肌纤维减少而收缩无力等等，也是造成产后大出血的原因之一。

（2）胎盘滞留，也是造成大出血的原因之一。包括胎盘剥落不全、胎盘粘连等，都可造成大出血。

（3）凝血功能障碍。产妇患有血液病，重症肝炎，其后果也很严重，必须高度注意。分娩时应到有条件的医院，以免发生意外。所以，产妇必须做好产前检查，对有产后出血史，患有出血倾向疾病如血液病、肝炎等，以及有过多次刮宫史的产妇，应提前入院待产，查好血型，备好血，以防在分娩时发生万一。产后出血有时候很难预先估计，往往突然发生，所以做好保健很重要：如子宫收缩无力引起出血，应立即按摩子宫，促进子宫很快收缩，或压迫腹主动脉，以减轻出血量。

【症状】

（1）宫缩乏力。出血特点是胎盘剥离延缓，在未剥离前阴道不流血或仅有少许流血，胎盘剥离后因子宫收缩乏力使子宫出血不止。流出的血液能凝固。未能及时减少出血者，产妇可出现失血性休克并伴随面色苍白、心慌、出冷汗、头晕、脉细弱及血压下降等症状。

（2）在第三产程，如果胎盘剥离不完全，一部分与子宫壁分离，其他部分尚未剥离，或大部分排出，还有一小部分未排出而滞留在子宫腔内，都可影响子宫收缩而出血不止。

（3）软产道裂伤为产后出血的另一重要原因。软产道裂伤流出的血液能自凝，若裂伤损及小动脉，血色较鲜红。

【应急处理】

（1）胎盘娩出前出血量多时，要尽快剥离出胎盘。如胎盘剥离不全、粘连、嵌顿，应在无菌条件下用刮宫术或徒手取出胎盘。

（2）胎盘娩出后出血量多，应检查子宫颈、阴道壁是否损伤，有裂伤应实行缝合手术。

（3）用无菌纱条或连接在一起的无菌纱布填塞宫腔，压迫止血。24 小时后取出。

（4）出现休克症状时，立即采取抗休克、止血措施，迅速转送医院救治。

【护理】

（1）嘱产妇卧床休息，密切监测其生命体征、神志变化。观察皮肤、黏膜、嘴唇、指甲的颜色，四肢的温湿度及尿量，及早发现休克的早期征兆。密切注意子宫复旧情况。适当地告诉产妇有关的病情，增加产妇对病情的了解，增强其安全感。保证产妇充足睡眠，加强营养，给予高热量饮食，多食富含铁的食物，宜少量多餐。

（2）迅速建立良好的静脉通路，做好输血前的准备工作，加快输液速度，遵医嘱输液输血，以维持足够的循环血量。

（3）准确收集并测量出血量、颜色、气味及有无凝血块等。发生产后大出血时，准确收集测量出血量对积极纠正休克，减少产后出血的并发症，降低死亡率有重要意义。

（4）遵医嘱应用止血药或宫缩剂。遵医嘱应用抗生素。

（5）传授产妇一些放松疗法：参与照料婴儿、与婴儿沟通，听音乐等，分散其注意力。早期指导，协助产妇进行母乳喂养，可刺激子宫收缩，以利恶露排出。

（6）保持环境清洁，室内通风 30 分钟，每天 2 次，定期消毒。

（7）保持床单的清洁、平整干燥，经常更换卫生垫，使滋生细菌的培养基减少。

（8）保持会阴清洁，1‰新洁尔灭抹洗会阴，每天 2 次。

【预防】

（1）避免生育过多，或多次人流、刮宫；妊娠期要定期作产前检查；分娩时不要过分紧张；有高危因素者应当提前住院待产，分娩前，做好产后流血的预防及分娩时的抢救工作。

（2）注意水分及营养的补充，避免产妇过度疲劳，必要时可酌情肌注杜冷丁，使产妇有休息机会。

（3）指导产妇适时及正确使用腹压。对有可能发生产后出血者，应安排有较高业务水平的医师在场守候。

八、倒经

月经期，在子宫以外部位如鼻黏膜、胃、肠、肺、乳腺等部位发生出血，称为倒经，亦称"代偿性月经""周期性子宫外出血"。

【病因】

（1）倒经大多是由子宫内膜异位症引起，和各脏层上皮分化异常相关。此外，血液病也是引起倒经的因素之一。

（2）可由血热气逆引起。平时性情急躁爱生闷气，以致肝气不舒，肝火内盛；或平素嗜食辛辣食品等都可发生倒经现象。

【症状】

（1）阴道流血外，鼻子或口腔也会流少量的血，持续天数不等，多发于月经来潮前 1~2 天或行经期间,且像月经来潮似的具有周期性。

(2)月经量少,甚至无月经,出血量可多可少。常伴有全身不适、精神不畅、烦躁不安、下腹部胀痛等不良症状产生。

【应急处理】

(1)患倒经病者在出现鼻出血或吐血时,可让患者坐在椅子上,头向后仰,用冷水毛巾敷于前额和鼻梁骨上。

(2)也可以用手指分别按压鼻翼旁的迎香穴,可收到止血的功效。

(3)同时服中西药物进行调理止血。

(4)病者最重要的是积极进行治疗,调理身体,使月经恢复正常。

【预防】

(1)患倒经的少女,生活要有规律,注意劳逸结合,情绪不要紧张,心情要愉快。

(2)月经期间要避免剧烈运动和精神刺激。多吃蔬菜、水果和富含维生素的食物,忌吃辛辣刺激性强的食物。

九、痛经

痛经是指妇女在经期或行经前后,出现周期性小腹疼痛、腰酸不适,甚则剧痛昏厥的现象。

【病因】

(1)痛经患者常有子宫不正常收缩的症状,因此往往导致子宫平滑肌缺血,子宫肌肉的缺血又可引起子宫肌肉的痉挛性收缩,从而产生疼痛而出现痛经。

(2)少女初潮心理压力大、久坐导致气血循环变差、经血运行不畅、爱吃冷饮食品等也会造成痛经。

(3)经期剧烈运动、受风寒湿冷侵袭等,均易引发痛经。

【症状】

下腹部疼痛,常于经前数小时开始,月经第一天疼痛最剧烈,多呈痉挛性疼痛,持续时间长短不一,数小时或 2~3 天,严重者常伴有面色苍白、出冷汗、恶心、呕吐、头痛等不良症状。

【应急处理】

(1)在痛经时,可用热水袋热敷小腹,对减轻疼痛有效。

(2)可用艾叶红糖汤及姜椒枣汤治疗痛经。

(3)痛经严重患者应进入医院接受医生的正确治疗。

【预防】

(1)痛经主要发生在月经期间,因此女性朋友往往会在月经过后忽视痛经的治疗。应根据上述病症,进行自我检查,及早就医。

(2)咖啡、茶、可乐、巧克力等食物最好少吃。多喝热的药草茶或热柠檬汁,可在腹部放置热敷垫或热水袋,一次数分钟。

第五节　皮肤科

皮肤的病症虽然表现在皮肤,但是却与身体的整个情况密不可分。处理皮肤发生的各种紧急状况,最关键的是"内外兼修"。

一、毛孔粗大

T字位的皮脂分泌特别旺盛,当过盛的油脂堆积在毛囊表面,就会令毛孔膨胀,使得毛孔粗大。

【病因】

(1)污垢阻塞毛孔、皮脂分泌旺盛、挤压粉刺不当、使用不当的化妆品或药物等会导致毛孔变大。

(2)当肌肤的真皮层缺乏水分,表皮细胞就会开始萎缩,毛孔粗大及皱纹等问题会显得分外明显,所以,给肌肤保湿是相当重要的。

(3)如果长期不彻底清洁皮肤,会影响皮肤的新陈代谢及老化角质层的脱落,毛孔便会扩张起来。快为自己办一张美容卡,定期到美容院做去除角质吧!

(4)随着年龄的增长,皮肤的血液循环会减慢,皮下组织脂肪层也会变得松弛而欠弹性,如果没有适当的护理,皮肤便会加速老化,毛孔也会自然扩大。

【症状】

(1)角质层堵塞毛孔,有黑头粉刺现象。

(2)出油过剩、迫使毛孔呈现粗大及油光。特别是T字部位。毛孔呈现U型扩大,同时肌肤泛黄、黯沉。

(3)肌肤缺水、毛孔有如干涸的泥沼般。特别是在飞机机舱内最容易出现肌肤像风干橘子皮般的状况。毛孔椭圆型粗大,同时肌纹较明显。

(4)肌肤松弛、毛孔(囊)壁缺乏胶原蛋白支撑。毛孔粗大(水滴型),最后毛孔同连结线状排列。

【应急处理】

柠檬汁

(1)冰敷:把冰过的化妆水用化妆棉沾湿,敷在脸上或毛孔粗大的地方,可以起到不错的收敛效果。

(2)毛巾冷敷:把干净的专用小毛巾放在冰箱里,洗完脸后,把冰毛巾轻敷在脸上几秒钟。

(3)用水果敷脸:西瓜皮、柠檬皮等都可以用来敷脸,它们有收敛毛孔、抑制油脂分泌及美白等多重功效。

(4)柠檬汁洗脸:油性肌肤的人可以在洗脸时,在清水中滴入几滴柠檬汁,除了可收敛毛孔外,也能减少粉刺和面疱的产生。

【预防】

(1)预防青春痘。用手挤压痘痘,会留下疤痕,造成毛孔粗大。用干净的棉花棒将痘痘挤压干净,直到挤出透明的脓水。然后,进行镇静面膜,最后在使用祛痘除印二合一精华液,可避免毛孔粗大。春夏两季,更要预防毛孔粗大。

(2)春夏换季期间,毛孔更会粗大。因为,由于夏季天气炎热,毛细血管舒展,汗水和油脂分泌也会较其他季节更旺盛。因此,更需要使用毛孔调理产品,集中清洁毛孔。注意油脂过多分泌。

(3)面部异常多油发亮,就是毛孔粗大的先兆。油脂分泌异常旺盛的原因繁多,如,荷尔蒙失调、心理因素、胃酸过多、便秘等人体内在因素或者维生素的缺乏等等。因此,平时最好多多进行自行检测。

(4)不宜过于频繁地洗桑拿。桑拿浴室等地方的温度过高,会让毛孔扩张,油脂大量分泌,造成毛孔疏松。因此,不要长时间坐在桑拿里,而且,桑拿后,应该用冷水冲洗面部几次,以恢复肌肤弹性。精神压力、睡眠不足也是毛孔粗大的成因。

(5)精神压力是造成油脂分泌旺盛的主要原因之一。经常睡觉过晚或睡眠不足,会加剧油脂分泌,肌肤类型也会变为油性肌肤。

(6)抽烟喝酒,对肌肤百害而无一利。酒精渗入身体内氧化,仅留下脂肪,体内胆固醇指数随之升高。此时,肌肤的油脂分泌更旺盛,让毛孔粗大。避免摄取碳水化合物和脂肪含量过高的食品或者刺激性食品。

二、皮肤干燥

正常的皮肤角质层通常含有 10%～30% 的水分,以维持皮肤的柔软和弹性。而当皮肤角质层的水分含量低于 10% 时,皮肤就会出现干燥、紧绷、粗糙等现象。

【病因】

(1)随着年龄的增长,皮肤老化,其保湿作用及屏障功能逐渐减弱,天然保湿因子含量减少。

(2)干燥寒冷的气候,湿度较低,如秋冬季容易使皮肤干燥。

(3)某些皮肤病变,如银屑病、鱼鳞病等也会引起皮肤干燥。

(4)环境和化学因素。如洗衣粉、肥皂、洗洁精等洗涤剂及酒精等有机溶剂,以及长时间停留于空调环境等因素也易导致皮肤干燥。

(5)不良的饮食睡眠习惯,如偏食、饮水少、失眠。

(6)由于皮肤时刻都与外界环境直接接触,如不加以保护,或多或少都有缺水现象,直接影响皮肤的外观。

【症状】

(1)整张脸感到紧绷。

(2)用手掌轻触时,没有湿润感。

(3)身体其他部分的皮肤呈现出干巴巴的状态。

(4)有的部位有干燥脱皮现象。

(5)洗澡过后有发痒的感觉。

【应急处理】

（1）用清水洗脸。

（2）选择适当的面膜：可选用干性皮肤的面膜敷脸，一般情况下，敷脸 15～30 分钟即可。

（3）用水蒸面：可用蒸面疗法加快面部血液循环，补充必需的水分和油分。具体方法如：用电热杯或脸盆，加水，并加入适量的甘油等护肤品，待蒸气上升时，将面部置于蒸器上方熏蒸以面部潮红为度，每次 5～10 分钟，一般每周可进行 1～2 次。

（4）选择适当的护肤品：早晨，宜用冷霜或乳液润泽皮肤，再用收敛性化妆水调整皮肤，涂足量营养霜。晚上，要用足量的乳液、营养化妆水及营养霜。使用成分大致相同于人类皮肤最表层之皮脂膜的化妆品，也就是先用乳化过的化妆品，然后再逐渐加其他系列化妆品。纯天然配方的银杏叶极度滋润膏，保湿度较清爽版强，但使用后不油腻，质地细腻容易吸收，特别针对肌肤干燥缺水问题而设计，不仅对肌肤具有活化效果，还能够长时间维持肌肤的水嫩细致，使用后皮肤触感非常柔化舒适，重建肌肤内部含水功能，在肌肤表面形成滋润保护膜，滋润保护肌肤，能补充肌肤水分，提升肌肤活力。

（5）每天按摩面部：坚持每天按摩 1～2 次，每次 5 分钟左右，促进血液循环，改善皮肤的生理功能。

（6）多喝牛奶：饮食方面要多吃牛奶、牛油、猪肝、鸡蛋、鱼类、香菇及南瓜等。

【护理】

（1）在冬季，尽管人们喜欢洗热水澡。但是，对皮肤有益的是温水而非热水。热水会将皮肤上的天然油分彻底洗掉，而这种天然油分比你浴后使用护肤品化解干燥要有效得多。此外，冬季洗澡一般不要超过 15 分钟。

（2）如果一定要洗热水澡，尽可能使用浴液或温和的香皂。浴后应当在皮肤尚未完全干的情况下，在身体各部位涂上润肤品。这样做有助于使润肤成分渗入到皮肤的上层。

（3）男性在冬季刮胡子时，最好不要用刮胡膏，可用洗发香波替代。

（4）在那些易发生干裂的身体部位，最好使用力量较强的护肤品，如凡士林。与一般护肤品不一样的是，凡士林可以"封住"皮肤，减少水分的蒸发，对于保护比较干燥的皮肤十分有效。

【预防】

（1）有春季性皮炎史的人可适当外涂防晒剂，以保护皮肤免受各种波段紫外线和可见光的损伤。

（2）防止长时间曝晒。春游时，可用宽边防护帽或伞遮挡。

（3）洗脸时尽量不用热水碱性肥皂、粗糙毛巾。

（4）每天做面部美容操五指介拢，双掌摩擦微热后，轻轻按摩额、颧骨处肌肤以及鼻、耳部，持续 3～5 分钟，促进面部血液循环。

（5）冬季浴后应当在皮肤尚未完全干的情况下，在身体各部位涂上润肤品。这样做有助于将润肤成分渗入到皮肤的上层。

（6）在家时，皮肤暴露于外的地方较户外要多，使用加湿器是解决皮肤干燥的不错方法。

三、手部干裂

手部皮肤干燥、脱皮甚至皲裂,在日常生活中是常见的现象。症状因病因不同而不同。

【病因及症状】

(1)剥脱性角质松解症:是一种掌跖部角质层浅表性剥脱性皮肤病,病因不明,皮损初期为小米大小的白点,逐渐向四周扩大,类似疱液干涸的疱膜,容易自然破裂或经撕剥成薄纸样鳞屑,无明显炎症变化,无瘙痒感,治疗上可选用低浓度角质剥脱剂或温和的润滑剂。

(2)手部湿疹:多发生在指背及指端掌面,可蔓延至手背和腕部,界限不清或小片状皮损,常因手指活动而有皲裂,常受继发因素影响而顽固难治,因此,治疗上应避免各种外界刺激,如热水烫洗,暴力搔抓,过度洗拭等,可内服抗组胺类药物,外用皮质固醇制剂和焦油类制剂等。

(3)手癣:为真菌感染引起的一种皮肤病,常局限于一侧伴瘙痒。角化过度型主要表现为皮肤角化过度,粗糙无汗,每到寒冷冬季皮肤皲裂,治疗宜用各种抗真菌外用药,重者可口服抗真菌药。

【护理】

(1)每周给双手做一次去除角质的特殊护理,用少量的磨砂膏按摩双手10~15分钟,去除手部死皮,然后在加有橄榄油的温水中浸泡5分钟,最后,擦干手部并涂上护手霜。

(2)每星期两次深层洁净手部肌肤。可以帮助漂白肌肤、清除死皮及促进新陈代谢。然后擦适量护手霜,可滋润及补充手部肌肤水分;搽润手膜,用保鲜膜包裹约十分钟,外面加上热毛巾,透过热力加强手部肌肤吸收营养物料,可令双手回复柔滑润泽。

四、药物性皮炎

药物性皮炎也称药疹,它是各种药物通过不同种途径进入体内后,引起皮肤、黏膜的各种不同的炎症反应。

【病因】

解热镇痛药、磺胺类药、抗生素类药、镇静药、抗癫痫药,其他药物如痢特灵、血清制品等都是引起药物性皮炎的致敏药物。

【症状】

(1)其主要表现为:病前有用药史,有一定的潜伏期,一般为5~20天左右。

(2)主要表现为红斑、丘疹、风团,可伴有恶寒、发热、头痛、全身不适、口干、小便黄,舌质稍红,苔薄黄,脉浮数。

(3)重症者伴口腔黏膜损害及内脏器官病变,病情多为急性。

【应急处理】

(1)停用可疑过敏药物,避免使用同种或化学结构类似的药物,防止交叉过敏。

(2)多饮水或给予泻剂及利尿剂、输液等,加快体内的药物排泄。

（3）重症患者大多为红斑型、大疱性表皮松懈萎缩坏死型，或者为剥脱性皮炎药疹，必须迅速住院，接受医生的救治。

【护理】

（1）引起过敏的药物要明显地写在病历上，以引起复诊医生的注意。并劝告患者避用该药或含有该药的一些成药和化学结构式相关而容易引起交叉反应的药物。

（2）青霉素、破伤风抗毒素、普鲁卡因应用前必须做皮试，而且准备好一切急救所必备的药品及措施。

（3）促进体内药物的排泄。应用抗过敏药或解毒药，预防和控制继发感染。

五、带状疱疹

病毒通过呼吸道黏膜进入人体，经过血行传播，在皮肤上出现水痘而引起带状疱疹。

【病因】

（1）初次感染的水痘病毒潜伏在感觉神经节，经某些因素激活后，引之复发感染，即带状疱疹。

（2）多因情志不畅，抵抗力低下，过度疲劳，饮食失调，以致脾失健运，湿浊内停，郁而化热，湿热搏结，兼感毒邪而发。

【症状】

（1）发病前局部皮肤有灼痛，伴轻度发热、疲倦无力等全身症状。

（2）水疱壁紧张，光亮，疱水澄清，水疱表面大部有小凹陷。数日后疱液混浊化脓，破溃后形成糜烂面，最后干燥结痂，痂脱落后留下暂时性红斑。

（3）年老体弱者疼痛剧烈，有明显的沿受累神经支配区的神经痛。

【应急处理】

（1）进行抗病毒治疗时，可选择口服无环鸟苷 200 毫克，每日 5 次，连服 6~7 天。或服用阿昔洛韦 300 毫克，每日 2 次口服，连用 7 天。

（2）镇静止痛药可服吲哚美辛 25 毫克，每日 3 次，口服。或曲马多 50 毫克，每日 2~3 次，口服。亦可服用强痛定、颅痛定及奇曼丁等药物。

（3）对年龄较大、免疫功能正常者，在使用确实有效的抗病毒药情况下，可早期短程应用泼尼松 15~30 毫克，每日 1 次，连用 1 周，以减轻神经痛。

【护理】

（1）有的患者皮肤上可能会出现大疱、血疱，甚至糜烂，但不要紧张，如果治疗得当，10 天左右即可痊愈，治愈后一般不会复发。

（2）多休息，给以易消化的饮食和充足的水分。

（3）预防继发细菌感染。不要摩擦患处，避免水疱破裂。可外用中草药或雷夫奴尔湿敷，促使水疱干燥、结痂。

（4）老年重症患者，尤其发生在头面部的带状疱疹，最好住院治疗，以防并发症的发生。

六、接触性皮炎

接触性皮炎是指人体接触某种物质后,在皮肤或黏膜上因过敏或强烈刺激而发生的一种炎症。

【病因】

(1)由动物毒素、昆虫分泌物、毒毛等引发的动物接触性皮炎。

(2)植物的叶、茎、果实、花及花粉等引发的植物接触性皮炎。

(3)金属及其制品、塑料、橡胶、香料等化学物质是引起接触性皮炎的主要原因。

【症状】

(1)本病发病急,在接触部位发生较为明显的水肿性红斑、丘疹、大小不等的水疱;疱壁紧张,初起疱内液体澄清,感染后形成脓疱;水疱破裂形成糜烂面,甚至组织坏死。

(2)自觉症状轻者瘙痒,重者灼痛或胀痛。全身反应有发热、畏寒、头痛、恶心及呕吐。

【应急处理】

(1)当患者发生接触性皮炎时,应及时除去附着于皮肤或衣物上的致病物质,立即用清洁的水洗去原发刺激物,并且不要再次接触此类物质。

(2)急性期红肿明显且无渗出及糜烂时,选用炉甘石洗剂或粉剂。渗出多时用3%硼酸或生理盐水温敷。大疱可将疱液放出。

(3)可服用赛庚啶2毫克,每日3次;或扑尔敏4毫克,每日3次;或氯雷他啶10毫克,每日1次。

【护理】

(1)避免再刺激。严禁用热水烫洗、摩擦、搔抓患处或进食刺激性食物。特别应说服病儿,避免搔抓。较小病儿在睡觉时可适当约束手或戴上手套。皮炎处红肿或有少量丘疱疹而无破皮或溢液化脓时,可用炉甘石洗剂涂擦,使患处保持干燥,并有止痒的功效。当炉甘石洗剂在皮肤上堆积时,必须用冷水冲掉后再上药。

(2)为患者创造良好休息环境,适当给予脱敏药物。

(3)多食维生素含量高的食物,如水果与蔬菜类,保证体内维生素的供给。

七、急性荨麻疹

急性荨麻疹甚复杂。凡能引起皮肤或黏膜真皮部位出现一时性小血管充血与通透性增强的因素,均为荨麻疹的病因。

【病因】

(1)外在接触如冷、热、日光等刺激物,蚊、虫叮咬,荨麻、漆树等植物均可引起急性荨麻疹。

(2)蛋、贝类、肉类,蘑菇等蔬菜类,食物添加剂等致敏性食物,柑橘、草莓等水果,是直接致荨麻疹的食物。

(3)青霉素、水杨酸盐、磺胺、普鲁卡因等致敏性药物以及阿司匹林、可卡因、阿托品、奎宁、脱氢胆酸钠等是直接致荨麻疹的药物。

【症状】

其症状主要表现为：起病急，剧痒。随后出现大小不等、形态各异的鲜红色风团。风团可为圆形、椭圆形，可孤立、散在或融合成片。风团大时，可呈苍白色，表面毛孔显着，似橘皮样。风团此伏彼起，病重者可有心慌、烦躁、恶心、呕吐甚至血压降低等过敏性休克样症状。部分患者可出现腹痛、腹泻，甚至窒息。

【应急处理】

（1）尽可能找出发病诱因并将之除去。如慎防吸入花粉、灰尘、蓖麻粉，避免接触致敏物，禁用或禁食某些对机体过敏的药物或食品。

（2）传统疗法应用息斯敏、扑尔敏或仙特敏等抗组胺药，配合口服维生素 C。但这种疗法只能暂时控制病情，过后又会复发。如此反复发作，会导致身体的免疫力下降，增加患者的痛苦。

【护理】

（1）查找病因，在医生的指导下有的放矢，切莫自己胡乱用药。否则急性荨麻疹极易因治疗不及时而转为慢性荨麻疹，造成长期服药等一系列不应有的烦恼。

（2）有些人会用热敷止痒，虽然热可以使局部暂时获得舒缓，但其实反而是另一种刺激，因为热会使血管紧张，释放出更多的过敏原，例如有些人在冬天浸泡在热的温泉或是澡盆中，或是把自己包在厚重的棉被里都很有可能引发荨麻疹。

（3）避免吃含有人工添加剂、油炸或者辛辣类的食物，多吃新鲜蔬果。

八、过敏性紫癜

过敏性紫癜又称出血性毛细血管中毒症，是一种常见的毛细血管变态反应性疾病，因机体对某些致敏物质发生变态反应，导致毛细血管脆性及通透性增加，血液外渗，产生皮肤、黏膜及某些器官出血。可同时伴发血管神经性水肿、荨麻疹等其他过敏表现。本病多见于青少年，男性发病略多于女性，春、秋季发病较多。

【病因】

致敏原因甚多，与本病发生密切相关的主要有以下因素。

1. 感染

（1）细菌：主要为 β 溶血性链球菌。以呼吸道感染最为多见，其次为扁桃体炎、猩红热、结核病及其他局灶性感染。

（2）病毒：多见于发疹性病毒感染，如麻疹、水痘、风疹等。

（3）其他：如某些寄生虫感染等。

2. 食物

主要见于动物性食物，是人体对异性蛋白过敏所致。如鱼、虾、蟹、蛋、鸡、牛奶及其他类食物。

3. 药物

（1）抗生素类：青霉素（包括半合成青霉素如氨苄青霉素等）、链霉素、金霉素、氯霉素，及近年来广泛使用的一些头孢菌素类抗生素等。

（2）解热镇痛药：水杨酸、保泰松、吲哚美辛及奎宁类等。

（3）其他：磺胺类、阿托品、异烟肼及噻嗪类利尿药等。

4.其他

花粉、尘埃、菌苗或疫苗接种、虫咬、受凉及寒冷刺激等。

【症状】

发病前多数有呼吸道感染、发热、头痛、乏力、纳差等症状,少数可有腹痛、腹泻、呕吐、便血等胃肠道疾病。临床主要表现为皮肤紫癜,初起可为荨麻疹样,数小时后皮疹出血,渐变为暗红色,消退时遗有褐斑。紫癜成批出现,数日消退,但可反复出现,呈对称分布,以四肢伸侧为多。另外少数患者尚有关节肿胀、疼痛,关节腔渗出等症状及浮肿、少尿、蛋白尿、血尿等肾脏损害改变。个别患者尚有头痛、偏瘫、抽搐、昏迷等神经症状及咯血、哮喘等呼吸道症状。

【应急处理】

(1)避免接触过敏物质。

(2)消除慢性感染病灶,驱除肠道寄生虫。

(3)出血时可使用大剂量维生素 C、安络血及止血敏等改善血管通透性和脆性药物。

(4)腹痛时可用解痉药物如普鲁苯辛、阿托品等,未穿孔者,可用热敷,也可起到一定的止痛作用。

(5)服苯海拉明 25～50 毫克或马来酸氯苯 4 毫克,每日 2～3 次等抗过敏药物,若同时配用 10% 葡萄糖酸钙常规量使用时,效果更好。

(6)口服泼尼松每日 30～40 毫克,分次服用,症状好转后减量,疗程 3～4 个月,对减轻出血、腹痛、关节痛有明显效果。

(7)有肾脏损害而用其他疗法无效时,可在皮质激素应用基础上加用免疫抑制剂如硫唑嘌呤,每次 50 毫克,每日 2～3 次,见效后必为每日每次 25～50 毫克维持治疗,待蛋白尿转阴后,改为隔日顿服,疗程为 6 个月。

(8)伴有穿孔等急腹症和严重出血性休克时,应尽快送往医院抢救。

【护理】

(1)饮食:应给予无动物蛋白、无渣的流质饮食,严重者应禁食。发病初期以素食为主,如小米粥、面片汤等,忌食动物性食物和刺激性、热性食物,如蛋、奶、海鲜类食物及调味品如生葱、干姜、胡椒等。经过治疗紫癜消失 1 个月后,方可恢复动物蛋白饮食。恢复的原则是:含动物蛋白的饮食一样一样地逐步添加,3 天加 1 种,吃后无过敏反应再加第二种、第三种,这样既保证了安全,也有利于发现过敏源为何种动物蛋白。有腹痛症状的腹型紫癜患者禁止腹部热敷以防肠出血。

(2)避免感染:急性期应让患者卧床休息,治疗期间不要到冷空气或人群密集的环境中去,避免剧烈运动,防止过度疲劳,减少感染机会。病情好转后也要限制活动,以免过劳导致紫癜加重或重新出现。鼓励多食新鲜蔬菜和水果,适当锻炼身体,增强抵抗力,避免感冒等感染性疾病。

(3)增强抵抗力:注意气候变化,及时增减衣服,预防感冒,房间内温度、湿度适宜,定时通风换气以保持居室内空气清新。

(4)定期复查:家人要督促患者按时服药,遵医嘱定期复查。同时在这里提醒家属,为患者服药前,一定要详细阅读说明书,避免服用对肾脏有毒的药物。部分患者可迁延不愈,或时好时坏,此时需特别注意检查尿常规及肾功能,以便及时治疗可能出现的肾损害。在病情未痊愈之前,不要接种各种预防疫苗,痊愈3~6个月后,才能进行预防接种,否则可能导致此病的复发。

【预防】

(1)过敏性紫癜勿食致敏性食物:如果是食物过敏引起的紫癜,则需要终生严格禁用这种食物。常见的过敏物质,动物性食物有鱼、虾、蟹、蛋、牛奶等,植物性食物有蚕豆、菠萝、植物花蕾等。要注意不可使用与过敏物质接触的炊具和餐具。

(2)多食富含维生素C、维生素K的食物:维生素C是保护血管和维护血管通透性的必需物质,维生素K可增加凝血因子的水平,有利于凝血和止血,故应给于富含维生素C和维生素K的食物。富含维生素C的食物有:新鲜蔬菜、水果,特别是西红柿、橘子、苹果、鲜枣等;富含维生素K的食物有:菠菜、猪肝等。维生素C、维生素K均不耐高温,故烹调时不宜高温和时间过长。

(3)充足的高蛋白饮食:由于失血致使大量的蛋白质丧失,故需补充高蛋白质的食物,如猪肝、鸡蛋、瘦肉、牛奶等。如果是出血多或严重贫血的患者,尚需补充富含造血原料食物和"补铁饮食"。

(4)忌食辛辣食品,戒烟酒。

(5)要注意避免进食粗糙、坚硬和对胃肠道有机械性刺激的食物,如带刺的鱼、带壳的蟹、带骨头的鸡、肉等,以免刺伤口腔黏膜和牙龈,引起或加重出血。

九、丹毒

丹毒是皮肤及其网状淋巴管的急性炎症,其好发部位是下肢和面部,其特点是起病急,蔓延很快,很少有组织坏死或化脓。

【病因】

(1)致病菌为金黄色葡萄球菌和溶血性链球菌。

(2)皮肤黏膜破裂或其他感染病灶引起。

【症状】

发病急剧,常先有恶寒、发热、头痛、恶心、呕吐等前驱症状。婴儿有时可发生惊厥,继而在患部出现水肿性红斑,境界清楚,表面紧张灼热,迅速向四周扩大。有时损害处可发生水疱。自觉灼热疼痛,局部淋巴结肿大,白细胞总数及中性粒细胞增多,好发于小腿及头面部,婴儿常好发于腹部,其他任何部位亦可发生。多呈急性经过,全身症状和皮损一般在4~5天达高峰,若不积极治疗,尤其婴儿及年老体弱的患者,常可发生肾炎、皮下脓肿及败血症等并发症。皮疹消退时,局部可留有轻度的色素沉着和脱屑。

临床上由于其表现不同,因而有各种不同的名称。如在红斑肿胀处发生水疱者,称为水疱性丹毒;形成脓疱者,称为脓疱性丹毒;炎症深达皮下组织引起皮肤坏疽的,称为坏疽性丹毒;皮损连续扩大且呈岛屿状蔓延的,称为游走性丹毒。本症常有在原部位反复再发的倾向,再发时,症状往往较前一次轻。由于反复发作,皮肤淋巴管受损被阻塞,日久可继发象皮肿,此尤见于下腿。若发生于颜面者,可形成慢性淋巴水肿样改变。此种反复再发者称为慢性复发性丹毒。

【应急处理】

(1)卧床休息,给予高热量、多维生素及易消化食物饮食。

（2）抬高患肢，局部用 50% 硫酸镁热敷。

（3）全身应用大剂量有效抗生素。

（4）及时就医。

【护理】

（1）应让患者卧床休息，少走路，抬高患肢。

（2）局部用热毛巾作热湿敷，也可用 50% 硫酸镁溶液湿热敷，以利镇痛和促进炎症消退。

（3）遵医嘱按时让患者服药（包括中药）或打针，注意不可因症状已有改善而过早停用药物，以免复发。

【预防】

（1）着重注意皮肤清洁卫生，避免皮肤破损，如果有皮肤黏膜破损应及时处理。

（2）夏秋之交或春冬之交是好发季节，应注意自我调摄。

（3）对有丹毒病史者，应避免食用时鲜海货等"发物"。

（4）足癣和血丝虫都是诱发本病的重要因素，所以均应同时积极地治疗。

十、气性坏疽

气性坏疽是由梭状芽孢杆菌所引起的一种严重急性特异性感染。根据病变范围的不同，芽孢杆菌感染分为芽孢菌性肌坏死和芽孢菌性蜂窝组织炎两类，通常所说的气性坏疽即芽孢菌性肌坏死，主要发生在肌组织广泛损伤的患者，少数发生在腹部或会阴部手术后的伤口处。

【病因】

梭状芽孢杆菌为革兰阳性厌氧杆菌，以产气荚膜杆菌（魏氏杆菌）、水肿杆菌和腐败杆菌为主要，其次为产芽孢杆菌和溶组织杆菌等，临床上见到的气性坏疽，常是两种以上致病菌的混合感染。

梭状芽孢杆菌广泛存在于泥土和人畜粪便中，所以易进入伤口，但并不一定致病。气性坏疽的发生，并不单纯地决定于气性坏疽杆菌的存在，而更决定于人体抵抗力和伤口的情况，即需要一个利于气性坏疽杆菌生长繁殖的缺氧环境。因此，失水、大量失血或休克。而又有伤口大片组织坏死、深层肌肉损毁，尤其是大腿和臀部损伤，开放性骨折或伴有主要血管损伤，使用止血带时间过长等情况，容易发生气性坏疽。

【症状】

潜伏期可短至 6~8 小时，但一般为 1~4 天。

（1）局部表现：患者自觉患部沉重，有包扎过紧感。以后，突然出现患部"胀裂样"剧痛，不能用一般止痛剂缓解。患部肿胀明显，压痛剧烈。伤口周围皮肤水肿、张紧、苍白、发亮，很快变为紫红色，进而变为紫黑色，并出现大小不等的水泡。伤口内肌肉由于坏死，呈暗红色或土灰色，失去弹性，刀割时不收缩，也不出血，犹如煮熟的肉。伤口周围常扪到捻发音，表示组织间有气体存在。轻轻挤压患部，常有气泡从伤口逸出，并有稀薄、恶臭的浆液样血性分泌物流出。

（2）全身症状：早期患者表情淡漠，有头晕、头痛、恶心、呕吐、出冷汗、烦躁不安、高热、脉搏快速（100~120 次/分钟），呼吸迫促，并有进行性贫血。晚期有严重中毒症状,血压下降,最后出现黄疸、谵妄和昏迷。

【应急处理】

(1)对污染严重伤口应彻底清创,可用双氧水冲洗伤口,清创后全身应用抗生素如青霉素和四环素。

(2)高热患者可采用物理降温处理。

(3)休克时,采用头高脚低位,避免中毒性休克进一步加深,速送医院抢救。

【护理】

(1)密切观察受伤肢体情况,对其病情进展有预见性。对开放性骨折合并大腿、臀部广泛肌肉损伤、挤压伤、重要血管损伤、止血带使用时间过长者,自诉局部沉重,有包扎过紧的感觉或疼痛时,应警惕气性坏疽的发生。

(2)若出现疼痛进行性加重,有胀裂感,一般止痛药不能控制;肿胀剧烈且与创伤所能引起的一般肿胀不成比例,且迅速进行性加重;伤口中有气泡逸出,并有腐肉气味,应积极采取措施,并取伤口分泌物进行常规检查、细菌培养加药敏试验。一旦确诊为气性坏疽后,积极配合医师做好紧急局部手术准备,从根本上减轻疼痛。

(3)保护敞开的伤口免受刺激,可用支架撑起被褥。

(4)配合医师用氧化剂冲洗、湿敷伤口,以减轻疼痛。

(5)遵医嘱使用止痛剂。

【预防】

(1)彻底清创是预防创伤后发生气性坏疽的最可靠方法。在伤后 6 小时内清创,几乎可完全防止气性坏疽的发生。即使受伤已超过 6 小时,在大量抗生素的使用下,清创术仍能起到良好的预防作用。故对一切开放性创伤,特别是对泥土污染和损伤严重、无生活力的肌肉,都应及时进行彻底的清创。

(2)对疑有气性坏疽的伤口,可用 3% 过氧化氢或 1:1000 高锰酸钾等溶液冲洗、湿敷;对已缝合的伤口,应将缝线拆去,敞开伤口。

(3)青霉素和四环素族抗生素在预防气性坏疽方面有较好的作用,可根据创伤情况在清创前后应用,但不能代替清创术。

(4)应将患者隔离,患者用过的一切衣物、敷料、器材均应单独收集,进行消毒。煮沸消毒应在 1 小时以上,最好用高压蒸气灭菌,换下的敷料应行销毁,以防交叉感染。

十一、破伤风

破伤风是一种历史较悠久的梭状芽孢杆菌感染,破伤风杆菌侵入人体伤口、生长繁殖、产生毒素可引起的一种急性特异性感染。破伤风杆菌及其毒素不能侵入正常的皮肤和黏膜,故破伤风都发生在外伤后,一切开放性损伤,均有发生破伤风的可能。

【病因】

破伤风是破伤风杆菌经过伤口侵入人体后,产生毒素引起全身肌肉强直性痉挛和牙关紧闭、角弓反张等,是种特异性传染病。

【症状】

·健康医疗·

根据病情轻重及潜伏期长短分为轻、中、重3型。

(1)轻型:潜伏期10天以上,每日有2~3次肌肉痉挛性发作。

(2)中型:潜伏期7~10天,有明显的牙关紧闭及吞咽困难,也有角弓反张,无呼吸困难,肌肉痉挛较频繁。

(3)重型:潜伏期少于7天,肌肉痉挛为频繁阵发性发作,伴有明显的牙关紧闭,角弓反张,高热,呼吸困难。

【应急处理】

(1)患者住的室内要安静,温暖,避声、光、风等响动。专人看护,防跌碰伤。

(2)深创口周围先用1万~2万单位破伤风抗毒素(理想的是肌内注射破伤风免疫球蛋白250~500单位)封闭注射后,再将伤口内的泥土异物、坏死组织、碎骨彻底清理,不缝合,敞开创口。并用3%过氧化氢或1:1000高锰酸钾溶液反复冲洗。

(3)速送医院。

【护理】

(1)护理人员应配合医务人员做好接触隔离工作。患者的一切用具均应单用,不可与他人混杂使用。

(2)安慰患者,配合治疗,使其增强战胜疾病的信心。

(3)患者在症状发作期会出现牙关紧闭、苦笑面容、角弓反张,并随各种刺激而阵发性发作。护理时要配合医护人员,做到避免任何声、光、震动刺激,以尽量保持其睡眠状态。

(4)保持患者呼吸道通畅,如有呼吸困难甚至窒息时,应立即通知医务人员紧急处理。

(5)在患者恢复期应注意给予营养丰富而易消化吸收的饮食,以增强抵抗力。

【预防】

(1)防止一切大小的创伤:由于破伤风杆菌(厌氧性芽孢杆菌)广泛存于人畜粪便、尘土和环境中,它不能侵入正常皮肤和黏膜,只能在机体有创伤时侵入机体。伤口越深其越易感染而发病。

(2)最可靠的预防破伤风发病是注射破伤风类毒素:小儿用百日咳、白喉、破伤风混合疫苗注射,可保证5~10年不得此病。

第六节　神经精神科

人的神经就像一台机器,当你触碰了某个不适宜的开关,就有可能运行某个不符合规律的程序,从而损坏机器,神经系统当然也会出现各种疾病。

一、头痛

头痛是指额、顶、颞及枕部的疼痛。头痛是一个常见症状,大多无特异性且经过良好,如急性感染时的头痛,随原发病的好转而缓解。但有些头痛症状却是严重疾病的信号,如高血压动脉硬化患者头痛突然加剧,尤其是伴呕吐时,须警惕脑出血的发生。脑肿瘤、脑脓肿、脑外伤等的头痛,如在病程中进行性加剧,常提示病情加重或恶化。

【病因】

1.颅内疾病

(1)颅内感染性疾病:脑膜炎、脑炎、脑脓肿、脑蛛网膜炎等。

(2)颅内血管:脑血管意外(脑血栓形成、脑栓塞、蛛网膜下腔出血)、高血压性脑病、脑供血不足、颅内动脉瘤、风湿性脑脉管炎、静脉窦血栓形成等。

(3)颅内占位性病变:脑瘤、颅内转移瘤、脑囊虫病、脑血吸虫病、脑包虫病、脑膜白血病浸润等。

(4)颅外伤:脑震荡、脑挫伤、硬脑膜下出血、脑外伤后遗症等。

(5)其他:偏头痛、丛集性头痛(组胺性头痛)、头痛型癫痫、腰椎穿刺后头痛等。

2.颅外疾病

(1)骨疾病:颅底凹陷症、颈椎病等。

(2)神经痛:三叉神经痛、舌咽神经痛。

(3)颞动脉炎。

(4)眼原性、耳原性、鼻原性、牙原性头痛等。

3.全身性疾病

(1)急性与慢性全身感染。

(2)心血管疾病、高血压、慢性心功能不全等。

(3)中毒:铅、酒精、一氧化碳、有机磷、颠茄等中毒。

(4)中暑。

(5)其他:尿毒症、低血糖、贫血、系统性红斑狼疮、肺性脑病、月经期头痛、绝经期头痛等。

4.神经官能症

(1)神经衰弱。

(2)癔病。

【症状】

(1)头痛发生的急缓:急起的头痛伴发热者,常见于急性感染。青壮年突然头痛而无发热,伴有意识障碍与呕吐,提示颅内动脉瘤或脑血管畸形出血,引起蛛网膜下腔出血的可能。头痛进行性加剧并有颅内压增高的表现者,常见于颅内占位性病变。慢性复发性头痛是偏头痛特征之一。不伴颅内高压症的头痛,以肌收缩性头痛与鼻源性头痛为多见。

(2)头痛的部位:急性感染性疾病(颅内或颅外)所致的头痛多位于全头部,呈弥漫性。浅在性头痛常见于眼源性、鼻源性与牙源性。深在性头痛则多为脑脓肿、脑肿瘤、脑膜炎、脑炎等的病症,疼痛多向病灶同侧的外面放射。

(3)头痛的性质与程度:一般来说,三叉神经痛、偏头痛、脑膜刺激所致的头痛最为剧烈。原发性三叉神经痛常呈面部的阵发性电击样短促的剧痛,沿三叉神经的分布区放射。头痛的程度与病情的轻重常无平行关系。脑肿瘤的疼痛在一个相

·健康医疗·

图文珍藏版

当长的时期内可能为轻度或中等度,有时神经官能性头痛也可相当剧烈。眼源性、鼻源性以及牙源性头痛,一般为中等度。搏动性头痛可见于高血压、血管性头痛、急性发热性疾病、脑肿瘤、神经官能性头痛等。

(4)头痛发生的时间与持续时间:晨间加剧的头痛可见于颅内占位性病变;有规则的晨间头痛也可见于鼻窦炎;夜间发作的常为丛集性头痛;长时间阅读后发生的头痛常为眼源性;偏头痛在月经期发作较频;神经官能性头痛以病程长、明显的波动性与易变性为特点;脑肿瘤的头痛多呈慢性进行性,早期可间以或长或短的缓解期;脑外伤性头痛的发病日期相当明确。

(5)激发加重或缓解头痛的因素:腰椎穿刺后的头痛常因直立位而加重;丛集性头痛则因直立位而减轻;脑肿瘤、脑膜炎的头痛常因转头、俯首、咳嗽而加剧;颈肌急性炎症所致的头痛常因颈部运动而加重。反之,与职业有关的颈肌过度紧张所致的头痛则于颈部活动后减轻。

【应急处理】

(1)让患者安静地躺在清静的房间卧床休息,应保持室内空气流通,多饮开水,进流质或半流质食物,并用冷水毛巾敷额头。

(2)如是感冒所致,可给予解热止痛剂如复方阿司匹林或吲哚美辛,止痛药物可用罗通定、索密痛和布洛芬等。

(3)如果是血管性头痛可用苯噻啶、普萘洛尔。双手手指压迫太阳、合谷穴,可使头痛暂时部分缓解。

(4)如头痛患者有意识障碍、呕吐或身体麻木等神经症状的发生,切不可掉以轻心,应及时送医院救治。

【护理】

(1)轻度头痛,一般不用休息,可服用止痛药,如去痛片等。如有剧烈头痛,必须卧床休息。

(2)环境要安静,室内光线要柔和。

(3)注意了解患者头痛的诱因、性质、放射、程度、时间,这样可以有针对性地给予相应护理。另外,还要注意观察患者的神志是否清楚,有无面部及口眼歪斜等症状的出现。

(4)可按头痛的部位给予针灸、按摩治疗,前额痛可取印堂、合谷、阳白穴,两侧痛可取百会,后顶痛可取风池、外关等穴位。

(5)有头痛眩晕、心烦易怒、夜眠不佳、面红、口苦症状的患者,应加强其精神护理,消除患者易怒、紧张等不良情绪,以避免诱发其他疾病。高血压患者应注意休息,保持安静,按时服降压药。

(6)对一些病因明确疾病引起的头痛,应先控制病情,以缓解疼痛。

【预防】

(1)对功能性头痛或是颅外疾病引起的头痛。

①正确认识疾病,树立起自信心。在临床上所遇见的头痛,还是功能性的占绝大多数。经有关检查,排除了器质性疾患,最好还是相信科学,树立起能够战胜疾病的信念,积极配合治疗,消除自我的不良暗示。

②提倡有规律地生活和工作,睡眠充足、饮食结构合理、戒除不良嗜好;积极参

加感兴趣的文体活动。

③积极治疗原发病。

④正确应用药物预防。

(2)对于普通的紧张性头痛,最好的方法是避免紧张的处境和任何可能导致紧张的行为。这说起来容易,做起来却难,有时连识别一个紧张的处境也很困难;即使认识到,也难以避免,在某些场合,不妨尝试采取某些预防措施。不要长时间保持同一姿势,例如避免长时间弓着背坐在书桌前,应时而站起来伸展四肢,活动筋骨。和别人谈一些与目前的烦恼或困难无关的事情,轻松一下。躺下休息片刻或洗一个温水浴以松弛自己。如果这种自助疗法没有效果,不妨求医就诊,可考虑尝试另外一些预防头痛的非药物疗法,例如生物反馈法、放松疗法和其他使头部肌肉和血管松弛的疗法。

二、偏头痛

偏头痛是反复发作的一侧或两侧搏动性头痛,为临床常见的特发性头痛。发作前常有闪光、视物模糊、肢体麻木等先兆,同时可伴有神经、精神功能障碍。它是一种可逐步恶化的疾病,发病频率通常越来越高。

【病因】

偏头痛发作可能与下列因素有关。

(1)遗传:约60%的偏头痛患者有家族史,其亲属出现偏头痛的危险是一般人群的3~6倍,家族性偏头痛患者尚未发现一致的遗传模式,反映了不同外显率及多基因遗传特征与环境因素的相互作用。

(2)内分泌与代谢因素:女性较男性易患偏头痛,偏头痛常始于青春期,月经期发作更频,妊娠期或绝经后发作减少或停止。

(3)饮食与精神因素:偏头痛发作可由某些食物诱发,如含酪胺的奶酪,含亚硝酸盐防腐剂的肉类如热狗或熏肉,含苯乙胺的巧克力,食品添加剂如谷胺酸钠(味精),红酒及葡萄酒等。禁食、紧张、情绪、月经、强光和药物(如口服避孕药,血管扩张剂如硝酸甘油)等也可诱发。

【症状】

(1)有先兆的偏头痛以往称典型偏头痛,临床典型病例可分以下3期:

先兆期:典型偏头痛发作前出现短暂的神经症状即先兆。最常见为视觉先兆,特别是视野缺损、暗电、闪光,逐渐增大向周围扩散,以及视物变形和物体颜色改变等;其次为躯体感觉先兆,如一侧肢体或(和)面部麻木、感觉异常等;运动先兆较少。先兆持续数分钟至1小时,复杂性偏头痛先兆持续时间较长。

头痛期:伴先兆症状同时或随后出现一侧颞部或眶后搏动性头痛,也可为全头痛、单或双侧额部头痛及不常见的枕部头痛等,因此,双侧头痛和紧张性头痛常见的枕部头痛并不能排除偏头痛的可能。常伴恶心、呕吐、畏光或畏声、易激惹、气味恐怖及疲劳等,可见颞动脉突出,头颈部活动使头痛加重,睡眠后减轻。大多数患者头痛发作时间为2小时至1天,儿童持续2~8小时。头痛频率不定,50%以上的患者每周发作超过1次。女性患者在妊娠第二周或第三个季度及绝经后常见发作缓解。

头痛后期:头痛消退后常有疲劳、倦怠、无力和食欲差等,1~2日即可好转。

(2)无先兆的偏头痛:也称普通偏头痛,是临床最常见的类型,约占偏头痛患者的80%。缺乏典型的先兆,常为双侧颞部及眶周疼痛,可为搏动性,疼痛持续时伴颈肌收缩可使症状复杂化。发作时常有头皮触痛,呕吐偶可使头痛终止。普通和典型偏头痛的一种有用的床边检查是压迫同侧颈动脉或颞浅动脉可使头痛程度减轻。

(3)特殊类型偏头痛:偏头痛发作期或头痛消退后可伴明显的神经功能缺损,包括偏瘫、偏侧感觉缺失、失语或视觉障碍等。

①偏瘫型偏头痛:临床少见,多在儿童期发病。偏瘫可为偏头痛的先兆症状,可单独发生,亦可伴偏侧麻木、失语,偏头痛消退后偏瘫可持续10分钟至数周不等。可分为两型:家族型多呈常染色体显性遗传;散发型可表现为典型、普通型与偏瘫型偏头痛交替发作。

②基底型偏头痛(基底动脉偏头痛):较多见于儿童和青春期女性,出现头痛脚轻、眩晕、复视、眼球震颤、耳鸣、构音障碍、双侧肢体麻木及无力、共济失调、意识改变、跌倒发作和黑蒙等脑干和枕叶症状提示椎—基底动脉缺血。多见闪光、暗点、视物模糊、黑蒙、视野缺损等视觉先兆,先兆症持续20~30分钟,然后出现枕部搏动性头痛,常伴恶心、呕吐。

③复杂型偏头痛:指伴先兆延长的偏头痛。症状同有先兆的偏头痛,先兆在头痛发作过程中仍持续存在,延续时间在1小时至1周之内,神经影像学检查排除脑内器质性病变。

④偏头痛等位症:老年人和儿童可出现反复发作症状,如眩晕、呕吐、腹痛、腹泻、肢体和关节痛,不伴头痛发作。

⑤眼肌麻痹型偏头痛:较少见。当偏头痛发作开始时或发作后头痛逐渐消退之际,头痛侧出现眼肌瘫痪,动眼神经最常受累,有的病例同时累及滑车和外展神经,引起眼肌麻痹,可持续数小时至数周。该型偏头痛多有无先兆的偏头痛病史,应注意排除颅底内动脉瘤和糖尿病性眼肌麻痹。

⑥晚发型偏头痛:45岁以后发病,发作性头痛可伴反复发作的偏瘫、麻木、失语和构音障碍等,每次发病的神经功能缺失症状基本相同,持续1分钟至72小时。

(4)偏头痛持续状态:头痛发作持续时间在72小时以上,但期间可有短于4小时的缓解期。

【应急处理】

(1)让患者安静地躺在清静的房间卧床休息,应保持室内空气流通,多饮开水,进流质或半流质食物,并用冷水毛巾敷额头。

(2)可给予止痛剂如苯噻啶、普萘洛尔等。

(3)双手手指压迫太阳、合谷穴,可使头痛暂时部分缓解。

(4)针刺风池、合谷、列缺穴位。前头痛者,加印堂、太阳。头顶痛者,加百会。

(5)如头痛患者有意识障碍、呕吐或身体麻木等神经症状的发生,切不可掉以轻心,应及时送医院救治。

【护理】

(1)注意个人卫生,防止感染,如有牙科疾病,应首先治疗牙病;女性患者若服用避孕剂时头痛发作频繁,并逐刚睡,可改用其他避孕方式。

(2)头痛发作者,应观察头痛的性质、时间、程度、是否伴有其他症状或体征,如出现呕吐、视力降低、肢体抽搐等多器质性头痛,应立即送医院或与医生联系,针对病因进行处理。

(3)轻微头痛,可对症治疗,并清除过敏因素,如可疑食物是偏头痛发病的因素之一,如蛋类、奶类、肉类;头痛剧烈、频繁呕吐和入睡困难者,可酌情给予镇痛、安眠剂等对症处理并需卧床休息。

(4)可能的话,找一个安静幽暗的房间躺下来睡一觉,但避免睡过多,以免睡醒后,反而出现头痛。小睡片刻或许可以消除头痛,但若没有头痛时,则最好不要小睡。

(5)睡眠姿势怪异或趴着睡(腹朝下),皆会收缩颈部肌肉,进而引发头痛。而平躺的睡姿有益。同样地,当你站立或静坐时,身体勿向前倾斜,也勿使头扭向某个方向。

(6)有些人喜欢在额头及颈部冷敷,这方法对许多人有效;而另一些人则偏好热敷颈部或洗热水澡。当头痛发作时可以用热敷或冷敷袋覆盖额头,并按摩太阳穴的血管以减轻头痛。

(7)下面介绍的7种柔软操,是专为脸部及头皮设计的,它们可以帮助患者松弛这些部位的肌肉,并使患者在初见头痛的征兆时,采取控制行动。

扬眉:同时将两边的眉毛抬起,再放下。

眯眼:快速地眯上双眼,再放松。接着,用力眯右眼,放松。接着,眯左眼,放松。

皱眉:用力地挤眉,放松。

张嘴:慢慢地将嘴巴张开到最大,再慢慢闭上。

移动下颚:嘴巴微张,左右地移动下颚。

皱鼻:用力将鼻子向上挤,像是闻到恶臭一样。

扮鬼脸:随兴地做鬼脸,像小时候一样。别担心,你的脸不会就此变形。

【预防】

1.饮食预防

偏头痛患者平时要注意多休息,保持心情舒畅,还要多食用易于消化、营养丰富的食物,多吃新鲜蔬菜、水果。

2.常见诱因的避免

(1)气候因素:尽量避免气候因素引起的头痛,比如避免住宿的地方潮湿,尽量避免到潮湿的地方工作等,配合绿色的休闲草地,浅绿色、光线柔和的墙壁,安静的环境及宜人的空气。对于在湿热季节很敏感的人,可适当应用普萘洛尔、麦角胺等抗偏头痛药物给予预防。

(2)食物因素:偏头痛患者有时对某些食物如咖啡、巧克力、奶制品等敏感,容易触发偏头痛。因此,对已经知道对自己不利的食物应该严格控制。

(3)情绪因素:许多患者在偏头痛急性发作前,都有或多或少的情绪波动因素,在女性尤其明显。在生活中应注意劳逸结合,同时培养豁达、大度的胸襟,并避免噪声、强光的刺激等都可减少偏头痛的发作。

（4）烟酒因素：养成良好的生活习惯，不抽烟、不喝酒对于偏头痛患者来说尤为重要。对有饮酒后头痛发作史者，建议饮酒前、后口服 1 片普萘洛尔，可有所预防。对于吸烟者，尤其要注意室内通风。

3.预防治疗

预防治疗的药物疗程一般不少于 3 个月，但也不要太长，一般应于 9~12 个月后停止，以免产生不良反应。疗效好的，可以休息几个月后再用 1 个疗程；疗效不好的应更换其他药物。

4.心理调节

在应用药物的同时，还要注意心理调节，并避免诱发因素。通过一系列的综合性预防治疗，偏头痛是可以不发作的。

三、三叉神经痛

三叉神经痛是指在三叉神经分布范围内反复发作短暂的、阵发性剧痛为特征的一种疾病。三叉神经痛有时也被称为"脸痛"，容易与牙痛混淆，三叉神经痛是神经外科、神经内科常见病之一。多数三叉神经痛于 40 岁起病，多发生于中老年人，女性尤多，其发病右侧多于左侧。该病的特点是：在头面部三叉神经分布区域内，发病骤发、骤停、闪电样、刀割样、烧灼样、顽固性、难以忍受的剧烈性疼痛。

【病因】

（1）异常血管，小的脑膜瘤及狭窄的颅骨孔使三叉神经受压。

（2）营养三叉神经的动脉硬化。

（3）三叉神经节产生异常的痛性放电。

【症状】

常以口—耳及鼻—眶疼痛为主要表现形式，疼痛剧烈，呈刀割、电击或撕裂样，持续数秒至 1~2 分钟，同时可引起同侧反射性面肌抽搐，并有流涎、流泪、结膜充血等。间歇期正常。可因触及面部或口腔内某一点而引起发作，此点称"扳机点"。如说话、咀嚼、刷牙、漱口、洗脸及刮脸等均可诱发。

【应急处理】

（1）口服卡马西平或苯妥英钠 100~200 毫克，每日 2~3 次。

（2）疼痛服药无效时，可去医院采取封闭治疗或手术处理。

【护理】

（1）因疼痛发作，患者不敢洗脸、刷牙、进食，应鼓励患者按时用温水洗脸、刷牙和漱口，以保持个人卫生。

（2）鼓励进食，准备可口、色香味俱全的食物以增进食欲，防止营养不良。

（3）保护眼睛，用眼药水点滴或用 3% 硼酸灭菌溶液定时冲洗，以防止角膜出现混浊、炎症或水肿。

（4）注意卧床休息，服用合适的止痛剂。

【预防】

（1）生活、饮食要有规律，保证足够的睡眠和休息，避免过度劳累。

（2）保持心情舒畅，切忌冲动、生气，郁郁寡欢。树立治疗疾病的信心，积极配合医生治疗。

（3）适当参加体育运动，锻炼身体，增强体质。

（4）动作轻慢防止一切诱发疼痛的因素，如洗脸、刷牙等，尽量避免刺激扳机点。寒冷天注意保暖，避免冷风直接刺激面部。

（5）进食较软的食物，因咀嚼诱发疼痛的患者，则要进食流食，切不可吃油炸物，刺激性食物，海鲜产品以及热性食物等。

（6）坚持治疗，以求根治。

（7）自我按摩头面部以拇指或食中指按揉阳白、鱼腰、太阳、四白、上关、下关、承浆等穴各1~2分钟，双手交替拿捏曲池、合谷、内庭，用拇指点按太冲、太溪。

（8）三叉神经痛患者平时应多吃些含维生素丰富及有清火解毒作用的食品。

四、坐骨神经痛

坐骨神经痛是指坐骨神经病变，沿坐骨神经通路即腰、臀部、大腿后、小腿后外侧和足外侧发生的疼痛症状群。坐骨神经是支配下肢的主要神经干。坐骨神经痛是指坐骨神经通路及其分布区域内（臀部、大腿后侧、小腿后外侧和脚的外侧面）的疼痛。坐骨神经痛又属于腰腿痛的范畴，有部分是由腰椎突出压迫坐骨神经所致。

【病因】

按病损部位，分根性和干性坐骨神经痛两种，前者多见根性坐骨神经痛，病变位于椎管内，病因以腰椎间盘突出最多见，其次有椎管内肿瘤、腰椎结核、腰骶神经根炎等。干性坐骨神经痛的病变，主要是在椎管外坐骨神经行程上，病因有骶髂关节炎、盆腔内肿瘤、妊娠子宫压迫、臀部外伤、梨状肌综合征、臀肌注射不当以及糖尿病等。

【症状】

本病男性青壮年多见，单侧为多。疼痛程度及时间常与病因及起病缓急有关。

1.根性坐骨神经痛

起病随病因不同而异。最常见的腰椎间盘突出，常在用力、弯腰或剧烈活动等诱因下，急性或亚急性起病，少数为慢性起病。疼痛常自腰部向一侧臀部、大腿后窝、小腿外侧及足部放射，呈烧灼样或刀割样疼痛，咳嗽及用力时疼痛可加剧，夜间更甚。患者为避免神经牵拉、受压，常取特殊的减痛姿势，如睡时卧向健侧，髋、膝关节屈曲，站立时着力于健侧，日久造成脊柱侧弯，多弯向健侧，坐位时臀部向健侧顺斜，以减轻神经根的受压。患肢小腿外侧和足背常有麻木及感觉减退。

2.干性坐骨神经痛

起病缓急也随病因不同而异。如受寒或外伤诱发者多急性起病。疼痛常从臀部向股后、小腿后外侧及足外侧放射。行走、活动及牵引坐骨神经时疼痛加重。脊椎侧弯多弯向患侧以减轻对坐骨神经干的牵拉。

【应急处理】

（1）卧硬板床，注意保暖患肢。

（2）腰椎牵引。

（3）维生素 B_1、维生素 B_2、地巴唑及烟酸等药物口服或注射。

（4）理疗：急性期可用超短波疗法，红斑量紫外线照射等治疗。慢性期可用短波疗法直流电碘离子导入。

（5）中医疗法：针刺环跳、殷门、阳陵泉、委中、承山、悬钟、昆仑等穴,每次取3～4穴,每日1次。

【护理】

（1）急性期应睡硬板床。

（2）注意保暖与休息,改善居室条件,保持环境通风与干燥,防止受寒受湿,尤其在运动出汗以后不可受凉,应保持干燥,不能久坐或躺卧于凉湿地面。

（3）患坐骨神经痛后,只要不在急性期内,仍要适当进行体育锻炼,帮助解决运动障碍,增大活动范围,增强肌肉力量,防止肌肉萎缩,矫正不良姿势,增强体质,改善全身健康状况。鼓励患者尽早恢复正常活动。而急性期后积极的运动治疗增强背肌力量与柔软度,更是目前的世界性治疗趋势。例如,对嗜好球类、跑步等跳跃式运动的患者,可取代以脚踏车、游泳等低撞击性运动,以维持其活动量,改善症状。

（4）多食含维生素B族和维生素C的食物,尤其是B族维生素,它是神经代谢非常重要的物质,维生素C、维生素D等是人体不可缺少的营养物质,机体易缺乏某些脂溶性维生素,所以应适当吃些牛奶、粗米、粗面、胡萝卜、新鲜蔬菜和水果来补充。适当吃些坚果,如核桃、白果、松子等,它们含丰富的神经代谢营养物质。

松子

（5）少量饮酒对本病有益,根据各人酒量不同,多者不宜超过50毫升,因为酒量过多,对肝脏损害较重,降低机体免疫力,对疾病恢复有严重影响。

（6）因烟中的尼古丁可使小血管收缩痉挛,减少血液供应。还有一种有害物质—一氧化碳,能置换血液红细胞内的氧,使坐骨神经干本来不充足的营养成分更加减少,可能使病变加重。嗜烟可以引起慢性支气管炎,致经常咳嗽、咳痰等。根性坐骨神经痛患者腰腿痛明显,再因吸烟咳嗽,则更增加痛苦。

（7）适当控制饮食的量,合理搭配杂粮。严禁暴饮暴食,如果对饮食质量和多少不能科学控制、搭配,那么肥胖就不可避免,增加坐骨神经痛的发生。

【预防】

（1）坐骨神经痛患者首先要防止受寒受湿,尤其在运动出汗以后不可受凉,内衣汗湿后要及时换洗,防止潮湿的衣服在身上被焐干,出汗后也不宜立即洗澡,待落汗后再洗,以防受凉、受风。不能久坐或躺卧于凉湿地面。

（2）患坐骨神经痛后,只要不在急性期内,仍坚持适度的体育锻炼,帮助解决运动障碍,增大活动范围,增强肌肉力量,防止肌肉萎缩,矫正不良姿势,增强体质,改善全身健康状况。

（3）硬板床休息,生活规律,劳逸结合,可坚持做床上体操。

五、癫痫

癫痫的大发作俗称"羊癫风",是神经系统常见病之一。癫痫是大脑神经元突发性异常放电,导致短暂的大脑功能障碍的一种慢性疾病。而癫痫发作是指脑神经元异常和过度超同步化放电所造成的临床现象。其特征是突然和一过性症状,由于异常放电的神经元在大脑中的部位不同,而有多种多样的表现。可以是运动感觉神经或自主神经的伴有或不伴有意识或警觉程度的变化。

【病因】

癫痫根据病因可分为原发性、继发性两种。原发性癫痫原因不明,脑部无明显病理或代谢改变,体内外环境在生理范围内的各种改变可诱发其发病。原发性癫痫多在5岁左右或青春期发病。继发性癫痫是由脑内外各种疾病所引起。

(1)由中枢神经系统感染、脑寄生虫、颅内肿瘤、颅脑外伤、脑血管病、中毒等。

(2)癫痫患者突然停服抗癫痫药物或抗癫痫药减量太快。

(3)由于劳累、饮酒、兴奋、发热等状况也容易引发癫痫。

(4)高原地区相对缺氧也会引发癫痫。

【症状】

(1)癫痫小发作时,患者表现为短暂的意识丧失,通常只有几秒钟,没有抽搐痉挛,脸色发白或发红,小孩表现原地打转等,一般容易被人忽视。局限性癫痫通常表现为局限性的,手、脚、面部等处的痉挛抽搐。发现有上述表现的一定要去医院接受检查治疗,按医嘱坚持服药。

(2)癫痫大发作时,患者表现为腿部痉挛抽搐,头部后仰,大叫一声摔倒在地,全身肌肉呈强直性收缩、痉挛,嘴巴紧闭,两眼上翻,僵直期一般持续数秒至半分钟,转为阵挛期,此期全身肌肉呈有节律的强烈收缩,呼吸恢复,随呼吸口中喷出白沫或血沫,尿失禁,一次发作持续2~3分钟,多的可达7~8分钟。

(3)少数患者的大发作,可接连发生,在间歇期间仍是神态晕迷,这为癫痫的持续状态。这是该病的一种危重情况,如不及时抢救,可出现脑水肿、脑疝、呼吸循环衰竭直至死亡的严重后果。一旦发生癫痫的持续状态,如就近有苯巴比妥针剂,可先给1次较大剂量的药物,然后尽快将患者送往医院抢救。

(4)单纯部分性发作。某一局部或一侧肢体的强直、阵挛性发作,或感觉异常发作,历时短暂,意识清楚。若发作范围沿运动区扩及其他肢体或全身时可伴意识丧失,称杰克森发作。发作后患肢可有暂时性瘫痪,称Todd麻痹。

(5)复杂部分性发作(精神运动性发作):精神感觉性、精神运动性及混合性发作。多有不同程度的意识障碍及明显的思维、知觉、情感和精神运动障碍。可有神游症、夜游症等自动症表现。有时在幻觉、妄想的支配下可发生伤人、自伤等暴力行为。

(6)植物神经性发作(间脑性):可有头痛型、腹痛型、肢痛型、晕厥型或心血管性发作;无明确病因者为原发性癫痫,继发于颅内肿瘤、外伤、感染、寄生虫病、脑血管病、全身代谢病等引起者为继发性癫痫。

【应急处理】

当发现大发作的先兆症状时,采取任何措施预防发作已为时过晚,只有做好大

·健康医疗·

图文珍藏版

发作的准备,以保证患者发作时避免外伤的发生。

（1）一般来说,癫痫患者在发作前有先驱自觉症状,如感觉异常,胸闷、上腹部不适、恐惧、流涎、听不清声音、视物模糊等。因此,患者本人在预感到癫痫发作前应尽快离开如公路上、水塘边、炉火前等危险境地,及时寻找安全地方坐下或躺下。患者的家属也应学会观察患者发作前的表现,以便尽早做出预防措施,防止其他意外伤害的发生。在患者未发作起来时立即用针刺或手指掐人中、合谷等穴位,有时可阻止癫痫发作。

（2）癫痫小发作时,患者表现为短暂的意识丧失,通常只有几秒钟,没有抽搐痉挛,脸色发白或发红,小孩表现原地打转等,一般容易被人忽视。局限性癫痫通常表现为局限性的,手、脚、面部等处的痉挛抽搐。发现有上述表现的一定要去医院接受检查治疗,按医嘱坚持服药。

（3）癫痫大发作时,患者发生全身抽搐前将要倒地时,患者家属或救助者若在附近,要立即上前扶住患者,尽量让其慢慢倒下,以免跌伤。同时,趁患者嘴巴未紧闭之前,迅速将手绢、纱布等卷成卷,垫在患者的上下齿之间,预防牙关紧闭时咬伤舌部。对于已经倒地并且面部着地的,应使之翻过身,以免呼吸道阻塞。此时若患者已牙关紧闭,不要强行撬开,否则会造成患者牙齿松动脱落。然后救助者可解开患者的衣领和裤带,使其呼吸通畅。为防止患者吐出的唾液或呕吐物吸入气管引起窒息,救助者或家人应始终守护在患者身旁,随时擦去患者的吐出物。患者抽搐时,不可强行按压其肢体,以免造成韧带撕裂、关节脱臼、甚至骨折等损伤。也不要强行给其灌药或喝水,防止被吸入肺内而致窒息。癫痫发作中,为避免患者再受刺激,不要采用针刺、指掐人中穴的抢救方法,更不要用凉水冲浇患者。

（4）癫痫持续状态:为短时期内癫痫大发作持续不断,或在一定时间内发作数次,而发作间歇期内患者意识也一直处于不能清醒者,称为癫痫持续状态。此时患者常有大汗,体温升高等现象,体力消耗过大,如不及时采取有效措施,中止发作,病情将更严重而发生脑水肿、急性肺水肿等,以导致呼吸衰竭、心力衰竭、危及生命造成死亡。当患者全身肌肉抽搐痉挛停止,进入昏睡期后,应迅速将患者的头转向一侧,同时抽去其上下牙之间的垫塞物,让患者口中的唾液和呕吐物流出,避免窒息。此时患者的全身肌肉已放松,可将其原来的强迫姿势改为侧卧,这样可使患者全身肌肉放松,口水容易流出防止窒息,同时舌根也不易后坠而阻塞气道。并注意患者保暖及周围环境的安静。发作大多能在几分钟内自行终止,无须采取特殊的治疗措施,不需要马上送医院急诊。

【护理】

1.病情观察

（1）观察癫痫发作地点、时间、持续时间。

（2）注意意识状态、瞳孔变化、肢体抽动等情况,并向医生说明。

2.对症护理

抽搐发作时需专人守防,并松开衣领,用开口器撬开口腔垫牙垫;头偏向一侧,按抽搐护理。

3.一般护理

（1）间歇期可下床活动,出现先兆即刻卧床休息,必要时加床栏,以防坠床。

（2）清淡饮食，少进辛辣食物，禁用烟酒，避免过饱。

（3）用肛表或在腋下测量体温。

4.健康指导

（1）患者不应单独外出，并应随身带有卡片，注明姓名、诊断，以便急救时参考。

（2）长期服药者按时服药及复查，不宜私自停药或减量。

（3）劝告患者避免过度劳累，生活、工作有规律；不登高、不游泳、不驾驶车辆。

【预防】

有些患者在发病前有一种特殊的感觉，也是最先感觉，也是发作最开始的部分表现为先兆表现。先兆表现持续时间很短，仅数秒至数分钟即出现癫痫发作的症状。当然，并不是所有患者都有先兆表现，这与癫痫发作的类型及患者年龄有关。

有些癫痫患者癫痫发作时有预兆，有些癫痫患者癫痫发作时没有预兆。癫痫发作的预兆包括前驱症状和先兆症状。前驱症状是指在大发作前的数日或数小时，患者出现的全身不适、易激惹、烦躁不安、情绪忧郁、心境不佳、常挑剔或抱怨他人的症状。先兆症状是大发作前数秒钟内患者出现的错觉、幻觉、自动症、局部肌阵挛或其他特殊感觉等。

有些精神运动性发作也可出现类似大发作的前驱症状。当出现前驱症状时预示着患者可能在数小时或数日内出现大发作。首先要做好心理护理，帮助患者稳定情绪，免得患者惹是生非；其次可临时加大原服抗癫痫药的剂量，或在原服药物的基础上加用其他抗癫痫药物，以预防发作。

（1）对因遗传性疾病引起的癫痫，要进行产前诊断，发现患某种遗传性疾病，伴发癫痫的胎儿可以人工流产，这样就可以减少这类癫痫的发生。

（2）癫痫患者在选择婚配对象时，应避免与有癫痫家族史的人结婚，癫痫患者的未婚夫（妻）在婚前要做脑电地形图检查，如脑电地形图有癫痫波者避免结婚，双方都有癫痫家族史的人也应避免结婚。

（3）为了预防出生时脑损伤引起的癫痫，对于高龄初产者，如预计生产过程不顺利，应及早剖腹取胎，这样可以避免因缺氧、窒息、产伤引起婴儿日后患癫痫。

（4）对于各种颅内感染引起的癫痫，主要是积极地预防这些感染的发生，一旦发生了颅内感染性疾病，应及早诊断，正确治疗，减轻脑组织损伤程度。在颅内感染的急性期，不少患者常有癫痫发作，这时应及时、足量使用抗癫痫药物，以减轻脑组织因癫痫发作造成的损害，也可减少日后癫痫发作的机会。

（5）预防脑外伤引起的癫痫，重点是预防脑外伤的发生，避免因工作、交通事故引起的脑外伤。

（6）高热惊厥患者以后约有15%左右转变成癫痫，如对有复发可能的高热惊厥，应及早地采取预防措施，可大大减少高热惊厥造成的脑损伤，也就减少了癫痫的发生率。

（7）去除癫痫发作诱因，是预防癫痫复发的重要环节之一，如饮酒、疲劳、精神压抑、暴饮暴食、感染性疾病、受惊发热、剥夺睡眠、近亲结婚及有害的声、光刺激等。

（8）药物治疗最重要的一点是，一旦开始服药治疗，必须坚持服用，万万不能间断，只有这样才能有效地控制发作，若发作已完全控制，减药时要逐渐减量，不可骤停。如在停药或减药过程中出现复发,应立即给予以往控制发作的方法重新治疗。

六、癔病

癔病又叫作歇斯底里发作,是具有某些特征性格的人在精神因素作用下急剧发生的一种疾病,可能通过暗示或自我暗示使症状加重、改变或好转。该病症状多样,一般预后良好,但易于复发,青壮年时期容易发病,女性远多于男性。

【病因】

各种精神因素,如家庭不和、人格受辱等使患者感到气愤、委屈、恐惧等,都可直接引起癔病发作,同时会影响症状的产生和内容。在同样精神因素作用下,具有典型癔病特征性格的人更容易发病。所谓癔病特征性格就是易感情用事,好走极端,情绪易激动而多变,容易受到别人的言语行为的影响,给人缺乏主观的印象,这是暗示性的特点,常被用于诊断和治疗。患者好夸耀,好表现,以自我为中心,自我感觉良好,富于幻想,有时甚至会把幻想与现实混淆。

【症状】

(1)多见于青年女性,发病前有情绪不良或沉默不语等现象。

(2)常突然发病,有的患者会哭笑无常,胡言乱语,或闭目不语,有的肢体乱动,有的一侧肢体或单个肢体不动。

(3)呼吸困难常为特征之一,称为人为性呼吸困难,患者开始呼吸急促,幅度增大。由于过度通气引起手足抽筋,双拳紧握或四肢挺直,两眼紧闭,两眼球上翻。但无意识丧失,患者很少跌跤,无大小便失禁现象。

(4)患者可因暗示后使病情好转或加重。

【应急处理】

(1)家属应镇静,对患者要关心体贴,要给"台阶",但不要迁就。不可歧视患者,在这基础上进行治疗,并配合暗示。

(2)不同症状用不同方法治疗:

①痉挛发作和躁狂状态者,可针刺人中、合谷、涌泉,须强刺激。

②对癔病患者要做好充分的思想交流,在患者迫切要求治疗,又对人生有信心的情况下,可采取暗示治疗(针刺涌泉、静注葡萄糖酸钙、感应电治疗等),一旦有效立即鼓励患者,以巩固疗效。癔症的治疗环境很重要,家庭中的环境恐难收效。

③精神症状明显,而又体弱不能承受针刺的可应用镇静药肌注,如地西泮10毫克肌注或氯丙嗪25毫克肌注。

④其他类型都可用针刺、葡萄糖酸钙等进行暗示治疗,但均需在患者合作的前提下进行,并且操作者要机智。

【护理】

(1)正确对待疾病,解除忧虑心情,保持乐观精神状态,建立健全的思维模式,消除导致发病的精神因素。

(2)注意休息与营养,参加有益的娱乐活动,或有计划的旅游,培养广阔胸怀。

(3)根据病情,应适时看医生,并在医生指导下给以对症治疗。

【预防】

癔病一般好发于年轻女性,因年轻女性普遍存在着好幻想、易动情、意志较脆弱、暗示性较高的心理特点,如果在其成长过程中,父母过于宠溺、或其他不良环境因素的影响,使其形成任性、孤僻、或自我显示、好出风头、以感情代替理智,以幻想代替现实的性格缺陷,那么,一旦其人生过高的要求不能如愿,或生活发生重大变故(如亲人亡故、夫妻离异等),或受到恐吓、误解、侮辱、委屈等,就会使其心理承受能力崩溃,导致癔病的产生。

　　由于癔病是一种较为严重的心理疾患,且在症状的发生和治疗过程中,暗示和自我暗示起着重要作用,在一定场合还可导致集体发病。所以,必须对癔病进行防治。

　　1.对待癔病患者

　　(1)要正确对待,癔病是神经症而非精神病,癔病患者并无神经系统的器质性病变,一旦诱因消失,患者会霍然而愈。

　　(2)要注意缓解紧张情绪,为患者创造一个舒适、轻松的环境,因为紧张情绪是蕴酿癔病的温床。

　　(3)要加强对患者意志品质的训练,注意培养她们开阔的心胸和脚踏实地的务实精神。

　　(4)要设法消除患者的心理创伤,以"要言妙道"的方式加以开导,指导患者正确对待人生。对待自己的性格缺陷。

　　(5)采用暗示疗法,"假药"妙用,当癔病患者突然出现种种丧失功能的症状时,可请有权威的医生开点安慰剂,却告诉患者是可以药到病除的灵丹妙药,以达到使症状减轻和消失的结果。

　　(6)当癔病患者发病时,首先要控制其言行,让患者镇静下来,以免发生意外,严重时要立即送医院。

　　2 作为癔病患者

　　(1)保持健康稳定的工作、生活情绪,遇到不愉快的事要正确对待,多与同事或亲属谈心,以便取得他人的关心和帮助。

　　(2)正确对待各种疾病,多锻炼身体,增进食欲,增强体质,保持大脑皮质功能的健康。

　　(3)多参加集体活动,逐渐培养良好的心理素质与开朗胸怀。

·健康医疗·

图文珍藏版

第四章　家庭急救

第一节　急救常识

俗话说,病来如山倒。在现实生活中,你和你的家人随时都有可能遭受急性病的袭击。因此,掌握基础的、必要的急救措施,会对发病患者带来极大的帮助。此外,还应备一个急救箱,箱里配置的药品一定要确保品质和有效期。

一、家庭急救准备

现代家庭一般都有家庭小药箱,准备一些常用药品,以备家人患病时使用。对于那些喜欢备用家庭小药箱的主人来说,学会备用哪些药品,并如何来保存这些药品是一件十分重要的事。

合理装备家庭药箱

随着人们生活水平的提高和医药卫生知识的普及,人们防病健身的意识也随之加强,人们从关注吃饱穿暖到更加注重身体健康。现在许多家庭都备有药品,使得一些小病能够得到及时治疗。一些患者在病愈后也会将未用完的药品保存下来,以备有病时再用。但是,任何药物都有两面性,既可以治病,又会危害人体健康。如过期药品、假劣药品、滥用药、一次性药具处置不当,都是用药安全的隐患。所以,日常生活中,我们应根据家庭人员的健康状况。有针对性地准备少量但是比较安全有效的常用药物,并应学会科学合理地使用。

【家庭小药箱的配置物品】

消过毒的纱布、棉棒等,这些都是急救时常用的配置物品。如有条件,最好有1条长1米左右的大三角巾;体温计是必须准备的量具;医用的剪子、镊子(在使用前先用火或酒精消毒)也要相应地配齐;准备好碘酒、红药水、烫伤膏、眼药膏、止痒清凉油、伤湿止痛膏、创可贴及75%酒精等外用药;配置解热、止痛、止泻、防晕药、消炎药和助消化药等内服药。

【家庭备药的考虑因素】

1.要根据家庭人员的构成和各自的健康状况贮备药品

如果家中有老人和小孩,要特别注意准备他们常用的药品。家中有高血压病人、结核病人、冠心病病人、癫痫病人时,家庭应常备治疗这些疾病的药物。家庭药箱不要混入致使家庭成员过敏的药物。

2.要选择不良反应较少的药品

这类药品的不良反应已得到充分的临床证实,一般在说明书上都有明确的说明,比较容易发现和预防。新药由于上市时间短,有可能会出现一些意外的不良反应,因此不适于家庭备用。

3.要选择疗效比较稳定、用法相对简单的药物

应当尽量选择口服药、外用药。

4.选择常见病、多发病用药

家庭急救小药箱的必备基础药要针对家庭成员的身体状况,容易出现的疾病以及季节变化容易引发的疾病选择备用药物。

5.备药量不应过多

家庭备药除个别需要长期服用的品种外,备量不应当过多,一般够三五日剂量即可,以免备量过多造成失效浪费。应当在 3~6 个月清理一次。

【家庭备药应对症】

家庭小药箱是每个家庭必备的,但绝不能因为有自备药可用就错用和滥用药物。生活中要注意掌握基本的用药常识。用家庭自备药,自己给自己看病,药物选择不好常常会出现一些意外情况。

有些人不根据服药说明和医嘱来服药,而是凭着自己就医积累的经验和感觉,来擅自更改剂量。用药剂量的调整应当非常慎重,处方药应当在医生的指导下,循序渐进地服用。擅自盲目增加剂量,药物毒副作用也会相应增加。对自己不清楚如何服用的非处方药,应该咨询专业人士。

有些人常常会根据医生曾开过的药买药吃,但是很多疾病即使症状相似,可因时间、因人各不相同,治疗效果反而不佳。更不能迷信某一种药物擅自长期服用,人体本身会产生抗药性,从而降低药效的发挥,并对人的机体造成很大伤害。

选择家庭备药应注意的事项

总的来说,家庭备药应根据家庭人员的组成和健康状况进行备药的工作。应选择副作用较小的老药。应选择疗效稳定、用法简单的药物。尽量选择口服药、外用药,少选或不选注射药物。应选择常见病、多发病用药。

【家庭备药的合理储存】

1.妥善贮存

药物常会因受光、遇热、过多水分、酸、碱、温度的变化、微生物作用等外界条件的影响而变质失效。

因此家庭存放的药物最好分别装入棕色瓶内,将瓶子盖拧紧,放置于避光、干燥、阴凉的地方,以防变质失效。部分易受温度影响的药品,应当放入冰箱的冷藏室内保存。而酒精、碘酒等外用制剂,则应密闭保存。

内服药和外用药不要混放在一起,须分开存放,以免误拿误用。药物存放一般应当避光、干燥保存;一般 3 至 6 个月应做一次彻底检查,检查药品是否超过有效期。

2.注明有效期与失效期

很多家庭没有养成定期清理家庭小药箱的习惯,有一些药品放很长时间而过期。一般药品均标注有效使用期和失效期,超过有效期的药品不能再使用,否则会影响疗效,甚至会产生不良后果。

进口药外包装上的有效期用三个英文字母缩写"EXP"表示,后面紧随的是药

品有效日期。药品过期后,不仅药效得不到保证,病人使用后还有药物的毒副作用。

3.注意外观变化

对于贮备药品,使用时应注意观察外观变化。如片剂产生松散、变色;糖衣片的糖衣粘连或开裂;胶囊剂的胶囊粘连开裂;丸剂粘连、霉变或虫蛀;散剂严重吸潮、结块、发霉;眼药水变色、混浊;软膏剂有异味、变色或油层稀出等。外观出现上述情况的药品都不能再用。

【谨慎使用家庭必备药】

症状往往是疾病诊断的依据之一,随便用药会掩盖症状,造成诊断困难,甚至误诊。所以在明确诊断之前,最好不要随便用药。

在使用家庭药箱中的药物时,应注意药物的相互作用。两种以上药物同时服用,彼此可能会产生作用,使其中一种药物降低药效或引起不良反应。如:青霉素类和四环素族合用,其抗菌效力不及单独使用。

注意要按剂量服用药品,超量服用可能会产生不良反应,甚至导致死亡。如:老年人和小孩不注意退烧药物的剂量,会因出汗过多而使体温骤降,引起虚脱。

家庭储药备忘录

在储备家庭备药时,除个别需要长期服用的药品外,其他备量不可过多,一般够三五日剂量即可,以免备量过多造成失效浪费。

【止咳化痰药】

如:必嗽平、咳必清、咳美芬、退咳露。

咳必清片适用于呼吸道炎症引起的咳嗽,但不宜于痰多、粘稠的病人,否则咳嗽中枢被抑制难以咳出,致使胸闷难受,甚至引起呼吸道阻塞,使病情加剧。

咳美芬能止咳,而且有一定的解痉作用,故对伴有气喘的干性咳嗽有较好的疗效。

退咳露常用于急性气管炎与支气管炎及肺炎、肺气肿等引起的刺激性干咳、阵咳,痰多病人禁用。

【解热镇痛药】

如:阿司匹林、去痛片、消炎痛。

镇痛药应在明确病因的前提下使用,否则,容易掩盖疾病真相,延误诊治。另外,镇痛药仅限于急性剧烈疼痛时用,而且是短期的,不能反复多次使用。必须注意,作用快的解热镇痛药用于高热病人或用量较大时,会导致病人因出汗过多,体温骤降而产生虚脱现象。必要时需采取补液、保温和应用升压药等措施急救。

【治感冒药】

如:扑感敏、新康泰克、速效伤风胶囊、强力银翘片、白加黑感冒片、小儿感冒灵。

治疗感冒的关键是多休息,增加营养和多饮开水,并且在医生指导下合理用药。感冒药一般含解热镇痛抗炎成分,对胃部有刺激。空腹服用,容易导致胃溃疡、胃出血。为减少药物对胃肠道的刺激,并利于药物吸收,感冒药最好饭后15～30分钟服用。

【助消化药】

如:吗丁啉、多酶片、山楂丸。

助消化药有促进胃肠道消化的功能,大多数助消化药含消化酶的主要成分,消化道中的消化酶分泌不足时,消化药可以发挥替代疗法的作用。人体对食物的消化功能是非常强的,但婴幼儿由于发育的原因其功能还不健全,往往容易出现消化不良的现象;而老年人则由于机体的自然衰老,胃肠道功能逐渐减退。因而婴幼儿和老年人是消化药的主要使用人群。

【退烧药】

口服退烧药、静脉和肌肉注射用药。

发烧只是一种症状,很多疾病都可以引起。发烧时,首先要针对疾病本身进行治疗,使用退烧药只是一种辅助手段。此外,退烧药如果使用不当会造成危险,因此不能盲目使用。那些发烧时一感觉头昏脑涨就拿起退烧药吃的做法其实是非常不科学的。体温稍微偏高者不建议服用退烧药。

【止泻药】

如:易蒙停、止泻宁、思密达。

此类药通过提高胃肠张力改变胃肠道运动功能,抑制肠蠕动以减缓食物的推进速度,使水分有充分的时间吸收而止泻。此外,止泻药通过吸附或收敛作用,阻止肠内消化物的异常发酵,减少毒物在肠内的吸收及对肠黏膜的刺激,或者直接保护肠黏膜,减少渗出而发挥止泻作用。

【胃肠药】

如:快胃片、吗叮啉、启脾丸、胃复康片。

快胃片:有明显抗酸止痛作用,用于治疗急性胃痛、胃酸过多、胃溃疡、十二指肠炎。

吗叮啉:主要用于治疗胃部胀满、上腹疼痛、反流性食道炎等。

【抗过敏类药】

如:多虑平、赛庚啶、异丙嗪(非那根)。

服用抗过敏药应特别注意时间和次数。凡是轻度过敏的患者,一般每天只需服药一次。根据过敏发作时间不同,服药时间应有所区别,例如:过敏症状出现于白天者,应于晨间服药;症状出现于晚间者,则应在临睡前服药;副作用大的过敏药(如扑尔敏),最好在临睡前服用。

此外,许多抗过敏药本身也会引起过敏反应,一旦发现有药物过敏现象,应立即停止用药,并及时就医,在医生的指导下换用其他药物。

【速效救心丸】

家有心绞痛病患者的家庭,要备用这种药用于治疗和预防心绞痛的突然发作。发作时含服此药1~2分钟,能使症状得到缓解,从而为抢救患者赢得时间。

用药前患者应找出自身心绞痛的发作规律,切勿等典型的心绞痛发作后再含服。有时为了更快地发挥其药效,可用牙齿将其咬碎后再含在舌下。

服药时应取坐姿。站着含服容易因头部位置较高,周身血管扩张而致血压降低,容易引起晕厥。

用量一般为每次4~6粒,含服后5分钟起效。若用药10分钟后症状仍不缓解,应立即送医院抢救。

速效救心丸是一种棕色滴丸,有特殊香味。含服时若感觉失去药品应具有的苦辣味和凉麻感,说明本药已失效,应另换新药。

【眼药水】

如:利福平眼药水、红霉素眼药膏。

婴儿和老年人因耐受力小,每次只需滴 1 滴药水就够了。用药次数应遵医嘱或说明书,不要随意少用或停用。要有耐心,坚持用药。用完药应到医院复查,由医生决定是否停药或换药。

眼药应密闭保存在阴凉遮光处,不宜放在温度较高或阳光直射的地方,以免失效。眼药水、眼药膏一经打开,要在一定时间内用完,以免疗效降低或失效。

用药期间,如出现过敏反应或其他异常症状,应马上停药,并及时到医院诊治。

【外用药】

如:达克宁霜、百多邦软膏、阿昔洛韦软膏。

有些外用药的成分能透过皮脂层渗入血液,引起胎儿或乳儿中毒,造成胎儿或婴幼儿神经系统器官的损害,因此,妇女在妊娠期应慎用外用药。

达克宁霜含硝酸咪康唑,一般均有局部刺激。如果皮肤局部较为敏感,易发生接触性皮炎,或者用药时因局部刺激发生灼感、红斑、脱皮起疱等症状,应及时停止用药,以免皮肤损伤加重或发生感染。

二、常用的急救知识

掌握最基本的急救常识,通过伤病者表象、体温、脉搏、呼吸次数、血压等判断病势,来达到初步急救的目的,能为之后的抢救提供很大的帮助。

常见伤病者的表象

伤病者的面容、意识、瞳孔、皮肤、体位等表象,是判断伤势轻重的重要标志。病生于内而表于外的重要体征,也是望诊的重点。熟练认识它们,对诊断、抢救有很大裨益。

【面容】

面容表情常反映伤病的轻重程度。正常人表情自如,患病受伤害时即失去常态。

1.愁眉苦脸

皱眉,咬牙,呻吟不安。常见于各种病伤引起的剧烈疼痛、呼吸困难、急性腹痛、严重外伤和骨折等。

2.苦笑面容

牙关紧闭,苦笑面容,角弓反张,四肢抽搐,面肌痉挛,多见于破伤风、癫痫。

3.贫血面容

面容枯槁、苍白,唇舌色淡,少气无力,消瘦等。

4.垂危病容

面色苍白或铅灰,表情淡漠,目光无神,四肢厥冷,额部出汗,多见于外伤、大出血、休克、脱水、急性腹膜炎等。

5.慢性病容

面容憔悴,面色灰暗或苍白。枯瘦无力,多见于慢性消耗性疾病,如恶性肿瘤、严重结核病等。

当上述病容出现时,往往提示疾病的急性发作或慢性转重。因此,应当密切观察病情,做好急救或送医院的准备。

【意识】

正常人意识清醒,思维敏捷合理,语言清晰。意识的异常变化反映大脑功能活动的失常,即对环境的知觉状态变化。凡能影响大脑活动的疾病都会引起不同程度的意识改变。

1.意识模糊

是轻度意识障碍,表现为注意力涣散,记忆力减退,对人或物判断失常。

2.谵妄状态

意识模糊伴有知觉障碍,注意力丧失,精神性兴奋为突出表现,多见于感染、中毒性昏迷。

3.嗜睡

为一种持续的、延长的病理性睡眠状态,有一定言语或运动反应,可被他人唤醒,但很快入睡。

4.昏迷

表明病情严重,各种反射活动都减弱或消失。

各种严重创伤、烧伤,重度休克,高热,中毒性菌痢,流行性乙型脑炎等都会有意识障碍的表现。这种表现,对判断病情非常重要,对病人应加强监测和特殊护理。

【瞳孔】

瞳孔直径在 2.5~3.5mm 为正常范围。它是虹膜中央的孔洞,副交感神经兴奋瞳孔缩小,交感神经兴奋瞳孔扩大。正常人的两个瞳孔一样大小,等圆,对光反射正常。瞳孔的正常与否,对某些疾病的判断很有意义。

1.瞳孔扩大

见于青光眼后期,眼内肿瘤,眼部外伤,颈交感神经受刺激,视神经萎缩,阿托品、可卡因等药物的作用。

2.瞳孔缩小

一般见于虹膜炎症,中毒(有机磷类农药中毒、毒覃中毒),药物反应(毛果芸香碱、吗啡、氯丙嗪)等。

3.瞳孔形状不规则

一般见于虹膜粘连。

4.瞳孔不等大

一般见于颅内病变,如脑外伤、脑肿瘤、中枢神经梅毒、脑疝,还有中枢神经和虹膜的神经支配障碍,中脑功能病变。

5.瞳孔对光反射迟钝或消失、扩大

一般见于濒死状态或重度昏迷病人。

【皮肤】

皮肤颜色的改变和皮疹的有无,往往是判断伤病和决定治疗的先决条件。

1.皮肤苍白

见于贫血、休克、虚脱、寒冷、惊恐等。

2.全身青紫

见于缺氧、心力衰竭、呼吸道阻塞、肺炎、中毒,以鼻尖、颊部、耳廓、肢端最为明显。

3.皮肤发黄

多见于黄疸,可为柠檬色、橘黄色、黄绿色、暗黄色。

4.出血、瘀斑见于皮肤黏膜出血,出血点直径小于2mm者为出血点,直径大于3~5mm者为紫癜,直径在5mm以上者为瘀斑,多见于过敏性紫斑、血小板性紫斑、血行感染、中毒、某些外伤等。

5.皮肤水肿

从下肢开始肿,见于心脏病;从眼睑面部开始肿,见于肾脏病;凹陷性水肿见于营养缺乏;非凹陷性水肿见于甲状腺机能低下。

6.皮疹

多为全身性疾病表现之一,常见于传染病、皮肤病、药物及其他一些过敏反应。

7.斑疹

局部发红,皮肤不隆起,见于斑疹伤寒、丹毒等。

8.玫瑰疹

鲜红或暗红色圆形斑疹,是伤寒病的特征性表现之一。

9.斑丘疹

见于风疹、猩红热等,在丘疹周围有皮肤发红的底盘。

10.荨麻疹

俗称"风疹块",略高出皮肤,伴有瘙痒,多见于异性蛋白食物或药物过敏。

【体位】

人的体位分自动体位、被动体位、强迫体位和应有体位四种。病伤员因病伤部位不同,常自己采用一种舒适体位。有经验者常以体位的姿势来判断疾病,从而采用正确救治方法。有时伤病员自己采用的所谓被迫体位(舒适体位),但易促使病情加重或恶化,甚至于造成不幸死亡,遇此情况时,急救者应毫不迟疑地加以纠正。如被毒蛇咬伤下肢时,要使患肢放低,绝不能抬高,以减低毒汁的扩延;上肢出血要抬高患肢,防止增加出血量等等。现将常见不同的伤病者的体位简述如下,供急救者参考。

1.自动体位

正常人身体活动自如,不受限制。

2.被动体位

伤病者不能调整或自己不能变更肢体的位置称被动体位。常见于头部有严重损伤、意识丧失的伤病者。

3.强迫体位

强迫体位是病伤者为了减轻痛苦而采取的一种体位。常见强迫体位有以下几种:

破伤风——角弓反张体位。即头向后仰,胸腹前凸,背过伸,躯干呈弓形。

惊厥者——头偏向一侧(应取下义齿)。

背痛者——仰卧位。

腹痛者——上身前屈抱腹弯腰,屈膝位,甚者翻身打滚。

腰痛者——走路拘谨,前屈身而行。

胆道蛔虫者——病者辗转反侧,坐卧不安。也见于胆石症、肾结石、肠绞痛症。

心肺功能不全者——强迫坐位呼吸,患者取坐位或半坐位,两手置于膝盖上。这种体位能使膈肌下降,肺换气量增加,下肢回心血量减少,减轻心脏负担。

胸腔大量积液者——有胸膜炎和胸腔大量积液者,常取患侧卧位,以减轻疼痛,并有利于健侧肺的代偿。

急性腹膜炎一病人常取仰卧位,双下肢屈膝,借以缓解腹部肌肉紧张,减轻痛苦。

4.病伤时应有体位

面青紫者——说明有淤血,头应放低,足抬高。

面红者——头抬高,足放低。

恶心呕吐者——头偏向一侧,防呕吐物进入气管。

咯血——向患侧卧位,防血流入健侧支气管和肺内。

腹痛者——屈双膝于腹前,放松腹肌。

腹外伤者——仰卧,屈双膝。

手足出血者——抬高手足。

呼吸困难者——半坐位,也可用于心脏病引起的咯血者。

呼吸骤停者——平卧位,下颌上仰,以保持呼吸道通畅。也可用于心脏按压。

脑震荡者——头较低的仰卧位。

下肢骨折者——仰卧位,下肢伸直。

脚扭伤者一肿、紫时应抬高患肢。

心脏病者一常取俯卧位,以减轻胸前憋闷。

脑出血者——上体稍高,取仰卧位。

异物进眼后——要睁开眼。

电光性眼炎——要闭眼。

昏厥者——病人平卧,头低足高位。也可用于昏睡、晕倒而面色苍白者。

痉挛者——头放平,保持舒适体位。

眩晕者——头不要乱转动。

测量体温

基础体温是指机体静息状态维持最低正常代谢水平时的体温,通常是在睡眠6～8小时醒来后未进行任何活动时测得的体温。测量方法简单,但要求很严格。

测量体温的高低,必须使用体温计,一般来说,体温计有口表、腋温表和肛表两种。口表用于口腔测温,这种方法较为准确、迅速、方便。腋温表用于腋下测温,这是临床最常见的一种测量体温的方法,这种方法比较安全、方便,特别适合儿童、老人以及病情较重的患者。肛表用于测量肛门体温。

【测量体温的方法】

1.口腔内测量法

测温前,应先将体温表用75%酒精消毒,再将表内的水银柱甩至35℃以下,然后将口表水银端斜置于患者舌下,叮嘱患者闭口(勿用牙咬),用鼻呼吸,3分钟后取出,擦净后观察水平线位置的水银柱所在刻度。一般成人正常口腔体温在36.2～37.2℃之间,小儿可高0.5℃。

2.腋下测量法

先将体温计水银甩至35℃以下,解开衣纽,揩干腋下,然后将水银端放于腋窝中央略前的部位,夹紧体温计,另一只手也可握住测量侧的手肘部以帮助固定。腋下测温需 10 分钟,取出看清楚度数并做好记录。正常人腋下体温为 36～37℃。

3.肛门内测量法

肛门内测量时,首先选用肛门表,用液体石蜡或油脂滑润体温表含水银一端,再慢慢将表的水银端插入肛门 3～4.5cm,家长用手捏住体温表的上端,防止滑脱或折断,3～5 分钟后取出,用纱布或软手纸将表擦净,并阅读度数。肛门体温的正常范围一般为 36.8～37.8℃。

【注意事项】

在测量体温前应避免活动、饮食;检查体温计完好性及水银柱是否在 35℃以下。

测量体温时,应事先查看体温表有无破损。擦净测量部位的汗液,用力夹紧体温计;保证测量时间;获取体温计读数时,不能用手捏、拿水银端。

3 岁以内或智力较差的小儿均需专人在一旁看护,并协助用手扶托住体温表。

体温计用完之后,最好用 75% 的酒精消毒。传染病病人用过的体温计更应该消毒。

正常人的体温在 24 小时内略有波动,一般情况下不超过 1℃。

体温在正常生理情况下,早晨略低,下午或运动和进食后稍高。老年人体温略低,妇女在经期前或妊娠时略高。

测量脉搏

随着心脏的舒缩,在表浅的动脉所摸到的搏动称为脉搏。在正常情况下,脉率和心率是一致的。

脉搏的频率受年龄和性别的影响,一般女性比男性快,儿童比成人快。婴儿每分钟 120～140 次,幼儿每分钟 90～100 次,学龄期儿童每分钟 80～90 次;成年人每分钟 70～80 次。运动和情绪激动时可使脉搏增快,而休息、睡眠时则脉搏减慢。临床上有许多疾病,特别是心脏病可使脉搏发生变化。因此,测量脉搏对病人来讲是一个既简单而又不可缺少的检查措施。中医更将测脉作为诊断疾病的主要方法。测量脉搏常选用浅表的大动脉,最方便和常用的是最靠拇指侧手腕上的桡动脉,其次是靠近外耳道处的颞动脉和颈部两侧的颈动脉。

【测量脉搏的方法】

1.直接测法

最常选用桡动脉搏动处。桡动脉搏动在手的腕关节上方,靠拇指一侧搏动最明显。先让病人安静休息 5～10 分钟,手平放在适当位置,坐卧均可。检查者将右手食指、中指、无名指并齐按在病人手腕段的桡动脉处,压力大小以能感到清楚的动脉搏动为宜,数半分钟的脉搏数,再乘以 2 即得 1 分钟脉搏次数。在紧急情况下,桡动脉不便测脉搏时也可采用以下动脉:

颈动脉——位于气管与胸锁乳突肌之间;

肱动脉——位于臂内侧肱二头肌内侧沟处;

股动脉——大腿上端,腹股沟中点稍下方的一个强大的搏动点。

2.间接测法

用脉搏描记仪和血压脉搏监护仪等测量。具体使用方法看仪器说明书。

【常见的异常脉搏】

1.脉搏增快(≥100 次/分钟)

生理情况有情绪激动、紧张、剧烈体力活动(如跑步、爬山、爬楼梯、扛重物等)、气候炎热、饭后、酒后等。病理情况有发热、贫血、心力衰竭、心律失常、休克、甲状腺机能亢进等。

2.脉搏减慢(≤60 次/分钟)

颅内压增高、阻塞性黄疸、甲状腺机能减退等。

3.脉搏消失(即不能触到脉搏)

多见于重度休克、多发性大动脉炎、闭塞性脉管炎、重度昏迷病人等。

【注意事项】

(1)测脉搏前应使小儿安静,体位舒适,最好趁小儿熟睡时检查。

(2)检查脉搏时,注意数每分钟脉搏跳动多少次,脉搏跳动是否整齐规律和强弱是否均匀。

(3)由于小儿脉搏数与外界影响因素关系密切,故一般不作为例行常规检查。

(4)测量脉搏应在病人安静时进行,测量者也不可用自己的拇指诊脉。因拇指小动脉搏动易和病员的脉搏跳动相混,不易正确测量。

(5)为偏瘫病人测脉,应选择健侧肢体。

测量呼吸次数

呼吸是人体内、外环境之间进行气体交换的必要过程,人体通过呼吸吸进氧气,呼出二氧化碳,从而维持正常的生理功能和生命活动。

正确测量病人的呼吸次数,是了解其身体状况的常用指标,在家庭急救中事关重要。

正常人的呼吸不仅有规律而且均匀,成年人每分钟呼吸 16~20 次,运动或情绪激动可以使呼吸暂时增快,呼吸与脉搏的比例是 1:4。小孩呼吸比成人快,小孩每分钟可达 30 次左右,而新生儿的呼吸频率每分钟可达到 44 次。

此外,呼吸运动主要由脑干部位的呼吸中枢来控制,但是大部分的呼吸动作仍可以随意去控制。

一次呼吸的动作完成包括吸气及呼气,一般用直接观察胸部的起伏来观察呼吸动作。测呼吸速率时需要测足 60 秒。

【测量呼吸次数的方法】

(1)测呼吸时不仅要数每分钟的次数,还要观察呼吸快慢是否一致,深浅是否均匀,有无呼吸困难的表现。正常呼吸是均匀、平衡、有规律的,吸气略长于呼气。新生儿呼吸可发生快慢、深浅不匀的情况,这也不一定是有病的表现。

(2)对危重病人,可将棉絮放在鼻孔前,棉絮飘动次数就是他的呼吸数。

(3)各个年龄期儿童呼吸次数也不一样,年龄越小呼吸次数越多。正常儿童每分钟呼吸的次数是:新生儿期为 35~45 次,2~4 岁为 25~30 次,5~10 岁为 20~25 次,11~14 岁为 18~20 次。高烧、肺部有病、心脏病、贫血时呼吸加快;某些药物中毒、脑子有病时呼吸变慢。呼吸过速或过慢深浅不匀,快慢不一致,都是病情加重的表现。

【注意事项】

(1)呼吸的快慢和精神是否紧张有很大的关系,所以在测量呼吸前,应该让病人安静,避免和病人谈话,使病人呼吸自然。

(2)在测量时,要注意呼吸的深浅、节律和有没有呼吸困难等症状。如呼吸确实停止,立即用口对口人工呼吸法进行抢救。

(3)呼吸增快多发生在肺部有病、心脏病或有高热病的病人身上。

(4)药物中毒,呼吸减慢。如呼吸困难或打鼾,便是危险的信号。

(5)若是出现双吸气、点头呼吸、鼻翼扇动,以及呼气时胸廓不但不鼓反而下陷的现象,表明病情严重,要赶快请医生诊治。

(6)正常呼吸的次数是随年龄而改变的,概括地说,年龄越小呼吸越快。

测量血压

血压反映了心脏对全身血管的供血情况,尤其是高血压病人和休克病人,血压是直接显示病情轻重程度的重要指标。

动脉内最低的压力称为舒张压。收缩压与舒张压之差为脉压。

【测量血压的方法】

(1)测前病人安静休息片刻,消除劳累与紧张因素对血压的影响。

(2)一般选用上臂肱动脉为测量处,病人取坐位,暴露并伸直肘部,手掌心向上。打开血压计,平放,使病人心脏的位置与被测量的动脉和血压计上的水银柱的零点在同一水平线上。放尽袖带内的气体,将袖带中部对着肘窝,缚于上臂,袖带下缘距肘窝 2~3cm,勿过紧或过松,并塞好袖带末端。

(3)眼耳并用,戴上听诊器,在肘窝内摸到动脉搏动后,将听诊器的头放在该处,并用手按住稍加压力。打开水银槽开关,手握气球,关闭气门后打气,一般使水银柱升到 21~24kPa(160~180mmHg)即可。然后微开气门,慢慢放出袖带中气体,使压力读数缓慢下降。

(4)当听到第一个微弱声音时,水银柱上的刻度就是收缩压,又叫作"高压"。继续放气,此音逐渐增强,突然变弱变低沉,然后消失,水银柱上的刻度为舒张压,又叫作"低压"。如未听清,将袖带内气体放完,使水银柱降至零位,稍停片刻,再重新测量。

(5)测血压一般以右上肢为准,连测 2 次,取平均值。

【血压的正常值】

正常成人收缩压为 12~18.7kPa(90~140mmHg),舒张压 8~12kPa(60~90mmHg)。在 40 岁以后,收缩压可随年龄增长而升高。39 岁以下收缩压<18.7kPa(140mmHg),40~49 岁收缩压<20kPa(150mmHg),50~59 岁收缩压<21kPa(160mmHg),60 岁以上收缩压<22.6kPa(170mmHg)。

【血压异常】

1.高血压

指收缩压和舒张压均增高而言的。成人的收缩压≥21kPa(160mmHg)和舒张压≥12.6kPa(95mmHg),称高血压。如出现高血压,但其他脏器无症状,属原发性高血压病;如由肾血管疾病、肾炎、肾上腺皮质肿瘤、颅内压增高、糖尿病、动脉粥样硬化性心脏病、高脂血症、高钠血症、饮酒、吸烟等引起的高血压,属继发性高血压病。

2.临界性高血压

指收缩压 18.6~21kPa(140~160mmHg),舒张压 12~12.6kPa(90~95mmHg)而言的。

3.低血压

指收缩压≤18.6kPa（140mmHg），舒张压≤8kPa（60mmHg），多见于休克、心肌梗塞、心功能不全、肾上腺皮质功能减退、严重脱水、心力衰竭、低钠血症等。

三、常用的急救措施

面对突然发生的意外或疾病，如果我们懂得一些科学急救与护理的技术，就能有条不紊、分秒必争地加以救治，就能避免病情的进一步恶化，甚至能转危为安。因此，掌握一些常用的急救技术非常重要。

酒精擦浴

酒精擦浴为一种简易有效的降温方法。因为酒精是一种挥发性的液体，酒精在皮肤上迅速蒸发时，能够吸收和带走机体大量的热量。

一般来说，发高烧的患者。在服用退烧药的同时，要配以冰袋降温、冷湿敷降温、酒精擦浴等物理降温方法。如果家里没有酒精，也可以用普通白酒代替，但一定要注意根据白酒度数，适当稀释。比如65°二锅头的酒精含量也是非常高的，它的稀释方法和酒精差不多。稀释好后，用小毛巾或纱布蘸溶液擦浴。

如果身边没有酒精，可使用冰袋降温。操作时，冰袋外面要用毛巾或布包上，放在患儿头部，同时室内温度保持在25℃～27℃左右。半小时后再测体温，若降低到38.5℃以下则须停止。

【用酒精擦浴的方法】

（1）用一块小纱布蘸浸75%酒精，置于擦浴的部位，先用手指拖擦，然后用掌部做离心式环状滚动，边滚动边按摩，使皮肤毛细血管先收缩后扩张，在促进血液循环的同时，使机体的代谢功能也相应加强，并借酒精的挥发作用带走体表的热量而使体温降低。

（2）使用酒精擦浴时要注意酒精的浓度，一般以30%～50%的浓度为宜。通常是先从患者的颈部开始，自上而下地沿着上臂外侧擦至手背。然后经过腋窝沿上臂内侧擦至手心。上肢擦完后，自颈部向下擦拭后背，擦浴的同时用另一只手轻轻按摩拍打后背，以促进血液循环。

（3）可以自髋部开始擦拭下肢，方法与擦拭上肢相同。每个部位擦拭3分钟左右。擦拭腋下、肘部、掌心、腹股沟、腋窝、足心等部位时停留时间应稍长些，以提高散热效果。再以同样方法擦另一侧。最后帮助病人擦背部和四肢。

（4）擦浴后用毛巾擦干皮肤。

【注意事项】

（1）高热寒战或伴出汗的患者，不宜用酒精擦浴。因寒战时皮肤和毛细血管处于收缩状态，散热少，如再用冷酒精刺激，会使血管更加收缩，皮肤血流量减少，从而妨碍体内热量的散发。

（2）小孩皮肤娇嫩，在擦浴时动作要轻，以免损伤皮肤。

（3）高热无寒战又无汗的患者，采用酒精擦浴降温，能起到一定的效果。但应注意避免受凉及并发肺炎。

（4）胸部、腹部及后颈部对刺激敏感，可引起反射性心率减慢和腹泻等不良反应，不宜做酒精擦浴。

·健康医疗·

图文珍藏版

(5)擦浴过程中如发现患者寒战、面色苍白等异常情况,应停止擦浴,盖好衣被保温,并及时请医生诊治。对婴儿和体质虚弱的小儿不宜使用酒精擦浴法降温。

冷敷

冰的作用是减少通往伤处的血流,使受伤部位的内出血和肿胀情况得到控制。一旦你扭伤了脚,首先考虑到的应是冷敷。

冷敷能够促使局部血管收缩,控制小血管的出血;可使神经末梢的敏感性降低而减轻张力较大肿块的疼痛,达到消肿止痛之功效;防止炎症和化脓扩散。可将体内的热传导发散;增加散热,降低体温。高热病人,敷于头额、颈后可降低体温、改善不适感。

此外,冷敷适用于扁桃体摘除术后、鼻出血、早期局部软组织损伤、高热病人、中暑者、牙痛及脑外伤病人。

【冷敷的方法】

冷敷主要包括冰袋冷敷、冷湿敷浴二种。

1.冰袋冷敷法

将冰块打碎,用水冲掉碎冰块棱角,装入橡皮袋或塑料袋至1/2体积,驱出空气,拧紧盖。然后,敷于病儿病灶处。冰袋严禁放在枕后部或阴囊处,以免冻伤。

2.冷湿敷法

用毛巾或纱布浸于冷水或冰水中,取出拧半干(以不滴水为止)敷于所需处。每3~5分钟更换一次。

【注意事项】

(1)要了解病人的感觉,如果患处皮肤感到不适或疼痛,应停止冷敷。

(2)冷敷时,要注意观察局部皮肤颜色,出现发紫、麻木时要立即停用。

(3)冷敷时间不宜过长,一般以20分钟为好,以免影响血液循环。老、幼、衰、弱病人,不宜做全身冷敷。

(4)如果使用冷巾、冷袋,4~6分钟更换1次。

(5)一般冷敷不在肢体的末端进行,以免引起循环障碍,而发生组织缺血缺氧。

(6)对伤口处或手术后创伤处以及眼部冷敷,冷敷用具一定要严格消毒,以防引起交叉感染。

热敷

冬天生冻疮是因血液循环不好造成的,多摩擦手、用温热水泡手脚、用热毛巾对脸及耳朵进行热敷可以防止冻疮发生。

热敷可以促进局部组织血液循环,提高机体抵抗力和修复能力,促使炎症消散,减轻局部肿痛;能使局部肌肉松弛,皮肤血管扩张,减轻深部组织的充血和肌肉痉挛。

热敷适用于初起的疖肿,麦粒肿,痛经,风寒引起的腹痛、腰腿痛以及突然排尿病症。

此外,冬季对老幼体弱之人、末梢循环不良的病人和危重病人进行热敷,可改善血液循环,使病人温暖舒适,起到防病保健的效果。

【热敷的方法】

热敷可分为干热、湿热两种。干热敷比较方便,湿热敷穿透力强并具有消炎作用。

1.干热敷法

将水温约为 60~70℃ 的热水灌入热水袋约 2/3 左右处,慢慢将热水袋的空气排出,拧紧盖子,倒提水袋检查是否漏水,然后将热水袋表面擦干,用前在臂内测试,应以不烫为宜,用毛巾包裹好,放在病人需要的部位。对小儿或老年人,或为瘫痪、浮肿、循环不良及昏迷的病人使用热水袋时,水温应略低些,以 50℃ 左右为宜。

2.湿热敷法

先在需热敷的局部皮肤上涂少量油,盖上一层薄布,将小毛巾或旧布折成块,放在热水中浸湿拧干敷在患处,上面再加盖干毛巾,以保持热度。敷布温度以病人不觉烫为原则,约 3~5 分钟更换一次,敷 20~30 分钟左右。也可在敷布上放热水袋保持温度。眼鼻部疖肿可以用热水杯蒸气熏敷,效果不错,方法是,将大口水杯灌入半杯开水,患者在距水杯 5~10cm 处,将眼或鼻对准杯口,以能够耐受为度。用大毛巾将整个头部与水杯一起蒙住,熏蒸 20 分钟即可。

【注意事项】

(1)热湿敷的毛巾敷前要拧干。热湿敷后不要马上外出,否则容易着凉感冒。

(2)给病人热敷时,如发现局部皮肤有发红等异常改变,应暂停使用。注意,毛巾和热水袋不可过烫,以免烫伤。对于伤口有神经损伤、局部麻木的患者更应该格外小心。注意保持伤口敷料干燥,一旦不慎弄湿,需及时更换伤口包扎敷料,以免感染。

(3)急性腹痛病人未明确诊断前,不应热敷,以免延误诊断;头、面、口腔部化脓性感染的患者不应该热敷,以免局部血液增多增快,促使细菌进入脑内;各种内脏出血也不宜热敷,以防血管扩张,加重出血倾向。

搬运伤病人

当身边有人受到伤害或患急症病时,采取正确的搬运方法,是抢救病人的重要措施之一。不正确的搬运方法,会给病人带来严重后果。

创伤救护的搬运包括两个方面:一是将伤员从受伤现场(如汽车驾驶室、倒塌的物体下、狭窄的坑道等)搬出,使受伤病人脱离危险区,实施现场救护;二是现场急救后将患者转运到医院,尽快使伤病人获得专业医疗,防止损伤加重,最大限度地挽救生命,减轻伤残。

正确的搬运方法能减少病人的痛苦,防止损伤加重;错误的搬运方法不仅会加重伤员的痛苦,还会加重损伤。现代创伤救护更强调搬运过程中防止损伤加重,尤其是脊髓损伤。因此,正确的搬运是现场急救的重要一环。

【搬运伤病人的方法】

1.一般患者的搬运方法

最理想的车辆是救护车,车上装有必需的急救器材和护理用具,而且医护人员可随车护送,因此,重伤者最好用救护车转送。缺少救护车的地方,可用汽车或其他方法转送。

(1)自用汽车转送:上车前要准备好急救、止痛、防晕车等的药品及便盆、尿壶等。长途转运时还需准备饮用水、食品、手电筒等,冬天注意防寒,夏天注意防风吹、雨淋和阳光曝晒。

上车后,胸部伤患者用半卧位,一般伤者用仰卧位,颅脑受伤者应使其头部偏向一侧。途中行车要平稳,注意观察患者的脸色、表情、呼吸、脉搏及伤口敷料浸染程度,发现异常情况应及时处理。

(2)人工转送:有徒手搬运和器械(工具)搬运两种方法。

①徒手搬运。在搬运患者过程中凭人力和技巧,不使用任何器具的一种搬运方法。此法虽实用,但因其对搬运者来说比较劳累,有时容易给患者带来不利影响。

搀扶:由一位或两位救护人员托住患者的腋下,也可由患者一手搭在救护人员肩上,救护人员用一手拉住,另一手扶患者的腰部,然后与患者一起缓慢移步。搀扶法适用于病情较轻、能够站立行走的患者。作用是不仅给患者一些支持,更主要能体现对患者的关心。

背驮:救护人员先蹲下,然后将患者上肢拉向自己胸前,使患者前胸紧贴自己后背,再用双手抱住患者的大腿中部,使其大腿向前弯曲,然后救护人员站立后上身略向前倾斜行走。

呼吸困难的患者,如心脏病、哮喘、急性呼吸窘迫综合征等,以及胸部创伤者不宜用此法。

手托肩掮:有两种方法,一种是将患者的一上肢搭在自己肩上,然后一手抱住患者的腰,另一手抱起大腿,手掌托其臀部;另一种是将患者掮上,患者的躯干绕颈背部,其上肢垂于胸前,搬运者一手压其上肢,另一手托其臀部。

双人搭椅:由两个救护人员对立于患者两侧,然后两人弯腰,各以一手伸入患者大腿下面而相互十字交叉紧握,另一手彼此交替支持患者背部;或者救护人员右手紧握自己的左手手腕,左手紧握另一救护人员的右手手腕,以形成口字形。这两种不同的握手方法,都形成类似于椅状而命名。此法要点是两人的手必须握紧,移动步子必须协调一致,且患者的双臂都必须搭在两个救护人员的肩上。

拉车式:由一个救护人员站在患者的头部,两手从患者腋下抬起,将其头背抱在自己怀内,另一救护员蹲在患者两腿中间,同时夹住患者的两腿面向前,然后两人步调一致慢慢将患者抬起。

②器械搬运。即用担架(包括软担架)、移动床轮式担架等现代搬运器械或者因陋就简利用床单、被褥、竹木椅、木板等作为搬运器械(工具)的一种搬运方法。

担架搬运:担架搬运是入院前急救最常用的方法。目前最经常使用的担架有普通担架和轮式担架等。用担架搬运患者必须注意:对不同病(伤)情的患者要求有不同的体位;患者抬上担架后必须扣好安全带,以防止翻落(或跌落);患者上下楼梯时应保持头高位,尽量保持水平状态;担架上车后应予固定,患者保持头朝前脚向后的体位。

床单、被褥搬运:遇有窄梯、狭道,担架或其他搬运工具难以搬运,且天气寒冷,徒手搬运会使患者受凉的情况下所采用的一种方法。搬运步骤为:取一条牢固的被单(被褥、毛毯也可)平铺在床上,将患者轻轻地搬到被单上,然后半条被单盖在患者身上,露出其头部(俗称半垫半盖),搬运者面对面紧抓被单两角,脚前头后(上楼则相反)缓慢移动,搬运时有人托腰则更好。这种搬运方式容易造成患者肢体弯曲,故胸部创伤、四肢骨折、脊柱损伤以及呼吸困难等患者不宜用此法。

椅子搬运:也可用牢固的木椅作为工具搬运患者。患者采用坐位,并用宽带将其固定在椅背和凳上。两位救护人员一人抓住椅背,另一人紧握椅脚,然后以45°

角向椅背方向倾斜,缓慢地移动脚步。一般来说,失去知觉的患者不宜用此法。

2.危重患者的搬运方法

(1)脊柱、脊髓损伤:遇有脊柱、脊髓损伤或疑似损伤的患者,不可任意搬运或扭曲其脊柱部。在确定性诊断治疗前,按脊柱损伤原则处理。搬运时,顺应患者脊柱或躯干轴线,滚身移至硬担架上,一般为仰卧位,有铲式担架搬运则更为理想。

搬运时,原则上应有2~4人同时均匀进行,动作一致。切忌一人抱胸另一人搬腿双人拉车式的搬运法,会造成脊柱的前屈,使脊椎骨进一步压缩而加重损伤。遇有颈椎受伤的患者,首先应注意不轻易改变其原有体位,如坐不行,马上让其躺下,应用颈托固定其颈部。如无颈托,则头部左右两侧可用软枕、衣服等物固定,然后一人托住其头部,其余人协调一致用力将患者平直地抬到担架上。搬运时注意用力一致,以防止因头部扭动和前屈而加重伤情。

(2)颅脑损伤:颅脑损伤者常有脑组织暴露和呼吸道不畅等表现。搬运时应使患者取半仰卧位或侧卧位,易于保持呼吸道通畅;脑组织暴露者,应保护好其脑组织,并用衣物、枕头等将患者头部垫好,以减轻震动,注意颅脑损伤常合并颈椎损伤。

(3)胸部伤:胸部受伤者常伴有开放性血气胸,需包扎。搬运已封闭的气胸患者时,以座椅式搬运为宜,患者取坐位或半卧位。最好使用坐式担架、折叠椅或担架调整至靠背状。

(4)腹部伤:患者取仰卧位,屈曲下肢,防止腹腔脏器受压而脱出。注意脱出的肠段要包扎,不要回纳,此类患者宜用担架或木板搬运。

(5)休克病人:病人取平卧位,不用枕头,或脚高头低位,搬运时用普通担架即可。

(6)呼吸困难病人:病人取坐位,不能背驮。用软担架(床单、被褥)搬运时注意不能使病人躯干屈曲。如有条件,最好用折叠担架(或椅)搬运。

(7)昏迷病人:昏迷病人咽喉部肌肉松弛,仰卧位易引起呼吸道阻塞。此类病人宜采用平卧头转向一侧或侧卧位。搬运时用普通担架或活动床。

3.搬运者的自身保护

正确的搬运姿势和提抬技术,对保护搬运者的自身健康十分重要。对急救人员来说,在搬运患者时,要求使出全力。然而,如果没有遵照人体力学规律而随意地提、抬、举以及伸臂、弯腰等,很可能导致搬运者的脊椎、韧带和肌肉受伤。

(1)保持正确的提抬姿势:在提抬担架时,应该用强壮的腿部、背部和腹肌的力量。在背部和腹肌同时收缩时,背部就会“锁”在正常的前凸位,以保证整个提抬过程中脊柱处于前凸位。在升高或降低担架和患者时,腰、背部及大腿正处于工作状态,担架或患者离搬运者越远,其肌肉的负荷就越大。因此,提抬时应使担架和患者与自己靠近。

(2)搬运时互相协调:当担架和患者总重量大于30千克时,应由两人提抬,并尽可能将其放在轮式担架上滚动,既可节省体力,又可减少受伤的机会。搬运者在提抬担架或患者过程中,应用语言沟通并保持协调,尤其是当担架和患者离地小于70cm 始提抬时要特别注意这一点。例如可同时叫“一、二、三,抬!”,以保持协调。

(3)搬运的原则:了解患者的体重和搬运器械(工具)的大致重量,了解自己的体力限制,若估计两人能抬起,即可提抬,若不能则应召唤别人帮忙,一般来说,抬担架总是两人,两人成对地工作,以保持平衡;开始抬担架时,首先应摆好腰背部前凸位姿势,再使担架和患者靠近自己的身体,然后腿、腰及背肌一起用力;救护人员在搬运时,应清楚地、经常地交谈,以保持协调一致。

(4)安全抬起的类型:半蹲位或全蹲位。半蹲位:膝或股四头肌弱的人可采用半蹲位抬起方式,因为半蹲位时两膝呈部分弯曲。方法是将双足放在舒适分开的距离,然后背部及腹肌拉紧,将身体稍向前倾,重心分配到两脚中间或稍向后。当站立抬起时,也要保证背部位置稍向前倾,保持双足平稳。若重心向后仰超过足跟的话,就会造成不平衡。半蹲位抬起方式要求穿的鞋子要合适,鞋跟不能过高,在整个提抬过程中应能使你的足跟保持平稳。全蹲位:有两种。一种是搬运者两腿均强壮,与半蹲位一样。全蹲位两腿呈舒适分开距离,除下蹲的程度与半蹲位不同外(膝关节弯曲90°),其他同半蹲位。另一种是搬运者有一足的足力稍弱或腿疼痛,此时的位置应稍向前,抬起时,重力要落在另一较强的腿上。

(5)上下楼梯的正确搬运:运送患者上下楼梯时需要两人合作或多人合作。正确的方法是保持脊柱前凸位,髋部弯曲而不是腰部弯曲,并保持身体和手臂紧靠患者。用折叠椅比担架在力学上更容易操作。通过拉紧腹肌,从膝向后倾斜,可以比较省力。这种技术虽然难以学习和应用,但对避免腰背部损伤十分有利。

(6)推拉要点:患者用移动床运送时需要推与拉。推拉时应记住以下要点:按时对轮子及轮轴进行维修保养,可减少开始起动移动床时的用力;移动床的高度尽可能调节在腰和肩之间的位置;推时屈双膝,行走和用力的线路应在身体的中间,拉时身体稍向前倾,腿和腰背同时用力。

【注意事项】

(1)首先必须妥善处理好患者(如外伤者的止血、止痛、包扎、固定),才能挪动。除非立即有生命危险或救护人员无法在短时间内赶到,都应等救护人员先处理,待病情稳定后再转送医院。

(2)在人员、器材未准备妥当时,切忌搬运患者,尤其是搬运体重过重和神志不清者,否则途中可能因疲劳而发生滚落、摔伤等意外。

(3)在搬运过程中要随时观察患者的病情变化,如气色、呼吸等,注意保暖,但也不要将头面部包盖太严,影响呼吸。

(4)伤势较重,有昏迷、内脏损伤、脊柱、骨盆骨折、双下肢骨折的伤病人应采取担架器材搬运法。

(5)在火灾现场浓烟中搬运病人,应匍匐前进,离地面约30cm以内,这里烟雾稀薄,否则容易被浓烟呛住。

人工呼吸术

人工呼吸是指人为地帮助伤病患者进行被动呼吸活动,使患者体内外进行气体交换,达到促使患者恢复自动呼吸的救治目的。

人工呼吸的方法很多,家庭常用的有口对口呼吸法和仰卧压胸人工呼吸法。根据患者的病情选择打开气道的方法,人停止呼吸几分钟,就会死亡。大脑即使缺氧短短四分钟,也会引致永久性的损害,因此应尽快把空气送入肺内。

检查伤者有没有呼吸,可贴近伤者的口鼻细听,并且注意胸部有没有起伏。呼吸停止后,嘴唇、面颊、耳垂即呈现紫蓝色。因此,首先必须打通气管,使伤者头部向后仰,往上推高下巴,用手指清除伤者口中的阻塞物。这样,伤者才能自行恢复呼吸。此时应把伤者身体安置成复原卧式,紧急呼叫救护车。

【人工呼吸的方法】

人工呼吸术对于呼吸骤停的抢救非常重要。实践表明,患者呼吸停止后,若能及时采用人工呼吸术,往往会收到起死回生的效果。

常用的人工呼吸法有:口对口吹气法、口对鼻吹气法、举臂压胸人工呼吸法和举臂压背人工呼吸法等几种。

1.口对口呼吸法

患者取仰卧位,抢救者一手放在患者前额,并用拇指和食指捏住患者的鼻孔,另一手握住颏部使患者头部尽量后仰,保持气道开放状态,然后深吸一口气,张开口以封闭患者的嘴周围(婴幼儿可连同鼻一块包住),向患者口内连续吹气2次,每次吹气时间为1~1.5秒,吹气量1000ml左右,直到患者胸廓抬起,停止吹气,松开贴紧患者的嘴,并放松捏住鼻孔的手,将脸转向一旁,用耳听是否有气流呼出,再深吸一口新鲜空气为第二次吹气做准备,当患者呼气完毕,即开始下一次同样的吹气。

2.口对鼻呼吸法

当患者有口腔外伤或其他原因导致口腔不能打开时,可采用口对鼻吹气。首先开放患者气道,头后仰,用手托住患者下颌使其口闭住。深吸一口气,用口包住患者鼻部,用力向患者鼻孔内吹气,直到其胸部抬起,吹气后将患者口部掰开,让气体呼出。如吹气有效,则可见到患者的胸部随吹气而起伏,并能感觉到气流呼出。

3.举臂压胸人工呼吸法

患者仰卧位,两上肢分别平放于躯干两侧,急救者双膝跪在患者头顶端,用双手握住患者的两前臂(接近肘关节的地方),并将其双臂向上拉,与躯体呈直角。

将双臂向外拉,使患者的肢体呈十字状,维持此姿势2秒钟,使患者的胸廓扩张,引气入肺(即吸气);接着再将患者的两臂收回,使之屈肘放于胸廓的前外侧,对着肋骨施加压力。

持续2秒钟,使其胸廓缩小挤气出肺(即呼气)。如此往复,直至患者恢复自主呼吸或确诊死亡为止。伸臂压胸的频率为每分钟14~16次。

4.举臂压背人工呼吸法

患者取俯卧位,头偏向一侧,腹部稍垫高,两臂伸过头或一臂枕在头下,使胸廓扩大。急救者跪在患者头前,双手握住其两上臂(接近肘关节的地方),并向上拉过其头部,使空气进入肺内,然后将两臂放回原位;急救者双手撑开,压迫患者两侧肩胛部位,使其肺内的气体排出。如此反复进行。

【注意事项】

(1)清除病人口、鼻内的泥、痰等肮脏异物,如有假牙亦应取出,以免脱落坠入气管。

(2)解开病人衣领、内衣、裤带、乳罩,以免胸廓受压。

(3)仰卧人工呼吸时必须拉出患者舌头,以免舌头后缩阻塞呼吸。

(4)对怀有身孕的女性或者胸、背部有外伤和骨折患者,应选择适当姿势,防止造成新的伤害。

(5)一般情况下应就地做人工呼吸,尽量少搬动。

(6)将患者抬置于空气流通的场所。使其头后仰,可在肩下垫枕头或其他物品,使其气管顺直。

(7)人工呼吸要有节奏(每分钟约16~20次),并耐心地进行,直到自动呼吸恢复或者死亡症状确已出现为止。

包扎术

外伤造成的伤口很容易被污染,不仅在局部可引起感染化脓,而且可以引起全身性感染。因此,必须及时包扎好伤口。包扎好伤口不仅可以保护伤口、避免感染,而且还可以固定敷料或药品、伤骨,并起到加压止血的作用。

发生外伤事故后,应迅速暴露患者伤口,检查伤口情况。可以根据受伤的部位,解开纽扣、裤带、胸罩,或卷起袖口、裤管。如果情况危急,可将伤处的衣服剪开或撕开。如果患者没有大出血,可以先用75%酒精棉球从伤口边缘一圈一圈地向外擦,擦去伤口周围的污物,再用温开水、生理盐水或过氧化氢清洗,然后再用75%酒精棉球消毒,之后就可开始包扎。

【包扎的准备材料】

1.三角巾

将一块幅宽1m的正方形白布对角剪开,就成了两块三角巾。

2.袖带卷

也称绷带,是用长条纱布制成,长度和宽度有多种规格。常用的有宽5cm、长600cm和宽8cm、长600cm两种。

【包扎的方法】

1.头部包扎

(1)三角巾帽式包扎:此法适用于头顶部外伤。先在伤口上覆盖无菌纱布(所有的伤口包扎前均先覆盖无菌纱布,以下不再重复),把三角巾底边的正中放在患者眉间上部,顶角经头顶拉到枕部,将底边经耳上向后拉紧压住顶角,然后抓住两个底角在枕部交叉返回到额部中央打结。

(2)双眼三角巾包扎:适用于双眼外伤。将三角巾折叠成三指宽带状,中段放在头后枕骨上,两旁分别从耳上拉向眼前,在双眼之间交叉,再持两端分别从耳下拉向头后枕下部打结固定。

(3)三角巾面具式包扎:适用于颜面部外伤。把三角巾一折为二,顶角打结放在头正中,两手拉住底角罩住面部,然后双手持两底角拉向枕后交叉,最后在额前打结固定。可以在眼、鼻处提起三角巾,用剪刀剪洞开窗。

(4)头部三角巾十字包扎:适用于下颌、耳部、前额、颞部小范围伤口。将三角巾折叠成三指宽带状放于下颌敷料处,两手持带巾两底角分别经耳部向上提,长的一端绕头顶与短的一端在颞部交叉成十字,两端水平环绕头部经额、颞、耳上、枕部,与另一端打结固定。

2.颈部包扎

(1)三角巾包扎:嘱患者健侧手臂上举抱住头部,将三角巾折叠成带状,中段压紧覆盖的纱布,两端在健侧手臂根部打结固定。

(2)绷带包扎:方法基本与三角巾包扎相同,只是改用绷带,环绕数周再打结。

3.胸、背、肩、腋下部包扎

(1)胸部三角巾包扎:适用于一侧胸部外伤。将三角巾的顶角放在伤侧的肩上,使三角巾的底边正中位于伤部下侧,将底边两端绕下胸部至背后打结,然后将巾顶角的系带穿过三角底边与其固定打结。

（2）背部三角巾包扎：适用于一侧背部外伤。方法与胸部包扎相似，只是前后相反。

（3）侧胸部三角巾包扎：适用于单侧侧胸外伤。将燕尾式三角巾的夹角正对伤侧腋窝，双手将燕尾式底边的两端，紧压在伤口的敷料上，利用顶角系带环绕下胸部与另一端打结，再将两个燕尾角斜向上拉到对侧肩部打结。

（4）肩部三角巾包扎：适用于一侧肩部外伤。将燕尾三角巾的夹角对着伤侧颈部，巾体紧压伤口的敷料上，燕尾底部包绕上臂根部打结，然后两个燕尾角分别经胸、背拉到对侧腋下打结固定。

（5）腋下三角巾包扎：适用于一侧腋下外伤。将带状三角巾中段紧压腋下伤口敷料上，再将巾的两端向上提起，于同侧肩部交叉，最后分别经胸、背斜向对侧腋下打结固定。

4.腹部包扎

腹部三角巾包扎适用于腹部外伤。双手持三角巾两底角，将三角巾底边拉直放于胸腹部交界处，顶角置于会阴部，然后两底角绕至患者腰部打结，最后顶角系带穿过会阴与底边打结固定。

5.四肢包扎

（1）上肢、下肢绷带螺旋形包扎：适用于上、下肢除关节部位以外的外伤。先在伤口敷料上用绷带环绕两圈，然后从肢体远端绕向近端，每缠一圈盖住前圈的1/3~1/2成螺旋状，最后剪掉多余的绷带，然后胶布固定。

（2）臀部三角巾包扎：适用于臀部外伤，方法与侧胸外伤包扎相似。只是燕尾式三角巾的夹角对着伤侧腰部，紧压伤口敷料上，利用顶角系带环绕伤侧大腿根部与另一端打结，再将两个燕尾角斜向上拉到对侧腰部打结。

（3）8字肘、膝关节绷带包扎：适用于肘、膝关节及附近部位的外伤。先用绷带的一端在伤口的敷料上环绕两圈，然后斜向经过关节，绕肢体半圈再斜向经过关节，绕向原开始点相对应处，先绕半圈回到原处。这样反复缠绕，每缠绕一圈覆盖前圈的1/3~1/2，直到完全覆盖伤口。

（4）手部三角巾包扎：适用于手外伤。将带状三角巾的中段紧贴手掌，将三角巾在手背交叉，三角巾的两端绕至手腕交叉，最后在手腕绕1周打结固定。

（5）脚部三角巾包扎：方法与手包扎相似。

（6）手部绷带包扎：方法与肘关节包扎相似，只是环绕腕关节8字包扎。

（7）脚部绷带包扎：方法与膝关节相似，只是环绕踝关节8字包扎。

6.胸部伤口的贴闭包扎

胸部受伤时，如果可听见随呼吸有漏气响声的，是气胸，应该立即将伤口贴闭包扎，以防漏气；一般可用凡士林纱布或涂上碘酒的塑料布包扎。

7.腹腔内脏脱出的包扎

腹部外伤、腹腔内脏脱出体外时，一般不要将其塞回腹腔。可以先用大块消毒纱布盖好，再把用纱布卷做成的保护圈（或饭碗、皮带等做的保护卷）放在脱出内脏的周围，然后用三角巾包扎。

【注意事项】

（1）动作要轻柔、迅速，不要污染伤口。

(2)用三角巾或毛巾包扎时,边要固定,角要拉紧,中心伸展,敷料要贴准。

(3)包扎四肢时,最好将指(趾)露在外边,以便随时观察血液循环的情况。

固定术

骨折是由于直接暴力或间接暴力作用于骨骼使之发生断裂,是很常见的外伤。骨折时,皮肤、黏膜未被穿破,不与外界相通的,叫闭合性骨折;皮肤、黏膜被穿破,与外界或空腔脏器相通的,叫开放性骨折。骨折的主要症状为受伤部位剧痛、肿胀、畸形,伤肢活动受限制,但骨折处可有异常活动。

骨折多数发生于交通事故、工业伤害、运动伤害、意外事故等情况。当发生骨折事故之后,为了减轻断骨对周围组织的损伤,有利于骨折愈合;同时为了减轻患者的痛苦,在运送伤者去医院之前,应对骨折进行必要的固定。

骨折时,局部红肿,起"大包",疼痛剧烈,尤其是移动或触摸伤肢时,伤处似能听见响声。肢体扭曲变形,或长或短。下肢骨折跌倒后无法站立,上肢骨折无法提起物体。骨折的确诊要依靠X线摄片,一般只有到医院方能进行。如果伤后已怀疑有骨折,应先按骨折处理,以免引起严重后果。

发生外伤骨折时,伤处会有程度不同的疼痛、压痛,骨折处会发生肿胀、瘀血,骨折的错位会使局部发生畸形。骨折常常合并有软组织损伤,如颅骨骨折合并脑组织损伤或颅内血肿;肋骨骨折合并血气胸或肝脾破裂;脊柱骨折合并脊髓损伤使下身瘫痪等,这些合并损伤造成的严重后果往往超过骨折本身,甚至可直接危及生命。骨折固定前,尽量不要搬运患者。注意固定的目的只是为了限制伤肢活动,而不是对骨折进行整复,切记禁止在现场作整复。固定器材可用薄木板、三合板、竹片等作夹板。夹板长度应超过骨折部位的上下两个关节,在夹板与皮肤之间要垫棉花或代用品,以防局部受压引起坏死。固定必须牢固可靠,但也不能过紧,以免影响血液循环。固定四肢时,要露出指(趾)尖,以便观察血液循环。如发现指(趾)苍白、麻木、疼痛、肿胀及青紫色时,应及时松解,并重新固定。

【骨折的简易固定方法】

1.头部固定

下颌骨折固定的方法同头部十字包扎法。

2.胸部固定

(1)锁骨骨折固定:将两条指宽的带状三角巾分别环绕两个肩关节,于肩部打结;再分别将三角巾的底角拉紧,在两肩过度后张的情况下,在背部将底角拉紧打结。

(2)肋骨骨折固定:方法同胸部外伤包扎。

3.四肢骨折固定

(1)肱骨骨折固定:用两条三角巾和一块夹板将伤肢固定,然后用一块燕尾式三角巾中间悬吊前臂,使两底角向上绕颈部后打结,最后用一条带状三角巾分别经胸背于健侧腋下打结。

(2)股骨骨折固定:用一块长夹板(长度为患者的腋下至足跟)放在伤肢侧,另用一块短夹板(长度为会阴至足跟)放在伤肢内侧,至少用4条带状三角巾,分别在腋下、腰部、大腿根部及膝部分环绕伤肢包扎固定,注意在关节突出部位要放软垫。若无夹板时,可以用带状三角巾或绷带把伤肢固定在健侧肢体上。

(3)肘关节骨折固定:当肘关节弯曲时,用两条带状三角巾和一块夹板把关节固定。当肘关节伸直时,可用一卷绷带和一条三角巾把肘关节固定。

(4)桡、尺骨骨折固定:用一块合适的夹板置于伤肢下面,用两条带状三角巾或绷带把伤肢和夹板固定,再用一块燕尾三角巾悬吊伤肢,最后再用一条带状三角巾的两底边分别绕胸背于健侧腋下打结固定。

(5)手指骨折固定:利用冰棒棍或短筷子作小夹板,另用两片胶布作粘合固定。若无固定棒棍,可以把伤肢粘合,固定在健肢上。

(6)胫、腓骨骨折固定:与股骨骨折固定相似,只是夹板长度稍超过膝关节即可。

4.脊柱骨折固定

(1)颈椎骨折固定:患者仰卧,在头枕部垫一薄枕,使头部成正中位,头部不要前屈或后仰,再在头的两侧各垫枕头卷,最后用一条带子通过患者额部固定头部,限制头部前后左右晃动。

(2)胸椎、腰椎骨折固定:使患者平直仰卧在硬质木板或其他板上,在伤处垫一薄枕,使脊柱稍向上突,然后用几条带子把患者固定,使患者不能左右转动。

5.骨盆骨折固定

将一条带状三角巾的中段放于腰骶部,绕髋前至小腹部打结固定,再用另一条带状三角巾中段放于小腹正中,绕髋后至腰骶部打结固定。

洗胃术

洗胃术即洗胃法,是指将一定成分的液体灌入胃腔内,混合胃内容物后再抽出,如此反复多次。其目的是为了清除胃内未被吸收的毒物或清洁胃腔,使中毒程度减低。对于急性中毒如吞服有机磷、无机磷、良物碱、巴比妥类药物等,洗胃是一项极其重要的抢救措施。洗胃术常用的有催吐洗胃术、胃管洗胃术两种洗胃方法。

【常用的洗胃液】

洗胃液的温度一般为35~38℃,温度过高会使血管扩张,加速血液循环,而促使毒物吸收。用量一般为2000~4000ml。

(1)温水或生理盐水:对毒物性质不明的急性中毒者,应抽出胃内容物送检验,洗胃液选用温开水或生理盐水,待毒物性质确定后,再采用对抗剂洗胃。

(2)碳酸氢钠溶液:一般用2%~4%的溶液洗胃,常用于有机磷农药中毒,能促其分解失去毒性。但敌百虫中毒时禁用,因敌百虫在碱性环境中能变得毒性更强。砷(砒霜)中毒也可用碳酸氢钠溶液洗胃。

(3)高锰酸钾溶液:为强氧化剂,一般用1:2000~1:5000的浓度,常用做急性巴比妥类药物、阿托品及毒蕈中毒的洗胃液。但对硫磷(1605)中毒时,不宜采用高锰酸钾,因能使其氧化成毒性更强的对氧磷(1600)。

(4)茶叶水:含有丰富鞣酸,具有沉淀重金属及生物碱等毒物的作用,且来源容易。

【洗胃的方法】

1.催吐洗胃术

呕吐是人体排除胃内毒物的本能自卫反应。因催吐洗胃术简便易行,对于服毒物不久,且意识清醒的急性中毒患者(除外服腐蚀性毒物、石油制品及食道静脉曲张、上消化道出血等)是一种现场抢救有效的自救、互救措施。

(1)首先做好患者思想工作,具体说明要求和方法,以取得配合,有利于操作

· 健康医疗 ·

图文珍藏版

顺利进行。

（2）患者取坐位，频繁口服大量洗胃液约400~700ml，至患者感胀饱为度。

（3）随即取压舌板或竹筷子（均用纱布包裹）刺激患者咽后壁，即可引起反射性呕吐，排出洗胃液或胃内容物。如此反复多次，直至排出的洗胃液清晰无味为止。

（4）催吐洗胃后，要立即送往附近大医院，酌情施行插胃管洗胃术。催吐洗胃要当心误吸，因剧烈呕吐可能诱发急性上消化道出血。要注意饮入量与吐出量大致相等。

2. 胃管洗胃术

胃管洗胃术就是将胃管从鼻腔或口腔插入经食管到达胃内，先吸出毒物后注入洗胃液，并将胃内容物排出，以达到消除毒物的目的。口服毒物的患者有条件时应尽早插胃管洗胃，不要受时间限制。对服大量毒物在4~6小时之内者，因排毒效果好且并发症较少，故应首选此种洗胃方法。有人主张即使服毒超过6小时也要洗胃。

（1）中毒者坐着或仰卧床上，头向一侧，稍后仰。

（2）将消毒的洗胃管涂上润滑油，叫患者张开口，急救者右手持胃管站在患者的右侧，将胃管从患者的口腔插入。

当管子到了咽部时，即叫患者做吞咽动作，同时急救者将胃管慢慢送入，深度50~60cm（成人）。这时用注射器接在胃管上回抽，如有胃内容物抽出，表明胃管已在胃内。如果不能肯定胃管是不是在胃内，可用注射器向管内注入少量空气（约10ml），同时另一个人用听诊器放在患者的上腹部听，如果在注气时听到很大的响声，即证明胃管已在胃内。此外，还可将胃管末端放在装有冷水的杯子里，如果水中有气泡出现，并与患者的呼吸一致，表示胃管在气管内（或缠绕在咽喉部）而不在胃内，应立即拔出重插。

（3）证明胃管确实在胃内后，急救者举高漏斗（要高于患者的头部），将洗胃液倒入漏斗内，让洗胃液流入胃内。到一定数量后（一般每次500ml左右），将漏斗放下倒置，使其低于患者的胃平面以下，胃内的液体就会流出。当漏斗中不再有液体流出时，再举举高漏斗，倒入洗胃液。如此反复进行，直到洗出的液体澄清为止。洗胃完毕后将管子捏紧，慢慢拔出。

【注意事项】

（1）如果中毒者昏迷，最好送到医院去洗胃。

（2）患者如有假牙，要先取下。

（3）必须肯定胃管在胃内，方可进行洗胃。洗胃时如患者感觉疼痛，或洗出的液体里含有血液，应停止洗胃。

（4）插胃管时动作不可粗暴，不要误插入气管内。如患者出现咳嗽、呼吸急促、面色青紫等现象，说明可能插入气管，应立即拔除，然后重插。

（5）服腐蚀性毒物（如强酸、强碱）的患者不应进行洗胃。

（6）如果需要进行化验检查，第一次洗胃液应保留。

灌肠术

灌肠术是将液体通过导管从肛门灌入肠内的方法。常用于排便、给药、补充营养和液体，或清洁肠道以利于排泄毒素。灌肠术分为保留灌肠和不保留灌肠（又分为小量不保留灌肠、大量不保留灌肠和清洁灌肠)。

【常用的种类】

1.一般性灌肠

刺激肠蠕动,软化及清除粪便,排除肠内积气,减轻腹胀,常用 1%肥皂水 1000ml。小量灌肠用一、二、三灌肠剂(即由 50%硫酸镁 30ml、甘油 60ml、水 900ml 配成)。

2.保留灌肠

用于给药,治疗肠道疾病或从直肠给患者营养剂或透析电解质液。

3.清洁灌肠

常先用肥皂水灌肠,然后用清水清洁肠道。

【灌肠的方法】

(1)向病人说明灌肠目的,取得病人配合。取左侧卧位,右腿屈曲向前,左腿伸直,将橡皮单和治疗巾放于病人臀下,避免污染床褥。灌肠液的温度在 38℃ 左右为宜。

(2)用凡士林润滑肛管头,排出管内气体。将肛管慢慢插入肛门达 7～10cm 后,移走灌肠筒至离肛门高约 50～60cm 处,使溶液缓缓流入直肠。灌液量一般成人 1000ml,儿童 300～500ml。大约 15 分钟后灌肠液流尽时,将肛管在近肛门处双折起来拔出,嘱病人排便。

(3)一般便秘用小量不保留灌肠,催产用大量不保留灌肠。

(4)补充营养及液体或给药时,用静脉输液器接在插入肠内的导管上即可。一般为 40～50 滴/分,滴后让病人仰卧以助吸收。

(5)如为清洁灌肠,5～10 分钟后排便,反复多次灌肠直至流出物无粪便为止。

【注意事项】

(1)做保留灌肠时,事前要排便,垫高臀部 10cm,灌入速度要慢。灌液速度、温度要适宜,降温灌肠时用冷开水。

(2)注意观察灌洗出来的液体的颜色、量、坚硬度、有无脓血等。

(3)妊娠急腹症、下消化道出血时,不用清洁灌肠,应低压灌肠。

(4)肛、直肠、结肠术后短期内或大便失禁者不宜用保留灌肠。

(5)在灌肠过程中,如病人有腹胀和便意,可让病人做深呼吸或暂停片刻,以缓解此反应。

输氧法

危重患者(如挤压伤、车祸、心力衰竭、一氧化碳中毒等)出现呼吸困难等危急情况时,就必须给患者输氧。呼吸困难表现为气急、气短、呼吸费力、发绀、脉搏增快、心慌等。

家庭急救常用氧气袋吸氧,氧气袋又叫氧气枕、氧气囊,是一个特制的长方形橡皮枕袋,袋的一角通有橡皮管,管上安有螺旋夹以调节气流量。氧气袋吸氧使用方便、操作简单,不仅在家中抢救患者可以使用,也可以用于转送患者的途中。

使用氧气袋时,先将袋上的橡皮管连接上湿化瓶。湿化瓶内装 1/3～1/2 的凉开水,瓶塞上有两个孔,经孔插入长、短玻璃管各一根。长管的下端插到瓶颈部,与水面保持一定距离,上端依次连接一段皮管、玻璃管及鼻导管。湿化瓶的作用是将氧气加以湿润,以免患者吸入干燥的气体,同时又可根据瓶内水面气泡的大小以估

·健康医疗·

图文珍藏版

计氧流量。没有湿化瓶时也可将氧气袋上的橡皮管直接连接鼻导管吸氧。

【输氧的方法】

1.鼻导管吸氧

选择消毒过的 10~14 号鼻导管,检查一下是否通畅。用湿棉签清洁患者的鼻腔,并用干净水润滑鼻导管(注意不要用油)。打开螺旋夹调节氧流量,调好将鼻导管轻轻插入患者的一侧鼻孔,插入的长度约为患者鼻尖至耳垂的长度,然后用胶布将鼻导管固定在鼻旁。给氧过程中,应注意观察患者缺氧情况有否改善,鼻导管是否被分泌物堵塞,如有堵塞应及时冲洗或更换新导管。当氧气袋内压力降低时,可用手加压或让患者枕于氧气袋上,以使氧气排出。

2.漏斗法

此法与鼻导管吸氧法基本相同,只是把鼻导管换成一个漏斗形的外罩,将漏斗部罩在患者的鼻子上,患者吸氧毫无痛苦,像正常呼吸一样。此法常用于儿童,缺点是氧气外漏浪费较多。

【注意事项】

(1)室内不能放火盆,不能吸烟、点火,以防爆炸。

(2)在连接湿化瓶时,两根玻璃管切勿颠倒。若将鼻导管连接的皮管与水瓶中的长玻璃管相连接,输氧时,由于湿化瓶内压力大,就可能使水直接喷入患者的呼吸道,有窒息危险。

(3)患者饮水或进食时,应暂停吸氧,待饮水、进食结束后再给氧。

常用消毒灭菌法

消毒和灭菌是确保健康,防止疾病传播和交叉感染的重要措施。

【消毒灭菌的方法】

1.天然消毒法

利用日光等天然条件杀灭致病微生物,达到消毒目的,称为天然消毒法。

(1)日光曝晒法:日光由于其热、干燥和紫外线的作用而具有一定的杀菌力。日光杀菌作用的大小受地区、季节、时间等因素影响,日光越强,照射时间越长,杀菌效果越好。日光中的紫外线由于通过大气层时,因散热和吸收而减弱,而且不能全部透过玻璃,因此,必须直接在阳光下曝晒,才能取得杀菌效力。日光曝晒法常用于床垫、被褥、毛毯及衣服等的消毒。曝晒时应经常将被晒物翻动,使物品各面都能与日光直接接触,一般在日光曝晒下 4~6 小时可达到消毒目的。

(2)通风:通风虽然不能杀灭微生物,但可在短时间内使室内外空气交换,减少室内致病微生物。通风的方法有多种,如用门、窗或气窗换气,也可用换气扇通风。居室内应定时通风换气,通风时间一般每次不少于 30 分钟。

2.物理灭菌法

利用热力等物理作用,使微生物的蛋白质及酶变性凝固,以达到消毒、灭菌的目的,称为物理灭菌法。

(1)燃烧法:是一种简单易行、迅速彻底有效的灭菌方法,但对物品的破坏性大,多用于耐高热,或已带致病菌而又无保留价值的物品,如被某些细菌或病毒污染的纸张、敷料、搪瓷类物品,如坐浴盆,也可以用火焰燃烧消毒灭菌,应先将盆洗净擦干,再倒入少许 90% 酒精,点燃后慢慢转动浴盆,使其内面完全被火焰烧到。应用此法时,要注意安全,须远离易燃或易爆物品,以免引起火灾。

（2）煮沸法：是一种经济方便的灭菌法，一般等水开后计时，煮沸 10~15 分钟可杀死无芽孢的细菌。可用于食具、毛巾、手绢等不怕湿而耐高温物品的消毒灭菌。

（3）高压蒸汽灭菌法：利用高压锅内的高压和高热释放的潜能进行灭菌，此法杀菌力强，是最有效的物理灭菌法。待高压锅上汽后，加阀再蒸 15 分钟，适合消毒棉花、敷料等物品。

3.化学消毒灭菌法

化学消毒灭菌法是利用化学药物渗透到细菌体内，破坏其生理功能，抑制细菌代谢生长，从而起到消毒的作用，家庭常用化学消毒灭菌方法有以下三种。

（1）擦拭法：用化学药液擦拭被污染的物体表面，常用于地面、家具、陈列物品的消毒。如用 0.5%~3%漂白粉澄清液、84 消毒液等含氯消毒剂，擦拭墙壁、床、桌椅、地面及厕所。

（2）浸泡法：将被消毒物品浸泡在消毒液中，常用于不能或不便蒸煮的生活用具。浸泡时间的长短因物品及溶液的性质而有所不同。如用 1%~3%漂白粉澄清液浸泡餐具、便器需 1 小时，用 0.5%的 84 消毒液浸泡需 15 分钟，而用 0.02%高效消毒片浸泡只需 5 分钟，就可以达到目的。若浸泡呕吐物及排泄物，不但消毒液浓度要加倍，而且浸泡时间也要加倍。

（3）熏蒸法：即利用消毒药品所产生的气体进行消毒。常用于传染病人居住过的房间的空气及室内表面消毒。

①福尔马林（甲醛）+高锰酸钾：每立方米加入福尔马林 25~40ml，高锰酸钾 15~30g，两种药放置在一起即产生气体，可达到消毒目的。消毒时，必须将门窗紧闭 12~24 小时，消毒后再打开门窗进行通风，此法对预防各种细菌、病毒引起的传染病均有效。

②食醋：每立方米用 3~10ml 食醋，加水 2~3 倍加热熏蒸，用于室内空气消毒，对于预防流感等呼吸道传染病有效。

超声雾化吸入法

超声雾化吸入疗法系气雾吸入疗法的一种，是利用超声的空化作用，使液体在气相中分散，将药液变成雾状颗粒（气溶胶），通过吸入药物使其直接作用于呼吸道病灶局部的一种治疗方法。应用超声雾化器产生的气雾，其雾量大，雾滴小（直径约 1~8 微米）而均匀，吸入时可深达肺泡，适合药液在呼吸道深部沉积。吸入一定的雾化剂，可解除支气管痉挛，减少黏膜水肿和液化支气管分泌物，利于分泌物自呼吸道排出及刺激呼吸道的自身清洁机制和改善通气功能；促进支气管炎症过程的控制。其优点是，药物可直接作用于呼吸道局部，使局部药物浓度高，药效明显，对呼吸道疾病疗效快，用药省，全身反应少。此外，药液在超声作用下形成的雾滴具有空气离子的作用。

【超声雾化吸入法适应证】

（1）肺、支气管、咽、喉、鼻腔黏膜的急慢性炎症及变态反应性疾病。

（2）鼻、咽、喉局部手术后的感染预防。

（3）稀释呼吸道内的黏稠分泌物，使之顺利咳出，改善呼吸道的通气功能，这在小儿与老人方面显得尤为重要。

【超声雾化吸入法所需物品】

超声雾化治疗器、螺纹管、面罩(或口音嘴)、药液、小治疗巾。

【操作方法】

(1)将冷蒸馏水250ml加入雾化器水槽内,治疗中注意槽内水位,水浅时及时添加。

(2)将所需药液倒入雾化罐,一般为10~20ml,将雾化罐放入水槽内嵌紧。

(3)连接螺纹管和面罩(或口含嘴),将口罩紧密安置在患者口鼻上。

(4)接通电源,预热3分钟打开雾化开关,见指示灯亮并有气雾溢出,按需要调节雾量。

(5)雾化吸入时间依所需剂量而定,一般快速雾化(雾量3毫升/分钟)约需4~5分钟,缓慢雾化(雾量1毫升/分钟)约需7~8分钟。1次治疗吸入药液一般为10ml。

(6)雾化吸入后,取下面罩,用小治疗巾擦干面部。

(7)用毕,先关雾化开关,经3~5分钟后,关电源开关,然后拔除电源。取下螺纹管和面罩,浸泡于消毒液内,30分钟后晾干备用。倒去雾化罐内剩余药液,用温开水洗净。倒去槽内余水,用纱布揩干(注意勿碰撞槽底中央的圆形小陶瓷片)。

【注意事项】

(1)使用前,先检查机器各部有无松动,脱落等异常情况。机器和雾化罐编号要一致。

(2)水槽底部的晶体换能器和雾化罐底部的透声膜薄质脆,易破碎,应轻按,不能用力过猛。

(3)水槽和雾化罐切忌加温水或热水。

(4)特殊情况需连续使用,中间须间歇30分钟。

(5)每次使用完毕,将雾化罐和"口含嘴"浸泡于消毒溶液内60分钟。

判断危险急病

生活中会有很多的意外发生,学习正确地判断危险性急病和对之保持高度的警惕对于病人的抢救无疑会有很大的帮助。

学会判断危重急症可让真正垂危的患者得到在现场及时必要的紧急救助。不过应尽快地通知急救中心,附近医疗机构的医生或家庭医生前来急救,这样才不会耽误病情。

一般先判断病人神志是否清醒。通常做法是大声呼唤或轻轻摇动病人身体,观察是否有反应。神志尚清醒的病人在呼唤和轻轻推动时会睁眼或有其他反应。病人如无反应,则表明神志丧失,已陷入危重状态。病人突然间倒地,然后呼之不应,情况也很严重,需积极救护。

【判断危险急病的方法】

1.检查病人的瞳孔反应

当发现病人脑部受伤、脑出血、严重药物中毒时,瞳孔可能缩小为针尖大小,也可能扩大到黑眼球边缘,对光线无反应或反应迟钝,有时因为出现脑水肿或脑疝使双眼瞳孔一大一小。瞳孔的变化提示了脑病变的严重性。当病人的瞳孔逐渐放大并固定不动,对光反射消失时,表明病人已陷入"临床死亡状态"。

2.检查呼吸活动

当病人已处于十分衰竭、危重、呼吸很微弱的状况时,则胸部起伏不易觉察,此时可以用棉花絮丝或纸条等放在病人鼻孔前,观察棉絮或纸条是否飘动,以判定呼吸是否正常。发现呼吸已停止,立即施行人工呼吸。

3.检查心跳、脉搏

严重的心脏急症(如:急性心肌梗塞、心律失常等)以及严重的创伤、大失血等急病危及生命时,病人心跳或加快,超过每分钟 100 次;或变慢,每分钟 40~50 次;或不规则,忽快忽慢忽强忽弱。当心跳出现以上这些情况时,往往是心脏呼救的信号,应特别引起重视。

【注意事项】

(1)学会判断危险急病,有助于我们了解病人的危重程度。当患者情况过于紧急或危险时,非专业人员不可能全面掌握,只能是初步判断病情,以便采取简便可行的抢救措施,同时呼叫急救中心和家庭医生。

(2)急救最基本的目的是挽救生命,而危及生命的症状则是在瞬间心跳呼吸骤停。很多原因可以引起心跳呼吸骤停,但在日常生活中,最为常见的是心脏病急症猝死,其他还有诸如触电、溺水、中毒等引起的急症。挽救心跳呼吸骤停的方法,即为心肺复苏法。

现场急救法

现场急救能使一些遭遇意外伤害的病人、急重病人在未到达医院前得到及时有效的抢救,能减少患者伤残的概率和痛苦,为下一步救治奠定基础。

在国外,市民总是把红十字会现场急救证随时带在身上。如果遇上意外,就立即出示证件,马上施救。他们时刻感到,抢救生命是一种责任。如心肺复苏术在市民中的知晓率高了,一旦发生车祸意外状况,只要在现场围观者中,能有两三位市民掌握心肺复苏急救术,伤者就可以及时得到现场急救。

据有关调查显示,我国目前大部分人对"黄金 4 分钟"的认识和抢救措施并不太了解和重视。所以,我国的现场急救的普及率和知晓率,还需不断提高。

【进行现场急救的方法】

(1)检查伤病员的呼吸、心跳、脉搏等生命体征。如果出现呼吸心跳停止,应该就地立刻进行心脏按压和人工呼吸。

(2)有创伤出血者,应迅速包扎止血,最好就地取材,可用加压包扎、上止血带或指压止血。同时尽快送往医院。(2-18)

(3)如果有腹腔脏器脱出或颅脑组织膨出,可用干净毛巾、软布料或搪瓷碗等加以保护。

(4)有骨折者可用木板等临时物体进行固定。

(5)神志昏迷者,未明了病因前,注意心跳、呼吸、两侧瞳孔大小的变化。有舌后坠者,应将舌头拉出或用别针穿刺固定在口外,防止其窒息。

(6)按不同的伤情和病情,按轻重缓急选择适当的工具进行转运。运送途中随时注意伤病员病情变化。

【注意事项】

(1)在保证维持患者生命的前提下,应抓主要矛盾,分清主次,有条不紊地进行,切忌忙乱,以免延误患者抢救的有利时机。

(2)进行急救时,不论患者还是救援人员都需要进行适当的防护。特别是把患者从严重污染的场所救出时,救援人员必须加以防护,避免成为新的受害者。

（3）急救前，应将受伤人员小心地从危险的环境转移到安全的地点。应至少2～3人为一组集体行动，以便互相监护照应。所用的救援器材必须是防爆的。

（4）处理污染物时，要注意对伤员污染衣物的处理，防止发生继发性损害。

第二节　中毒急救

工农业的快速发展、新的医药产品的不断涌现，使人们在日常生活中接触到有毒物质的机会大大增加。由于防毒意识薄弱，一旦发现中毒现象就只能送医治疗，反而耽误了最佳治疗时间。本章节分列了几大常见中毒类型，概述中毒症状，介绍急救方法，这些都是家庭急救的重要组成部分。

一、中毒概述

在了解几大中毒类型之前，本小节先就中毒常识做个概述，详细介绍中毒急救的原则、诊断方法、中毒急救中可能遇到的几种病症，在本章节中起到理论指导作用。

中毒常识

毒物是指进入人体后能损害机体的组织与器官，扰乱或破坏机体的正常生理功能，使机体发生病理变化的物质。毒物的概念是相对的。其中剂量的多少很重要。例如，治疗疾病的药物超过其极量时，便可以引起对机体的毒性作用；有的微量剧毒物质，却可以用于治病。所以，一种物质只有达到中毒剂量时，才是毒物。

由毒物引起的疾病称为中毒。毒物的毒性是可以预防的，根据毒物中毒的性质，临床上可分为急性、亚急性和慢性中毒。大量毒物在短时间进入体内，很快引起中毒症状甚至死亡，称之为急性中毒。如超量服用洋地黄类药物，毒蛇咬伤等，均能引起心搏骤停；大剂量眼用有机磷农药，吸入高浓度一氧化碳，可引起呼吸抑制，昏迷等，亦为急性中毒。若小量毒物逐渐进入人体内，致使毒物在体内积蓄而出现中毒症状，称之为慢性中毒。例如，较长时间服用含汞、铅等金属的中成药，由于重金属在体内积蓄，可引起中毒症状。慢性中毒的症状多不明显。常常易被忽视。亚急性中毒介于急性中毒与慢性中毒之间。例如，某些药物在多次应用后出现肝、肾功能损害等。

毒物的致毒作用机制多种多样，十分复杂，有的比较清楚，有的尚未阐明。毒物的致毒过程常是一系列生理生化过程的连锁反应。

中毒的诊断

正确的诊断是处理一切疾病的先决条件。中毒原因的确定是急、慢性中毒治疗的关键。

在急救中，急性中毒是临床较常见的急症之一。急性中毒发病急骤，病情多凶险，如不及时抢救，常可危及生命。有的中毒史明确，有特殊的中毒表现，诊断比较简单。但少数中毒者必须应用细致而带有试探性的方法，才能获得确诊的资料。

【病史采集】

重点询问职业史和中毒史，如从事何种职业，有无接触有毒物品，接触毒物的种类、量及可能侵入的途径。对生活性中毒，如怀疑有服毒可能性时，要了解患者近期思想及生活情况，有无情绪低落，举止异常及有无遗言暗示，遗书遗物等。怀疑中毒还要详细了解以下情况：

1.起病情况

疾病症状是缓起还是急起，若是突然发生严重症状，如不明原因的发绀、休克、意识丧失、瞳孔缩小或扩大、惊厥、呕吐等，而不能用急性感染（如中毒型菌痢、暴发型流脑、大叶性肺炎等），急腹症或原发疾病解释者，都应考虑是否由中毒引起。

2.既往健康状况

有何急、慢性疾病，中毒者常用哪些药物，容易获得哪些药物，特别是最近服药情况，如服用何种药物？数量大约多少？从前是否用过同样药物？用后有无反应？家中还有哪些药物？以便将中毒者当前状况与原有疾病相联系或相区别。

3.中毒后的治疗经过

有无及时脱离中毒环境，曾否采用催吐、洗胃措施，是否彻底，用过何种解毒剂。

【临床表现】

熟悉中毒的临床表现有助于中毒的诊断及判断毒物种类。有些毒物中毒的症状和体征与常见内科疾病相似，且不同毒物中毒的临床表现又可能相近或重叠，有时同种毒物中毒表现也会有差别，因此易发生误诊或漏诊。对于突然出现的发绀、呕吐、昏迷，惊厥、呼吸困难、休克而原因不明者，要考虑急性中毒的可能。具有诊断意义的临床症状如下。

1.呼吸系统

（1）呼吸加快或过深。见于甲醇、二氧化碳、水杨酸类、山梗菜碱、尼可刹米等。另外，含乌头碱类或氰苷类中药，可引起呼吸先加快后抑制。

（2）呼吸抑制。见于阿片类、全身麻醉剂、肌松剂、催眠镇静药、乙醇、一氧化碳、蛇毒，也见于中毒性脑水肿。

（3）肺水肿。刺激性有毒气体、有机磷农药、心肌抑制剂，可引起中毒性肺水肿。

2.循环系统

（1）心律失常。如心动过速，阿托品、拟肾上腺素药、三环类抗抑郁药、茶碱类等兴奋交感神经剂中毒时；心动过缓，如洋地黄、拟胆碱药、β-受体阻滞剂、钙通道阻滞剂、奎宁、奎尼丁、钡盐等中毒时。

（2）血压波动。血压升高，如苯丙胺类、可卡因、拟交感药物、烟碱、安非他明、麻黄碱等中毒；血压下降，如亚硝酸盐、硝酸甘油、氯丙嗪、水合氯醛、奎宁、降压药、砷、锑，四乙铅等中毒。

（3）心搏骤停。见于洋地黄、奎尼丁、锑剂、吐根碱等中毒。

（4）血容量不足。剧烈的吐泻导致血容量减少；毒物抑制血管舒缩中枢，引起

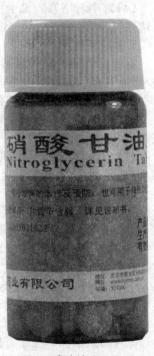

硝酸甘油

周围血管扩张致有效血容量不足,可见心肌损害。

3.消化系统

（1）胃肠道症状。在急性中毒时,胃肠道症状极为显著。由于多种毒物均经口进入,或由消化道排泄,故能刺激消化道局部组织,引起剧烈的腹痛,恶心、呕吐、腹泻等,如导泻药、巴豆、蓖麻子、高锰酸钾、松节油、毒扁豆碱、利血平、有机磷、细菌性食物中毒等。少数毒物经吸收后,反射性地引起胃肠道症状,如剧烈的呕吐和腹泻,患者常有脱水、酸中毒等症状。抗胆碱药使胃肠蠕动减少。

（2）肝功能损害。由消化道进入的毒物,部分须经肝脏解毒,有些毒物主要作用于肝脏,故肝脏可以受到不同程度的损害而出现有关的中毒症状,如汞、重金属、抗结核药、保泰松、巴比妥类、苯妥英钠、氯丙嗪,某些磺胺药、四环素、红霉素及抗肿瘤药等中毒时。

4.泌尿系统

肾脏是毒物排泄的主要器官,有些毒物选择性地作用于肾脏,故中毒后可出现不同程度的肾脏损害症状,其中以急性肾功能衰竭最为严重。

（1）尿色异常。棕黑色见于酚、亚硝酸盐中毒;樱红至棕红色见于安替比林、辛可芬、汞盐,以及引起血尿和溶血的毒物中毒,黄色见于重金属、砜类、非那西丁等中毒。使用亚甲蓝者,尿可呈蓝色;麝香草酚可使尿呈绿色。

（2）肾小管坏死。见于升汞、氨基糖苷类抗生素、毒蕈等中毒。

（3）肾缺血。产生休克的毒物可致肾缺血。

（4）肾小管堵塞。见于可引起血管内溶血的毒物,游离血红蛋白由尿排出时可堵塞肾小管,磺胺结晶也可堵塞肾小管。

5.血液系统

有些毒物能抑制骨髓造血功能,破坏红细胞和引起血红蛋白的改变,出现贫血、溶血、白细胞减少、血小板减少、全血细胞减少及变性血红蛋白等。

（1）溶血性贫血。如砷化氢、大黄、番泻叶等。

（2）白细胞减少和再生障碍性贫血。见于使用安痛定、安乃近、阿司匹林、保泰松、他巴唑、抗癌药者等。

（3）出血。见于阿司匹林、氯霉素、氢氯噻嗪、抗癌药物、肝素、双香豆素、水杨酸类、尿激酶、链激酶等引起。

6.神经系统

由于神经系统受到直接或间接损害而发生的功能失调。有关症状有幻视、幻听、乱语、烦躁、惊厥或昏迷等。

（1）闪电样昏倒。见于氯化物、苯、硫化氢、一氧化碳、纯烟碱、氯等中毒。

（2）惊厥。见于有机氯、氟乙酰胺、烟碱、樟脑、尼可刹米、山梗菜碱、士的宁、印防己毒素、咖啡因、茶碱类药物、抗胆碱类药、一氧化碳等中毒。

（3）谵妄。如有机汞剂、神经性毒剂、苯、苯胺衍生物、铅、醇、抗胆碱类等中毒。

（4）神经麻痹。如汞、有机汞剂、铅、钡、箭毒、河豚等中毒。

（5）面肌抽搐。见于有机磷中毒等。

7.五官

（1）瞳孔散大。见于颠茄类、抗胆碱药、拟肾上腺素药、抗胺药、可卡因、氰化物等中毒。

国学经典文库 家庭生活百科 ·健康医疗· 图文珍藏版

（2）瞳孔缩小。见于有机磷农药、阿片类、毛果芸香碱、巴比妥类、交感神经抑制剂等中毒。

（3）色视紊乱。洋地黄（绿—黄视）、山道年（黄视）、巴比妥类、奎宁、大麻、绵马等中毒引起。

（4）失明（暂时性或永久性）。见于酒精、甲醇、汞、碘仿、奎宁等中毒。

（5）耳鸣。见于甲醇、樟脑、洋地黄、毒毛旋花子苷、莨菪碱、吗啡、可待因、阿司匹林、水杨酸盐、砒霜、异烟肼、链霉素、庆大霉素、卡那霉素等中毒。

（6）耳聋。见于阿司匹林、水杨酸盐、阿托品、可卡因、可的松、链霉素、新霉素、卡那霉素、乌头等中毒。

8.皮肤黏膜

（1）发绀。氰化物（杏仁、木薯等），硝酸盐，亚硝酸盐，苯胺衍生物，亚甲蓝（美蓝）等中毒。

（2）黄染。中毒性肝损害（重金属、蛇毒、毒蕈等），溶血性黄疸（大黄、芦荟、蚕豆黄），氯丙嗪，对乙酰氨基酚等中毒。

（3）发红。一氧化碳（樱红）、硼酸盐（热虾样红）、酒精，吗啡，可待因、硝酸甘油、组胺、抗胆碱药、氰化物中毒或变态反应（潮红）。

（4）出汗。有机磷、水杨酸类、降糖药、胰岛素等中毒。

（5）干燥、磷屑状、皲裂。颠茄类（阿托品、曼陀罗、山莨菪等）、酒精、硼酸（持久接触）、乙醚、薄荷、石灰、漂白粉等中毒。

（6）淤点、瘀斑。凝血机能障碍，有可能为双香豆素类或阿司匹林过量中毒。

（7）水疱。见于水合氯醛、巴比妥类、阿片、普鲁卡因、水杨酸盐、对氨水杨酸、保泰松、氮芥、松节油、苦味酸等中毒。

中毒急救处理原则

中毒，特别是急性中毒抢救治疗应争分夺秒。因此，急性中毒的急救原则应突出以下四个字，即"快""稳""准""动"。"快"即迅速，分秒必争；"稳"即沉着、镇静、胆大、果断；"准"即判断准确，不要采用错误方法急救；"动"即动态观察，判断出现的症状，所用措施是否对症。一般处理办法为以下五个步骤。五者次序的先后，应根据中毒者的情况灵活掌握，治本与治标相结合，不可拘泥成规。

【清除毒物】

1.接触性中毒

除去污染毒物的衣物。毒物明确者，可用相应的中和剂彻底清洗；毒物不明确者，可用生理盐水或温清水冲洗。同时，注意毛发、指（趾）甲缝等部位。皮肤接触腐蚀性毒物者，冲洗时间要求长达15~50分钟。如系水溶性刺激物，现场无中和剂或解毒剂，可用大量清水冲洗。非水溶性刺激物的冲洗剂，需要用无毒或低毒物质，注意中和剂本身所致的吸收中毒。毒物如遇水能发生反应，应先用干布抹去污染物，再用水冲洗。毒物污染眼睛时，应立即用清水反复冲洗，然后滴入相应的中和剂。

2.吸入性中毒

应立即脱离现场，解开衣服，静卧，保暖，保持呼吸道通畅，呼吸新鲜空气或吸氧。及时吸出呼吸道分泌物，应将昏迷者舌头拉出并将其下颌前倾。有条件者可雾化吸入地塞米松、舒喘灵或中和药物。

3.口服吸收中毒

（1）催吐。多数毒物本身可引起呕吐，但自发呕吐难以去除足够数量的毒物，或难以引发呕吐，此时可应用机械刺激咽部引吐的方法或药物催吐。药物催吐常用阿扑吗啡5毫克，皮下注射，3~5分钟后开始呕吐，但常会引起中枢神经系统抑制，并可产生顽固性呕吐，现已少用。

禁忌证有中毒引起的昏迷状态、抽搐，或惊厥未得到控制者；摄入腐蚀性毒物者，催吐可能引起出血，可导致食管、胃穿孔；石油蒸馏物（汽油、煤油等）中毒，催吐时如误吸入肺可致肺炎；有溃疡病、主动脉瘤、食管静脉曲张、近期发生心肌梗死，以及已发生剧烈呕吐者，不宜催吐。孕妇慎用。

（2）洗胃。洗胃是抢救中毒患者是否成功的关键。一般经口摄入毒物6小时以内洗胃，尤其在服毒后1小时内洗胃效果最好。但在下列情况时，超过6小时亦应洗胃；摄入毒物较多；毒物为缓释制剂或结块，如带肠衣的药片等，服毒后曾食入大量牛奶或蛋清者；由于毒物作用或胃的保护性反应，使胃的排空时间延长者；有嵌入胃黏膜皱襞内或由胃再排出者。事实证明，抗胆碱药、三环类抗抑郁药、水杨酸盐类等，在服后6小时洗胃仍然有效。

让中毒者取侧卧位插入粗胃管后，先抽净胃内高浓度毒物，然后用电动抢救洗胃机或吊桶，加配好的洗胃液小量反复冲洗抽吸，直至洗净。每次洗胃液为300~500毫升，总量为10000~20000毫升，洗胃后保留胃管24小时，必要时再次洗胃。对服毒量大、胃管洗胃失败者，可行剖腹洗胃。关于洗胃液的选择，诊断明确者，可给予适当的洗胃液洗胃；对诊断不明确者，可用温生理盐水或清水洗胃。

禁忌证有摄入强腐蚀性毒物中毒；中毒引起的惊厥未被控制之前；最近有上消化道出血或胃穿孔，以及同时患有食管静脉曲张、严重心脏病或主动脉瘤的患者。

（3）导泻与灌肠。催吐或洗胃后，由胃管注入或口服泻药，清除进入肠道的毒物，阻止毒物自肠道吸收。泻剂用25%硫酸钠30~60毫升或50%硫酸镁40~50毫升。有中枢神经系统抑制时，不用硫酸镁，不宜用油类泻剂。灌肠常用温水、生理盐水或肥皂水等1000毫升，做高位灌肠，以清除毒物。

【阻滞毒物的吸收】

口服或由胃管内注入某些解毒剂可通过吸附、沉淀、氧化、中和、化合等性能，使胃内未被吸收的毒物失去活性，或阻滞其吸收。

1.吸附剂

活性炭是常用的有效强力吸附剂。因活性炭粉有很大的表面积，每克为1000平方米~3000平方米，所以，在胃、小肠和大肠内能与毒物结合为复合物，使之不被吸收。因此，几乎可用于所有经口中毒患者（氧化物中毒除外），以吸附残留的毒物，如生物碱、巴比妥类、水杨酸、苯酚等，不良反应很少且安全、可靠。

2.中和剂

摄入强酸者，可给弱碱液中和，但忌用碳酸盐，因能产生二氧化碳，有引起胃穿孔及胃扩张的危险。摄入强碱者，可用弱酸液中和。

3.沉淀剂

主要作用是与毒物结合形成沉淀物，减少其毒性。并延缓其吸收。可用于口服或洗胃。常见毒物的沉淀剂有：

1%~5%碳酸氢钠（小苏打）液。用于沉淀生物碱、汞、铁。

3%～5%鞣酸溶液。可使大部分有机及无机化合物(包括去水吗啡、士的宁、金鸡钠生物碱、洋地黄、铝、铅、银、钴、铜、锌等)沉淀,对肝脏有毒性,应慎重使用,不应留置胃内。可用浓茶水代替。

　　0.2%～0.5%硫酸铜溶液。用于无机磷中毒,可产生不溶性的磷化铜。

　　2%～5%硫酸钠或硫酸镁溶液;用于铅及钡盐中毒等,可生成硫酸铅或硫酸钡。

　　氢氧化铁溶液。与砷形成不溶性的络合物砷酸铁,不易被吸收。

　　5%甲醛化次硫酸钠。用于汞中毒,可把氯化汞和其他汞盐还原为金属汞,降低溶解度,使之不易吸收。

　　钙盐。用于氟化物及草酸盐中毒。常用10%氟化钙5毫升,加水至1升,或15%乳酸钙洗胃,与氟结合形成氟化钙。

　　淀粉。用于碘中毒。

　　4.氧化剂

　　1∶2000～5000高锰酸钾溶液。为强氧化剂,适用于巴比妥类、阿片类、烟碱、吗啡、磷等中毒,但不宜反复用,以免腐蚀胃黏膜。

　　0.3%过氧化氢溶液。可用于有机物、氰化物及无机磷中毒洗胃用。过氧化氢对胃黏膜有刺激性,并可引起腹胀,宜慎用。

　　5.还原剂

　　大剂量维生素C,可用于铝、砷中毒及高铁血红蛋白血症的辅助治疗。

　　6.保护剂

　　牛奶、蛋清、植物油等能减轻腐蚀性毒物的腐蚀作用,保护和润滑黏膜,适用于强酸、强碱及重金属盐类中毒。

　　7.不吸收溶剂

　　如液体石蜡150～200毫升,使脂溶性毒物,如汽油、煤油、三氯乙烯等溶解,阻止其吸收,然后再洗胃。

　　8.通用解毒剂

　　(1)活性炭2份,鞣酸1份,氧化镁1份混合,加温水200毫升。适用于毒物不明,洗胃不能进行,欲给催吐剂者。

　　(2)甘草15克,绿豆30克或甘草30克,加水煎服。适用于多种原因不明的中毒。

　　【促进已吸收毒物排泄】

　　1.利尿排毒

　　多数毒物经肾脏排出,故可采用下列方法。

　　快速补液。多饮水。可静脉滴注10%葡萄糖液或生理盐水以利尿。

　　给利尿剂。如尿量过少,可静注速尿20～40毫克,亦可用渗透性利尿剂,如20%甘露醇或25%山梨醇250毫升,快速静滴。但应注意心、肺、肾功能,大量利尿时,应适当补充钾盐。

　　2.吸氧

　　一氧化碳中毒时,吸氧可使碳氧血红蛋白解离,加速一氧化碳排出,必要时加压给氧或高压氧治疗。

　　3.透析疗法

　　血液透析或腹膜透析指征有可析性毒物中毒,如眠尔通、巴比妥类、水杨酸、磺胺、异烟肼、甲醇、乙醇等;肾毒性药物中毒,如重金属盐、二氧化汞、四氯化碳、氧化汞、重铬酸盐等。对肾功能衰竭或呼吸抑制的患者更适合,一般在 12 小时内进行,效果较好。

4.血液灌流疗法

适用于严重中毒或透析疗法无效者,对安定类、巴比妥类、有机磷中毒等,有较好疗效。

5.换血疗法

通过放出有毒物的血液而再输入新鲜血液,达到排出毒物的目的。对重症有机磷、一氧化碳中毒等疗效较好。

【特效解毒剂的应用】

1.金属与类金属解毒剂

此类解毒剂是一些能与多种金属或金属离子络合成稳定络合物的络合剂。所生成的络合物是无毒或低毒的,并能从肾脏排泄。

(1)依地酸二钠钙。对铅中毒有特效(但四乙铅中毒无效),也适用于铁、铀、镉、锰、铍、钒、钴、钢、镍、硒、汞及其他重金属中毒,但疗效较差。

(2)二巯基丙醇。对急性砷、汞中毒有特效,对金、锑、铋、锌、铬、镍有效。

(3)二巯基丁二酸钠。适用锑、汞、铅、锌、镉、砷、钴、镍中毒。对酒石酸锑钾的解毒力约为二巯基丙醇的 10 倍。对铅中毒疗法与依地酸钙钠相同。对汞中毒与二巯基丙磺酸钠相同。

(4)二巯基丙磺酸钠。对汞、砷中毒有特效,且解毒作用较强,较快,毒性小(约为二巯基丙醇的二分之一),也可用于铋、铅、铬、锌、锑、钴、镍、钋、硫酸铜等中毒。

(5)青霉胺。对铅、汞、铜等中毒有效,驱铜效果较显著。

(6)促排灵(二乙撑三胺醋酸钠钙)。适应证为铅、钴、铁、锌、铬、锰中毒,并可促进钚、铀、锶、钇等放射性元素自体内排出,消除放射的损害。

(7)羟乙基乙烯二胺三乙酸。可促进铜、铁的排泄,口服可吸收,疗效同静脉用药。

(8)去铁敏。是一种铁的络合剂。对铁中毒有特效,对其他金属中毒无效。

(9)金精三羧酸。可在组织内与铍结合,用于铍中毒。

2.氰化物的解毒剂

(1)亚硝酸盐——硫代硫酸钠疗法。适量亚硝酸盐可使血红蛋白氧化,产生一定量的高铁血红蛋白,后者与血液中氰化物形成氰化高铁血红蛋白,氰离子再与硫代硫酸钠作用,转变为毒性低的硫氰酸盐排出体外。用法为立即给予亚硝酸异戊酯吸入,3%亚硝酸钠溶液 10 毫升,缓慢静注,随即用 25%硫代硫酸钠 50 毫升,缓慢静注。

(2)美蓝(高浓度)——硫代硫酸钠法。效果不如前者。大剂量美蓝(亚甲蓝)可使血红蛋白转变为能与氰化物结合的高铁血红蛋白,夺取氰化高铁血红蛋白中的氰离子,阻止其抑制细胞色素氧化酶。但美蓝生成高铁血红蛋白的作用较其使高铁血红蛋白还原作用为弱,因此只在没有亚硝酸钠的情况下可应用美蓝。

3.高铁血红蛋白血症的解毒剂

(1)美蓝。是一种氧化还原剂,对血红蛋白有两种相反的作用。在高浓度(>

每千克体重 10 毫克)时,可使血红蛋白的亚铁氧化为高铁,生成高铁血红蛋白,此作用被应用于氰化物中毒的解毒治疗中(已如前述);在低浓度(每千克体重 1~2 毫克)时,美蓝则具有相反的作用,即当体内葡萄糖被氧化的同时,形成还原型辅酶—脱氢酶,后者能使美蓝还原成还原型美蓝。还原型美蓝可使高铁血红蛋白还原为血红蛋白,正是利用此作用作为高铁血红蛋白血症的解毒剂。

(2)甲苯胺蓝。其作用同美蓝,但起效比美蓝快,疗效较美蓝为佳。

(3)维生素 C。维生素 C 参与体内毒物氧化还原过程,可将高铁血红蛋白还原为血红蛋白,但作用比美蓝慢;同时,维生素 C 可增加毛细血管致密性,减低其渗透性及脆性。

4.中枢神经抑制药解毒剂

(1)纳洛酮。阿片类麻醉药的解毒药,对麻醉镇痛药引起的呼吸抑制有特异的拮抗作用,对急性酒精中毒有催醒作用。其化学结构与吗啡很相似,对阿片受体的亲和力比吗啡大,能阻止吗啡样物质与阿片受体结合。还能增加阿片类中毒患者的呼吸频率,并能拮抗阿片类的镇静作用及使血压上升。

(2)氟巴西尼。本药是特异的苯二氮䓬类中毒的拮抗药,能竞争性置换中枢神经系统的苯二氮䓬受体,对苯二氮䓬类镇静剂产生的镇静、抑郁、肌松弛、抗惊厥作用,有强大的拮抗作用。

(3)佳苏仑。具有兴奋呼吸中枢的作用,可用于镇静催眠药、急性酒精中毒造成的呼吸抑制。

(4)美解眠(贝美格)。中枢兴奋作用较强,对巴比妥类及其他催眠药都有对抗作用,注射量大、速度快时可引起中毒。药物过量可引起恶心、呕吐、震颤、惊厥等,须准备短效的巴比妥类药物,以便惊厥时解救。

5.有机氟农药解毒剂

(1)甘油乙酸酯。对氟乙酸钠有解毒作用。

(2)乙酰胺。亦称解氟灵,对氟乙酸钠及氟乙酰胺均有解毒作用。

6.阿托品

主要用于拟胆碱药中毒、含毒蕈碱的毒蕈中毒、锑剂中毒引起的心律失常,以及有机磷农药和神经性毒气中毒。

7.胆碱酯酶复活剂

用于治疗有机磷农药、神经性毒气中毒。常用氯解磷定和碘解磷定,双复磷和双解磷较少应用。

【对症治疗】

密切观察生命体征变化。

呼吸困难者,给予吸氧,保持呼吸道通畅。

治疗体温过高或过低。过高者可物理降温,过低者注意保暖。

纠正低血压,治疗休克。

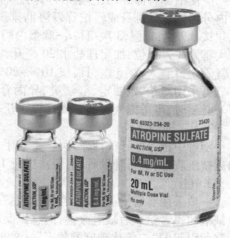

阿托品

静脉输液,维持水、电解质及酸碱平衡。

烦躁不安或谵妄者,可给予安定或苯巴比妥,并查明原因,予以适当处理。

惊厥者,给予吸氧,可给予安定肌内注射或水合氯醛灌肠。

中毒引起溶血性贫血者,可给予输血。

酌情使用糖皮质激素及保护重要脏器的药物,如三磷酸腺苷、辅酶A、肌苷、细胞色素C、维生素C、B族维生素等。

中毒引起的呼吸衰竭

呼吸衰竭是急性中毒引起的严重并发症之一。指由于各种原因引起的肺通气和(或)换气功能障碍,导致机体缺氧和(或)二氧化碳潴留,从而引起一系列的临床综合征。呼吸衰竭大体上可分为中枢性及周围性呼吸衰竭两型。

【临床表现】

1.低氧血症表现

呼吸困难、鼻翼翕动,辅助呼吸肌活动加强,反应迟钝或烦躁不安,出现发绀、心率增快、血压下降、出冷汗,严重者可出现昏迷,上消化道出血,心、肝、肾功能损害。

2.高碳酸血症的表现

主要为呼吸抑制、头痛、嗜睡、扑翼样震颤,以至昏迷。早期易激动、烦躁、血压升高,后期则神志不清,血压下降、球结膜充血、水肿、瞳孔缩小。

3.呼吸改变

可有呼吸增快、减慢、不规则,张口或叹息样呼吸,呼吸微弱或暂停。

4.血气分析

氧分压<7.98kPa,二氧化碳分压减低、正常,或>6.65kPa。

【急救】

1.维持呼吸道通畅

应使中毒者仰卧,头尽量后仰,防止舌根下坠阻塞呼吸道,去除口腔、咽部及气管内分泌物。勤翻身或轻拍背以协助排痰,同时给予祛痰剂,如必嗽平16毫克或氯化铵0.9克,口服,3次/日;α-糜蛋白酶5毫克,肌内注射,1~2次/日,或将其与庆大霉素8万单位,加生理盐水20毫升,雾化吸入;5%痰易净溶液0.5~2.0毫升,由气管切口滴入,2~3次/日,或10%~20%痰易净溶液3毫升,雾化吸入,2~3次/日。可采用氨茶碱、喘定、舒喘灵、异丙肾上腺素或氢化可的松等,解除支气管痉挛。必要时,可考虑气管插管或气管切开。

2.人工辅助呼气

随着中毒者的呼气动作,医生将双手掌置于病人的胸前肋下缘,柔和地向上、向后挤压胸廓,进行辅助呼气,每次进行10分钟,每1~2小时进行1次。

3.氧疗

一般采用鼻管给氧,成人常用的氧流量为2~4升/分,儿童为1~2升/分。严重缺氧的患者给氧后缺氧改善,但意识反趋模糊或出现呼吸抑制,应考虑到二氧化碳潴留引起的"二氧化碳麻醉状态"。此时应减少氧流量,并设法增加中毒者的通气,如清除呼吸道分泌物,人工辅助呼吸及应用呼吸兴奋剂。对呼吸微弱而浅表的中毒者,应立即正压给氧。

4.呼吸兴奋剂的作用

在应用呼吸兴奋剂前应畅通呼吸道,以免加重呼吸肌疲劳。常用的呼吸兴奋剂有山梗菜碱(洛贝林),每次 3 毫克,静脉注射;尼可刹米(可拉明),每次 0.125~0.5 克,皮下、肌内或静脉注射:回苏灵,每次 8~16 毫克,肌内或静脉注射;利他林(哌醋甲酯),每次 20~40 毫克,肌内或静脉注射。以上药物可单独使用,也可联合使用。根据情况,间隔一定时间可重复使用。

5.机械通气

当中毒者呼吸浅慢而弱,且有明显发绀或呼吸已停止时,可做人工呼吸,即利用简易呼吸器或空气麻醉机进行人工呼吸;如有条件还可采用呼吸机。

6.其他

控制呼吸道感染,选用适当的抗生素。控制并发症,如心力衰竭、休克、电解质紊乱及酸碱失衡等。

中毒引起的脑水肿

由于脑组织细胞内、外水分增多而致脑体积和重量的增加,称为脑水肿。脑组织处于容积固定的颅腔内,其体积略有增加即可引起颅内压增高或脑水肿,影响生命中枢的功能,严重者造成呼吸和循环衰竭,危及患者生命。

【临床表现】

1.出现颅内压增高征象

剧烈头痛,频繁的喷射性呕吐;嗜睡、烦躁不安、抽搐,甚至昏迷;呼吸缓慢,深浅不一,节律不齐,甚至呼吸衰竭;血压升高,心率减慢,脉搏有力;视乳头水肿,视网膜可有出血、水肿等。

2.脑疝征象

严重者除上述症状外,可形成脑疝,瞳孔不等大,早期瞳孔缩小,晚期逐渐散大、固定,对光反应减弱或消失;血压上升,脉搏增快,体温升高;意识障碍加重,出现昏迷。

3.腰椎穿刺

腰椎穿刺测定脑脊液压力是诊断脑水肿、颅内压增高的直接依据,但在颅内压明显增高,视神经乳头明显水肿,已出现脑疝前驱症状(如头痛加剧,进行性意识障碍、躁动不安或抽搐)时,应绝对禁忌腰椎穿刺,以免引起脑疝。此时,当务之急是立即给予脱水剂,以降低颅压。

4.脑电图

轻型可呈高幅 α 波,中型可呈高幅慢波,重型可呈低幅波或平坦波。

【急救】

1.一般治疗

头部垫高 15°~30°。如颅内压明显增高,头痛、呕吐明显,或有脑疝前驱症状及腰穿后,则应去枕平卧,不能搬动。调节平均动脉压至正常或稍高于正常(12.0~13.3kPa)。防止血压进一步升高。通畅呼吸道,必要时气管插管或气管切开,给予氧气吸入。

2.脱水疗法

脱水剂可增高血浆渗透压,使脑细胞外间隙的液体吸收到脑血管内,细胞内液也可渗透到细胞外间隙,因而可减轻脑水肿。常用的脱水剂有以下几种;

(1)高渗晶体脱水剂:25%山梨醇或 20%甘露醇,降低颅压效果甚为显著。常用250毫升,按每次1~3克/千克体重,15~30分钟内静脉滴注,每6~12小时1次。用药后半小时生效,作用可维持6~8小时。这两种药物可引起颅压反跳现象(由于高渗物质排出后,脑细胞将水吸回,引起颅压再次升高),可在两次高渗脱水剂给药之间,静脉注射50%葡萄糖溶液50~100毫升,以防止反跳现象,巩固脱水疗效。

(2)利尿剂:利尿剂使机体脱水,从而间接地使脑组织脱水,降低颅压,其脱水效果不如高渗脱水剂,但适用于心功能不全的脑水肿。常用的为利尿酸25~50毫克,或速尿20~40毫克,加入10%葡萄糖溶液10~20毫升中,缓慢静脉注射,每日2~3次。利尿酸与速尿排氧与排钾的作用均强,故在大量利尿之后,应补充适量的氯化钾。

(3)地塞米松:本品可降低毛细血管的通透性,促使细胞失水,减少脑脊液的形成,减轻脑水肿。一般用量为5~10毫克,静脉注射,4~6小时1次,一般不超过4日。

(4)限制水分的摄入:在进行脱水疗法的同时,必须适当地限制水分的摄入。在脑水肿未被控制之前,24小时的入液量应少于尿量500~1000毫升,在脑水肿被控制之后,24小时液体出入量应基本保持平衡。

3.低温疗法

低温可降低代谢及耗氧量,脑血流量减少,脑体积及颅内压可随之降低。低温疗法还可保护中枢神经系统,预防与治疗脑水肿。由于治疗性低温可增加血黏度,抑制机体自卫反射功能,尤其老年心脏病者,易引起心律失常。一般用体表降温结合头部重点降温,降温程度以达浅低温(35℃~32℃)为宜。

(1)全身体表降温术,一般宜用空调控制室温,然后在头额、颈、腋窝和腹股沟等部位加用冰袋,必要时可应用冰水褥或降温毯降温。

(2)头部重点降温术:采用冰水槽或冷气帽降温。

(3)药物降温;对高热、寒战、持续惊厥、有严重的颅内压增高症状,经用其他治疗无明显效果时,可应用冬眠疗法。常用药为氯丙嗪50毫克,异丙嗪50毫克,加入5%葡萄糖溶液200毫升中,缓慢静脉滴注,每8~12小时再给予上述冬眠药物半个剂量,每日用1~2个剂量。

4.高压氧疗法

高压氧可显著减少脑血流量,改善脑血管及血脑屏障的通透性。病人呼吸、循环功能基本平稳,而神志尚不恢复者,可考虑采用。

5.促脑细胞代谢药物

常用的三磷酸腺苷、细胞色素C、辅酶A、克脑迷、胞二磷胆碱等。目前认为,此类药物的效果并不可靠,但临床已经作为常规用药,可适当采用,作为辅助治疗。

6.对症疗法

头痛者,可给予颅痛定、强痛定治疗,呕吐者,可给予胃复安、爱茂尔等;烦躁不安或惊厥者,可加重脑缺氧及脑水肿,在用脱水剂同时,可酌情选用安定、苯巴比妥钠、水合氯醛等。

中毒引起的肺水肿

由于各种原因引起的肺毛细血管压力增高,通透性增加,血浆胶体渗透压降低,导致肺毛细血管渗出血浆成分,广泛透过肺泡膜,进入细支气管、肺泡及间质内,形成肺水肿,是中毒过程中常见急症之一。

【临床表现】

肺水肿的临床表现有咳嗽、咯血或血性泡沫痰,呼吸困难、发绀、心悸、乏力、烦躁不安。两肺布满湿性啰音及哮鸣,心音可变弱,可能出现第三心音、第四心音及奔马律,血压可无改变或降低。

X线可显示整个肺野亮度减低,两肺上、中野出现多数小斑点状阴影,最后出现大片状致密影,边缘模糊,肺门阴影呈蝴蝶状。

【急救】

1.体位

采取坐位,两腿下垂,以减少静脉回心血量。

2.吸氧

可给予鼻导管或面罩吸氧,氧流量为 4~6 升/分,氧浓度以 40%~60%为宜。同时采用抗泡沫剂非常重要,因为肺泡内液体的表面张力达到一定程度时可产生泡沫,影响通气及氧自肺毛细血管弥散。常用的消泡剂有 1%二甲基硅油,10%硅酮或 70%乙醇溶液。对刺激性气体引起的肺水肿,一般禁用乙醇溶液,常用 1%二甲基硅油。要保持呼吸道通畅,随时吸痰,必要时行气管切开。

3.镇静剂

立即皮下注射吗啡 5~10 毫克,或杜冷丁 50~100 毫克。对烦躁不安者,可用异丙嗪 25~50 毫克,肌内注射,或 10%水合氯醛 20 毫升,灌肠。吗啡对急性左心衰竭引起的肺水肿具有良效,但对刺激性气体及呼吸中枢抑制药物引起的肺水肿,应列为禁忌。

4.利尿剂

应掌握剂量从小到大、间断及联合用药。常用利尿剂:(1)速尿。20~40 毫克,静脉注射,必要时可重复使用。(2)噻嗪类。如双氢克尿塞 25 毫克,2~3 次/日,口服。(3)氨苯蝶啶。50~100 毫克,或安体舒通 20~40 毫克,3 次/日,口服。

5.糖皮质激素

可减少肺泡壁及毛细血管通透性和炎性反应。应用氢化可的松 100~300 毫克,溶于 5%葡萄糖溶液 100~200 毫升,静脉滴注,每日 1 次,或用地塞米松 5~10 毫克,静脉注射,每日 2 次,持续应用 3~5 日,对各种原因(包括过敏)引起的肺水肿均有效果。

6.氨茶碱

有兴奋心肌、轻度扩张血管及支气管作用,适用于支气管痉挛者;但并发休克者不宜应用。用量为 0.25 克,加入 5%葡萄糖溶液 20 毫升,缓慢静脉注射,必要时,可于 2~4 小时后再重复 1 次;或用 0.5 克,加入 5%葡萄糖液 250 毫升,静脉滴注。

7.强心剂

有心力衰竭者,可酌用毒毛旋花子苷 K0.125~0.25 毫克,或毛花苷丙(西地兰)0.4 毫克,加入葡萄糖溶液 20 毫升,缓慢静脉注射。对刺激性气体中毒者则不宜使用。

8.控制感染

一般可给予青霉素预防感染,必要时选用其他广谱抗生素。

·健康医疗·

图文珍藏版

中毒引起的急性肝功能衰竭

毒物进入人体后,绝大部分在肝内进行代谢及解毒,使肝脏受到损害。还有一些毒物和药物对肝脏有特殊的亲和力,更易使肝脏受到损害。因此,急性中毒常伴发肝病,严重者可发生急性肝功能衰竭。

【临床表现】

早期出现恶心、呕吐、食欲缺乏、黄疸、肝大及压痛,血清转氨酶明显升高。晚期黄疸逐步加深,出现腹水、低蛋白血症、出血倾向、低血糖及肝昏迷、肾功能不全、脑水肿等。

【急救】

1.一般治疗

卧床休息,待症状显著好转时,可逐步增加活动。保证充分的热能供给。对呕吐严重或进食过少者,可给予高渗葡萄糖溶液,静脉滴注。出现肝昏迷前驱症状时,应严格限制蛋白质的摄入。适当补充维生素类,如 B 族维生素、维生素 C、维生素 K、维生素 E 等。保持水、电解质及酸碱平衡。控制感染可用青霉素钠盐 400 万~600 万单位,静脉滴注,并加用氯霉素 1~2 克/日。

2.糖皮质激素类药物

大剂量氢化可的松(500~1000 毫克/日)对于胆型及混合型肝病黄疸有效,对肝细胞型肝病的疗效尚未确定。

3.护肝药物

(1)葡醛内酯(肝泰乐):0.4 克,每日 3 次,口服;或针剂 0.2 克,肌内注射,每日 1 次。

(2)γ-氨酪酸:1 克,每日 3 次,口服;或针剂 1~4 克,加入葡萄糖溶液内,静脉滴注,可能有预防肝昏迷的作用。

(3)水飞蓟素:具有稳定细胞膜的作用,对不同原因的中毒性肝脏损害有一定的疗效。开始可用益肝灵片 2~4 片(35 毫克/片),每日 3 次,至少用药 5~6 周。症状改善后服用维持量,1~2 片,每日 3 次。

(4)胰高血糖素—胰岛素(克-1)疗法:可阻止肝坏死;促进肝细胞再生。常用胰高血糖素 1 毫克和普通胰岛素 10 单位,加入 10%葡萄糖液 250 毫升中,静脉浦注,3 小时滴完,1~2 次/日。10~15 日为 1 个疗程。

4.出血倾向的治疗

对于肝功能衰竭所致的出血倾向,可用下述药物:

(1)酚磺乙胺(止血敏):250~500 毫克/次,肌内注射或静脉注射。

(2)维生素 K 升:25~50 毫克/次,肌内注射。

(3)硫酸鱼精蛋白:100~200 毫克/次,静脉注射。

(4)氨甲环酸(止血环酸、凝血酸):100~200 毫克/次,肌内或静脉注射;或 250~500 毫克,每日 3~4 次,口服。

5.肝昏迷的防治

(1)注意饮食:限制蛋白食入,尤其是动物蛋白。

(2)减少血氨产生:可口服新霉素或氨苄青霉素 1 克,3 次/日;或甲硝唑 0.2~0.4 克,3~4 次/日,口服。但发挥作用较慢。

(3)减少氨的吸收:清洁灌肠,清除肠道内积血,积粪等。可用食醋 30 毫升,加生理盐水 100 毫升(pH 值<6.0),乳果糖 20 克。分 2 次口服,使肠道的 pH 值<5.0。

(4)降低血氨:可用谷氨酸钠(钾)20~25 克,加入 10%葡萄糖溶液 1000 毫升中,静脉滴注,精氨酸 15~20 克,加入 10%葡萄糖溶液 1000 毫升中,静脉滴注。

(5)对抗假性神经递质:左旋多巴透过血脑屏障经多巴脱羧酶转为多巴胺,多巴胺能对抗苯乙醇胺等假性神经递质,使正常神经传导恢复。可用左旋多巴 200~500 毫克,加入 5%葡萄糖溶液 500 毫升内,静脉滴注,每日 1 次,或用左旋多巴 1.5~2.0 克/日,分 2~3 次口服,或溶于 100 毫升生理盐水中,保留灌肠。

6.防治并发症

在肝功能不全时,可并发肾功能衰竭、脑水肿、呼吸衰竭等。应避免使用或小心使用经肝脏代谢、胆管排泄、对肝脏有毒性的药物。

中毒引起的急性肾功能衰竭

急性肾功能衰竭是指肾脏严重缺血、缺氧或中毒所造成急性肾小管坏死。广义的急性肾功能衰竭是指任何原因所引起的急性肾功能进行性损害,包括肾前性、肾性及肾后性。肾前性多继发于循环衰竭,肾脏长时间严重供血不足,肾后性多见于尿路梗阻。在急性中毒的病例中,以肾性和肾前性最多见。

【临床表现】

1.少尿期或无尿期

多突然出现。每日尿量少于 400 毫升谓之少尿,少于 100 毫升则谓之无尿。持续 1~2 周,表现为水肿、高血压、心力衰竭,高钾、高镁、低钠血症、氮质血症及代谢性酸中毒等。

2.多尿期

开始尿量大于每日 500 毫升,以后持续增加,常可达到每日 4000~6000 毫升。水肿逐渐消退,血压及尿素氮、血肌酐下降,酸中毒及尿毒症症状逐渐消除,易出现低钾、低钠及脱水。此期一般为 1~3 周。

3.恢复期

经过多尿期后,尿量逐渐恢复正常,但肾小管浓缩功能常需要数月方能恢复正常。部分患者常遗留慢性肾功能不全。

实验室检查,尿比重低而且固定在 1.010 左右。可有尿蛋白,红、白细胞及各种管型。少尿期血肌酐、尿素氮、血清钾升高,二氧化碳结合力及血 pH 值降低。多尿期则血钾、血钠降低,尿液中含有大量肾衰管型。

【急救】

1.去除病因

停用可疑药物。彻底清除残留毒物,包括清洗皮肤,清除消化道内残留毒物、血液,或腹膜透析,血液置换,使用解毒药等,尽可能减少或停止对肾脏的危害。失水或出血性休克患者,要及早合理补充液体,有效止血,防止及纠正休克。

2.少尿期的治疗

(1)严格限制液体入量,急性肾功能衰竭的诊断一旦确立,即应严格控制水分的摄入。每日补液量为 500 毫升(不显性失水量)加前一日显性失水量(尿、粪、呕吐物等)。

(2)供给足够的热能,限制蛋白质的摄入,热能供给必须充足,每日不应少于 6694 千焦(1600 千卡),蛋白质摄入量每日不应超过 20 克,葡萄糖摄入量为每日

160~200克。

(3)利尿:可用速尿100~200毫克,2~4次/日,必要时可用600毫升,4次/日,静脉给药。

(4)控制感染:如中毒者能口服,尽量不予静脉输液。注意呼吸道的通畅,尽量避免导尿。如发生感染,及早采取适量肾毒性小的抗感染药物。

(5)纠正电解质代谢及酸碱平衡紊乱:每日查血钾、钠、氯、二氧化碳结合力,根据情况进行纠正。尤其高钾血症是少尿期死亡的主要原因,遇到少尿者必须立即描记心电图及测定血钾,如有高血钾,应立即采取措施加以控制。

(6)控制高血压及治疗心力衰竭:高血压者,可给予利血平、可乐宁。高血压脑病者,可给予硝普钠静脉滴注。心力衰竭者,可选用多巴酚丁胺静脉滴注。

(7)透析疗法:透析疗法是治疗尿毒症最迅速有效的方法。(1)血钾6.5毫摩/升以上,或每日增高1毫摩/升。(2)出现高血容量的表现,如急性肺水肿、心力衰竭。(3)严重酸中毒虽经补碱性溶液仍不能控制者。(4)无尿2天或少尿4天以上。(5)血尿素氮高于28.6毫摩/升,血肌酐高于442微摩/升。

3.多尿期治疗

不太多时,仍按少尿期处理,大量利尿开始后应防止脱水、低血压和低血钠,供给足够的热能和维生素。蛋白质应视肾功能恢复情况配给而逐渐增加。临床情况明显改善,血肌酐高于345微摩/升时,可暂停透析。

4.恢复期治疗

定期复查肾功能,避免使用损害肾脏的药物。

中毒引起的脱水

脱水指人体由于病变,消耗大量水分,而不能即时补充,造成新陈代谢障碍的一种症状,严重时会造成虚脱,甚至有生命危险,需要依靠输液补充体液。细胞外液减少而引起的一组临床症候群根据其伴有的血钠或渗透压的变化,脱水又分为低渗性脱水即细胞外液减少合并低血钠;高渗性脱水即细胞外液减少合并高血钠;等渗性脱水即细胞外液减少而血钠正常。

【临床表现】

正常成人男性,体液占体重的60%,女性占55%。体液的分布为细胞外液约占体重的20%,细胞内液占30%,细胞外液的血液及淋巴液占5%,组织液占15%。脱水先丢失细胞内液。按脱水程度分为三类。

1.轻度脱水

失水量占体重的2%~6%。中毒者有口渴、尿少色浓等表现。

2.中度脱水

失水量占体重的6%~14%。中毒者有明显口渴、尿少、无力、反应迟钝,可有精神症状。体检可见皮肤弹性减低,面容消瘦,眼窝下陷等脱水征象,血压常有所降低。

3.重度脱水

失水超过体重的14%。患者昏迷,出现周围循环衰竭、休克,甚至死亡。可引起代谢性酸中毒及肾前性氮质血症。

在确定脱水的类型及程度时,除根据上述的症状及体征外,还应测定尿量、尿比重,钾、钠、氯化物及尿钠,二氧化碳结合力和pH值等。

【急救】

首先应去除病因。成人一般先快速输入5%葡萄糖盐水1000毫升(前2~4小时),后4~8小时再补充总失水量的1/2~2/3,24小时补足全部失水量。使用的液体糖盐比例应为2:1或3:2,补液至尿量满意为止。

尚需注意补液量还应包括当日的不显性失水量(平均800毫升左右,如有发热及呼吸加速,还应增加)及继续丢失的液量(如大小便、呕吐物等)。如果估计的补液量过大,可在数日之内补足。在老年及心、肺、肾功能不良中毒者,必须放慢输液速度,进行严密观察,以防止肺水肿的发生。重度脱水伴有周围循环衰竭时,除补充晶体(电解质)溶液外,尚应补充适量的胶体溶液,如右旋糖酐等。

中毒引起的电解质紊乱

【临床表现】

1.低钠血症

指血钠低于130毫摩/升。主要见于大量消化液丢失及大量利尿,伴钠大量丢失或失钠性失水或水潴留,饮食中钠量长时间不足等。在有失水情况或大量利尿时,中毒者出现脑功能异常,甚至昏迷,应考虑低钠血症的可能,应及时测定血钠。

2.低钾血症

血钾低于3.5毫摩/升。在有严重呕吐、腹泻的中毒者时,如出现软弱无力,腹胀,心律失常(室性过早搏动、室性心动过速等)及腱反射减低时,应及时测定血钾及查心电图,以协助诊断。

3.低镁血症

血镁低于0.6毫摩/升,24小时尿镁低于1.3毫摩称为低镁血症。临床上表现为精神异常兴奋、晕厥、肌肉瘫痪或舞蹈病样举动、心律失常(多见室性心律失常)等。如有上述情况,应及时查血镁,尽管实验室检查血镁正常,也应考虑到低镁血症的存在。

4.高钾血症

血钾高于5.5毫摩/升。急性中毒造成肾功能损害,尿少或补钾过多,中毒者可出现心律失常或心搏骤停,应及时测定血钾及查心电图,以协助诊断。

5.高钙血症

指血钙超过2.75毫摩/升,或游离钙超过1.32毫摩/升。急性药物中毒者,考虑到高钙血症存在,应及时测血钙以协助诊断。

【急救】

1.低钠血症

通常补充等渗盐水即可。对稀释性低钠,成人可用高渗盐水(3%~7.5%)静脉滴注。低钠容易引起血液低渗,引发脑水肿,血钠的补充应尽早进行。补充钠量可通过计算做出大体估计,公式如下:

需补充的钠量(毫摩/升) = (正常血钠毫摩/升-患者血钠毫摩/升)×患者体重(千克)×60%(女性55%)

先补充总需量的一半,以后根据血钠测定结果补充。

2.低钾血症

(1)去除病因,尽早恢复正常饮食。

(2)可用20%枸橼酸钾或10%氯化钾10~20毫升,3~4次/日,口服;或用15%

氯化钾 10~20 毫升,加 5%葡萄糖溶液 500 毫升,静脉滴注。

(3)对严重低血钾者(血钾低于 2.0 毫摩/升),在监护下可用 10%氯化钾 20~30 毫升,加等渗液 300~500 毫升,缓慢静脉滴注,30~60 分钟滴注完毕,可迅速纠正低血钾状态。之后应继续静脉或口服补充,每日补充氯化钾 4.5~7.5 克。

3.低镁血症

常用 25%硫酸镁 5 毫升,肌内注射,3 次/日;或 10%硫酸镁 30 毫升,加入 5%葡萄糖溶液 500 毫升,静脉滴注,至血镁正常后停用,通常需要 3~4 日。

4.高钾血症

(1)静脉输入碳酸氢钠是高钾血症的绝对适应症,常用 4%~5%碳酸氢钠液 250~300 毫升碱化血液,可使血液中钾转入细胞内。

(2)5%葡萄糖溶液 500 毫升,加普通胰岛素 4—8 单位,静脉滴注,也可使钾转入细胞内。

(3)5%氯化钙 10 毫升,用 25%葡萄糖溶液 20~30 毫升稀释,缓慢静脉注射,能临时拮抗钾离子的不良作用,1 次/24 小时。

5.高钙血症

(1)快速补液、利尿:用 5%葡萄糖盐水 1000~2000 毫升,快速静脉滴注,或用呋塞米 20~60 毫克,1~2 次/日,静脉滴注促使钙盐从尿中排出。

(2)双磷酸盐类:如帕米曲特 1.0~1.5 毫克/千克体重,加入液体中静脉滴注,4~24 小时滴完,使血钙降至正常为止。

(3)降钙素:可静脉、肌内、皮下注射或用其滴鼻剂。常用剂量为 10~20 单位,加液体 500 毫升稀释,静脉滴注,1~2 次/周;重症者,100 单位加液体稀释,静脉滴注,每 6 小时 1 次。

(4)依地酸二钠:与钙离子结合成可溶性络合物,降低血液中钙浓度。1.0~3.0 克,加入 50%葡萄糖溶液 20~40 毫升,静脉注射,或 0.4~0.6 克,加入 5%葡萄糖溶液 500 毫升,静脉滴注,1~3 小时滴完。

(5)血液透析:药物治疗无效,应及时采用血液透析。

中毒引起的代谢性酸中毒

【临床表现】

代谢性酸中毒的主要症状为呼吸增强、加深,可加速或不加速,称为库氏呼吸。在急性中毒合并脱水出现库氏呼吸时,应及时测定动脉血气分析以协助诊断。

【急救】

1.去除病因

积极治疗原发病。

2.碱性药物

临床常用的有碳酸氢钠、乳酸钠及 3.72%氨丁三醇。碳酸氢钠在体内分解,可迅速供给碳酸氢根,为一有效的碱性缓冲剂。乳酸钠在肝脏经过代谢,方可生成碳酸氢根,在严重休克或急性肝功能不良者最好不用。氨丁三醇为一不含钠的碱性药物,在体内可与碳酸作用使其减少,同时又可形成碳酸氢根,故兼治呼吸性酸中毒及代谢性酸中毒。氨丁三醇还能透入细胞内,迅速提高 pH 值,比碳酸氢钠快两倍。近年来发现,碳酸氢钠的不利影响较多,故有人不主张将其作为第一线药物应用,而选用氨丁三醇用于纠正代谢性酸中毒。但氨丁三醇也有不少缺点,如价格昂贵,可引起静脉炎,大剂量快速滴入可能引起高血钾、低血糖及呼吸抑制等。使用静脉滴注加以纠正体内酸中毒,使 pH 值达到 7.30 即可,不宜追求 pH 正常。轻度酸中毒有利于氧在组织中弥散,增加组织供氧。

补充碳酸氢钠常用的浓度为 4%～5%。碳酸氢钠的分子式是 $NaHCO_3$,分子量为 84。假如使用 4% 碳酸氢钠 100 毫升,含有碳酸氢钠 4000 毫克,约 47.72 毫摩(4000/84)。从计算中可以看出,4% 或 5% 的碳酸氢钠每 2 毫升,大约含碳酸氢钠 1 毫摩。用这种方法估计碳酸氢钠的用量与精确计算的数量相差不多,应用起来比较方便。

代谢性酸中毒补碱时不可操之过急,还应考虑到合并某些复杂的酸碱失衡,应在测得血液电解质及动脉血气分析后,综合分析,做出正确治疗。

二、食物中毒

随着人们生活水平的不断提高,吃的东西也越来越丰富,稍有不慎,就可能误食毒物引发食物中毒。或者由于对食物的特性不熟、对病变食物认知不深,也易引起食物中毒。

黄曲霉毒素中毒

黄曲霉毒素中毒主要是黄曲霉菌,还有一些其他曲霉菌和青霉菌含黄曲霉毒素。黄曲霉菌本身是无毒的,但在其繁殖代谢的过程中,可分泌出有毒的黄曲霉毒素。黄曲霉毒素是一种剧毒物质,它损害人体的肝脏,引起肝细胞坏死、肝纤维化、肝硬化等病变,也是目前发现的最强的致癌物质之一。食物中的花生、花生油、玉米、大米、小麦、大麦、棉籽等最容易污染上黄曲霉菌。豆类一般污染较轻,工业化生产的发酵制品,如面酱、咸肉、火腿、香肠等肉类食品,也能受到黄曲霉菌的污染。

【中毒表现】

1.潜伏期

潜伏期一般为 5～7 天。潜伏期越短病情越重。

2.中毒症状

起病之初有头晕、乏力、厌食等,很快进入肝损坏阶段,有逐渐加重的黄疸、肝肿大、肝肿痛,恢复时黄疸消退较快,但肝肿大、肝功能异常可迁延数月,重者黄疸持续加深,病死率可达 20%。

【急救】

(1)立即停止摄入有黄曲霉毒素污染的食物。

(2)补液,纠正脱水、酸中毒,防治休克。

(3)保肝治疗。重症者按中毒性肝炎治疗。

(4)用抗生素预防感染,对食入未经杀死黄曲霉菌的食物的中毒者,应给予抗真菌药物。

细菌性食物中毒

细菌性食物中毒,是人们吃了含有大量活的细菌或细菌毒素的食物,而引起的食物中毒,是食物中毒中最常见的一类。引起细菌性食物中毒的病原菌主要为沙门菌属、嗜盐菌属、葡萄球菌、致病性大肠杆菌、变形杆菌及肉毒杆菌。

【中毒表现】

· 健康医疗 ·

图文珍藏版

食物中毒者最常见的症状是剧烈的呕吐、腹泻,同时伴有中上腹部疼痛。食物中毒者常会因上吐下泻而出现脱水症状,如口干、眼窝下陷、皮肤弹性消失、肢体冰凉、脉搏细弱、血压降低等,最后可致休克。

【急救】

1.催吐

如食物吃下去的时间在1~2小时内,可采取催吐的方法。立即取食盐20克,加开水200毫升,冷却后1次喝下。如不吐,可多喝几次,迅速促进呕吐。亦可用鲜生姜100克,捣碎取汁用200毫升温水冲服。如果吃下去的是变质的荤食品,则可服用十滴水来促进迅速呕吐。有的患者还可用筷子、手指或鹅毛等刺激咽喉,引发呕吐。

2.导泻

如果病人吃下去中毒的食物时间超过2小时,且精神尚好,则可服用些泻药,促使中毒食物尽快排出体外。一般用大黄30克,1次煎服,老年患者可选用元明粉20克,用开水冲服即可缓泻。老年体质较好者,也可采用番泻叶15克,1次煎服,或用开水冲服,亦能达到导泻的目的。

3.解毒

如果是吃了变质的鱼、虾、蟹等引起的食物中毒,可取食醋100毫升,加水200毫升,稀释后一次服下。若是误食了变质的饮料或防腐剂,最好的急救方法是用鲜牛奶或其他含蛋白质的饮料灌服。

4.送医急救

中毒较重者,应尽快送医院治疗。在治疗过程中,要给病人以良好的护理,尽量使其安静,避免精神紧张,注意休息,防止受凉,同时补充足量的淡盐开水。

发芽马铃薯中毒

马铃薯俗称土豆、地瓜蛋、洋山芋或洋番薯。马铃薯如贮藏不当,时间过长,会发青出芽。已发芽的马铃薯内和皮层内含有可引起中毒的龙葵素,如吃了很多发芽并且未去皮的马铃薯,可引起中毒。

【中毒表现】

1.病史

有食用发芽马铃薯的病史。潜伏期30分钟至2小时。

2.胃肠道症状

可有口咽灼热感、恶心、呕吐、上腹部烧灼样疼痛及腹泻。重者可剧烈呕吐,甚至出现脱水及休克,更甚者因多器官功能衰竭而死亡。

3.神经系统症状

头痛、头晕、口周发麻、乏力、耳鸣、畏光、眩晕、高热、惊厥、抽搐、昏迷、瞳孔散大、呼吸困难及呼吸衰竭,甚至因此而死亡。

将剩余马铃薯切开,在芽附近加浓硝酸或浓硫酸数滴,如变为玫瑰红色即证明有毒素存在。

【急救】

1.迅速清除毒物

对早期发现的中毒者,应立即催吐(参见急性毒草中毒),并选用浓茶水、0.5%鞣酸溶液或1:5000高锰酸钾溶液彻底洗胃,服硫酸钠20克,导泻或灌肠。

2.中和毒素

龙葵素为弱碱性生物碱,轻症中毒者可适当饮用食醋中和。

3.补充血容量

轻者可口服补液盐,多喝开水及淡盐水;重者应静脉输液。

4.对症治疗

对腹痛者,可给予山莨菪碱10毫克或昔鲁本辛15~30毫克,口服。对神经系统症状明显者可给予安定5毫克,每日3次,口服,镇静。

马铃薯

四季豆中毒

四季豆又称梅豆角、芸豆、扁豆、菜豆、六月鲜、小刀豆、架豆、肉豆等。有高、矮两种。是一种四季都有,大多数人爱吃的蔬菜。其含有豆素和皂素两种主要毒素。这些毒素比较耐热,只有将其加热到100℃,并持续一段时间后才能破坏。采用沸水焯扁豆、急火炒扁豆等方法,由于加工时间短,温度不够,往往不能完全破坏其中的天然毒素。这些毒素食用后可强烈刺激胃肠道,致人中毒。也有因进食大量贮藏过久且烹饪未熟透的四季豆而中毒的。

【中毒表现】

有进食未煮透的四季豆史。潜伏期一般为1~5小时。主要表现为恶心、呕吐、上腹部饱胀等。剧烈呕吐者可有少量呕血。少数中毒者有腹痛、腹泻、头晕、头痛等。部分中毒者有胸闷、心慌、出冷汗、手脚发冷、四肢麻木、畏寒、发热等。

【急救】

1.清除毒物

参见其他植物性食物中毒,给予催吐、洗胃、导泻。

2.对症治疗

静脉补充液体促进毒物排泄,注意维持水、电解质平衡。呕吐严重且腹痛者,可口服山莨菪碱10毫克,每日3次;或颠茄酊0.3~1.0毫升,每日3次。出现呕血时,可用止血剂,如安络血2.5~5.0毫克,每日3次,口服。高热者可物理降温,必要时可用退热药物,如复方乙酰水杨酸0.4~0.8克,每日3次,口服;或安乃近0.5~1.0克,每日3次,口服。

变质甘蔗中毒

甘蔗又名薯蔗、干蔗、接吻草、竿蔗、糖梗。变质甘蔗主要是指霉变甘蔗,未成熟甘蔗更易发生霉变。霉变的甘蔗外观光泽差,肉质呈浅黄色或棕褐色、灰黑色,结构疏松,尖端和断面有白色絮状或绒毛状真菌菌丝体,有酸味、辣味或酒糟味。毒性物质为节菱孢及其产生的毒素3—硝基丙酸,食后易中毒。

【中毒表现】

1.变质甘蔗中毒多发生于冬末春初,2~3月为发病高峰季节。

2.食后数小时至几十小时出现中毒症状,潜伏期越短症状越严重。主要表现为恶心、呕吐、腹痛、腹泻,有时大便呈黑色,伴有头痛、头晕、眼黑和复视。轻者自愈,重者出现阵发性抽搐、凝视、瞳孔散大、昏迷而死亡。少数中毒者可出现急性肺水肿、体温升高,多因呼吸衰竭而死亡。存活者留有极似乙型脑炎样的后遗症,并终身丧失生活能力。

【急救】

1.排毒

积极催吐、洗胃及导泻(参见急性毒蕈中毒),以消除毒物,减少毒素进一步吸收。

2.静脉输液

有条件者,静脉补液以促进毒物排泄,维持水、电解质平衡。给予大剂量维生素 C 和 B 族维生素,保护肝功能。

3.对症治疗

重点放在抗脑水肿、制止抽搐和抗中枢性呼吸衰竭方面。抽搐者可用地西泮10 毫克,肌内注射或静脉滴注;抗脑水肿治疗及恢复期使用促进脑细胞代谢的药物。

毒蕈中毒

毒蕈俗称毒蘑菇,即野生毒蘑菇。种类繁多,我国约有 80 余种。毒性很强的有白毒伞(白帽菌)、毒伞(绿帽菌)、鳞柄白毒伞(毒鹅膏)、残托斑毒伞、毒粉褶菌(土生红褶菇)、褐鳞小伞(褐鳞小伞菌)、肉褶鳞小伞、包脚黑褶伞(包脚黑伞)、秋生盔孢伞(焦脚菌)及鹿花菌等。一般含毒的蘑菇外观比较艳丽,但也有些品种外观上与可食的无毒野生蕈相似,易被误采食中毒,是一种常见的食物中毒,城市居民则多因食用混杂的干蕈引起。由于毒蕈的品种和所含毒素均不同,所表现的中毒症状也不一样。

【中毒表现】

胃肠炎型:表现为恶心、呕吐、腹痛、腹泻,部分中毒者可有发热。

肝损害型:除有胃肠道症状外,可出现黄疸、昏迷、抽搐、出血及循环衰竭。

神经精神型:除有胃肠道症状外,主要表现为幻听、幻觉、似醉酒状态、狂躁、精神错乱、精神抑制等。

溶血型:除有胃肠道症状外,还表现为黄疸、血红蛋白尿、肝脾大、贫血等溶血现象,也可继发肾脏损害,导致尿少及急性肾功能衰竭。

毒蕈碱症状型:以呼吸困难、胃肠痉挛、流涎、流泪、大汗、呼吸道分泌物增多、瞳孔缩小、视觉模糊等表现为主,严重者可出现抽搐、昏迷。

抗胆碱综合征型:主要表现为面色潮红、皮肤灼热、无汗、瞳孔散大、口干、烦躁不安、心动过速等,重者可出现狂躁、谵妄、抽搐、昏迷等。

【急救】

1.清除毒物早期应立即催吐、洗胃

先让患者饮水 300~500 毫升,然后用手指或筷子、勺子、小木板等刺激咽后壁或舌根诱发呕吐,反复进行,直到胃内容物全都呕出为止。可用 1:5000 高锰酸钾溶液、浓茶液或含碘液(200 毫升液体加碘酒 30 滴)反复洗胃,以清除或沉淀毒素。无腹泻者,于洗胃完毕给蓖麻油 30~60 毫升或硫酸镁 30 克,导泻。

2.补充液体

可让中毒者多饮水,有条件者最好静脉输液,加速毒物排泄,维持水、电解质平衡。

3.解毒剂

(1)阿托品:适用于有毒蕈碱症状者。可给1微克,每15分钟1次,肌内注射,直至瞳孔散大,心率增加,病情好转后逐渐减量。

(2)疏基解毒剂:用于肝损害型。新鲜兔脑(野兔更好),每日1~2个,口服。或5%二疏基丙磺酸钠5毫升,每日2次,肌内注射,一般用5~7日。

羊角菜中毒

羊角菜又名白花菜、羊古菜。为一年生草本。其有毒成分为辛辣挥发油和生物碱,与大蒜油、芥子油相似。羊角菜一次食用多量,或少量多次食用后易引起中毒,中毒后选择性地损害四肢运动神经和视神经。中毒多发生在4月份以后,此时幼叶芽生长迅速,其含毒量亦增加。

【中毒表现】

1.潜伏期

数小时到2天内。

2.中毒症状

先有无力、头晕、食欲减退、发热,进而眼胀痛、刺痛,视力模糊、减退至失明,瞳孔有不同程度散大,对光反射或调节反射迟钝或正常,下肢无力、酸痛、麻木至瘫痪,步履时易摔倒,肌力减退,但无感觉障碍及病理反射。有的出现头痛、排尿困难。视力大多在15~40日后有不同程度的恢复,肌力在1~6个月内有所恢复。

【急救】

1.催吐

急性中毒6小时内应人工催吐,采用1:5000高锰酸钾溶液洗胃,50%硫酸镁40毫升,导泻。

2.对症治疗

(1)促进毒物排泄,用5%葡萄糖盐液或10%葡萄糖液500~1000毫升,加入维生素C2~3克,静脉滴注。

(2)维生素B1100毫克,维生素B12500微克,肌内注射,每日1次,连用2~3周。

(3)加兰他敏2.5~3.0毫克,皮下注射,每日1次,连用2周以上。

(4)对视力减退、肌无力者,予以针灸或理疗。

鲜黄花菜中毒

黄花菜又名黄花、金针菜,中药称萱草。鲜黄花菜里含有秋水仙碱,易溶于水,摄入人体后被氧化成为二秋水仙碱,是一种毒性很大的物质,能强烈刺激肠胃和呼吸系统。成年人如果一次食入0.1~0.2毫克的秋水仙碱(相当于鲜黄花菜50~100克),就可引起中毒。如果一次摄入量达到3毫克以上,就会导致严重中毒,甚至有死亡的危险。一般在市场上出售的黄花菜,都应经过加工制成干的黄花。但在春夏季节市场上常常也有出售的鲜黄花菜,如果对鲜黄花菜未加处理而直接食用,往往会引起黄花菜中毒。

【中毒表现】

1.潜伏期

中毒者一般在食后 1~3 小时发病。

2.中毒症状

开始多感咽喉及胃部不适,有烧灼感,继而出现恶心、呕吐、腹痛、腹泻、口渴、腹胀等症状,腹泻频繁、剧烈,多呈水样便或血性便。严重者可有血尿或无尿。此外,还可伴头晕、头痛、发冷、乏力、甚至麻木、抽搐等神经症状。可因呼吸抑制而死亡。

【急救】

1.排毒

中毒后立即进行催吐,以减少有毒物质吸收,先给中毒者灌服大量的温盐水或温开水,然后再刺激其咽部使之呕吐。给予清水洗胃。

2.注意补充水分

不能口服时,要及时静脉补液。

3.对症处理

持续呕吐并有腹痛者,可给予山莨菪碱 10 毫克或普鲁本辛 15~30 毫克,口服,抽搐、惊厥时,可给予镇静剂,如副醛 2~5 毫升,肌内注射,保持呼吸道通畅,及时吸氧和给予呼吸兴奋剂。

地瓜中毒

地瓜又名土瓜、凉瓜、土萝卜、地萝卜、葛瓜等。其种子称为地瓜米,又称豆薯子。种子含有鱼藤酮、豆薯酮、豆薯素等 6 种纯有机化合物。鱼藤酮是神经毒物。中毒者多因误食其种子地瓜米所致。

【中毒表现】

潜伏期一般为 2~12 小时。主要表现有头昏、恶心、呕吐、疲乏无力、站立不稳、四肢发麻、肌张力松弛等。重者可出现呼吸困难、呼吸次数减少、体温下降、尿失禁、瞳孔散大、昏迷、皮肤苍白、四肢末端发凉、血压下降等。严重者出现休克,甚至死亡。

【急救】

1.清除毒物

误食者应尽早进行催吐、洗胃及导泻,以排除毒物。

2.应用拮抗剂

(1)溴新斯的明:成人每次 0.5~1.0 毫克,小儿每次 0.03~0.04 毫克/千克体重,肌内或皮下注射。

(2)依酚氯铵:成人每次静脉注射 10 毫克,有一定的抗毒性作用。

3.对症治疗

静脉输液以加速排除毒物,并维持水、电解质平衡,防止酸碱失衡。

苦杏仁中毒

杏仁有两种,甜杏仁大而扁,杏仁皮色浅,味不苦,无毒;苦杏仁个小,杏仁厚,皮色深,近红色,苦味,有毒。其有毒成分叫含苦杏仁甙和苦杏仁甙酶,桃仁,梅仁,木薯等也含该物质。杏仁甙在人体内可水解出一种剧毒的氢氰酸,引起中毒。为防中毒,要教育儿童不生吃苦杏仁。如食用必须用热水浸泡半天到 1 天,要勤换水,去皮去尖,然后用清水浸泡数天,直到完全无苦味为止。然后煮熟或炒熟再吃,一次也不能多吃。

【中毒表现】

食入苦杏仁数小时后就会出现中毒症状。轻者头痛、头晕、无力和恶心,4~6 小时后症状消失。中度中毒者呕吐、意识不清、腹泻、心慌和胸闷等。重度中毒者不但上述症状更为明显,而且还会出现颈部,黏膜发绀,气喘,痉挛,昏迷,瞳孔散大,对光反射消失,最后因呼吸麻痹而死亡。

【急救】

1.清除毒物

用筷子或压舌板刺激咽喉部催吐。

2.对症治疗

可配 1:1000 高锰酸钾液让轻度中毒者喝下再吐出,把胃内残留的毒物洗出来,然后用绿豆汤进行解毒。重者应尽快求救或送医院。

荔枝中毒

荔枝为荔枝树的果实,荔枝核可以入药。过量进食荔枝可中毒,称荔枝病。中毒机制不完全清楚。一般认为食入大量荔枝会影响其他食物摄取和能量代谢,使得血糖减低,并出现相应的症状。因此食荔枝要节制,不宜过量。

【中毒表现】

大量进食荔枝后出现饥饿、口渴、恶心、头晕、眼花、心慌、出汗、面色苍白、皮肤冰冷等表现,严重者会发生昏迷、抽搐、呼吸不规则、心律不齐、四肢及面部肌肉瘫痪,血压下降,呼吸、心脏停止而死亡。

【急救】

进食荔枝后,如出现饥饿、无力、头晕等症状时,要尽快口服糖水或糖块,一般多能很快恢复。出现中毒表现者要及时到医院救治。

芦荟中毒

芦荟为泻下通便的中药之一。芦荟属百合科植物多年生草本,夏、秋开淡橘红色花,有好望角芦荟(产非洲)、库拉索芦荟(产南美洲)和斑纹芦荟(产我国南方诸省区,为我国南方有毒植物)。芦荟全株均含有毒成分芦荟碱和芦荟泻甙(芦荟大黄素甙),对胃肠黏膜有强烈刺激作用,其液汁或干燥品 0.25~0.5 克即可引起强烈腹泻、盆腔器官充血,可以引起肾脏损害,过量则有明显中毒症状。

【中毒表现】

过量服用芦荟后出现流涎、恶心、呕吐、腹痛、腹泻、腰痛,严重者可出现呕血、便血、浮肿、血尿、蛋白尿、少尿等,孕妇过量食用可致流产、早产。

【急救】

1.清除毒物

大量误服后应立即手法或药物催吐,催吐后服蛋清、牛乳,同时口服活性炭。有呕血者不要急于催吐。

2.对症治疗

腹痛可服用颠茄类药物。出现中毒症状者要尽快到医院就诊。

苍耳中毒

苍耳为野生植物,农村随处可见,苍耳籽实有毒,春季雨后苍耳发芽,常成丛生长,外形很像黄豆芽,此时毒性最强。毒性物质为有毒蛋白苍耳貳。

【中毒表现】

1.潜伏期

中毒的潜伏期因食人物不同而异,一般为2~3天,快者4小时即发病。直接吃生苍耳子者食后4~8小时发病,食苍耳子饼者10~24小时发病,食幼苗者,1~5天发病。

2.中毒症状

轻度中毒一般有头晕、头痛、乏力、食欲减退、口干、恶心、呕吐、腹痛腹泻、颜面潮红、结膜充血、荨麻疹等。此时如即时停服苍耳子,有时可不经治疗,数日后能自行恢复健康。较重时,可见精神萎靡,烦躁不安或嗜睡,肝区痛,肝大,黄疸,发热,高血压,鼻、胃肠道等广泛出血。尿常规改变或少尿,眼睑浮肿。严重者发生中毒性肝病。出现腹水,有的中毒者惊叫一声迅即发生惊厥进入昏迷。抽搐、休克、尿闭、血压下降、颈部强硬、痉挛、口吐白沫、手不停摆动。对中毒者如能及时有效进行救治,大多数可迅速恢复,少数中毒严重或抢救不及时者,可因肝细胞大量坏死而致肝昏迷,或肾衰竭,或呼吸衰竭而死亡。

【急救】

无胃肠道出血时,可催吐,用1:5000高锰酸钾液洗胃,内服硫酸镁导泻,若服大量超过4小时者,应及早用1%~2%食盐水作高位灌肠。

静脉滴注5%葡萄糖生理盐水,并大量饮糖水。如有心力衰竭、肺水肿及尿闭者应限制输液量。

有出血时给以维生素K等止血剂,必要时输血。

石蒜中毒

石蒜含有丰富的淀粉,可利用代替浆糊,但含有石蒜碱、加兰他敏、多花水仙碱及石蒜胺碱等多种毒素,可引起消化道及神经系统中毒症状。多当作野葱头、野蒜头误食中毒。

【中毒表现】

潜伏期15分钟至1小时。食后很快出现恶心、呕吐、腹痛、腹泻,较严重者出现流涎、舌硬直、手足发冷、呼吸困难、血压下降、虚脱。严重者多发生呼吸中枢麻痹而死亡,但在死亡前意识变化不明显。

【急救】

1.排出毒物

急性中毒早期,饮入浓绿茶350毫升后,用人工催吐。2%~5%鞣酸溶液或1:5000高锰酸钾溶液洗胃。洗胃毕,灌入50%硫酸镁40毫升,导泻。

2.输液

静脉补液排毒,吐泻严重者尤应注意补充血容量,纠正酸中毒和电解质紊乱。

3.对症处理

惊厥及呼吸肌麻痹者给予吸氧,止痉剂,人工通气。

麻风果中毒

麻风树又名青桐木、假花生、臭油桐,全株有毒,茎、叶、树皮均有丰富的白色乳汁,内含大量毒蛋白,种子毒蛋白浓度最高。其毒蛋白的毒性与蓖麻毒蛋白类似,有强烈的胃肠道刺激作用,甚至可以导致出血性胃肠炎。

【中毒表现】

进食麻风果后数小时发病,主要表现为头痛、头晕、恶心、呕吐、腹痛、腹泻等消化道症状,可导致脱水、酸中毒甚至休克。严重的还有发绀、心慌、四肢肌肉痉挛、呼吸困难、血压下降、心电图改变等表现。部分中毒者还可表现出皮肤干燥、口干、面部皮肤潮红、瞳孔轻度扩大等。病程一般较短,大约在一天之内可完全恢复。

【急救】

对中毒者,要尽快催吐与洗胃,可用食指掏"小舌头"引发呕吐感。

大量饮水,迅速输液以补充液体,缓解休克、酸中毒及电解质紊乱等现象。

严密观察有无出血性肠炎表现及溶血倾向,并及时采取应对措施。

对症治疗。惊厥及呼吸困难者,给予吸氧、止痉剂,必要时人工通气。

白果中毒

白果又称银杏、灵眼、佛指果。白果肉、种、皮含有白果酸,种子、核仁含有白果二酚及白果酸等毒素,加热可减少毒性。多吃,特别是生吃或炒白果,能引起中毒,常见于儿童,偶见于成人。成人食炒白果 200～300 粒方能引起中毒。年龄较小,食入量较多,更易发生中毒,甚至导致死亡。

【中毒表现】

多在食后 3～4 小时内发病,短者 1 小时,长者 14 小时。轻的出现反应迟钝、口干、头晕、食欲缺乏、乏力,较重的有呕吐、腹泻、发绀、烦躁不安、惊厥、气急、神志不清、发热,最后因延髓中枢麻痹而死亡。严重中毒者,1～2 天可死于心力衰竭及呼吸衰竭。

【急救】

1.清除毒物

催吐、洗胃、导泻同急性毒蕈中毒。

2.对症治疗

(1)抗惊厥:将中毒者置于安静室内,避免外界刺激而致惊厥发作。惊厥发作者,可选用镇静剂,如安定 5 毫克,每日 3 次,口服,或 10 毫克,肌内注射;苯巴比妥 0.1 克,肌内注射;水合氯醛 10 毫升,口服。

(2)镇静:出现恐惧怪叫等精神症状时,可用氯丙嗪 12.5～100.0 毫克,口服,极量每次 150 毫克,每日 600 毫克。

(3)降温:高热者,可物理降温,必要时可给予退热药物,如复方乙酰水杨酸 0.4～0.8 克,每日 3 次,口服;或安乃近 0.5～1.0 克,每日 3 次,口服。

人参中毒

人参有白参、红参、高丽参、西洋参等多种,具有大补元气、宁神益智、益肺健脾、生津止渴等功效。但是如果进补不当,长期服用或大量滥用也会引起中毒。气滞、火旺、湿阻的病人不宜服用人参。不可与藜芦、五灵脂同用。

【中毒表现】

婴儿超量用人参煎水内服,晚上出现间隙哭闹、烦躁不安、面色苍白,有时则抑制不动,继见唇面发绀、眼睛上翻、双手握拳、抽搐、呼吸急促。

成人长期服用人参可产生心悸、失眠、头痛、血压升高、抑郁等。停药后症状即消失。内服超量可出现神经系统的高度兴奋、烦躁不安、失眠、心率减慢。高血压病人服用大量易引起脑充血,甚至脑血管意外。另外可见胃肠道、耳鼻大量出血。

【急救】

1.清除毒物

早期可进行催吐或洗胃。家庭急救时,可让病人口服大量 1% 的食盐溶液,然后刺激咽喉部位,促使病人呕吐出胃内容物以减轻中毒症状。

2.氧气补充

必要时可给病人吸氧。倘若家庭中没有吸氧条件时,可迅速将病人抬至空气流通的地方,并使周围保持安静,这样有利于抢救和治疗。症状严重者应尽快转送医院救治。

蓖麻子中毒

蓖麻子俗称大麻子,是蓖麻的成熟种子,含有蓖麻碱和蓖麻毒素两种毒性物质,后者是一种毒性蛋白质,毒性极强。蓖麻子可榨油供工业用,不作食用。中毒多因生食蓖麻子,或误将蓖麻油当作食油所致。

【中毒表现】

1.病史

有大量食入生蓖麻子的病史。

2.中毒症状

(1)临床经过:潜伏期多为 3～24 小时,长者可达 3 日才出现中毒症状。中毒数日后可出现黄疸、出血、血红蛋白尿、蛋白尿、尿闭等,严重者可因脱水、惊厥、休克及心力衰竭等而死亡。

(2)消化道症状:一般先出现咽喉及食管烧灼感,继而出现恶心、呕吐、腹痛、腹泻。少数中毒者,偶有血样大便。

(3)神经系统症状:可出现头痛、嗜睡、惊厥、昏迷等。少数中毒者,偶见多发性神经炎的表现。

【急救】

1.解毒

食入中毒者,应立即催吐,继之洗胃、导泻或做高位灌肠(参见急性毒蕈中毒)。洗胃可用 1：5000 高锰酸钾溶液,导泻可用硫酸钠或硫酸镁,以后内服牛奶或蛋清保护胃黏膜。

2.补液

有条件者静脉补液,以促进毒物排泄,维持水、电解质平衡。

3.对症治疗

剧烈呕吐者,在胃内毒物排空后,可服用止吐药物;惊厥者,可适当选用安定、苯巴比妥等;急性溶血者,应给碳酸氢钠碱化尿液,并给地塞米松 10～20 毫克,或氢化可的松 200～300 毫克,静脉滴注。根据病情,酌用保护肝、肾的饮食和药物,暂禁脂肪和油类食物。

莽草子中毒

莽草子是莽草的果实。它的外形和颜色与平常食用的八角茴香很相似。有时人们会把它误认为八角茴香食用而引起中毒。莽草子含有莽草毒素、莽草酸等毒性物质成分,其毒理作用与印防己毒素相似,食用后兴奋中枢神经系统,引起一系列中毒症状。

【中毒表现】

1.潜伏期

一般误食后 30~60 分钟发生中毒症状。

2.消化系统症状

恶心、呕吐、流涎、腹痛、腹泻,可呕吐、便血,可发生中毒性肝损害。

3.神经系统症状

头痛、头晕、四肢麻木、多汗,严重时四肢抽搐乃至强直,并出现极度兴奋、谵妄、瞳孔放大,最后陷入昏迷,死于呼吸衰竭及惊厥状态。

4.循环系统症状

有频发早搏,完全性束支传导阻滞等心律紊乱,脉搏微弱,血压下降而导致死亡。

5.泌尿系统症状

可出现肾损害,蛋白尿、少尿及肾功能衰竭。

【急救】

1.排毒

立即予以 1:2000 高锰酸钾溶液或 0.5% 活性炭混悬液洗胃,再灌入 5% 碳酸氢钠溶液 50 毫升,以降低莽草子的毒性。胃出血者慎用。

2.静脉输液

利尿 5% 葡萄糖盐水 1000~2000 毫升,加维生素 C2~4 克,或速尿 20~40 毫克,静脉滴注,以促进毒物的排泄。

3.应用生物碱对抗剂阿托品以抑制腺体分泌及平滑肌的过度紧张,阻断迷走神经对心肌的影响及对呼吸中枢的兴奋作用。

4.对症处理

血压剧降时,给予阿拉明维持血压,抽搐、惊厥时可给予镇静剂,如副醛 2~5 毫升,肌内注射,保持呼吸道通畅,及时吸氧和给予呼吸兴奋剂。

蚕豆中毒

蚕豆病俗称胡豆黄,是一种由于进食蚕豆后引起的急性溶血性贫血。有的人在收获蚕豆时,大量进食新鲜蚕豆,使摄入的裂解素和多巴醌等有毒物质超过一定数量,而引起中毒发病。

【中毒表现】

1.潜伏期

蚕豆病起病急,大多在进食新鲜蚕豆后 1~2 天内发生溶血,最短者只有 2 小时,最长者可相隔 9 天。潜伏期的长短与症状的轻重无关。

2.中毒症状

本病的贫血程度和症状大多很严重,症状有全身不适、疲倦乏力、畏寒、发热、头晕、头痛、厌食、恶心、呕吐、腹痛等,巩膜轻度黄染,尿色如浓红茶或甚至如酱油。一般病例症状持续2~6天。最重者出现面色极度苍白,全身衰竭,脉搏微弱而速,血压下降,神志迟钝或烦躁不安,少尿或尿闭等急性循环衰竭和急性肾衰竭的表现。

如果不及时缓解贫血、缺氧和电解质平衡失调的情况,可以致死;但如能及时给以适当的治疗,仍有好转希望。

【急救】

(1)口服泻剂,尽早排出毒素。

(2)严重者速送医院救治。

毛豆中毒

毛豆又称狗爪豆、黎豆、虎豆、富贵豆、猫豆等。毛豆外形和蚕豆相似,含有类似毒扁豆碱的毒素。中毒多因进食未经妥善处理的毛豆所致。

【中毒表现】

毛豆中毒潜伏期4~8小时,短者可30分钟,长者可达24小时。中毒后出现类似有机磷农药中毒的表现,主要有头晕、头痛、乏力、四肢麻木、肌肉震颤、恶心、呕吐、腹痛、腹泻、嗜睡、尿频等。严重者出现流涎、出汗、瞳孔缩小、抽搐、神志恍惚或昏迷。少数中毒者有发热、尿频等表现。妊娠妇女可发生子宫收缩造成流产或早产。

【急救】

1.清除毒物

参见其他植物性食物中毒,给予催吐、洗胃、导泻。

2.尽早应用解毒剂

阿托品0.5~1.0毫克,肌内注射,每2~6小时1次。

3.对症治疗

静脉输液,以促进毒素的排泄;如持续呕吐而有腹痛者,可给予山莨菪碱10毫克或普鲁本辛15~30毫克,口服;频繁抽搐者,给予安定5~10毫克,口服,或水合氯醛10毫克,口服,或丙戊酸钠0.2克,每日3次,口服。

毒麦中毒

毒麦,又叫黑麦子、迷糊等,属于禾本科黑麦属。毒麦外形酷似小麦,常与小麦、大麦和燕麦混生,是麦类田中的一种恶性杂草。毒麦子粒中含有一种毒麦碱,能麻痹人的中枢神经,这种毒麦碱是由一种真菌寄生后引发毒麦产生的。在未成熟或多雨潮湿季节收获的毒麦毒性最强,但其茎与叶无毒,有毒成分主要存在于籽实中。如食用含4%毒麦的面粉可中毒。

【中毒表现】

1.潜伏期

潜伏期一般为0.5~2.0小时。

2.中毒症状

中毒症状为食后不久便会感到腹部不适,随后出现恶心、呕吐、腹痛、腹泻、疲乏无力、发热、头痛、头昏等典型中毒反应。还有的出现不同程度的行走不稳、口吐白沫、大量流涎、脉搏缓慢、烦躁等。重者昏迷、嗜睡、眼球肿胀或震颤、瞳孔散大、痉挛,最后可因中枢神经麻痹而死亡。

【急救】

1.排毒

立即停止食用混有毒麦的面粉制品。参见其他植物性食物中毒,给予催吐、洗胃、导泻。

2.应用生物碱对抗剂

肌内注射阿托品 0.5~1.0 毫克,每 2~6 小时 1 次。

3.对症治疗

静脉输液以促进毒素的排泄;如持续呕吐而有腹痛者,可给予山莨菪碱 10 毫克或普鲁本辛 15~30 毫克,口服;抽搐、惊厥时可予镇静剂,如副醛 2~5 毫升,肌内注射;保持呼吸道通畅,及时吸氧和给予呼吸兴奋剂。

黑斑甘薯中毒

甘薯变硬、变黑、变苦味,是甘薯霉烂的现象,被称为甘薯黑斑病。黑斑菌产生的毒素耐热,蒸、煮、烤都不能将毒素破坏,因此无论生吃或熟食黑斑病甘薯,都能引起中毒。因此我们在日常生活中要特别注意,一旦发现红薯有黑斑、发硬、苦味、霉变的黑斑病,就不能再食用,也不要喂牲畜,被水淹过的红薯应尽快吃掉,不能贮存时间过长。

【中毒表现】

1.潜伏期

短者几小时至 1 天,长者连续食用 2 个月才发病,大多在食后 10~30 天。

2.中毒症状

胃部不适、恶心、呕吐、腹胀、腹泻、个别出现便秘。较重者还有头晕、头痛、心悸、口渴、肌肉痉挛、视物不清,甚至复视、幻视,个别出现嗜睡或昏迷等。

【急救】

尽快催吐、洗胃,用 1:5000 的高锰酸钾溶液或口服 10%硫化硫酸钠 100~200 毫升进行处理。

如果症状未缓解,则送医院进行特效治疗。

木薯中毒

木薯又称树薯、树番薯。木薯指其块根,含有丰富淀粉,除食用外,还可精制成干淀粉、酿酒或提取葡萄糖,有很高的经济价值。木薯中毒系由其所含亚麻忒及亚麻忒酶水解后析出游离的氢氰酸所致。木薯中的氢氰酸可以溶解到水中。正确的食用木薯方法应该是剥皮后削去内皮,用水浸泡 3~5 日,中间每日换水 1 次,食用时用水长时间煮沸,弃汤而食。木薯中毒一般为生食或加工不当食后引起。食生木薯 50 克即可引起中毒,500 克以上可有严重中毒。小儿比成人更易中毒。

【中毒表现】

1.中毒史

有食用木薯史。

2.潜伏期

一般于食后 5~6 小时发病,长者可达 12 小时。

3.中毒症状

恶心、呕吐、腹痛、头晕、头痛、乏力、嗜睡、心悸、脉速等。呼吸先频速,后转为缓慢而深,再加重则由呼吸困难转向呼吸衰竭。可出现烦躁不安。腱反射亢进,阵发痉挛,全身抽搐,面色苍白。可因缺氧伴青紫,意识障碍,由嗜睡而至昏迷。部分中毒者有发热及颈项强直,心律失常,血压下降,最后可因休克、呼吸中枢麻痹而死亡。

【急救】

1.催吐

用1:5000高锰酸钾溶液、过氧化氢溶液或5%硫代硫酸钠反复洗胃,然后可用硫酸镁或硫酸钠20~30克,导泻。

2.保持静卧、保暖

3.特效解毒剂

立即给予亚硝酸异戊酯0.2毫升吸入,每隔2~3分钟1次,每次15~30秒,可重复1~3次。3%亚硝酸钠溶液10毫升,加入葡萄糖液40毫升,缓慢静脉注射。随即用25%硫代硫酸钠20~50毫升,缓慢静脉注射。轻症者,亦可用亚甲蓝(美蓝)与硫代硫酸钠联合治疗。

4.对症治疗

血压下降者,应用阿拉明静脉滴注;呼吸困难者,予以吸氧,应用呼吸兴奋剂等治疗;抽搐者,酌情应用镇静剂。

毒芹中毒

芹分家芹(人工栽种食用芹菜)和野生芹两大类。有些野生芹有毒,不能食用,常见的有毒芹和水毒芹。毒芹又名毒人参、斑毒芹和芹叶钩吻。生于道旁旱荒地上,茎上有钩,茎中空,下有暗红色斑点,色绿而透明,开小白花,有臭味。水毒芹则生于沼泽地、水沟边等潮湿之处。两种毒芹全株均有毒,主要含毒芹碱,毒芹素剧毒成分,不可食用。毒芹中毒多属误采、误食。

【中毒表现】

食后吸收迅速,数分钟到1小时发病。首先表现黏膜刺激症状,口唇起疱,口、咽、胃部烧灼感,恶心,呕吐,乏力,嗜睡等,吐出物有鼠尿样特殊臭味;继之出现神经系统症状,头晕、头痛,全身无力,站立不稳,行走困难,眼睑下垂,意识不清;继而四肢麻痹(先下肢再延及上肢),丧失活动能力,呼吸肌麻痹,四肢厥冷,血压下降,常因呼吸肌麻痹窒息而死。致死期最短者数分钟,长者可达25小时。水毒芹的中毒表现则与印防己毒素中毒相似,中枢性兴奋及阵挛性惊厥为其显著特征。

【急救】

1.清除毒物

立即给予3%~5%鞣酸溶液或1:2000高锰酸钾溶液洗胃。给予盐类泻剂导泻。清洁灌肠后再给予4%鞣酸溶液200~300毫升,保留灌肠。

2.静脉补液,促进毒物排泄

因吐泻失水者,尤应注意补充血容量和纠正电解质及酸碱失衡。必要时可予换血或输入新鲜血。

3.对症治疗

出现肢体麻痹者,可给予新斯的明1毫克,皮下注射或肌内注射,必要时可重复使用。呼吸肌麻痹时,应迅速吸氧,人工呼吸,必要时做气管切开。

巴豆中毒

巴豆是巴豆树结的果子,又称双眼龙、巴仁等。全株有毒,以种子的毒性最大。巴豆有毒成分为巴豆甙、巴豆毒素、巴豆油酸及一种生物碱,对消化系统的黏膜有较强的腐蚀和致泻作用。口服巴豆油半滴至1滴即能引起严重中毒,20滴可致人死亡。巴豆毒素为毒蛋白,有细胞原浆毒作用,加热至110℃失去活性。

【中毒表现】

皮肤接触后局部有烧灼样疼痛,24小时后局部可起疱。眼睛被污染后出现局部炎性反应,结膜充血,角膜混浊。食后口腔黏膜红肿或水疱,口腔、咽喉、食道有烧灼感、流涎、恶心、呕吐、上腹痛、剧烈腹泻、大便米泔样。严重者可出现口渴、少尿或无尿、呕血、便血、呼吸困难、发绀、谵妄,多因呼吸、循环衰竭而死亡。

【急救】

卧床休息,大量吸氧。

可即时口服大量蛋清、豆浆、牛奶、米汤、面糊以保护胃黏膜。

应速送医院抢救。

豆浆中毒

豆浆是一种营养丰富的传统食品,深受百姓喜爱,而且被许多地方列为学生饮用食品。然而,生豆浆含有一种胰蛋白酶抑制剂,进入机体后抑制体内胰蛋白酶的正常活性,并对胃肠有刺激作用。豆浆如果加热不彻底,毒素没有被破坏,饮用后可导致中毒。豆浆中毒事件多发生在小餐馆和集体食堂,特别是幼儿园和小学食堂最常见,这可能与儿童对豆浆中的毒素较为敏感有关。

【中毒表现】

豆浆中毒的潜伏期很短,一般在食用生豆浆或未煮开的豆浆后30分钟~1小时,主要表现为恶心、呕吐、腹痛,腹胀、腹泻等胃肠炎症状。可伴有头晕、气急、乏力等症状,一般不发热。

【急救】

豆浆中毒症状一般不严重,轻者不需治疗,很快可以自愈。重者或儿童,应及时输液、对症治疗。

酒精中毒

急性酒精(乙醇)中毒,俗称酒醉。一般黄酒,含酒精量为10%~15%;白酒、白兰地、高粱曲酒等,含酒精40%~60%,葡萄酒,含10%~15%;啤酒,含酒精2%~5%。当饮人大量酒精后,即可引起中枢神经系统兴奋,随后出现抑制状态。以纯酒精计算,成人中毒量为70~80毫升,致死量为250~500毫升;儿童致死量约为25毫升,小婴儿为6毫升以上;新生儿中毒量则更小。

【中毒表现】

急性酒精中毒症状与饮酒量、血乙醇浓度及个体的敏感性有关。临床上分为以下三期。

1.兴奋期

血乙醇浓度达11毫摩/升(50毫克/分升)时,即感头痛、恶心、呕吐、结膜充血及颜面潮红或苍白,欣快,兴奋,情绪不稳定,有时粗鲁无理,易感情用事,也可能沉默、孤僻。

·健康医疗·

图文珍藏版

2.共济失调期

血乙醇浓度达 33 毫摩/升（150 毫克/分升），肌肉动作不协调，表现为动作笨抽，视力模糊，步态蹒跚，语无伦次，且言语含糊不清。

3.昏迷期

血乙醇浓度达 54 毫摩/升（250 毫克/分升）时，中毒者进入昏迷期，表现为昏睡，面色潮红或苍白，瞳孔散大，体温降低，心跳加快，呈休克状态。严重者呼吸慢而有鼾音，可出现呼吸、循环麻痹而危及生命。

酒醉醒后可有头痛、头晕、恶心、乏力、震颤等症状，如有耐受性者，症状较轻。重症者，发生并发症，如轻度电解质、酸碱平衡紊乱，低血糖症，肺炎，急性心肌病，急性肾功能衰竭等。昏迷者，应注意与其他可以引起昏迷的疾病相鉴别。

【急救】

1.一般治疗

注意休息、保暖，饮浓茶或咖啡。一般醉酒者，要密切监护，防止意外，无须药物治疗，让其安静入睡，自然清醒。对饮酒量大的清醒者，可用催吐、洗胃清除体内过量乙醇，但乙醇在胃肠内吸收较快，洗胃或催吐对昏迷者有一定危险性，故应慎用。呕吐严重者，可大量输液，并加用维生素 B_1、维生素 B_6、维生素 C，随后静脉注射速尿 20 毫克，可加速乙醇的排泄。

2.对兴奋躁动者

可善言安慰，给予必要的约束，待其入睡。对严重躁动难以控制者，可给予氯丙嗪 25 毫克或安定 10 毫克，肌内注射。为防止对呼吸中枢有抑制，忌用巴比妥类或吗啡类药物。

3.特殊治疗

盐酸纳洛酮作为非特异性催醒剂，具有兴奋呼吸及催醒作用，促进呼吸增快和神志清醒。另外，纳洛酮作为阿片受体阻滞剂，可防止和逆转乙醇中毒。轻度中毒者，给予 0.4~0.8 毫克，肌内注射或静脉注射，重度中毒者，给予 0.8~1.2 毫克，加入 10%葡萄糖液 20 毫升，静脉注射，1 小时后可重复给药 0.4~0.8 毫克。

4.对症治疗

防止呕吐物吸入，引起吸入性肺炎。酒醒后可给予无刺激性流质饮食及对症处理。胃部不适者，口服氢氧化铝凝胶或硫糖铝片，或德诺等胃黏膜保护剂。头痛者，可口服颅痛定 30 毫克，每日 3 次。

臭米面中毒

臭米面是将玉米、高粱、小米等粮食以水浸泡发酵制成，可用以制面条、包饺子、烙饼等食品，在我国东北地区常见。臭米面有时可引起中毒，且可能严重，死亡率较高。中毒的原因和发病机制尚未彻底明了。

【中毒表现】

1.潜伏期

一般在进食后数小时至十几小时发病，短者 1 小时，长者达 75 小时。

2.中毒症状

（1）消化道症状：出现最早。常见胃部疼痛不适、恶心、呕吐、腹胀、腹痛等。食欲缺乏与腹泻也较常见。重症者出现里急后重、黏液便、血便，出血量可达数百毫升，偶有发生肠穿孔与腹膜炎者。

（2）神经系统症状：出现较早。多为头痛、头晕、精神淡漠等。重者可出现嗜睡、意识不清、烦躁不安、抽搐与昏迷。

（3）循环系统症状：以低血压、休克为多见。

（4）泌尿系统症状：大多有不同程度的肾脏损害。轻者仅有蛋白尿，重者有血尿、少尿或无尿。

（5）其他症状：如乏力、发热、结膜充血、关节酸痛等也多见。部分中毒者有呼吸困难、发绀，可能与发热，缺氧等有关。

【急救】

本病尚无特效疗法。早期中毒者立即用 1：5000 高锰酸钾洗胃。洗胃毕，灌入硫酸钠溶液导泻。可用温水清洁灌肠。静脉输液以促进毒物排泄，注意保持水、电解质平衡。对症治疗，防治并发症。

黄变米中毒

受真菌代谢产物污染后米粒变黄，称为黄变米。由于青霉菌寄生在稻米上，条件适合时产生多种毒素，如黄绿霉素、黄天精、橘青霉素等，由此引起米变黄，人食用后引起中毒。黄变米肉眼可辨认，若挑一把黄变米能闻出一股特殊臭味，就不要购买。

【中毒表现】

不同种类的黄变米毒素产生的临床症状不同。黄绿青霉黄变米中毒，表现以中枢神经麻痹为主，最初是肌力弱，以后对称性下肢瘫痪，渐及全身，严重的发生呼吸麻痹。黄天精引起的黄变米中毒，主要侵犯肝脏，引起脂肪变性，最后演变为肝硬化。橘青霉黄变米对肾脏毒性大，中毒后有肾脏肿大、肾小管扩张及坏死等。

【急救】

轻者不需治疗，重者可进行洗胃、洗肠并服泻剂，洗胃可用 1：2000～1：5000 高锰酸钾溶液（若病人已发生呕血、便血，则洗胃、洗肠都应特别小心）。

出现狂躁、惊厥、抽搐均属重症，应送医院治疗。

桐油中毒

桐油是含有毒素的植物油，内含桐油酸，为工业用油，但外观易和食用植物油混淆，误食会引起中毒。另外，误食桐籽也可引起中毒。

【中毒表现】

一般多在食后 2 小时内发病，最快者 40 分钟，长者可达 4 小时。主要表现为恶心、呕吐、腹泻、口渴、精神倦怠、烦躁、头痛、头晕，偶有瞳孔缩小、对光反应迟钝、呼吸困难等。重者可呈现半昏迷状态，或有惊厥、心脏麻痹，甚至死亡。另外，可引起肝肾损害，出现食欲缺乏、肝区疼痛、蛋白尿等。

长期食入掺有桐油的食物或食用油，可引起亚急性桐油中毒，中毒者胃肠道症状较轻，而全身症状比较明显。多表现为疲乏，自足向上的水肿，肢体发软，手足出现紫红色网状斑纹，并有发热及心脏扩大、心力衰竭等。还可有食欲减退、上腹部不适、轻度腹痛、恶心、呕吐。腹泻一般较轻，大多为糊状；偶有水泻及粪便带血，或有便秘。胃肠道症状持续数日至 1 个月后，出现全身症状。

食油中混有桐油的检验测定法如下：

亚硝酸法：取待检油 5～10 滴置于试管中，加入石油 2 毫升，使油溶解，必要时过滤,于滤液中加亚硝酸结晶少许,并加5摩/升硫酸1毫升,振摇后放置。如系纯净的食用植物油,则仅产生红褐色一氧化氮气体,油液仍然澄明;若食用油中混有桐油时,油液层则呈浑浊,并出现黄色絮状物;如系纯桐油则全部凝结成絮状团块,初呈白色,放置后变为黄色。

硫酸法:取油样数滴置白瓷板上,加纯硫酸滴,食用植物油与硫酸接触部分呈橙黄色至褐红色。如有桐油混杂时,则呈现血红色凝块而表现绉缩,颜色逐渐加深,用玻棒搅拌则黏结成团,似软稠浸膏状态。本法可检测出食用植物油中混杂的3%~5%的桐油。

【急救】

1.清除毒物

误食中毒者,应立即催吐、洗胃。继之给予蛋清、乳类、豆浆、面糊等内服,并可饮大量糖水、淡盐水、补液盐。以保护食管及胃黏膜。

2.补液

大量静脉补液,纠正水及电解质紊乱。静脉滴注碳酸氢钠,维持酸碱平衡。

3.对症治疗

注意病情变化,及时处理。呕吐而有腹痛者,可给予山莨菪碱10毫克,或普鲁本辛15~30毫克,口服;抽搐、惊厥时可给予镇静剂。注意保护肝、肾功能。心力衰竭可用强心剂等。

棉籽油中毒

棉籽油是从种棉籽中压榨而得的食用油。棉籽主要含有棉籽油酚,这是一种含酚毒苷,棉籽油酚对肝脏、血管、肠道及神经系统毒性较大。长期或大量食用粗制生棉籽油或棉籽可引起急性全身中毒。

【中毒表现】

(1)有食入大量棉籽油或棉籽的病史。

(2)一般食后2~4日发病,也可长达1周后才发病。有胃肠道不适及头晕、乏力等全身中毒症状。重者可血压下降、心律失常、肝大、黄疸,尿质和尿量异常,全身麻木及瘫痪,及发生呼吸肌麻痹或心脏骤停而死亡。

(3)若在夏季大量进食本品,部分中毒者可出现高热、乏力、口唇及肢体麻木、皮肤发红、无汗或少汗,并有难以忍受的烧灼感、针刺感、瘙痒,以及心慌、胸闷。部分中毒者有眼花、流泪、头痛、头晕、全身乏力。在日光下上述症状可明显加重,且有烦躁不安和面部水肿。中毒者喜到阴凉处或跳进池塘,将全身浸泡水中。因此,我国有些地区称之为"烧热病"或"热慌病"。发作的诱因主要是气温升高。

(4)此外,长期服用粗制棉籽油,还可使男子精子生成受阻以至绝育,女子闭经等。

【急救】

1.清除毒物

食用时间短者,应予以催吐、洗胃及导泻(方法见急性毒蕈中毒)。洗胃可用1∶5000高锰酸钾溶液,也可用生石膏16克,水煎服。

2.解毒剂

巯基丙磺酸钠250毫克,每日1次,肌内注射,连续3日为1个疗程。停药3~7日后,再注射3次,作为第二疗程,必要时可进行第三四疗程。

3.补液

静脉补液以促进毒物排泄,维持水电解质平衡。

4.对症治疗

（1）高热者应避免日光照射,可采取冷敷、酒精擦浴等物理降温,必要时酌用退热药物,如复方乙酰水杨酸(APC)0.4~0.8克,每日3次,口服。

（2）面部水肿者可用抗组胺药物,如苯海拉明25毫克,每日3~4次,饭后服;异丙嗪25毫克,每日3次,口服。

变质油脂中毒

油脂包括动、植物的脂肪组织,通常将植物脂肪称为油(如菜籽油、豆油、花生油等),动物脂肪称为脂(如猪脂、羊脂、牛脂等)。油脂在贮存过程中,受到光、热及细菌的作用,可使油脂产生变质。动物脂肪变质还可见到颜色变黄。变质植物油颜色无明显变化,但油炸时可见到烟大、呛人、刺眼睛等现象。油脂酸败后,生成有毒的醛类过氧化物,而且多次炸食物的油,会产生甘油酯二聚物等有毒的非挥发性物质。食用这种油脂或用变质油炸的食品后,均能使人体中毒,并能诱发癌症。

【中毒表现】

食用变质油脂中毒后,潜伏期短者数十分钟,长者20余小时,一般多在食后2~3小时开始发病。主要表现为口腔、食管等呛辣烧灼感,胃部不适,恶心,呕吐,腹痛,腹胀,腹泻。有些人有头晕、头痛、关节痛、全身酸痛,严重者可发冷、发热,体温可达38℃,部分患者可高达39℃~40℃,并有嗜睡、精神萎靡等全身症状。当酸败油脂中醛类含量高时,全身症状明显,而过氧化物高时,则腹泻明显,一般在1~2天内恢复。

【急救】

1.清除毒物

立即停止食用变质油脂及用其加工的食品。食用时间短者,应予以催吐、洗胃及导泻(方法见急性毒蕈中毒)。

2.补液

静脉补液以促进毒物排泄,维持水、电解质平衡。

3.对症处理

呕吐而有腹痛者,可给予山莨菪碱10毫克,或普鲁本辛15~30毫克,口服。高热者,可采取冷敷、酒精擦浴等物理降温,必要时酌用退热药物,如复方乙酰水杨酸(APC)0.4~0.8克,每日3次,口服;或安乃近0.5~1.0克,每日3次,口服。

高温加热油脂中毒

油炸食物时,油脂经过高温加热,可发生一系列的化学反应。因为高温加热会使油脂中的脂肪酸聚合,产生很多脂肪酸聚合物。脂肪酸聚合物可使机体生长停滞,肝大,肝功能受损,甚至有致癌的危险。长期或大量食用油炸食品,容易引起人体中毒。尤其在油炸食物温度过高、时间过长的情况下,中毒的机会更多。一般连续炸3小时以上的油,继续炸食品容易引起中毒。

【中毒表现】

多在食后1~4小时发病。症状为头晕、恶心、腹泻、四肢无力,症状严重者发生呕吐,部分中毒者有低热,还会出现其他全身症状。最常见的症状是头晕和腹

·健康医疗·

图文珍藏版

泻,一般无腹痛。症状较轻的患者,多在发病后 1~2 天内自愈。

【急救】

无特殊治疗方法,可根据一般中毒处理方式对症急救。

蟾酥中毒

蟾酥又名癞蛤蟆浆、蟾蜍眉脂、蛤蟆酥等。是癞蛤蟆(蟾蜍)耳下腺及皮肤腺内含有的有毒白色浆液,加工成中药为蟾酥。蟾酥所含成分复杂,主要为甙类,即蟾酥毒,有强心作用。误吃有毒蟾蜍,伤口直接接触其毒,食用被其毒污染食物,以及过量服用含毒蟾酥的药物,都可引起中毒。

【中毒表现】

潜伏期一般中毒后 0.5~1 小时出现症状,长者达 2 小时。

消化系统症状:上腹不适、流涎、恶心、呕吐,甚至吐血。部分中毒者有腹痛、腹泻、水样便,严重者导致脱水、电解质紊乱、酸中毒。

循环系统症状:早期有胸闷、心悸,轻度发绀,面色苍白等。蟾酥可直接作用于心肌,使心率减慢,或呈窦性心动过速伴窦性心律失常,心电图示 ST 段斜形下垂、T 波低平或倒置,并可互相融合,与洋地黄中毒相似。严重者出现窦房阻滞、房室分离、心房颤动和室性心动过速等,甚至可出现阿斯综合征。

神经系统症状:主要表现为头晕、头痛,出汗,口唇及四肢麻木,视物模糊,烦躁不安或嗜睡,膝反射消失,昏迷,抽搐等。体温不升,四肢厥冷,血压下降,最后呼吸循环衰竭。

眼部症状:蟾酥浆汁溅入眼内可致眼损伤,起初感到剧痛难忍,流泪不止,眼睑肿胀,畏光,眼球结合膜充血,并可致角膜溃疡。后期可形成球结膜下淋巴组织增生性慢性炎症改变。

【急救】

1.排除毒物

早期先行催吐,然后用 1∶4000 高锰酸钾液洗胃,用硫酸镁导泻,必要时高压灌肠,再进食蛋清等润滑剂。

2.支持疗法

大量饮水及浓茶。静脉输入 5% 葡萄糖生理盐水,并补充大量 B 族维生素和维生素 C,或能量合剂。有尿后,可于输液中加入适量氯化钾,缓慢静脉滴入。并注意纠正酸中毒。

3.解毒

应用硫酸阿托品,可以抑制蟾酥引起的迷走神经兴奋带来的房室传导阻滞和心律失常。成人每次 0.5~1.0 毫克,静脉或肌内注射,每日 3~4 次,至显效为止。如效果不明显或有发生急性心源性脑缺血综合征的征象时,可加用异丙肾上腺素 0.5~1.0 毫克,加入 5% 葡萄糖注射液 500 毫升中,缓慢静脉滴注;若有室性心动过速时,可加用利多卡因,以防发生心室颤动。

4.对症处理

腹痛严重者,阿托品 0.5~1.0 毫克,肌内注射,或颠茄合剂 10 毫升,每日 3 次,口服;出现惊厥时,可用安定类及苯巴比妥类药物;有呼吸衰竭和循环衰竭时,应及时抢救。

5.眼部损伤者

可先用大量凉开水冲洗,再用紫草汁洗涤和点眼。也可以用生理盐水或3%硼酸水冲洗,并酌情滴用抗生素或可的松类激素眼液,口服维生素类药物。

河豚中毒

河豚又称鲍鱼、鲑鱼、气泡鱼,种类繁多,肉鲜。河豚所含毒素主要有河豚毒素及河豚酸,主要集中在卵巢、睾丸及肝脏等内脏和血液中,肉中不含毒素。其毒素为神经毒素,能使神经中枢、神经末梢发生麻痹。这种毒素经蒸煮、日晒、盐腌不能消除,宰割时,内脏的毒素污染鱼肉也可引起食肉中毒。因此,食用河豚者常发生中毒。

【中毒表现】

(1)潜伏期短,食后2小时内发病,死亡率高。

(2)中毒后出现恶心、呕吐、口渴、腹泻、便血等。随之口唇、舌尖、指尖麻木,甚者四肢肌肉麻痹,眼睑下垂,无力,酒醉步态,瘫痪等。严重者可出现血压下降、言语不清、心律失常、瞳孔散大、昏迷、呼吸困难。常死于呼吸、循环衰竭。动物实验可取中毒者的尿5毫升,注入雄蟾蜍腹腔内,若有中毒性反应,则可助诊断。

【急救】

1.立即进行催吐

用筷子或压舌板等刺激咽部催吐,或口服1%硫酸钠50~100毫升。必要时可皮下注射盐酸阿扑吗啡5毫克,催吐。

2.洗胃

用5%碳酸氢钠液或0.5%药用炭悬浮液反复洗胃。口服硫酸钠或硫酸镁20克,导泻。

3.输液

10%葡萄糖溶液1000毫升,加入维生素C2~5克,静脉滴注,能加速排毒。

4.注射用药

丁溴东莨菪碱20毫克/次,缓慢静脉注射,每日3次,维持1~2日。维生素B_1、维生素B_{12}肌内注射以营养神经。

5.对症治疗

呼吸衰竭时应给予吸氧,并注射尼可刹米、山梗菜碱等呼吸兴奋剂,肌肉麻痹时,可肌内或皮下注射1%盐酸士的宁2毫克,每日3次;血压下降时,可用阿拉明、多巴胺等升压药;呕吐不止时,给颠茄类制剂,剧烈腹痛时,内服复方樟脑酊;惊厥时,可给予镇静剂,如安定等。

鱼胆中毒

鱼类胆汁中含有组胺、胆盐及氰化物等剧毒物质。鱼胆常作为治疗某些病的偏方而服用过多而导致中毒,如未能及时抢救可致死亡。多因进食胖头鱼、鲢鱼、草鱼、青鱼或鲤鱼的胆而发病,其中以青鱼胆最易引起中毒。

【中毒表现】

潜伏期一般2~5小时。

中毒表现为恶心、呕吐、腹痛(多为隐痛或绞痛)、腹泻、黄疸、尿少、水肿、腰痛、蛋白尿,血压初期可升高,以后可下降,甚至休克。部分中毒者可出现神志模糊、谵妄、烦躁、抽搐、溶血及肾功能衰竭,甚至昏迷。

中毒者有溶血时,化验血红蛋白下降,血尿素氮与肌酐升高,肝功能化验异常。

【急救】

1.一般治疗

应卧床休息,专人护理,多饮水,食低蛋白、低盐饮食;若水肿明显,应限制摄水量并给无盐饮食,停止一切对肾脏有害的药物。密切观察病情变化,及时采取相应措施。

2.去除毒物

催吐:可用刺激咽部催吐。

洗胃:活性炭 2 份,鞣酸、氧化镁各 1 份,混合后每 30 克加水 500 毫升,制成洗胃液,反复洗胃。

导泻:50%硫酸镁 50~100 毫升,从胃管注入导泻。

血液透析:重症者可采用。

3.对症治疗

烦躁不安或抽搐者,可用安定 10 毫克,肌内注射,必要时可重复;频繁呕吐并腹痛者,可给予山莨菪碱 10 毫克,或普鲁本辛 15~30 毫克,口服。

贝类中毒

在一些特定地区,有些可食贝类被毒化,食后引起中毒。可食性贝类被毒化的原因一般认为是由于某些单细胞微藻类在海水中迅速繁殖、大量集结形成赤潮,同时伴有海洋动物死亡,贝类摄食有毒的藻类,富集其有毒成分。这些毒素对贝类自身无毒性作用,人食用后可造成中毒。引起中毒的贝类有东风螺、香螺、织纹螺、泥螺、荔枝螺、紫贻贝、加州贻贝、扇贝、长牡蛎、蛤仔、扇蛤等。贝类有毒部位主要是肝脏、胰腺、中肠腺等。部分毒素对热稳定,加热难以被破坏。因此人们在挑选贝类食物时要特别小心。

【中毒表现】

因含有的有毒成分不同,所以中毒表现各不相同,可分以下几类:

麻痹型:由石房蛤毒素及其衍生物所致。食用后 5 分钟至 4 小时出现唇、舌、手指麻木感,进而四肢末端和颈部麻痹,直至全身。常伴有发音障碍、流涎、头痛、口渴、恶心、呕吐等。严重者 2~12 小时因呼吸肌麻痹死亡。

腹泻型:由软骨藻酸及其异构体所致。主要表现为呕吐、腹泻,病情轻。

记忆丧失型:由大田软海绵酸及其衍生物所致。表现为进食后 3~6 小时出现腹痛、腹泻、呕吐、流涎,同时出现记忆丧失、意识障碍、平衡失调,以致不能辨认家人及亲友等,严重者昏睡。记忆丧失可达 1 年。

神经毒素型:由短螺甲藻毒素所致。表现为进食后数分钟至数小时出现唇、舌、咽喉及面部麻木、刺痛感,头晕、肌肉疼痛等。可持续数日。

日光皮炎型:一般进食 1 天后发病,也可 14 天后发病。初为面部和四肢暴露部位出现红肿,并有灼热、疼痛、发痒、麻木等感觉;后期出现瘀血斑、水疱或血疱,溃破后可感染,伴有发热。

【急救】

立即手法或药物催吐,催吐后口服活性炭。

注意休息。

出现中毒症状者要及时到医院就诊,就诊时要携带食用剩余的贝类。

蚕蛹中毒

近年来,越来越多的人喜食蚕蛹,蚕蛹含特异性神经毒素,耐热,食后迅速起病,中毒程度与食用量无关。中毒多因进食处理毒素不当的蚕蛹所致。

【中毒表现】

一般突然发病,出现头晕、头痛、乏力、口周及四肢麻木、表情淡漠、视物不清、嗜睡等。大多伴有眼睑、面颊、口唇及舌体、四肢不规则肌痉挛。可出现走路不稳,不能站立或坐起。重症者有发音困难、全身震颤、抽搐、昏迷等。部分中毒者可发生恶心、呕吐、便秘、腹泻,排尿困难或尿失禁等。斜视眼痉挛为本病最突出且具有特征性的症状,即中毒者双眼球共同性加速、大幅度、冲击性不规则往复运动。主要为水平性,也可有旋转性或垂直性成分,无复视。

中毒者脑电图检查可呈高度或中度异常。

【急救】

1.清除毒物

食入不久者,应立即催吐、洗胃、导泻(参见急性毒蕈中毒),以排除毒物。洗胃可用 1:5000 高锰酸钾溶液。昏迷者禁止催吐。

2.糖皮质激素

应用氢化可的松或地塞米松等糖皮质激素,有利于减轻毒性反应。

3.对症治疗

静脉补充液体,以促进毒物排泄;抽搐者可用安定 10 毫克,或苯巴比妥钠 0.1 克,肌内注射,必要时可重复;脑水肿时可应用甘露醇、速尿等治疗。

蜂蜜中毒

蜂蜜中毒主要是食用了野蜂(偶有蜜蜂)采集了有毒花粉所制的蜂蜜引起。昆明山海棠、洋地黄、附子、相思子、曼陀罗、钩吻、闹羊花及雷公藤等的花粉中,均含有毒性成分,野蜂或蜜蜂采取此等花粉所制的蜂蜜是有毒的,当人们食入后即可引起中毒。对疑为有毒蜂蜜,服食前应先口尝少许,如有麻、苦等异味时,则勿进食,以免发生中毒。

【中毒表现】

潜伏期一般为 0.5~3 小时,长者可达 24 小时。

表现有头痛、恶心、呕吐、腹痛、腹泻、发热、心悸、口周及四肢麻木,可有肝肾损害现象及一过性视觉障碍等。重者可出现抽搐、昏迷、血压下降、呼吸衰竭,甚至死亡。

因蜂蜜内所含毒性的花粉毒素不同而出现各种特异症状。蜂蜜过敏者,可在食后 0.5~1 小时,甚至即刻发病。来势凶猛,病情紧急,出现喉部痒感、皮肤潮红、荨麻疹、心悸、胸闷、腹痛、水样大便等,并可发生过敏性休克。若抢救不及时,可导致死亡。

应注意了解本地区、本季节有哪些有毒植物开花,蜜蜂可能采了哪些花粉,这对诊疗极有帮助。

【急救】

1.清除毒物

食入不久者应尽早催吐,继之用活性炭混悬液洗胃,洗胃后留置活性炭混悬液

·健康医疗·

图文珍藏版

于胃中,用硫酸钠或硫酸镁导泻。

2.对症治疗

静脉输液及应用利尿剂等以促进毒素排泄,注意纠正水、电解质失衡。

腹痛者酌用山莨菪碱 10 毫克,或普鲁本辛 15~30 毫克,口服。

抽搐者可用安定 10 毫克,或苯巴比妥钠 0.1 克,肌内注射,必要时可重复。

昏迷、血压下降、呼吸衰竭应积极抢救。

3.就地及时抢救休克

一旦出现过敏性休克,应立即就地抢救。患者取平卧位,松解领裤等扣带。如有呼吸困难,上半身可适当抬高;如意识丧失,应将头部置于侧位,抬起下颌,以防舌根后坠堵塞气道,清除口、鼻、咽、气管分泌物,畅通气道、吸氧。如出现呼吸、心跳停止者,应立即给予口对口人工呼吸及胸外心脏按压,直到急救医生到来,做进一步抢救治疗。

动物甲状腺中毒

屠宰牲畜时必须将内分泌腺剔除,供制药用。猪、牛、羊等的甲状腺如未剔除或有残留,误食后能引起中毒。毒性物质是甲状腺素,其理化性质比较稳定,经一般烹调后的甲状腺仍保存激素的有效成分。中毒后可出现类似甲状腺功能亢进的一系列征象。以猪甲状腺引起中毒者多见,每个甲状腺 4~6 克,大的可达 10 克,引起中毒最小量为 1.8 克,食入量越大,中毒越严重。

【中毒表现】

1.潜伏期

潜伏期一般 1 日左右,最短 1 小时,长者达 10 日。

2.冲毒症状

中毒症状为头昏、头痛、胸闷、乏力、心悸、出汗、皮肤潮红、肌肉颤动、关节及四肢肌肉疼痛、食欲缺乏、恶心、呕吐、腹痛、腹泻、个别人可便秘。严重者出现狂躁不安、失眠、幻觉、心律失常、抽搐、昏迷,女性可出现月经不调或闭经。有的中毒者还可出现过度兴奋、哭笑无常等精神症状。

3.皮肤损伤

部分患者在发病后十余日可有全身或局部皮肤出现皮疹、发痒、水疱、脱皮,重者头发可大片脱落,形成局部秃发。

【急救】

1.清除毒物

潜伏期较短者,可催吐、洗胃及导泻。

2.输液

静脉输液促进毒物排泄。

3.抗甲状腺药物

丙基硫氧嘧啶:开始时每日 0.2~0.6 克,分 3 次服用,待症状缓解后,改用维持量,每日 25~100 微克。

他巴唑:开始时每日 30~60 毫克,分 3 次服用,维持量为每日 5~10 毫克。用至症状缓解后减量、停药。

4.对症处理

可给予含大量维生素、高蛋白质、高糖的饮食,应用氯丙嗪等镇静剂;重症者,给予氢化可的松 200~300 毫克,或地塞米松 10~15 毫克,加于葡萄糖液中,静脉滴注,并给予吸氧。

动物肾上腺中毒

屠宰猪、牛、羊等牲畜时,如腰子上端的肾上腺腺体未剔除或有残留,误食后能引起中毒。毒性物质是肾上腺素。其理化性质比较稳定,经一般烹调后仍能保存激素的有效成分。

【中毒表现】

1.潜伏期

一般多在食后 30 分钟左右发病。短者十多分钟,长者达 2 小时。

2.中毒症状

多先感觉苦、涩、麻、辣,继而头晕、恶心、呕吐、腹痛、腹泻、面色苍白、瞳孔散大等。还有的出现无力、脉快、烦躁、抽搐等。如中毒者原患高血压、糖尿病等疾病时,症状会更重。

【急救】

1.清除毒物

中毒后立即催吐、洗胃及导泻。

2.输液

静脉输液促进毒物排泄。

3.对症治疗

腹痛者,可酌用山莨菪碱 10 毫克,或用普鲁本辛 15~30 毫克,口服;抽搐者,可用安定 10 毫克。或苯巴比妥钠 0.1 克,肌内注射,必要时可重复应用。

动物肝脏中毒

大量食入某些动物肝脏,可导致中毒,常见的有熊肝、狗肝、狼肝、狍肝、猪肝、鲨鱼肝、鳇鱼肝和鳕鱼肝等。动物肝脏富含维生素 A,每克可达数千至上万单位,食用对人体健康有利,但大量摄入时,便可发生维生素 A 中毒,主要是维生素 A 的代谢产物维 A 酸或其衍生物在体内堆积所致。

成人一次摄入维生素 A50 万单位,即可引起中毒。儿童不超过 30 万国际单位。若一次进食狗肝超过 8 克,即可引起维生素 A 中毒。也有人认为,鲨鱼肝、鳕鱼肝含有痉挛毒素、麻痹毒素等多种神经毒素及鱼油毒,可损害神经系统,是引起中毒的又一原因。

【中毒表现】

有吃动物肝脏或过量鱼肝油史,食后 1~5 小时发病。

中毒症状为口渴、恶心、呕吐、腹痛、腹泻,肝大而有压痛,头痛、头晕,乏力,皮肤灼热,面红,眼结膜充血,视物模糊。病情进一步恶化则出现畏寒、发热、心动过速。发病后 2~3 日,口唇周围开始出现鳞屑状脱皮,并向面部、四肢、躯干发展。重者有脱发。

用三氯化锑比色法测得血维生素 A 含量高于正常。每 100 毫升血超过 150 国际单位时可诊断。

【急救】

1.排除毒素

卧床休息,给予催吐、洗胃、口服泻剂,促进排泄。

2.静脉补液

5%葡萄糖盐液,静脉滴注,并给予维生素 C、B 族维生素等药物。

3.糖皮质激素

皮炎重者可酌用糖皮质激素,如地塞米松 10 毫克,加入葡萄糖盐液中,静脉滴注;或派瑞松软膏,涂患处。

4.对症处理

烦躁不安者,可给予安定 10~20 毫克,肌内注射。

糖精中毒

糖精是苯甲酸衍生物,化学名为邻苯甲酰磺酸亚胺,作为人造甜味剂用于食品工业和日常生活。我国规定每 100 克食品中糖精含量不得超过 15 毫克,世界卫生组织建议的允许摄入量为每日 5 毫克。过量摄入则可对神经系统、心脏及肠道造成损害。大量摄入糖精(5 克以上),可致中毒。

【中毒表现】

大量摄入糖精半小时至数小时后发病,可出现恶心、呕吐、上腹不适、腹部阵发绞痛、腹胀、腹泻、口渴、头晕、尿少,血压下降,重者可有肌肉抽搐和疼痛、惊厥、谵妄、幻听、呼吸困难,皮下可出现瘀斑、淤点、黄疸,严重者可出现昏迷,甚至死亡或遗留下严重的末梢神经炎(多是一次食用超量,以及连续多次食用所致)。

【急救】

(1)小儿可口服吐根糖浆 10 毫升,成人采用刺激咽部,或用药物催吐。口服活性炭,然后清水洗胃,再口服泻剂导泻。

(2)静脉输液,加速毒物排泄,大量补充葡萄糖盐水溶液。

(3)给以大剂量维生素 C、B 族维生素,静脉滴注或口服。

(4)对症治疗,如解痉、止痛;10% 葡萄糖酸钙 10 毫升,加入 50% 葡萄糖液中,缓慢静脉注射,对抽搐、肌颤有对抗作用;血压下降者,应用阿拉明静脉滴注;呼吸困难者,予以吸氧、应用呼吸兴奋剂等治疗。

味精中毒

味精又名味素,化学成分为谷氨酸钠。味精是食品增鲜剂,最初是从海藻中提取制备,现均为工业合成品。味精不耐热,在 130℃ 以上时便发生分解,变成焦谷氨酸钠,这是一种有毒物质,人食用后对身体就会产生危害。

【中毒表现】

味精中毒多发生在就餐后 5~30 分钟内。中毒者相继出现颜面潮红、发热、头痛、头晕、全身乏力、恶心、呕吐、心跳过速等,严重者还会出现醉酒现象。

【急救】

误服过量味精后勿需特殊处理。

可口服维生素 B_6,每天 50 毫克。

瘦肉精中毒

瘦肉精的学名叫盐酸克伦特罗,又名氨哮素、克喘素,是一种白色或类白色的结晶性粉末,无臭,味苦。常被不法分子添加在饲料中,用于增加家畜家禽的体重和提高瘦肉含量。"瘦肉精"多数会沉积在动物的肝、肾、肺等内脏里,人食用含盐酸克伦特罗残留量高的肉制品和内脏后即可引起中毒。如果不及时抢救有可能导致心律失常而猝死。

【中毒表现】

急性中毒会心悸，面颈、四肢肌肉颤动，手抖甚至不能站立，头晕、乏力；原有心律失常的患者更容易发生反应，如心动过速、室性期前收缩等；原有交感神经功能亢进的患者，如有高气压、冠心病、甲状腺功能亢进，上述症状更易发生；与糖皮质激素合用，可引起低血钾，从而导致心律失常。

【急救】

1.排除毒素

如果症状轻微，则停止进食，可平卧、多喝水，促进毒物排泄。

2.送医急救

如病情严重，应立即送医院进行针对食物中毒的常规治疗。

盐卤中毒

盐卤又叫卤碱，是制作食盐过程中渗出的液体。其主要成分是二氧化镁，还有氯化钠、氯化钾、硫酸镁、硫酸钠及一些微量元素等。盐卤对蛋白质有凝固作用，是制作豆腐的凝固剂。盐卤对皮肤及消化道黏膜有很强的刺激作用，对中枢神经系统有抑制作用，误服可引起中毒，甚至死亡。

【中毒表现】

误服盐卤中毒时，可出现恶心、呕吐、口干、口腔及胃肠烧灼感、腹痛、腹胀、腹泻，腹痛常呈痉挛性，还可有头晕、头痛、皮疹等。严重者可造成呼吸麻痹、呼吸停止或休克而导致死亡。

【急救】

（1）误服时，可立即喂入大量豆浆，使其在胃内生成豆腐，从而降低盐卤毒性。然后用米汤或灌入温水洗胃，也可注入蛋清、牛奶、面糊，保护胃肠黏膜。

（2）10%氯化钙10毫升，或10%葡萄糖酸钙10毫升，静脉缓慢注射，以减轻毒性作用。

（3）对症处理，腹痛时，可注射阿托品0.5毫克；呼吸困难时，吸氧，并注射尼可刹米或山梗菜碱等呼吸兴奋剂；血压下降、休克者，可使用阿拉明、多巴胺等升压药物。

亚硝酸盐中毒

亚硝酸盐主要指亚硝酸钠（钾）。日常生活中腌制的蔬菜，如小白菜、韭菜、卷心菜、菠菜等含有大量的亚硝酸盐及硝酸盐，如煮熟放置过久或盐腌久放，食之可致中毒。在腌咸肉或烧熟食卤味时，有的为了使肉色鲜红而加入硝酸盐，如果加入过量可引起中毒。硝酸盐能在肠内还原成亚硝酸盐，亚硝酸盐与血红蛋白结合成高铁血红蛋白，产生缺氧症状。

【中毒表现】

病史：有进食大量上述放置时间较长的蔬菜，加入硝酸盐的腌肉或卤肉，或食用含亚硝酸盐的食物及水的病史。

潜伏期：一般0.5~4小时，最短10~15分钟，长者可达20小时。

中毒症状：有头晕，头痛、心率加速、嗜睡或烦躁不安、恶心、呕吐腹痛、腹泻、发热等缺氧症状,全身皮肤及黏膜呈现不同程度的紫蓝色。或持续发作或阵发性发作,与呼吸困难不呈比例,严重者有心律失常、休克、肺水肿、惊厥、昏迷、呼吸衰竭,甚至危及生命。

【急救】

1.一般治疗

将中毒者置于通风良好的环境中,绝对卧床休息。

2.清除毒物

误服亚硝酸盐应及早洗胃与导泻,现场不能洗胃者,只要神志清楚,可先探吐或催吐。吸氧有一定疗效,有条件者尽早吸氧。

3.应用还原剂

轻者给50%葡萄糖液,加维生素C,每日为3~5克,肌内注射或静脉注射。重者可给1%美蓝1~2毫克/千克体重,加入50%葡萄糖20~40毫升中,静脉注射。若无好转,2小时后重复注射1次。

4.对症治疗

惊厥者应用镇静剂,如安定10毫克或苯巴比妥钠0.1克,肌内注射,必要时可重复。休克或呼吸衰竭者,采取相应措施。

三、药物中毒

医药的飞速发展,在一定程度上使人们开始依赖药物,只要有头疼脑热就开始大量吃药,认为药多吃点总是没错的。俗话说得好"是药三分毒",无论中药、西药,都不可乱吃。

安定中毒

安定又叫地西泮。临床上主要用于焦虑不安、失眠、恐惧的治疗。本品中毒多见于自杀或误服剂量过大所致。大剂量可抑制呼吸中枢及血管运动中枢,导致呼吸停止、血压下降、昏迷。

【中毒表现】

1.中枢神经系统症状

表现为嗜睡、语言不清、共济失调、肌无力。重度中毒可出现昏迷。

2.呼吸系统症状

重度中毒或静脉注射速度过快时,出现呼吸变慢、变浅、不规则,呼吸停止。口服地西泮中毒时,呼吸衰竭少见。

3.循环系统症状

极少见。轻度中毒时,对血压、心脏无明显影响。重度中毒出现低血压,皮肤湿冷,脉搏快而弱,严重者导致循环衰竭。

4.其他

偶见粒细胞减少,剥脱性皮炎,一过性精神错乱。

呕吐物、胃液、血、尿定性试验及血药浓度测定有助于诊断。重症中毒者,应进行肝、肾功能,血清电解质,动脉血气分析及心电图检查。

【急救】

1.清除毒物

口服中毒者,立即采用机械方法催吐,给予 1∶5000 高锰酸钾或温开水洗胃。洗胃后给予 0.2%~0.5% 活性炭混悬液吸附,再给予硫酸钠 10~15 克,导泻,以加速毒物排出。

2.补液、利尿,加速毒物排泄

5% 葡萄糖液 500 毫升,静脉滴注,继以 5% 葡萄糖生理盐水 500 毫升及 5% 葡萄糖液 500 毫升,交替静脉滴注。速尿 20~40 毫克,静脉注射,或 20% 甘露醇 250 毫升,静脉滴注,4 小时后可重复应用。

3.护理

昏迷者,应注意保温,定时翻身、拍背,防止压疮及坠积性肺炎。吸氧,保持呼吸道通畅,及时清除口腔及咽部分泌物。静脉注射地西泮而发生呼吸抑制时,做气管插管、人工辅助呼吸。

4.特异性解毒剂

氟巴西尼(安易醒)能与本晶竞争受体,逆转或减轻中枢抑制作用。应用方法开始时以 0.1~0.2 毫克,静脉注射,每 60 分钟重复 1 次,直至清醒,再以静脉滴注维持,维持量为 0.1~0.4 毫克/小时,总量<2 毫克。

5.血液净化

适用于重度中毒而昏迷者,因其与血浆蛋白紧密结合,结合率在 95%,又不溶于水,故血液透析疗效不佳。但用血液灌流法可有效清除药物。

6.中枢兴奋剂

一般不做常规应用。仅在深昏迷,呼吸浅而慢,已发生呼吸衰竭时适当应用。

7.对症支持治疗

维持水、电解质平衡,合理应用抗生素以防治继发感染,纠正酸中毒,给予保肝药物。

多虑平中毒

多虑平又名多塞平,为三环类抗抑郁药;临床用于各种类型的抑郁症,对内源性抑郁症、反应性抑郁症及伴有焦虑的抑郁症疗效好,对更年期抑郁症、恐惧症也有效。尚可用于小儿遗尿症的治疗。老年患者对本品的代谢与排泄能力下降,敏感性增强,易中毒,常可猝死。

【中毒表现】

1.中枢神经系统

可有嗜睡、困倦、头晕、眩晕、无力、手指震颤、步态不稳、步态蹒跚、兴奋不安、躁动、谵妄、癫痫发作等,严重者可出现昏迷。

2.心血管系统

可有体位性低血压、窦性心动过速、阵发性室上性心动过速、心房扑动、心房颤动、心室颤动、房室传导阻滞。心电图上可发现 ST 段下降,T 波平坦或倒置,Q-T 间期延长,QRS 波增宽等,有时出现心脏停搏。

3.消化系统

可有口干、胃肠道不适、厌食、恶心、呕吐,肝脏损害,如黄疸、转氨酶升高。

4.抗胆碱毒性

可有瞳孔散大、视物模糊、排尿困难、尿潴留、便秘等。

5.其他

高热,偶见粒细胞缺乏症。

【急救】

1.清除毒物

立即给予 1∶5000 高锰酸钾溶液洗胃。洗胃后,用 50%硫酸镁 30 毫升,留置胃内导泻,活性炭 50~80 克,吸附毒剂。给予利尿剂、脱水剂促进毒物排泄。必要时可行血液透析,因本品有极高的血浆蛋白结合率,故此方法疗效差。

2.维持呼吸功能

保持呼吸道通畅,给氧气吸入。昏迷者考虑气管插管,人工呼吸机维持呼吸。同时,应用呼吸兴奋剂尼可刹米,每次 0.375~1.125 克,每小时 1 次,静脉注射或肌内注射。

3.维持循环功能

血压降低达 9.5/7.0 千帕(70/50mm 汞柱)以下者,应给予升压药,如去甲肾上腺素、苯福林等。室性心律失常患者,可用 2%利多卡因 20 毫升,缓阻静脉注射;或苯妥英钠 0.25 克,加入生理盐水 200 毫升,静脉滴注。禁用普鲁卡因胺和奎尼丁类药物。

4.对症治疗

如有惊厥发作,用安定 10~20 毫克,静脉注射;或苯妥英钠 0.25 克,加入生理盐水 200 毫升,静脉滴注。出现黄疸、肝大时,可予肌苷,B 族维生素、维生素 C 等行保肝治疗。

氯丙嗪中毒

氯丙嗪(冬眠灵)为中枢多巴胺受体阻滞剂,也能阻断 α 肾上腺素受体和 M 胆碱能受体。具有安定、镇吐、体温调节及扩张血管等作用。临床上主要用于治疗精神病,尤其对 I 型精神分裂症(精神运动性兴奋和幻觉妄想为主)效果明显。亦用于呕吐和顽固性呃逆,人工冬眠和低温麻醉。小剂量可用于治疗大咯血、心力衰竭、偏头痛。急性中毒后引起中枢神经、心血管系统损害及抗胆碱毒性,锥体外系反应。

【中毒表现】

1.中枢神经系统症状

轻者烦躁不安、昏睡。重者昏迷、瞳孔缩小、四肢肌张力降低和腱反射减弱或消失,大小便潴留或失禁。亦有表现为锥体外系症状,四肢肌肉呈折刀样痉挛,震颤及全身阵发性抽搐。

2.自主神经系统症状

可有口干、瞳孔扩大、皮肤潮红干燥、肌张力增加、肠鸣音消失、便秘等。

3.心血管系统症状

可有心悸、四肢发冷、血压下降、休克、心律失常等。

4.呼吸系统症状

可有胸闷、呼吸困难、呼吸衰竭等。

5.消化系统症状

有恶心、呕吐、流涎、腹痛等。部分患者有黄疸、肝脾大。

呕吐物、胃液、血液、尿液中氯丙嗪定性试验阳性,有助于诊断。血糖、血胆固醇、肝功能、尿三胆试验及血常规、尿常规、非蛋白氮测定,可作为诊断治疗的参考。

脑电图检查可见慢波增多,有时可出现暴发性尖波发放。

【急救】

1.排除毒物

一次误服大剂量氯丙嗪,应立即刺激咽部,使之呕吐。因本品的抗胆碱作用使胃肠蠕动减慢,胃排空延迟,故摄入 12 小时以内者,应立即用微温开水或 1∶5000 高锰酸钾溶液洗胃,洗胃后注入硫酸钠 15~30 克,导泻,以加速药物排泄。因本药具有强镇吐作用,对催吐药效果不好。

2.血液净化疗法

静脉注射高渗葡萄糖液或右旋糖酐,以促进利尿,排泄毒物。因氯丙嗪与体内的蛋白结合率高,强迫利尿与血液透析疗效较差。血液灌流藏血浆置换效果优于血液透析。

3.中枢兴奋剂

中枢神经抑制较重,中毒者出现不同程度昏迷时,可应用中枢兴奋剂哌醋甲酯 40~60 毫克,肌内注射,必要时 30~60 分钟后重复应用,直到清醒。也可应用纳洛酮 0.4~0.8 毫克,加生理盐水静脉注射;或 1.2~2.0 毫克,加入生理盐水 500 毫升中,静脉滴注。同时,给予脱水剂及促进脑细胞代谢药。若出现中枢神经兴奋症状及惊厥、痉挛或癫痫发作时,给予异戊巴比妥钠 0.1~0.2 克,缓慢静脉注射,同时密切观察呼吸变化,避免快速注射。

4.对症支持治疗

低血压者,应尽量减少搬运头部,避免发生体位性低血压;维持正常体温,对低温者应保温,保持呼吸道通畅,选用抗生素防治感染。有锥体外系症状时,可用盐酸苯海索(安坦)、溴隐亭、东莨菪碱等治疗。出现黄疸、肝大、过敏性皮炎时,可选用地塞米松或氢化可的松。同时,保肝给予肌苷、B 族维生素、维生素 C 等药物。

氯氮平中毒

氯氮平又叫氯扎平,为广谱神经安定剂。主要用于急、慢性精神分裂症和兴奋躁动为主要症状的精神病患者。对控制兴奋躁动、幻觉、妄想、痴呆木僵等症状效果明显,亦可用于氯丙嗪等药物引起的迟发性运动障碍。与氯丙嗪相似,本品还具有强大镇静、抗胆碱、抗组胺及抗 α-肾上腺素受体的作用。成人日量为 200~400 毫克,极量为每日 400~600 毫克。老年人、肝肾功能不全患者,易引起代谢及排泄延缓,导致蓄积中毒。口服中毒严重者,脑干网状结构呼吸中枢受抑制,可导致呼吸衰竭。

【中毒表现】

1.中枢神经系统

表现为谵妄、高热、昏睡、昏迷、瞳孔缩小或扩大。可有病理反射阳性,全身肌紧张,全身性强直阵挛发作。

2.循环系统

皮肤发绀、湿冷,脉搏快而弱,尿量减少,低血压甚至休克,心电图显示心肌缺血改变。合并感染者,易诱发左心衰竭而致死。

3.呼吸系统

表现为呼吸急促、呼吸困难、咳粉红色泡沫样痰、肺水肿。严重呼吸抑制时,出现呼吸慢而不规则,潮式呼吸。

4.消化系统症状

表现为口干、恶心、腹胀。严重者出现肠麻痹、出血坏死性肠炎、转氨酶升高、血氨升高。

5.血液系统症状

粒细胞减少或粒细胞缺乏,血小板减少、出血。重者可致骨髓再生抑制。

【急救】

1.消除毒物

口服中毒者,无论服药时间长短,均应积极彻底洗胃。一般用1:5000高锰酸钾溶液5~10升反复抽洗。洗胃后从胃管注入硫酸钠20~30克(不用硫酸镁,尤其肾功能不全时)导泻,活性炭20~50克,吸附胃内残留的药物。因本品蛋白质结合率高,利尿剂作用甚微。对严重中毒,合并酸中毒、肺水肿、肾功能不全及心力衰竭者,血液灌流效果最为明显。

2.保持呼吸道通畅

清除咽部分泌物,氧气吸入。必要时,气管插管或气管切开,以呼吸机辅助呼吸,防止坠积性肺炎,吸入性肺炎发生。

3.中枢兴奋剂应用

对昏迷较深,呼吸浅而慢或发生呼吸衰竭者适用。

(1)美解眠:中枢兴奋作用快而毒性较低。一般用50~150毫克,加入葡萄糖液或生理盐水100~250毫升,静脉滴注,每分钟40~50滴,视意识状态恢复情况,调整滴速。

(2)利他林:20毫克肌内注射或静脉注射。

(3)呼吸兴奋剂:伴呼吸循环功能不全时,选用咖啡因0.25克,尼可刹米0.375克,静脉注射,每1~2小时交替使用,直至呼吸功能恢复。

(4)纳洛酮:早期静脉给药,对恢复意识有明显效果。可用0.4~0.8克,静脉注射。

4.纠正循环衰竭

周围循环衰竭时,首先补液,可用5%葡萄糖氯化钠、低分子右旋糖酐或新鲜血浆。输液后血压仍不回升,可慎用升压药,常用重酒石酸间羟胺10毫克,肌内注射,每1/2~2小时使用1次,避免用肾上腺素。

5.降颅压

减轻脑水肿20%甘露醇250毫升,静脉滴注,每日2~3次,或合并速尿40毫克,静脉注射,每日1~2次。若发生癫痫,可给予安定10毫克,静脉注射;或20~40毫克,加入5%葡萄糖盐水中,缓慢静脉滴注。应注意呼吸变化,避免发生呼吸抑制。

6.对症支持治疗

粒细胞减少时,可用糖皮质激素,大量维生素及利血生、强力升白片等,升高白细胞药物及支持治疗。还应给予保护肝脏,促进脑代谢,营养心肌等药物,纠正和维持水、电解质及酸碱平衡,抗生素预防感染。

碳酸锂中毒

碳酸锂为抗躁狂药,对急性躁狂和轻度躁狂疗效显著。还可用于治疗躁狂抑郁症,减少躁狂、抑郁的复发,但抗抑郁作用不如抗躁狂明显。近年来,临床上用于再生障碍性贫血,各种病理性和医源性粒细胞减少症等,均有一定疗效。常用量0.25~0.5克,每日3次,口服。严重毒性反应主要累及中枢神经、心脏、肾脏,引起内分泌及代谢紊乱。

【中毒表现】

1.神经精神症状

轻度中毒时,表现为轻微手震颤,软弱无力、眩晕、耳鸣。中度中毒时,可出现全身震颤、共济失调,语言不清,视力模糊,吞咽困难,失眠或思睡。重度中毒时,则表现为脑病综合征,如意识模糊,精神紊乱,构音障碍,惊厥,腱反射亢进,病理反射阳性,直至昏迷、死亡。

2.泌尿系统症状

表现为多尿、蛋白尿,少数可出现肾性尿崩症。严重者发生少尿、无尿、肾功能衰竭,出现水、电解质及酸碱平衡失调,代谢产物潴留等表现。

3.循环系统症状

表现为血压下降,脉搏不整,过敏性血管炎等。

4.消化系统症状

表现为腹部胀满、厌食、呕吐、腹泻、腹痛、口渴等。严重者可致胃肠出血。

5.其他

脱水,全身疲乏,弥漫性甲状腺肿大,头发稀疏,间歇性白细胞增多及中性粒细胞增多。

【急救】

1.清除毒物

口服中毒者,立即给予催吐,生理盐水洗胃,洗胃后用硫酸钠15~30克,导泻。昏迷者禁止催吐。大量补液,加速肾脏排泄,应用林格液或葡萄糖生理盐水,每日3000~4000毫升,视具体情况给予补充钾盐。呕吐不重者,可口服盐水,以促进锂排泄。透析疗法适于重度中毒或伴肾功能衰竭者。因碳酸钾在体内几乎不与血浆蛋白结合,故血液透析或腹膜透析效果显著。

2.对症支持治疗

(1)昏迷者应勤翻身,预防压疮及坠积性肺炎,保持呼吸道通畅,吸氧等。

(2)抗惊厥给予苯巴比妥及10%水合氯醛治疗。

(3)血压下降者,应扩容,输液等,亦可酌用升压药。

(4)改善肾循环,保护肾脏,预防肾功能衰竭,防止脱水。

卡马西平中毒

卡马西平又叫酰胺咪嗪。其为广谱抗癫痫药,对复杂部分发作,如精神运动性发作,有良好疗效,是强直-阵挛性发作和部分性发作的首选药之一。卡马西平还具有中枢镇静、抗抑郁、抗胆碱、抗利尿和抗心律失常作用。对癫痫并发的精神症状,以及锂盐治疗无效的躁狂症也有效。卡马西平也用于三叉神经痛和舌咽神经痛的治疗,其疗效优于苯妥英钠,极量为1.2克。

【中毒表现】

1.神经系统

轻者头晕、困倦、视力模糊、言语不清。重者出现定向障碍、锥体外系反应、共济失调、幻觉、呼吸抑制、持续性癫痫发作,甚至昏迷、瞳孔扩大。

·健康医疗·

图文珍藏版

2.循环系统

高血压或低血压、窦性心动过速,少数患者出现房室传导阻滞、室性心律失常、窦性心动过缓等。严重心律失常是其致死原因之一。

3.其他

恶心、呕吐、肝功能损害,严重者出现肝功能衰竭、粒细胞减少、再生障碍性贫血及电解质紊乱等。

血常规、肝功能、电解质、心电图等检查,可指导治疗。

【急救】

1.清除毒物

口服中毒者,立即予以催吐、洗胃,给予活性炭或轻泻药。服药 24 小时以内者均应进行。本品在胃内结块,需经胃镜取出。重症中毒伴昏迷、癫痫持续状态及心律失常者合并有肾功能衰竭时,给予血液灌流或联合血液透析,以加速本品的清除。

2.维持呼吸、循环功能

持续呼吸、心电、血压监护。对呼吸抑制者,及时行气管插管,人工呼吸机辅助呼吸,酌情应用呼吸兴奋剂。补充血容量,应用多巴胺、阿拉明等,纠正低血压,维持有效血循环。

3.对症支持治疗

有癫痫发作者,给予地西泮 10 毫克,静脉注射,20 分钟后可重复应用。也可给予地西泮 50~100 毫克,加入 5% 葡萄糖盐水 500 毫升,静脉滴注,以维持水电解质平衡,纠正酸中毒。保肝治疗用大剂量维生素 C,静脉滴注,也可应用维生素 K、葡醛内酯静脉滴注。有锥体外系症状者,给予东莨菪碱 0.3 毫克,或苯海拉明 50 毫克,肌内注射。

苯妥英钠中毒

苯妥英钠又叫大仑丁,具有抗癫痫、抗心律失常,降压等作用,主要用于防治强直—阵挛性癫痫发作,单纯部分性发作及复杂部分性发作。本品口服极量 300 毫克/次,500 毫克/日,静脉注射,极量 500 毫克/日,速度 25~50 毫克/分。成人最小致死量为 2 克。中毒者可有肝、肾损害。中毒后产生广泛中枢抑制作用,死亡原因多为呼吸衰竭。

【中毒表现】

1.中枢神经系统

表现为眩晕、步态不稳、眼球震颤、复视、小脑性共济失调。严重者可出现神经错乱,幻觉,甚至发生昏睡,昏迷,瞳孔散大,高热,角弓反张,呼吸急促及中枢性呼吸衰竭,

2.循环系统

表现为血压下降,窦性心动过缓,高度房室传导阻滞,少数有心肌损害。

3.消化系统

表现为流涎、呕吐、上腹疼痛,少数出现黄疸,肝炎及肝功能异常。

4.血液系统

表现为巨幼红细胞贫血,少数可出现粒细胞缺乏或血小板减少。还可出现全血细胞减少,丙氨酸氨基转移酶(A 升 T)、天门冬氨酸氨基转移酶(AST)及血糖升

高,尿酮体阳性等改变。

【急救】

1.清除毒物

口服中毒的清醒者,可刺激咽部,促使呕吐。然后选用 1%~4% 鞣酸液、生理盐水或温水洗胃,再用硫酸钠 15~20 克,导泻。亦可用活性炭灌胃,首剂 50~80 克,与导泻药同服,随后每 4 小时服半量,共 24~48 小时,使苯妥英钠的半衰期明显缩短,起到胃肠透析作用。因本品的血浆蛋白结合率高,脱水、利尿及血液透析几乎无效。血浆置换可加速药物清除,但价格昂贵,并发症多,仅适用于静脉注射中毒,导致严重呼吸抑制、心律失常的病人。

2.保持气道通畅

严重中毒者可行气管插管,应用丙烯吗啡可减轻对呼吸的抑制。先静脉注射 5~10 毫克,10~15 分钟后,如肺内换气量尚未增加时,可用同量重复注射,总量不应超过 40 毫克(成人)。

3.对症支持治疗

因无特效解毒药,稳定生命体征极为重要。

(1)有心动过缓,传导阻滞者,用阿托品 0.5 毫克,静脉注射。继之,以 1~2 毫克,加入 500 毫升液体,静脉滴注,同时做好心电监护。

(2)纠正低血压,维持血流动力学稳定。静脉输入胶体液及生理盐水,必要时加多巴胺、阿拉明等升压药。

(3)如有造血系统障碍现象,给予维生素 B_4、鲨肝醇、利血生和糖皮质激素等治疗,必要时输血。

(4)补液维持水、电解质及酸碱平衡。

(5)肝功能损害者,给予维生素 K、维生素 C,静脉滴注。

洋地黄类药物中毒

洋地黄类药物用于治疗心力衰竭已有 200 余年的历史。此类药物包括洋地黄叶、洋地黄毒苷、地高辛、毛花苷丙(西地兰)、毒毛花苷 K 等。洋地黄类药物的安全范围小,个体差异大,其中毒发生率为 15%~20%。洋地黄轻度中毒剂量约为有效治疗量的 2 倍,其用药安全阀很小。心肌在缺血、缺氧情况下则中毒剂量更小。水、电解质紊乱,特别是低血钾,是常见的引起洋地黄中毒的原因;肾功能不全及与其他药物的相互作用,也是引起中毒的因素;心血管病常用药物,如胺碘酮、维拉帕米(异搏定)及阿司匹林等,均可降低地高辛经肾排泄率而导致中毒。在住院病人中,洋地黄中毒的发生率为 10%~20%。除了医源性原因外,误服及超量服用本类药物也是导致中毒的原因。

【中毒表现】

1.胃肠道反应

有食欲缺乏、恶心、呕吐、腹痛、腹泻、流涎等。尿少是洋地黄中毒早期症状。

2.神经及精神症状

有头痛、眩晕、耳鸣、乏力、失眠、嗜睡、定向力丧失、精神错乱、激动不安、记忆力差、抑郁、失语、感觉异常、抽搐及昏迷等。少数还有皮疹。

3.视觉异常

有视物模糊不清、绿视或黄视、色幻视、闪光盲点等。

4.心律失常

这是洋地黄中毒致死的主要原因。可出现各种类型的心律失常,如室性早搏,可呈二联律、三联律或多源性,室性心动过速及心室颤动;房室交界性逸搏性心律,非阵发性房室交界性心律伴有房室分离;阵发性房性心动过速伴房室传导阻滞。

测定血钾浓度有助于洋地黄中毒的诊断与治疗,如血钾浓度低,则可用静脉补钾。洋地黄中毒最重要的反应是各类心律失常。快速性心律失常又伴有传导阻滞是洋地黄中毒的特征性表现。洋地黄可引起心电图 ST-T 改变。根据心电监测,及时正确地处理各类心律失常是抢救成功的关键。

【急救】

1.立即停药

立即停用洋地黄类药物,暂停排钾利尿剂。

2.轻度中毒者

一度房室传导阻滞、窦性心动过缓、偶发室性早搏等,无须特殊处理,停药后多可消失。

3.心律失常的治疗

室性早搏呈二联律、三联律或多源性,以及快速房性、房室交界性和室性心律失常者,可做下述处理:

(1)氯化钾:6~8 克/日,分次口服或静脉滴注,并做心电图及血钾测定监护。高血钾、肾功能衰竭、高度房室传导阻滞者禁用。

(2)利多卡因:为室性快速型心律失常首选药。首次 50~100 毫克,稀释至 40 毫升,静脉注射,无效者可重复使用,1 小时总量不超过 300 毫克。以后用 800~1000 毫克,加于 10% 葡萄糖溶液 500 毫升内,以 1~4 毫克/分滴速,静脉滴注维持,24 小时总量 4~6 克。无效者试用澳苄胺、普鲁卡因酰胺。

(3)苯妥英钠:100~250 毫克,加注射用水 40 毫升稀释盾,5 分钟静脉注射完。可重复用药,2 小时总量不超过 500 毫克。转律后改为 0.1 克,口服,3~4 次/日。

(4)口服或静脉给药:对洋地黄中毒引起的各型室性心律失常均有效,可口服或静脉给药。窦房结病变,二三度房室传导阻滞及心动过缓禁用。

(5)硫酸镁:先静脉注射 2~3 克,继以 2% 溶液 500 毫升,静脉滴注,于 6 小时内滴完。

(6)心得安:对室上性快速心律失常有效,严重心力衰竭、二三度房室传导阻滞、肺源性心脏病、支气管哮喘禁用。口服 10 毫克,3 次/日。

(7)阿托品:用于窦性心动过缓、窦性停搏、房室传导阻滞、室率缓慢等。青光眼禁用。口服、皮下、静脉用药均可。

4.安装临时起搏器

适用于高度房室传导阻滞或伴有快速型心律失常者。

5.降低地寓辛血药浓度

如消胆胺,开始 8~12 克/日,渐减量至 3.3 克/日,分 3 次,口服。中毒症状消失后停用。亦可选用活性炭、卡尼诺酸钾等。

6.地高辛抗体 Fab 碎片

为特异性抗体,有较好效果,可静脉注射。

7.对症治疗

烦躁不安时,给予适量镇静剂。

利血平中毒

利血平又叫寿比安、血安平、蛇根碱,是从萝芙木中提取的生物碱。为肾上腺素能神经阻滞剂,阻止肾上腺素能神经递质在神经末梢内的储存,使囊泡内递质耗竭,降低血压,减慢心率,减弱心肌收缩力。对中枢神经系统还有镇静安定作用,降低体温,产生锥体外系症状。还可以治疗躁狂型精神病。中毒时可以出现深度抑制和呼吸麻痹。

【中毒表现】

可出现泌尿道烧灼感、焦虑、头痛、眩晕;感觉异常、惊厥、发热、眼肌麻痹、厌食和似心绞痛样发作等症状。

可并发消化道出血、溃疡、穿孔。

可表现倦怠无力、鼻塞、腹泻、颜面潮红、嗜睡、心跳缓慢、血压降低、神经反射减弱或消失、呼吸深而慢、发绀、意识丧失。严重中毒者,可以有震颤麻痹,最后可因呼吸麻痹而死亡。

【急救】

中毒处理常常需要连续1周以上,症状才有可能消失。一般毒性反应停药后即可消失。中、重度中毒者可以按如下方法治疗:

(1)洗胃,并用硫酸镁导泻。

(2)静卧保温,静脉滴注10%葡萄糖液,促进排泄。

(3)有心动过缓者,给予阿托品静脉注射。

(4)有呼吸不规则等呼吸衰竭者,可以用呼吸兴奋剂,必要时可以使用球囊或者呼吸机等,给予中毒者呼吸支持。

(5)若有严重的锥体外系症状反应,如震颤、抽搐等,可用苯海拉明20毫克肌内注射。

(6)血压下降时,输液应用升压药,有心衰时应用强心药物。

(7)有变态反应时,可以选用抗组胺药物或糖皮质激素。

心得安中毒

心得安又叫普萘洛尔、萘得安、萘氧丙醇胺、恩特来。为肾上腺 B 一受体阻滞剂,通过 β-受体的阻滞作用,使心室血压下降,心输出量减少,同时使心肌耗氧量减少,对肝、肾和外部的血管具有收缩作用。为亲脂性药物。用于治疗多种原因所致的心律失常,如房性早搏、室性早搏、窦性及室上性心动过速,心房颤动等。本品易从胃肠道吸收和到达体内各脏器,几乎全部经肝脏代谢,故肝硬化,特别是伴低蛋白血症者,药血浓度明显增高,易蓄积中毒。本品治疗血浓度为20~80微克/毫升,中毒血浓度为100微克/毫升,极量为每日640毫克(口服)、10毫克(静脉注射)。

【中毒表现】

1.中枢神经系统症状

大剂量中毒开始时,出现头痛、头晕、倦怠、无力、视物旋转、步态不稳、注意力不集中及幻觉等,随后出现嗜睡、昏迷。本品为脂溶性强的药物,易透过血脑屏障,中枢神经系统的中毒症状更为明显。与镇静剂同用或酗酒时,中毒症状加重。

2.呼吸系统症状

用本品后,可以发生支气管炎痉挛,特别是过敏患者,原有支气管喘息者,可加重喘息的发作。其他有咳嗽、呼吸困难和潮式呼吸,严重的中枢抑制,可以发生呼吸停止。

3.循环系统症状

β-受体阻滞剂导致心力衰竭的原因,一是大剂量误服,二是用药前,心脏已处于潜在的心力衰竭状态,加用β-受体阻滞剂后,使心功能恶化。老年人对此类药物敏感,大剂量口服可导致严重低血压。本品大剂量使用或静脉注射过快,可以出现充血性心力衰竭,心排血量急剧下降,血压骤降,心动过缓和房室传导阻滞,甚至休克。严重者可因心肌麻痹而死亡。

4.消化系统症状

食欲减退、恶心、呕吐、腹泻、腹胀、便秘、腹部痉挛性疼痛等。

5.血液系统症状

紫癜、嗜酸粒细胞增加等。

6.其他

皮肤可见红斑样皮疹、多形性红斑,眼有结膜炎、视物模糊、畏光等。肢端循环障碍可出现四肢湿冷、脉搏消失、间歇性跛行等,严重时出现肢端坏疽。本药可以阻断低血糖时机体的代偿性升血糖反应,并可掩盖心悸、震颤等低血糖的早期症状,因而有引起严重低血糖的危险。

【急救】

(1)立即停药,轻症者可自行恢复。误服中毒者应该立即洗胃,经胃管注入活性炭混悬液,并用硫酸镁、甘露醇导泻。必要时血液净化治疗。

(2)输液以葡萄糖为佳,促使药物排泄及纠正低血糖。

(3)心动过缓者,可以使用阿托品0.5~1.0毫克,静脉注射,或异丙肾上腺素1毫克,溶于5%葡萄糖液中,缓慢静脉滴注。

(4)低血压者可以静脉应用多巴胺,使血压达到并维持在正常范围。

(5)伴支气管痉挛者可静脉应用氨茶碱。

(6)惊厥者静脉注射地西泮。呼吸停止时,采用人工呼吸支持或使用呼吸机。

(7)对中毒严重者,可以用胰高血糖素5~10毫克,静脉注射,继以2~5毫克/小时,静脉滴注,直至生命体征稳定。

⑧对症治疗可氧疗,纠正酸中毒及电解质紊乱等。

氨酰心安中毒

氨酰心安又叫阿替洛尔、阿坦乐尔。具有心脏β升受体抑制的选择性对心肌无明显抑制作用。口服迅速吸收50%,2~4小时达到血液药物浓度高峰,蛋白结合率10%,基本无首剂通过效应,不经肝脏代谢,而由肾脏排出。中毒血浓度为2.1毫克/升。

【中毒表现】

中毒症状以心血管系统中毒表现为主,如体位性低血压或休克,窦性心动过缓,房室传导阻滞。严重中毒可脉搏细弱或无脉搏。

【急救】

基本上同心得安。

胰岛素中毒

别名普通胰岛素、正规胰岛素。胰岛素是胰岛细胞分泌的一种激素,具有降血糖作用,临床用于各型糖尿病,糖尿病酮症酸中毒,糖尿病性昏迷。与葡萄糖、氯化钾等合用,纠正细胞内缺钾,三者合用成为极化液,可以防止心肌梗死等心肌病变时的心律失常。大剂量用于精神分裂症休克疗法。大剂量使用可引起血糖过低,能量缺乏,影响神经系统,并可出现脑水肿。老年及脑垂体或肾上腺功能减退者,对低血糖特别敏感,易因胰岛素过多而发生严重反应。患胰腺腺瘤时,可发生胰岛素过多的症状。

【中毒表现】

(1)胰岛素中毒的临床症状主要为低血糖症状。当血糖降到 3.33~3.9 毫摩/升时,有饥饿感、疲乏、头晕、心悸、血压偏高、出汗、面色苍白、焦虑紧张、烦躁不安、脉搏增快、恶心、呕吐等症状。当血糖降至 2.78 毫摩/升以下时,可出现定向力障碍、精神恍惚、共济失调、躁动不安、恐惧、幻觉、狂躁、夸大、健忘,继而出现神经症状,如头痛、眼球震颤、四肢瘫痪、瞳孔扩大、复视、斜视及四肢抽搐、惊厥、反射亢进等,最后昏迷而危及生命。

(2)严重低血糖昏迷恢复后,可引起后遗症,如偏瘫、下肢麻痹、癫痫、痴呆等。

(3)过敏者常见注射部位肿胀、硬结,潮红和刺痒,多数可自行消失,少数可发生萎缩、坏死和钙化。静脉注射时,可见过敏性休克。

(4)本品皮下注射,可发生注射局部脂肪萎缩、脂肪肥厚,局部色素沉着。

(5)心血管并发症有心绞痛,冠状动脉血栓形成,心律失常(心动过速、过缓、过早搏动,心房颤动),矢状窦血栓形成。

【急救】

1.轻型低血糖

神志清楚者,饮 2 杯浓糖水或口服葡萄糖 10~20 克,并多食含高糖类的食品。

2.严重型低血糖

静脉注射 50%的葡萄糖液 40~60 毫升后,继续用 10%葡萄糖液静脉滴注,直至患者清醒,并给予糖类、高蛋白、高脂肪的混合性食物。脑水肿者,需用甘露醇脱水,如有必要可用高血糖素 0.5~1.0 毫克,深部皮下、肌内或静脉注射。

3.变态反应者

可用抗过敏药物,如苯海拉明、扑尔敏等。

磺脲类降糖药中毒

常见磺脲类降糖药有甲苯磺丁脲(甲糖宁),格列本脲(优降糖、达安疗),格列吡嗪(格列哒嗪、格列甲嗪、吡磺环己脲、美吡达),格列齐特(甲磺吡脲、达美康),格列波脲(甲磺冰脲、克糖利、克尿糖),格列喹酮(喹磺环己脲、糖适平、糖肾平)等。此类药物主要作用是刺激胰岛素分泌,通过不同途径促进 β 细胞释放胰岛素而降低血糖,同时还可抑制胰岛素。细胞分泌高血糖素,使血糖不升高。对胰腺功能尚未完全丧失的,糖尿病患者有效,而对完全切除胰腺的糖尿病患者,或重型、幼年型完全丧失胰腺功能的糖尿病患者无效。适用于稳定性的轻、中度成年糖尿病患者。长期大量服用或一次误服过多,都可引起中毒。肝、肾功能不良者更易引起中毒,导致血糖过低,引起一系列的中毒症状。

【中毒表现】

临床主要为低血糖症状,轻者有饥饿感、疲乏无力、头晕、心悸、出汗、面色苍白、焦虑紧张、烦躁不安、脉搏增快、恶心、呕吐等。低血糖如不纠正,严重者出现定向力障碍、精神恍惚、共济失调、躁动不安、恐惧、幻觉、狂躁、夸大、健忘,继而出现神经症状,如头痛、复视、斜视及四肢抽搐、惊厥、反射亢进,最后昏迷而危及生命。

【急救】

1.消除毒物

长期大剂量用药中毒者,应立即停止用药;一次性服用大剂量者,应立即催吐、洗胃和导泻;昏迷者,禁止催吐。洗胃后给予硫酸镁 40 克,灌注导泻。

2.治疗低血糖

对轻症低血糖者,给予进食含糖食物,直至症状消失。重症者,立即静脉注射 50%葡萄糖溶液 60~80 毫升,再给予 5%~10%的葡萄糖溶液静脉滴注。严重者,给予高血糖素或肾上腺素。

3.对症治疗

烦躁不安者,给予镇静剂,如安定 5~10 毫克,口服或肌内注射。维持水、电解质及酸碱平衡。

双胍类降糖药中毒

双胍类降糖药有二甲双胍(降糖片、天安二甲双胍、美迪康、迪化糖锭、格华止)和苯乙双胍(降糖灵、丁双胍)等。药物的降血糖作用主要是增加胰岛素在末梢组织的作用,促进组织对糖的摄取及利用,使肌肉内葡萄糖的无氧糖酵解增加(不增加有氧氧化),抑制糖异生,抑制肠黏膜对葡萄糖的主动转运,减少葡萄糖经消化道的吸收,减少葡萄糖的来源,增加胰岛素与其受体的结合能力,抑制高血糖素的释放,使血糖降低。主要用于 2 型糖尿病,包括单用饮食疗法不能控制者,尤其适用于肥胖患者。此类药物中毒多因误服剂量过大或长期应用大剂量引起。超剂量应用,可导致组织缺氧,血糖降低,发生乳酸性酸中毒,出现酮尿等症状。

【中毒表现】

1.消化系统症状

口中无味或金属味、苦味感,食欲缺乏、恶心、呕吐、腹泻、便秘、腹胀。严重的腹泻、呕吐,可导致脱水和肾前性氮质血症。

2.乳酸血症症状

严重中毒可引起重度的乳酸血症,早期症状有恶心、呕吐、腹泻,血中乳酸值继续升高、乳酸与丙酮酸比值升高、血液 pH 值降低。除上述症状外,并出现倦怠感、肌肉痛、过度呼吸等症状,提示预后不良。

3.其他

剂量过大可出现低血糖症状、酮尿,甚至昏迷。

【急救】

1.排除毒物

误服剂量大者,立即催吐、洗胃和导泻,以排除毒物。应用利尿剂促进已吸收的毒物排出。

2.纠正酸中毒

轻症酸中毒可不用处理,如严重酸中毒,可静脉滴注 10%葡萄糖及 5%碳酸氢钠注射液。勿用乳酸钠。

3.纠正低血糖

如因低血糖出现惊厥或昏迷,应静脉注射50%葡萄糖40~100毫升。根据病情及症状,可酌情应用5%葡萄糖盐水静脉滴注,以维持水、电解质平衡及热能。

避孕药中毒

避孕药主要是指女性避孕药,大多由孕激素和雌激素配伍而成。主要成分有诀诺酮、甲地孕酮、甲炔孕酮,氯地孕酮等,多对胃肠道黏膜有一定的刺激作用,部分种类有一定的肝毒性。本品中毒多由于误服过量引起,小儿常当糖果大量误服,严重者可中毒死亡。

【中毒表现】

(1)服用本品一般剂量,少数出现恶心、食欲缺乏、头晕、乏力、嗜睡,偶有呕吐、乳房胀、皮疹、皮肤色素斑及性欲或精神改变等症状,或不规则的阴道流血。

(2)一次误服大剂量时,可有皮肤潮红、灼热、体温增高、呼吸及心率加速、血压升高、瞳孔散大、光反应迟钝、烦躁不安、谵妄、唇及口周发绀。严重者可并发中毒性心肌炎、中毒性肺炎、酸中毒、喉头水肿、脑水肿等症状,甚至昏迷,直至死亡。

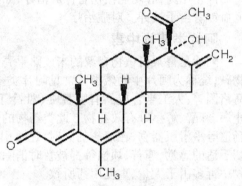

孕酮分子式

【急救】

1.清除毒物

出现中毒症状后立即催吐,并用1∶5000高锰酸钾液彻底洗胃,洗胃后灌以20%甘草水解毒。有昏迷者,禁止催吐,以防吸入性肺炎。洗胃完毕后,应用硫酸镁35克,导泻。

2.对症及支持疗法

(1)补液:给予10%葡萄糖液静脉滴注,以促进毒物的排出,并纠正水和电解质紊乱和酸碱失衡。

(2)症状较重者:应用细胞色素C,并用雄激素,如丙酸睾酮以对抗雌激素作用,必要时可应用大剂量氢化可的松,静脉滴注,以降低全身毛细血管的通透性,减轻各脏器水肿。

(3)有脑水肿先兆者:应用高渗性葡萄糖及甘露醇等脱水疗法。

(4)喉水肿者:应保持呼吸道通畅,必要时应及时气管切开。

(5)心力衰竭者:应用强心药物毒毛旋花子苷K或西地兰。肺水肿时,应及时吸氧并应用利尿剂及氨茶碱药物等。

(6)防止感染:应用对肾脏毒性小的药物防治感染。

(7)控制出血:在服药期间,如因激素调节不平衡而发生突破性出血,可适当增加炔雌醇的用量,一般每日加服0.005—0.01毫克,即可控制出血。

棉田中毒

本品是棉花根、茎和种子中所含的一种黄色酚类物质,作用于睾丸细精管的生精上皮,可使精子数量减少,直至无精子。停药后可逐渐恢复。临床主要用于男性节育。本品中毒主要为口服量过大所致。

【中毒表现】

本品中毒主要表现为乏力、食欲减退、恶心、呕吐、心悸及肝功能改变。长期应用可发生低血钾的肌无力症状。

【急救】

停止用药,肝功能损伤者保肝治疗,如应用肝泰乐、联苯双酯、肌酐、护肝片等。低血钾者给予补钾。对症治疗。

阿片类药物中毒

阿片是罂粟科植物罂粟的未成熟果壳渗出浆汁的干燥物,含有 25 种以上的生物碱,统称为阿片生物碱类。常见阿片类药物制剂有阿片、吗啡、可待因、罂粟碱、海洛因等,人工半合成品有哌替啶(杜冷丁)、美沙酮等。此类药物为镇痛、止咳、止泻、麻醉、解痉等有效药物。此类药物的主要作用是抑制中枢神经系统和兴奋胃肠道等平滑肌器官,在镇痛的同时,还可引起欣快感,患者感到精神愉快、舒适,一切不适的感觉、痛苦、烦恼等都被暂时消除,诱使患者重复用药,导致成瘾。此类药物中毒多由于大量、重复用药所致。

【中毒表现】

初有兴奋不安、面色潮红、谵妄、呼气有阿片味,有欣快感。轻者意识朦胧、恶心、呕吐、乏力、眩晕。重者口渴、皮肤苍白、脉缓、呼吸浅慢、瞳孔缩小、感觉减退、血压下降。晚期昏迷加深、排尿困难、反射消失、肌肉松弛、发绀。继而体温和血压下降,休克或呼吸麻痹,多在 12 小时内死于呼吸衰竭。还可继发肺部感染。

慢性中毒(成瘾)者,表现为食欲缺乏、便秘、消瘦、衰老及性功能减退。戒绝药物时有精神萎靡、哈欠、流泪、冷汗、失眠,以致虚脱等表现。

胃液和尿液中阿片定性试验阳性有助于诊断。

【急救】

1.清除毒物

口服者,用 1∶2000 高锰酸钾溶液彻底洗胃,并给予硫酸钠导泻。注射中毒者,迅速用止血带扎紧注射部位上方,每 15～30 分钟放松 1 分钟,局部冷敷。禁用盐酸阿扑吗啡催吐。

2.一般处理

注意保暖,防止吸入性肺炎。尿潴留者可行导尿术。

3.保持呼吸道通畅

呼吸困难时给吸氧及呼吸兴奋剂,如尼可刹米、洛贝林、回苏灵等联合或交替应用,必要时气管插管或气管切开行机械通气。

4.吗啡拮抗剂

纳洛酮。0.4～0.8 毫克,肌内注射或静脉注射。必要时 15～30 分钟后可重复给药。

纳洛芬(丙烯吗啡)。5～10 毫克,肌内注射或静脉注射,必要时每 10～15 分钟重复 1 次,直到呼吸增加为止,总量不超过 40 毫克。

5.对症治疗

静脉补液促进毒物排泄,防止水、电解质紊乱及酸碱失衡。有脑水肿及肺水肿者,给予相应处理。高温者可物理降温。

安非拉酮中毒

安非拉酮又叫二乙胺苯酮,为非苯丙胺类食欲抑制剂,用于各种程度的单纯性肥胖症。此药可成瘾及有精神病表现。过量时可产生依赖心理。中毒多因服药时间持续较长或剂量过大所致。

【中毒表现】

过量摄入,主要表现为口干、乏力、头晕、嗜睡、轻度腹痛、腹泻、神经过敏、心动过速、夜尿增多。中毒时出现精神紊乱,面红,多汗,肌颤,血压升高,心律失常,惊厥,昏迷,糖代谢紊乱。偶见精神抑郁。剂量过大出现肌张力增加、反射亢进、颈项强直、抽搐、惊厥、昏迷、高热或心律失常;与氟烷合用时可产生严重心律失常,甚至死亡。

实验室检查白细胞升高,低血钾,高或低血糖等。血药浓度测定,有助于证明毒物。

【急救】

1.清除毒物

出现中毒症状后立即停止用药,当口服发生急性中毒时,应立即催吐,继之用活性炭混悬液或 1∶5000 高锰酸钾溶液洗胃,应用硫酸钠导泻。昏迷者严禁催吐。

2.对症及支持治疗

保持环境安静,避免声、光刺激。大量饮水或输液以促进排泄,维持水、电解质和酸碱平衡。抽搐、惊厥者,可用镇静安神剂,如冬眠灵、苯巴比妥类及安定等。积极控制高血压和治疗心律失常,可用酚妥拉明、利多卡因等。

铁中毒

铁中毒并不少见,大多是由于误食过量硫酸亚铁所致。铁中毒会引起多方面的不良影响,包括胃肠道、肝、心脏等方面。幼婴可因内服硫酸亚铁 40 毫克至 1.5 克发生严重中毒,甚至死亡;较大儿童有因误服 10~15 粒糖衣亚铁丸(每丸 0.3 克)中毒致死;也有因食铁锅里煮的酸性水果而引起铁中毒;注射铁制剂过量可以发生严重中毒。

【中毒表现】

潜伏期短者数十分钟,长者几小时,一般多在食后 1~2 小时后发病。症状表现为恶心、呕吐、舌头和牙齿呈紫黑色,有些还伴有头晕、无力、脉快等症状,2 日后可见排出黑色大便。

【急救】

对误服大量铁剂的病儿给服大量生蛋清、牛奶等,促使形成铁蛋白复合物,并用吐根糖浆等催吐,继以 2%~5% 碳酸氢钠溶液洗胃,洗毕留置部分于胃中,使铁盐转变成不溶解的碳酸亚铁,并可口服盐类泻药导泻。若误服时间超过 30 分钟,则不宜催吐,防止被铁剂腐蚀的胃黏膜发生穿孔。胃有出血时,应停止洗胃或每次用少量液体反复灌洗。洗胃后仍有大量铁剂存在胃内,则应考虑做胃切开术以移去铁丸。

如果怀疑孩子有过量的铁服用或接触史,应及时送医院检查及诊治。

锌中毒

锌中毒主要由于应用镀锌的器皿制备或储存酸性饮料,此时酸性溶液可分解出较多的锌以致中毒。空气、水源、食品被锌污染,可造成锌过量进入人体。误服药用的氧化锌(常用为收敛剂)或硫酸锌(常用于治疗结膜炎)或大面积创面吸收氧化锌(常为轻度收敛或防腐的扑粉)等也可引起锌中毒。

【中毒表现】

(1)若大量口服、外用锌制剂或长期使用锌剂治疗,都可以引起锌中毒,临床表现为腹痛、呕吐、腹泻、消化道出血、厌食、倦怠、昏睡等。

(2)意外口服氧化锌溶液,其腐蚀性强,出现急性腹痛、流涎、唇肿胀、喉头水肿、呕吐、便血、脉搏增快、血压下降。严重者由于胃肠穿孔引起腹膜炎,甚至休克而死亡。

(3)吸入氧化锌烟雾,引起金属烟尘热,多见于铸造厂工人。患者工作后口中有甜味、口渴、咽痒、食欲不振、疲乏无力、胸部发紧、有时干咳。工作后 3~6 小时发病,先发冷后寒战,继后高热,同时伴有头痛、耳鸣、乏力、四肢酸痛。有时恶心、呕吐、腹痛,脉搏、呼吸增快,肺部可听到干性啰音。发作时血糖暂时上升,白细胞增多,淋巴细胞增多;尿中有卟啉、尿胆素。体温下降时可出现大汗,症状逐渐消退,2~3 日后才好转。经排锌治疗 2 周后可痊愈。

(4)慢性锌中毒临床表现为顽固性贫血,食欲下降,合并有血清脂肪酸及淀粉酶增高。长期过量摄取含锌食物会影响铜代谢,造成低铜,锌、铜比值过高,可影响胆固醇代谢,形成高胆固醇血症,并使高密度脂蛋白降低 20%~25%,最终导致动脉粥样硬化、高血压、冠心病等。

【急救】

中毒患者可服浓茶、牛奶、生鸡蛋以保护胃肠黏膜。

迅速送往医院,并对症治疗。

碘酒中毒

碘酒又称碘酊,是许多家庭常用的外用消毒药,主要用于皮肤消毒。碘酒中毒主要是误把碘酒当成止咳糖浆喝下,或是小儿好奇,学大人服药而误将碘酒服下造成的。

【中毒表现】

碘酒中除了酒精之外,还含有碘、碘化钾等,这些成分对黏膜有强烈的腐蚀性。当误服碘酒后,其口腔、咽喉部、食管有剧烈的烧灼疼痛;口腔黏膜呈棕色,有金属碘味;大量流口水,恶心、呕吐、腹痛、腹泻。如胃内有淀粉类食物,则呕吐物呈典型的蓝墨水样物。中毒严重者,因碘对肾脏的损害,会引起蛋白尿,甚至尿阻,还会出现四肢震颤、惊厥、昏迷。

【急救】

1.立即洗胃并催吐

口服碘酒中毒后,应立即给病人喝下大量米汤等黏滑性食物,然后用手指等刺激其咽后壁以催吐,开始吐出蓝墨水样物,经反复洗胃、催吐后,吐出物颜色逐渐变浅，直到吐出物与喝下的流质颜色一致为止。

2.保护胃肠黏膜

洗胃、催吐后，仍给病人喝稠米汤、烂米粥、蛋清、牛奶、面粉、藕粉糊等黏滑性食物，以尽量减少胃肠黏膜的进一步损伤。

3.静脉输液

病情不严重且有条件时，可多次口服硫代硫酸钠 5 克（1 次用量）；病情严重时，可将 10%硫代硫酸钠 10 毫升用 5%的葡萄糖溶液稀释成 3%的溶液 500 毫升静脉注入，每 3~4 小时给药 1 次，直到症状好转。

碘酒外观与止咳糖浆相似，小孩容易误服。

马钱子中毒

马钱子又名番木鳖、乌鸦眼、苦实、马前、大方八、牛银，为马钱植物马钱或云南马钱的干燥成熟种子。中医在治疗周期性麻痹、麻木瘫痪、跌打损伤、痈疽肿痛、小儿麻痹后遗症、类风湿关节痛等疾病时，往往配伍使用马钱子。马钱子所含生物碱主要为番木鳖碱（士的宁），占总碱的 35%~50%，其次为马钱子碱（布鲁生），此外还含少量的脂肪油、蛋白质、绿原酸、番木鳖甙等。中毒常发生在超量应用时。

【中毒表现】

中毒后主要作用于中枢神经系统，中毒早期可有头痛，头晕，舌麻，吞咽困难，恶心，呕吐，全身肌肉轻微抽搐，精神轻度失常（好奇、醉酒感、恐惧等）。轻、中度中毒者面潮红、多汗、瞳孔扩大、呼吸加速、血压升高，并出现膝关节僵硬、站立行走不能、腱反射亢进，双下肢肌肉呈发作性伸位痉挛。中毒严重时，可见全身肌肉强直性痉挛，可突然倒地呈惊厥发作，亦可在上述症状之后进展至全身性发作。出现角弓反张、牙关紧闭，面肌痉挛而呈苦笑状，双目凝视。有的老年中毒者因骨骼脱钙，由于全身抽搐而致骨折。发作呈间歇性，每 10~15 分钟 1 次。受外界声、光、风等刺激，立即再度引起强直性痉挛。发作间歇期感肌肉极度疼痛。渐至呼吸肌痉挛，惊厥发作时呼吸停止、发绀，中枢神经系统及全身组织缺氧，产生严重乳酸性酸中毒。亦可引起高热、骨骼肌溶解及急性肾功能衰竭，主要死因是强直性惊厥发作所致呼吸停止和窒息，神志始终清楚。

反复惊厥发作者，血碱性磷酸酶升高，尿肌红蛋白阳性，可出现代谢性或混合性酸中毒。急性肾功能衰竭者，尿素氮、肌酐升高。

【急救】

1.加速毒物排除

洗胃、导泻应在惊厥控制时进行。注意保护气道，防止误吸和窒息。禁止催吐。活性炭 50~80 克，在洗胃后灌入。

2.静脉输液

反复强直性痉挛发作者，应保持气道通畅，积极供氧，可行气管插管。控制惊厥发作可用地西泮 10~20 毫克，缓慢静脉注射，必要时可于 10 分钟后重复 1 次；或用苯巴比妥钠 6~8 毫克/千克体重，肌内注射；或苯妥英钠 10~15 毫克/千克体重，静脉注射。肌松剂泮库溴铵 4 毫克，静脉注射，此药应在气管插管及人工通气基础上，用于上述措施无效的重症者。

3.对症、支持治疗

保持环境安静；避免因声、光刺激诱发惊厥；防止摔伤。维持水、电解质平衡，保持足够的尿量,预防急性肾功能衰竭,纠正酸中毒。高热者,用冰袋、冰毯降温。并发骨骼肌溶解者,应静脉输晶体液,适当应用利尿剂以保持充足尿量,并碱化尿液,以防肌红蛋白在肾脏沉积。保护肾脏功能。

阿司匹林中毒

阿司匹林又名乙酰水杨酸,是目前最常用的解热镇痛药。有较强的解热镇痛作用和良好的抗风湿作用。常用于感冒发热、头痛、肌肉痛、神经痛、关节痛等。副作用主要为胃肠道反应、过敏反应及水杨酸反应(涉及中枢神经系统、呼吸、循环、胃肠、血液、内分泌、代谢及酶等系统)。误服大剂量阿司匹林会中毒。

【中毒表现】

主要以中枢神经系统和代谢变化为主,表现恶心、呕吐、头痛、头晕、听觉障碍、大量出汗、面色潮红、口渴、皮肤苍白、发绀、呼吸加速和变深。尚可发生水、电解质失衡和酸中毒。有时可发生低血糖或暂时性血糖升高和糖尿。甚至可发生烦躁不安,精神错乱,抽搐、昏迷、休克和呼吸衰竭。

【急救】

(1)有轻微不适即停止服药。

(2)温水洗胃后给 20% 药用炭混悬液 50~100 毫升,必要时可酌给硫酸镁导泻。

(3)有休克、心力衰竭及肺水肿时应迅速送医治疗。

山豆根中毒

山豆根又名广豆根、山大豆根、黄结、苦豆根。为豆科植物越南槐的干燥根及根茎。入药部分为根或根茎,用于治疗喉痛,喉风,喉痹,牙龈肿痛,热咳喘,痢疾,痔疮,热肿,秃疮,疥癣,蛇、虫、犬咬伤等。山豆根主要成分为苦参碱、氧化苦参碱、臭豆碱,以及各类黄酮成分。其所含生物碱有高毒,对胃肠道有较强的刺激作用,苦参碱可引起大脑中枢麻痹,并可使横膈膜与呼吸肌运动神经末梢麻痹而死亡。临床用山豆根煎服,用量少至 5 克时,即有出现中毒症状者,超过 10 克时,大多数人有中毒症状,口服 60 克可致中毒死亡。

【中毒表现】

1.潜伏期

有超量服用山豆根或其复方的病史。多数在服后 15 分钟~4 小时发病。

2.中毒症状

初起为头昏、头痛、眼花、瞳孔散大、倦怠、食欲缺乏、恶心、呕吐、腹痛等。少数中毒者可有呕血、便血。继之可见心悸、胸闷、四肢无力、谵语、大汗淋漓。重度中毒者面色苍白、呼吸急促、肌肉颤动、口唇发绀、抽搐、心跳加快或减慢、全身发冷、血压下降、休克,甚至昏迷、呼吸衰竭而死亡。

【急救】

1.迅速清除毒物

可用 1:5000 高锰酸钾溶液或温生理盐水洗胃。药用炭 30 克,加入 250 毫升温水中灌入。50%硫酸钠 40~60 毫升,口服,或加入 200 毫升温开水中做高位灌肠导泻。

2.促使体内毒物排泄

可给予输液，利尿。用5%葡萄糖盐液1500毫升，维生素C2~5克，静脉滴注，可加入地塞米松10~20毫克。维持水、电解质和酸碱平衡等。

3.输掖

轻度中毒者，给予山莨菪碱10毫克/次，肌内注射；或阿托品0.5毫克，肌内注射。重度中毒者，用葡萄糖盐水，加维生素C2.0克和山莨菪碱10毫克，静脉滴注。

4.对症支持治疗

剧烈呕吐失水者，给予10%氯化钾20毫升，5%碳酸氢钠100毫升，加入补液中，静脉滴注，呼吸困难者给予氧气吸入，并予呼吸兴奋剂洛贝林3毫克/次、尼可刹米0.375克/次，皮下注射，两药交替使用；昏迷时给予促苏醒药，如氯酯醒0.25克/次，肌内注射，每2小时1次；抽搐者给予地西泮10毫克，肌内注射。

胆矾中毒

胆矾的主要成分为硫酸铜，通常为带5分子结晶水的蓝色结晶，在某些铜矿中天然生产者为蓝矾。胆矾入丸、散内服，成人用量为0.3~0.6克，过量服用会中毒，可引起血管损害，肝、肾损伤及阻抑中枢神经系统。

【中毒表现】

潜伏期为15分钟至1小时，开始出现恶心、呕吐、流涎、头痛、头晕，口中有金属味，舌苔、牙齿、牙龈均可染为蓝色，全身乏力，剧烈的腹痛和腹泻，呕吐物和排泄物也呈蓝色，后期因胃肠道的糜烂出现呕血和黑粪，反复大量呕吐，常因失水过多而引起虚脱，脉搏细弱，甚至脱水，口腔、食道、胃肠道均有不同程度的损害，硫酸铜的腐蚀作用较其他铜盐更为强烈。中毒时间延长时可有肝肾损伤，出现黄疸、血尿，偶有溶血性贫血。严重者体温升高、心动过速、血压下降、昏迷、痉挛、血管麻痹、谵妄、抽搐等而危及生命，常于中毒后5~7天死于循环衰竭。

【急救】

铜盐溅入眼内立即用清水冲洗。皮肤损伤用清水洗涤后，也可涂以醋酸肤轻松霜。

口服者立即予温开水反复洗胃后，用50%硫酸镁50毫升经口或胃管给药导泻。

口服蛋清7个、浓温米汁汤或稀藕粉300毫升，以保护胃黏膜。

速送医院进行救治。

砒霜中毒

砒霜又叫信石、红矾，化学名字叫三氧化二砷。易溶于水，没有特殊气味，容易误食中毒。砒霜中毒常会发生在投毒、自尽等情况。砒霜的毒性很强，素有"毒物之王"之称，进入人体后，砷化物能破坏某些细胞呼吸酶，使组织细胞不能获得氧气而死亡；能强烈刺激胃肠黏膜，使之溃烂、出血；还可破坏血管，发生出血；破坏肝脏，严重的会因呼吸和循环衰竭而死。成人中毒量为10~50毫克，致死量为60~200毫克，敏感者服1毫克即可中毒。

【中毒表现】

1.潜伏期

数分钟至数小时。

2.中毒症状

口服砒霜中毒后,以急性胃肠炎为特征。发病后,先是咽干、口腔、喉头有金属味和烧灼感,上腹部不适、恶心、呕吐。先吐出食物,随后为黄绿色苦水和黏液,或伴有血丝及咖啡样物。不久即发生腹痛、腹泻,排水样黏液性或米汤样大便,伴有里急后重、口渴、抽搐等,甚至出现脱水、休克、心—脑综合征。严重者终因中毒性肝病、急性肾功能衰竭、循环衰竭而死亡。

工业中很少见到急性中毒,若从呼吸道吸入大量三氧化二砷粉尘后,以咳嗽、胸痛、呼吸困难、头痛、头晕为主要症状,重者可发生昏迷、发绀,胃肠道症状较少或较晚才出现。

【急救】

1.尽快排出毒物

立即予以洗胃,即使服毒已超过 4 小时,也应洗胃。对神志清醒者,可先给予催吐。洗胃可用温开水、生理盐水或 1∶2000～5000 的高锰酸钾液,或 1% 碳酸氢钠液,每次 200～300 毫升。催吐、洗胃应反复多次进行。洗胃后可用蜂蜜水或硫酸镁 20～30 毫升,导泻。

2.吸附毒物

洗胃后可给予 0.5% 活性炭混悬液 200～300 毫升(或用烧焦的馒头末溶液),以吸附胃内残余的砷化剂。也可大量饮用牛奶(3～5 瓶)、蛋清(4～5 个),以保护胃黏膜。

3.特效解毒剂的应用

可选择应用二巯基丙醇或二巯基丙磺酸钠等。参见朱砂中毒急救。

4.对症处理

注意纠正水和电解质紊乱,防治休克及急性肾功能衰竭,对肌肉痛性痉挛,可给予 10% 葡萄糖酸钙溶液 10 毫升,静脉注射。

5.民间解砒霜中毒方

(1)经霜过的胡萝卜缨 1000 克,煎汤饮。

(2)绿豆 150 克,捣碎、鸡蛋清 5 个,调后服下。

(3)甘草、绿豆粉各 50～100 克,水煎,洗胃后饮服。

(4)硫磺 12 克,绿豆粉 15 克,共研为细末,冷水调后,缓缓服之。

曼陀罗中毒

曼陀罗,中药名洋金花、闹洋花或风茄。多因豆类混入了曼陀罗种子,而制作豆制品时没有认真清理杂物而引起中毒,亦有粮食中混入而引起中毒的。毒性物质是莨菪碱。

【中毒表现】

头痛、恶心、腹痛、吐泻、中枢神经先兴奋后抑制、瞳孔散大、心跳加快、皮肤血管扩张、血压先升后降等,死亡多因中枢性呼吸抑制所造成。

【急救】

催吐,然后用 4% 鞣酸洗胃,内服硫酸镁导泻,可用温水浴让病儿发汗,增加药物从汗液中排出。

应速将病人送医院,除洗胃、输液外可用新斯的明等药物治疗。

痱子粉中毒

儿童用痱子粉中主要含薄荷脑(牙膏和某些糖果中也含有此成分),食入大量的薄荷脑或吸入大量的薄荷脑气体后,均可中毒。主要为消化系统和中枢神经系统的作用;局部刺激,亦有过敏反应发生。

【中毒表现】

误服后出现恶心,呕吐,腹痛,眩晕,手足麻木,昏睡,呼吸减慢,面部潮红。小儿摄入大剂量后可发生昏迷。婴儿大量接触含高浓度薄荷的物品后,可出现青紫及窒息,分泌大量黏液,严重者可致呼吸及心跳停止。过敏者局部皮肤有过敏性炎症表现。痱子粉要正确使用,在不用时要妥善保管,存放在小儿不易接触到的地方,以免误食。

【急救】

(1)误服者应立即口服催吐药物或手法催吐。

(2)过敏者立即停止使用该物品,可用扑尔敏等药物对症治疗。

(3)出现中毒症状者要及时到医院治疗。

烫发剂中毒

现在人们追求流行时尚,经常去理发店烫发,但是频繁地接触烫发剂会有中毒的隐患。烫发剂主要成分为巯基醋酸盐、胺类化合物、烷基聚氧乙烯醚,此外还有一些其他添加剂(如香精等),这些物质对皮肤黏膜有刺激性,进入人体内可能造成神经系统、消化系统功能紊乱。

【中毒表现】

局部皮肤接触后可引起刺激性反应及过敏性皮炎,表现水肿、皮疹、皮肤灼感及瘙痒感。误食后可引起消化道刺激症状,表现为恶心、呕吐、腹泻和腹痛。吸收后可导致低血糖、中枢神经系统抑制、惊厥、呼吸困难等。

【急救】

皮肤接触者可用大量清水冲洗。

口服者要及时服催吐剂或采用手法催吐。

出现中毒症状者到医院就诊。

樟脑丸中毒

樟脑丸仅含少量樟脑和对二苯,主要含有一种叫萘的物质。萘有很大的毒性,不仅有很强的消毒杀虫作用,对人体也同样有毒。

【中毒表现】

误食樟脑丸急性中毒者,可出现恶心、嗳气、流涎、呕吐、腹痛、腹泻、里急后重、尿道烧灼感、膀胱剧痛、尿意频数、头痛、不安、畏寒、发热、步态蹒跚、定向力障碍、肌肉抽搐、兴奋性精神症状、意识模糊、惊厥、昏迷、呼吸障碍、脉搏细弱、呼吸衰竭等。

【急救】

应立即催吐、洗胃。用手指或筷子等刺激患者咽后壁或内服炒盐浓溶液催吐,然后用微温开水、5%活性炭混悬液(或2%小苏打1∶2000高锰酸钾溶液)洗胃,反复多次。

催吐、洗胃后,饮用浓米汤、生鸡蛋清(100毫升)等,以保护胃黏膜。

用蜂蜜水,以番泻叶代茶饮,以导泻和利尿。

第三节　创伤急救

创伤是由于各种致伤的外力施于人体,造成的人体组织损伤和功能障碍,创伤轻者造成体表损伤,引起疼痛和出血;重者损伤心、肺、脑、肝等重要器官而危及生命。现代创伤以严重创伤、多发伤和群体伤为特点,所以,创伤的现场急救要求快捷、正确、有效。只有正确有效地现场医疗救援才能挽救伤病员的生命,减轻伤病员的痛苦并防止损伤的进一步加重。

一、外伤急救

身体或由于外界物体的打击、碰撞或化学物质的侵蚀等造成的外部损伤称为外伤,外伤会造成伤患者不同程度的痛苦,需要及时救治。

一、头部外伤

头部外伤多是由锐器或钝器伤害所致,裂口大小各异,深度宽度不一,创伤边缘整齐或不整齐,有时也会伴有皮肤挫伤或损害。由于人的头部血管丰富,血管受伤后不易自行恢复或愈合,所以即使伤口很小也会导致出血较严重,情况严重者也有可能因此发生休克。

【病因】

头部外伤的病因复杂多样,现简单介绍如下几种常见情况:

(1)运动着的外物对头部产生冲撞或打击。由于致伤的外物速度与大小、轻重不同,导致造成损伤的程度不同。如果致伤外物体积较大但运动速度缓慢时,通常会造成头皮的挫伤和淤血肿大,如体积较大并且运动速度很快时,一般会造成头皮部位的挫裂伤;若体积较小而速度很快,一般会导致头皮小裂伤症状,并且有可能会伴有穿透性的颅脑损伤。

(2)锋利尖锐的外物切割或戳插于头皮。往往会造成边缘相对齐整的头皮裂伤,并经常会伴有开放性的颅脑外伤。

(3)由于强大的外力呈切线方向摩擦或牵扯作用于头部。这种情况通常会造成头皮部位擦伤或挫伤,情况严重者可引起头皮部位的撕伤或脱伤。牵扯通常是头皮受到强大的牵扯力作用引起,如长发卷入转动的机器中,通常会造成大片的头皮或全部头皮的严重性撕伤或脱伤。

(4)受到相对方向的大力挤压同时作用于头部所致。常见的情况有楼板或重物的挤压伤。除会造成受力部位的头皮挫裂伤及淤血肿大外,也经常会导致颅骨的骨折或脑外伤。

【急救方法】

(1)因为头皮血管丰富,致密组织非常多,受伤时出血较多并且持续时间长,所以,在对头皮裂伤进行急救时可以采取对伤口直接加压包扎的方式暂时止血。并尽早清理伤口,清除伤口内的异物。

（2）对有头皮撕脱的情况，应该将撕脱的头皮与伤者一起送往医院，然后利用患者自行皮下松解术或者转移皮瓣等相关的医学方法进行修复。对已经受伤2~3日以上的旧伤口，也应该先清理伤口，部分手术缝合，并加以引流。

（3）如果遇到有尖锐的异物插入头部的情况时，千万不能当场拔出异物，防止伤口大量出血无法止住或者产生二次创伤。应该采取的措施是先用厚敷料在伤口外插物的周围加以固定，然后再进行包扎救治。

（4）如果遇到昏迷不醒的脑外伤者，应当轻轻拍打伤者的肩膀并呼唤伤者，以明确判断其神志，千万不能频繁摇晃伤者的头部以期叫醒伤者；让伤者采取平卧姿势，帮其清理口腔中的异物，以保持气道顺畅。

（5）如果遇到开放性颅脑外伤并伴有脑组织向外膨出的伤者，切忌在现场还纳外溢的脑组织。应当先用消毒无菌或清洁的敷轻轻覆压在外溢的组织上，然后再用清洁的布带做个大小适宜的圈，将外溢的脑组织上的敷科从中央轻轻提起后罩上，再进行包扎固定。

（6）遇到严重的头部外伤者，一旦发生心跳缓慢，呼吸骤停的情况，应当立即进行胸外心脏按摩术和人工呼吸来进行抢救。同时立即呼叫急救中心赶至现场进行急救，将伤者及时送至医院来进行下一步的治疗。

【注意事项】

头部外伤后，伤员可能会出现暂时性的或者部分意识丧失，在这种情况下，常常会伴有面色惨白、皮肤潮湿冰冷，呼吸浅缓细弱，脉搏跳动较快等症状。当意识恢复后，伤员可能全忘却或者根本想不起发生过的意外，只是感觉头痛欲裂、恶心反胃、呕吐等不适症状；如果伤者的意识一直不能自行恢复，这种情况下就应考虑可能是脑部受伤或者受压造成。

急救处理时主要注意以下几点：

（1）了解伤情。发现受伤者，应当尽快检查其头部有没有明显的外伤，是否处于危险状态最重要的是不要随便移动伤者，并严格按照以下程序迅速抢救：

①采取昏睡体位：让伤者侧卧，头部向后仰，要保证其呼吸道的畅通。

②若伤者呼吸停止，则应立即进行人工呼吸。若伤者脉搏消失，则立即用心脏按压复苏术进行救治。

③若伤者头皮出血时，需用干净的纱布等软物直接压迫在伤口上来进行止血。

（2）保持伤者的呼吸道通畅。头部外伤急救的重点是要解除急性呼吸道的梗阻；要防止昏迷者的舌根后坠，在这种情况下，可以将一手放在伤员的颈后，另一手放在额前，使伤者的头部后倾，这样做能使伤者的头颈部伸长，同时打开呼吸道，然后再用颈后的那只手将伤者的下颌向上推，如此方法可使伤者舌头向前而不会被咬伤，呕吐者需平卧，头偏向身体一侧，要尽可能清除伤者口中的异物，如呕吐物、松脱的假牙等。必要时可进行气管插管、人工呼吸。

（3）控制出血。由于头皮血管非常丰富，而且皮肤很紧绷，所以伤口出血量会比较大，有时要比实际情况严重很多。采取直接压迫的方法多可控制出血，但如果遇到有骨折或有异物，则应避免对伤者头部施予重压。值得提醒的是，头部绷带并没有直接压迫控制出血的作用。

如果头部受伤后，有血液和脑脊液从鼻、耳流出，就一定要让伤者平卧。偏于侧向下方。也就是左耳、鼻流出脑脊液时左侧向下，右侧流时右侧向下；如果喉和鼻大量出血,则容易引起呼吸困难,应让受伤者取昏睡体位,以使其方便呼吸。

受伤后光有头痛头晕,说明是轻伤;除此外还有瞳孔散大,偏瘫或者抽风,那至少是中等以上的脑伤了。脑外伤病人一旦出现频繁呕吐、头痛剧烈和神志不清等症状,那就绝不可大意,应速送医院诊治。受伤后如有脑脊液流出,最好不要用纱布、脱脂棉等塞在鼻腔或外耳道内,因为这样容易引起感染。

腹部外伤

腹部外伤,不论是开放性还是不开放性腹部外伤都能引起出血、内脏损伤、休克或感染,甚至死亡。因此,加强现场对腹部伤的急救和安全快速运送伤员到达手术地,对提高腹部伤的治愈率、降低死亡率有重要意义。

【病因】

腹部外伤多见于火器伤,刀刺伤,意外灾害如地震、车祸等。根据腹膜与外界相通否,分为开放性和闭合性损伤两类。

【症状】

(1)伤者常有恶心、呕吐和吐血的情况,应首先注意观察其变化。

(2)伤者有时腹部无破口,也会有腹部内脏的破裂出血,如胃、胰、肝、脾、肠,以及肾、膀胱等,医学上叫内出血。如微量出血则症状不明显。如伤者大量出血,腹部膨胀,很快出现恶心、呕吐、疼痛,有时大小便会带血。伤者出现面色苍白,脉快、弱,血压下降,甚至出现休克,可能有腹内其他脏器损伤。

(3)腹部轻微损伤时,表现为腹痛,腹壁紧张,压痛或有肿胀、血肿和出血。

【急救方法】

(1)首先要保持气道通畅,使呼吸正常。

(2)若伤者肠子露在腹外,不要把肠子送回腹腔,应将上面的泥土等用清水或用1%盐水冲干净,清除污物,用无菌或干净白布、手巾覆盖,以免加重感染,或用饭碗、盆扣住外露肠管,再进行保护性包扎。如腹壁伤口过大,大部分肠管脱出,又压迫肠系膜血管时,可清除污物后将肠送入腹腔,覆盖伤口包扎。

(3)伤者屈膝仰卧,安静休息,绝对禁食。如有出血,应立即止血。心跳呼吸骤停者,应口对口呼吸和胸外按压心脏复苏同时进行。设法速请医生来急救或速送至附近医院抢救,有条件时给氧、输血、输液。

胸、腹外伤

轻度胸外伤是由于胸壁被擦伤、受挫等原因导致的症状,临床症状主要表现为胸壁疼痛,经过热敷、止痛、服用舒筋活血药物治疗后,三五天即可康复。重度胸外伤主要临床症状则为肋骨骨折,以及由此引发的血胸或气胸症状,严重的可引起呼吸困难,甚至危及生命。

【急救方法】

(1)胸部开放性伤口要在医护人员的救治下立即采取包扎封闭(不要用敷料填充胸腔伤口,以防滑入胸腔内部)。

(2)清除呼吸道的血液和黏液;必要时在条件允许的情况下进行紧急气管插管或切开术进行治疗。多根肋骨骨折并有显著的胸壁异常呼吸现象时,用厚敷料或急救包按压在伤口处,然后用胶布绷带加以固定。

(3)有显著的呼吸困难患者,如检查时发现气管偏向于一侧,应该想到对侧有张力性气胸症状,立即在伤侧的前胸壁锁骨中第二肋间穿刺排气。为保证安全送往医院,可保留穿刺针头,用止血钳固定于胸壁上侧,并在针头上接连单相引流管或橡皮指套加剪缺口,保持连续排气。

(4)胸部受伤需要送医院进行急救时应取 30° 的半坐体位姿势,并用衣被等物将患者的上身垫高,有休克现象的患者可同时将下肢抬高,切忌不能采取头低腿高体位。

【注意事项】

当发生利器穿刺胸部、腹部或肠管外脱事故时,不能贸然随便处理,以免因出血不止或心脏器官严重感染而危及伤者的生命。

应急要点如下:

(1)已经刺入胸部、腹部的利器或其他外物,千万不能自己断然取出。应就近找些辅助物用以固定利器,并立即拨打 120 急救将伤者送往医院。

(2)因腹部外伤而造成肠管器官脱出体外时,千万不要将脱出的肠管器官送回腹腔,应在脱出的肠管上覆盖消毒纱布或消毒布类,再用干净的碗或盆等物扣在伤口上,用绷带或布带加以固定,然后迅速送医院进行医护抢救。

(3)如果贸然拔出刺入胸部、腹部的利器,会造成伤者的出血不止,严重者将危及生命。

(4)如自行将外脱的肠管送回腹腔,极易造成器官的严重感染。

(5)遇到伤势严重的伤者,要及时拨打 120 急救电话。

手部外伤

手部外伤通常是指手腕、手掌、手指等部位的伤害,例如碰撞、撕裂、切割、戳穿、灼伤等。手是人类生活和工作的重要器官,人类活动每时每刻都要使用手,因此手的损伤是十分常见的。由于手的结构精细,功能复杂。受伤时常伴不同程度的皮肤缺损,骨关节神经、肌腱和血管的损伤,所以手会有严重的表皮外伤,但也免不了骨折和肌腱或者神经断裂。

【病因】

刺伤:如钉、针、竹尖、木片、小玻璃片等刺伤。其特点是进口小,损伤深,可伤及深部的组织,并可将污物带入深组织内,导致异物存留及腱鞘或深部组织感染。

锐器伤:日常生活中,刀、玻璃、罐头等切割伤,劳动中的切纸机、电锯伤,伤口一般较整齐,污染较轻,伤口出血较多,伤口深浅不一,所导致的组织损伤程度也会有所不同。常常会造成重要的深部组织如神经、肌腱、血管的切断伤,严重者导致指端缺损,断指或断肢。

钝器伤:钝器砸伤引起组织挫伤可致皮肤裂伤,严重者可导致皮肤撕脱、肌腱神经损伤和骨折、重物的砸伤,可造成手指或全手各种组织严重毁损,高速旋转的叶片,如轮机、电扇等,常造成断肢和断指。

挤压伤:门窗挤压可引起指端损伤如积下血肿、甲床破裂、远节指骨骨折等。车轮、机器滚轴挤压。则可致广泛的皮肤撕脱甚至前手皮肤脱套伤,多发性开放性骨折和关节脱位,以及深部组织严重破坏,有时手指和全手毁损性损伤需要进行截肢(指)。

火器伤:如鞭炮,雷管爆炸伤和高速弹片伤,特别是爆炸伤,伤口极不整齐,损伤范围广泛,常使得大面积皮肤及软组织缺损和多发性粉碎性骨折,这种损伤污染严重,坏死疤多,容易发生感染。

【症状】

(1)手的开放性损伤包括刺伤,切割伤,撕裂伤,挤压伤,爆炸伤和烧伤。可引起手的毁形、缺损,及功能障碍或丧失。

(2)手的屈肌损伤呈伸直位畸形、屈曲功能障碍。手的伸肌损伤呈屈曲位畸形、伸直障碍、伸肌中央束断裂,近指间关节"钮扣"样畸形,侧束联合腱断裂,远指间关节呈锤状指畸形。

(3)手的神经损伤。其支配区的感觉丧失及主动运动丧失可分别呈垂腕,猿手或爪状手等畸形。

(4)手的血管损伤可引起血液回流障碍,或缺血坏死,或呈伏克曼(Voikmann)肌挛缩。

(5)手的骨关节损伤可因其骨折脱位而引起疼痛、肿胀,各种畸形及异常活动。

【急救方法】

现场急救的目的是止血,减少创口进一步污染,防止加重组织损伤和迅速转运。手外伤的急救处理包括止血、创口包扎和局部固定。

止血:局部的加压包扎是手部创伤最简便而且有效的止血方法。即使尺、桡动脉的损伤,使用加压包扎方法一般也能达到止血的目的,手外伤出血采用腕部压迫或橡皮管捆扎止血,只单纯地阻断了手部静脉回流,不能一并阻断动脉血流,手部出血只会更严重。因此这种方法是错误的。少数的大血管损伤所致大出血才采用止血带止血,应用气囊止血带缚在臂上 1/3 部位,敷好衬垫,记录时间迅速转运压力控制在 33.3~40 千帕,如时间超过 1 小时则应放松 5~10 分钟后再加压,以免引起肢体缺血性挛缩和坏死。放松止血带时应在受伤部位加压,以减少出血,缚于上臂的橡皮管止血带很容易引起桡神经损伤,不宜采用。

创口包扎:用无菌敷料或者选用清洁的布类包扎伤口,防止创口进一步被污染,创口内不要涂用药水或撒敷消炎药物。

局部固定:转运过程中,无论伤手是否有明显骨折,均应适当加以固定,以此来减轻病人疼痛和避免进一步加重组织的损伤,固定器材可就地取材,因地制宜,采用木板、竹片、硬纸板等,固定范围应达腕关节以上。

手外伤术后护理应注意以下几点:

(1)按骨科一般护理常规及术后护理常规。

(2)神经的吻合应注意观察神经功能恢复的情况,患者指端是否有麻木感、感觉恢复等,应当注意避免损伤、烫伤及冻伤。

(3)肌腱吻合术后 3 天视病情嘱咐手外伤者作轻度伸屈指肌腱活动,防止肌腱粘连。

(4)指导外伤者进行早期活动,术后 3 日开始进行手指功能锻炼,指掌关节伸屈与肩关节的上举外展与内收屈曲活动,肘关节屈伸活动(植皮者不宜早期活动),手外伤者功能锻炼时注意活动度,避免血管、神经,肌腱吻合口断裂。

【注意事项】

全身情况观察时要注意:①血容量的观察。血容量不足可使周围的血管收缩,影响移植皮瓣的供血,威胁再植组织的存活,因而需要密切观察病人的脉搏以及血压的变化。②观察液体的出入量。注意维持电解质的平衡,是用以保证再植组织存活的基本条件。要注意观察移植皮瓣的色泽，皮肤有无水肿等症状，观察伤口有无渗血，注意移植皮瓣有无血管痉挛，如有异常应即时报告医生进行医护救治。

患肢应适当抬高，用以减少肢体的肿胀，同时应注意皮瓣区避免受压。

手外伤者应避免再次损伤（碰伤、冻烧伤等）

皮肤擦伤

皮肤擦伤是指皮肤的表面与粗糙的物体发生剧烈摩擦后导致表面或真皮所受的损伤。常见的擦伤部位有手掌、肘部、膝盖、小腿、双脚等。

【症状】

擦伤后可见表皮破损，创口表面呈现苍白色，并出现许多小出血点以及组织液的溢出。由于表皮含有丰富的神经末梢，损伤后往往十分疼痛，但表皮细胞的再生能力很强，如果伤口没有感染则愈合很快，并不会留下疤痕。如果伤口受到感染的话，则会导致局部化脓，有分泌物流出。

【急救方法】

清创：擦伤表面常常沾有一些脏物，所以清洗创面是防止伤口感染的关键步骤。可以用淡盐水（1000毫升凉开水中加食盐9克，浓度约0.9%），没有条件的话也可用自来水、井水边冲边用干净棉球擦洗，将泥灰等脏物洗去。

消毒：有条件者可用碘酒、酒精棉球来给伤口消毒，沿伤口边缘向外擦拭，注意不要把碘酒、酒精涂入伤口内，否则会引起强烈的刺激痛。

上药：可在创面上涂一点红药水（红汞），此药有防腐作用并且刺激性较小。但要注意不宜与碘酊同用，两者可生成碘化汞，对皮肤有腐蚀作用；汞过敏者忌用。新鲜伤口不宜涂紫药水（龙胆紫），此药虽杀菌力较强，但有较强的收敛作用，涂后创面易形成硬痂，而痂下组织渗出液存积，反而易引起感染。

包扎：用消毒纱布或清洁布块（可用熨斗熨几下）包扎伤口，小伤口也可不包扎，但都要注意保持创面清洁干燥，创面结痂前尽可能不要着水。

感染创面的处理：如果创面发生感染，可用淡盐水先将伤口洗净再涂以紫药水；或将鲜紫花地丁研细，加热消毒后，加等量甘油，与两倍水，调成糊状，涂敷患部，每天或隔天换药1次。对皮肤及表浅软组织早期化脓性炎症，敷药数次，即可见效。也可用大蒜捣烂取汁，取大蒜汁一份，加冷开水3～4份，冲洗化脓伤口；必要时还可将大蒜汁稀释一倍后湿敷，但蒜对皮肤有一定的刺激性。

小儿擦伤的处理：小儿奔跑玩耍时不慎跌倒，而致局部皮肤擦伤，这种擦伤的伤口较浅，一般不用去医院，只需要在伤口上涂些红药水或紫药水即可。如果创面较脏，需先用清水冲洗干净。否则，创面口愈合后，脏东西很可能留在皮肤里去不掉了。面部擦伤时尤其应注意这一点，以免影响孩子的容貌。擦伤的创面可以不必包扎，但注意避免沾水及沾上尘土或者其他脏物，以防止创面感染。脸部的擦伤：需注意如有沙子、煤渣嵌入皮肤时，要及时用软刷子刷洗创面，不能有渣屑留在皮肤内，一般不要涂抹紫药水。如果擦伤面较大，在面部创面清洁消毒后，敷上油纱布，再包扎好。

【注意事项】

许多人擦伤皮肤后，习惯贴一片创可贴了事，但擦伤的伤口不适宜用创可贴，而应该用紫药水消炎，让伤口自然暴露在空气中，以待愈合，这是因为，擦伤皮肤的创面比普通伤口大，再加上普通创可贴的吸水性和透气性不好，不利于创面分泌物及脓液的引流,反而有助于细菌的生长繁殖,容易引起伤口发炎,甚至导致溃疡。

皮肤过敏

皮肤过敏又称为"敏感性"皮肤。皮肤过敏是一种很常见的过敏形式,有20%的人有皮肤过敏现象。从医学角度讲,皮肤过敏主要是指当皮肤受到各种刺激如不良反应的化妆品、化学制剂、花粉,某些食品、污染的空气等等,导致皮肤出现红肿、发痒、脱皮及过敏性皮炎等异常现象。敏感性肌肤可以说是一种不安定的肌肤,是一种随时处在高度警戒中的皮肤。其护理要特别留意。

【病因】

(1)随着年龄的增长,皮肤分泌功能逐渐退化,皮肤在岁月的消磨下会变得较薄,它的保护层功能也会随之减弱。

(2)如果处于污染的环境中时间较长,烟雾、灰屑、紫外光 UVA 和 UVB,以及红外线,均会损害皮肤,它们产生的游离子能破坏皮肤的脂质保护层。

(3)使用了劣质的化妆品,或者未按医嘱使用药物。

(4)生理因素,压力、精神紧张和情绪低落等因素导致的分泌紊乱都会减弱皮肤的天然抵抗力,引致它的自我修护机能也随之减慢。

(5)面对天气的突然变化,肌肤亦需要额外的适应,例如在寒冷天气,如果皮肤没有充分滋润的话,便很容易受到伤害。

(6)一些护肤品中的防腐、染料,乳化剂和香料的成分都有可能使皮肤变得敏感。

(7)体质特异,容易过敏。

【症状】

皮肤过敏症状是发痒,同时也可能会伴有红肿干屑、水泡,或病灶结痂及渗出液等症状;这些病灶的形状与大小各有不同,偶尔可能会发生胸部紧绷、麻木、肿胀等症状,当出现这些症状时就是皮肤过敏了。其他皮肤过敏症状还包括发痒、打喷嚏、流鼻涕、泪眼、皮疹气道阻塞,或如荨麻疹等皮肤症状。在极罕见的情况下过敏反应甚至可能会危及生命。

【急救原则】

皮肤过敏应以预防为主,按中医的理论,诸病应以预防为主。过敏体质的人,可以在春暖花开之前,进行有针对性的调理,使其抵抗致敏原的能力增强,从而不过敏或减轻过敏的症状。对于过敏体质的人,这是最积极、最有效的方法。

传统西医采用脱敏治疗法,对某些较严重的过敏体质者,医生会给服用抗组胺类药,或黄胺类药或激素类药。但大量的磺胺类、激素类的药物运用只是起到缓解症状的作用,而且副作用极大,特别对婴幼儿,儿童、青少年的发育有极大的影响。过敏病人都是在长年累月的反复发作中缓解症状,身体的免疫能力日趋低下,极为痛苦。

【日常预防】

(1)要注意远离过敏原。因为过敏症状会永远存在,不可能根治只能随时小心防范,避免接触有可能导致过敏的过敏原。

(2)要清楚了解你所使用的护肤品和它们的用法。避免使用疗效强、过于活性和可能对皮肤产生刺激的物质,过度不当的使用强效清洁用品会破坏皮肤表层天然的保护组织;过于活性,会使血液循环加速的化妆品也会刺激皮肤从而造成伤害,洗脸尽量不要使用药皂等皂性洗剂,因为洁面活性剂是分解角质的高手,要极力避免。最好使用乳剂,或非皂性的肥皂,可以调节酸碱度,适应肌肤,磨砂膏去角质剂等产品更应该敬而远之。采用简单的洁肤爽肤润肤程序。

(3)注意使用防晒产品。敏感性肌肤的皮层较薄,对紫外线的防御能力比较弱,更容易老化,所以在皮肤上擦上基础保养品作为隔离之后,再用防晒品会比较好。但防晒品的成分也是易造成刺激的因素之一,因此最好不要直接涂抹在皮肤表层上。近来有些厂商推出含较少化学成分具有物理成分的防晒品,对皮肤的刺激相对要少。同时避免过度曝晒。因为紫外线穿透力特别强,经常曝晒会使皮肤变薄,更容易受到刺激。

(4)要谨慎使用化妆品。对于肌肤容易敏感的人而言,经常使用的化妆品最好不要随便更换,若要使用新的化妆品,应当先做皮肤试验,方法是将要使用的化妆品涂抹在手腕内侧皮肤比较细嫩的地方,留置一晚或2~3天,以观察其反应。若是出现异常反应如发炎、泛红、起斑疹等,就必须避免使用该化妆品。

(5)"敏感性"皮肤的人平时应多用温水清洗皮肤。尤其在春季花粉飞扬的地区,要尽量减少外出,避免引起花粉皮炎,可于早晚使用润肤霜,以保持皮肤的滋润,防止皮肤干燥。

(6)在饮食上,要多食用新鲜的水果、蔬菜,饮食要均匀,最好食用包括大量含丰富维生素C的水果蔬菜,以及任何含B族维生素的食物,饮用大量的清水,它能在体内滋润皮肤,平时可以自制一些营养面膜,如黄瓜汁面膜、丝瓜汁面膜、鸡蛋清蜂蜜面膜等,以逐步改善皮肤状况,获得皮肤的健美。

(7)随身衣物要及时冲洗干净,残余在衣物毛巾中的洗洁精可能刺激皮肤。睡眠具有美容功效,每天保证八小时的充分睡眠,是任何护肤品都不能代替的。运动能增进血液的循环,增强皮肤抵抗力,使皮肤进入最佳状态。

冻伤

冻伤是一种由寒冷所致的炎症性皮肤病,多发生于末梢血循环较差的部位和暴露部位,如手足、鼻、耳廓、面颊等处。是一种冬季的常见病,以暴露部位出现充血性水肿红斑,遇高温时皮肤瘙痒为特征,严重者可能会出现患处皮肤糜烂、溃疡等现象。患部皮肤苍白、冰冷、疼痛和麻木,复温后局部表现和烧伤相似,但局部肿胀一般并不明显。

【病因】

冻伤的发生除了与寒冷相关,还与潮湿、局部血液循环不良有关。该病病程较长,冬季还会反复发作,不易根治。

【症状】

冻伤是由于受到寒冷刺激,局部皮肤小动脉痉挛并造成组织缺氧、缺血和细胞损伤;末梢血运微循环异常而发生的。一般将冻伤分为冻疮、局部冻伤和冻僵三种。

(1)冻疮:冻疮在一般的低温,如3~5℃,和潮湿的环境中即可发生。部位多在耳廓、手、足等处。表现为局部发红或发紫、肿胀、发痒或刺痛,有些可起水泡,然后发生糜烂或结痂。

(2)局部冻伤:局部冻伤多发生在0℃以下缺乏防寒措施的情况下,耳部、鼻部、面部或肢体受到冷冻作用发生的损伤。一般分为四度:

·健康医疗·

图文珍藏版

一度冻伤：为皮肤浅层冻伤。局部皮肤初为苍白色，渐转为蓝紫色，继之出现红肿、发痒、刺痛和感觉异常，无水疱形成。约3周后，症状消失，表皮逐渐脱落，愈后不遗留瘢痕。一度冻伤只损及表皮层，局部皮肤发红肿胀，一般数日内即可消肿痊愈。

二度冻伤：为全层皮肤冻伤。患部肿胀充血呈红色或紫红色，几小时内会出现大小不等的水疱，疱液橙黄色半透明，若无并发感染，水疱可逐渐吸收，一周后痂皮脱落痊愈。

三度冻伤：特点为冻区肿胀皮肤呈青紫色或青灰色，感觉迟钝或消失，水疱多为血性疱，疱液鲜红疱底呈灰白或污秽色，皮肤感觉逐渐消失，冻伤周围组织出现水肿和水疱，并伴较剧烈的疼痛和灼痒。坏死组织脱落后留有创面，易继发感染。愈合缓慢，愈后遗留瘢痕，并可影响功能。

四度冻伤：皮肤、皮下组织、肌肉甚至骨骼都被冻伤。伤部感觉和运动功能完全消失。患处呈暗灰色，与健康组织交界处可出现水肿和水疱。2~3周内有明显的坏死分界线出现，一般为干性坏疽，但有时由于静脉血栓形成，周围组织水肿以及继发感染，形成湿性坏疽。往往留下伤残和功能障碍。

（3）冻僵：冻僵是指人体遭受严寒侵袭，全身降温所造成的损伤。伤员表现为全身僵硬，感觉迟钝，四肢乏力，头晕，甚至神志不清，知觉丧失，最后因呼吸循环衰竭而死亡。

【急救方法】

首先，必须脱离寒冷环境，除去潮湿衣物，给予温暖的毛巾、毛毯让全身保温，使患者的体温尽快提高。同时将冻伤的部位浸泡在38~42℃的温水中，水温不宜超过45℃，浸泡时间不能超过20分钟。同时要有专人看护，小心避免烫伤失去知觉的组织。如果冻伤发生在野外，无条件进行热水浸浴，可将冻伤部位放在自己或救助者的怀中取暖，同样可起到热水浴的作用，使受冻部位迅速恢复血液循环。在对冻伤进行紧急处理时，绝不可将冻伤部位用雪涂擦，或用火烤，这样做只能加重损伤。如果衣物已冻结在伤员的肢体上，不可强行脱下，以免损伤皮肤，可连同衣物一起浸入温水，待解冻后取下。

其次，对全身严重冻伤出现呼吸停止时，需立刻将气道开放，并进行人工呼吸。若脉搏停止跳动，则要进行心肺复苏术。增强心脏功能，抗休克，补液。对冻疮除复温、按摩外，可用酒精、辣椒水涂擦，效果较好，或用5%樟脑酒精、各种冻疮膏涂抹，有一定疗效。

二度冻疮如有水疱，可用消毒针穿刺抽出液体，再涂抹冻疮膏。三、四度冻伤则须在保暖的条件下抢救治疗。

再次，温暖后，肢体应保持干燥，暴露于暖空气中，尽可能做到无菌。

最后，冻伤部位恢复后，要消毒患部并包扎起来，送医治疗。

【日常预防】

（1）做好防冻的宣传教育，加强锻炼，增强体质，提高耐寒能力。勤活动手足，揉搓颜面；勤用热水烫脚；不要穿潮湿、过紧的鞋袜；要避免肢体长期静止不动，坐久了、立久了要适当活动，以促进血液循环、减少冻疮发生；不要赤手接触温度很低的金属。

（2）严冬季节皮肤暴露处应当保护，如出门时使用口罩、手套、防风耳罩。易受冷部位涂搽油脂,以保护皮肤。多食高热量含维生素丰富的食物。也可食用酒、辣椒等发汗,以促进血液循环。不要酗酒,酒后血管扩张,增加人体热量向外发散,反而不利于抗寒,且容易引起感冒。

(3)保持手脚干燥和暖和。受凉后不能立即烘烤或用热水浸泡,最好用体温(腋下、躯干部位)慢慢加热。鞋袜和手套要宽松、干燥,防止局部受压,促进血液畅通。

(4)用茄子秸或辣椒秸煮水洗容易冻伤的部位,或用生姜涂擦局部皮肤,有预防冻疮的作用。

(5)如果患了冻疮,应加强保暖,若冻疮仅为硬结,未破溃时,可用辣椒酊、热酒精擦洗。若已破溃,则可用红霉素软膏、猪油蜂蜜软膏涂擦并包扎,促进其早日愈合。另外,中药如当归四逆汤或阳和汤等活血、通络之品也可选用。

烧伤

由火焰、高温和强辐射热引起的损伤,称之为烧伤。亦称灼伤、烫伤。泛指机体接触高温、电流、强辐射或者腐蚀性物质所发生的损伤。

皮肤烧伤常常只是身体烧伤的一部分,皮下组织也可能被烧伤,甚至没有皮肤烧伤时,也可能有内部器官烧伤。例如,饮入很烫的液体或腐蚀性的物质(如酸等)能灼伤食管和胃。在建筑物火灾中,吸入烟或热空气,可能造成肺部烧伤。烧伤的组织可能坏死。组织烧伤时,血管内的液体渗出引起组织水肿。大面积烧伤时,血管渗透性异常,丢失大量液体,可能引起休克。

【病因】

引起烧伤的原因主要有以下几个方面:

(1)高温。引起皮肤烧伤的最低温度为44℃,温度一时间曲线在45~50℃之间呈线形,而在51℃以上呈渐进性,在70℃暴露1秒钟即可引起跨表皮坏死。

(2)化学变化。干热导致组织干燥和炭化,而湿热则引起非透明性凝固;液性浸渍性烧伤比溅泼性严重。强酸可使组织脱水、蛋白沉淀及凝固,一般不起水疱,迅速结痂。强碱除引起组织脱水和脂肪皂化外,还可形成可溶性碱性蛋白穿透深层组织。

(3)皮肤长时间暴露在较高温度下。

(4)皮肤薄。

【症状】

烧伤的程度由温度的高低、作用时间的长短而不同。局部的变化可分为四度。

Ⅰ度烧伤:Ⅰ度烧伤损伤最轻。烧伤皮肤发红、疼痛,明显触痛,有渗出或水肿。伤及表皮浅层,基底层尚存。局部皮肤发红、肿胀、疼痛、有烧灼感、无水疱,3~5天痊愈。愈合后不留瘢痕,可有暂时性色素沉着。

浅Ⅱ度烧伤:浅Ⅱ度烧伤损伤较深。累及表皮和真皮乳头层,局部红肿,渗液较多而形成大小不等水疱,创面湿润,创底鲜红、水肿、剧痛;若无感染等可于2周内痊愈,无瘢痕形成,可有暂时性色素沉着。

深Ⅱ度烧伤:累及真皮网状层,但仍残留部分真皮和皮肤附件。局部肿胀,白色或棕黄色,水疱较小。感觉迟钝,皮温稍低,疼痛较轻。如无感染可于3~4周内愈合,愈合后留有瘢痕,但皮肤功能基本保存。

Ⅲ度烧伤:Ⅲ度烧伤损伤最深。累及皮肤的全层甚至皮下脂肪、肌肉、内脏器官。烧伤表面可以发白、变软或者呈黑色、炭化皮革状。由于被烧皮肤变得苍白，在白皮肤人中常被误认为正常皮肤，但压迫时不再变色。破坏的红细胞可使烧伤局部皮肤呈鲜红色，偶尔有水疱，烧伤区的毛发很容易拔出，感觉减退。创面苍白或焦黄炭化，无疼痛，无水疱，感觉消失，质韧似皮革。3~4周后焦痂脱落后遗留肉芽组织面，愈合后遗留瘢痕，皮肤功能丧失，造成畸形。Ⅲ度烧伤区域一般没有痛觉。因为皮肤的神经末梢被破坏。临床经验证明，烧伤达全身表面积的三分之一以上时则可有生命危险。烧伤后常常要经过几天，才能区分深Ⅱ度与Ⅲ度烧伤。

【急救方法】

有下列情况的，最好到医院治疗：面部、手、足和生殖器烧伤；在家庭治疗有困难的烧伤；烧伤者在2岁以下或70岁以上；内部器官烧伤。

烧伤的治疗原则：保护烧伤区，防止或尽量清除外源性污染；防治低血容量和休克；治疗局部和全身感染；促进创面尽早愈合，尽量减少瘢痕所致的功能障碍和畸形；防治多系统功能衰竭。

烧伤的治疗方法：

（1）轻度烧伤应尽可能立即浸泡在冷水中。化学烧伤应用大量的水长时间冲洗。在诊所或急诊室，创面用手术皂清洗、清创和彻底冲洗，清除大疱液体，去掉所有的残留物。如果污物嵌入较深，可在局部麻醉下，用刷子擦洗。已破或容易破的水疱通常都要去掉。随后用凡士林或磺胺嘧啶银纱布覆盖创面，再用厚吸水棉包裹，绷带包扎；每隔2~3天更换敷料以检查有无感染。头面部、会阴部、单侧躯干烧伤，严重创面感染，适用暴露疗法。该法需室内清洁，空气流通好，室温30℃左右，相对湿度40%左右，床上用品尽量消毒处理。创面可涂敷成痂药如虎杖液、烧伤湿润膏等。创面避免受压，定期翻身，关节部位尽量制动。常用纱布绷带来保护创面免受污染和进一步创伤。保持创面清洁非常重要，因为一旦表皮损伤就可能开始感染并很容易扩散。抗生素可能有助于预防感染，但不一定都需要。如果未接种过疫苗，应注射破伤风抗毒素。

（2）严重烧伤需要立即治疗，最好到有烧伤专科的医院治疗。急救人员应用面罩给伤员输氧，减轻火灾中一氧化碳和有毒气体对伤员的影响。在急诊室，医护人员应保持伤员呼吸通畅，检查是否另外有威胁生命的创伤，并开始补充液体和预防感染。有时严重烧伤病人需要送入高压氧舱治疗，但不是普遍应用，而且，必须在烧伤后24小时内进行。

（3）烧伤的感染处理：感染是引起死亡的首要原因。凡创伤分泌物的颜色、气味、量发生改变，尤其是出现脓性分泌物，创面出现潮湿溶解，或有点状虫咬状变化，提示创面有感染迹象，应用抗生素治疗。必要时需作脓液培养和药敏试验。用药量应足，早期给药，多主张静脉给药，必要时，可2~3种抗生素联合用药。若有真菌感染，应给予抗真菌治疗。

【愈合后的防护】

（1）要注意皮肤的清洁卫生。烧伤创面刚愈合时，仍有少量分泌物和药痂，细菌容易快速繁殖，可使用中性清洁剂进行清洗，清洗后使用抗疤痕药物等治疗。

（2）避免过度摩擦和过度活动。由于疤痕表皮结构和功能不完善，表皮较易受到损害，一些不恰当的治疗可能加重损伤。应用抗疤痕药物时，不要用力按摩，这样会造成表皮与纤维板层分离形成水疱或血疱。

（3）下肢烧伤后，不宜过早下地活动。由于疤痕表皮薄弱，其下血管结构及功能又不完善，不能抵抗重力的内压，这样会加重疤痕增生。一般在3个月左右下地活动比较适宜。在下地前最好使用压力套保护下肢，这样可减轻疤痕充血。

（4）水疱应及时引流，避免感染形成溃疡。在出现水疱后，可用络合碘消毒皮肤，用无菌剪刀剪开水疱，引出积液。一般应在水疱消退溃疡愈合后再实施抗疤痕治疗。

（5）正确把握手术整形时机，防止残疾。对于功能部位的疤痕挛缩，如手部疤痕、眼部疤痕、颌颈部疤痕、在疤痕稳定后应尽早手术，特别是儿童，更应早治疗，可适当提前整形。否则，可引起关节、骨骼发育异常及血管神经短缩，导致残疾。

【预防与护理】

（1）烧伤是火灾中较常见的创伤之一，它不仅会使皮肤损伤，而且还可深达肌肉骨骼，严重者能引起一系列的全身变化，如休克、感染等。烧伤现场急救是否正确及时，护送方法和时机是否得当，直接关系着伤员的安全。因此，伤后应迅速脱离致伤源，并进行必要的紧急救治，这是现场抢救的基本原则。

（2）当衣物着火时应迅速脱去；或就地卧倒打滚压灭、或用各种物体扑盖灭火，最有效是用大量的水灭火。切忌站立喊叫或奔跑呼救，以防头面部及呼吸道吸入火焰损伤。

（3）当气体、固体烫伤时，应迅速离开致伤环境。

（4）当化学物质接触皮肤后（常见的有酸、碱、磷等），应首先将浸有化学物质的衣服迅速脱去，并用大量水冲洗。如无大量水冲洗，可以用多层湿布包扎创面。

（5）当触电后应立即关闭电源，将伤员转移至通风处，松开衣服。检查发现呼吸停止时，施行人工呼吸；心脏停止跳动时，施行胸外按压，呼吸心脏均停止时，同时进行人工呼吸及胸外按压，并及时送附近医院进一步抢救。

（6）伤员脱离事故现场后应注意对烧伤创面的保护，防止再次污染。另外创面一般不涂有带颜色的药物，以免影响后续治疗中对烧伤创面深度的判断和清创。对浅度烧伤的水疱一般不予清除，大水疱仅作低位剪破引流，保留泡皮的完整性，起到保护创面的作用。

（7）烧伤后伤员多有不同程度的疼痛和躁动，应给予适当的镇静、止痛。

（8）由于毛细血管渗出的加剧，烧伤病人在伤后2天内导致血容量不足。烧伤面积超过一半的病人，应立即输液治疗，因为休克很快就会发生。无条件输液治疗时应口服含盐饮料，不宜单纯喝大量白开水，以免发生水中毒。

二、骨、关节、软组织创伤急救

骨与关节损伤是和人们的劳动、生活密切相关的常见病、多发病。骨、关节、软组织创伤会造成长时间的疼痛，并且影响伤病员的行动。由于骨具备一定的自我修复能力，如果不及早救治相关创伤，有可能会导致骨骼、关节畸形。

脊柱骨折

脊椎管内有脊髓，如有损伤常引起截瘫。

【判断】

（1）从高空摔下，臀或四肢先着地。

（2）重物从高空直接砸压在头或肩部。

（3）暴力直接冲击在脊柱上。

（4）正处于弯腰弓背时受到挤压力。

（5）背腰部的脊椎有压痛、肿胀，或有隆起、畸形。

（6）双下肢有麻木，活动无力或不能。

通过询问病人与检查前4条，有其中一条，再加第（5）、（6）条即考虑有脊椎骨折的可能性，即应按照脊柱骨折要求进行急救。

【急救方法】

（1）如伤者仍被瓦砾、土方等压住时，不要硬拉强拽暴露在外面的肢体，以防加重血管、脊髓、骨折的损伤。立即将压在伤者身上的东西搬掉。脊柱骨折时常伴有颈、腰椎骨折。

（2）颈椎骨折要用衣物、枕头挤在头颈两侧，使其固定不乱动。

（3）如胸腰脊柱骨折，使伤者平卧在硬板床上，身两侧用枕头、砖头、衣物塞紧，固定脊柱为正直位。搬运时需三人同时工作，具体做法是：三人都蹲在伤者的一侧，一人托肩背，一人托腰臀，一人托下肢，协同动作，将病人仰卧位放在硬板担架上，腰部用衣裤垫起。

（4）身体创口部分进行包扎，冲洗创口，止血、包扎。

【注意事项】

完全或不完全骨折损伤，均应在现场做好固定且防治并发症，特别要采取最陕方式送往医院，在护送途中应严密观察。

（1）可疑脊柱骨折、脊髓损伤时立即按脊柱骨折要求急救。

（2）运送中用硬板床、担架、门板，不能用软床。禁止1人抱、背，应2~4人抬，防止加重脊柱、脊髓损伤。

（3）搬运时让伤者两下肢靠拢，两上肢贴于腰侧，并保持伤者的体位为直线。

（4）胸、腰、腹部连带损伤时，在搬运中，腰部要垫小枕头或衣物。

肩关节脱位

肩关节脱位最常见，约占全身关节脱位的50%，这与肩关节的解剖和生理特点有关，如肱骨头大，关节盂浅而小，关节囊松弛等。

【病因】

肩关节脱位按肱骨头的位置分为前脱位和后脱位。一般情况肩关节前脱位者很多见，常因间接暴力所致，如跌倒时上肢外展外旋，手掌或肘部着地，外力沿肱骨纵轴向上冲击，肱骨头自肩胛下肌和大圆肌之间薄弱部撕脱关节囊，向前下脱出，形成前脱位。后脱位很少见，多由肩关节受到由前向后的暴力作用或在肩关节内收内旋位跌倒时手部着地引起。

【症状】

其症状主要表现为：肩部疼痛、肿胀和功能障碍，伤肢呈弹性固定于轻度外展内旋位，肘屈曲，用健侧手托住患侧前臂。外观呈"方肩"畸形。肩峰明显突出，肩峰下空虚。

【急救方法】

双手握住患肢腕部，足跟置于患侧腋窝，两手用稳定持续的力量牵引中足跟向外推挤肱骨头，同时旋转，内收上臂即可复位。复位时可听到响声。复位后，毛巾折叠为三角形并托起前臂将上臂固定在胸臂上 3 周。当复位无法达到理想效果时,应迅速送往医院治疗。

【注意事项】

(1)检查病人时,应注意是否骨折,是否有神经、血管损伤。必要时可做 X 线拍片检查。

(2)复位后的固定时间要充分。不能过早地活动肩关节。

(3)注意肩关节脱位与肱骨外髁骨折的区别,以免误诊导致治疗上的错误。怀疑有骨折时,应去医院诊查。

肘关节脱位

正常肘关节由肱尺、肱桡和尺桡上关节组成,其屈伸活动主要靠肱尺关节进行。肘关节后部关节囊及韧带较薄弱,容易发生后脱位。

【病因】

由传达暴力和杠杆作用所造成。跌倒时用手撑地,关节在半伸直位,作用力沿尺、桡骨长轴向上传导,由尺、桡骨上端向近侧冲击,并向上后方移位。当传达暴力使肘关节过度后伸时,尺骨鹰嘴冲击肱骨下端的鹰嘴窝,产生一种有力的杠杆作用,使止于喙突上的肱前肌和肘关节囊前壁不幸撕裂。

【症状】

症状表现为肘部明显畸形,肘窝部饱满,前臂外观变短,尺骨鹰嘴后突,肘后部空虚和凹陷。关节弹性固定于 120~140 度,只有微小的被动活动度。肘后骨性标志关系改变,在正常情况下肘伸直位时,尺骨鹰嘴和肱骨内、外上髁三点呈一直线,屈肘时则呈一等腰三角形。脱位时上述三角关系被破坏,肱骨上髁骨折时三角关系依然保持正常,这是鉴别肘关节脱位与肱骨上髁骨折的要点。

【急救方法】

可用健侧手臂解开衣扣,将衣襟从下向上兜住伤肢前臂,系在领口上,使伤肢肘关节呈半屈曲位固定在前胸部,再前往医院治疗。

若救助人员不能判断关节脱位是否合并骨折时,不要轻易实施肘关节脱位手法复位,以防损伤血管和神经,可用三角巾将伤员伤肢呈半曲位悬吊固定在前胸部,送医院即可。

伤员呈坐位,助手握住上臂作对抗牵引。治疗者一手握患者腕部,向原有畸形方向持续牵引,另一只手手掌自肘前方向肱骨下端向后推压,其余四指在肘后将鹰嘴突向前提拉,即可使肘关节复位。

复位后将肘关节屈曲 90 度,用三角巾悬吊于胸前,或用长石膏托固定。

【注意事项】

复位前应检查有无尺神经损伤,复位时应先纠正侧方移位,有时要先将肘稍过伸牵引,以便使嵌在肱骨鹰嘴窝内的尺骨喙突脱出,再屈肘牵引复位。若合并肱骨内上髁骨折,肘关节复位后,肱骨内上髁多可随之复位,但有时骨折片嵌入肱尺关节间隙,这种情况下可高度外展前臂,利用屈肌的牵拉作用将骨折片拉出。

复位后,用石膏或夹板将肘固定于屈曲 90 度位,3~4 周后去除固定,逐渐练习关节自动活动。要防止被动牵拉,以免引起骨化肌炎。

肘关节脱位合并肱骨内上髁骨折或桡骨小头骨折且手法复位失败者,可行手术复位,成人可作桡骨小头切除。

前臂骨折

前臂单纯骨折是指尺骨或桡骨骨折,或两者同时骨折,但皮肉未破。

【病因】

常见由于机器创伤和直接暴力而引起骨折。跌倒时手掌着地;身体向一侧倾斜,前臂受到扭转暴力影响都是骨折的常见原因。

【症状】

症状主要表现为:前臂上段肿胀、压痛、叩击痛,有时有骨摩擦感,肘关节活动功能障碍。局部压痛,隆起,有异常活动,有时可触摸到骨折端。在前臂骨折处可发生侧方移位、重叠、旋转、成角畸形。

【急救方法】

急救固定时肘关节屈曲90度,五指伸张,拇指对向伤者鼻子位置。选择从手腕至肘部长度的3~4块木板、硬纸片。木板用棉花、布片包裹后放在前臂周围,用绳索、绷带、手巾、布条松紧适宜地捆绑固定,然后再用布条或绳索打结成圈状,挂在患者颈部,并套托前臂将前臂吊在胸前。

如果合并出血,须加压包扎止血。

【注意事项】

如为开放性骨折,必须先止血再包扎,最后再进行骨折固定,此顺序绝不可颠倒。

夹板等固定材料不能与皮肤直接接触,要用棉垫、衣物等柔软物垫好,尤其是骨突部位及夹板两端更要垫好。

固定骨折部位时,应随时观察血液循环情况,如有苍白、紫绀、发冷、麻木等表现,应立即松开重新固定,以免造成肢体缺血并坏死。

下肢骨折

【大腿骨折】

大腿骨折(单纯骨折)固定时选用三合板、五合板或木板两块,从伤者患侧腋下至脚的外侧长度的一块,从大腿根内侧至脚的内侧长度的一块,并将两块板用棉衣或布片包裹紧贴皮肤的一面,用绳索、布带将两块木板分别固定在伤肢内外两侧,再加两块木板分别放在伤肢的前后面也可。

【小腿骨折】

取等长的两块木板,内侧一块应从大腿根部至足内侧,另一块应包括大小腿等长的一块,同样用棉花、布条包裹,然后用绷带、绳索、布条固定。无木板时可临时将健下肢当木板与伤下肢捆在一起,达到固定的目的。

【固定注意事项】

(1)固定应包括上、下两关节,以达到制动的目的。

(2)有骨突起的部位应用棉花、软布垫起,不要使木板与骨突出部位直接接触,防止压迫成伤。

(3)闭合性骨折有畸形时,应将其拉直,同时固定。

(4)开放性骨折时只用净水冲洗伤口,不要把外露骨头复位,只止血包扎固定即可。

(5)固定肢体的指(趾)头应暴露在外,以便观察血循环情况。固定后如伤者肢体出现剧痛、麻木、发白、紫色时应速松绳索，再行适度固定。

肋骨骨折

肋骨骨折是最常见的胸部损伤之一。一般发病于中年人和老年人，青少年较少见。

【病因】

直接暴力和间接暴力，均可引起肋骨骨折。重物打击、碰撞、拳击等直接暴力作用于肋骨，可导致该部肋骨向内弯曲而发生骨折，断端向内移位，可刺破胸膜及肺脏。

【症状】

若骨折端刺破胸膜，空气从外界进入胸膜腔，可形成气胸；流入的空气使伤侧肺萎陷，影响正常呼吸功能和血循环。骨折可发生在一根或数根肋骨上，每一根肋骨一般只有一处折断，也有少数为肋骨前后两处被折断者。

局部疼痛是肋骨骨折最明显的症状，且随咳嗽、深呼吸或身体转动等运动而加重，有时病人可同时自己听到或感觉到肋骨骨折处有"咯噔咯噔"的骨摩擦音。

【急救方法】

单纯性肋骨骨折的治疗原则是止痛、固定和预防肺部感染。可口服药或必要时肌注止痛剂。

无移位骨折及皮肤对胶布过敏者，骨折部位外敷药物后，患者可做深呼吸，用宽绷带多层环绕包扎固定，或用多头带包扎固定3~4周。

有移位骨折整复后，患者正坐，用宽7~10厘米、长度超过患者胸廓半围的胶布数条紧贴于胸部伤侧，前后均超越胸廓中线；在患者深呼气终末而胸围最小时，将胶布拉紧，由后向前、自下而上地粘贴，上下胶布互相重叠2~3厘米，一直将骨折区和上下邻近肋骨全部固定为止。固定时间一般3~4周。

【注意事项】

骨折患者常伴有局部水肿、充血、出血、肌肉组织损伤等情况，机体本身对这些有抵抗修复能力，而机体修复组织化瘀消肿的能力主要来自各种营养素，因此保证骨折患者顺利愈合的关键就是营养。

骨折患者因固定石膏或夹板而活动受限制，加上伤处肿痛，精神忧虑，往往食欲不振。所以，食物既要营养丰富，又要容易消化。宜多吃水果、蔬菜。

卧床的骨折患者行动十分不便，应尽量减少行动的次数。

手软组织损伤

【病因】

(1)被植物刺尖扎伤。

(2)重物砸伤。

(3)手指切割伤。

(4)手指被重物或机械碾压伤。

【症状】

局部肿胀、疼痛、出血、青紫等。

【急救方法】

(1)手部扎伤者清洗伤指，涂红药水或紫药水，如留有断刺应剔出。

(2)手指砸伤者,无皮肤破损,可贴敷消炎止痛膏,或用冷毛巾敷。

(3)手指切割伤者,小伤口用盐水或凉开水清洗后,涂红药水并包扎,同时预防感染,去医院注射破伤风抗毒素。伤口大者应送医院救治。

(4)手指被重物或机械碾压且疼痛、肿胀也甚时,怀疑有骨折,应及时将伤指用干净布料包裹后,及时送医院诊治。

头部软组织损伤

【病因】

头部损伤比较常见,多因车祸、事故、建筑物倒塌、暴力打击等原因所致。

【症状】

头皮损伤未破时有血肿,伤及表层头皮时有少量渗血,伴有头痛、头晕、恶心、呕吐等症。

【急救准备工作】

(1)应让伤者安静卧床,头不要乱动。有伤口时应清创、压迫止血、包扎伤口。

(2)头部轻微的伤害也易出血,因此采取直接压迫止血法。

(3)要注意观察病人病情,当出现下述情况之一时就应立即送医院治疗。

①轻微伤却失去意识的病人。

②眼睛周围、鼻子、耳朵有出血现象的病人。

(4)要注意患者的受伤部位,对意识状态、面容表情、出血量的多少,做出正确的判断。多脏器损伤往往造成死亡。

【急救方法】

(1)如呼吸心跳骤停应做心、肺、脑复苏(做人工呼吸、胸外心脏按压),建立通畅的呼吸。

(2)如有出血,应用止血带或指压止血。

(3)如有休克症状,速送医院抢治。

踝关节扭伤

【病因】

踝关节(即脚脖子)扭伤,是日常生活中常遇到的扭伤之一。当下台阶,跳高,或在高低不平的路上跑步、行走时常发生。

【症状】

主要症状有踝关节外侧疼痛、肿胀,皮下有淤血斑及行走困难。足内翻时疼痛加剧,而足外翻时则无疼痛。严重者韧带断裂,踝关节脱臼或骨折。

【急救方法】

止痛:患肢抬高,局部冷敷,以减少疼痛和肿胀。亦可贴狗皮膏、活血消肿膏,并用绷带包扎,限制踝关节活动。

内服药:口服跌打丸、七厘散、云南白药等。

医院治疗:韧带完全断裂、脱臼和骨折时应到医院诊治,用石膏固定4~6周。病愈后为防止反复受伤,可将鞋跟外侧加1厘米,防足内翻。

急性腰扭伤

【病因】

急性腰扭伤多由搬动重物、翻身取物、抬提重物时,肌肉神经运动不协调,用力过猛所致。

【症状】

(1)疼痛:常由腰背筋膜、髂腰韧带、骶髂关节及骶棘肌等撕裂而发生。

(2)出血:上述组织周围有出血、水肿等。

(3)腰活动受限:有的当时疼痛难忍,有的次晨才开始疼痛。翻身困难,步态缓慢,腰活动受限。

(4)局部压痛:腰部肌肉紧缩、痉挛,有明显压痛点,多在第四、五腰椎横突与髂骨之间,或腰骶部中线等处。

【急救方法】

(1)休息:静卧硬板床,腰两侧用枕头(或沙袋)挤挡,使其少动、安静。双手自抱双膝,可以减轻疼痛。

(2)热敷:局部热敷,可增进血液循环,加速水肿、血肿的吸收。

(3)按摩:采用"揉按"使腰肌松弛,重压腰三角等手法,每日 2 次,每次 20~30 分钟。

(4)封闭:有明显压痛点时用 2%普鲁卡因溶液 5~10 毫升,加醋酸强的松 25 毫升,痛点注射。有的一针即可止痛。

【日常预防】

疼痛大减时,很快进行腰肌锻炼,防止肌肉、韧带粘连和由急性转为慢性。平日要加强腰部锻炼,增强肌力,防止复发。抓举重物时,先两脚张开再弯伸腰,待姿势稳定后再提重物。

坠落伤

坠落伤往往造成人体的多部位、多脏器损伤。应对伤情做出迅速正确的判断,并采取相应的急救处理措施。

【病因】

从高处坠落后,机体受到机械力冲撞造成组织损伤。常见的有脊髓损伤、脑损伤、骨折与破裂挫伤、扭伤、关节脱位和内脏破裂等,常为两种以上的复合伤。相同高度、重力,在垂直接触机体表面时创伤最重。

【判断】

(1)外伤史,患者有从高处坠落伤史,伤后出现不同程度的机体损伤。

(2)观察患者的四大生命体征,然后检查受伤部位和其他方面的变化。闭合伤较开放性损伤检查困难,但内脏器官的损伤往往是院外急救的难点。

(3)要注意患者的受伤部位,对意识状态、面容表情、出血量的多少,做出正确的判断。多脏器损伤往往造成死亡。

【急救方法】

(1)如呼吸心跳骤停,应做心、肺、脑复苏(做人工呼吸、胸外心脏按压),建立通畅的呼吸。

(2)如有出血,应用止血带或指压止血。

(3)如有休克症状,速送医院抢治。

膝关节韧带拉伤

【病因】

由于外力使膝关节活动超出正常生理范围,造成关节周围的韧带拉伤、部分断裂或完全断裂。

【症状】

膝关节韧带拉伤一般表现为,膝盖内部有肿胀感,行动时感到疼痛,肢体活动受限。有皮下出血的可看见青紫区。

【急救方法】

(1)韧带和肌肉拉伤之初,受伤部位会出现红肿、充血的症状,此时要马上停止运动,尽量不让受伤腿承重,避免伤势加重。

(2)用冰块袋进行冷敷处理,以缓解疼痛和肿胀症状,每次冷敷15分钟左右,每天3次。

(3)用透气性好的绷带对伤处进行包扎,这可以缓解淤血症状,绷带的松紧度要适中;同时抬高病患处,避免淤血。

【注意事项】

(1)不可因为疼痛而自行揉搓伤处,以免加重伤势。

(2)实行急救方法之后,应尽早接受正式的治疗,以免延误病情,导致病程加长或者治愈后留下后遗症。

颞下颌关节脱位

下颌骨髁状突运动时如超越正常限度,脱出关节凹而不能自行回复体位,即为颞下颌关节脱位。临床上多为前方脱位,可以发生于单侧或双侧。

【病因】

颞下颌关节前脱位常因突然张口过大,如大笑、打呵欠或因张口过久而引起。在做口咽部检查或手术时,使用开口器过度,也可能会使髁状突脱离关节凹、移位于关节结构之前而发生脱位。先天性关节发育不良也会导致习惯性脱位。

【症状】

症状表现为:患者出现耳前关节疼痛、不适、水肿,下颌运动异常,呈开口状态而不能闭合。语言不清,唾液外流,咀嚼、吞咽困难。下颌前伸、额部下移,面形相应变长。触诊时耳屏前可扪到凹陷区。单侧前脱位时,下颌微向前伸,颏部中线偏向健侧。

【急救方法】

用手按住耳前关节区,用温热毛巾热敷,以缓解紧张肌肉。与患者交谈,分散注意力,让其肌肉放松,用大拇指伸入后磨牙区,其余四指置于口外下颌骨下缘。大拇指向下,其余四指托下颌前部向上。待大拇指感觉已经压下下颌骨后部后,用力使下颌向后上方推移即可复位。

【注意事项】

复位后一定要按规定时间保持固定。因为复位后病人会明显感觉疼痛减轻并消失而误以为病已痊愈,不愿固定,结果反而延长康复时间。固定后,必须让患者做肌肉功能练习。有些病人在固定期不敢活动,担心无法恢复,这同样会延长康复时间。

第一次脱位务必完全治愈,否则容易再脱位,导致关节囊损伤得不到完全修复形成习惯性脱位。一旦形成习惯性脱位,以后稍有外伤就会同第一次脱位一样再度发生脱位。

三、伍官损伤急救

面部属于较为脆弱的部位,容易受到伤害,尤其是暴露在外的眼睛和鼻子,容易受到损伤,平时需要注意保护,受伤后需要及时救治,另外,救治过程中的护理也很重要。

鼻外伤

鼻突出于面部中央,易遭受撞击或跌碰而致外伤。外力作用的大小、程度及方向不同,所致损伤的程度各异。

【病因】

多为直接暴力所致,如拳击鼻部、面向下跌倒、撞击。

【症状】

(1)单纯局陷于鼻骨,伴有周围的骨组织,如鼻中隔等骨折。

(2)鼻部疼痛、出血,颜面及鼻部皮下淤血。

(3)鼻塞骨折可致颜面畸形,咬合错位。如伤及颅底可产生脑脊液鼻漏,嗅觉丧失。

(4)伤及鼻中隔可使软骨脱位,偏斜于一侧鼻腔,或形成鼻中隔血肿,阻塞鼻腔。

(5)鼻部触诊可触及骨摩擦音,或骨折线,局部压痛明显。

【急救方法】

血量小时,可让病人坐下,用拇指和食指紧紧地压住病人的两侧鼻翼,压向鼻中隔部,暂让病人用嘴呼吸。一般压迫5~10分钟左右,出血即可止住。可在病人前额部敷以冷水毛巾。出血量大且用上述方法不能止住出血时,可采用压迫填塞的方法止血。用脱脂棉卷成如鼻孔粗细的条状,向鼻腔充填。若填塞太松,则无法达到止血的目的。

【注意事项】

捏鼻止血时,病人要张大嘴呼吸,头不要过分后仰,以免血液流入喉中。鼻外伤者须注意有否合并颅底骨折。伤口应彻底清创,缝合时尽量保存正常组织,术后积极预防感染,以减少继发之畸形及功能障碍。出血期间不要吃辛辣食物,不饮酒。习惯性鼻衄者平时也少吃辛辣刺激性食物,减少烟酒。如反复鼻出血,并有鼻腔通气受阻或有腥臭味,应到医院就诊。

眼睛碰伤

【病因】

眼睛是心灵的窗户,同时也是人体的暴露器官,如稍不注意就可遭受外伤。

(1)钝性外力撞击,如球类、弹弓丸、石块、拳头、树枝等对眼球造成直接损害。

(2)锐利或高速飞溅物穿破眼球壁引起穿透性损伤,如生产中敲击金属等误伤。

【症状】

因暴力的大小、受伤的轻重不同,症状也不同。患者一般有眼部疼莆、畏光、流泪,重者可有视力障碍,如看不清东西或复视,甚至失明,伴有头痛、头晕等。

【急救方法】

（1）轻者早期用冷敷，1~2天后改为热敷。眼部滴氯霉素或利福平眼药水预防感染。

（2）角膜轻微擦伤，涂红霉素眼膏或金霉素眼膏，并包扎患眼。

（3）如伤情严重，发生眼球出血、瞳孔散大或变形，眼内容物脱出等症状时，首先用清洁的布将眼部包扎起来，快速送医院抢救。

眼球伤

【病因】

眼部常因外物打击，如石块、拳头、木棒或尖刀、尖棍等受伤，擦伤或贯通伤后，眼球破裂，内容物流出，有的眼球未破，但球内组织已经损伤。不论哪种眼部外伤，常可造成不良后果，常见的是角膜穿孔伤。

【症状】

眼球伤后轻则畏光、流泪、眼睑痉挛；重则出血、疼痛，眼球内组织脱出，视力减退，视野缩小，容易感染而发生严重的后果，甚至失明等。

【急救方法】

（1）首要的是防感染，滴抗生素眼药水及注射破伤风抗毒素。

（2）千万不能挤压眼球，以防将内容物挤出加重病情。

（3）不能敞着伤口，如眼球内组织脱出不要送回，清洗伤口包扎好，以防感染，并速送医院抢治。

电光性眼炎

【病因】

电光性眼炎是因眼睛角膜上皮细胞和结膜吸收大量而强烈的紫外线所引起的急性炎症，可由长时间在冰雪、沙漠、盐田、广阔水面作业，行走时未带防护眼镜而引起，或太阳、紫外线灯等强烈紫外线的照射而致。

【症状】

潜伏期6~8小时，两眼突发烧灼感和剧痛，伴畏光、流泪、眼睑痉挛，头痛，眼睑及面部皮肤潮红和灼痛感，眼睑部结膜充血、水肿。

【急救方法】

本病治疗关键是止痛、镇静和防感染。

（1）冷敷眼部，嘱患者闭眼，再用冷水毛巾敷于眼部。

（2）用新鲜人奶滴眼，每只病眼滴3~5滴，滴奶后不要立即睁眼，闭目3~5分钟，每隔2小时滴一次。

（3）局部选用氯霉素眼药水、红霉素眼膏等滴眼预防感染。

【注意事项】

人奶与眼药水及眼药膏不能同时滴入，应稍有间隔，治疗期间应戴有色眼镜。电光性眼炎关键还在预防。电焊工人要遵守操作规程，戴防护眼罩。大多数患者发病后1~3天内痊愈，一般不会造成永久性损害，但不要多次或长时间被紫外线致伤，以免引起慢性睑缘炎。

沙尘进眼

【症状】

沙尘进眼后常存于角膜或结膜表面，沙尘常随眼球的转动而附在眼皮内（眼睑

红霉素眼膏

膜）。患者常有眼痛、异物感、流泪、不能睁眼等表现。

【急救方法】

（1）切忌揉搓眼睛，以免造成角膜损伤。

（2）把上眼皮轻轻向上提拉几下，用眼泪冲洗，眼球转动，再睁开眼，把异物排出眼外。

（3）把上眼皮翻开，翻眼皮时，令病人向下看，急救者用拇指和食指捏住上眼皮，稍向前拉牵，食指轻压而拇指向上翻，找到异物用镊子或湿棉签、湿手绢将异物取出。禁用干布擦拭眼球，防止伤角膜。有时须借助于手电、照明灯之光，才能发现异物。

（4）取出异物后，用白开温水或生理盐水冲洗眼睛，并滴眼药水（膏）。

（5）上述各环节都不能伤及角膜。

（6）眼内异物仍取不出时，应立即送医院。

小虫进耳

【病因】

小昆虫，如蚊子会突然钻入耳道，它们在耳内爬动引起耳痛、噪声和不安。遇到这种情况，有的人用火柴、发卡等伸入耳内掏挖，这样做小虫不易出来，还能发生耳道炎症、破损、鼓膜破裂和中耳炎等。

【急救方法】

（1）查照法与烟熏法。昆虫有喜光的特点，喜欢向光亮处跑。借阳光、灯光、手电光照外耳道，小虫会慢慢出来。或用香烟的烟雾吹入耳内，使它受烟呛而出。

（2）滴油法。向耳道滴几点香油、花生油、橄榄油，或滴入75%酒精（白酒也可）使小虫溺闷而死，然后夹出。

（3）滴药法。有条件时可向外耳道滴1~2滴乙醚或氯仿液，即刻将小虫麻醉取出来。

（4）医生发现外耳道和鼓膜有创伤时，用2%酚甘油滴耳剂滴耳，并给予抗生素药物治疗。

突发性耳聋

突发性耳聋常指素日听力正常，突然一耳听觉消失，多见于成人。

【病因】

常因内耳外伤、感染、梅毒、药物中毒、听神经瘤引起，也有原因不明的突发性耳聋。感冒、疲劳、用力擤鼻涕，常可诱发本病。

【症状】

病人自觉患耳胀满或堵塞感,有时有头晕。

【判断】

耳聋:常在几小时或 1 周内加重,多见单侧,成年人偶有双侧者。耳内鼓膜多正常。患者骤然听到有"砰砰"或"咔哒"声即发病。

耳鸣:耳鸣常于发病前或病后出现,多为阵发性高频声调。70%以上有此现象。

眩晕:常出现于耳聋前后,伴有恶心、呕吐、头痛。50%以上病者出现此现象。

【急救方法】

查明原因,对症治疗。

(1)使病人安静休息,情绪不要急躁。

(2)不要增加咽鼓管气压,不用力擤鼻涕。

(3)原因未明前应限制水和食盐的摄入量。

(4)病人情绪不稳定时,可口服安定 2.5 毫克/次,3 次/日。

(5)有条件可用抗生素、高压氧等。

(6)可用葛根片 3 次/日,3 片/次,口服。

【日常预防】

(1)预防耳外伤和感染。

(2)慎用链霉素、卡那霉素等以防中毒。

(3)如患有听神经瘤、梅毒等病,应及时治疗。

外耳道异物

不论什么性质的物质、以什么方式进入外耳道,都称外耳道异物。外耳道有异物会影响听觉,进而会对心理有一定影响。

【病因】

小儿有玩豆类、小玻璃球、砂石、塑料、煤块的可能,成人有用木棒、火柴掏耳的习惯。

【症状】

不论小孩子、大人,一旦出现耳内痛、耳鸣、堵塞感、眩晕、出血、听力下降或反射性咳嗽者,又无耳病史都应想到耳内异物。

【急救方法】

急救原则是轻轻操作,取出异物和防感染。

(1)棉球、火柴棍、纱布、纸团用镊子轻轻夹持取出。

(2)小而滑圆的东西用带钩或耵聍钩环容易取出,不宜用镊子夹,否则越夹越深。

(3)鼓膜表面有异物时,仰头固定,在明视下小心轻巧取出,防损伤鼓膜;或用注射器吸入生理盐水沿外耳道后壁冲洗。但不要对准异物。嘱病人头偏向患侧,用盘接水,注视异物是否出来。此法对外耳道、鼓膜病变和遇水起化学反应、遇水膨胀的异物绝对不能用。

(4)小儿取异物时常用暂时全身麻醉。

(5)外耳有嵌顿于骨中的异物需送医院开刀取出。

(6)外耳有植物性异物者,可先滴入 95%酒精,使之脱水收缩再取出。

鼓膜破裂

【病因】

鼓膜是具有一定韧性的薄膜,位于外耳道深部,是人体声音传导系统的重要组成部分。多由掌击或爆炸的气浪冲击、挖耳、用力擤鼻、猛力咽鼓管吹张、医生操作不当、颞骨岩部骨折等鼓膜损伤。

【症状】

受伤后耳内突然剧痛,继之出现耳鸣、耳聋,伴有轻度眩晕、恶心、呕吐,外耳道内出血等症状。

【急救方法】

如耳内有异物或泥土,用棉棍蘸75%酒精或60度白酒轻轻擦拭外耳道口,然后用消毒棉球堵住外耳道口。

【注意事项】

(1)未经医生同意严禁往耳内滴药或冲洗外耳道,以免污染中耳引起中耳炎。

(2)注意洗脸、洗澡时不要让水进入耳内。

(3)颞骨岩部骨折引起的鼓膜破裂则不要将外耳道堵塞,并及时到医院诊治。

四、化学灼伤急救

化学性灼伤是常温或高温的化学物直接对皮肤等刺激、腐蚀作用及化学反应热引起的急性损害,一般由酸碱性较强的化学液体物品引起,多发于生产过程中。

化学性皮肤灼伤的处理原则

(1)迅速脱去或剪去污染的衣服,创面立即用大量流动清水或自来水冲洗,冲洗时间一般为20~30分钟,以充分去除及稀释化学物质,阻止化学物质继续损伤皮肤和经皮肤吸收。

(2)头面部化学灼伤时要注意眼、鼻、耳、口腔的情况,如发生眼灼伤,先彻底冲洗。

(3)皮肤接触热的化学物质发生灼伤时,由于真皮的破坏及局部充血等原因,毒物很容易被吸收,特别是原可通过皮肤吸收且灼伤面积较大时,吸收更快,可在10分钟内引起全身中毒,例如,热的苯胺、对硝基氯苯等可迅速形成高铁血红蛋白血症,有的在几小时内出现全身中毒,例如氢氟酸、黄磷、酚、氯化钡灼伤引起氟中毒、磷中毒、酚中毒、钡中毒等。

(4)灼伤创面污染严重,或Ⅱ度灼伤面积在5%以上者,按常规使用破伤风抗毒素1500单位(需皮试),抗感染应选用抗生素。

酸灼伤

酸灼伤大多由硫酸、硝酸、盐酸引起。此外,还有由铬酸、高氯酸、氯磺酸、磷酸等无机酸和乙酸、冰醋酸等有机酸引起。液态时引起皮肤灼伤,气态时吸入可造成呼吸道的吸入性损伤。灼伤的程度与皮肤接触酸的浓度、范围以及伤后是否及时用大量流动水冲洗有关。有机酸种类繁多,化学性质差异大,其致灼伤作用一般较无机酸弱。

【症状】

(1)酸灼伤引起的痂皮色泽不同,是因各种酸与皮肤蛋白形成不同的蛋白凝固产物所致,如硝酸灼伤为黄色、黄褐色;硫酸灼伤为深褐色、黑色;盐酸灼伤为淡白色或灰棕色。

(2)酸性化学物质与皮肤接触后,因细胞脱水、蛋白凝固而阻止残余酸向深层组织侵犯,故病变常不侵犯深层(HF 例外),形成以Ⅱ度为主的痂膜,其痂皮不易溶解、脱落。

(3)Ⅱ度酸灼伤的痂皮,其外观、色泽、硬度类似Ⅱ度焦痂。切痂前,应予注意。但缺乏皮下组织的部位如手背、胫骨前、足背、足趾等处,较长时间接触强酸较易造成Ⅱ度灼伤。一般判断痂皮色浅、柔软者,灼伤较浅。痂皮色深、较韧如皮革样,脱水明显而内陷者,灼伤较深。

【急救方法】

(1)迅速脱去或剪去污染的衣着,创面立即用大量流动清水冲洗,冲洗时间约20~30分钟。硫酸灼伤强调用大量水快速冲洗,以便既能稀释酸,又能使热量随之消散。

(2)中和治疗,冲洗后以5%碳酸氢钠液湿敷,中和后再用水冲洗,防止酸进一步渗入。

(3)清创,去除水泡,以防酸液残留而继续作用。

(4)创面一般采用暴露疗法或外涂1%磺胺嘧啶银冷霜。

(5)头、面部化学灼伤时要注意眼、呼吸道的情况,如发生眼灼伤,应首先彻底冲洗。如有酸雾吸人,注意化学性肺水肿的发生。

碱灼伤

常见碱灼伤为苛性碱(氢氧化钾、氢氧化钠)、石灰和氨水灼伤。氢氧化钠为白色不透明固体,易溶于水;由于与水化合形成水合物,故产生大量热。氢氧化钾是白色半透明晶体,也易溶于水。两者均有较强的吸水性。生石灰即氧化钙,具有强烈的吸水性,与水化合生成氢氧化钙(熟石灰),并放出大量的热。氨为五色、有刺激臭味的气体,易溶于水,形成氢氧化铵,即氨水。

【症状】

(1)碱性化学物质与皮肤接触后使局部细胞脱水,皂化脂肪组织,向深层组织侵犯。有时皮肤表现为湿润油腻状。甚至皮纹、毛发均存在,而损伤已超过皮肤全层,故灼伤初期对深度往往估计不足。碱灼伤造成的损害比酸灼伤严重。

(2)苛性碱灼伤深度,通常都在深Ⅱ度以上,刺痛剧烈,溶解性坏死使创面继续加深、焦痂软,感染后易并发创面脓毒症。苛性碱蒸气对眼和呼吸道刺激强烈,可引起眼和上呼吸道灼伤。

【急救方法】

(1)立即用大量流动水持续冲洗20~30分钟,甚至更长时间。苛性碱灼伤后要求冲洗至创面无滑腻感。在用流动水冲洗前,避免使用中和剂,以免产生中和热,加重灼伤。冲洗后亦可用弱酸(3%硼酸)中和液,但用中和液后,再用清水冲洗。

(2)碱灼伤后,需要适当静脉补液。

（3）早期削痂、切痂植皮。

（4）注意全身状况，以及口、鼻、咽喉等呼吸道灼伤情况，明确有无吸入史。注意观察病情，及时进行相应处理。

氢氟酸灼伤

氢氟酸是氟化氢（HF）的水溶液，为无色、无臭的液体，对组织蛋白有脱水及溶解作用，有很强的渗透性和腐蚀性。皮肤灼伤后能渗入组织甚至骨骼，吸入其酸雾可造成呼吸道损伤。

【症状】

难以忍受的持续疼痛和进行性组织坏死。

（1）损伤部位，早期出现红斑、局部肿胀及水疱，疱液为暗红色和果酱色，坏死区呈苍白色或灰白色大理石状，周围绕以红晕，痂为暗色。

（2）经皮肤吸收引起急性氟中毒、低血钙，出现抽搐及心电图 Q—T 间期延长及 T 波、S—T 段变化，甚至因窒息而死亡。

（3）接触低浓度的氢氟酸后，经 1~4 小时才出现疼痛，应予注意。

【急救方法】

（1）接触后立即用大量流动清水冲洗，至少 5 分钟，皮肤皱褶及甲沟处冲洗时间应延长，不少于 30 分钟。

（2）头、面部灼伤时易造成呼吸道损伤，面积虽小，但抢救不积极易全身氟中毒。

（3）一些常用的中和解毒疗法也很有效。

①损伤部位用碱性肥皂洗涤及石灰水浸泡。

②用冰的氢氟酸灼伤治疗液浸泡或湿敷，也可制成霜剂外涂包扎（配方：5%氯化钙 20 毫升+2%利多卡因 20 毫升+地塞米松 5mg+二甲基亚砜 60 毫升）。

③季铵盐类溶液（氯化苄基二甲基铵）浸泡或湿敷。

④用 25%硫酸镁溶液浸泡、湿敷。

⑤2.5%葡萄糖酸钙凝胶局部摩擦损伤部位，但皮肤破损处慎用。

⑥动脉注射葡萄糖酸钙，在灼伤部位近端的桡动脉、股动脉、足背动脉等都可进行，即用 10%葡萄糖酸钙 10 毫升+25%葡萄糖溶液 40 毫升动脉缓注。

（4）对症治疗。

氯磺酸灼伤

氯磺酸为油状、无色或淡黄色的腐蚀性液体。遇水可产生大量热，易爆炸，在空气中发烟形成白色浓烟，生成盐酸和硫酸，对皮肤、黏膜有强烈的刺激性和腐蚀性。

【症状】

（1）皮肤沾染引起严重的皮肤灼伤，因是热和酸的复合伤，所以是深度灼伤。其痂为棕褐色或黑色，痂皮坚韧呈皮革样。

（2）吸入其烟雾，对黏膜有明显的刺激作用，如眼刺痛、流泪、咳嗽、喷嚏、咽痛、气促、呼吸困难。严重者发生中毒性肺水肿。

【急救方法】

（1）迅速移离现场,至空气新鲜处。

（2）皮肤沾染后迅速用大量流动清水冲洗20~30分钟,切忌用少量水冲洗,以免产生强烈的放热反应而加重损伤。但有人主张先用纱布吸去污染液后,再用大量流动水迅速冲洗,冲去硫酸、冲散热量。

（3）眼沾染后也立即用大量流动清水或生理盐水彻底冲洗。

（4）误服后可用2.5%氧化镁溶液、牛奶、豆浆、蛋清等口服。严禁洗胃,也不可催吐,以免加重损伤和引起胃穿孔。禁用碳酸氢钠洗胃或口服,以免产生二氧化碳而增加胃穿孔的危险。

（5）合并中毒性肺水肿者,早期、足量、短程的糖皮质激素治疗。

（6）皮肤灼伤经流动清水冲洗后,创面处理同热灼伤。

黄磷灼伤

黄磷（白磷）用于农药和军火生产。溶于油脂,不溶于水,有大蒜味。遇空气可自燃生成五氧化二磷,遇水生成磷酸。黄磷经皮肤吸收后可合并心、肝、肾损害。

【症状】

（1）黄磷灼伤是酸和热的复合伤,所以灼伤深度较深。

（2）创面冒白烟,是嵌入皮肤之黄磷颗粒继续燃烧的特征。

（3）深度创面呈暗褐色的焦痂,有大蒜味。

【急救方法】

（1）创面迅速以流动水冲洗,再用显示剂1%~2%硫酸铜溶液外搽创面,便于用镊子剔除黑色的磷化三铜颗粒。必要时,可在暗室中根据磷光剔除磷的残粒,再用5%碳酸氢钠溶液湿敷中和磷酸,最后用清水冲洗创面。

（2）转运病人时,创面应湿包或用水浸泡,以阻止残留在创面上的黄磷颗粒遇空气燃烧,加重灼伤。

（3）也可用3%硝酸银溶液外搽创面。

【注意事项】

（1）创面忌用油脂性外用药及油纱布敷料,以防止磷吸收。

（2）黄磷灼伤面积大于2.5%者,有合并中毒的报道,所以要注意心、肝、肾功能的变化,进行预防性保肝、保肾治疗。

（3）小面积的深度灼伤,应立即进行切痂植皮,大面积灼伤应积极抗休克治疗。

（4）硫酸铜不能作为解毒剂进行创面处理,因可经创面大量吸收而引起铜中毒,出现溶血性贫血等,切忌用硫酸铜进行浸泡或湿敷。

溴灼伤

【症状】

（1）溴沾染皮肤后创面为暗棕红色,局部可有水泡,渗液少,一般为Ⅱ度灼伤。

（2）合并肺水肿时出现咳嗽,为白色或粉红色泡沫样痰、气急、胸闷等症状。

（3）合并眼损伤时出现流泪、疼痛、异物感、畏光等症状。

【急救方法】

（1）迅速用大量流动清水冲洗20~30分钟,切忌用少量水冲洗,以免放出新生态氧和HBr（溴化氢的水溶液）而加重灼伤。

（2）用氨松醑合剂（5%氨水1份十松节油1份十95%酒精10份组成的溶液），外搽创面。

（3）用1：1000新洁尔灭溶液清创，创面创面外涂1%SD—Ag冷霜或外贴干纱布包扎。四肢创面宜包扎，头、面部创面宜暴露。外涂1%SD—Ag冷霜或外贴干纱布包扎。四肢创面宜包扎，头、面部创面宜暴露。

（4）抗感染，一般选用青、链霉素，以后视病情调整抗生素。

三氯化磷灼伤

三氯化磷为无色液体，混有黄磷时，色黄而浑浊。对皮肤、黏膜有强烈的刺激、腐蚀作用。三氯化磷灼伤是酸和热的复合伤。

【症状】

（1）三氯化磷沾染皮肤后，开始时皮肤发白，继之出现水泡，一般为深Ⅱ度灼伤；

（2）合并呼吸道吸入时，出现呼吸道刺激症状。

（3）合并眼损伤时，出现疼痛、流泪、异物感、畏光等症状。

【急救方法】

（1）皮肤污染后，迅速用大量流动清水冲洗20~30分钟。

（2）清水冲洗后，用5%碳酸氢钠溶液湿敷创面，以中和它所生成的磷酸、盐酸。

（3）创面用1：1000新洁尔灭溶液清创，并剪去水泡，以免泡液中的磷酸和盐酸继续产生腐蚀作用。

（4）创面处理同热灼伤，深度创面宜早期切（削）痂植皮治疗。

【注意事项】

混有黄磷的三氯化磷灼伤时，要注意黄磷的毒性（对心、肝、肾的损害）。

三氯化锑灼伤

三氯化锑，遇水主要分解为氯化氢。接触皮肤可造成灼伤，长期刺激鼻黏膜可发生溃疡，甚至鼻中隔穿孔。

【症状】

（1）创面有红斑、水泡、焦痂。

（2）经皮肤吸收产生中毒性肝病。

【急救方法】

（1）迅速用大量流动清水冲洗20~30分钟，然后用5%碳酸氢钠溶液湿敷，以中和盐酸。

（2）创面处理同热灼伤。

（3）对症治疗。

苯酚灼伤

苯酚又称石炭酸，对皮肤、黏膜有强烈的腐蚀作用。低浓度酚能使蛋白质变性；高浓度可使蛋白质沉淀。对各种细胞都有直接损害作用。

【症状】

（1）酚灼伤后局部皮肤先为白色、起皱、软化、继而成棕红色、棕黑色或褐色的痂皮,一般为Ⅱ度灼伤。

(2)大面积的酚灼伤可经皮吸收中毒,吸收后迅速分布至各组织细胞,抑制血管、呼吸及体温调节中枢,引起血压下降,甚至呼吸和循环衰竭。并可引起肾小管坏死,产生急性肾功能衰竭。

(3)皮肤酚灼伤后,出现棕绿色、棕褐色的酚尿。

【急救方法】

(1)迅速脱去苯酚污染的衣服,立即用大量流动清水冲洗20~30分钟,再用50%~70%酒精擦抹刨面(因结晶酚清水不易除净),然后用水冲洗。

(2)也可用浸过甘油、聚乙二醇或聚乙二醇与酒精混合液(7:3)的棉花或纱布将酚液擦去,至少10~15分钟,然后用清水冲洗创面。

(3)用饱和硫酸钠溶液或5%碳酸氢钠溶液湿敷1小时,再用清水冲洗,然后按一般灼伤处理,根据灼伤的部位采用暴露、半暴露等治疗。

(4)深度灼伤宜早期切(削)痂、植皮。

(5)为预防急性肾功能衰竭,应加大补液量,并用溶质性利尿剂,以促使尿量在灼伤后第一天每小时保持200毫升左右。

(6)密切注意血压、呼吸和心率,有改变者应立即处理。

乙二酸灼伤

乙二酸又称草酸,为无色单斜菱形结晶。溶于酒精、乙醚和水。

【症状】

(1)灼伤创面呈灰白色,有水泡,一般为Ⅱ度灼伤。

(2)经皮肤吸收后,乙二酸与钙结合,可出现低血钙症。

(3)乙二酸盐(草酸钙)沉淀于肾小管可引起急性肾功能衰竭。

【急救方法】

(1)迅速用大量流动水冲洗20~30分钟,创面处理同热灼伤。

(2)5%碳酸氢钠溶液湿敷,中和酸液。

(3)合并低血钙时,静脉注射10%葡萄糖酸钙,必要时可重复使用。

硫酸二甲酯灼伤

硫酸二甲酯,有机化合物,无色或微黄色,略有葱头气味的油状可燃性液体,在50℃或者碱水易迅速水解成硫酸和甲醇。在冷水中分解缓慢。遇热、明火或氧化剂可燃,是可使DNA甲基化的试剂。

【症状】

(1)沾染皮肤后出现疼痛。皮肤初期有红斑,经过一段时间,相继出现淡黄色透亮小水泡,有时融合成大泡。一般为Ⅱ度灼伤。

(2)在多汗和皮下组织松弛的部位,如眼睑、会阴部沾染了硫酸二甲酯后,局部肿胀明显、有水泡、渗液多。

(3)合并眼损伤时,出现疼痛、流泪、异物感、畏光症状,但必须注意,早期结膜充血明显,经过一段时间会出现角膜损伤的症状。

【急救方法】

(1)迅速用大量流动水冲洗20~30分钟。

（2）水冲洗后，可用 5% 碳酸氢钠溶液湿敷，以中和硫酸（硫酸二甲酯水解后生成硫酸和甲醇）。

（3）用 1：1000 新洁尔灭溶液清创，剪去水泡，以免在泡液中水解的硫酸继续产生腐蚀作用。

（4）灼伤创面渗液多，可外涂地塞米松软膏及口服抗过敏药物，如扑尔敏 4mg，每日 3 次，或酮替芬 1 毫克，每日 3 次。

（5）合并肺水肿者，早期、足量、短程的糖皮质激素治疗。

铬酸盐灼伤

铬为银灰色重金属，不溶于水，溶于稀盐酸和硫酸。在酸性条件下，六价铬可还原为三价铬。在碱性条件下，低价铬氧化成高价铬，六价铬有毒性。

【症状】

（1）铬酸盐和重铬酸盐都可引起皮肤溃疡，即铬疮。呈圆形，直径 2～5mm，色苍白或暗红，边缘隆起，中央凹陷，表面高低不平，铬疮多见于手背、手指背面或其两侧。夏季常见于两下肢。愈合慢，愈后留有圆形萎缩性疤痕；

（2）铬酸盐粉尘及铬酸雾可引起鼻中隔穿孔。

【急救方法】

（1）灼伤创面用大量流动清水冲洗。

（2）刨面治疗

①5% 硫代硫酸钠溶液湿敷。

②涂以 5% 硫代硫酸钠软膏。

③10% 维生素 C 溶液湿敷，使六价铬还原成三价铬，并与其结合，使铬失去活性。

④深度创面宜早期切痂植皮。

（3）对症治疗。

氯化钡灼伤

氯化钡常用于机械行业热处理工段的淬火。其为可溶性钡盐，钡的盐类在水中溶解度越大，毒性就越大。氯化钡本身对皮肤无刺激、腐蚀作用，所以，健康的皮肤不吸收冷的氯化钡水溶液，不引起中毒。在热处理过程中，由于皮肤热灼伤，氯化钡经皮肤吸收中毒。

【症状】

（1）灼伤创面同热灼伤刨面，有红斑、水泡、焦痂。

（2）钡经皮肤吸收发生中毒，引起低血钾，出现心律紊乱、肌肉纤颤、抽搐、运动障碍及肢体瘫痪。严重者出现全身瘫痪。

（3）损伤局部 X 线摄片，可见分散不透光的阴影，为皮肤残留钡盐所致。

【急救方法】

（1）灼伤创面早期迅速用大量流动清水或生理盐水冲洗。

（2）深度创面，宜早期切痂植皮。

（3）早期给予硫酸钠治疗，1% 硫酸钠溶液 1000 毫升静脉滴住，使之成为不溶性的硫酸钡而失活。

（4）为防止低血钾，应在心电图监护下预防性补钾。如果出现低血钾症，立即静脉充分补钾（一般在 10%葡萄糖溶液 1000 毫升中加氯化钾 2~3 克）。

特别提示：

    本书在编写过程中，参阅和使用了一些报刊、著述和图片。由于联系上的困难，和部分作品的作者（或译者）未能取得联系，对此谨致深深的歉意。敬请原作者（或译者）见到本书后，及时与本书编者联系，以便我们按照国家有关规定支付稿酬并赠送样书。

    联系电话:010-80776121　联系人:马老师